凤凰高新教育◎编著

PS教程

迅速提升Photoshop核心技术的100个关键技能

内容简介

本书以Adobe公司出品的Photoshop 2020为蓝本，将熟练掌握Photoshop核心技能作为出发点，全面系统地讲解Photoshop图像处理的方法和技巧，并分享运用Photoshop进行图像处理的思路和经验。

本书共分为两大篇章。

第1篇（第1~8章）：专项技能篇。主要从图像处理准备工作、选区创建与编辑、图层应用、文字与路径应用、通道与蒙版的应用、图像光影调整与调色、滤镜应用以及高效处理图像的方法8个方面深入讲解Photoshop的专项操作技能与技巧，帮助读者透彻掌握每一项关键技能，迅速提高图像处理能力。

第2篇（第9~12章）：综合实战篇。以Photoshop最常用的四大领域（抠图、修图、调色和特效合成）为蓝本，列举多个图像处理的实际案例，将前面篇章介绍的关键技能融会贯通，讲解和示范如何运用Photoshop处理图像的实战综合技能，同时向读者分享图像处理思路，以使读者的图像处理能力更上一层楼。

全书内容循序渐进，由浅入深，再深入浅出，案例丰富翔实，既适合刚接触Photoshop又想快速掌握Photoshop技能的小白学习，也适合已经掌握Photoshop基本技能但想要进一步提升Photoshop应用能力的进阶读者学习。

图书在版编目(CIP)数据

PS教程：迅速提升Photoshop核心技术的100个关键技能 / 凤凰高新教育编著. — 北京：北京大学出版社，2021.11

ISBN 978-7-301-32509-4

Ⅰ.①P… Ⅱ.①凤… Ⅲ.①图像处理软件 Ⅳ.①TP391.413

中国版本图书馆CIP数据核字(2021)第186984号

书　　名　PS教程：迅速提升Photoshop核心技术的100个关键技能
PS JIAOCHENG: XUNSU TISHENG PHOTOSHOP HEXIN JISHU DE 100 GE GUANJIAN JINENG

著作责任者　凤凰高新教育　编著

责任编辑　张云静

标准书号　ISBN 978-7-301-32509-4

出版发行　北京大学出版社

地　　址　北京市海淀区成府路205号　100871

网　　址　http://www.pup.cn　　新浪微博：@北京大学出版社

电子信箱　pup7@pup.cn

电　　话　邮购部010-62752015　发行部010-62750672　编辑部010-62570390

印 刷 者　北京宏伟双华印刷有限公司

经 销 者　新华书店

787毫米×1092毫米　16开本　24.5印张　556千字

2021年11月第1版　2022年11月第2次印刷

印　　数　4001-6000册

定　　价　119.00元

掌握PS核心技术关键技能
体验Photoshop图像处理之美

Photoshop作为图像后期处理软件，被广泛应用于平面设计、数码艺术、特效合成、商业修图、UI界面设计等领域，并且发挥着不可替代的作用。现在，世界各地数千万计的设计人员、摄影师、艺术家及艺术设计爱好者都在借助Photoshop将创意变为现实。

如果你是一个Photoshop图像处理“菜鸟”，只会简单的Photoshop图像处理技能；

如果你已熟练使用Photoshop，但想进一步提升Photoshop的技能应用；

如果你想成为职场达人，进一步提升自己的职场竞争力；

如果你觉得自己的Photoshop操作水平一般，缺乏足够的处理和设计技巧，希望全面提升操作技能，那么，本书将是你的最佳选择。

该书力求帮助读者朋友提升对Photoshop操作与应用的认知，领会Photoshop的美妙，潜心学习，熟练掌握本书介绍的关键技能，进而提升职场竞争力，成就更好的自己。

这本书写了哪些内容?

本书以Photoshop 2020版本为基础进行讲解，将熟练掌握Photoshop核心技能作为出发点，全面系统地讲解Photoshop图像处理的方法和技巧，并分享运用Photoshop进行图像处理的思路和经验。

本书知识框架及简要说明如下图所示。

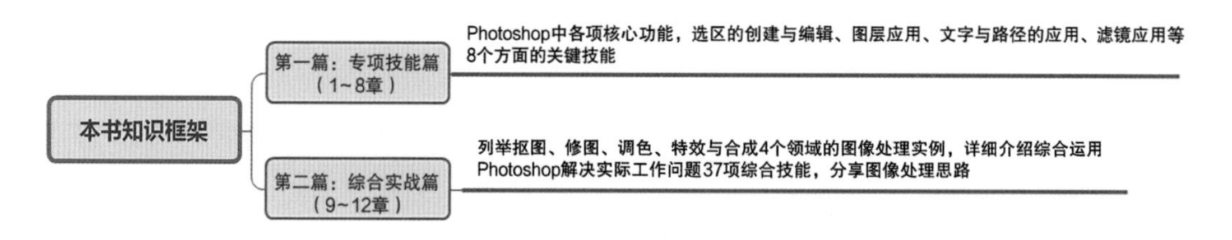

您能通过这本书学到什么?

（1）通过“专项技能篇”学到Photoshop核心技能。掌握各种工具、命令、面板等相关功能的具体操作与应用，包括选区的创建与编辑、图层应用、文字与路径应用、通道与蒙版应用、图像光影调整与调色、滤镜应用、高效处理图像等技能。

（2）通过“综合实战篇”学会如何融会贯通，综合运用Photoshop处理实际工作中各类图片问题。本篇所讲内容涵盖了Photoshop图像处理的“抠图、修图、调色、特效与合成”四大主题技能，如下图所示。

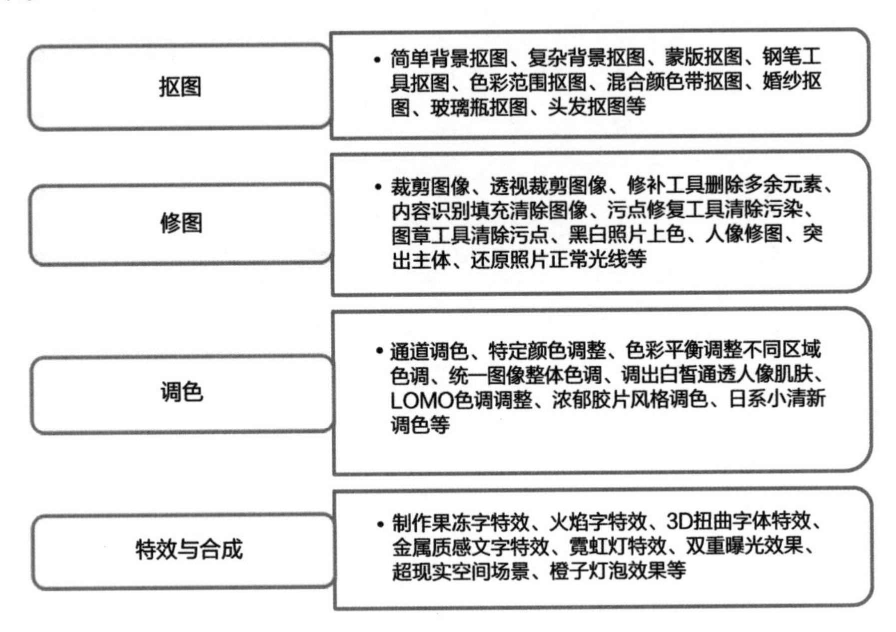

本书有哪些特点?

★ 知识输送，图文并茂

本书打破了传统教条式的生涩讲解模式，通过直观的步骤图解，将原本烦琐、枯燥的知识以质朴浅显的方式输送给读者，让读者能够快速理解每一个知识点，并能真正运用到工作中解决实际问题。

★ 内容翔实，精而不杂

本书没有面面俱到，而是精心提炼了Photoshop中最常用的关键技能进行深入挖掘和详细讲解，足以帮助读者迅速提高图像处理能力并解决实际工作中80%的图像处理问题。

★ 案例丰富，注重实操

本书列举的示例全部来源于日常实际工作，极具代表性和典型性，让读者学到真正的实操技能。同时本书提供可与案例同步操作的学习文件，便于读者熟练掌握实际操作方法和技巧。

★ 高手点拨，指点精要

本书设置有“高手点拨”专栏，将正文中所介绍的精华要点进行二次提炼后，再次给读者以启发和提示，帮助读者强化记忆、轻松上手，使读者更迅速地提高数据处理能力。

★ 视频教学，易学易会

本书为读者提供了与书同步的视频教程。读者通过微信扫描书中的二维码即可播放书中的讲解视频，图书与视频结合学习，效果立竿见影。

有什么阅读技巧或者注意事项?

（1）本书以Photoshop 2020版本为基础进行讲解，建议读者结合Photoshop 2020版本进行学习。由于Photoshop 2020的功能与Photoshop CC、Photoshop CC2019、Photoshop 2021，以及早期的Photoshop CS版本大同小异，因此本书内容同样适用于其他版本的软件学习。

（2）为了让读者更容易学习和理解，本书采用“步骤引导＋图解操作”的方式进行讲解，而且在步骤讲述中以“❶，❷，❸……”的方式分解出操作小步骤，并在图上进行对应标识，非常方便读者阅读。读者只要按照书中讲述的步骤方法去操作练习，就可以做出与书中同样的效果。

除了书，您还能得到什么?

本书还配套赠送相关的学习资源，内容丰富、实用。赠送资源包括同步学习文件、设计资源、电子书、视频教程等，让读者花一本书的钱，得到一份超值的学习套餐。其具体包括以下几个方面。

（1）同步学习文件。

①素材文件。本书所有章节实例的素材文件，全部收录在同步学习资源的“/素材文件/第*章/”文件夹中。读者在学习时，可以参考图书内容，打开对应的素材文件进行同步练习。

②结果文件。本书所有章节实例的最终效果文件，全部收录在同步学习资源的“结果文件/第*章/”文件夹中。读者在学习时，可以打开结果文件查看实例效果，为自己的练习操作提供帮助。

（2）同步视频讲解。本书为读者提供了与图书内容同步的视频课程，读者用微信扫描文末的二维码，下载后即可播放讲解视频。

（3）Photoshop设计资源。设计资源包括37个图案、40个样式、90个渐变组合、300个特效外挂滤镜资源、185个相框模板、200个形状样式、200个纹理样式、500个笔刷、1500个动作，读者不必再花时间和心血去收集设计资料，可以拿来即用。

（4）15本高质量的与设计相关的电子书。读者可快速掌握图像处理与设计中的要领，迅速成为设计界的精英。电子书具体如下。

①《PS抠图技法宝典》

②《PS修图技法宝典》

③《PS图像合成与特效技法宝典》

④《PS图像调色润色技法宝典》

⑤《色彩构成宝典》

⑥《色彩搭配宝典》

⑦《网店美工必备配色手册》

⑧《平面／立体构图宝典》

⑨《文字设计创意宝典》

⑩《版式设计创意宝典》

⑪《包装设计创意宝典》

⑫《商业广告设计印前必备手册》

⑬《中文版 Illustrator CC 基础教程》

⑭《中文版 CorelDRAW X7 基础教程》

⑮《高效人士效率倍增手册》

（5）2 部实用的视频教程。通过这些视频教程的学习，读者不但有机会成为设计高手，还能成为职场中最高效的人。具体如下。

①《Photoshop 商业广告设计》

②《Photoshop 网店美工设计》

温馨提示：以上资源，请用手机微信扫描右方二维码，关注公众号，输入本书 77 页的资源下载码，按照提示下载即可。

官方微信公众号

资源下载

资料下载说明

（1）输入资源下载码时只需输入数字和字母即可。输入代码时要注意大小写，无须输入引号、空格、分割线等任何符号。

（2）不要使用微信电脑端或者手机打开链接。请将下载链接复制到计算机上的独立浏览器打开。如果输入网盘链接过后显示无法连接，请多刷新几次。

（3）压缩包没有解压密码，下载到计算机上直接解压即可。

（4）使用个人网盘就可以下载，不需要企业网盘。个人网盘注册是免费的。

（5）请单击“保存到网盘”按钮保存到个人网盘中，然后再启动网盘客户端下载。

（6）保存时，一次性保存容易失败，建议分批次选择文件夹保存并下载。如果保存后网盘里没有显示，请刷新网盘。

看到不明白的地方怎么办?

本书由凤凰高新教育策划并组织编写。在本书的编写过程中，我们竭尽所能地为您呈现最好、最全的实用功能，但仍难免有疏漏和不妥之处，敬请广大读者不吝指正。若您在学习过程中产生疑问或有任何建议，可以通过发送 E-mail 到读者信箱 2751801073@qq.com 与我们取得联系。

目录

CONTENTS

第一篇　专项技能篇

10 第 10 章 PS 修图的 11 个关键技能……273

11 第 11 章 PS 调色的 8 个关键技能……315

12 第 12 章 PS 特效与合成的 8 个关键技能……343

第一篇

专项技能篇

第 1 章 图像处理准备工作的 8 个关键技能

运用Photoshop处理图像之前，需要先掌握一些文件处理的基本技能，包括文件的打开、存储和管理，软件界面的设置及文档查看的方式等。这些操作都非常简单，但是，不要轻视这些技能，熟练掌握这些技能后，不仅可以更加高效地管理文件，还可以大大地提高工作效率。

本章将介绍图像处理准备工作的 8 个关键技能，帮助读者提高文件管理能力和工作效率。本章知识点框架如图 1-1 所示。

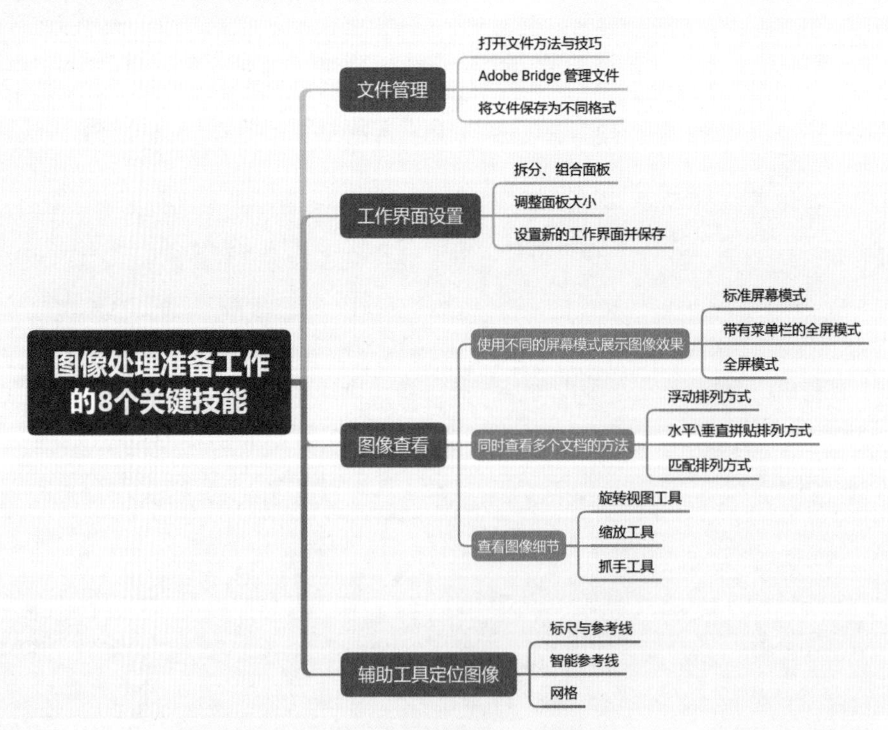

图 1-1

关键技能 001 打开文件的 7 种方法与技巧

● 技能说明

在Photoshop中打开文件的方法有很多，根据不同的文件类型和用途可以使用不同的菜单命令打开文件，我们在日常绘图中主要是通过菜单命令和拖拽文件的方式实现。下面进行详细介绍。

● 应用实战

1.【打开】命令

【打开】命令是指打开当前计算机中的图像文件的操作，可以打开所有Photoshop支持的文件格式，包括PSD、JPEG、TIFF等。具体操作步骤如下。

Step 01：运行程序后，执行【文件】→【打开】命令，打开【打开】对话框，选择图像存储的位置，选择一个文件（如果要选择多个文件，可按住【Ctrl】键依次选择需要打开的文件），单击【打开】按钮，如图 1-2 所示。

图 1-2

Step 02：通过前面的操作，可在Photoshop中打开所选择的文件，如图 1-3 所示。

图 1-3

2.【打开为】命令

【打开为】命令只能打开与文件列表中所选格式一致的文件。如果使用与文件的实际格式不匹配的扩展名存储文件（如用扩展名.gif存储PSD文件），或者文件没有扩展名，则Photoshop可能无法打开该文件。这时可以使用【打开为】命令指定正确的文件格式，以使Photoshop能够识别和打开文件，具体操作步骤如下。

Step 01：运行程序后，执行【文件】→【打开为】命令，打开【打开】对话框，选择一个GIF格式的文件，如图 1-4 所示。此时可以发现，文件列表默认文件格式是PSD格式。

图 1-4

Step 02：单击文件列表下拉按钮，在下拉列表中选择GIF格式，如图 1-5 所示。

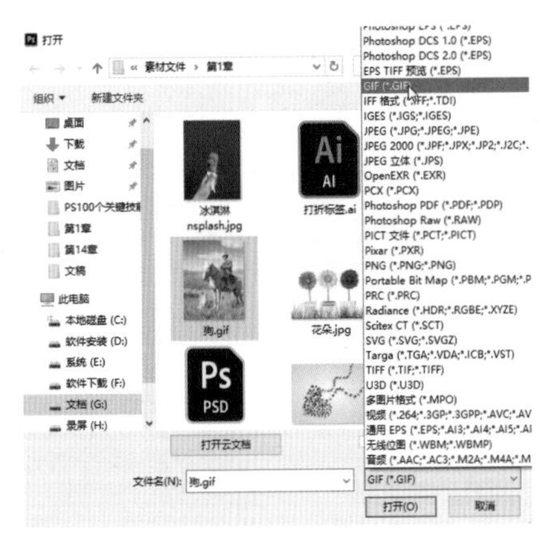

图 1-5

Step 03：单击【打开】按钮，即可在软件中打开所选的文件，如图 1-6 所示。

图 1-6

3.【在Bridge中浏览】命令

Adobe Bridge是Photoshop自带的一个图像文件管理程序，从Bridge中可以查看、搜索、排序、管理和处理图像，以及查看从数码相机导入的原始文件和数据信息。Bridge中的图像文件可以直接在Photoshop中打开。执行【文件】→【在Bridge中浏览】命令，可以运行Adobe Bridge，在Bridge中选择一个文件，双击即可在Photoshop中将其打开，如图 1-7 所示。

图 1-7

4. 打开最近使用过的文件

默认情况下，Photoshop会自动保存最近使用过的 20 个文件。如果要打开的文件是最近使用过的，可以执行【文件】→【最近打开文件】命令，在打开的下拉菜单中会显示最近使用过的文件列表。选择一个文件，如图 1-8 所示，将其打开，如图 1-9 所示。

图 1-8

图 1-9

5. 作为智能对象打开

智能对象是含栅格或矢量图像（如Photoshop或Illustrator文件）中的图像数据的图层。智能对象将保留图像的源内容及其所有原始特性。因此，将普通文件格式（如JPEG）的图像作为智能对象打开后，对图层进行缩放、旋转、斜切、扭曲、透视变换或使图层变形时，不会丢失原始图像数据或降低图像品质；将矢量数据（如Illustrator文件）作为智能对象打开后，所有矢量数据将被嵌入同一个PSD文件中，以方便直接对原始数据进行修改。

执行【文件】→【打开为智能对象】命令，弹出【打开】对话框，❶选择一个文件，❷单击【打开】按钮，如图 1-10 所示。该文件可转换为智能对象，图层缩览图右下角会显示智能图像的图标，如图 1-11 所示。

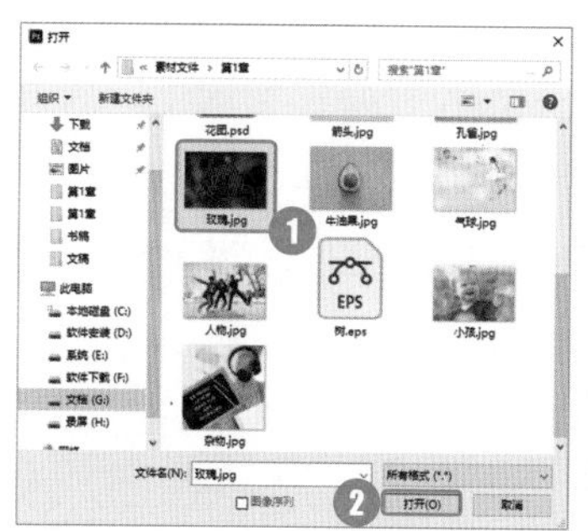

图 1-10　图 1-11

6. 置入文件

【置入】功能可以将照片、图片等位图，以及EPS、PDF、AI等矢量文件作为智能对象置入Photoshop文档中使用。Photoshop提供了两种置入文件的命令，一个是【置入嵌入对象】，一个是【置入链接的智能对象】，具体操作步骤如下。

Step 01：打开“素材文件/第 1 章/时尚人物.tif”文件，如图 1-12 所示。

图 1-12

Step 02：执行【文件】→【置入嵌入对象】命令，打开【置入嵌入的对象】对话框，❶选择“素材文件/第 1 章/花纹.tif”文件，❷单击【置入】按钮，如图 1-13 所示。

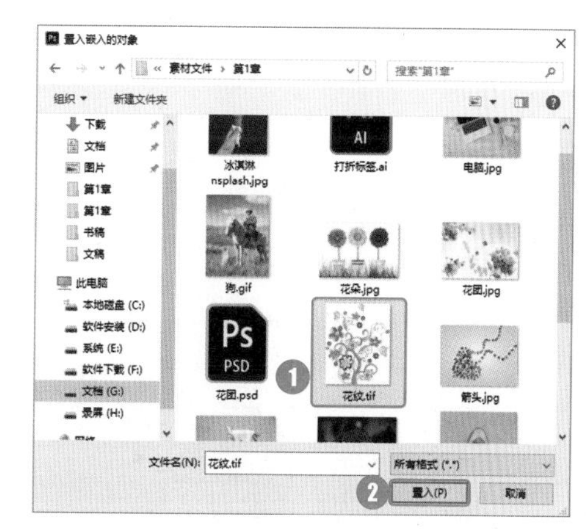

图 1-13

Step 03：图像置入文档中，在四周会显示定界框。拖动定界框调整大小和位置，如图 1-14 所示。

图 1-14

Step 04：单击选项栏中的【提交变换】按钮✓，或者按下【Enter】键确认即可置入文件，如图 1-15 所示。

图 1-15

Step 05：在【图层】面板中可以看到，在图层缩览图右下角会显示智能对象图标，如图 1-16 所示。

Step 06：如果执行【置入链接的智能对象】命令，也可以将图像作为智能对象置入。不过，此时图层缩览图右下角会显示一个链接图标，如图 1-17 所示。

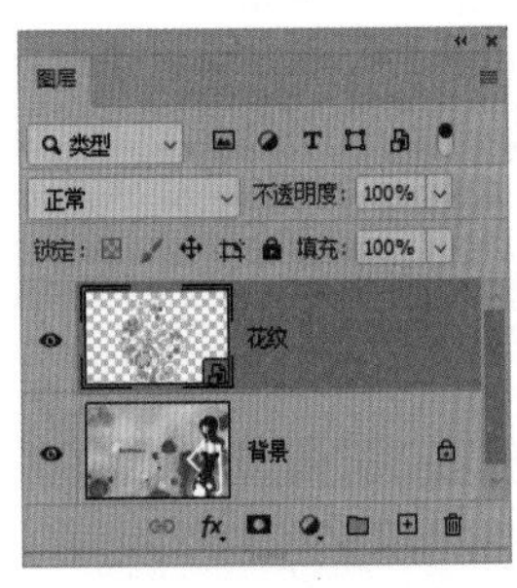

图 1-16

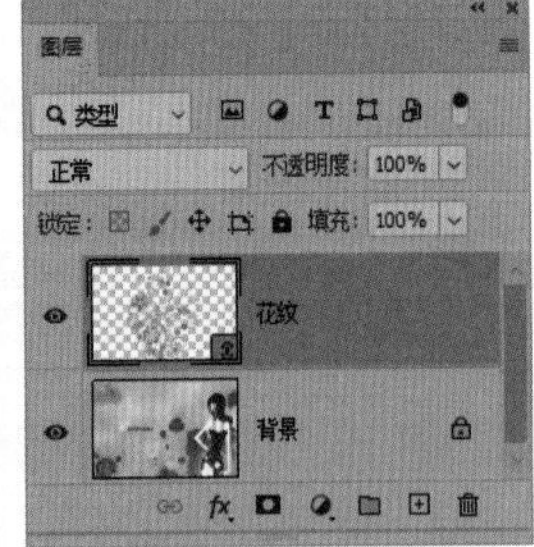

图 1-17

高手点拨

【置入嵌入对象】和【置入链接的智能对象】的区别

执行【置入嵌入对象】命令时，可以将其他格式的文件（如AI，PDF等）嵌入当前的PSD文档中。如果要修改设计效果，可以双击智能对象图标，打开源文件进行修改，保存修改后，PSD文档中的效果会同步进行更新。但是，如果修改链接的文件，则不会影响嵌入的智能对象。

执行【置入链接的智能对象】命令后，可以嵌入一个包含链接的智能对象。如果要修改设计效果，一是可以双击链接图标，打开源文件进行修改，PSD文档中的效果会同步进行更新；二是直接修改链接的文件，然后在Photoshop中打开包含该链接智能对象的PSD文档后，相关图层右下角会显示感叹号的图标，如图 1-18 所示。此时，执行【图层】→【更新修改的内容】命令，就可以更新内容，如图 1-19 所示。

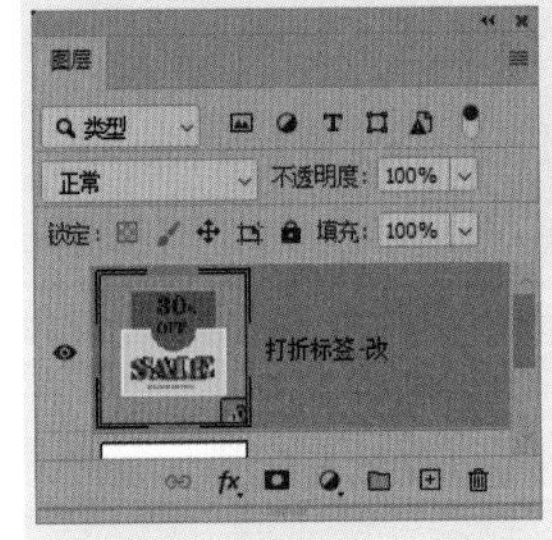

图 1-18

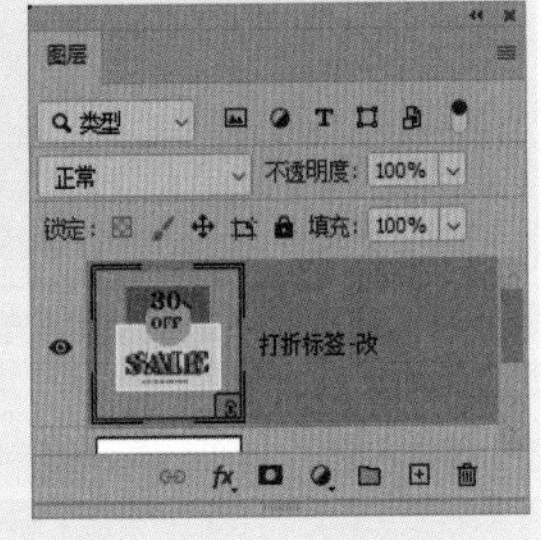

图 1-19

7. 拖动图像的打开方式

通过拖动图像的方式打开文件方法有两种，具体介绍如下。

方法一：在没有运行Photoshop的情况下，只要将一个图像文件拖动到Photoshop应用程序图标上，就可以运行Photoshop并打开该文件，如图 1-20、图 1-21 所示。

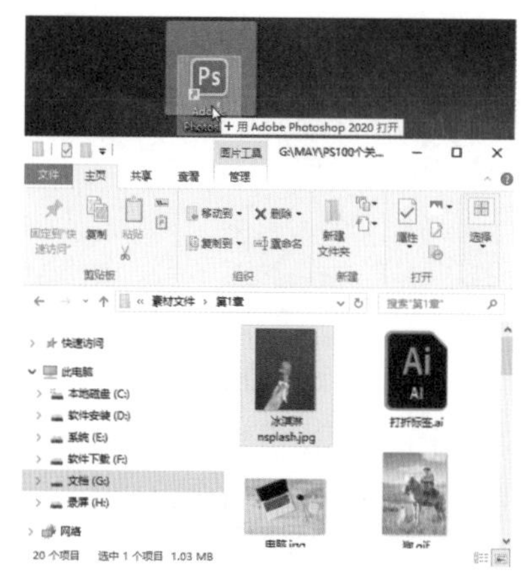

图 1-20

图 1-21

方法二：运行程序后，拖拽文件到Photoshop的内容窗口中，如图 1-22 所示；释放鼠标后将图像以智能对象的方式置入当前文档，如图 1-23 所示。

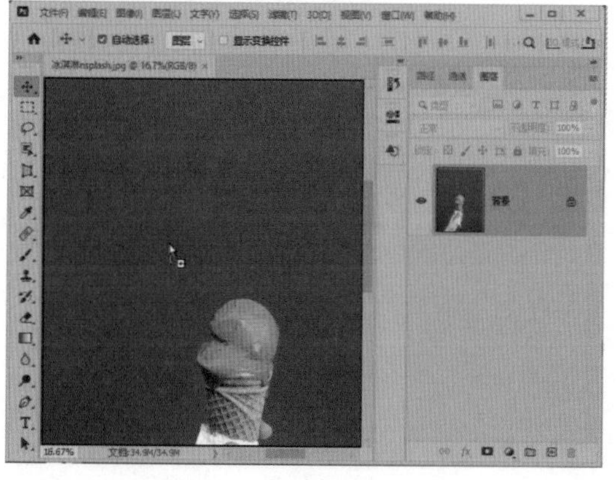

图 1-22

图 1-23

拖拽图像到Photoshop的选项栏上，如图 1-24 所示；释放鼠标后，可以将文件作为一个新的文档打开，如图 1-25 所示。

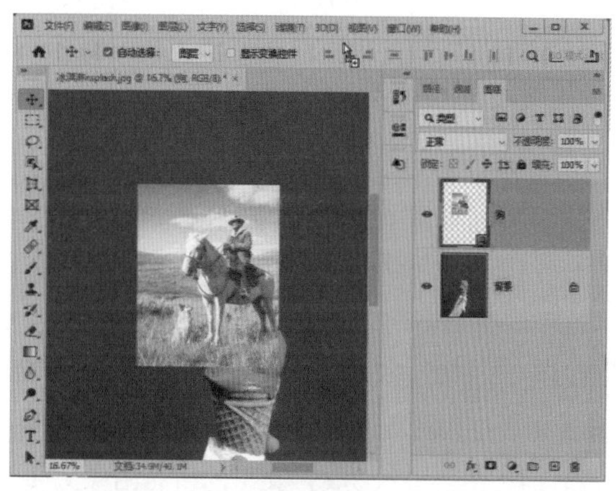

图 1-24

图 1-25

关键技能 002 使用Adobe Bridge高效管理图像文件

● 技能说明

Adobe Bridge是Adobe Photoshop自带的看图软件，用它可以组织、浏览和查找文件，并轻松访问原始Adobe文件（如PSD和PDF）及非Adobe文件。

● 应用实战

1. 浏览图像的 3 种方式

Adobe Bridge提供了全屏模式、幻灯片模式和审阅模式 3 种浏览图像的方式，不同的视图模式有不同的特点。在实际操作过程中，可以根据需要选择适合的浏览方式。

（1）在全屏模式下浏览。

Step 01：运行Photoshop程序后，执行【文件】→【在Bridge中浏览命令】，可以打开Bridge，❶单击【文件夹】面板，❷选择选件存储的位置，❸在内容面板中会显示该文件夹下的所有图像文件，如图 1-26 所示。

图 1-26

Step 02：向左拖动底部的滑块，可以缩小视图，如图 1-27 所示。单击滑块左侧的▬按钮，可以缩小视图；单击滑块右侧的▬按钮，可以放大视图。

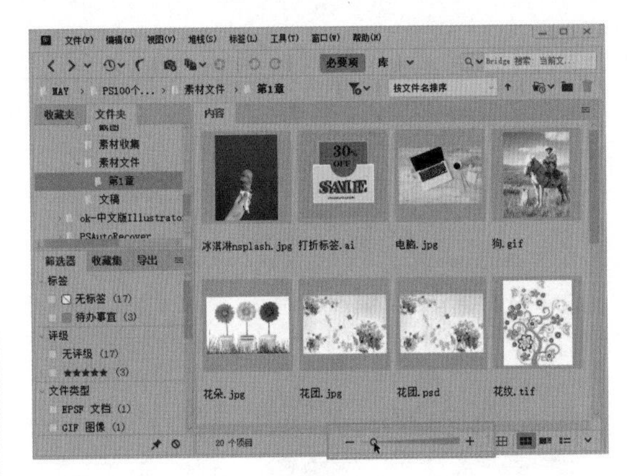

图 1-27

Step 03：单击窗口右上方的下拉按钮，可以选择以【必要项】【库】【胶片】【输出】【元数据】【关键字】【预览】【看片台】【文件夹】等方式显示图像，如选择【胶片】，如图 1-28 所示，其效果如图 1-29 所示。

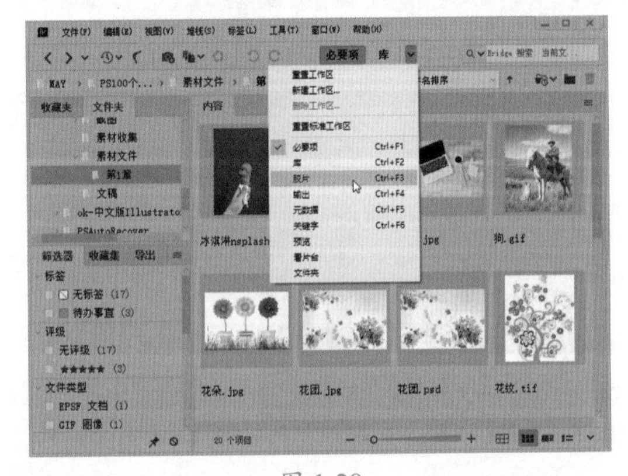

图 1-28

图 1-29

胶片方式显示图像

（2）用幻灯片模式浏览图像。

执行【视图】→【幻灯片放映】命令，可以通过幻灯片放映的形式自动播放图像，如图 1-30 所示；按【ESC】键可以退出幻灯片放映模式。

图 1-30

（3）用审阅模式浏览图像。

执行【视图】→【审阅模式】命令，可以切换到审阅模式，如图 1-31 所示；在该模式下，单击后面背景图缩览图，可以将其设置为前景图像，如图 1-32 所示。

图 1-31

图 1-32

2．查看数码照片元数据

使用数码相机拍照时，相机会自动将拍摄信息（如光圈、快门、ISO、测光模式、拍摄时间等）记录到照片中，这些信息被称为元数据。使用【元数据面板】就可以查看照片元数据信息，具体操作步骤如下。

Step01：❶选择任意一张照片，❷执行【窗口】→【元数据面板】命令，如图 1-33 所示。

图 1-33

Step 02：打开【元数据面板】，可以看到该照片的尺寸、大小等元数据信息，如图 1-34 所示。

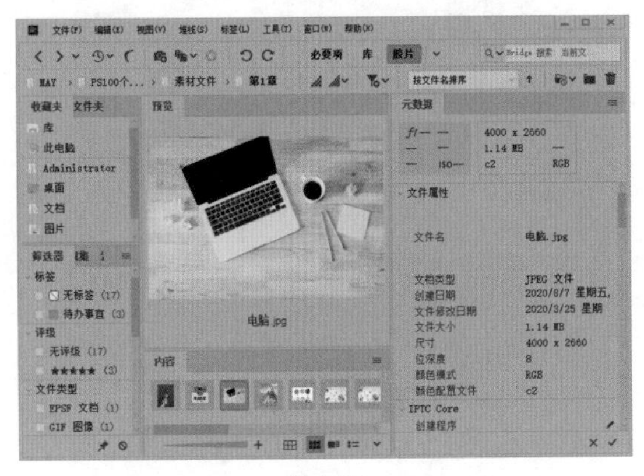

图 1-34

3．对文件进行标记、评级和排序

当文件夹中文件的数量较多时，可以用 Bridge 对重要的文件进行标记和评级。标记后，从【视图】→【排序】菜单中选择一个选项，对文件重新排列，就可以在需要它们的时候快速将其找到，具体操作步骤如下。

Step 01：❶选择任意一个图像，❷执行【标签】→【待办事宜】选项，如图 1-35 所示；这样就可以为文件添加紫色标记，如图 1-36 所示。

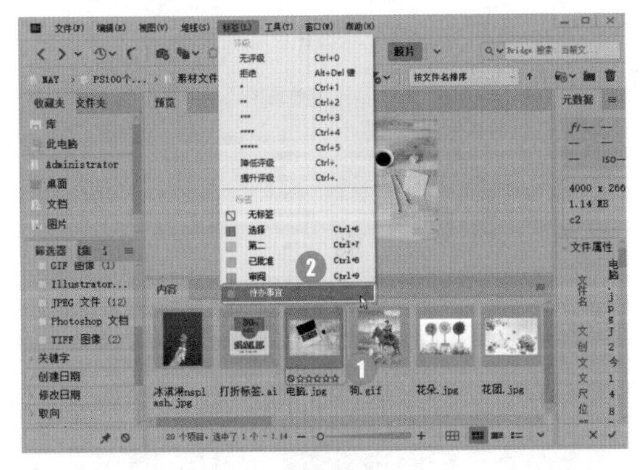

图 1-35

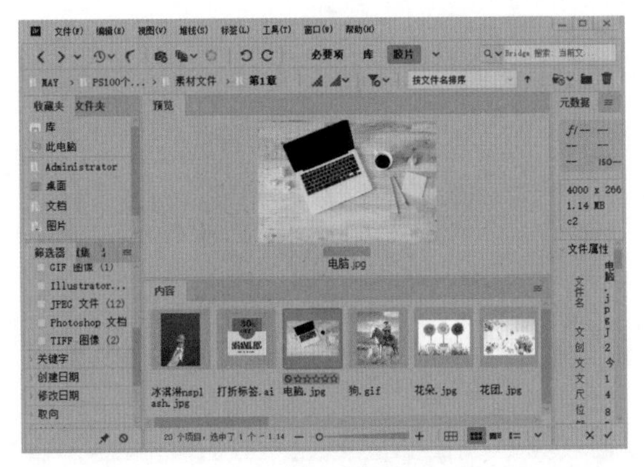

图 1-36

Step 02：在【标签】菜单中选择四星，如图 1-37 所示；这样即可将文件标记为四星，如图 1-38 所示。

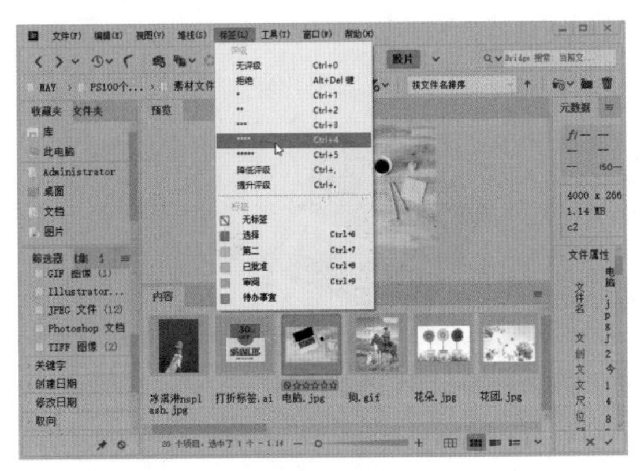

图 1-37

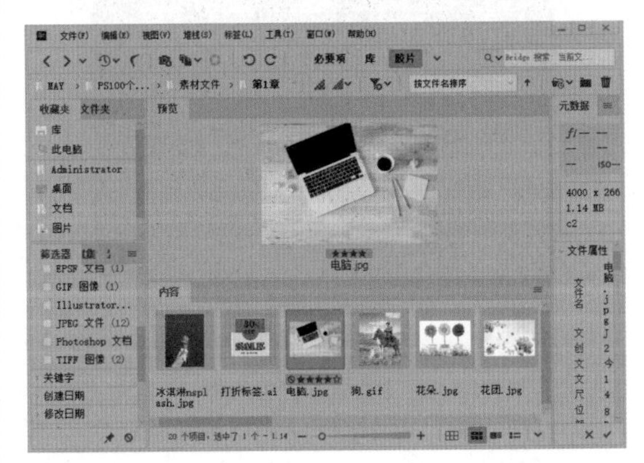

图 1-38

Step 03：使用相同的方法为其他照片评级，如图 1-39 所示。

图 1-39

Step 04：执行【视图】→【排序】→【按评级】命令，如图 1-40 所示。此时，照片将按照星级从小到大重新排序，效果如图 1-41 所示。

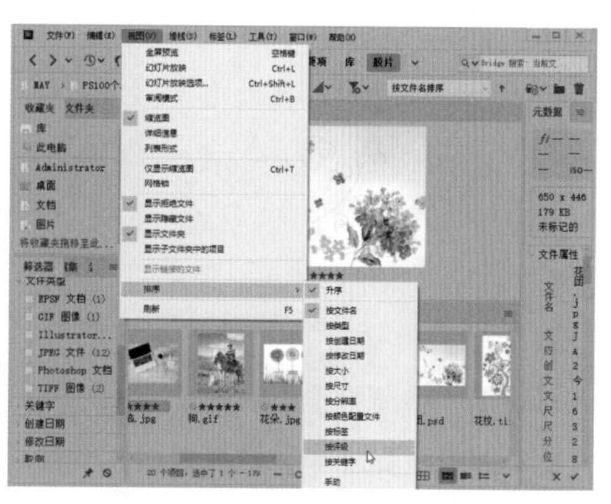

图 1-40

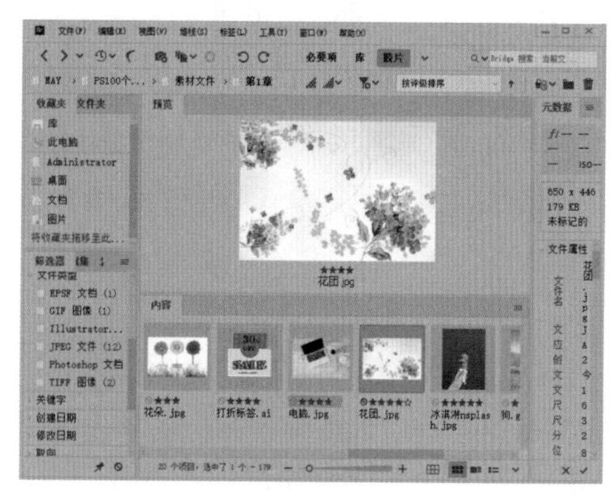

图 1-41

关键技能 003 将文件保存为不同的格式

● 技能说明

图像编辑完成后，执行【文件】→【存储】命令就可以保存文件。Photoshop 提供了两种保存文件的方式，一是保存为云文档；二是保存在计算机上。因为 Photoshop 可以支持几十种文件格式，不同的文件格式具有不同的适用场景和特点，所以在保存时需要根据具体情况选择合适的文件格式进行保存。

Photoshop 支持的格式主要包括固有格式（PSD）、应用软件交换格式（EPS/DCS/Filmstrip、Camera Raw）、专有格式（GIF/BMP/Amiga IFF/PCX/PDF/PICI/PNG/Scitex CT/TGA）、主流格式（JPEG、TIFF）、其他格式（Photoshop CD YCC/FlashPix）等。常见图像格

式有以下 7 种。

PSD 文件格式

PSD 是 Photoshop 默认的文件格式，它可以保留文档中的所有图层、蒙版、通道、路径、未栅格化文字、图层样式等。

TIFF 文件格式

TIFF 是一种通用的文件格式，所有的绘画、图像编辑和排版程序都支持该格式。而且，几乎所有的桌面扫描仪都可以产生 TIFF 图像。

TIFF 支持有 Alpha 通道的 CMYK、RGB、Lab、索引颜色和灰度图像，以及没有 Alpha 通道的位图模式图像。Photoshop 可以在 TIFF 文件中存储图层，但是，如果在另一个应用程序中打开该文件，则只有拼合图像是可见的。

BMP 文件格式

BMP 是一种用于 Windows 操作系统的图像格式，主要用于保存位图文件。该格式可以处理 24 位颜色的图像，支持 RGB、位图、灰度和索引模式，但不支持 Alpha 通道。

GIF 文件格式

GIF 是基于网格上传输图像创建的文件格式，它支持透明背景和动画，被广泛地应用于网格文档中。GIF 格式采用 LZW 无损压缩方式，压缩效果较好。

JPEG 文件格式

JPEG 是由联合图像专家组开发的文件格式。它采用有损压缩方式，具有较好的压缩效果，但是将压缩品质数值设置较大时，会损失掉图像的某些细节。JPEG 格式支持 RGB、CMYK 和灰度模式，不支持 Alpha 通道。

EPS 文件格式

EPS 是为 PostScript 打印机输出图像而开发的文件格式，几乎所有的图形、图表和页面排版程序都支持该格式。EPS 格式可以同时包含矢量图形和位图图像，支持 RGB、CMYK、位图、双色调、灰度、索引和 Lab 模式，但不支持 Alpha 通道。

RAW 文件格式

Camera Raw 是一种灵活的文件格式，用于在应用程序与计算机平台之间传递图像。该格式支持具有 Alpha 通道的 CMYK、RGB 和灰度模式，以及无 Alpha 通道的多通道、Lab 和双色调模式。

● 应用实战

在 Photoshop 中编辑好图像后，执行【文件】→【存储】命令或按【Ctrl+S】组合键，就可以保存文件，具体操作步骤如下。

Step 01：执行【文件】→【存储】命令，弹出对话框，单击【保存在您的计算机上】按钮，如图 1-42 所示。

图 1-42

Step 02：打开【存储】对话框，❶设置文件保存位置，❷给文件命名，❸单击文件列表下拉按钮，选择【JPEG】文件格式，如图 1-43 所示。

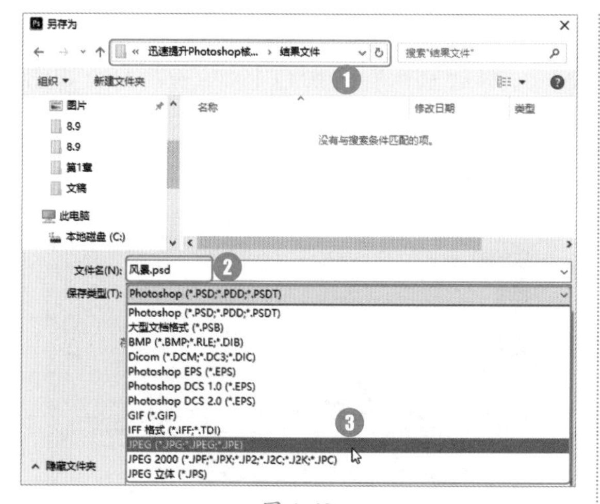

图 1-43

Step 03：单击【保存】按钮，如图 1-44 所示。

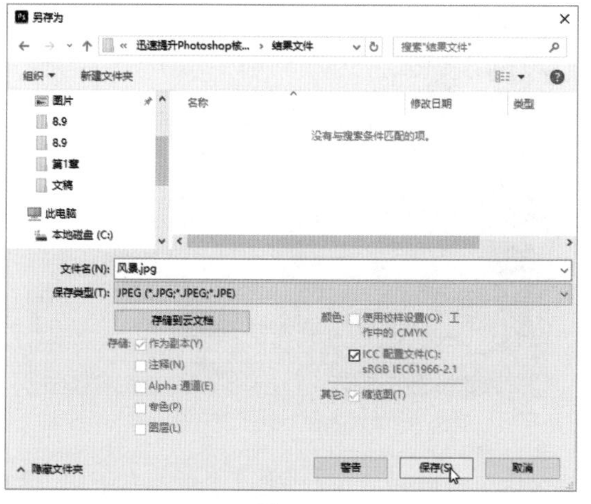

图 1-44

Step 04：弹出【JPEG】选项对话框，设置文件质量，单击【确定】按钮，即可保存文件，如图 1-45 所示。

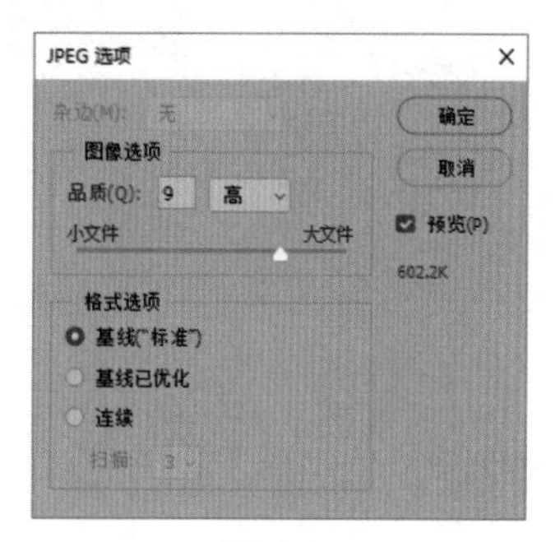

图 1-45

高手点拨

什么是云文档

云文档是 Photoshop 2020 版本新增加的一个功能，它是 Adobe 的新型云端原生文档文件类型，这种文件类型是为了实现跨设备无缝在线或离线工作体验而优化的文件类型。

将文件保存为云文档后，编辑的内容会永久存储并同步到云端。此后，无论身处何地或者使用何种设备，只要登录 Adobe 账号，就可以在云端查看文档并继续对文档进行编辑。

关键技能 004 个性化的工作界面设置，你说了算

● 技能说明

Photoshop 的工作界面是由不同的面板组成的，且这些面板都是浮动面板，因此，可以根据需要和个人的操作习惯调整面板的大小、位置，或者打开、关闭面板，从而设置个性化的工作界面，如图 1-46 所示。

图 1-46

● 应用实战

Photoshop中提供了20多个面板，在【窗口】菜单中可以选择需要的面板并将其打开。默认情况下，面板以选项卡的形式成组出现，并显示在窗口右侧，用户可以根据需要打开、关闭或者自由组合面板。重新设置工作界面后，还可以将其保存为工作区，具体操作步骤如下。

Step 01：单击窗口右上角【选择工作区】的下拉按钮，选择【复位基本功能】命令，如图 1-47 所示；复位基本工作区效果，如图 1-48 所示。

图 1-47

图 1-48

Step 02：拖动【颜色】面板到工作区，如图 1-49 所示；释放鼠标后，【颜色】面板被拆分，如图 1-50 所示。

图 1-49

图 1-50

Step 03：将鼠标放在【颜色】面板的右下角，当鼠标变换为双向箭头形状时，拖拽鼠标可以放大或缩小面板，如图 1-51 所示。

图 1-51

Step 04：单击面板右上角的✖按钮，可以关闭面板，如图 1-52 所示。

图 1-52

Step 05：选择【图案】面板，右击鼠标，选择快捷菜单中的【关闭】选项，可以关闭【图案】面板，如图 1-53 所示；效果如图 1-54 所示。

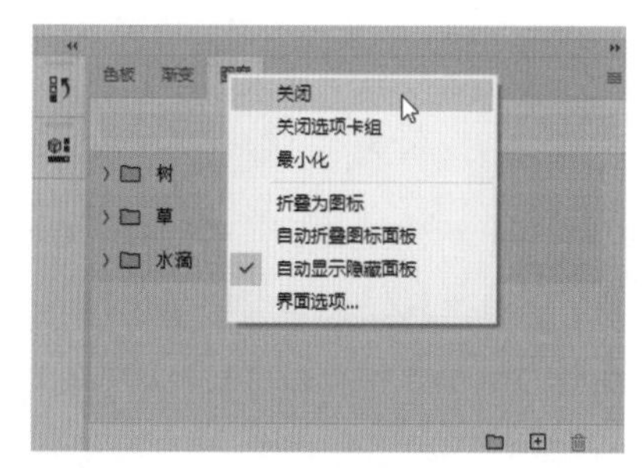

图 1-53

图 1-54

Step 06：使用相同的方法关闭【色板】【渐变】【学习】【库】面板，如图 1-55 所示。

图 1-55

Step 07：执行【窗口】→【导航器】命令，如图 1-56 所示；打开【导航器】面板，效果如图 1-57 所示。

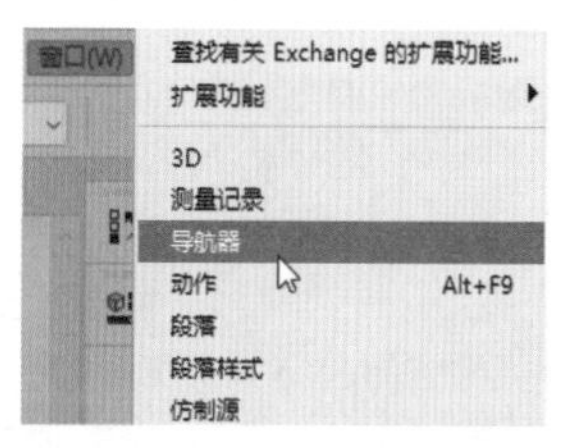

图 1-56

图 1-57

Step 08：拖动【导航器】面板到【调整】面板的选项卡中，如图 1-58 所示；当出现蓝色框线时，释放鼠标，即可将【导航器】面板与【调整】面板相组合，如图 1-59 所示。

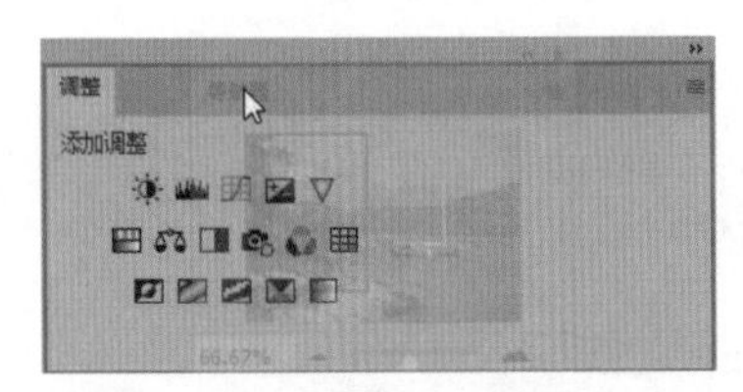

图 1-58

图 1-59

Step09：将鼠标放在两个面板组之间，如图 1-60 所示；当鼠标变换成双向箭头时，拖动鼠标可以调整面板大小，如图 1-61 所示。

图 1-60

图 1-61

Step10：单击面板右上角的【折叠为图标】按钮 ，可以将面板折叠为图标；单击面板右上角的【展开为面板】按钮 ，可以将图标展开为面板，如图 1-62 所示。

图 1-62

Step11：执行【窗口】→【工作区】→【新建工作区】命令，如图 1-63 所示。

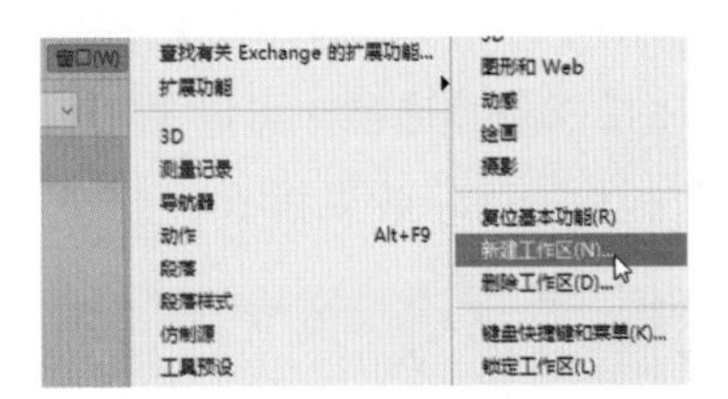

图 1-63

Step12：打开【新建工作区】对话框，❶设置工作区名称，❷单击【存储】按钮，如图 1-64 所示；同时可将其保存到【工作区】菜单中，如图 1-65 所示。

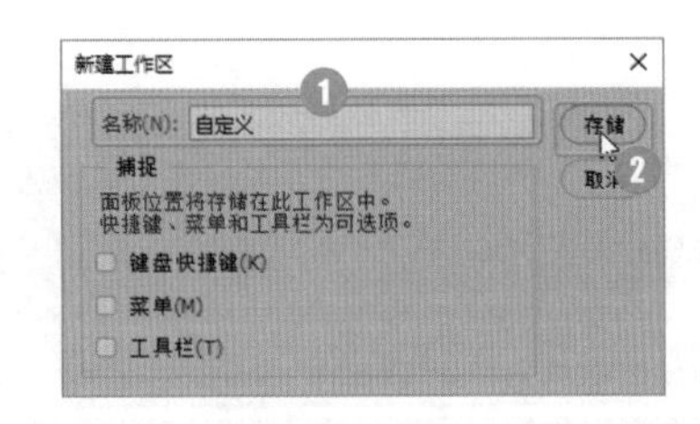

图 1-64

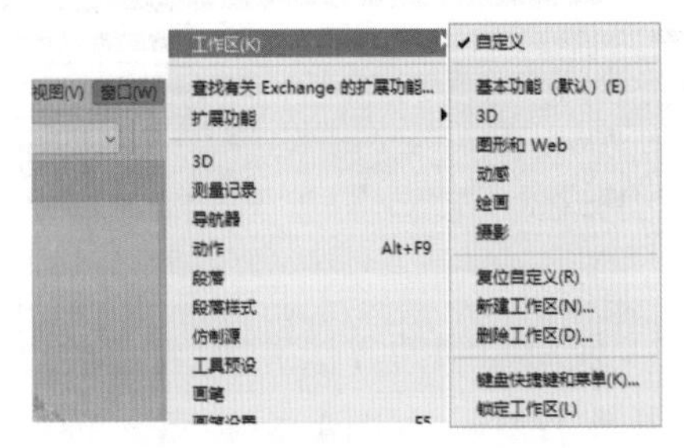

图 1-65

关键技能 005 选用合适的屏幕模式展示图像效果

● 技能说明

Photoshop 提供了【标准屏幕模式】【带有菜单栏的全屏模式】和【全屏模式】3 种方式展示图像效果。默认情况下，Photoshop 以【标准屏幕模式】展示图像。但如果需要向别人展示图像的整体设计效果，可以使用【全屏模式】的方式来展示。

● 应用实战

单击工具箱底部的【更改屏幕模式】按钮，可以显示一组用于切换屏幕模式的按钮，包括【标准屏幕模式】、【带有菜单栏的全屏模式】和【全屏模式】。切换不同屏幕模式的具体操作步骤如下。

Step 01：任意打开一个素材图片，如图 1-66 所示。Photoshop 以【标准屏幕模式】显示图像，在该模式下可显示菜单栏、标题栏、滚动条和其他屏幕元素。

图 1-66

Step 02：单击工具箱底部的【更改屏幕模式】按钮，选择【带有菜单栏的全屏模式】，如图 1-67 所示。该模式下显示有菜单栏、50% 灰色背景和滚动条的全屏窗口。

图 1-67

Step 03：按【F】键切换到【全屏模式】，如图 1-68 所示。该模式下只显示黑色背景，是无标题栏、菜单栏和滚动条的全屏窗口；按【Tab】键可以显示菜单栏和面板，如图 1-69 所示。按【F】键或【Esc】键可以切换回【标准屏幕模式】。

图 1-68

图 1-69

关键技能 006 使用文档窗口排列方式同时查看多个图像

● 技能说明

在 Photoshop 中打开多个图像后，默认情况下，全屏只会显示一个图像。如果想要同时查看多个图像，可以通过设置不同的窗口排列方式来实现。

在【窗口】→【排列】菜单中提供了三大类排列方式。

（1）浮动排列方式。可以将窗口设置为以不同方式排列的浮动窗口。

（2）垂直/水平拼贴排列方式。将所有文档窗口以水平或垂直的方式进行拼贴排列。

（3）匹配排列方式。通过设置匹配方式将所有窗口的缩放比例、图像显示位置或画布旋转角度与当前窗口相匹配。

● 应用实战

1. 浮动排列方式

浮动排列方式中包括【层叠】【平铺】【在窗口中浮动】和【使所有内容在窗口中浮动】4 种排列方式，下面具体介绍每一种排列方式的效果。

（1）层叠。设置这种排列方式之前，需要先将窗口都设置为浮动窗口，如图 1-70 所示；再执行【窗口】→【排列】→【层叠】命令，此时，所有浮动窗口将从屏幕左上角到右下角以堆叠和层叠的方式显示，如图 1-71 所示。

图 1-70

图 1-71

（2）平铺。执行【窗口】→【排列】→【平铺】命令，所有窗口将以边靠边的方式显示，如图 1-72 所示；该排列方式下，关闭一个窗口时，其他窗口会自动调整大小，以填满整个可用的空间，如图 1-73 所示。

图 1 72

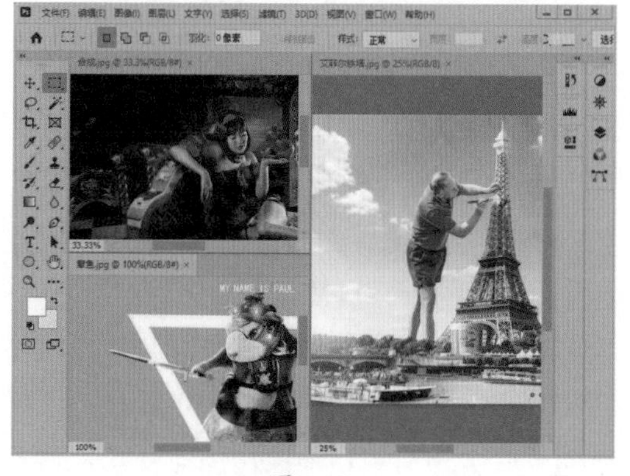

图 1-73

（3）在窗口中浮动。设置这种排列方式之前，需要先将窗口停靠在选项卡中并选择一个文档窗口，如图 1-74 所示。执行【窗口】→【排列】→【在窗口中浮动】命令，可将该文档窗口设置为浮动窗口，并可以任意移动窗口位置，以及改变窗口大小，如图 1-75 所示。

图 1-74

图 1-75

（4）使所用内容在窗口中浮动。设置这种排列方式之前，需要保证至少有一个文档窗口停靠在选项卡中，否则设置将没有意义。执行【窗口】→【排列】→【使所有内容在窗口中浮动】命令，可将所有文档窗口都设置为浮动窗口，如图 1-76 所示。

图 1-76

2. 垂直/水平拼贴排列

垂直/水平拼贴是以垂直或水平的排列方式来显示窗口图像。执行【窗口】→【排列】命令后，可以选择全部、双联、三联、四联以及六联垂直/水平排列方式查看图像。

（1）垂直拼贴排列。打开多个文件后，执行【窗口】→【排列】命令，在级联菜单中选择一种垂直排列方式，如选择【三联垂直】，所有文档窗口将在垂直方向以 3 栏显示，如图 1-77 所示。

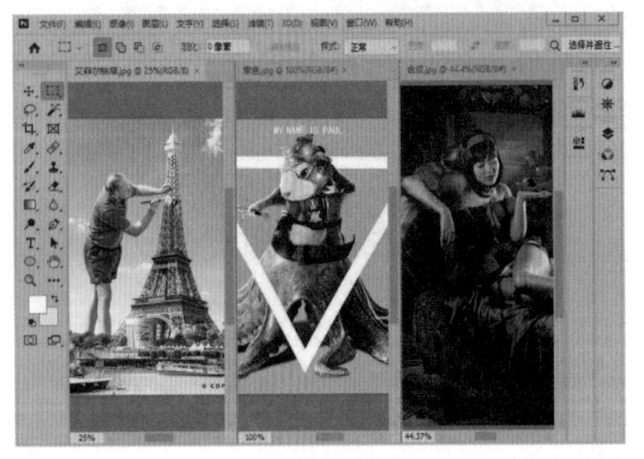

图 1-77

（2）水平拼贴排列。打开多个文件后，执行【窗口】→【排列】命令，在级联菜单中选择一种水平排列方式，如选择【全部水平拼贴】，所有的文档窗口将以水平排列方式显示，如图 1-78 所示。

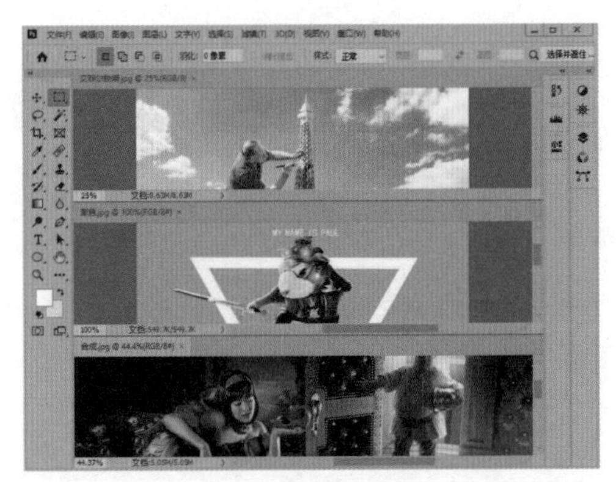

图 1-78

（3）将所有内容合并到选项卡。设置窗口排列方式查看图像后，为了更方便地编辑图像，可以执行【窗口】→【排列】→【将所有内容合并到选项卡】命令，将所有窗口最小化到选项卡中，此时全屏只显示当前窗口的图像，如图 1-79 所示。

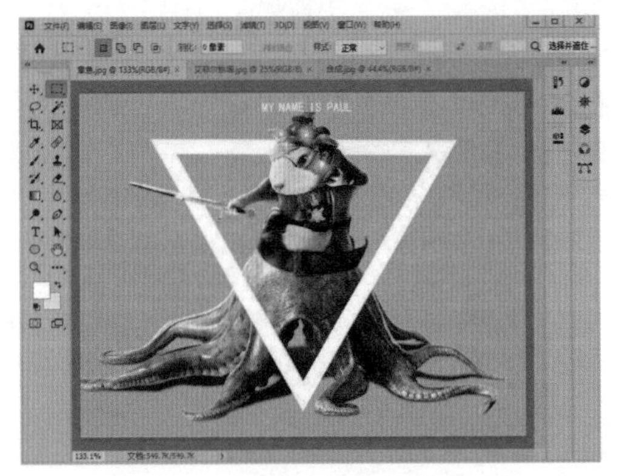

图 1-79

3. 匹配排列方式

在匹配排列方式中可以通过缩放比例、图像显示位置和画布旋转角度来匹配当前文档窗口。

（1）匹配缩放。将所有窗口都匹配至与当前窗口相同的缩放比例。如图 1-80 所示，选择左上角的窗口，将其设置为当前窗口，缩放比例为 20%；执行【窗口】→【排列】→【匹配缩放】命令，所有窗口缩放比例均设置为 20%，如图 1-81 所示。

图 1-80

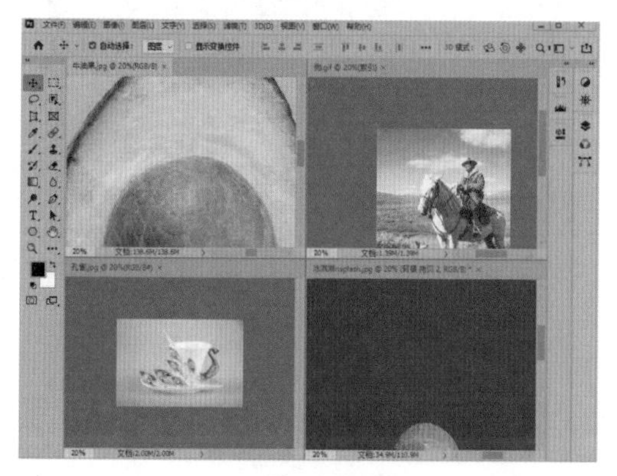
图 1-81

（2）匹配位置。将所有窗口中图像显示的位置都与当前窗口匹配。如图 1-82 所示，选择左侧文档窗口并调整好图像的位置；执行【窗口】→【排列】→【匹配位置】命令，将右侧窗口图像位置调整到与左侧窗口图像相同的位置，效果如图 1-83 所示。

图 1-82

图 1-83

（3）匹配旋转。将所有窗口中画布的旋转角度都与当前文档窗口匹配。如图 1-84 所示，选择左侧“猫”图像，并使用【旋转视图工具】旋转画布角度为 64 度；执行【窗口】→【排列】→【匹配旋转】命令，将右侧“花”图像画布角度调整到和左侧“猫”图像画布角度相同，如图 1-85 所示。

图 1-84

图 1-85

（4）全部匹配。将所有窗口中的缩放比例、图像显示的位置、画布旋转角度与当前窗口匹配。

关键技能 007 快速查看图像细节

● 技能说明

在编辑图像的过程中，经常需要放大视图来查看图像细节，或者旋转视图，以便更好地编辑图像。这时，可以使用专门的视图调整工具来调整图像视图。这些工具主要包括【旋转视图工具】、【缩放工具】和【抓手工具】。各工具主要的作用如表 1-1 所示。

表 1-1　各项工具主要的作用

工具名	作用
【旋转视图工具】	可以在不破坏图像的情况下旋转画布视图，使图像编辑起来更加方便
【缩放工具】	可以调整图像视图大小
【抓手工具】	可以移动图像视图位置

● 应用实战

1. 使用【旋转视图工具】旋转画布视图

使用【旋转视图工具】旋转画布视图的具体操作步骤如下。

Step 01：打开"素材文件/第 1 章/黄.jpg"文件，在工具箱中选择【旋转视图工具】，如图 1-86 所示。

Step 02：在图像上单击鼠标会出现一个红色罗盘，拖拽鼠标即可以任意角度旋转画布，如图 1-87 所示。

图 1-86

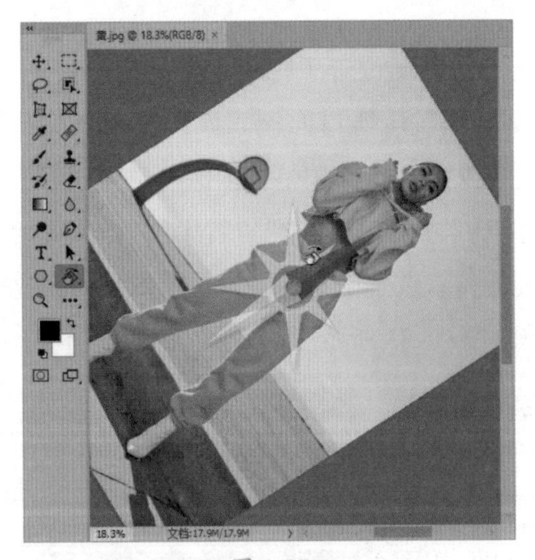

图 1-87

Step 03：在选项栏中【旋转角度】参数框中设置数值（如设置 120 度），即可以更精准的角度旋转画布，如图 1-88 所示。

图 1-88

Step 04：单击选项栏中【复位视图】按钮，即可复位视图，如图 1-89 所示。

图 1-89

2. 使用【缩放工具】和【抓手工具】调整视图大小和位置

使用【缩放工具】放大图像视图后，窗口不能显示所有的图像内容，这时就需要使用【抓手工具】来移动视图，以便查看图像内容。所以【缩放工具】和【抓手工具】通常会配合使用。使用【缩放工具】和【抓手工具】调整视图大小和位置的具体操作步骤如下。

Step 01：打开“素材文件/第 1 章/猫.jpg”文件，在工具箱中选择【缩放工具】，如图 1-90 所示。

图 1-90

Step 02：选择【缩放工具】后，默认情况下图像是放大状态。在图像上单击鼠标，就可以放大图像，如图 1-91 所示。

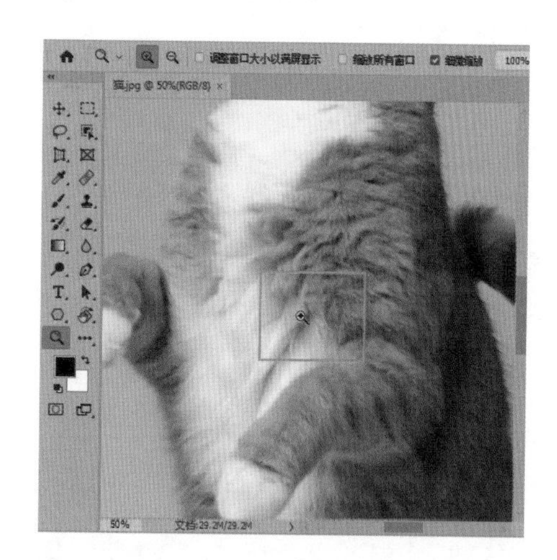

图 1-91

Step 03：放大图像后就无法显示全部的图像内容，如图 1-91 所示。这时再选择【抓手工具】，在图像上拖拽鼠标，就可以移动图像视图，如图 1-92 所示。

Step 04：放大视图后，按住【H】键的同时单击图像，会显示全部图像，此时，图像上会显示一个黑色矩形选框，如图 1-93 所示；拖动鼠标移动选框的位置，如图 1-94 所示。

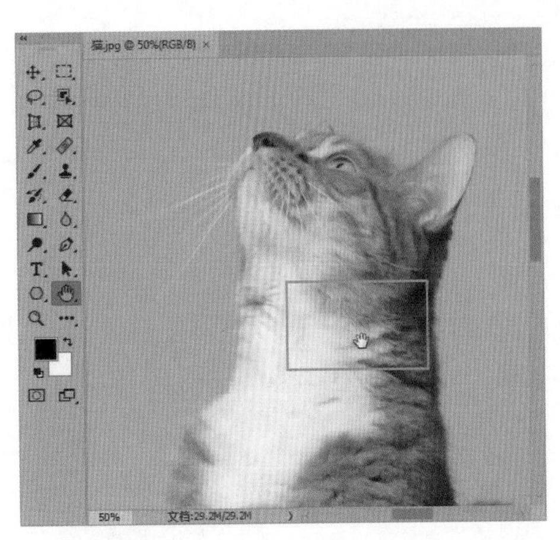

图 1-92

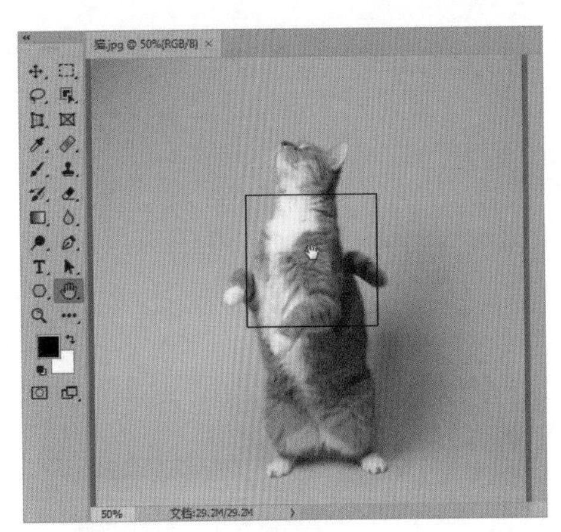

图 1-93

图 1-94

Step 05：释放鼠标和【H】键后，图像可以快速移动到该矩形区域并放大该区域视图，如图 1-95 所示。

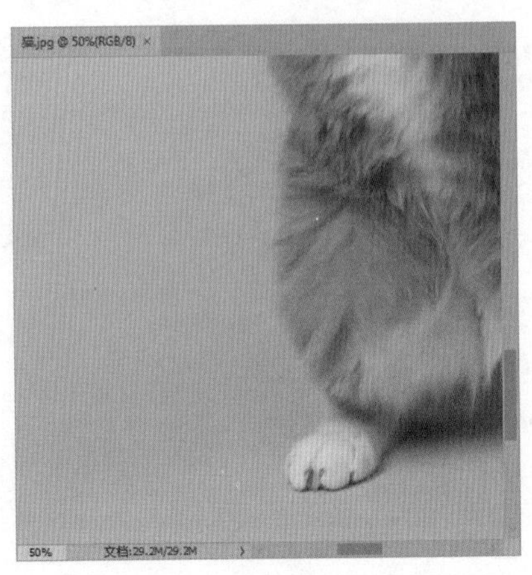

图 1-95

Step 06：选择【缩放工具】，❶单击选项栏中的【缩小】图标，切换到缩小状态；❷在图像上单击鼠标，可以缩小图像视图，如图 1-96 所示。

图 1-96

高手点拨

调整视图大小和位置的快捷方式

使用其他工具编辑图像的过程中按【Ctrl++】组合键可以放大视图；按【Ctrl+-】组合键可以缩小视图；按【Alt】键的同时滚动鼠标滚轮可以快速放大或者缩小视图；选择【缩放工具】后，按住【Alt】键不放可以切换缩放状态；按【Ctrl】键的同时滚动鼠标滚轮，可以左右移动图像视图；按【Shift】键的同时滚动鼠标滚轮，可以上下移动图像视图；按【空格键】可以临时切换到【抓手工具】，拖拽鼠标即可移动图像视图。

关键技能 008 精准定位图像位置，实现完美构图

● 技能说明

使用Photoshop处理图像或者绘制插画时，需要根据主题的要求，将要表现的不同元素适当地组织起来，构成一个协调、完整的画面。为了保证每个元素位置的准确性，可以使用标尺、参考线、智能参考线和网格等工具辅助定位，实现完美构图。各辅助工具的作用如表 1-2 所示。

表 1-2　各辅助工具的作用

工具名	作用
标尺	用于精确地定位图像的位置
参考线	用于辅助定位图像，它浮动在图像上方，不会被打印出来
智能参考线	启用智能参考线后，可以提示对象是否对齐
网格	用于分布多个对象的位置

● 应用实战

1. 标尺与参考线

（1）标尺可以精确定位图像位置。执行【视图】→【标尺】命令，可以打开标尺，如图 1-97 所示，标尺显示在文档窗口的顶部和左侧；若要隐藏标尺，再次执行该命令即可。按【Ctrl+R】组合键也可以显示或者隐藏标尺。

图 1-97

（2）参考线可以用于辅助确定图像位置或者对齐图像。通常情况下，参考线需要配合标尺工具一起使用。打开标尺后，将鼠标指针移至水平标尺上方，单击并向下拖动鼠标可以创建水平参考线；将鼠标指针移至垂直标尺上方，单击并向右拖动鼠标可以创建垂直参考线，如图 1-98 所示。

图 1-98

如果要创建精准的参考线，可以执行【视图】→【新建参考线】命令，打开【新建参考线】对话框，❶设置参考线方向（如选择垂直单选按钮），❷在位置参数框中设置参考线位置（如设置1320像素），❸单击【确定】按钮，如图1-99 所示，即可在图像上对应的位置创建精准的参考线；效果如图 1-100 所示。

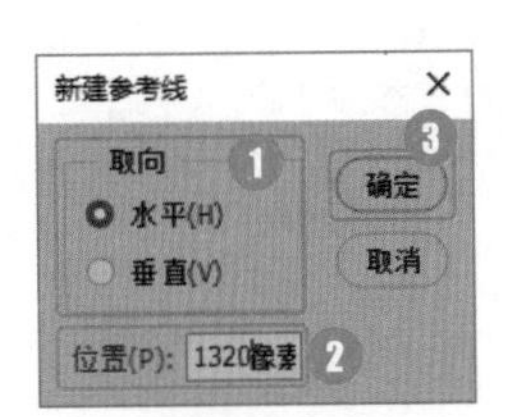

图 1-99

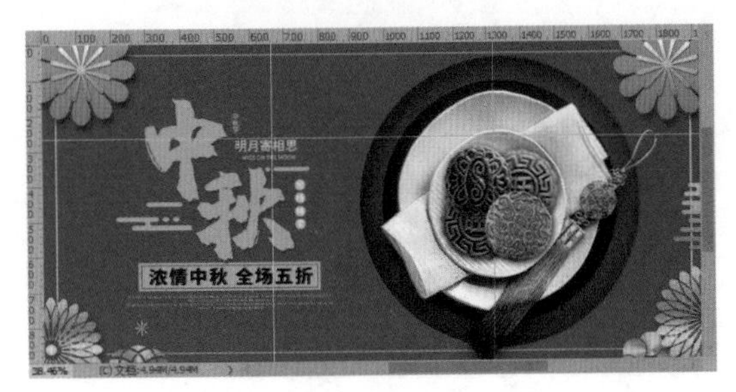

图 1-100

创建参考线后，拖动参考线到标尺上，释放鼠标即可删除参考线。或者执行【视图】→【清除参考线】命令，也可删除画布上所有的参考线。

2. 智能参考线

启用智能参考线后，移动对象时会显示参考线以提示对象是否对齐，如图 1-101 所示。执行【视图】→【显示】→【智能参考线】命令，就可以启用智能参考线。

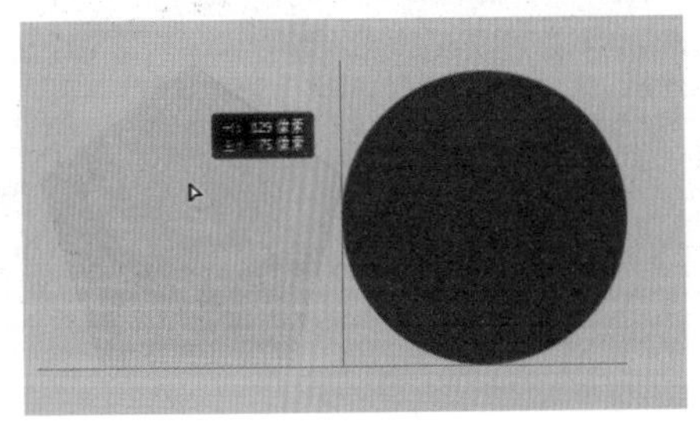

图 1-101

3. 网格

网格对于排列图素很有用。默认情况下，网格不会被打印出来。执行【视图】→【显示】→【网格】命令就可以显示网格，如图 1-102 所示；若要隐藏网格，再次执行该命令即可。按【Ctrl+'】组合键，也可以显示或隐藏网格。

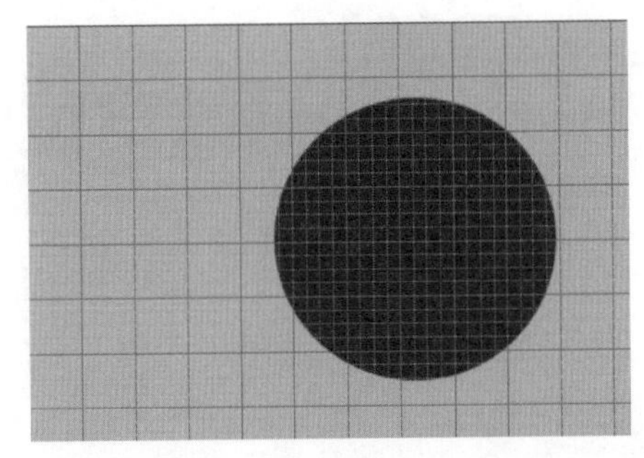

图 1-102

高手点拨

设置参考线和网格首选项

执行【编辑】→【首选项】→【参考线、网格和切片】命令，打开【首选项】对话框，并切换到【参考线、网格和切片】选项卡。在【参考线】栏中可以设置参考线的颜色和样式（实线或虚线），如图 1-103 所示。

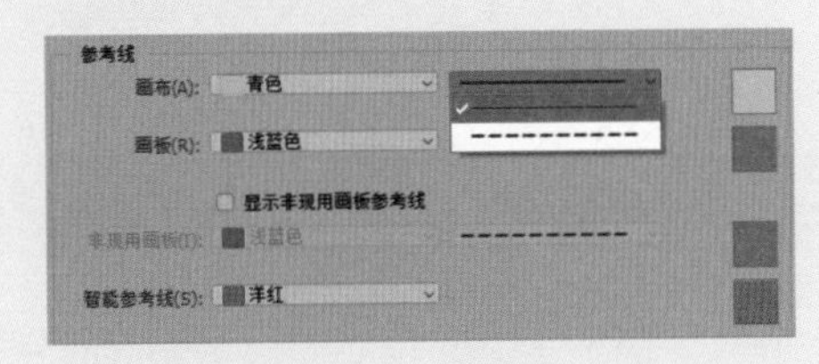

图 1-103

在网格栏中设置颜色为“中度蓝色”，样式为“实线”，网格线间隔为 60 毫米，子网格为 3，如图 1-104 所示。

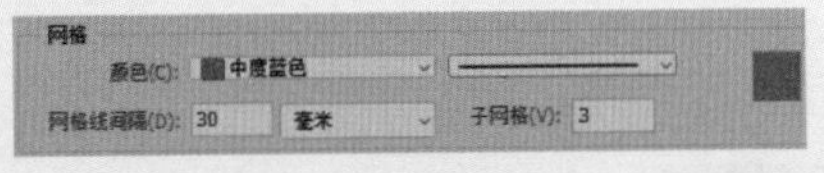

图 1-104

此时便可以创建颜色为蓝色，间隔为 60 毫米，并均分为 2×2 的网格，如 1-105 所示。

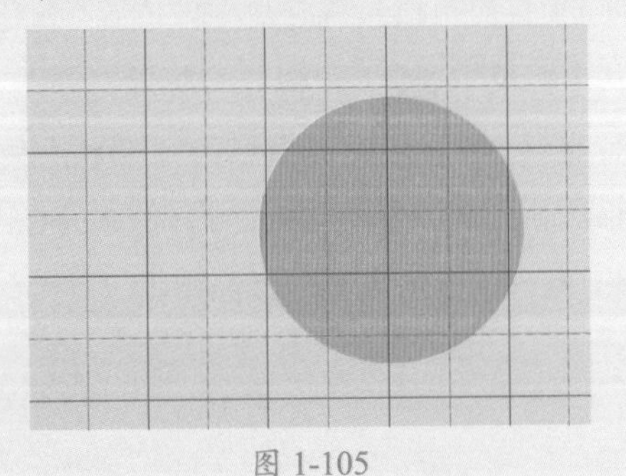

图 1-105

第 2 章
选区创建与编辑的 9 个关键技能

无论是在照片后期处理还是在设计合成中，都会遇到需要对画面局部进行处理、在特定范围内填充颜色或将部分区域删除的情况，这时便可以通过创建选区来进行操作。本章将介绍选区创建与编辑的 9 个关键技能，以帮助读者熟练掌握选区的相关操作技巧。本章知识点框架如图 2-1 所示。

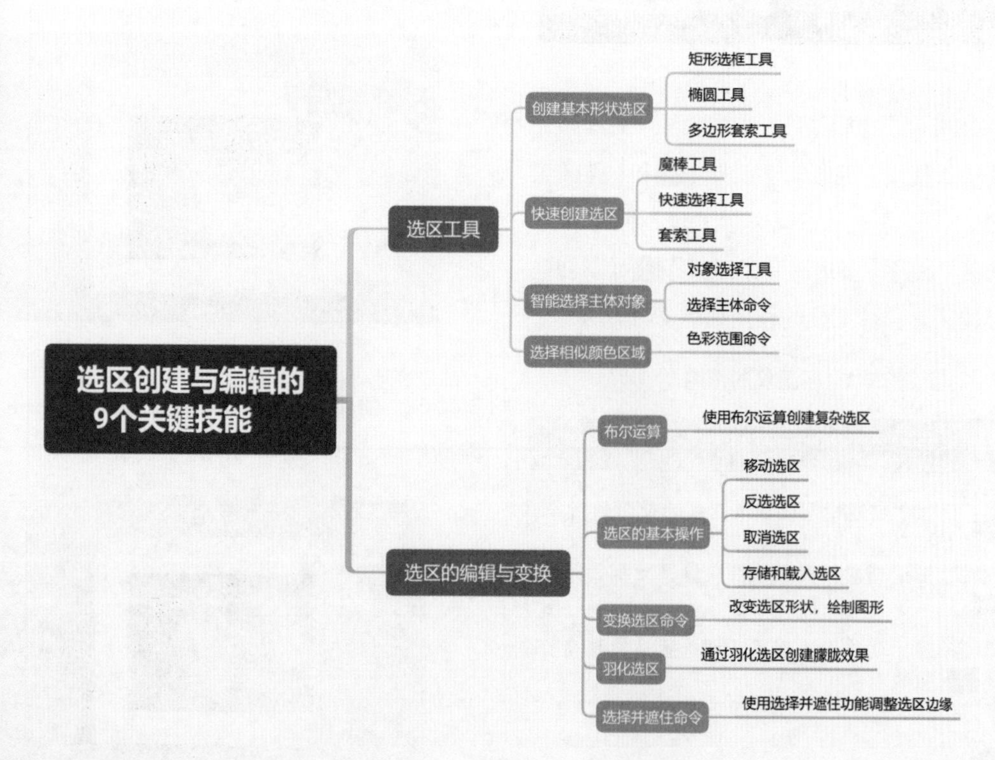

图 2-1

关键技能 009 使用选区工具创建基本形状选区

● 技能说明

选区是Photoshop的成像基础，有限定图像范围的作用。创建选区后，再进行颜色调整时，只会修改选区内图像的颜色，如图 2-2 所示。

图 2-2

Photoshop提供了多种创建选区的工具和命令。其中，使用【矩形选框工具】和【椭圆工具】可以创建矩形和椭圆形（包括圆形，下同）选区，使用【多边形套索工具】可以创建多边形选区。各种工具的作用如表 2-1 所示。

表 2-1　各工具的作用

工具名	作用
矩形选框工具	用于创建矩形选区或选区为矩形的对象
椭圆选框工具	用于创建椭圆形选区或选区为椭圆形的对象
多边形套索工具	用于创建多边形选区或选区边缘棱角分明的对象

● 应用实战

1. 矩形选框工具

【矩形选框工具】可以创建规则的矩形选区，因此，该工具既可以用来选择矩形的对象，也可以绘制基本图形。

（1）选择图像。

使用【矩形选框工具】选择对象的操作步骤如下。

Step 01：打开“素材文件/第 2 章/装饰.jpg”文件，放大视图，选择工具箱中的【矩形选框工具】，如图 2-3 所示。

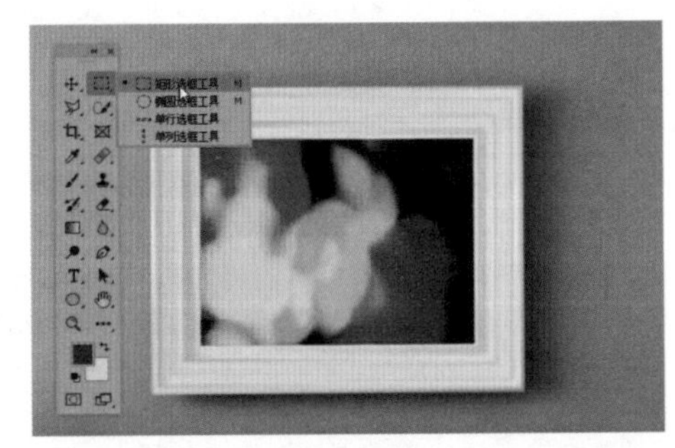

图 2-3

Step 02：使用【矩形选框工具】沿着话框边缘拖动鼠标，如图 2-4 所示。

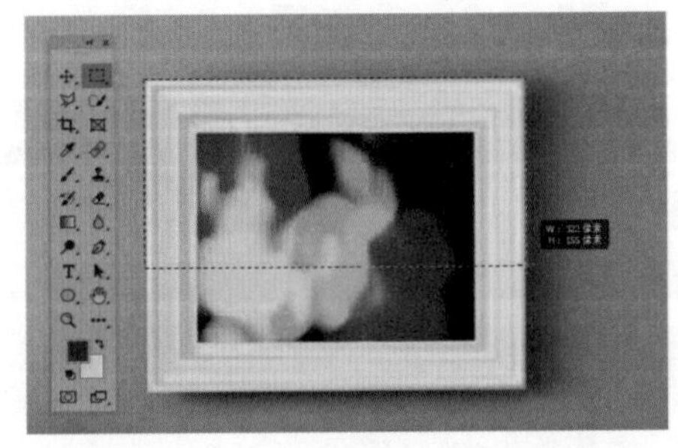

图 2-4

Step 03：释放鼠标后，画框被选择，如图 2-5 所示。

图 2-5

Step 04：执行【滤镜】→【像素化】→【晶格化】命令，打开【晶格化】对话框，❶设置【单元格大小】为 15，❷单击【确定】按钮，如图 2-6 所示。

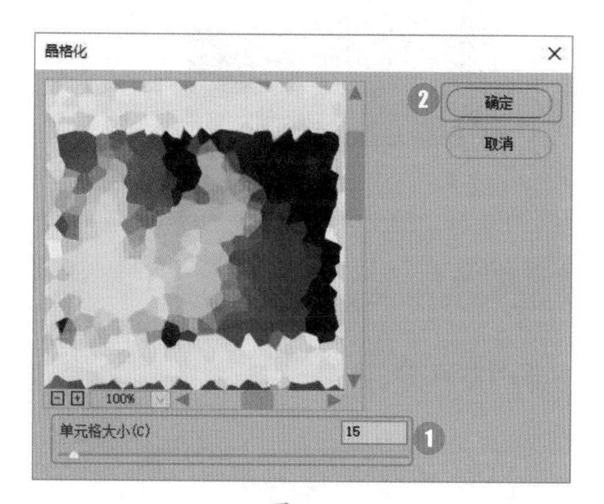

图 2-6

Step 05：返回文档，选区内图像应用晶格化滤镜效果，如图 2-7 所示。

图 2-7

（2）绘制矩形图形。

使用【矩形选框工具】绘制图形的操作步骤如下。

Step 01：新建一个 600 像素 × 400 像素的空白画布，并填充背景色，如图 2-8 所示。

图 2-8

Step 02：使用【矩形选框工具】在画布上拖拽鼠标，创建一个任意大小的矩形选区，如图 2-9 所示。

图 2-9

Step 03：单击工具栏底部的【设置前景色】图标，打开【拾色器】对话框，设置颜色为黑色，如图 2-10 所示。

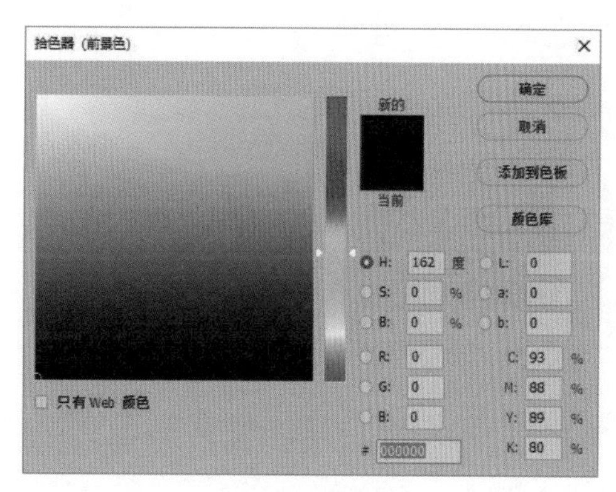

图 2-10

Step 04：单击【图层】面板底部的【新建图层】按钮，新建【图层 1】，如图 2-11 所示。

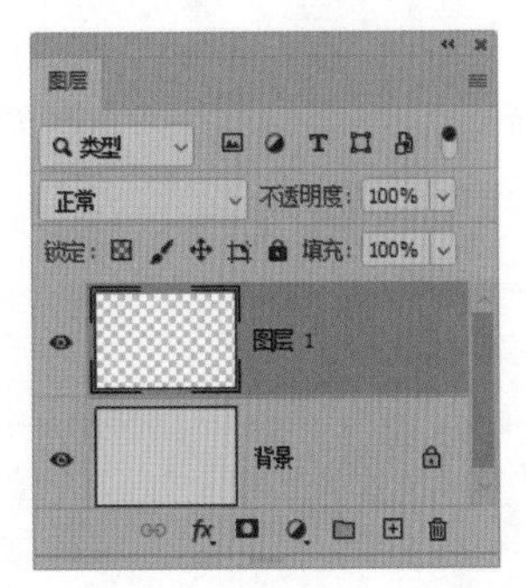

图 2-11

Step 05：按【Alt+Delete】组合键为选区填充前景色，如图 2-12 所示。

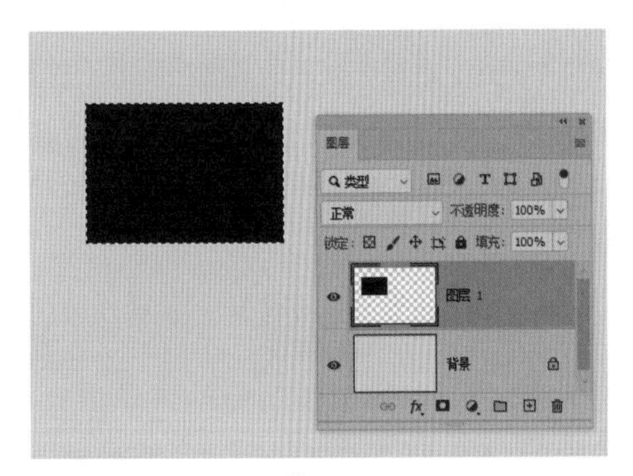

图 2-12

Step 06：❶单击选项栏中的【样式】下拉按钮，选择【固定大小】，❷设置【宽度】为 100 像素，【高度】为 80 像素，❸在画布上单击鼠标绘制固定大小的矩形，并将其放在合适的位置，如图 2-13 所示。

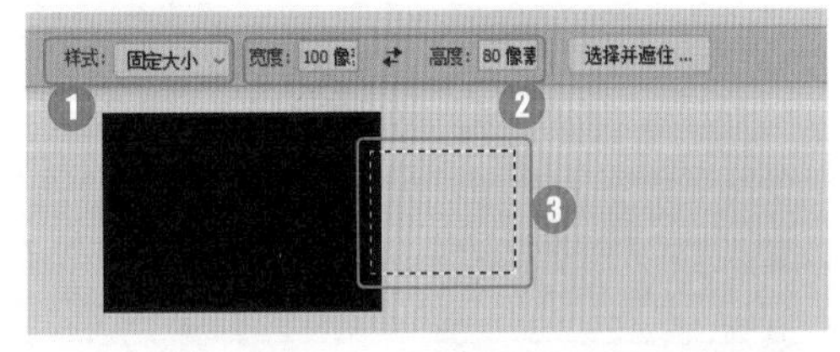

图 2-13

Step 07：使用前面的方法新建图层并为选区填充黑色，如图 2-14 所示。

图 2-14

Step 08：❶单击选项栏中的【样式】下拉按钮，选择【固定比例】，❷设置【宽度】为 1，【高度】为 12，❸在画布上单击鼠标绘制固定比例的矩形，如图 2-15 所示。

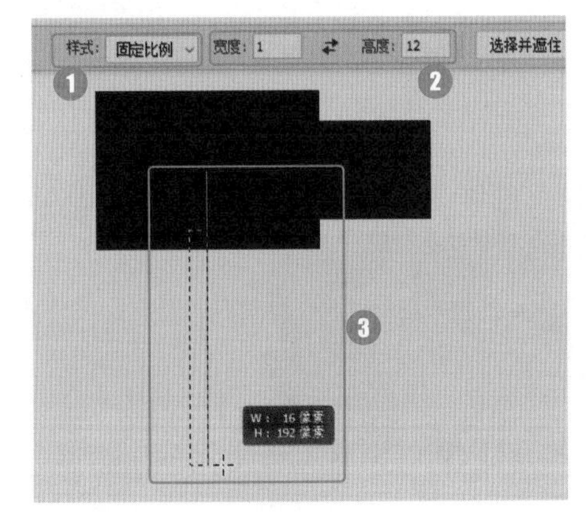

图 2-15

Step09：新建图层并为选区填充黑色，如图 2-16 所示。

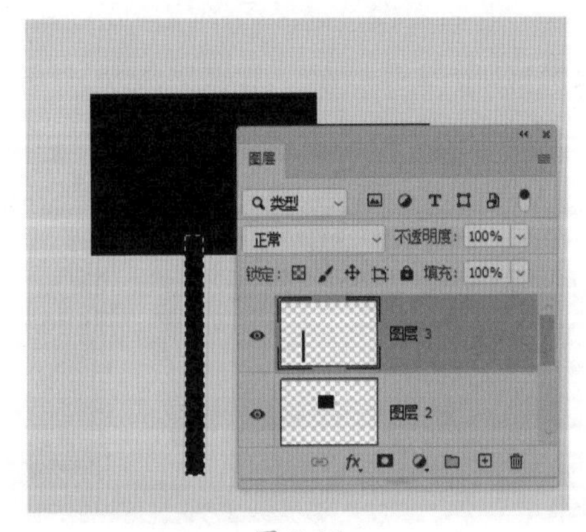

图 2-16

Step10：❶选择【移动工具】，❷选中选项栏中的【显示变换控件】选项，此时，当前选择的图形显示出变换控件。❸按住【Alt】键拖动鼠标，移动复制矩形，如图 2-17 所示。

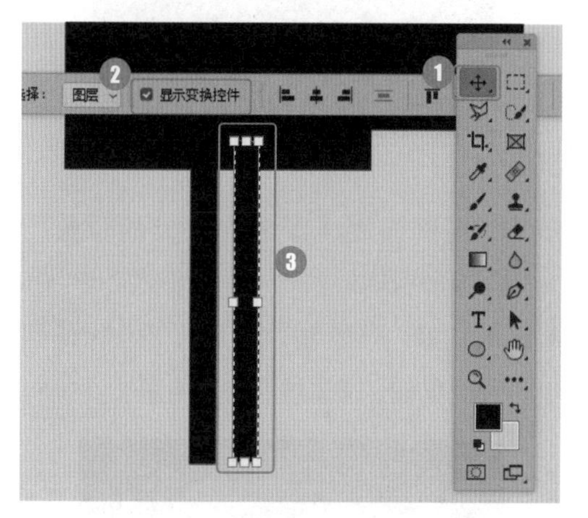

图 2-17

Step11：将鼠标放在变换控件附近，当鼠标变换为形状时，拖动鼠标旋转图形，然后按【Enter】键确认变换，如图 2-18 所示。

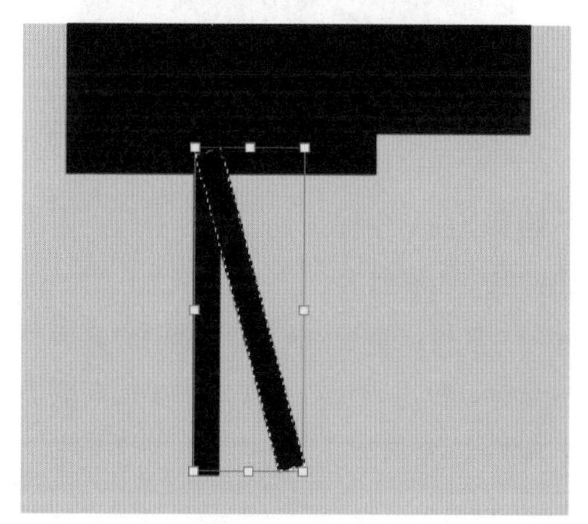

图 2-18

Step12：使用相同的方法继续复制矩形，将其放在左侧并旋转至合适的角度，如图 2-19 所示。

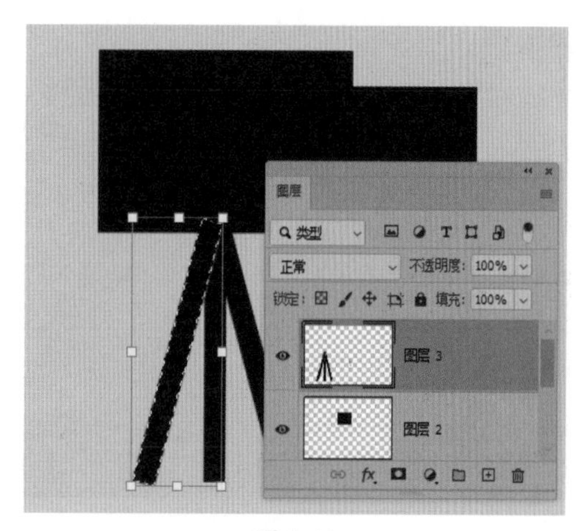

图 2-19

Step13：执行【选择】→【取消选择】命令，取消选区。移动【图层 3】的位置，完成图形的绘制，如图 2-20 所示。

图 2-20

2. 椭圆选框工具

【椭圆选框工具】既可以用来选择椭圆形对象，也可以绘制基本图形。

（1）选择图像。

使用【椭圆选框工具】选择图像的操作步骤如下。

Step01：打开“素材文件/第 2 章/行星.jpg”文件，选择【椭圆选框工具】，如图 2-21 所示。

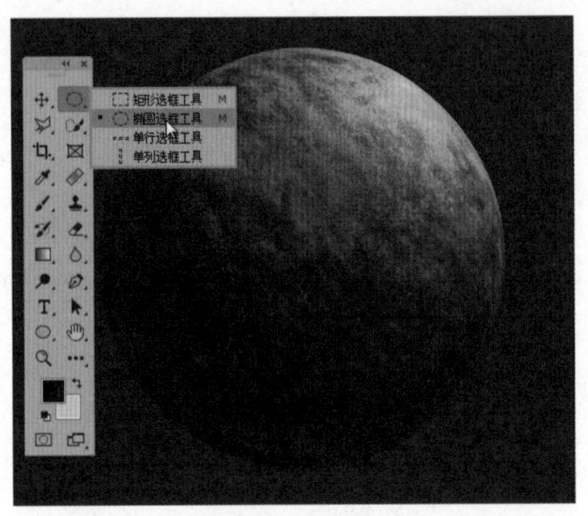

图 2-21

Step 02：执行【视图】→【新建参考线】命令，打开【新建参考线】对话框，❶选择【水平】选项，❷设置【位置】为 50%，如图 2-22 所示；在图像水平方向 50%的位置创建参考线，如图 2-23 所示。

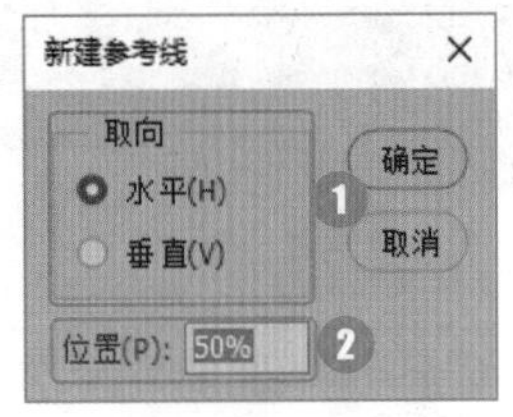

图 2-22

图 2-23

Step 03：使用相同的方法在图像垂直方向 50% 的位置创建垂直参考线，如图 2-24 所示。

图 2-24

Step 04：将鼠标放在参考线交叉的位置，按【Alt】键的同时拖拽鼠标，可以以交叉点为基准绘制圆形选区。当绘制的圆形选区与球体同样大小时释放鼠标，球体被选中，如图 2-25 所示。

图 2-25

（2）绘制图形。

使用【椭圆选框工具】绘制椭圆形基本图形的操作步骤如下。

Step 01：选择【椭圆选框工具】后，在画布上拖拽鼠标，可以创建一个任意大小的椭圆形选区，如图 2-26 所示。

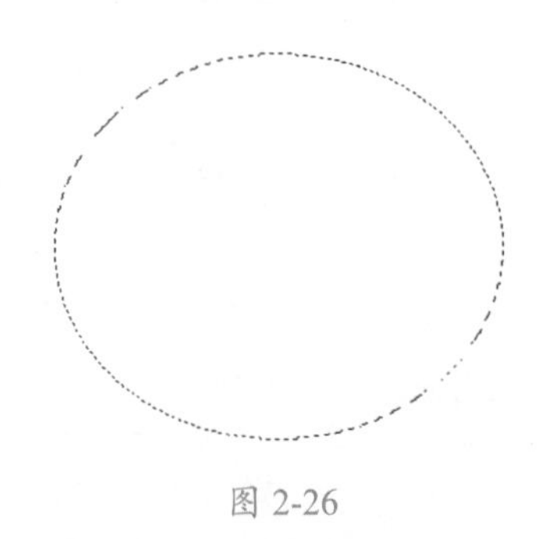

图 2-26

Step 02：单击【图层】面板底部的【新建图层】按钮⊞，新建【图层 1】。设置前景色为白色，按【Alt+Delete】组合键为选区填充前景色，如图 2-27 所示。

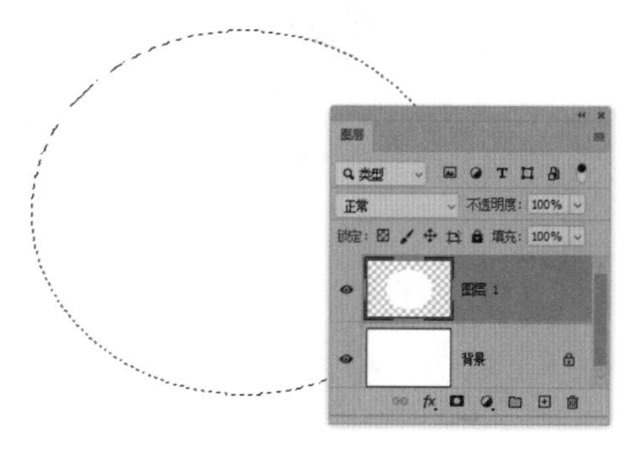

图 2-27

Step 03：执行【编辑】→【描边】命令，打开【描边】对话框，❶设置【宽度】为 4 像素，❷设置颜色为黑色，❸单击【确定】按钮，如图 2-28 所示；为选区添加描边效果，如图 2-29 所示。

图 2-28

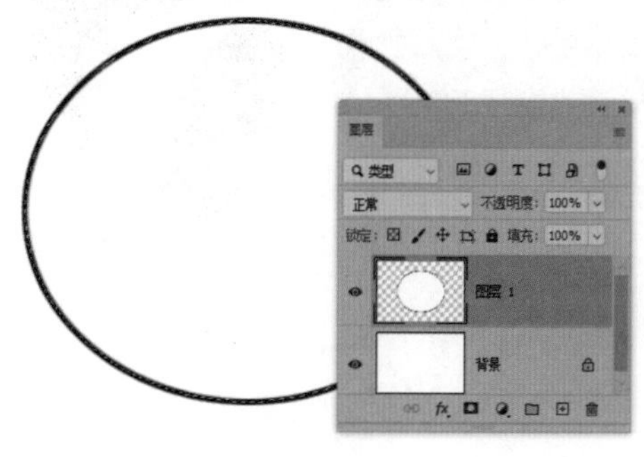

图 2-29

Step 04：继续绘制圆形选区，将其放在右上角的位置，如图 2-30 所示。

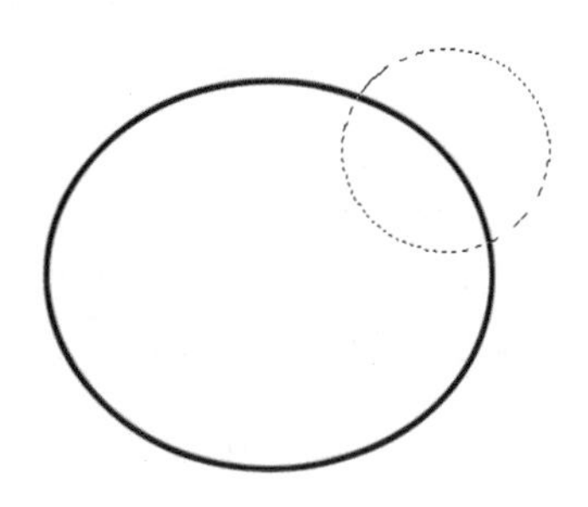

图 2-30

Step 05：新建【图层 2】，为选区填充黑色，如图 2-31 所示。

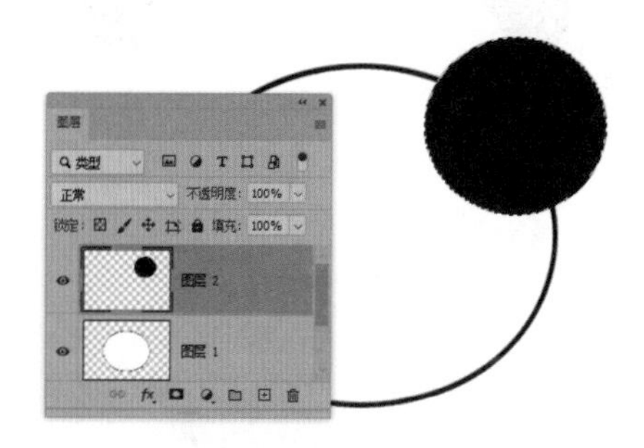

图 2-31

Step 06：将【图层 2】移到【图层 1】下方，并调整图像效果，如图 2-32 所示。

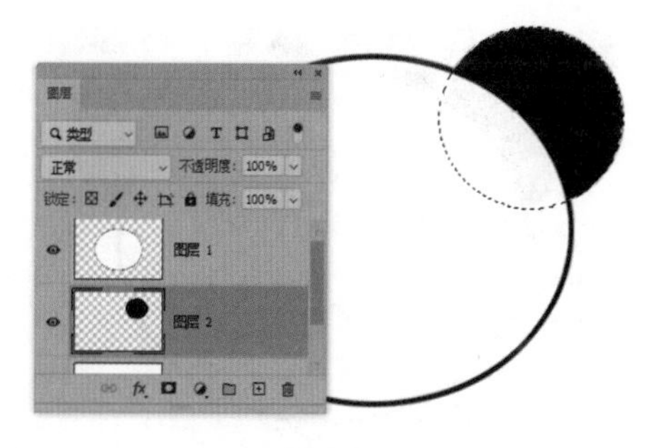

图 2-32

Step 07：选择【图层 2】，按【Ctrl+J】组合键复制图层，生成【图层 3】，如图 2-33 所示；使用【移动工具】✥，将【图层 3】图像移到左侧，如图 2-34 所示。

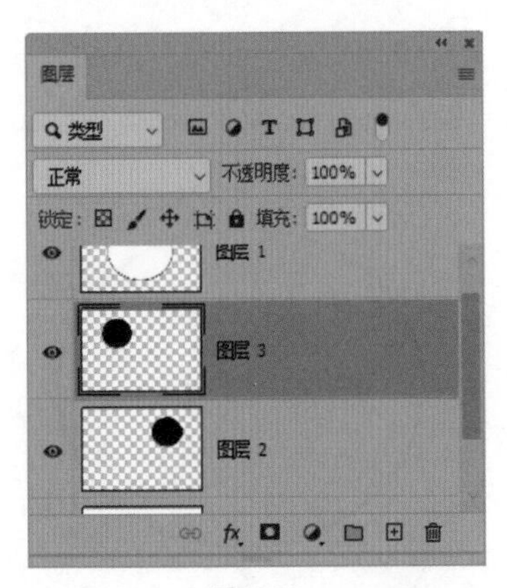

图 2-33

图 2-34

Step 08：选择【椭圆选框工具】，在选项栏设置【样式】为固定比例，【宽度】为 1，【高度】为 2。在画布上拖拽鼠标，绘制宽高比为 1∶2 的椭圆形选区，如图 2-35 所示。

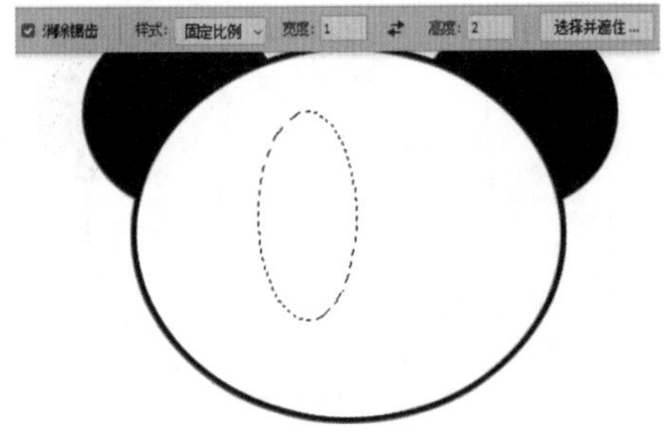

图 2-35

Step 09：新建【图层 4】，为选区填充黑色，如图 2-36 所示。

图 2-36

Step 10：选择【移动工具】，在选项栏选中【显示变换控件】选项，显示出变换控件并旋转图形，按【Enter】键确认变换，如图 2-37 所示。

图 2-37

Step 11：按【Ctrl+J】组合键复制【图层 4】，生成【图层 5】。右击鼠标，在快捷菜单中选择【水平翻转】命令翻转图形，并将其移动到右侧，如图 2-38 所示。

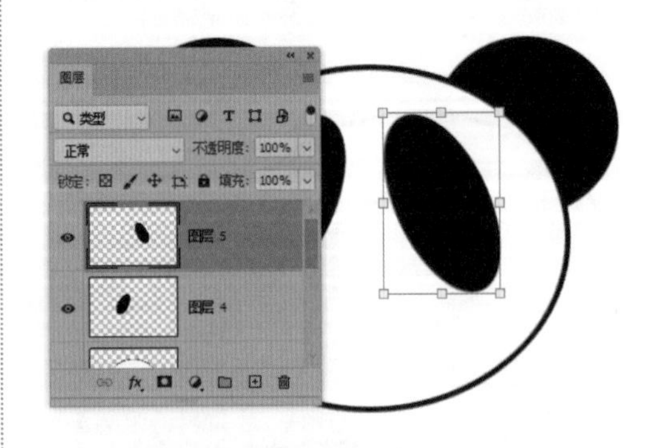

图 2-38

Step12：选择【椭圆选框工具】，在选项栏设置【样式】为固定大小，设置【宽度】为 30 像素，【高度】为 30 像素，单击鼠标创建圆形选区，如图 2-39 所示。

图 2-39

Step13：新建【图层 6】，为选区填充白色，如图 2-40 所示。

图 2-40

Step14：按【Ctrl+J】组合键复制【图层 6】，生成【图层 7】，移动【图层 7】图像到右侧，如图 2-41 所示。

图 2-41

Step15：使用【椭圆选框工具】创建宽高比为 2：1 的椭圆形选区，新建【图层 8】，并为选区填充黑色，如图 2-42 所示。

图 2-42

Step16：使用【椭圆选框工具】创建任意大小的椭圆形选区，新建【图层 9】，并为选区填充黑色，如图 2-43 所示。

图 2-43

Step17：使用【椭圆选框工具】绘制任意大小的椭圆形选区，并将其放在合适的位置，如图 2-44 所示。

图 2-44

Step18：选择【图层 9】，然后按【Delete】键删除选区图像，如图 2-45 所示。

图 2-45

Step19：执行【选择】→【取消选择】命令，取消选区。移动【图层 9】图像至合适的位置，完成图形绘制，如图 2-46 所示。

图 2-46

高手点拨

如何创建正方形和正圆形选区

创建正方形和正圆形选区的方法有两种。一是在选项栏设置样式为【固定比例】或【固定大小】，然后设置宽高比为 1：1，或者设置相同大小的宽度和高度，拖拽鼠标即可创建正方形和正圆形选区；二是在默认情况下，按【Shift】键的同时拖拽鼠标，可以绘制任意大小的正方形和正圆形选区。

3．多边形套索工具

【多边形套索工具】一般被用来选择边缘规则且棱角分明的图像，或者是用于绘制多边形图形。

（1）选择图像。

使用【多边形套索工具】选择图像的操作步骤如下。

Step01：打开“素材文件/第 2 章/建筑.jpg”文件，并放大视图。选择【多边形套索工具】，如图 2-47 所示。

图 2-47

Step02：在要选择的图像边缘任意点单击鼠标确认起始点，如图 2-48 所示。

图 2-48

Step03：在下一处转角的地方单击鼠标，创建路径点，如图 2-49 所示。

图 2-49

Step 04：继续在转角的地方单击鼠标，创建路径点。在创建路径点的过程中，如果创建的位置不对，可以按【Delete】键删除路径点，重新在图像上单击鼠标创建新的路径点。最后，当终点与起点重合时，鼠标指针下方会显示一个图标，如图 2-50 所示。

图 2-50

Step 05：单击鼠标，可以创建闭合路径，并得到一个多边形选区。此时，建筑被选中，如图 2-51 所示。

图 2-51

Step 06：新建【色相/饱和度】调整图层，在【属性】面板中设置【饱和度】和【色相】的参数，调整建筑物的颜色，如图 2-52 所示。

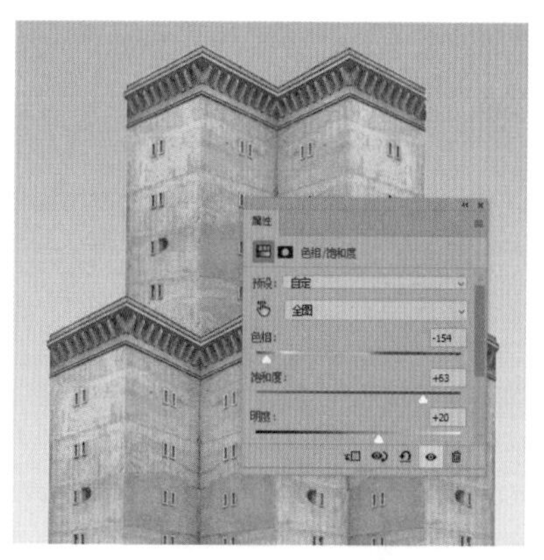

图 2-52

（2）绘制图形。

使用【多边形套索工具】绘制基本图形的步骤如下。

Step 01：选择【多边形套索工具】，在画布上单击鼠标确认起始点，然后在下一处单击鼠标可以绘制任意角度的直线路径，如图 2-53 左所示。

继续在下一处单击鼠标绘制直线段路径。绘制过程中按住【Shift】键可以绘制 45°的倍数角度的直线路径，如图 2-53 右所示。

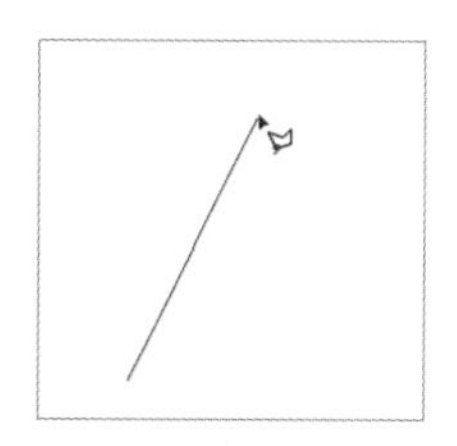
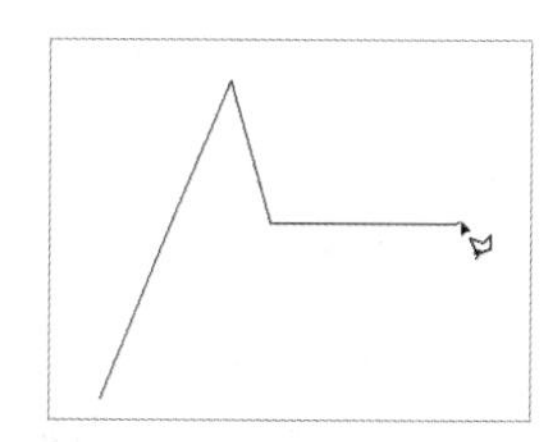

图 2-53

Step 02：最后，当终点与起点重合时，单击鼠标，可以创建闭合路径，形成一个多边形选区，如图 2-54 左所示。

设置一个任意的前景色，并按【Alt+Delete】组合键为选区填充前景色，即可绘制基本图形，如图 2-54 右所示。

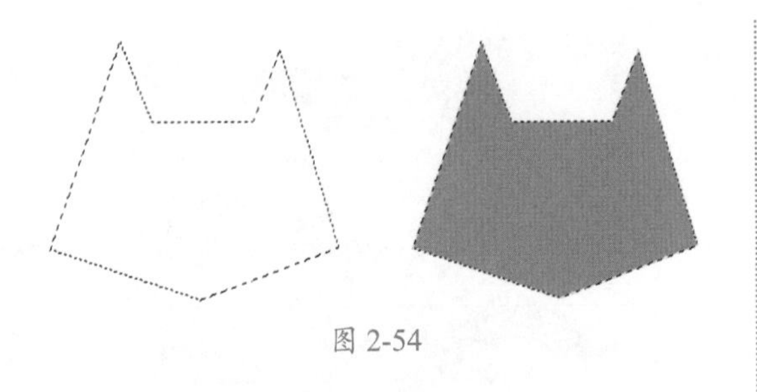

图 2-54

高手点拨

多边形套索工具的实用技巧

使用【多边形套索工具】创建选区时，如果操作错误，可以按【Delete】键删除该点，然后继续在正确的位置单击鼠标即可。

如果按住【Shift】键的同时单击鼠标，则可以 45° 的倍数角度绘制直线。

关键技能 010 快速创建选区对象的 3 种方法

● 技能说明

如果对选区要求不高，当图像背景为纯色，或者所选图像颜色比较单一且与背景差别较大时，可以使用【魔棒工具】或者【快速选择工具】快速创建选区，选择图像；如果图像颜色比较复杂，可以使用【套索工具】创建选区，选择图像。

● 应用实战

1. 魔棒工具

使用【魔棒工具】可以快速选择与单击点颜色相同或相近的图像区域，适用于选择纯色背景图像。使用【魔棒工具】快速选择图像的操作步骤如下。

Step 01：打开“素材文件/第 2 章/包.jpg”文件，选择【魔棒工具】，如图 2-55 所示。

图 2-55

Step 02：在选项栏设置【容差】为 60，在背景上蓝色的地方单击鼠标，选择背景，如图 2-56 所示。

图 2-56

Step 03：按住【Alt】键并滑动鼠标滚轮，放大视图。按住【Shift】键并单击未选中的图像区域，将其添加到选区，如图 2-57 所示；按住【Alt】键并单击鼠标，可以减去选区。

图 2-57

Step 04：新建【色相/饱和度】调整图层，在属性面板中设置【色相】【饱和度】的参数，调整背景颜色，如图 2-58 所示。

图 2-58

2. 快速选择工具

使用【快速选择工具】可以快速选择图像中的区域，适用于选择颜色差异明显、边缘清晰的图像。使用【快速选择工具】选择图像的操作步骤如下。

Step 01：打开"素材文件/第 2 章/鞋.jpg"文件，选择【快速选择工具】，如图 2-59 所示。

图 2-59

Step 02：按【] 】键适当放大画笔笔尖。将鼠标放在左侧蓝色鞋子上，拖动鼠标，如图 2-60 所示。

图 2-60

Step 03：此时，系统会根据鼠标所到之处的颜色自动创建选区，如图 2-61 所示。

图 2-61

Step 04：如果有选多了的图像，按住【Alt】键并在多选图像上拖动鼠标，可以将选区减去，如图 2-62 所示；按住【Shift】键并拖动鼠标可以添加选区。

图 2-62

Step 05：新建【色相/饱和度】调整图层，在【属性】面板设置【饱和度】【色相】【明度】的参数，调整鞋子颜色，如图 2-63 所示。

图 2-63

3. 套索工具

【套索工具】一般用于选择一些外形比较复杂的图形，或者用于快速选择大概的图像。使用【套索工具】创建选区，选择图像的具体操作步骤如下。

Step 01：打开“素材文件/第 2 章/十字路.jpg”文件，选择【套索工具】，如图 2-64 所示。

图 2-64

Step 02：按住【Alt】键并滑动鼠标滚轮，放大图像视图。按【空格键】移动图像视图，显示人物图像，如图 2-65 所示。

图 2-65

Step 03：使用【套索工具】沿着人物轮廓拖动鼠标，绘制路径，如图 2-66 所示。

图 2-66

Step 04：返回起始点的位置，单机鼠标创建闭合选区，如图 2-67 所示。

图 2-67

Step 05：按住【Alt】键并滑动鼠标滚轮放大视图。按住【Alt】键的同时使用【套索工具】圈选多余的选区，将其从选区减去，如图 2-68 所示。

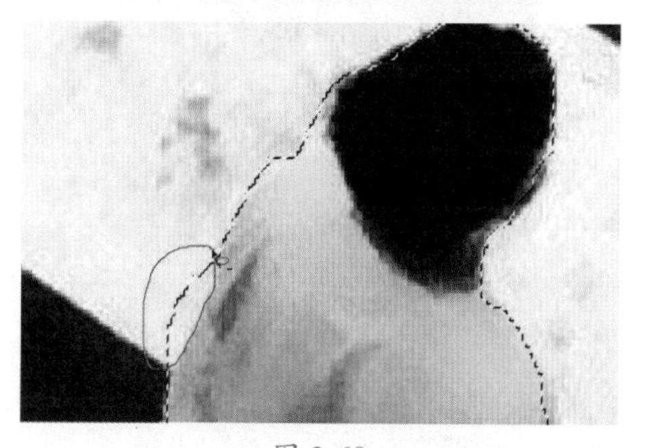

图 2-68

Step 06：按住【Shift】键的同时拖动鼠标圈选未选中的图像，可以将其添加到当前选区，如图 2-69 所示。

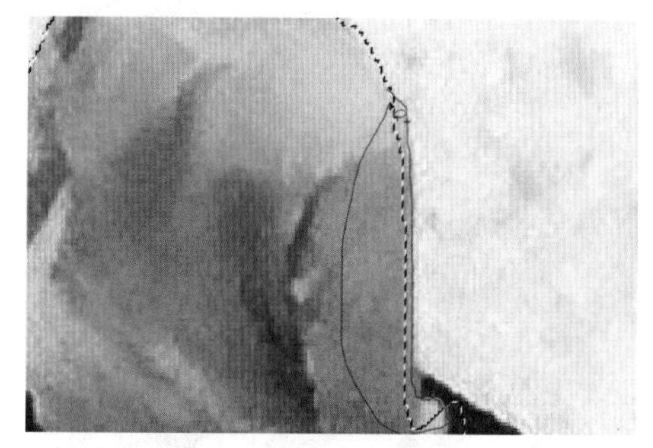

图 2-69

Step 07：完成图像的选择，如图 2-70 所示。

图 2-70

Step 08：选择【背景】图层，按【Ctrl+J】组合键复制选区图像，生成【图层 1】，如图 2-71 所示。

图 2-71

Step 09：使用【移动工具】将【图层 1】上的图像移动到适当的位置，如图 2-72 所示。

图 2-72

Step10：继续复制【图层 1】并调整图像的位置，完成图像效果制作，如图 2-73 所示。

图 2-73

关键技能 011 智能选择主体对象的两种方法

● 技能说明

从 Photoshop CC 2018 版本开始增加了基于人工智能技术的抠图工具和命令，包括【对象选择工具】和【选择主体】命令。使用这些工具和命令可以轻松且快速地选中场景中的人物、动物等对象。

● 应用实战

1．使用对象选择工具选择对象

使用【对象选择工具】可简化在图像中选择单个对象或对象的某个部分（如人物、汽车、家具、宠物、衣服等）的过程。只需在对象周围绘制矩形区域或进行套索，软件会自动分析并选择已定义区域内的对象。使用【对象选择工具】选择对象的具体操作步骤如下。

Step01：打开“素材文件/第 2 章/鸟.jpg”文件。选择【对象选择工具】，如图 2-74 所示。

图 2-74

Step 02：在选项栏设置【模式】为矩形，如图 2-75 所示。

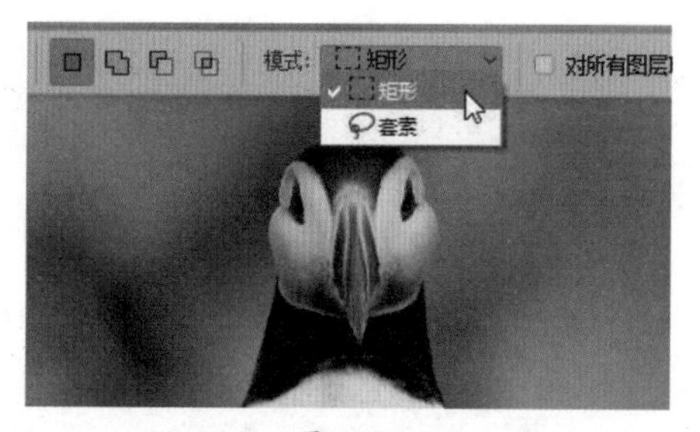

图 2-75

Step 03：在对象周围拖动鼠标绘制矩形框，如图 2-76 所示。

图 2-76

Step 04：释放鼠标后，创建选区并选择选框内的对象，如图 2-77 所示。

图 2-77

Step 05：按【Ctrl++】组合键放大视图并按【空格键】移动视图，显示未选中的脚的图像，如图 2-78 所示。

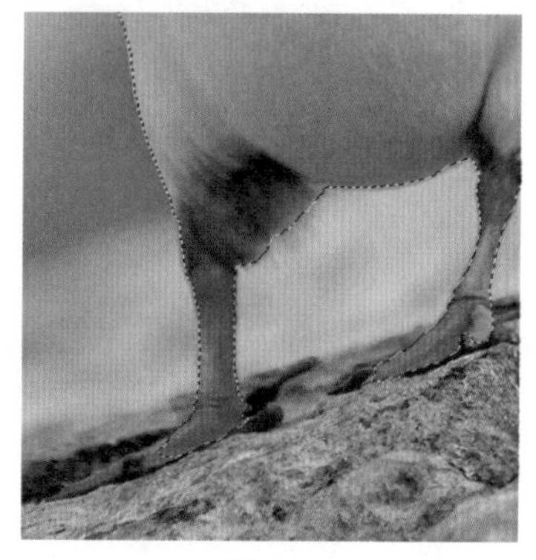

图 2-78

Step 06：单击选项栏中的【添加到选区】按钮 ，设置【模式】为套索，沿着未选中的对象边缘拖动鼠标，创建选区，如图 2-79 所示。

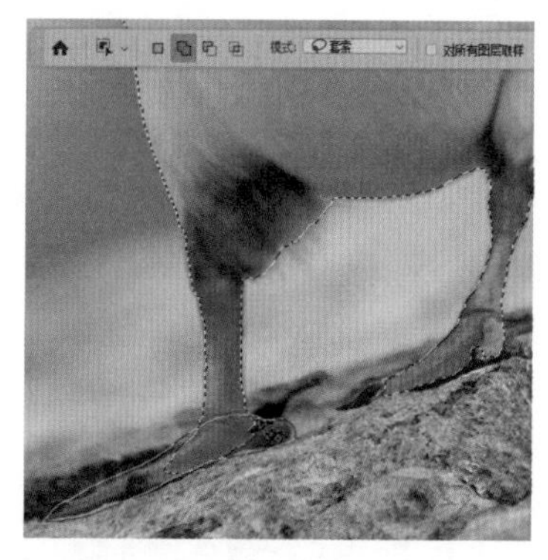

图 2-79

Step 07：释放鼠标后，选择对象脚，如图 2-80 所示。

图 2-80

使用相同的方法将其他未选中的区域添加到选区，完成对象的选择，如图 2-81 所示。

图 2-81

2. 使用【选择主体】命令快速选择对象

【选择主体】由先进的机器学习技术提供支持，经过训练后，这项功能可识别图像上的多种对象，包括人物、动物、车辆、玩具等。执行【选择】→【主体】命令后，即可选择图像中最突出的主体。使用【选择主体】命令选择对象的操作步骤如下。

Step 01：打开“素材文件/第 2 章/车.jpg”文件，如图 2-82 所示。

图 2-82

Step 02：执行【选择】→【主体】命令，软件会自动分析图像并选择主体对象，如图 2-83 所示。

图 2-83

关键技能 012 快速选择相似颜色区域

● 技能说明

执行【色彩范围】命令可以选择现有选区或整个图像内指定的颜色或色彩范围。

1. 选择指定颜色

执行【色彩范围】命令可以指定选择红、黄、绿、蓝、青和洋红色。在【色彩范围】对话框中，设置选择颜色为蓝色，单击【确定】按钮后，可以选择图像中的蓝色图像并创建区域，如图 2-84 所示；效果如图 2-85 所示。由于此技术是在混合颜色中选择部分颜色，因此结果不是很准确。

图 2-84

图 2-85

2. 选择肤色

如果设置选择为肤色，可以选择与常见肤色类似的颜色。启用【检测人脸】功能，则可以进行更准确的肤色选择。对话框设置如图 2-86 所示；效果如图 2-87 所示。

图 2-86

图 2-87

3. 选择任意颜色

设置选择为【取样颜色】，可以使用吸管工具在图像中单击选取颜色，如图 2-88 所示；可以选取与单击点颜色相似或相同的图像区域，如图 2-89 所示。使用这种方式选择颜色时，可以通过调整【颜色容差】参数来控制颜色选取范围，也可以使用【添加到取样】工具来添加选区，或者使用【从取样中减去】工具减去选区，从而得到精准的选区范围。

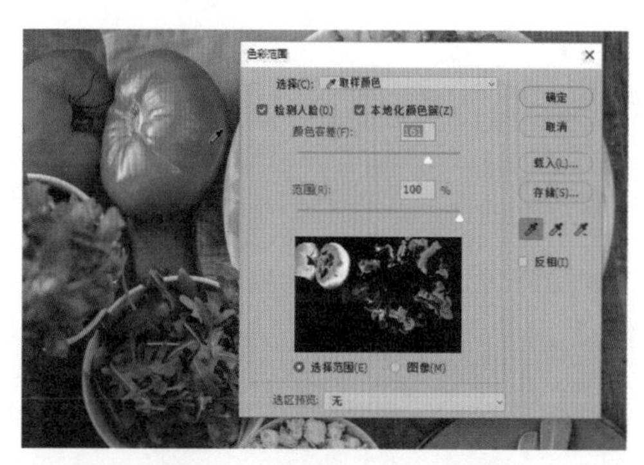

图 2-88

图 2-89

● 应用实战

执行【色彩范围】命令创建选区选择对象的具体操作步骤如下。

Step 01：打开“素材文件/第 2 章/人物.jpg”文件，如图 2-90 所示。

图 2-90

Step 02：按【Ctrl+J】组合键复制【背景】图层，得到【图层 1】。单击【背景】图层左侧【指示图层可见性】图标，隐藏背景图层，如图 2-91 所示。

图 2-91

Step 03：执行【选择】→【色彩范围】命令，打开【色彩范围】对话框。❶设置【选择】为取样颜色，❷选中【本地化颜色簇】复选框，❸使用鼠标单击图像中蓝色天空的区域，设置取样颜色，如图 2-92 所示。

图 2-92

Step 04：向左拖动【颜色容差】滑块，减小颜色容差，可以缩小颜色选取区域，如图 2-93 所示。

图 2-93

Step 05：单击【添加到取样】图标，使用鼠标单击图像预览中未被选中的天空区域（灰色图像），将其添加到选区，如图 2-94 所示。

图 2-94

Step 06：减小颜色容差，缩小选区范围，得到更加精准的选区，如图 2-95 所示。

图 2-95

Step 07：单击【确定】按钮返回文档，完成图像的选取，如图 2-96 所示。

图 2-96

Step 08：如图 2-96 所示，有些不需要被选择的区域也被选中了。选择【套索工具】，按【Alt】键圈选多余的图像区域，将其从选区中减去，如图 2-97 所示。

图 2-97

Step 09：选择【图层 1】，按【Delete】键删除选区图像。执行【选择】→【取消选择】命令，取消选区，如图 2-98 所示。

图 2-98

Step 10：置入“素材文件/第 2 章/天空.jpg”文件，将其放在【图层 1】下方，如图 2-99 所示。

图 2-99

Step 11：选择【移动工具】并选中选项栏中的【显示变换控件】复选框，显示变换控件后，拖动控制点放大天空图像，并移动图像到合适的位置，如图 2-100 所示。

图 2-100

Step 12：❶选择【图层 1】，❷单击【图层】面板底部的【创建新的填充或调整图层】按钮，❸在下拉列表中选择【曲线】命令，新建【曲线】调整图层，如图 2-101 所示。

图 2-101

Step 13：在【属性】面板单击【调整应用到此图层】按钮，将调整限制在下方的【图层 1】上。选择【红】通道，向上拖动最左侧的控制点，为图像阴影区域添加红色，如图 2-102 所示；选择【蓝】通道，调整曲线，增加蓝色调，如图 2-103 所示；选择【绿】通道，向下拖动曲线，减少绿色调，如图 2-104 所示。

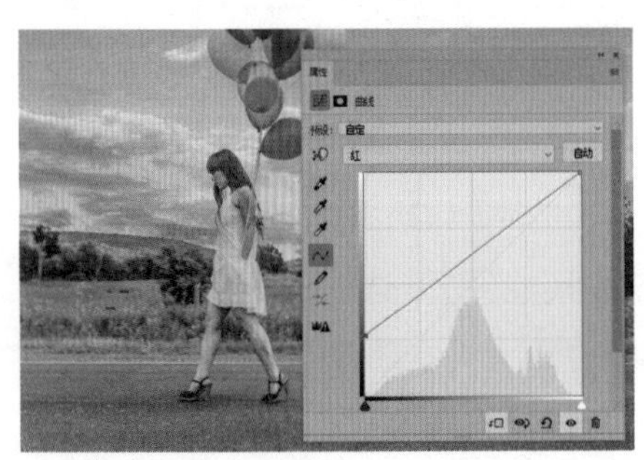

图 2-102

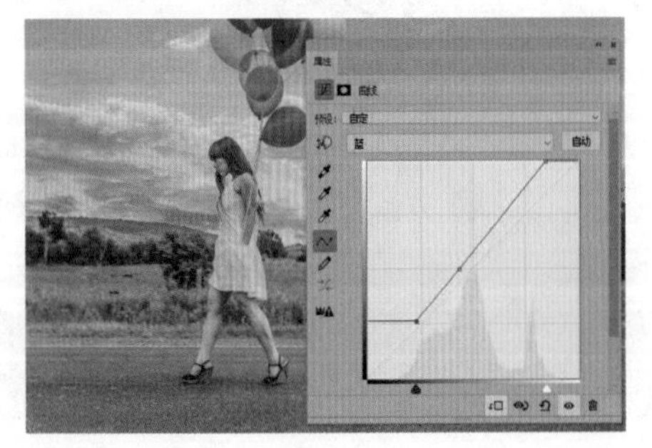

图 2-103

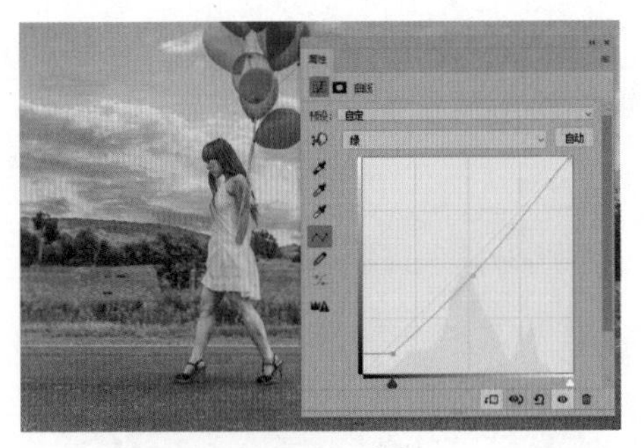

图 2-104

Step 14：选择【RGB】通道，拖出“S”形曲线，如图 2-105 所示；增加图像对比度，效果如图 2-106 所示。

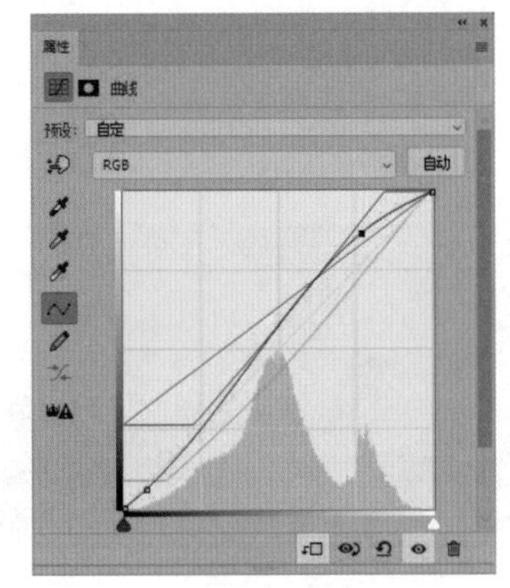

图 2-105

图 2-106

关键技能 013　使用布尔运算创建复杂选区

● 技能说明

通常情况下，在Photoshop中通过创建选区选择对象时，一次操作很难完全选中，这时就需要通过布尔运算对选区进行完善。布尔运算是数字符号化的逻辑推演法，包括联合、相交、相减。在图形处理操作中引用这种逻辑运算方法，可以使简单的基本图形组合产生新的形体。因此，利用布尔运算不仅可以完善选区，也可以创建复杂选区，绘制复杂图形。Photoshop中布尔运算规则有以下 4 种。

（1）【新选区】按钮▣。单击该按钮，即可创建新选区，如图 2-107 所示；如果再创建选区，新的选区会替换原有的选区，如图 2-108 所示。

图 2-107

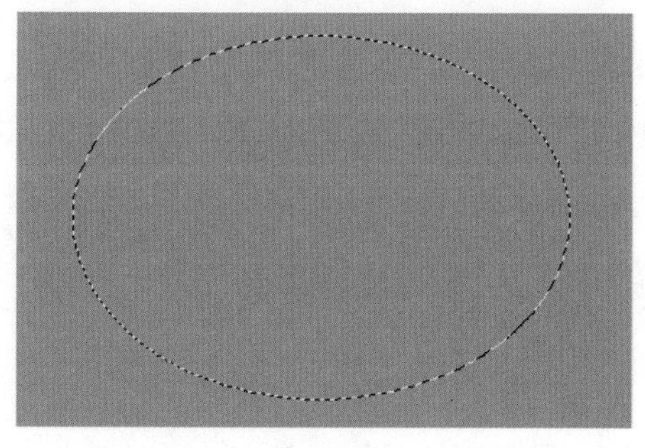

图 2-108

（2）【添加到选区】按钮▣。创建选区后，单击该按钮，再创建选区，如图 2-109 所示；可在原有选区的基础上添加新的选区，如图 2-110 所示。

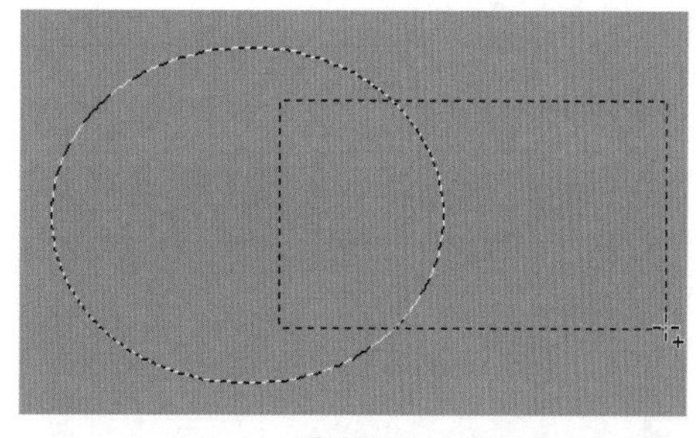

图 2-109

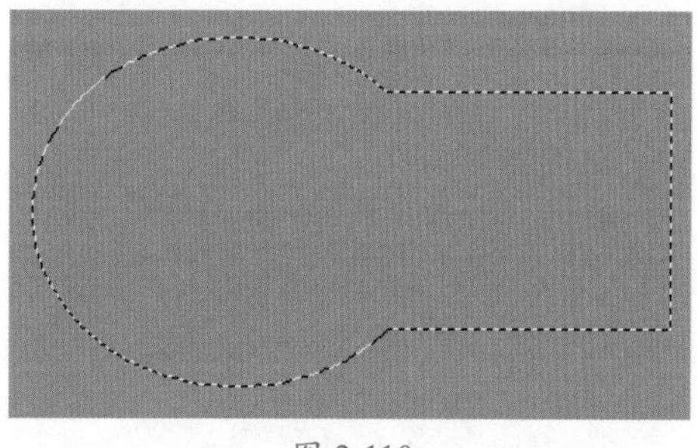

图 2-110

（3）【从选区减去】按钮▣。创建选区后，单击该按钮，再创建选区，如图 2-111 所示；可在原有选区中减去新创建的选区，如图 2-112 所示。

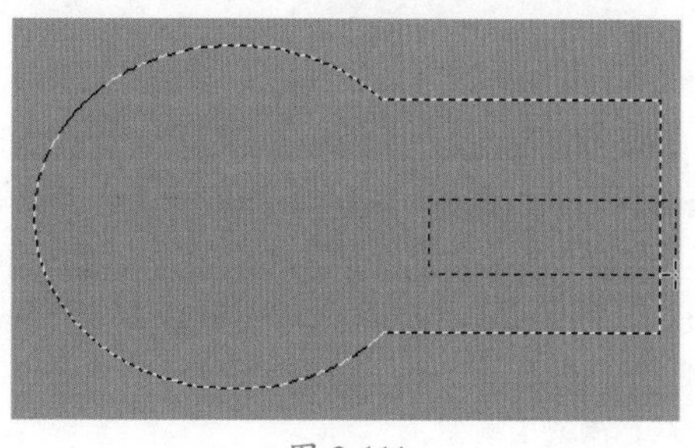

图 2-111

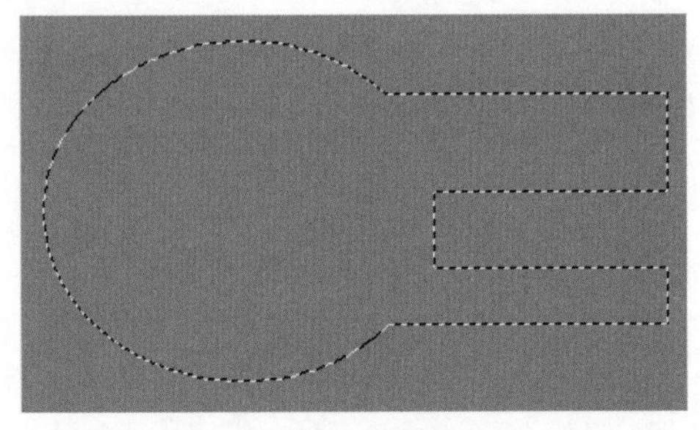

图 2-112

（4）【与选区交叉】按钮。创建选区后，单击该按钮，再创建选区，如图 2-113 所示；只保留原有选区与新创建选区相交的部分，如图 2-114 所示。

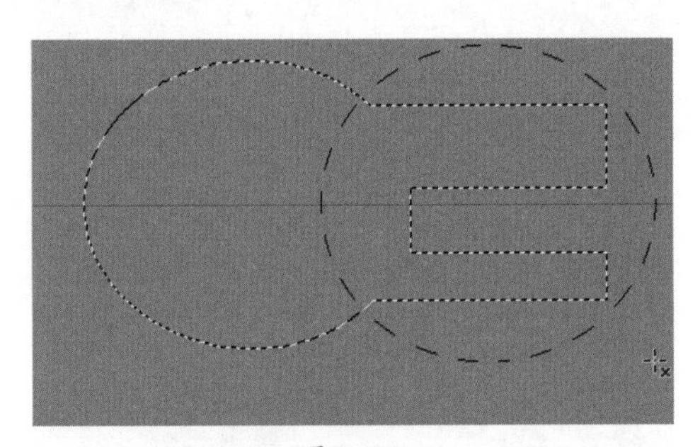

图 2-113

图 2-114

高手点拨

选区运算快捷键

使用选框工具、魔棒工具、套索工具等创建选区时，按住【Shift】键可以切换到“添加到选区”状态，此时选择的图像或创建的选区会添加到已有选区内；按住【Alt】键可以切换到“减去到选区”状态，此时，选择的图像或创建的选区会从已有选区减去。

● 应用实战

选择选框工具、套索工具、快速选择工具、魔棒工具等选区创建的工具后，单击选项栏中的布尔运算按钮就可以进行选区运算。使用选区运算创建选区，绘制几何标志的具体操作步骤如下。

Step01：新建一个任意大小的画布。按【Ctrl+R】组合键显示标尺，并分别在水平和垂直方向上拖出两条参考线，如图 2-115 所示。

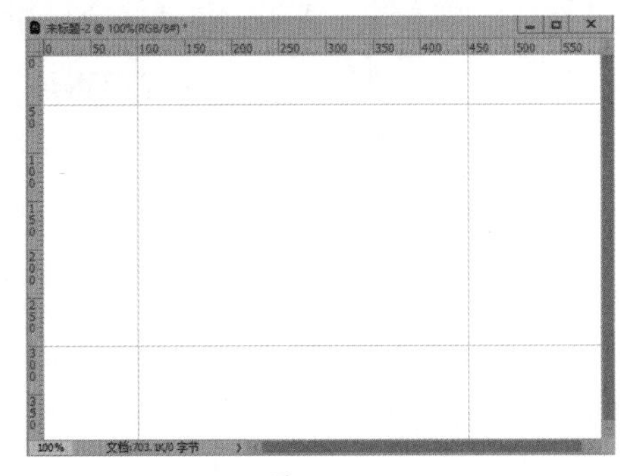

图 2-115

Step02：选择【多边形套索工具】，借助参考线创建一个三角形选区，如图 2-116 所示。

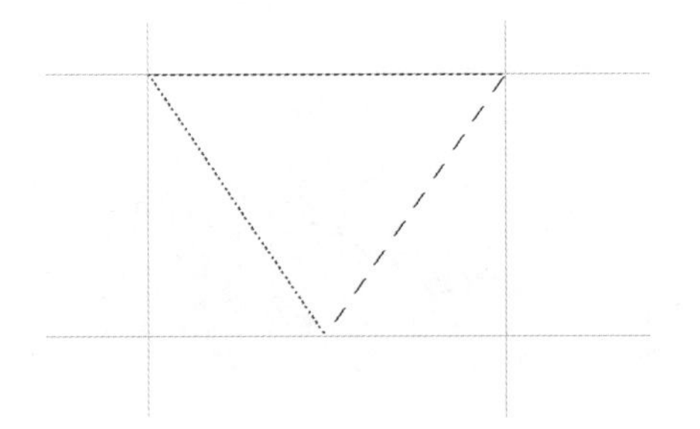

图 2-116

Step03：选择【矩形选框工具】，单击选项栏中的【从选区减去】按钮，在三角形选区上拖动鼠标创建矩形选区，如图 2-117 所示；释放鼠标后，将其从原有选区减去，如图 2-118 所示。

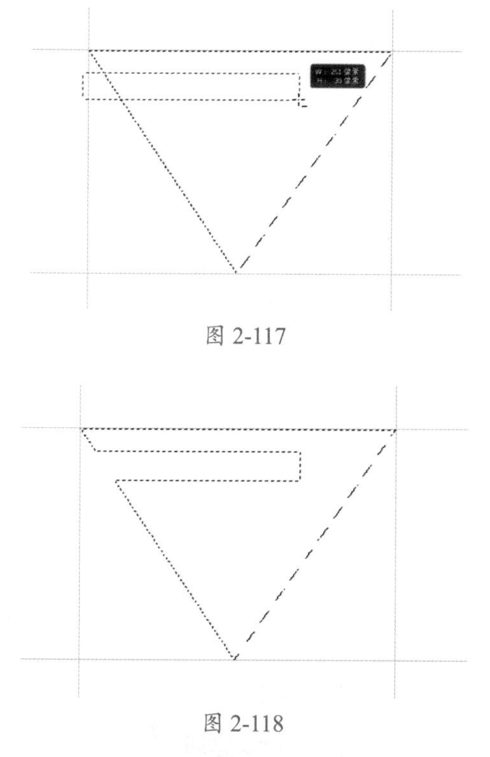

图 2-117

图 2-118

Step 04：拖出两条水平参考线，将其放在适当的位置，如图 2-119 所示。

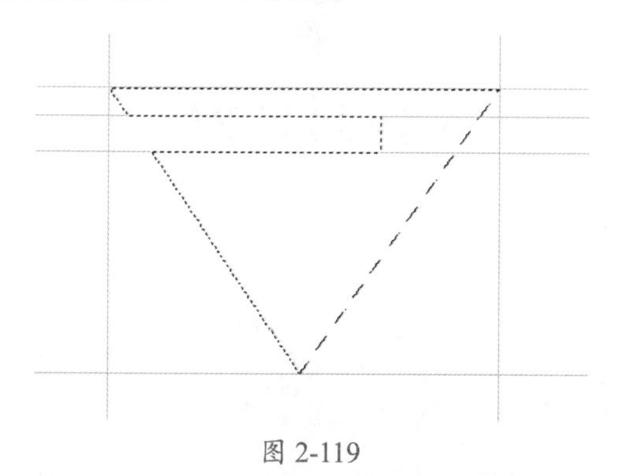

图 2-119

Step 05：选择【多边形套索工具】，单击选项栏中的【从选区减去】按钮，在选区内创建新的选区，如图 2-120 所示；释放鼠标后，将其从选区减去，如图 2-121 所示。

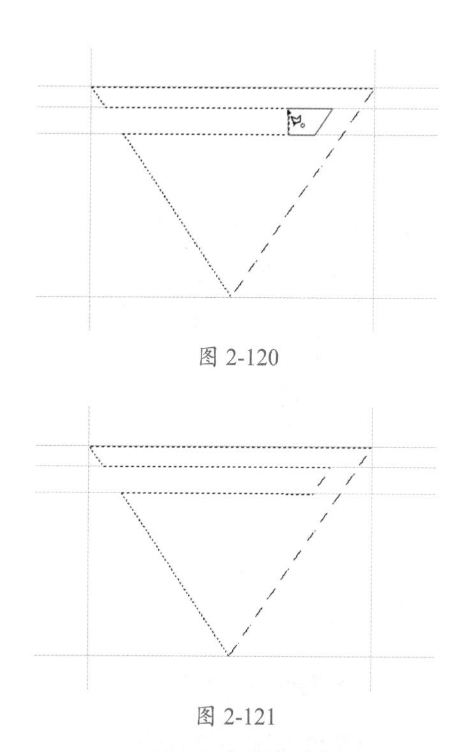

图 2-120

图 2-121

Step06：拖出两条水平参考线，如图 2-122 所示；使用【多边形套索工具】借助参考线绘制三角形选区，释放鼠标后，将其从选区减去，如图 2-123 所示。

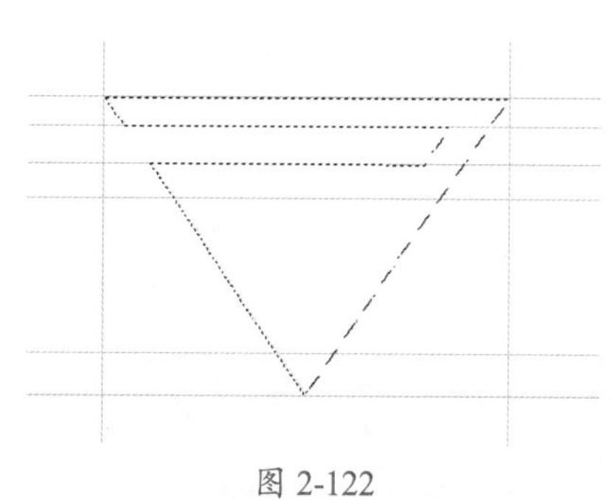

图 2-122

图 2-123

Step 07：单击【图层】面板底部的新建按钮，新建【图层 1】，并为选区填充蓝色#39539d，如图 2-124 所示。

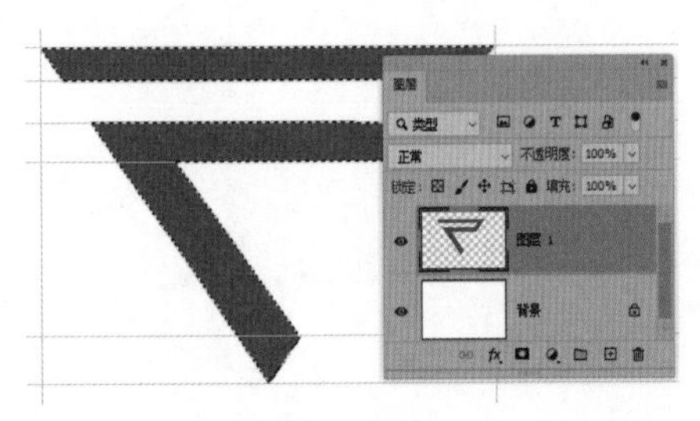

图 2-124

Step 08：单击选项栏中的【新选区】按钮，使用【多边形套索工具】创建三角形选区，如图 2-125 所示。

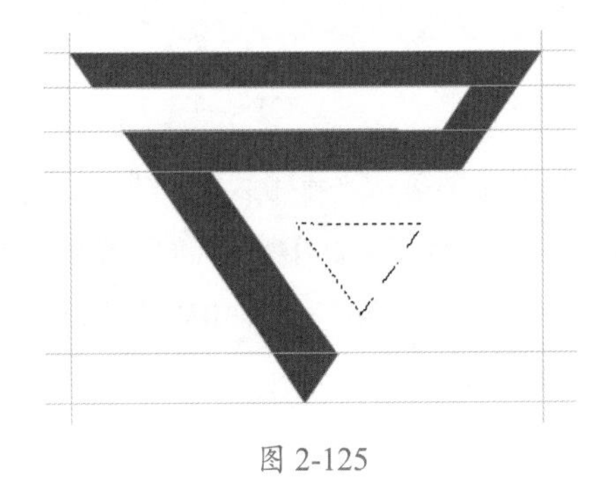

图 2-125

Step 09：为选区填充浅蓝色，执行【选择】→【取消选择】命令，取消选区，如图 2-126 所示。

图 2-126

Step 10：使用【文字工具】输入文字，在选项栏设置字体系列、大小和颜色，完成几何标志的制作。执行【视图】→【清除参考线】命令，清除参考线，效果如图 2-127 所示。

图 2-127

关键技能 014 移动、反选、取消、存储和载入选区的技巧

● 技能说明

创建选区时，有时一次操作不能精准确定选区的位置，这时可以使用移动选区的功能精准确定选区位置。创建选区后，执行【反向】命令，可以选择选区以外的图像区域。此外，对于需要多次使用的同一个选区，可以先将其存储，需要时再将其载入即可。

● 应用实战

1．移动选区

移动选区有以下 3 种常用方法。

（1）使用【矩形选框工具】和【椭圆选框工具】创建选区时，在放开鼠标之前，按住【空格】键并拖拽鼠标，即可移动选区。

（2）创建选区后，单击选项栏中的【新选区】按钮，将鼠标光标放在选区内，待鼠标光标变成形状，拖拽鼠标即可移动选区，如图 2-128 所示。

图 2-128

（3）创建选区后，按键盘上的【↑】【↓】【←】【→】方向键，可以轻微移动选区（按一次键移动一个像素，按住【Shift】键的同时按方向键，一次可以移动 10 个像素）。

2．反选选区

反选是反向选择当前区域。创建选区选择背景后，执行【选择】→【反向】命令，或者按【Shift+Ctrl+I】组合键执行反向命令，可以选择背景以外的所有动物主体，如图 2-129 所示；效果如图 2-130 所示。

图 2-129

图 2-130

3．取消选区

创建选区后对图像的所有编辑操作只会作用于选区内的图像。如果要编辑图像的其他区域，那么可以执行【选择】→【取消选择】命令，或者按【Ctrl+D】组合键取消选区，此时编辑图像就不会再有范围限制。

4．存储和载入选区

创建选区后，如果想要保留选区，但又不想因为选区而限制图像编辑范围，可以使用【存储选区】功能将选区存储。

执行【选择】→【存储选区】命令，打开【存储选区】对话框，❶在【名称】文本框中输入选区名称，❷在【文档】栏设置选区保存位置，选择当前文档或者新建文档进行保存，❸单击【确定】按钮保存，如图 2-131 所示。

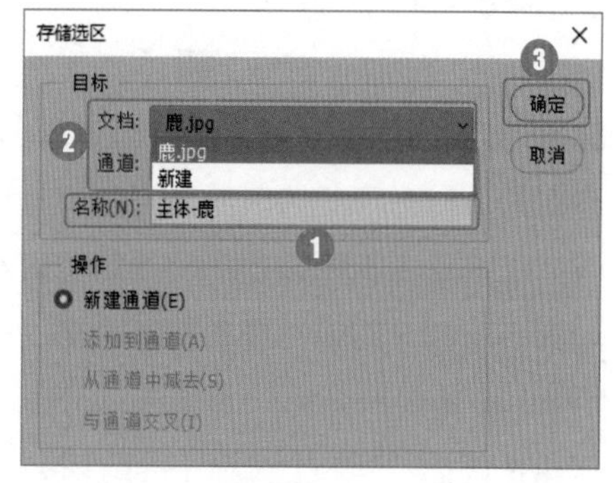

图 2-131

存储选区后，即使取消选区，选区也不会消失。如果要使用存储的选区，执行【选择】→【载入选区】命令，打开【载入选区】对话框，选择保存选区的文档和名称，单击【确定】按钮即可载入存储的选区，如图 2-132 所示。

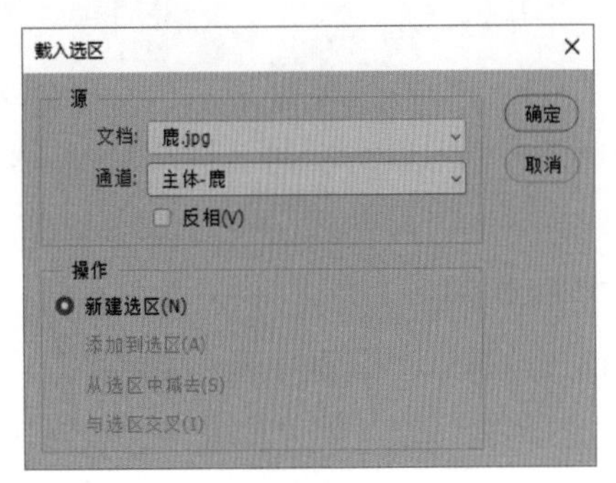

图 2-132

高手点拨

新建文档保存选区和保存在源文档中的区别

如果将选区保存在当前文档中，那么当前文档的【通道】面板会新建一个通道保存该选区，如图 2-133 所示。如果将选区保存在新文档中，那么会新建一个黑白文档保存选区，如图 2-134 所示。

图 2-133

图 2-134

将选区保存在源文档中时，保存并关闭文档后，再次打开该文档，依然可以载入之前存储的选区。

如果新建文档保存选区，关闭保存选区的文档后，存储的选区也会被删除，无法载入存储的选区。

关键技能 015 变换选区，改变选区形状

● 技能说明

使用【多边形套索工具】、【矩形选框工具】和【椭圆选框工具】创建选区时，只能创建规则的几何形状的选区。利用变换选区功能，则可以缩放、旋转以及扭曲变换选区。如果使用选区选择了图像，当变换选区时，选区内的图像不会受到影响。

创建选区后，执行【选择】→【变换选区】命令，可以在选区上显示定界框，拖动定界框上的控制点可以缩放或旋转选区，如图 2-135、2-136 所示。

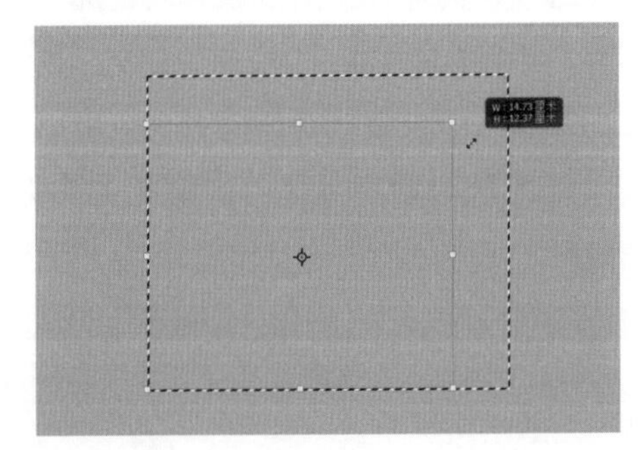

图 2-135

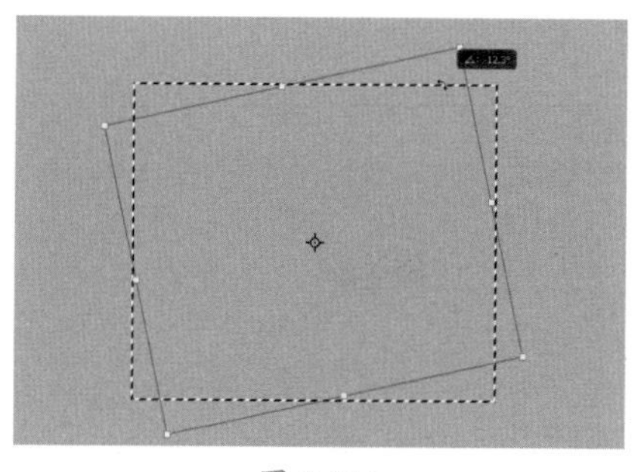

图 2-136

如果想要实现更多的变换操作，可以右击鼠标，在快捷菜单中选择变换方式即可，如图 2-137 所示。

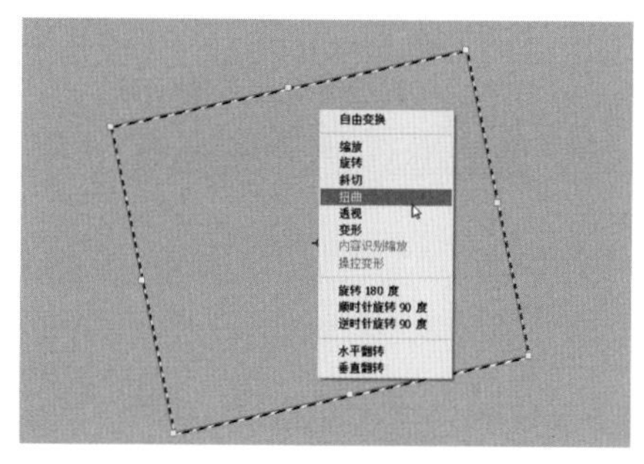

图 2-137

● 应用实战

使用【变换选区】功能改变选区形状并绘制房子图像的具体操作步骤如下。

Step 01：新建文档，为背景填充浅褐色 #e0d3b9，如图 2-138 所示。

图 2-138

Step 02：使用【矩形选框工具】创建矩形选区，如图 2-139 所示。

图 2-139

Step 03：执行【选择】→【变换选区】命令，显示定界框，右击鼠标弹出快捷菜单，选择【透视】，如图 2-140 所示。

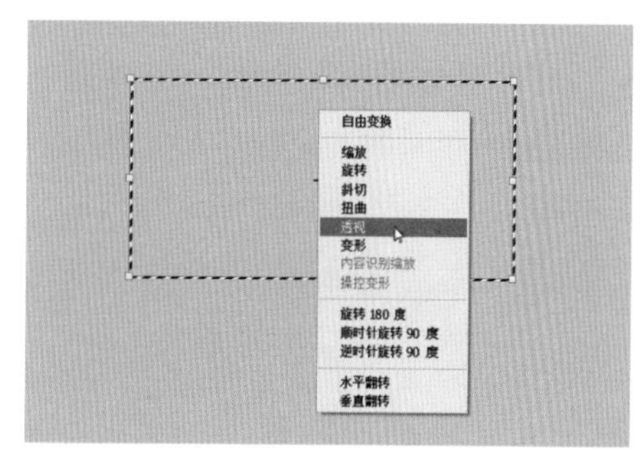

图 2-140

Step 04：将鼠标放在右上角的控制点上，单击并拖动鼠标，变换选区，如图 2-141 所示。

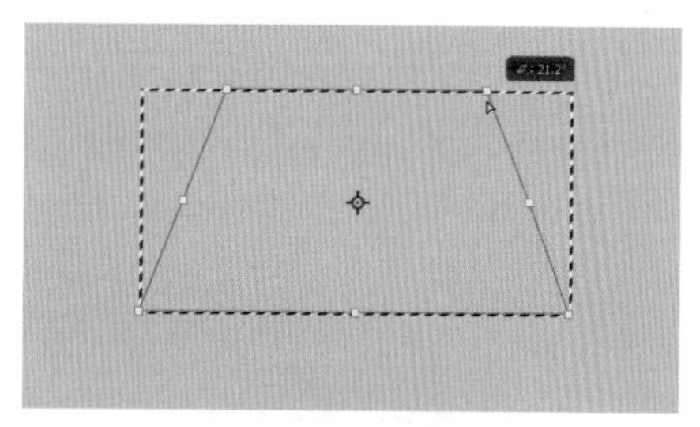

图 2-141

Step 05：右击鼠标，弹出快捷菜单，选择【缩放】，如图 2-142 所示。

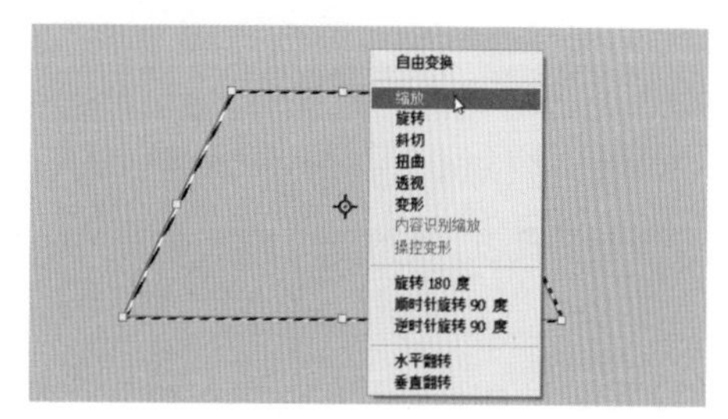

图 2-142

Step 06：将鼠标放在下方的定界框上，按住【Shift】键的同时拖动鼠标，缩放选区，如图 2-143 所示。

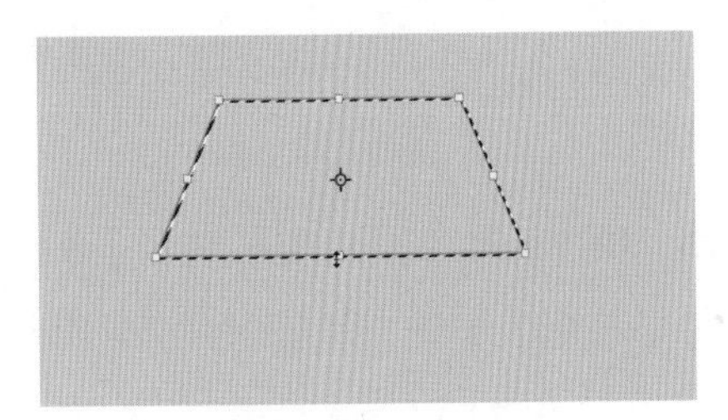

图 2-143

Step 07：将鼠标分别放在两侧的定界框上，按住【Shift】键的同时拖动鼠标，缩放选区，如图 2-144 所示。

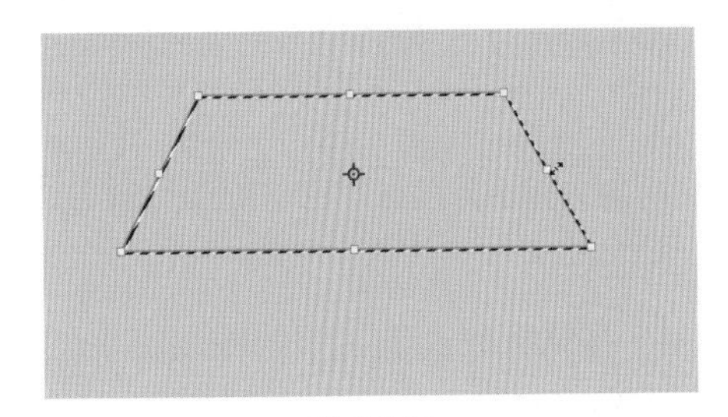

图 2-144

Step 08：新建【图层 1】，设置前景色为橙色 #ec6416，按【Alt+Delete】组合键填充前景色，如图 2-145 所示。

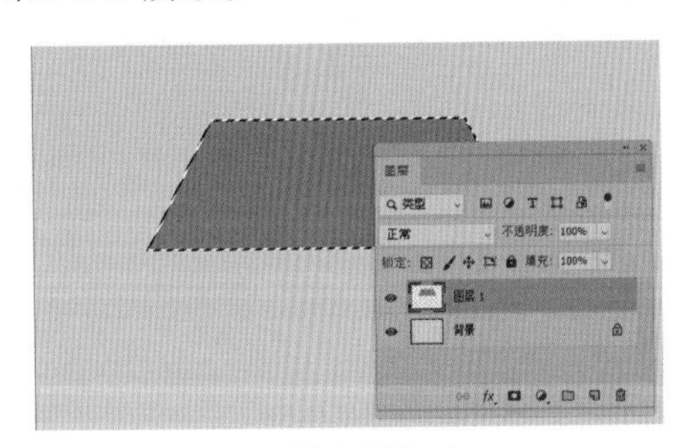

图 2-145

Step 09：执行【编辑】→【描边】命令，打开【描边】对话框，❶设置【宽度】为 2 像素，❷设置【颜色】为黑色，❸选中【居外】复选框，❹单击【确定】按钮，如图 2-146 所示；为选区添加描边效果，如图 2-147 所示。

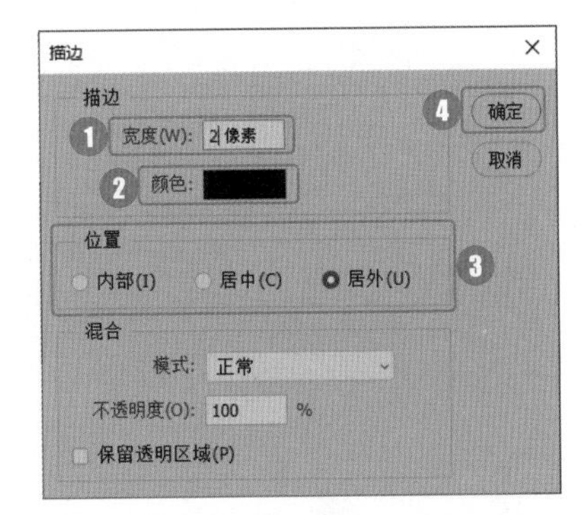

图 2-146

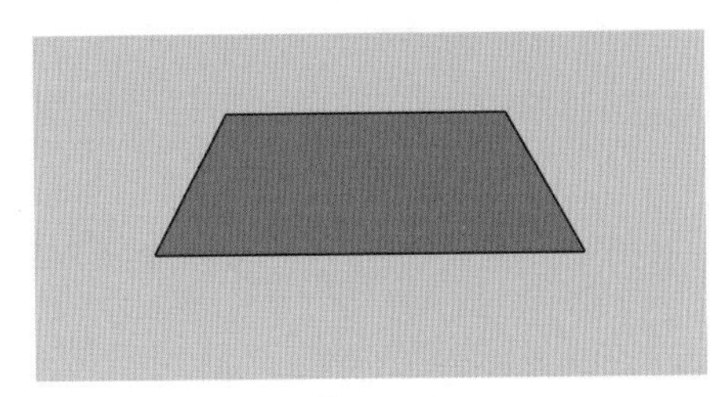

图 2-147

Step 10：使用【矩形选框工具】创建矩形选区。按【Ctrl】键并单击【图层】面板底部的【新建图层】按钮，在【图层 1】下方新建【图层 2】，如图 2-148 所示。

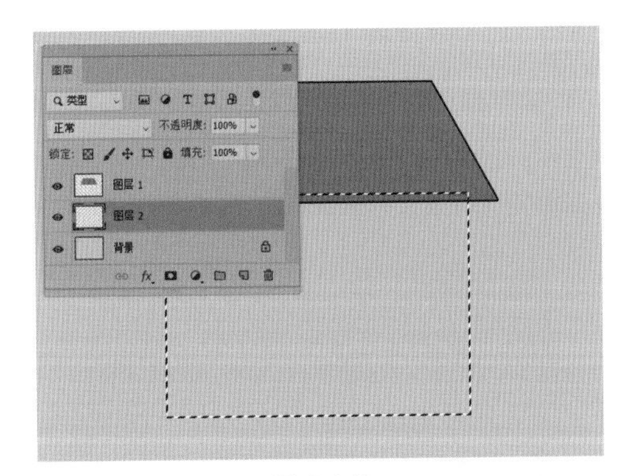

图 2-148

Step 11：设置前景色为橙黄色 #f2a74b，按【Alt+Delete】组合键填充前景色。执行【描边】命令，为选区添加 2 像素的黑色描边，如图 2-149 所示。

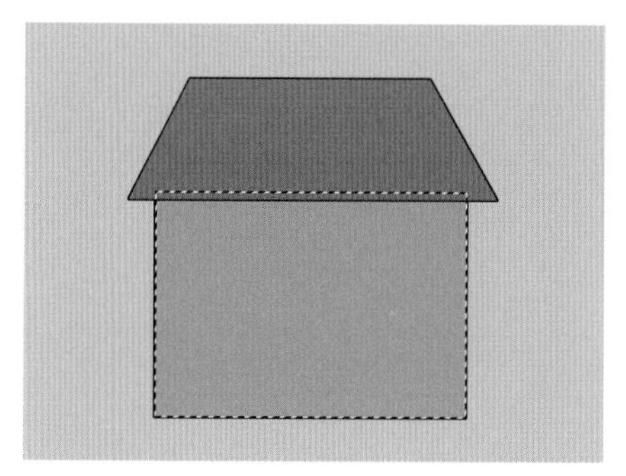

图 2-149

Step12：使用【椭圆选框工具】创建椭圆形选区并将其放在适当的位置，如图 2-150 所示。

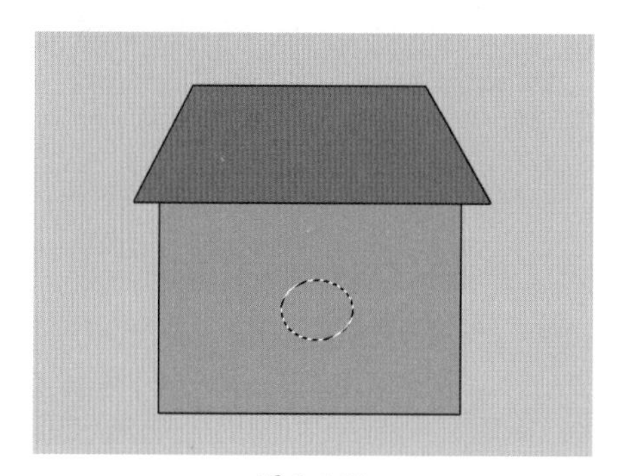

图 2-150

Step13：选择【矩形选框工具】，单击选项栏中的【添加到选区】按钮，在椭圆形选区下方创建矩形选区，再将其添加到椭圆形选区，如图 2-151 所示。

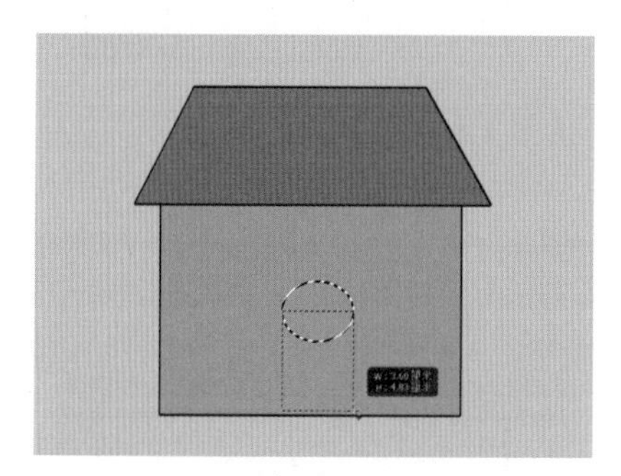

图 2-151

Step14：单击选项栏中的【从选区减去】按钮，创建矩形选区，如图 2-152 所示；将选区减去，效果如图 2-153 所示。

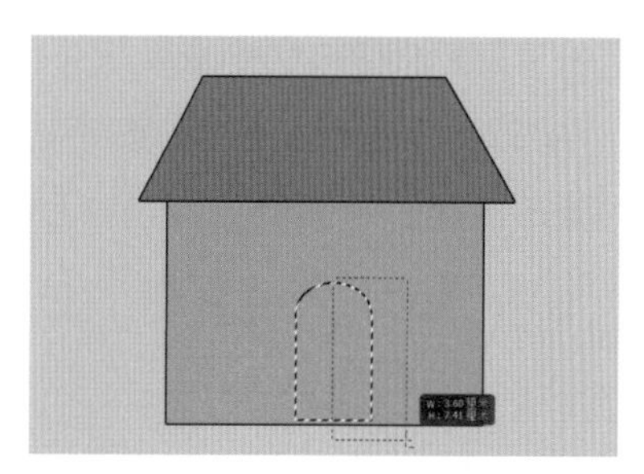

图 2-152

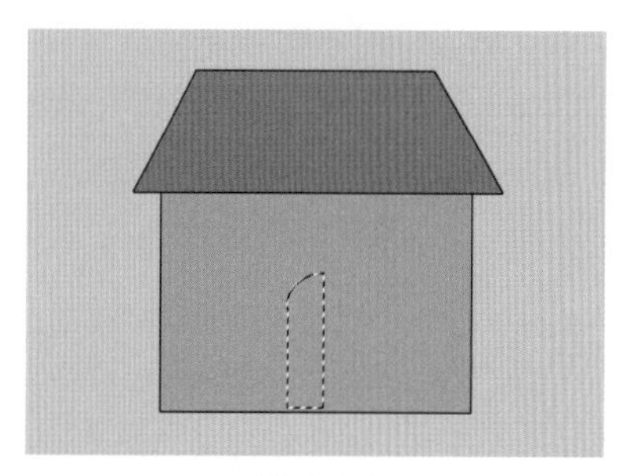

图 2-153

Step15：新建【图层 3】，并为选区填充颜色 #d98555，添加 2 像素的黑色描边，效果如图 2-154 所示。

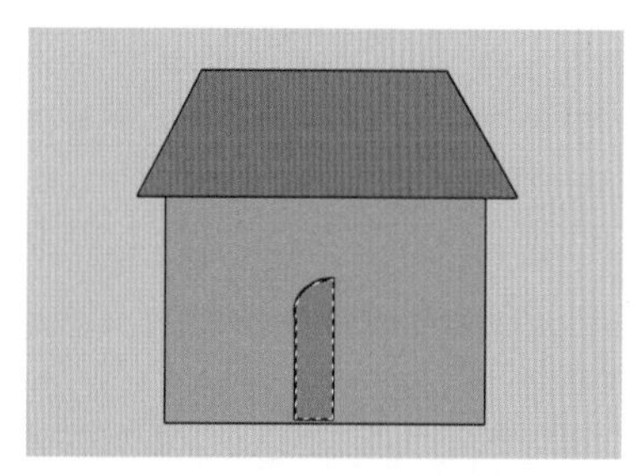

图 2-154

Step16：执行【选择】→【变换选区】命令，显示定界框，拖动控制点到右侧定界框，如图 2-155 所示。

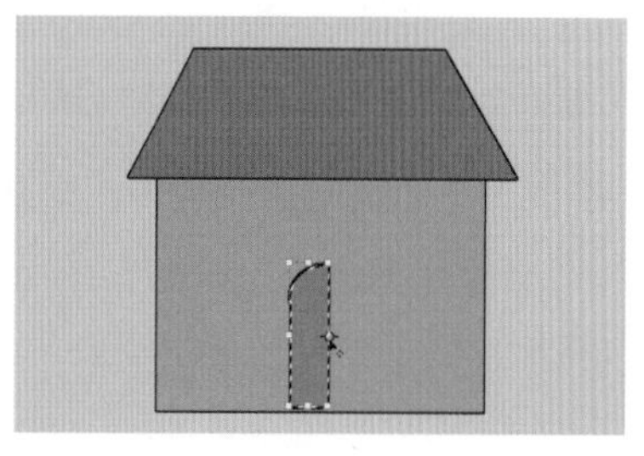

图 2-155

Step 17：右击鼠标，弹出快捷菜单，选择【水平翻转】，如图 2-156 所示；按【Enter】键确认变换，水平翻转选区，效果如图 2-157 所示。

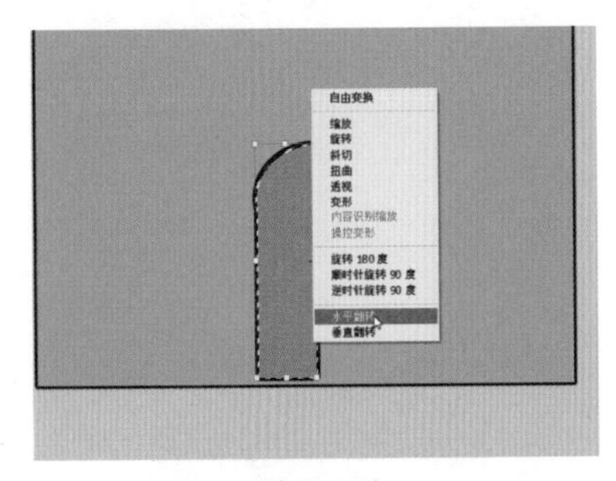

图 2-156

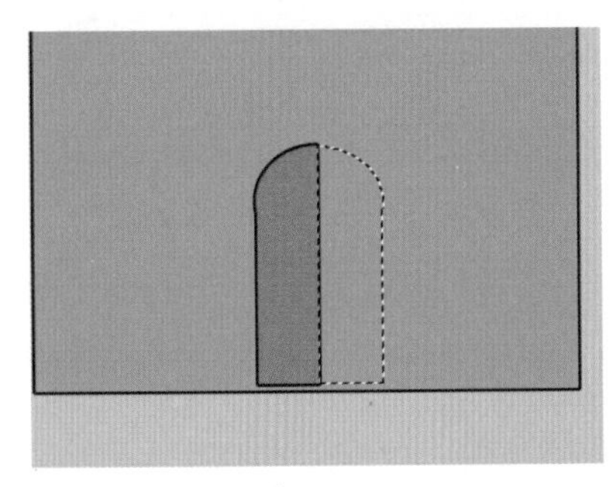

图 2-157

Step 18：设置与左侧图形相同的填充色和描边效果，如图 2-158 所示。

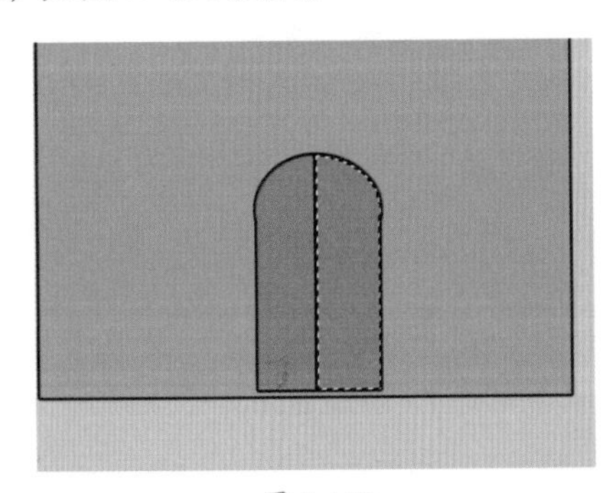

图 2-158

Step 19：单击选项栏中的【新选区】按钮，使用【矩形选框工具】创建新选区。新建【图层 4】，为选区填充浅黄色#e3d2b0，并添加 2 像素的白色描边效果，如图 2-159 所示。

图 2-159

Step 20：将鼠标放在选区内，按【Shift】键水平向右移动选区，如图 2-160 所示。

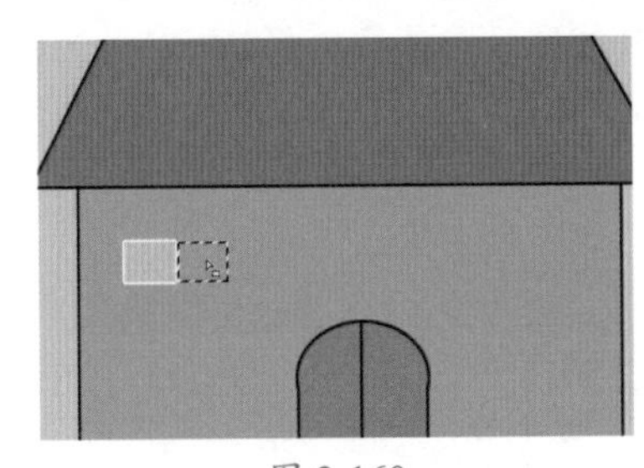

图 2-160

Step 21：设置与左侧图形相同的填充颜色和描边效果，如图 2-161 所示。

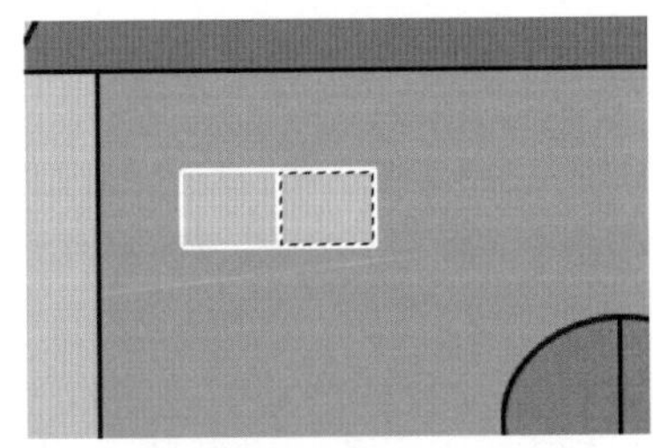

图 2-161

Step 22：使用相同的方法移动选区到下方位置，并设置相同的填充颜色和描边效果，如图 2-162 所示。

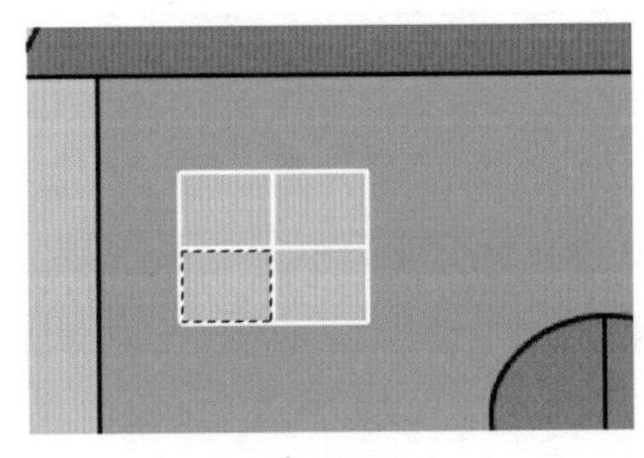

图 2-162

Step 23：执行【选择】→【取消选择】命令，取消选区。选择【图层 4】，选择【移动工具】，按【Alt】键复制并移动图像到右侧，生成【图层 4 拷贝】，如图 2-163 所示。

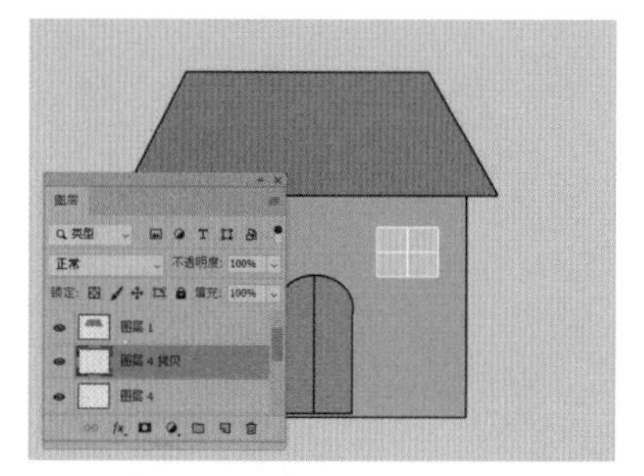

图 2-163

Step 24：按住【Shift】键并使用【矩形选框工具】创建正方形选区，如图 2-164 所示。

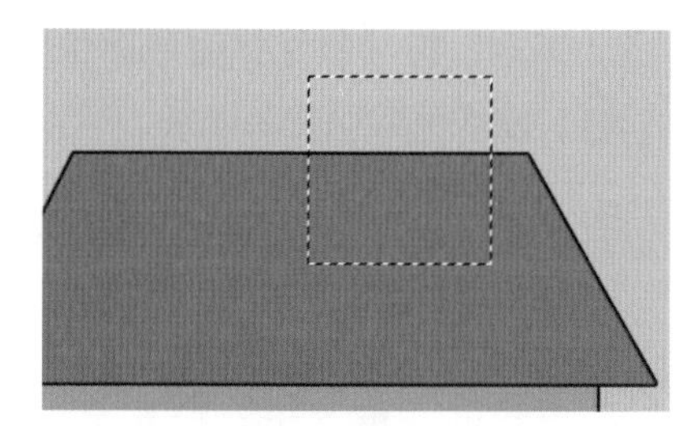

图 2-164

Step 25：执行【选择】→【变换选区】命令，显示定界框，将鼠标放在定界框外，拖拽鼠标，旋转选区，如图 2-165 所示。

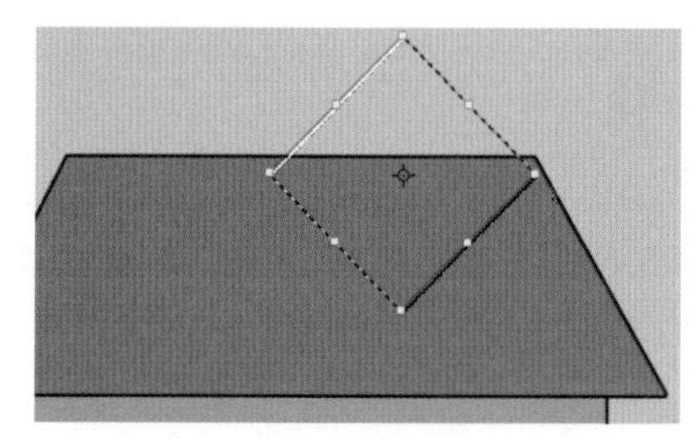

图 2-165

Step 26：选择【多边形套索工具】，单击选项栏中的【从选区减去】按钮，在矩形选区内创建新选区，如图 2-166 所示；减去选区效果如图 2-167 所示。

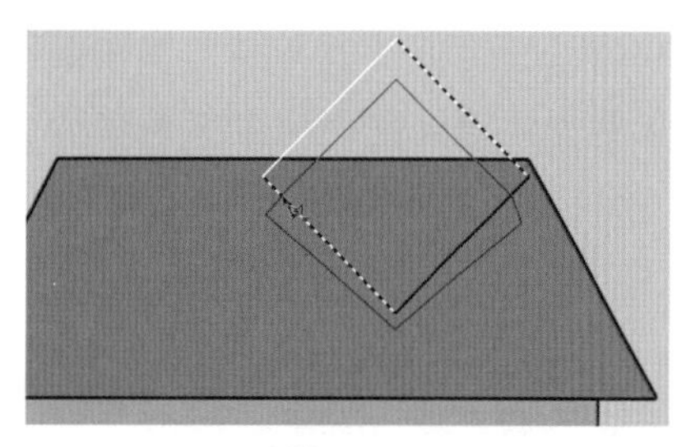

图 2-166

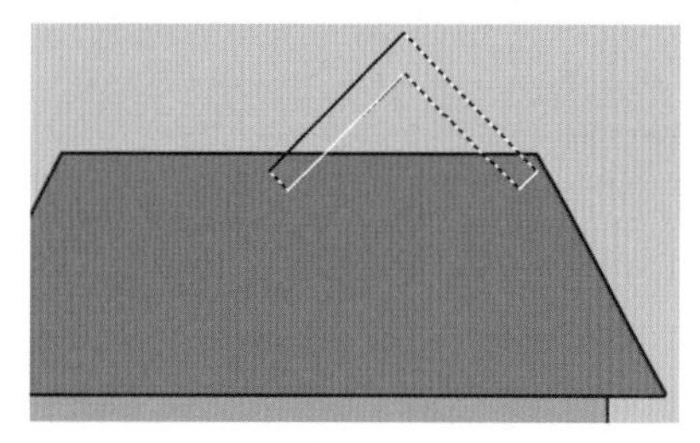

图 2-167

Step 27：执行【选择】→【变换选区】命令，显示定界框，将鼠标放在下方的定界框上，按住【Shift】键的同时拖动鼠标，缩放选区，如图 2-168 所示。

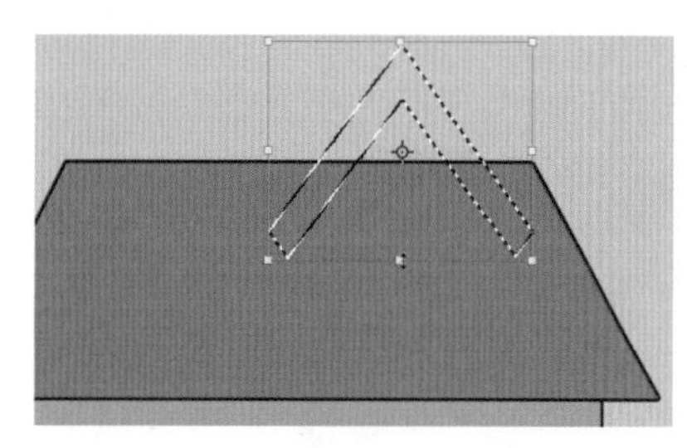

图 2-168

Step 28：按【Enter】键确认变换。新建【图层 5】，设置白色填充和黑色描边，描边大小为 2 像素，如图 2-169 所示。

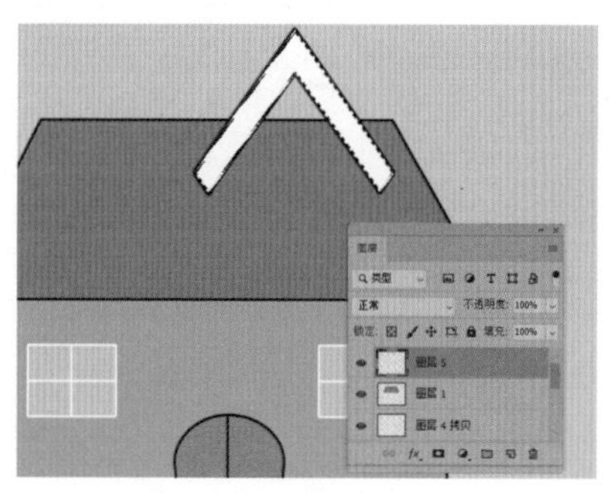

图 2-169

Step 29：单击选项栏【新选区】按钮，使用【多边形套索工具】创建多边形选区，如图 2-170 所示。

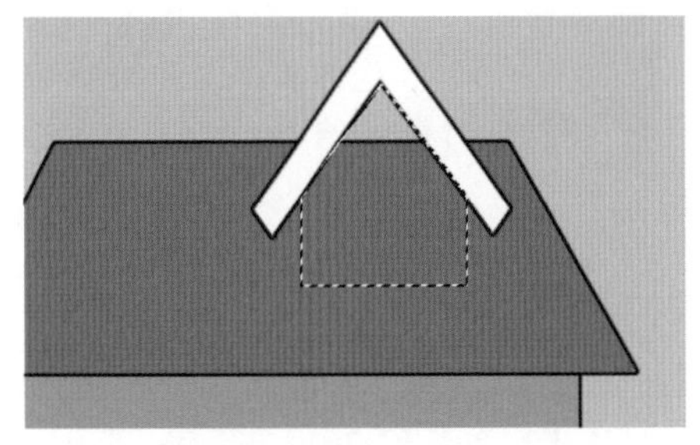

图 2-170

Step 30：新建【图层 6】，设置填充色为#d98555。执行【编辑】→【描边】命令，打开【描边】对话框，设置描边颜色为黑色，大小为 2 像素，位置为【内部】。【描边】对话框设置如图 2-171 所示；效果如图 2-172 所示。

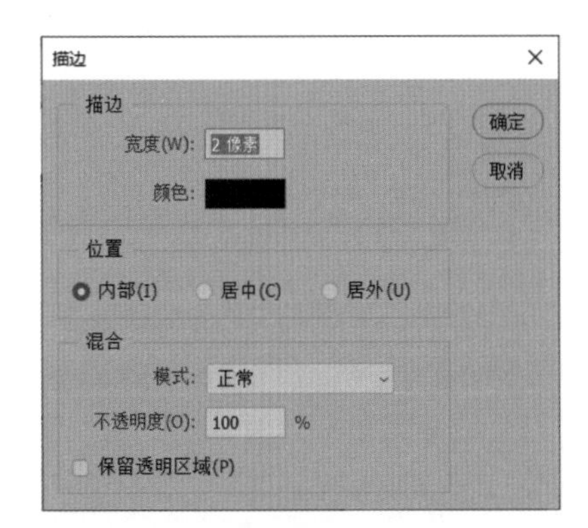

图 2-171

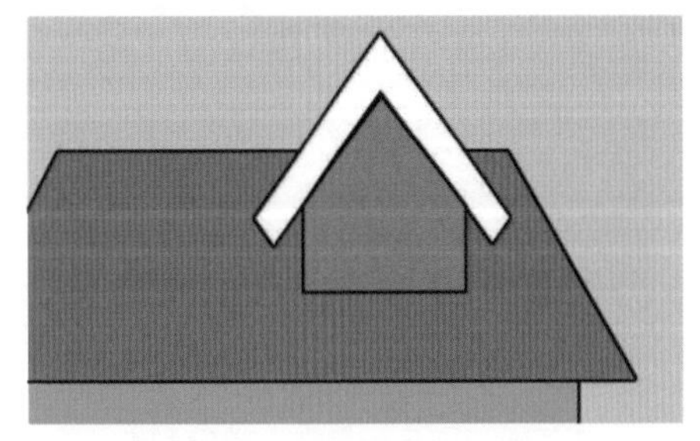

图 2-172

Step 31：选择【图层 4】，按【V】键切换到【移动工具】，按【Alt】键复制移动图形到适当位置，生成【图层 4 拷贝 2】并将其放在【图层】面板最上方，如图 2-173 所示。

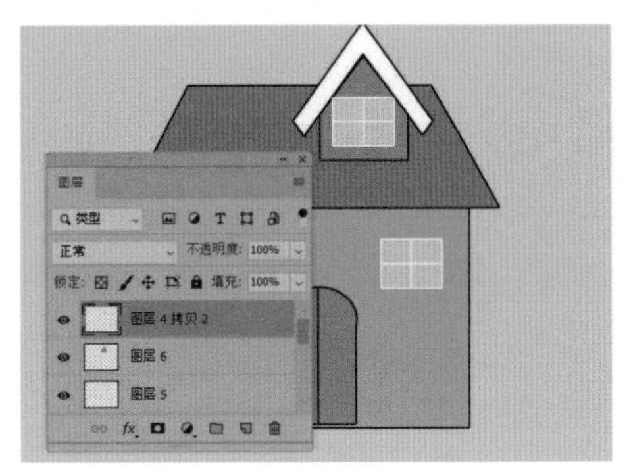

图 2-173

Step 32：选中选项栏中【显示变换控件】复选框，显示定界框，拖动鼠标，缩放图像，完成房子的绘制，效果如图 2-174 所示。

图 2-174

关键技能 016　羽化选区，创建朦胧效果

● 技能说明

羽化是通过建立选区和选区周围像素之间转换边界来模糊边缘的，这种模糊方式将丢失选区边缘的一些图像细节。当羽化值设置得较小时，可以起到柔化选区边缘的作用；当羽化值设置得足够大时，则可以创建朦胧效果。Photoshop 提供了两种羽化选区的方法。

（1）创建选区后，执行【选择】→【修改】→【羽化】命令，可以打开【羽化】对话框，如图 2-175 所示。设置【羽化半径】参数即可羽化选区。

图 2-175

（2）使用选框工具和套索工具创建选区之前，在选项栏中设置【羽化】参数，可以创建带有羽化效果的选区。

● 应用实战

使用【羽化】功能创建朦胧效果的具体操作步骤如下。

Step 01：打开“素材文件/第 2 章/花.jpg”文件，如图 2-176 所示。

图 2-176

Step 02：使用【套索工具】创建一个大概的选区，如图 2-177 所示。

图 2-177

Step 03：按【Ctrl+Shift+I】组合键反向选区，如图 2-178 所示。

图 2-178

Step 04：执行【选择】→【修改】→【羽化】命令，打开【羽化】对话框，设置【羽化半径】为 500 像素，如图 2-179 所示；单击【确定】按钮，羽化选区后效果如图 2-180 所示。

图 2-179

图 2-180

Step 05：单击前景色图标，打开【拾色器（前景色）】对话框，设置颜色为粉红色#e7d3da，如图 2-181 所示。

图 2-181

Step 06：新建【图层 1】，按【Alt+Delete】组合键为选区填充前景色，如图 2-182 所示。

图 2-182

Step 07：执行【选择】→【取消选择】命令，取消选区。选择【图层 1】，降低图层不透明度，如图 2-183 所示。

图 2-183

关键技能 017 使用【选择并遮住】命令调整选区边缘

● 技能说明

在【选择并遮住】工作区中，可以使用调整边缘画笔等工具清晰地分离前景和背景元素，从而创建更加精准的选区。创建选区后，执行【选择】→【选择并遮住】命令，可以打开【选择并遮住】工作区，如图 2-184 所示。

1. 工具箱

工作区最左侧提供了工具箱，使用这些工具在绘制图像，可以调整选区范围。

快速选择工具：使用该工具拖动要选择的区域时，可以根据颜色和纹理的相似性快速选择图像。

图 2-184

调整边缘画笔工具：使用该工具在选区边缘拖动时，可以精确调整边界区域。

画笔工具：该工具可以扩展或缩小选区范围。

对象选择工具：围绕对象绘制矩形区域或套索。对象选择工具会在定义的区域内查找并自动选择对象。

套索工具：该工具可以创建粗略选区。

抓手工具：该工具可以移动视图位置。

缩放工具：该工具可以调整视图大小。

2. 属性面板

在属性面板中设置参数，可以调整视图模式，有优化选区边缘细节等效果。

（1）视图模式。在视图下拉菜单中可以选择 7 种视图模式。

洋葱皮：将选区显示为动画样式的洋葱皮结构。

闪烁虚线：将选区边框显示为闪烁虚线。

叠加：将选区显示为透明颜色叠加。未选中区域显示为蒙版颜色；默认颜色为红色。

黑底：将选区置于黑色背景上。

白底：将选区置于白色背景上。

黑白：将选区显示为黑白蒙版。

图层：将选区周围变成透明区域。

（2）边缘检测设置。

半径：确定要调整边缘的选区边框的大小。对锐边使用较小的半径，对较柔和的边缘使用较大的半径。

智能半径：允许选区边缘出现宽度可变的调整区域。如果选区是涉及头发和肩膀的人物肖像，那么此选项会十分有用。在边缘更加趋向一致的人物肖像中，可能需要为头发设置比肩膀更大的调整区域。

（3）全局调整设置。

平滑：减少选区边界中的不规则区域（“山峰和低谷”）以创建较平滑的轮廓。

羽化：模糊选区与周围像素之间的过渡效果。

对比度：对比度增大时，沿选区边框的柔和边缘的过渡会变得不连贯。通常情况下，使用“智能半径”选项和“调整”工具效果会更好。

移动边缘：使用负值向内移动柔化边缘的边框，或使用正值向外移动边框。向内移动边框有助于从选区边缘移去不想要的背景颜色。

（4）输出设置。

净化颜色：将彩色边替换为附近完全选中的像素的颜色。颜色替换的强度与选区边缘的软化度是成比例的。调整滑块可以更改净化量，默认值为 100%（最大强度）。由于此选项更改了像素颜色，因此需要输出到新图层或文档。保留原始图层，这样在需要时就可以恢复到原始状态。

输出到：决定调整后的选区是变为当前图层上的选区或蒙版，还是生成一个新图层或文档。

● 应用实战

【选择并遮住】命令可以精细地调整选区的边缘，常用于选择细微物体，具体操作步骤如下。

Step 01：打开“素材文件/第 4 章/狐狸.jpg”文件，使用【对象选择工具】绘制矩形区域，选中狐狸，如图 2-185 所示。

图 2-185

Step 02：执行【选择】→【选择并遮住】命令，进入【选择并遮住】工作区，设置【视图】为白色，选择【对象选择工具】，在图像上绘制矩形框，添加选区，如图 2-186 所示。

图 2-186

Step 03：在【属性】面板中选中【智能半径】复选框，❶设置【半径】为 5 像素，❷设置【平滑】为 4，❸设置【羽化】为 1.5 像素，❹设置【移动边缘】为 25%，如图 2-187 所示。

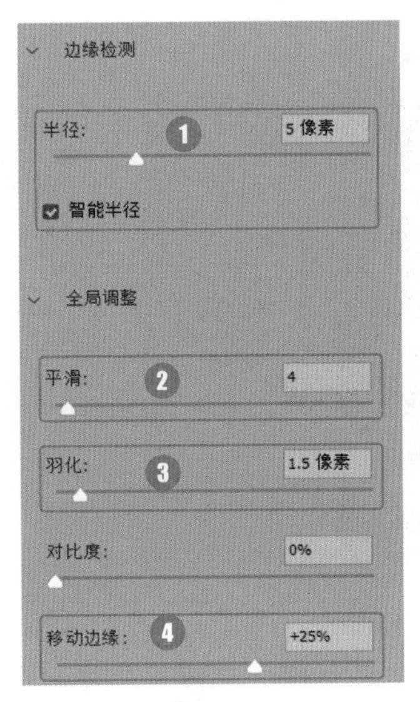

图 2-187

Step 04：设置【输出】为新建带有图层蒙版的图层，单击【确定】按钮，输出图像，如图 2-188 所示。

图 2-188

Step 05：置入“素材文件/第 2 章/森林.jpg”文件，调整图像大小并将其置于狐狸图像下方，完成背景替换，效果如图 2-189 所示。

图 2-189

第 3 章 图层应用的 11 个关键技能

图层就是分层后的图像。每个单独的图层上都保存着不同的图像，且图层是透明的，透过上面图层的透明区域可以看到下面图层的内容，因此将所有图层组合起来就可以变成一幅完整的图像。图层是 Photoshop 中最重要的概念，是进行一切操作的载体。本章将介绍图层应用的 11 个技能，帮助读者理解图层概念以及掌握图层的相关操作技能。本章知识点框架如图 3-1 所示。

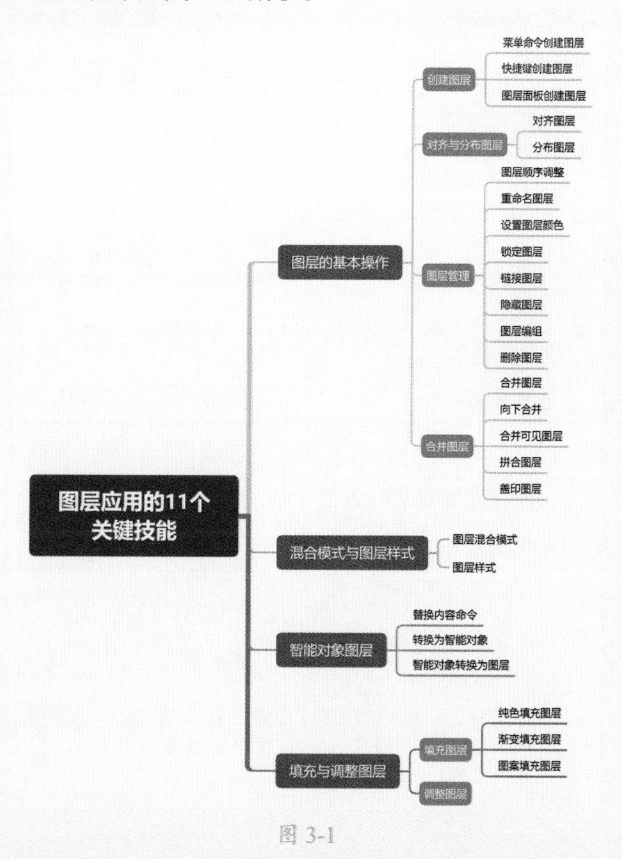

图 3-1

关键技能 018 图层类别及创建的 3 种方式

● 技能说明

图层就像一层层堆叠的透明纸。每个单独的图层上面都保留着不同的图像，可以透过上面图层的透明区域看到下面图层的内容。每个图层中的对象都可以单独处理，且不会影响其他图层中的内容。

图层可以移动，也可以调整堆叠顺序，如调整不透明度、修改混合模式等。通过【图层】面板就可以对图层进行编辑操作。执行【窗口】→【图层】命令，可以打开【图层】面板，如图 3-2 所示。【图层】面板会显示当前文档的图层信息。

图 3-2

此外，在编辑图像之前，首先需要在【图层】面板中选择图像所在的图层，然后才能对图像进行颜色、色调调整、移动、变换等编辑操作。

Photoshop 中可以创建多种类型的图层，它们都有各自不同的功能和用途，在【图层】面板中显示的图标也不一致，如图 3-3 所示；各类型图层说明如表 3-1 所示。

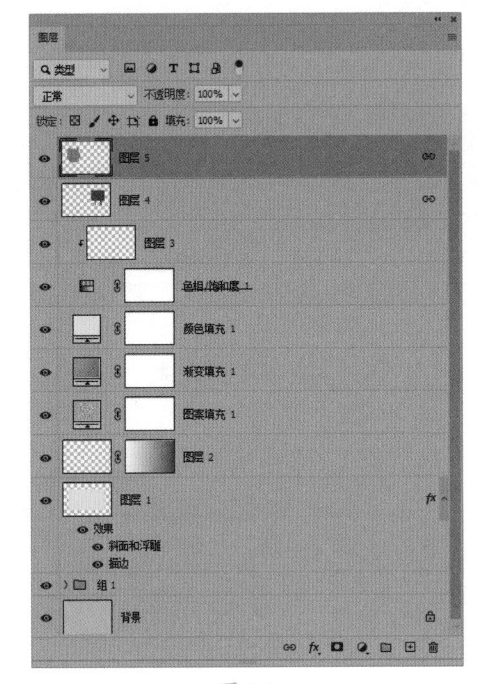

图 3-3

表 3-1 各类型图层说明

图层类型	作用
当前图层	当前选择的图层，处理图像时，编辑操作将在当前图层中进行
链接图层	保持链接状态的多个图层
剪贴蒙版	属于蒙版的一种，可使用一个图层中的图像控制它上面多个图层的显示范围
调整图层	可调整图像的亮度、色彩平衡等，不会改变像素值，但可以重复编辑
填充图层	显示填充纯色、渐变填充或图案填充的特殊图层
图层蒙版图层	添加了图层蒙版的图层，蒙版可以控制图像的显示范围

续表

图层类型	作用
图层样式	添加了图层样式的图层，通过图层样式可以快速创建特效，如投影、发光、浮雕等
图层组	用于组织和管理图层，以便于查找和编辑图层
变形文字图层	进行变形处理后的文字图层
文字图层	使用文字工具输入文字时创建的图层
背景图层	新建文档时创建的图层，始终位于面板的最下面，名称为【背景】，不能解锁，也不能设置不透明度

● 应用实战

创建图层的方法有很多种，主要包括在【图层】面板中创建、通过菜单命令创建、快捷键创建等。

1．执行菜单命令创建图层

执行【图层】→【新建】→【图层】命令，或者单击【图层】面板右上角的【扩展】按钮，在打开的快捷菜单中选择【新建图层】命令，如图 3-4 所示；这两种方式都会弹出【新建图层】对话框，如图 3-5 所示。在对话框中可以设置图层名称、模式、透明度等参数，单击【确定】按钮即可在当前图层上方新建图层。

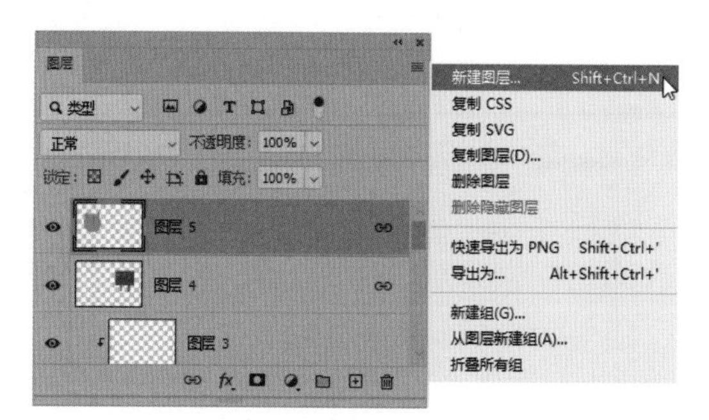

图 3-4

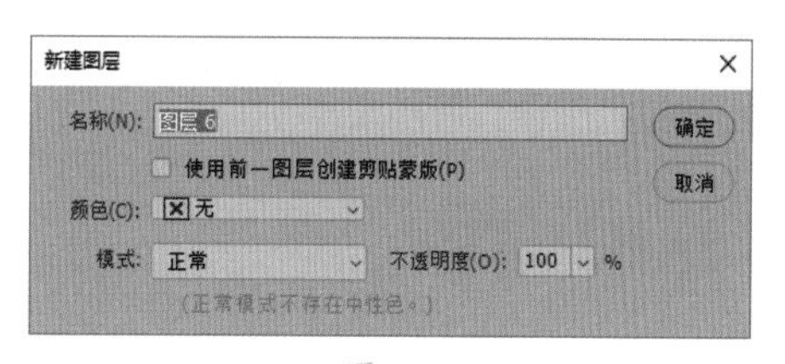

图 3-5

2．利用图层面板创建图层

单击【图层】面板底部的【创建新图层】按钮，即可在当前图层上方创建新图层，如图 3-6 所示；效果如图 3-7 所示。

图 3-6

图 3-7

3．使用快捷键创建图层

按【Ctrl+Shift+N】组合键可以打开【新建图层】对话框，在对话框中可以设置图层名称、模式、不透明度等参数，单击【确定】按钮即可在当前图层上方新建图层。

高手点拨

如何在当前图层下方创建图层

创建图层时，默认情况下都会在当前图层上方创建。如果需要在当前图层下方创建图层，可在按住【Ctrl】键的同时，单击【图层】面板底部的【新建图层】按钮即可，如图 3-8 所示。

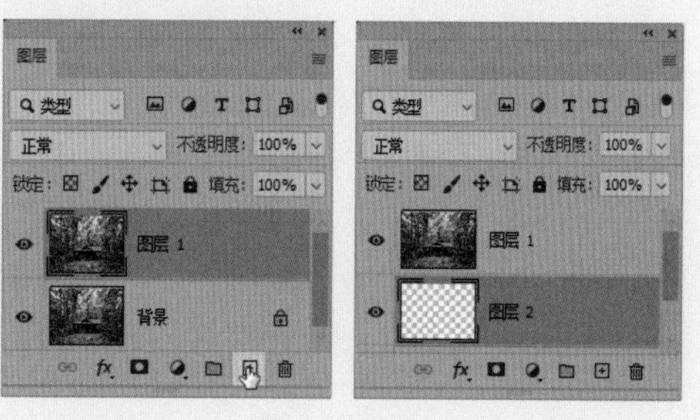

图 3-8

关键技能 019 使用对齐/分布功能实现整齐的排版

● 技能说明

对齐/分布功能可以将多个图层中的图像内容对齐或者按一定的规律均匀分布，从而得到排列整齐的版面。

使用对齐/分布功能为图像排版时，既可以通过执行【图层】菜单下的对齐/分布命令来实现，也可以单击选项栏中的对齐/分布按钮来实现。

1. 对齐图层

对齐图层功能可以使多个图层以指定的方式对齐。如图 3-9 所示，选择多个图层后，执行【图层】→【对齐】命令，在弹出的菜单中选择一个对齐命令，即可以指定的方式对齐图层。

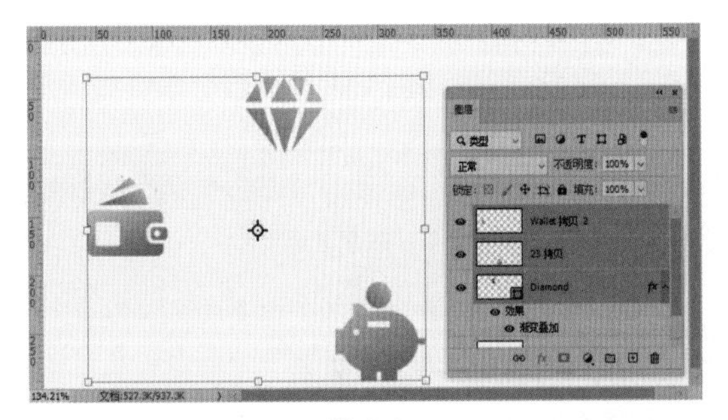

图 3-9

顶边：执行该命令，所选图层将以位于最上方的对象为基准，进行顶部对齐，如图 3-10 所示。

图 3-10

垂直居中对齐：以所选对象形成的矩形区域的中心点为基准，使各对象的中心点与之垂直居中对齐，如图 3-11 所示。

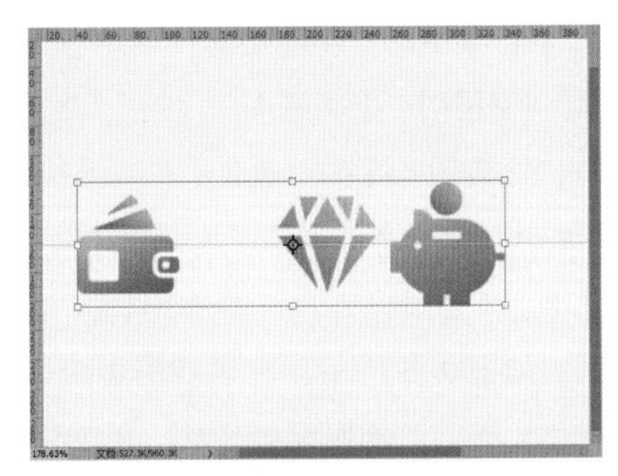

图 3-11

底边：所选图层对象以位于最下方的对象为基准，进行底部对齐，如图 3-12 所示。

图 3-12

左边：所选图层对象以位于最左侧的对象为基准，进行左对齐，如图 3-13 所示。

图 3-13

水平居中对齐：以所选对象形成的矩形区域的中心点为基准，使各对象的中心点与之水平居中对齐，如图 3-14 所示

图 3-14

右对齐：所选图层对象以最右侧的对象为基准，进行右对齐，如图 3-15 所示。

图 3-15

2．分布图层

分布图层功能可以使多个图层以指定的方式均匀分布。如图 3-16 所示，选择多个图层后，执行【图层】→【分布】命令，在级联菜单中选择一种分布方式，即可以指定方式均匀分布图层。

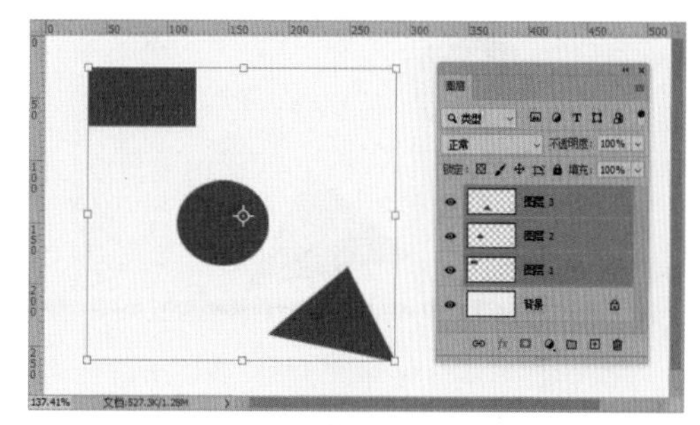
图 3-16

顶边：以各图层最上方对象的顶边为基准，均匀分布图层位置，使各对象的顶边间隔相同的距离，如图 3-17 所示。

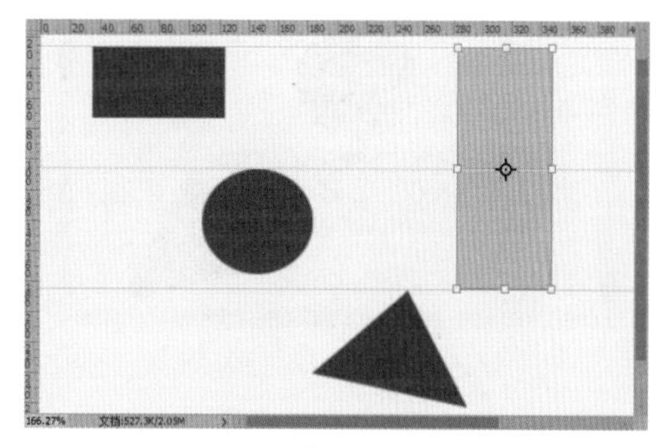
图 3-17

垂直居中分布：以各图层对象的中心点为基准，使各中线点间隔相同的距离，如图 3-18 所示。

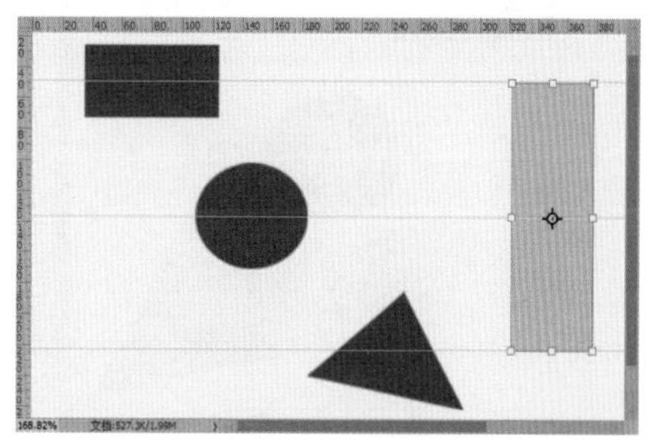
图 3-18

底边：以各图层最下方对象的底边为基准，均匀分布图层位置，使各对象的底边间隔相同的距离，如图 3-19 所示。

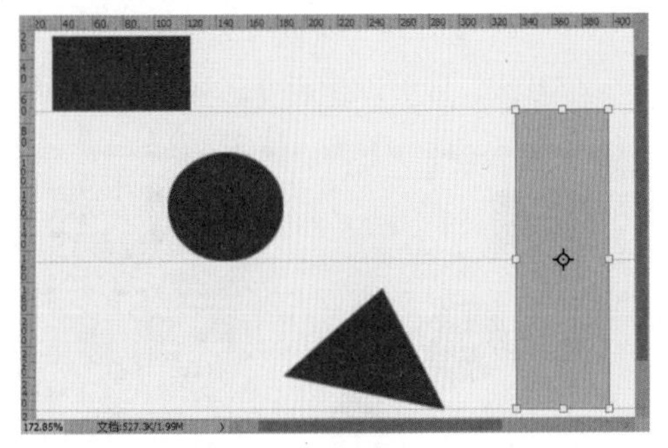
图 3-19

左边：以各图层上对象最左侧的边线为基准，使各边线间隔相同的距离，如图 3-20 所示。

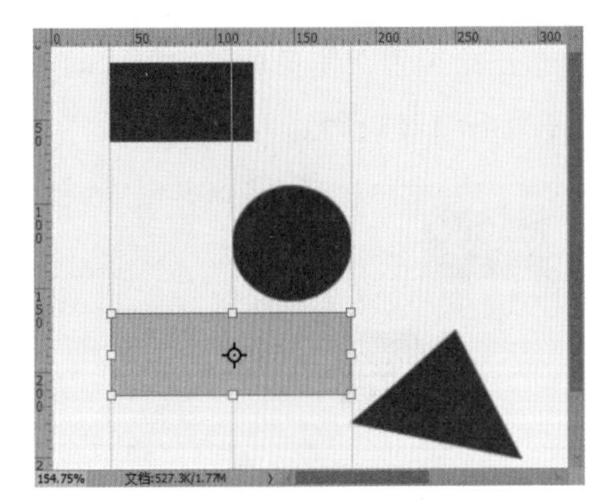
图 3-20

水平居中分布：以各图层对象的中心点为基准，使各中心点间隔相同的距离，如图3-21 所示。

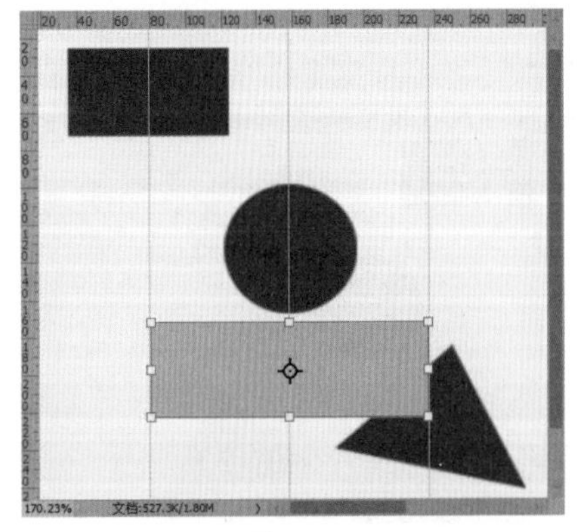
图 3-21

右边：以各图层上对象最右侧的边线为基准，使各边线间隔相同的距离，如图 3-22 所示。

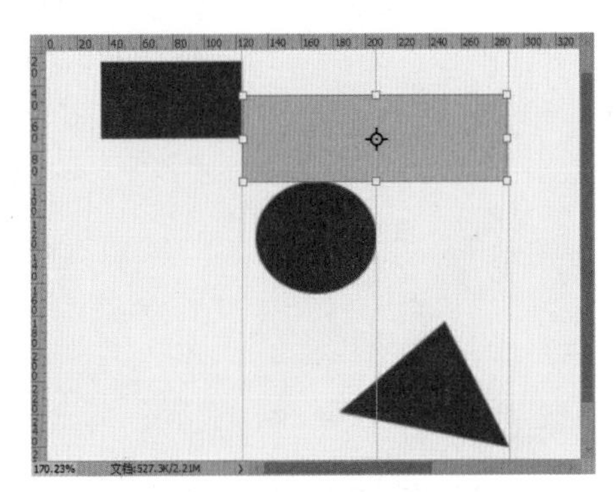
图 3-22

水平：软件会计算所选图层上最左侧对象的右边线和最右侧对象的左边线的距离，再平均分布图层距离，如图 3-23 所示。

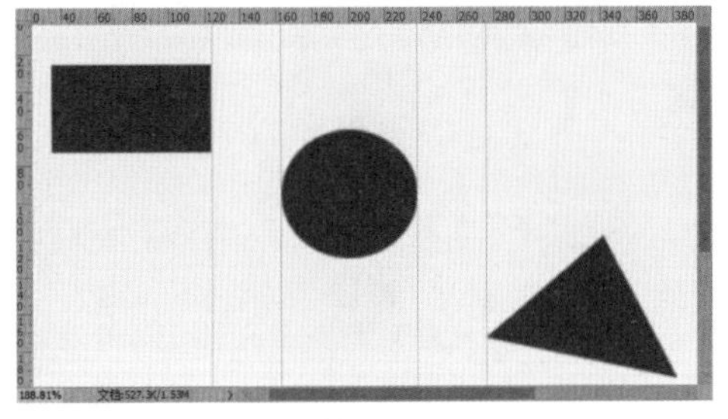
图 3-23

垂直：软件会计算所选图层上最上方对象的底边和最下方对象的顶边之间的距离，再平均分布图层距离，如图 3-24 所示。

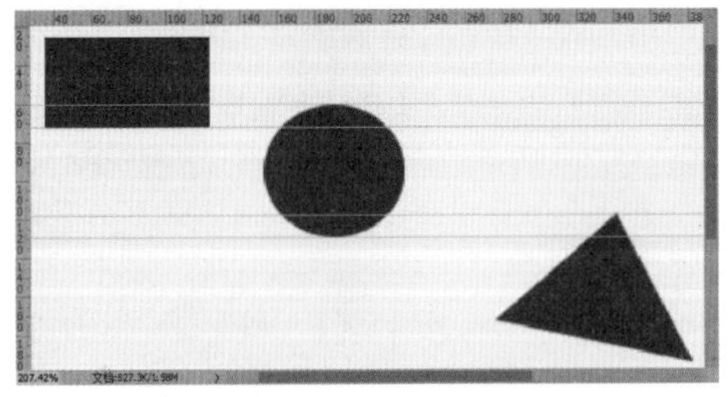
图 3-24

● 应用实战

使用对齐分布功能制作导航条的具体操作

步骤如下。

Step 01：按【Ctrl+N】组合键，执行【新建】命令，打开【新建文档】对话框，设置【宽度】为 990 像素，【高度】为 30 像素，【分辨率】为 72 像素/英寸，单击【创建】按钮，如图 3-25 所示。

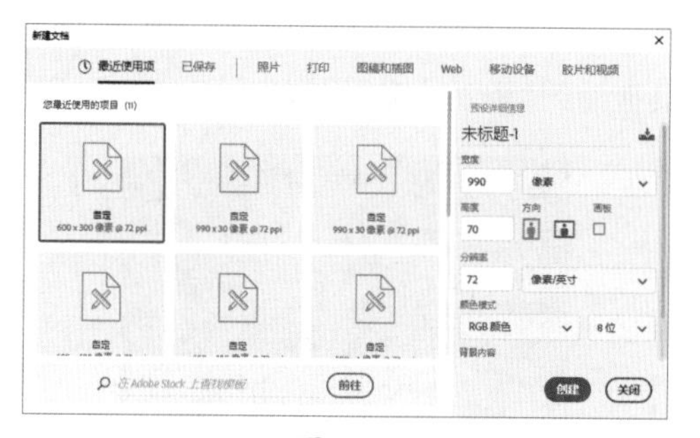

图 3-25

Step 02：设置前景色为洋红色#fe0036，按【Alt+Delete】组合键为背景填充前景色，如图 3-26 所示。

图 3-26

Step 03：使用【矩形选框工具】创建选区，如图 3-27 所示。

图 3-27

Step 04：执行【选择】→【变换选区】命令，进入变换选区状态。右击鼠标，弹出快捷菜单，执行【斜切】命令，拖拽控制点，斜切选区，如图 3-28 所示。

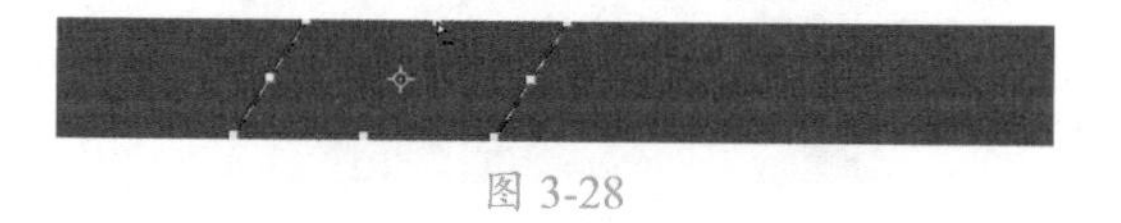

图 3-28

Step 05：单击【图层】面板底部的【新建图层】按钮，新建图层，为选区填充白色，如图 3-29 所示。

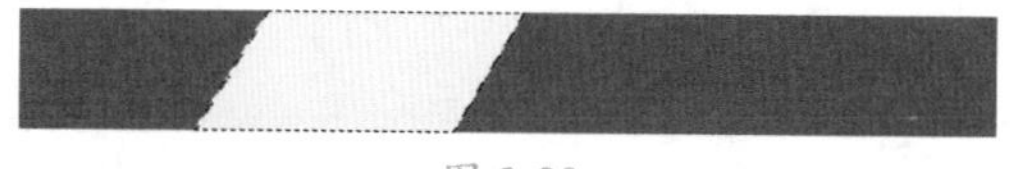

图 3-29

Step 06：按【Ctrl+D】组合键取消选区。使用【文字工具】输入文字，在选项栏设置字体为微软雅黑，字体大小为 24 点，颜色为洋红色#fe0036，如图 3-30 所示。

图 3-30

Step 07：复制文字图层并修改文字内容，字体颜色更改为白色，如图 3-31 所示。

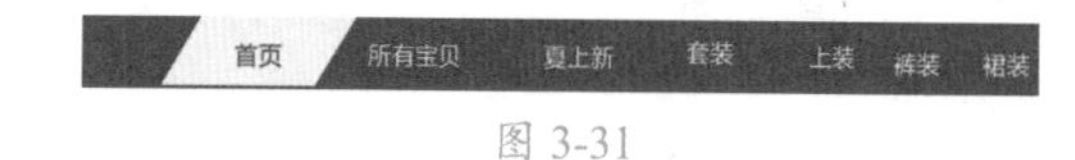

图 3-31

Step 08：选择白色矩形图层和【首页】文字图层，单击选项栏中的【水平居中对齐】按钮和【垂直居中对齐】按钮，使文字居中对齐，如图 3-32 所示。

图 3-32

Step 09：选择所有文字图层，单击选项栏中的【垂直居中对齐】按钮，对齐所有文字，如图 3-33 所示。

图 3-33

Step 10：选中所有文字图层，执行【图层】→【分布】→【水平】命令，水平均匀分布图层，如图 3-34 所示。

图 3-34

关键技能 020 高效管理图层的 8 种操作

● 技能说明

新建图层后，系统默认以图层 1、图层 2、图层 3 等方式命名。在大型图像文档中，这种图层命名方式不便于查找图层，因此，可以对图层进行重新命名，也可以设置图层颜色，将其区别显示。此外，还可以将相关的图层进行编组管理，删除不需要的图层，或者隐藏、锁定图层等。

● 应用实战

1. 调整图层顺序

在【图层】面板中，图层是按照创建的先后顺序堆叠排列的。一般情况下，上方图层中的对象会遮挡下方图层中的对象，因此，通过调整图层顺序可以改变图像效果。调整图层顺序具体操作步骤如下。

Step 01：打开“素材文件/第 3 章/重阳节.psd”文件，如图 3-35 所示。

图 3-35

Step 02：在【图层】面板中选择【菊花】图层，将其拖动到【石头】图层上方，如图 3-36 所示。

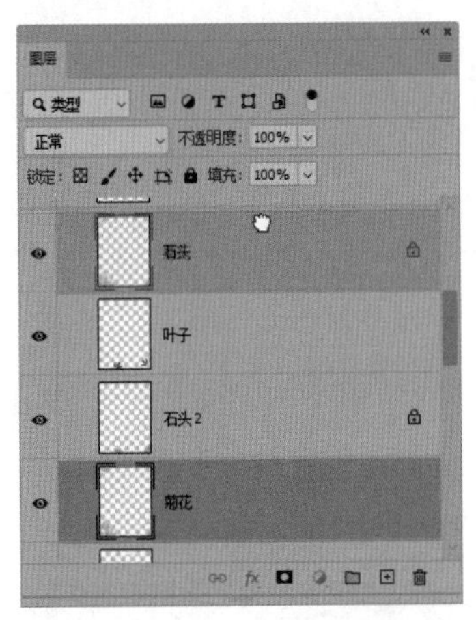

图 3-36

Step 03：释放鼠标即可调整图层堆叠顺序，如图 3-37 所示。

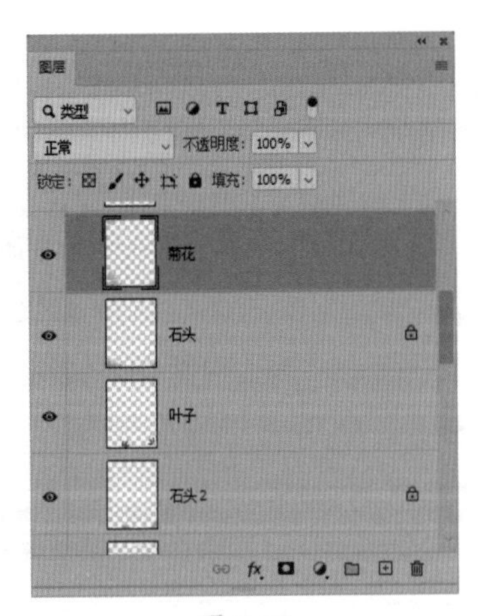

图 3-37

Step 04：调整图层顺序后，图像显示效果如图 3-38 所示。

图 3-38

2. 重命名图层

双击图层名称，如图 3-39 所示，进入编辑状态。重新输入图层名称，按【Enter】键确认即可，如图 3-40 所示。

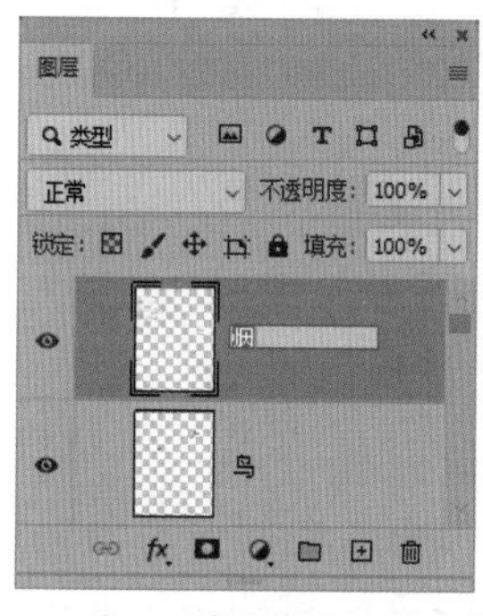

图 3-39

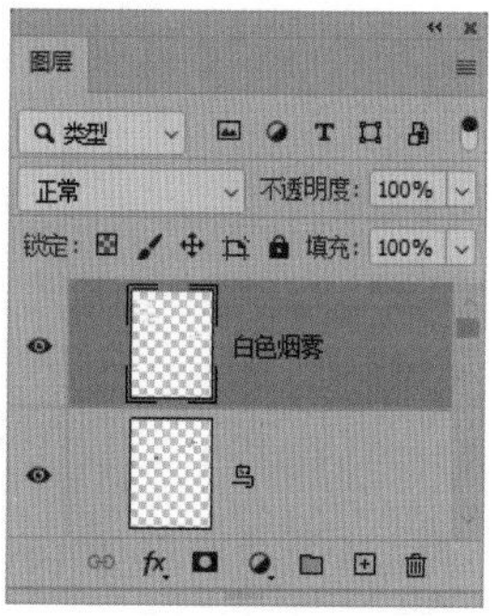

图 3-40

3. 设置图层颜色

通过设置图层颜色可以将图层突出显示，从而方便图层的查找。选择图层后，右击鼠标，在打开的快捷菜单中选择一种颜色，如图 3-41 所示；图层颜色变为黄色，如图 3-42 所示。

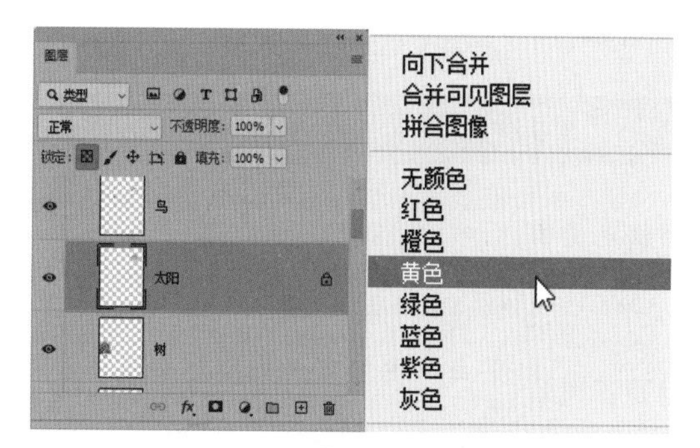

图 3-41

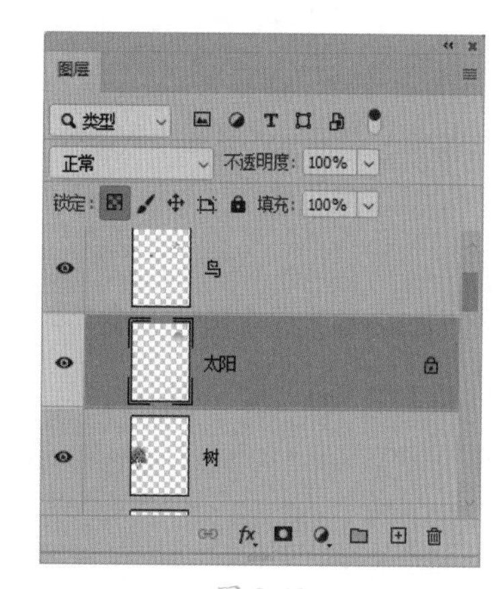

图 3-42

4. 锁定图层

图层被锁定后，会限制图层可编辑的内容和范围，但被锁定的内容将不会受到其他图层的影响。【图层】面板的锁定组中提供了 5 个不同功能的锁定按钮，如图 3-43 所示。锁定图层后，该图层右侧会显示一个锁定图标。

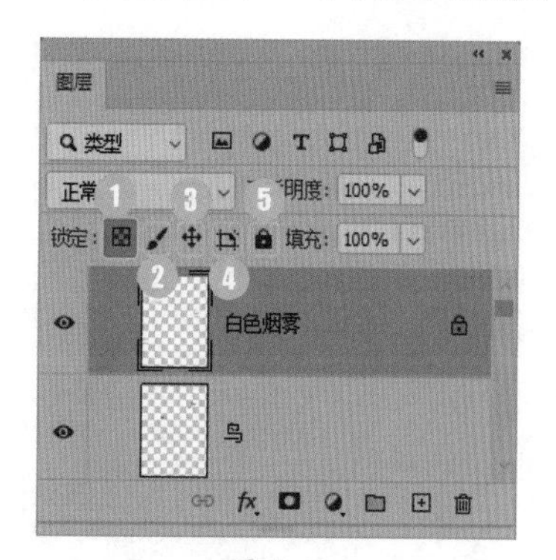

图 3-43

相关按钮的作用如表 3-2 所示。

表 3-2 【图层】面板中各锁定按钮的作用

按钮	作用
❶锁定透明像素	单击该按钮，则图层或图层组中的透明像素被锁定。当使用绘图工具绘图时，操作只对图层非透明区域（有图像的像素部分）生效
❷锁定图像像素	单击该按钮可以将当前图层保护起来，使之不受任何填充、描边及其他绘图操作的影响
❸锁定位置	用于锁定图像的位置，使之不能对图层内的图像进行移动、旋转、翻转和自由变换等操作，但可以对图层内的图像进行填充、描边和其他绘图操作
❹防止在画板内外自动嵌套	将图中的锁定指定给画板，以禁止在画板内部和外部自动嵌套，或指定画板内的特定图层以禁止这些特定图层的自动嵌套。要恢复到正常的自动嵌套行为，需要从画板或图层中删除所有自动嵌套锁
❺锁定全部	单击该按钮，图层全部被锁定，不能移动位置、不可执行任何图像编辑操作，也不能更改图层的不透明度和混合模式

5. 链接图层

链接图层后，可以同时处理链接图层中的内容，如移动图层位置，缩放图层内容大小等。

在【图层】面板中选择多个图层，如图 3-44 所示。

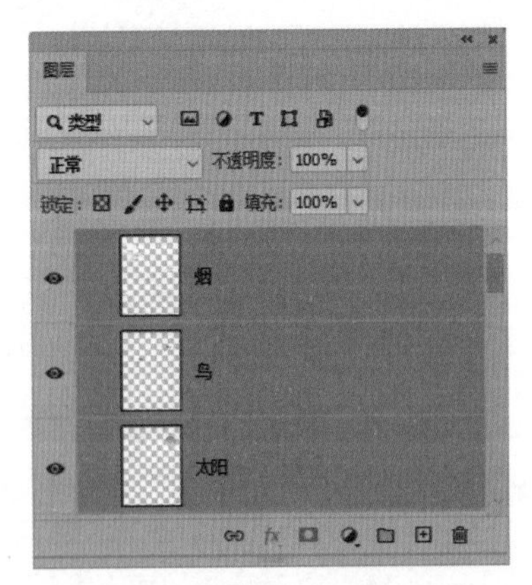

图 3-44

单击【图层】面板底部的【链接图层】按钮，或者执行【图层】→【链接图层】命令，即可链接所选图层，如图 3-45 所示。链接图层后，相关图层右侧会显示链接图标。

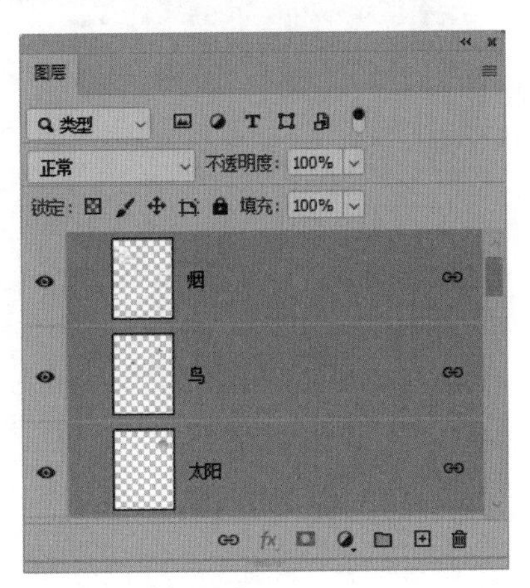

图 3-45

如果要取消链接，选择链接图层后，再次单击【图层】面板底部的【链接图层】按钮即可。

6. 隐藏显示图层

在图像处理过程中，可以根据需要显示和隐藏图层，具体操作步骤如下。

Step01：打开“素材文件/第 3 章/啤酒文字.psd”文件，如图 3-46 所示。

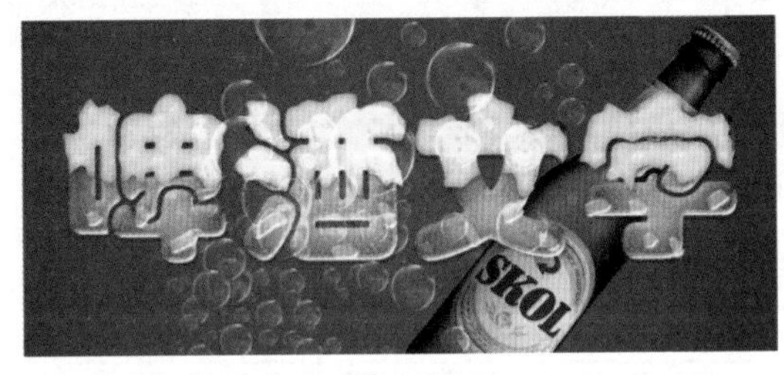

图 3-46

Step02：选择【酒瓶】图层，单击图层左侧的【指示图层可见性】图标，将其隐藏，如图 3-47 所示。

图 3-47

Step 03：此时，图层上的图像会被隐藏，如图 3-48 所示。

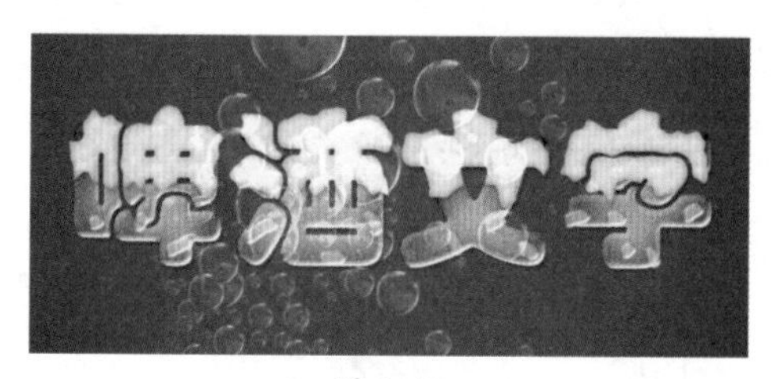

图 3-48

Step 04：如果要显示图层，可以再次单击图层左侧的【指示图层可见性】图标，如图 3-49 所示。

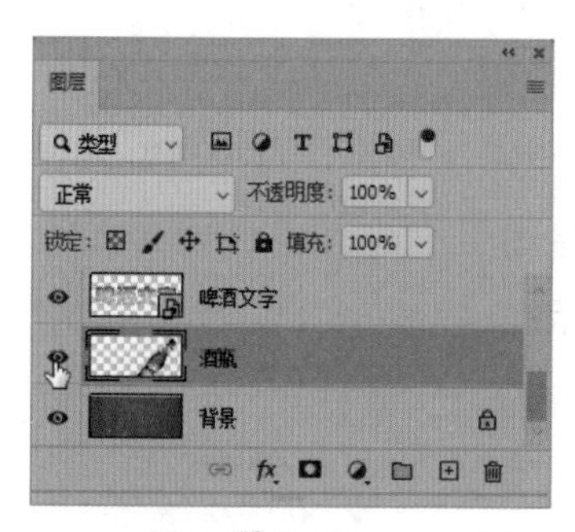

图 3-49

Step 05：此时，图层上的图像会被重新显示出来，如图 3-50 所示。

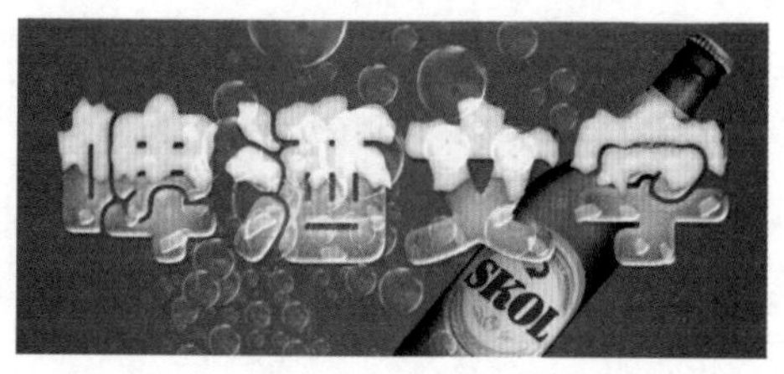

图 3-50

7. 编组图层

图层组类似于文件夹，可将多个独立的图层放在不同的图层组中，图层组可以像图层一样进行移动、复制、链接、对齐和分布，也可以合并。使用图层组来组织和管理图层，会使图层的结构更加清晰。创建图层组的方法如下。

方法一：单击【图层】面板底部的【创建新组】按钮，如图 3-51 所示。

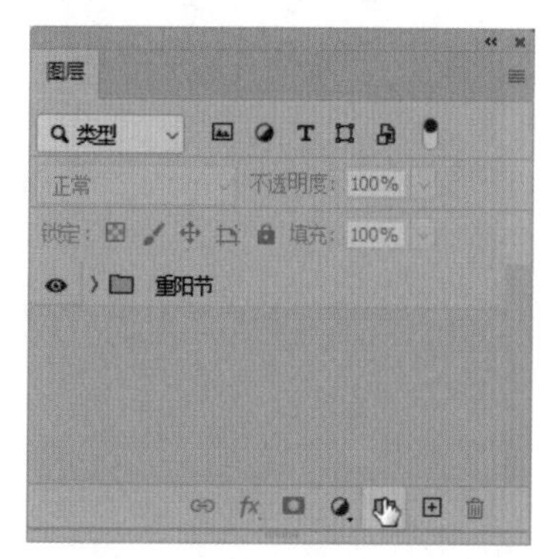

图 3-51

释放鼠标后即可创建新组，如图 3-52 所示。

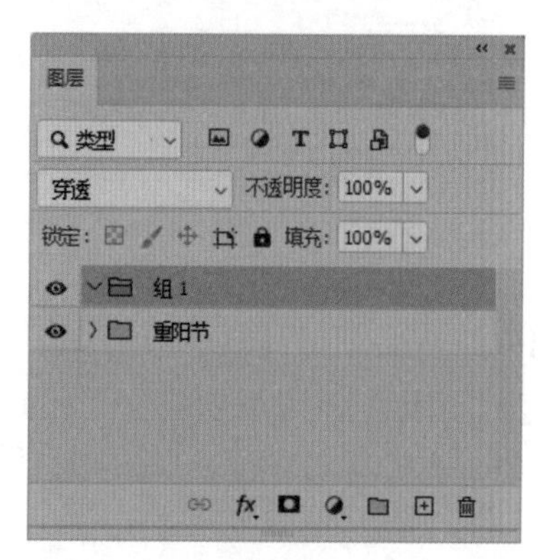

图 3-52

方法二：执行【图层】→【新建】→【组】命令，弹出【新建组】对话框，如图 3-53 所示；分别设置图层组的名称，颜色、模式和不透明度，单击【确定】按钮即可创建一个图层组，如图 3-54 所示。

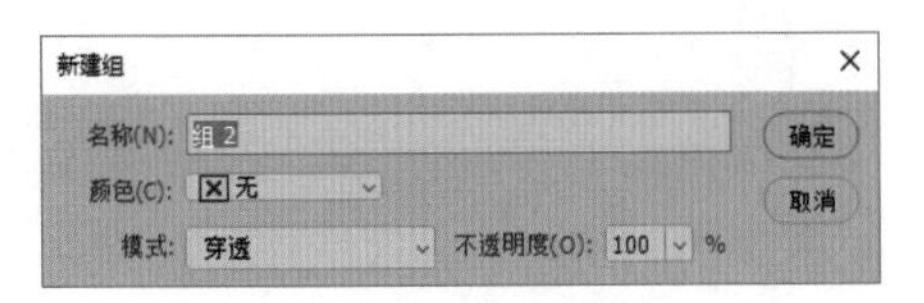

图 3-53

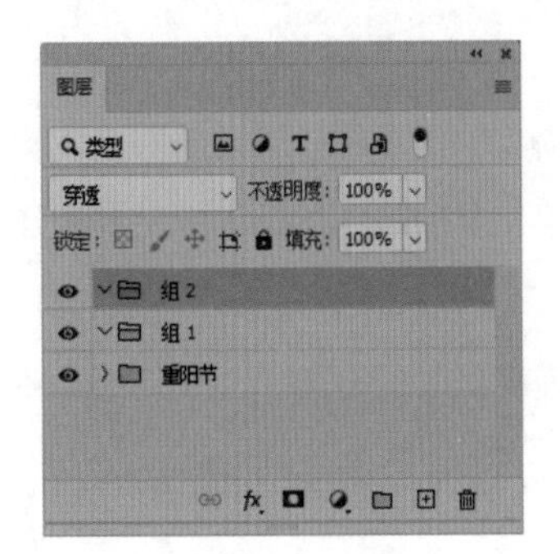

图 3-54

方法三：在【图层】面板中选择需要编组的图层，如图 3-55 所示。

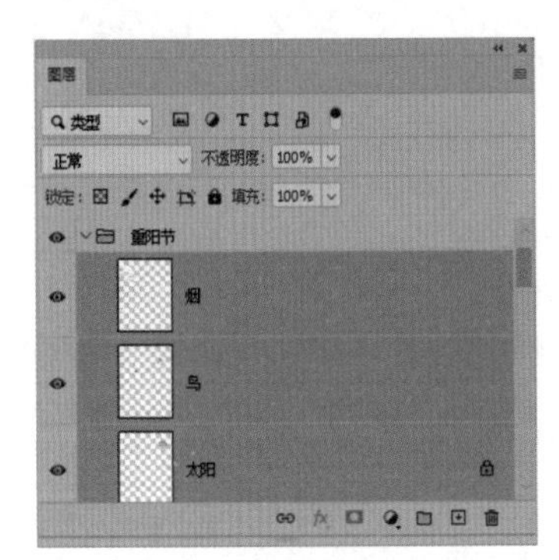

图 3-55

按【Ctrl+G】组合键即可将所选图层创建为一个图层组，如图 3-56 所示。

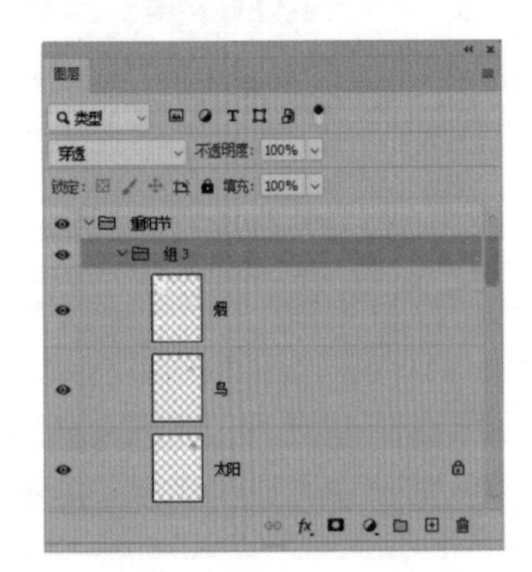

图 3-56

此外，选择图层后执行【方法一】和【方法二】的操作，也可以将所选图层编组。

高手点拨

如何取消图层编组

选择图层组后，按【Shift+Ctrl+G】组合键可以取消图层编组。

8. 删除图层和图层组

当不再需要某个图层时，可以将其删除，以降低图像文件的大小。删除图层的方法如下。

方法一：在【图层】面板中拖动需要删除的图层到【图层】面板底部的【删除】按钮，释放鼠标后即可删除所选图层。

方法二：选择需要删除的一个或者多个图层，单击【图层】面板底部的【删除】按钮，即可删除所选图层。

方法三：选择图层后，执行【图层】→【删除】→【图层】命令删除图层。

方法四：选择图层后，单击【图层】面板右上角的扩展按钮，在快捷菜单中选择【删除图层】命令即可删除图层。

图层组的删除与图层的删除操作一样，只不过删除图层组时会弹出提示对话框，如图 3-57 所示。

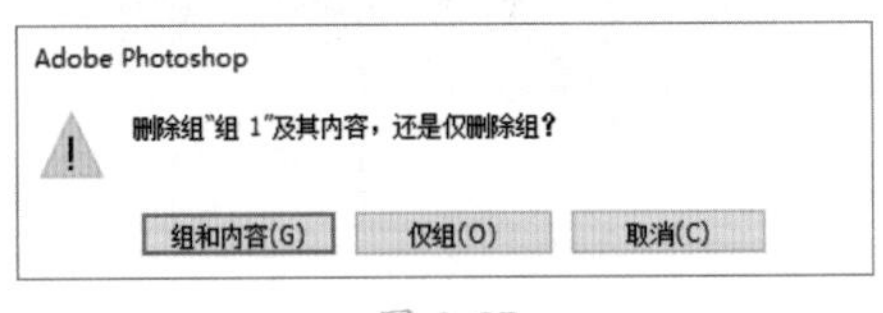

图 3-57

选择【组合内容】则会删除图层组及图层组中包含的图层；选择【仅组】则只会删除图层组，而保留图层组内的图层内容。

关键技能 021 合并图层的多种方法与区别

● 技能说明

在一个文件中，建立的图层越多，该文件所占用的磁盘空间也就越大。因此，将一些不必要分开的图层合并为一个图层，既可以减少所占用的磁盘空间，也可以加快计算机运行速度。盖印图层可在不影响原图层效果的情况下，将多个图层创建为一个新的图层。

● 应用实战

1. 合并图层

如果要合并两个或者多个图层，可以在【图层】面板中选择，如图 3-58 所示。

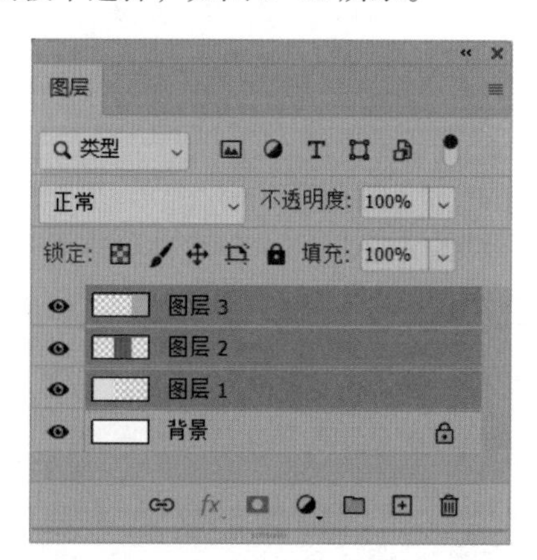

图 3-58

执行【图层】→【合并图层】命令将图层进行合并，合并后的图层使用上面图层的名称，如图 3-59 所示。

图 3-59

2. 向下合并

如果想要将一个图层与它下面的图层合并，可以选择该图层，如图 3-60 所示。

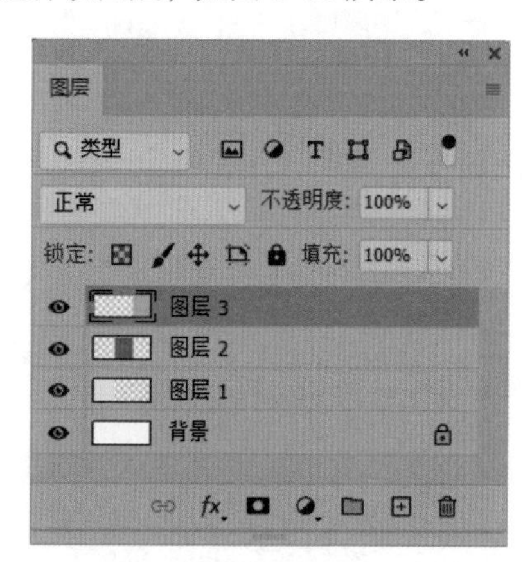

图 3-60

执行【图层】→【向下合并】命令将图层进行合并，合并后的图层使用下面图层的名称，如图 3-61 所示。

图 3-61

3．合并可见图层

如果要合并所有可见的图层，如图 3-62 所示。

图 3-62

可执行【图层】→【合并可见图层】命令，图层会合并到【背景】图层中，如图 3-63 所示。

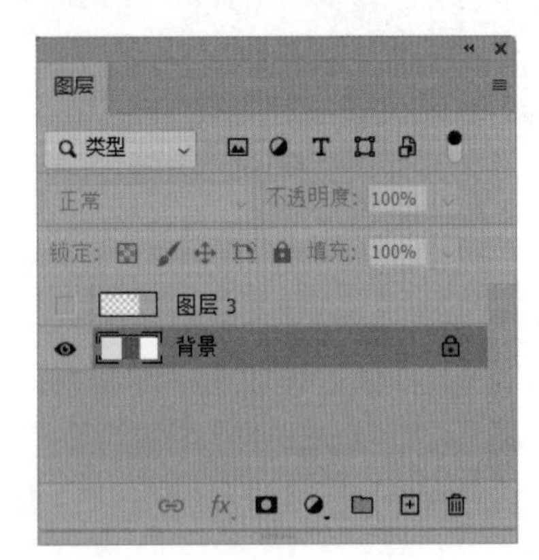

图 3-63

4．拼合图层

如果要将所有图层都拼合到【背景】图层中，可以执行【图层】→【拼合图像】命令；如果有隐藏的图层，则会弹出一个提示，询问是否删除隐藏的图层。

5．盖印图层

盖印是比较特殊的图层合并方法，可以将多个图层中的图像内容合并到一个新的图层中，同时保持其他图层完好无损。如果想得到某些图层的合并效果，又不想修改原图层时，盖印图层是最好的解决办法。

选择多个图层，如图 3-64 所示。

图 3-64

按【Ctrl+Alt+E】组合键可以盖印选择图层，在图层面板最上方自动创建图层，如图 3-65 所示。

图 3-65

选择任意一个图层，如图 3-66 所示。

图 3-66

按【Shift+Ctrl+Alt+E】组合键可以盖印所有可见图层，并在所选图层的上方自动创建图层，如图 3-67 所示。

图 3-67

关键技能 022 使用混合模式制作图像合成特效

● 技能说明

混合模式的作用是将上层对象的颜色与下层对象的颜色混合，从而融合图像。

1. 混合模式的种类

Photoshop 中的混合模式可以分为 6 组。单击【图层】面板顶部的按钮，在下拉列表中就可以选择任意的混合模式，如图 3-68 所示；各组混合模式的作用如表 3-3 所示。

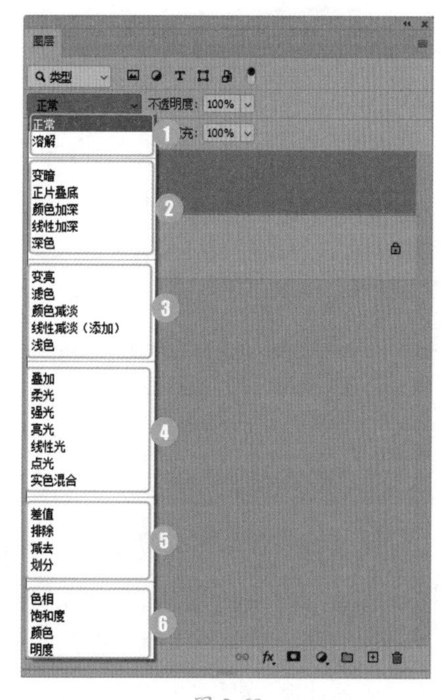

图 3-68

表 3-3　各混合模式的作用

选项	作用
❶组合	该组中的混合模式需要降低图层的不透明度才能产生作用
❷加深	该组中的混合模式可以使图像变暗，在混合过程中，当前图层中的白色将被底色较暗的像素替代
❸减淡	该组与加深模式产生的效果相反，它们可以使图像变亮。在使用这些混合模式时，图像中的黑色会被较亮的像素替代，而任何比黑色亮的像素都可能加亮底层图像
❹对比	该组中的混合模式可以增强图像的反差。在混合时，50%的灰色会完全消失，任何亮度值高于50%灰色的像素都可能加亮底层的图像；亮度值低于50%灰色的像素则可能使底层图像变暗
❺比较	该组中的混合模式可以比较当前图像与底层图像，然后将相同的区域显示为黑色，不同的区域显示为灰度层次或彩色。如果当前图层中包含白色，白色的区域会使底层图像反相，而黑色不会对底层图像产生影响
❻色彩	使用该组混合模式时，Photoshop会将色彩分为色相、饱和度和亮度，然后再将其中的一种或两种应用在混合后的图像中

2. 混合模式的应用范围

Photoshop中的许多工具和命令都包含混合模式设置选项，如【图层】面板、绘画和修饰工具的工具选项栏、【图层样式】对话框、【填充】命令、【描边】命令、【计算】和【应用图像】命令等。

用于混合图层：在【图层】面板中，混合模式用于确定当前图层中的像素与它下面图层中的像素如何混合。除【背景】图层外，其他图层都支持混合模式。

用于混合像素：在绘画和修饰工具的工具选项栏，以及【渐隐】【填充】【描边】命令和【图层样式】对话框中，混合模式只将添加的内容与当前操作的图层混合，而不会影响其他图层。

用于混合通道：在【应用图像】和【计算】命令中，混合模式用来混合通道，可以用来创建特殊的图像合成效果，也可以用来制作选区。

● 应用实战

使用混合模式打造唯美星空城市夜景效果的具体操作步骤如下。

Step 01：打开“素材文件/第 3 章/城市.jpg”文件，如图 3-69 所示。

Step 02：打开“素材文件/第 3 章/星空.jpg”文件，如图 3-70 所示。

图 3-69

图 3-70

Step 03：将星空图像拖动到城市图像中，如图 3-71 所示。

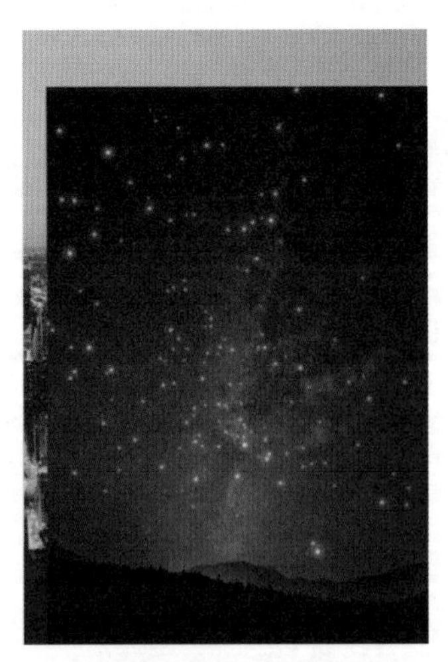
图 3-71

Step 04：在【图层】面板中，更改左上角的混合模式为【强光】，并适当降低图层不透明度，如图3-72所示。

图 3-72

Step 05：图像混合效果如图3-73所示。

图 3-73

关键技能 023 使用图层样式制作特殊效果

● 技能说明

图层样式也称图层效果，它可以为图像或文字添加如外发光、阴影、光泽、图案叠加、渐变叠加等效果。Photoshop提供了10种图层样式效果，双击图层或者单击【图层】面板底部的【添加图层样式】按钮fx，在下拉列表中选择一种图层样式，即可打开【图层样式】对话框，如图3-74所示。

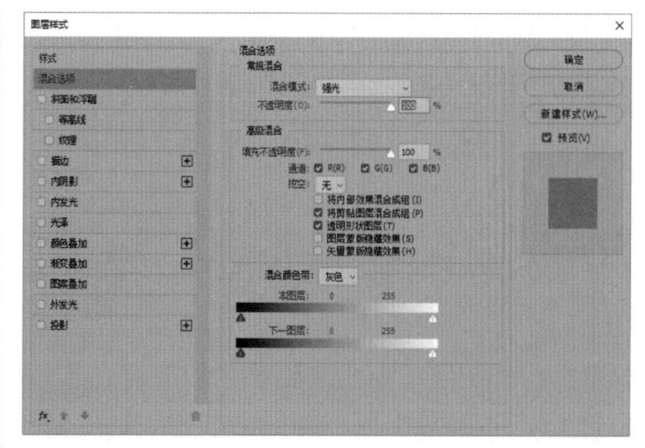

图 3-74

各图层样式的效果如表 3-4 所示。

表 3-4　各图层样式的效果

样式名	作用
斜面和浮雕	可以对图层添加高光和阴影的各种组合，使图层内容呈现立体的浮雕效果
描边	可以使用颜色、渐变或图案描边对象的轮廓，对于硬边形状特别有用
内阴影	可以在紧靠图层内容的边缘内添加阴影，使图层内容产生凹陷效果
内发光	可以沿图层内容的边缘向内创建发光效果
光泽	可以应用光滑的内部阴影，通常用于创建金属表面的光泽外观
颜色叠加	可以在图层上叠加指定的颜色，通过设置颜色的混合模式和不透明度，控制叠加效果
渐变叠加	可以在图层上叠加指定的渐变颜色
图案叠加	可以在图层上叠加图案，并且可以缩放图案、设置图案的不透明度和混合模式
外发光	可沿着图层内容的边缘向外创建发光效果
投影	可以为图层内容添加投影，使其产生立体感

高手点拨

全局光的作用

在【图层样式】对话框中，【投影】【内阴影】【斜面和浮雕】效果都包括一个【使用全局光】复选框，选中该复选框后，以上效果就会使用相同角度的光源。在添加【斜面与浮雕】【投影】效果时，如果选中【使用全局光】复选项，则【投影】的光源也会随之改变；如果没有选中该复选框，则【投影】的光源不会变。

● 应用实战

利用图层样式，可以为图像添加立体效果，增加其真实感。使用图层样式制作轻拟物质感信息图标的具体操作步骤如下。

Step 01：执行【文件】→【新建】命令，设置【宽度】为 512 像素，【高度】为 512 像素，【分辨率】为 72 像素/英寸，单击【创建】按钮，如图 3-75 所示。

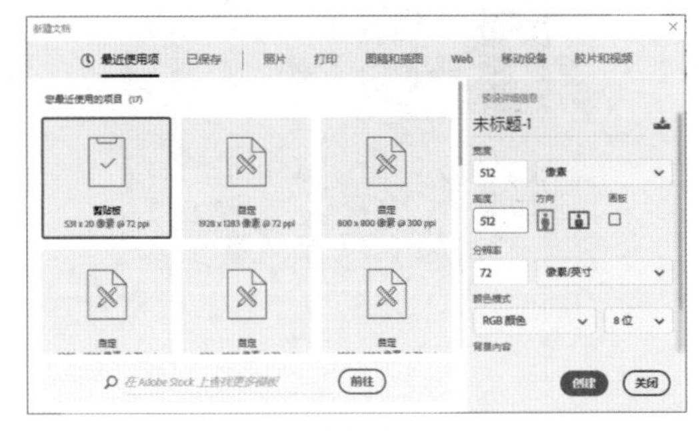

图 3-75

Step 02：设置前景色为粉红色 #ffbab9，选择【圆角矩形工具】，在选项栏设置绘制方式为形状，新建【图层 1】，绘制圆角矩形，如图 3-76 所示。

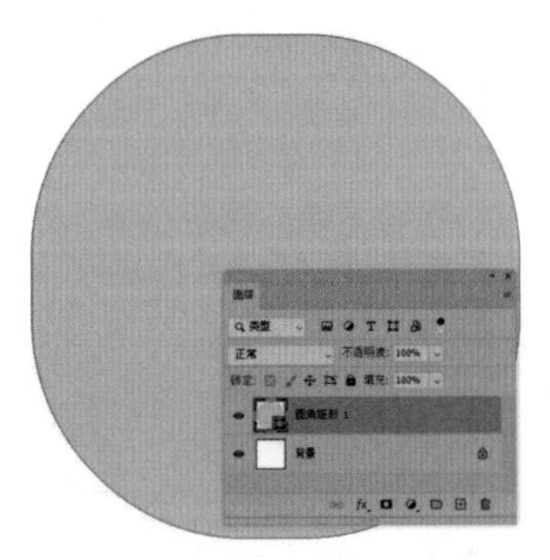

图 3-76

Step 03：双击【圆角矩形 1】图层，打开【图层样式】对话框，选中【内阴影】选项，设置【混合模式】为叠加，阴影颜色为 #b2807e，【不透明度】为 73%，【角度】为 -90，【距离】为 22 像素，【阻塞】为 0，【大小】为 27 像素，如图 3-77 所示。

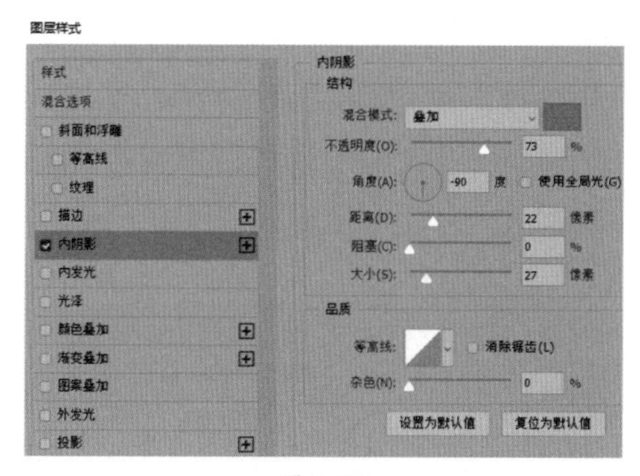

图 3-77

Step 04：单击【确定】按钮，应用【内阴影】效果，返回文档，图像效果如图 3-78 所示。

图 3-78

Step 05：拖动【圆角矩形 1】图层到面板底部的上，释放鼠标后，新建【组 1】图层，如图 3-79 所示。

图 3-79

Step 06：双击【组 1】图层，打开【图层样式】对话框，选中【内阴影】选项，设置【混合模式】为正片叠底，阴影颜色为#924644，【不透明度】为 73%，【角度】为-90，【距离】为 27 像素，【阻塞】为 6 像素，【大小】为 98 像素，如图 3-80 所示。

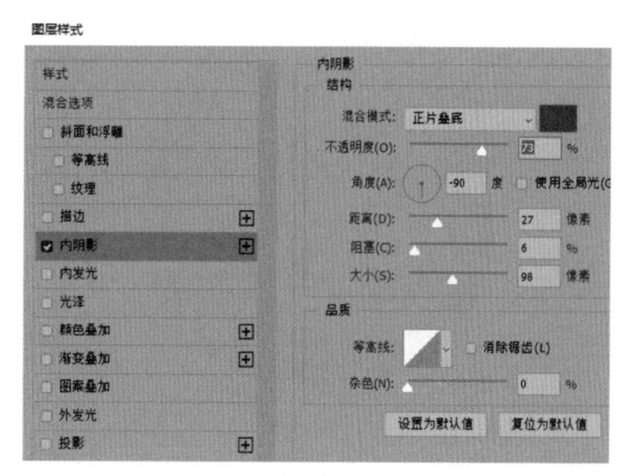

图 3-80

Step 07：单击【确定】按钮，返回文档，图像效果如图 3-81 所示。

图 3-81

Step 08：在【组 1】图层上方新建【图层 1】，设置前景色为白色，选择【椭圆工具】，绘制椭圆形图像，如图 3-82 所示。

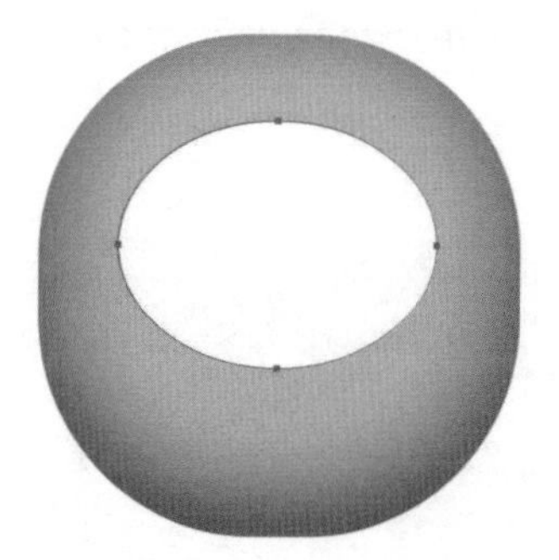

图 3-82

Step 09：选择【多边形工具】，在选项栏设置【边数】为 3，绘制三角形图像，如图 3-83 所示。

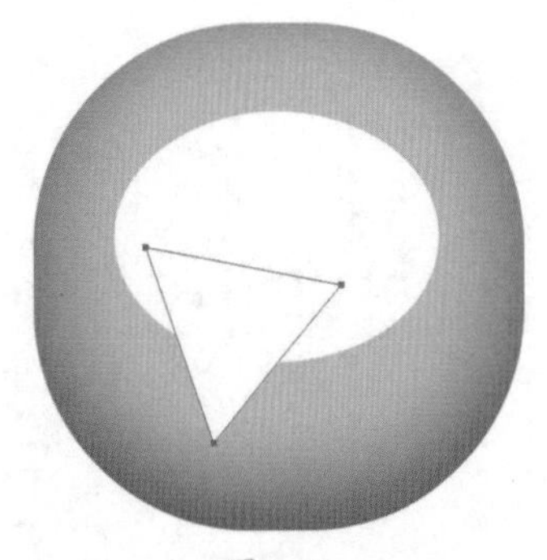

图 3-83

Step10：调整三角形图像的位置，选择【椭圆 1】和【多边形 1】图层，按【Ctrl+E】组合键进行合并，如图 3-84 所示。

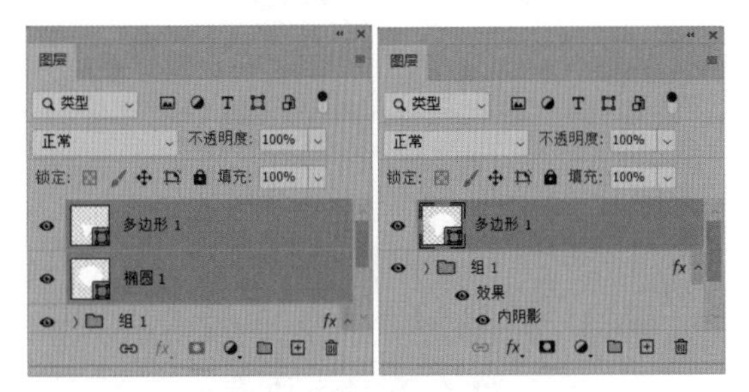

图 3-84

Step11：双击【多边形 1】图层，打开【图层样式】对话框，选中【内阴影】选项，设置【混合模式】为正常，阴影颜色为#e5a4a3，【不透明度】为100%，【角度】为-90，【距离】为46像素，【阻塞】为 13 像素，【大小】为 128 像素，如图 3-85 所示。

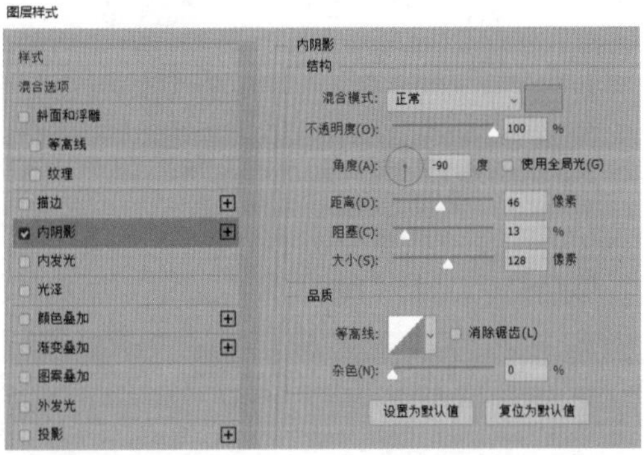

图 3-85

Step12：选中【投影】选项，设置【混合模式】为线性加深，阴影颜色为#eeb0b0，【不透明度】为76%，【角度】为90，【距离】为8像素，【扩展】为 4 像素，【大小】为 18 像素，如图 3-86 所示。

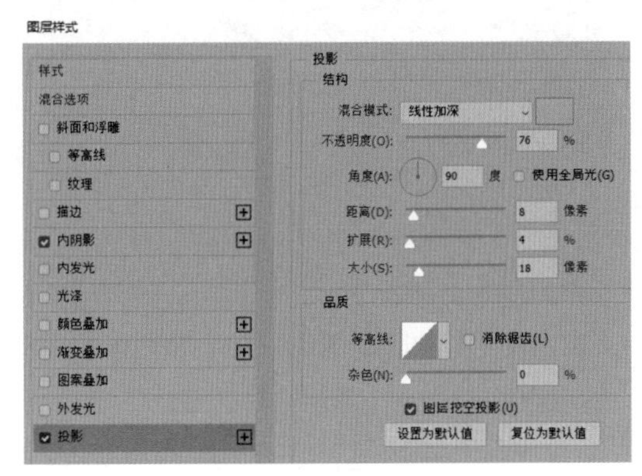

图 3-86

Step13：单击【确定】按钮，返回文档，图像效果如图 3-87 所示。

图 3-87

Step14：新建【图层 1】，选择【椭圆选框工具】，按住【Shift】键绘制正圆形图像，并填充粉红色#ffb9b8，如图 3-88 所示。

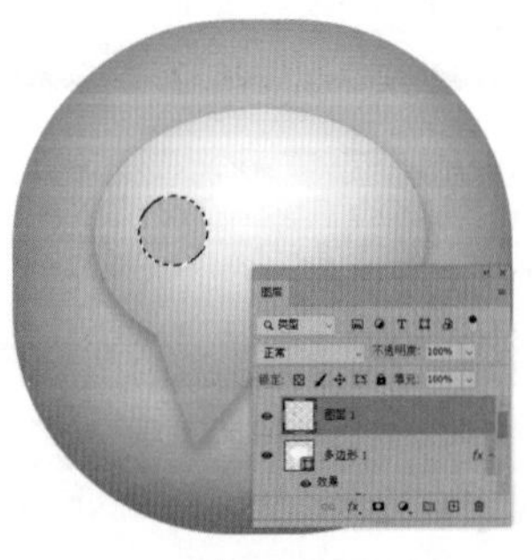

图 3-88

Step 15：按【Ctrl+J】组合键两次，复制【图层 1】，并移动图像位置，完成信息图标制作，如图 3-89 所示。

图 3-89

高手点拨

什么是等高线

等高线用于调整物体表面的明暗，从而影响图层效果，使图层具有立体感。在【图层样式】对话框中，【投影】【内阴影】【内发光】【外发光】【斜面与浮雕】【光泽】效果都包含等高线设置选项。

单击【等高线】选项右侧的按钮，可以在打开的下拉面板中选择一个预设的等高线样式。单击【等高线】缩览图可以打开【等高线编辑器】对话框，自定义等高线样式，如图 3-90 所示。

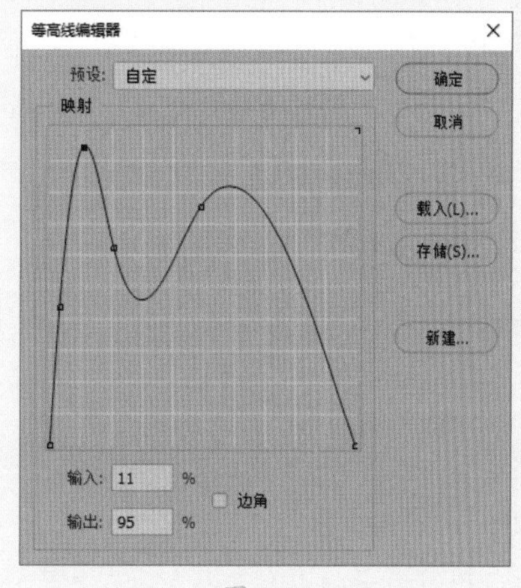

图 3-90

关键技能 024 快速替换文档中的相同元素

● 技能说明

智能对象是包含栅格或矢量图像中的图像数据的图层。智能对象会保留图像的源内容及其所有原始特性，因此可以对图层执行非破坏性编辑。

在 Photoshop 中既可以创建内容引自外部图像文件的链接智能对象，也可以将图层转换为智能对象。创建智能对象后，图层缩览图右下角会显示智能对象图标，如图 3-91 所示。

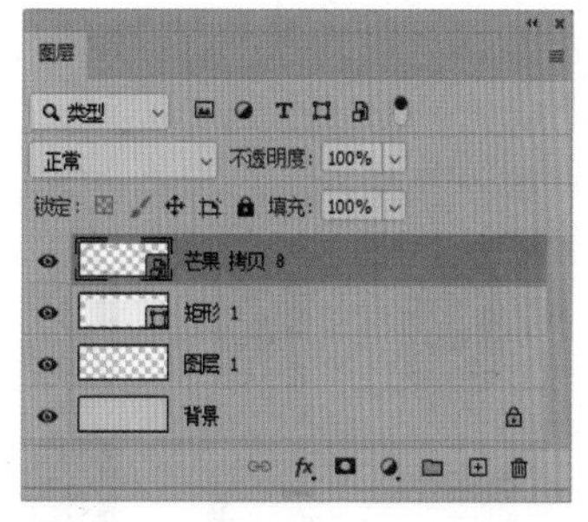

图 3-91

创建智能对象有以下几种方法。

方法一：执行【文件】→【打开为智能对象】命令，可以将文件当作智能对象在 Photoshop 中打开。

方法二：执行【文件】→【置入嵌入的对象】命令，可以将对象嵌入当前的PSD文档中并在Photoshop中打开。

方法三：执行【文件】→【置入链接的智能对象】，可以将对象转换为带有链接的智能对象在Photoshop中打开。

方法四：拖拽文件到Photoshop中，可以将其当作智能对象打开。

● 应用实战

将智能对象创建为多个副本，对原始内容进行编辑后，所有与之链接的副本都会自动更新。根据这个特点，可以利用智能对象快速替换文档中的相同元素。

Step 01：打开"素材文件/第3章/背景.psd"文件，如图3-92所示。

图 3-92

Step 02：执行【文件】→【打开为智能对象】命令，打开【打开】对话框，选择"素材文件/第3章/芒果.png"文件，如图3-93所示。

图 3-93

Step 03：单击【打开】按钮，打开素材文件，如图3-94所示，芒果图层是一个带有智能对象图标的智能图层。

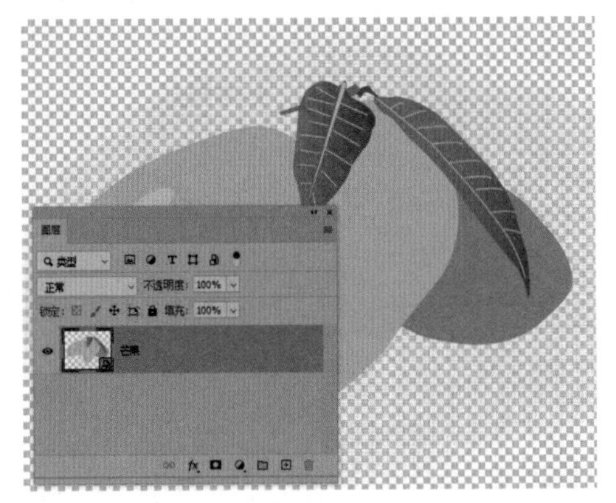

图 3-94

Step 04：使用【移动工具】拖动芒果图像到"背景"文档中，并按【Ctrl+T】组合键执行自由变换操作，调整图像大小和位置，如图3-95所示。

图 3-95

Step 05：按【Ctrl+J】组合键多次，复制芒果图层，并调整图像大小和位置，如图3-96所示。

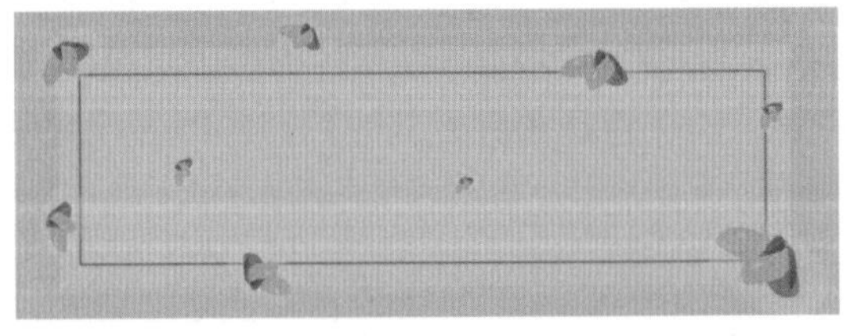

图 3-96

Step 06：定位至"素材文件/第3章"的存放位置，拖拽"西瓜.png"文件到"背景"文档中，如图3-97所示

图 3-97

Step 07：释放鼠标后，西瓜图像被置入文档中，如图 3-98 所示。

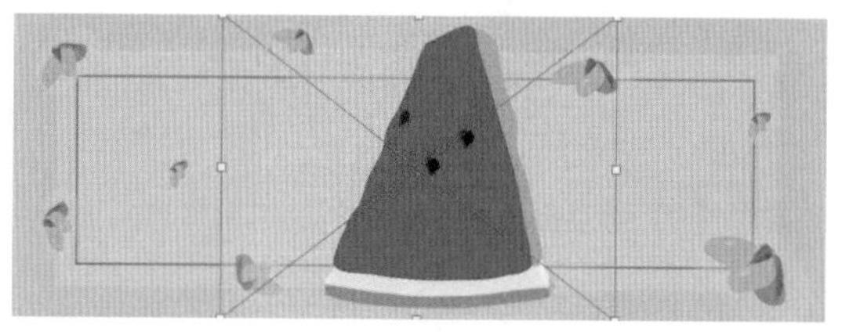

图 3-98

Step 08：调整西瓜图像大小和位置，如图 3-99 所示。

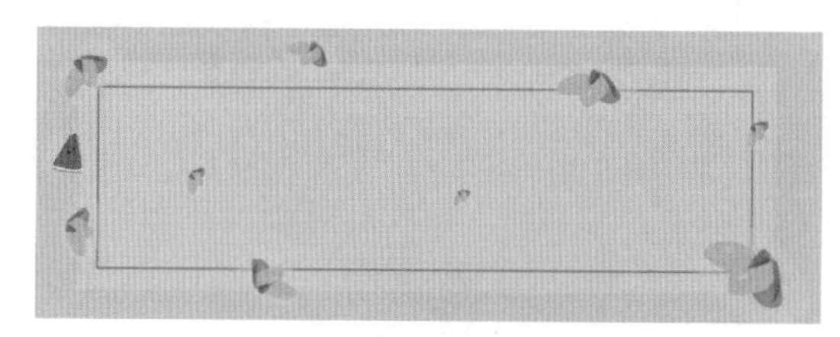

图 3-99

Step 09：此时，在【图层】面板中可以看到西瓜图像所在的图层是一个带智能图标的智能图层，如图 3-100 所示。

图 3-100

Step 10：多次按【Ctrl+J】组合键，复制西瓜智能图层，并调整图像大小和位置，如图 3-101 所示。

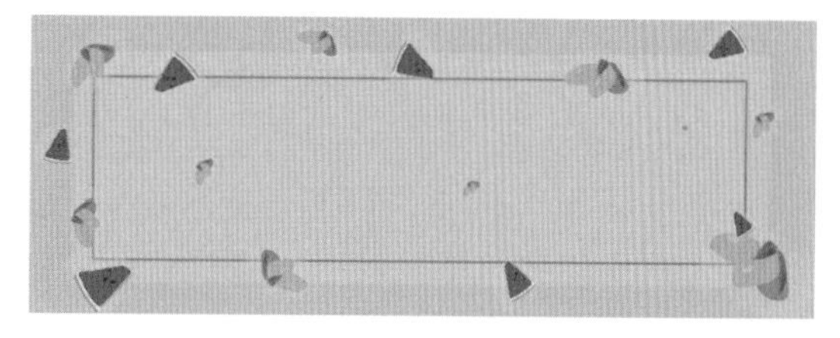

图 3-101

Step 11：选择任意一个西瓜图层，如图 3-102 所示。

图 3-102

Step 12：执行【图层】→【智能对象】→【替换内容】命令，打开【替换】对话框，选择“素材文件 / 第 3 章 / 西柚片 .png”文件，如图 3-103 所示。

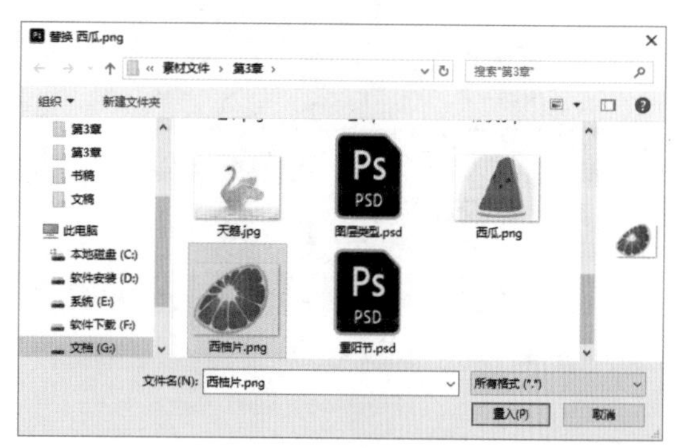

图 3-103

Step 13：单击【置入】命令，置入图像，如图 3-104 所示，文档中的所有西瓜图像均被西柚图像代替。

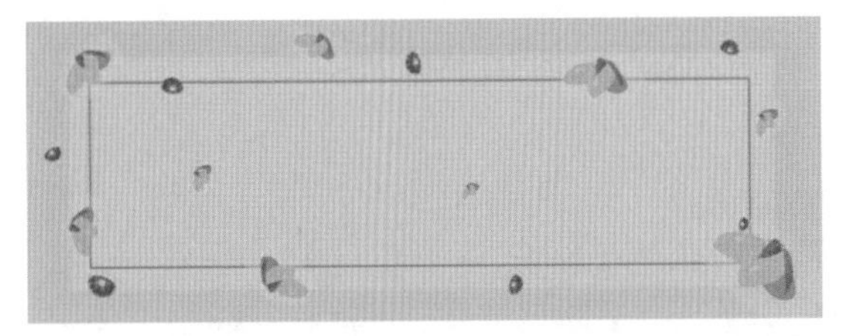

图 3-104

高手点拨

如何创建非链接的智能对象

创建智能对象后，如果复制智能对象图层，复制出的新图层通常是一个带有链接的智能图层。也就是说，编辑其中的任意一个副本，与之链接的智能对象也会同时显示所做的修改。

如果想要使复制出的新智能对象图层各自独立，互不影响，可以执行【图层】→【智能对象】→【通过拷贝新建智能对象】命令来实现。

Step 14：双击任意一个西柚图层右下角的链接智能对象的图标，打开源文件，如图 3-105 所示。

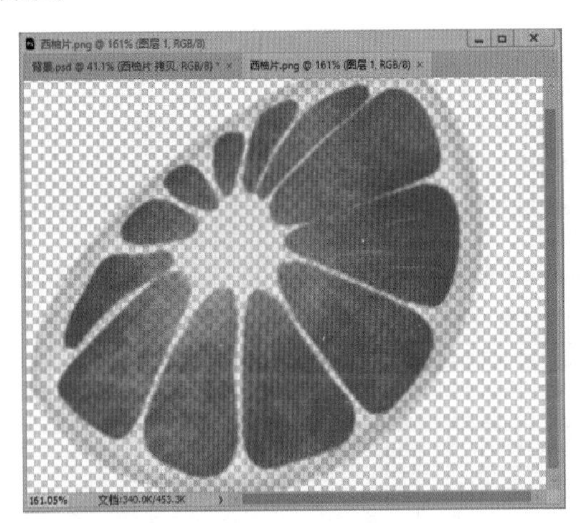

图 3-105

Step 15：按【Ctrl+U】组合键打开【色相/饱和度】对话框，设置【色相】参数，如图 3-106 所示；单击【确定】按钮，改变西柚颜色，如图 3-107 所示。

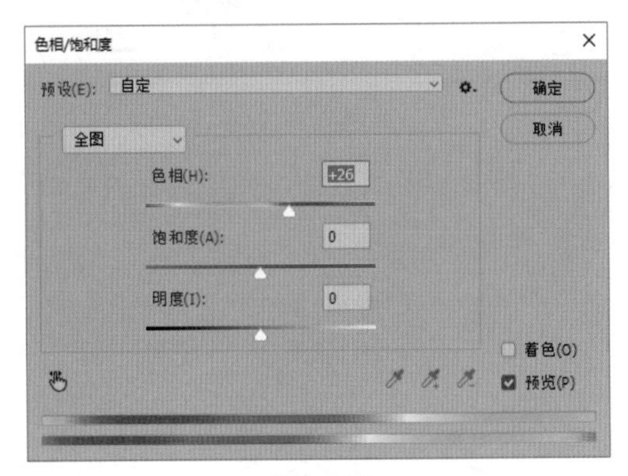

图 3-106

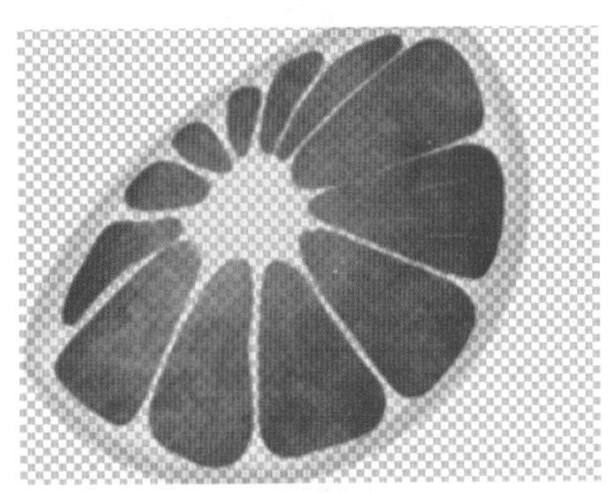

图 3-107

Step 16：按【Ctrl+S】组合键保存修改。返回“背景”文档中，所有西柚图像颜色都已更新，如图 3-108 所示。

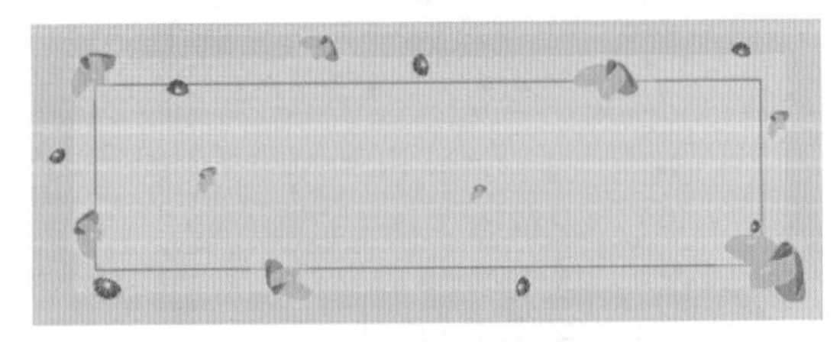

图 3-108

关键技能 025 转换为智能对象，降低文档大小

● 技能说明

当我们编辑某些大型文档时，通常会出现一个文档中有上百个图层的情况，因为图层多，所以文档也会很大，就会造成软件运行不流畅的情况。直接将图层合并或者盖印都不利于后期的修改。此时，可以将多个图层转换为一个智能对象，这样不仅可以保留源图层，方便后期修改，还可以降低文档大小。

● 应用实战

将图层转换为智能对象的具体操作步骤如下。

Step01：打开“素材文件/第 3 章/暂停按钮.psd”文件，如图 3-109 所示。

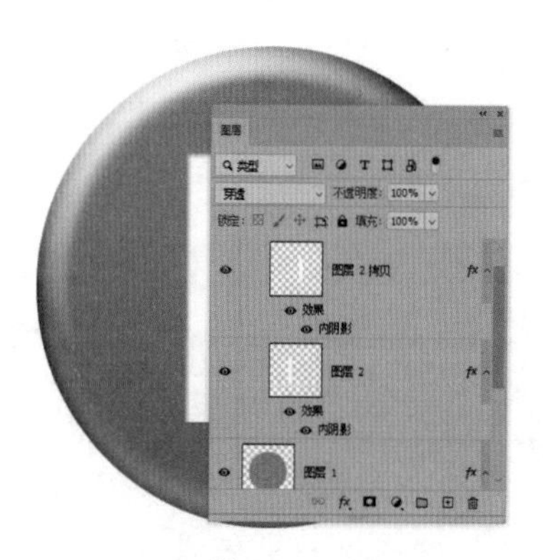

图 3-109

Step02：在【图层】面板中选择除【背景】图层以外的所有图层，如图 3-110 所示。

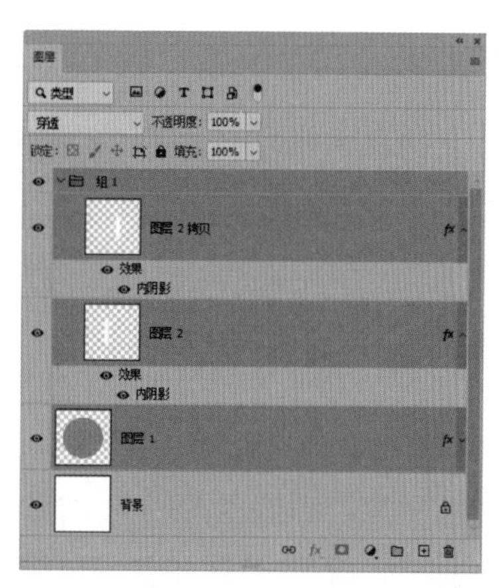

图 3-110

Step03：右击鼠标，在打开的快捷菜单中选择【转换为智能对象】命令，如图 3-111 所示。

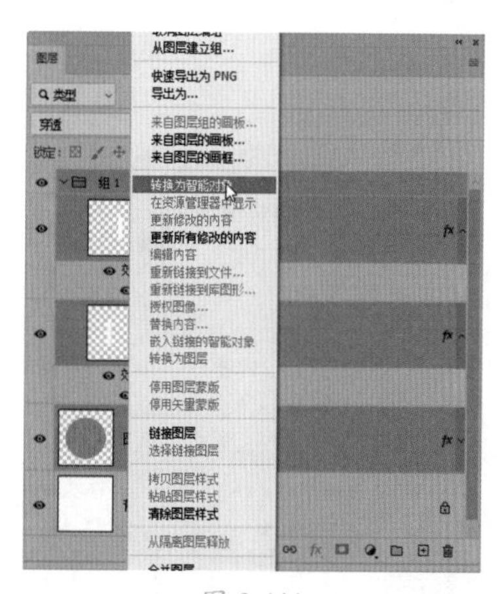

图 3-111

Step04：通过前面的操作，所选图层被创建为一个智对象能图层，在图层右下角会显示智能对象图标，如图 3-112 所示。

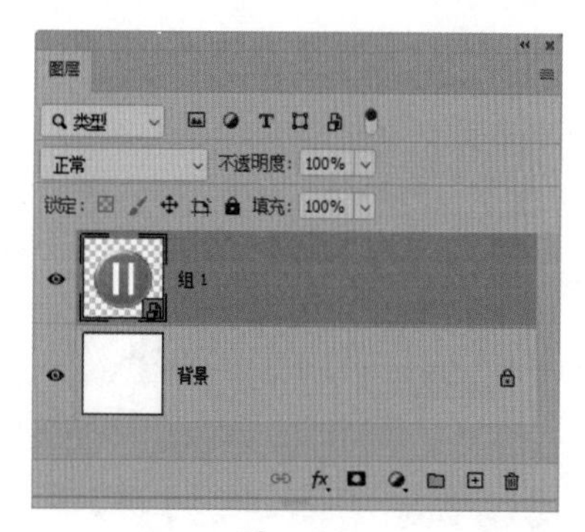

图 3-112

关键技能 026 将智能对象转换为图层，快速修改设计效果

● 技能说明

将图层转换为智能对象后，可以执行【转换为图层】命令，在当前文档中将智能对象转换为组件图层。使用编辑组件图层内容就可以修改设计效果，而无须来回进行切换。

● 应用实战

将智能对象转换为图层的具体操作步骤如下。

Step 01：打开“素材文件/第 3 章/转换为图层.psd”文件，如图 3-113 所示，【组 1】图层是一个智能对象图层。

图 3-113

Step02：选择【组 1】智能对象图层，如图3-114所示。

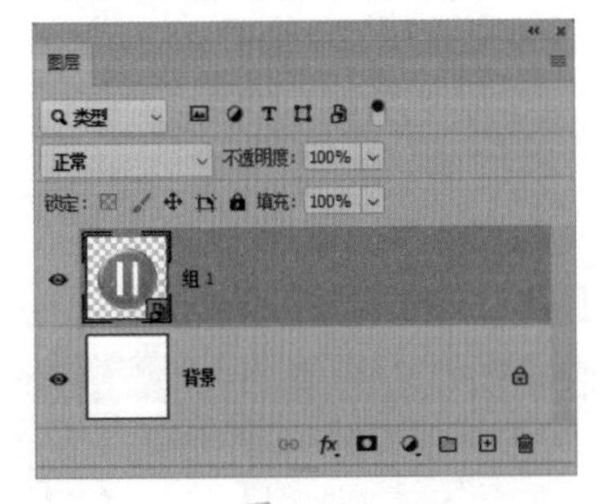

图 3-114

Step 03：右击鼠标，在打开的快捷菜单中执行【转换为图层】命令，如图 3-115 所示。

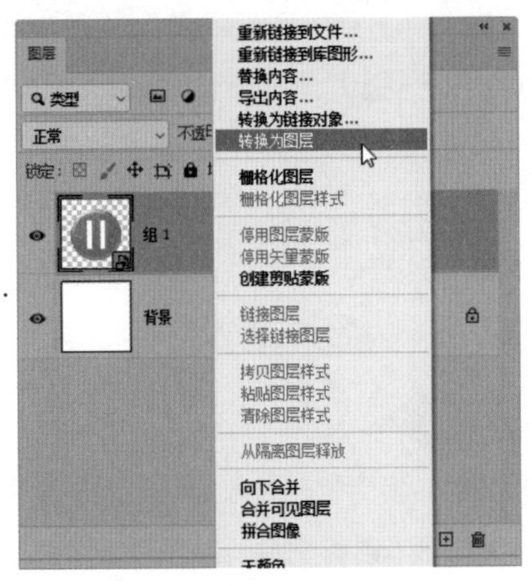

图 3-115

Step 04：此时，该图层会转换为一个智能对象组图层。单击图层组左侧的下拉按钮，即可展开组件图层，如图 3-116 所示。

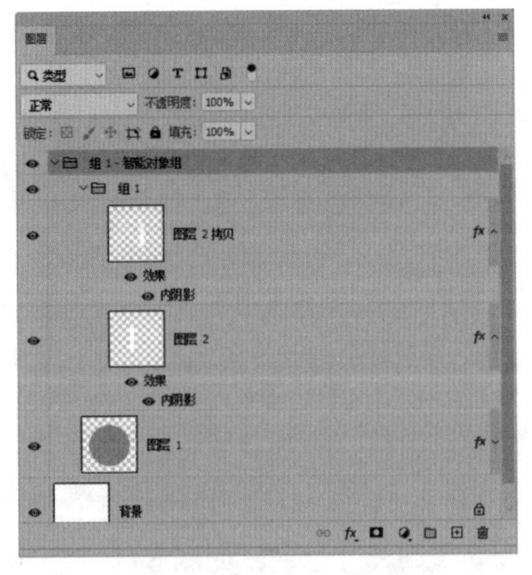

图 3-116

Step 05：双击【图层 1】，打开【图层样式】对话框，选中【颜色叠加】选项，如图 3-117 所示。

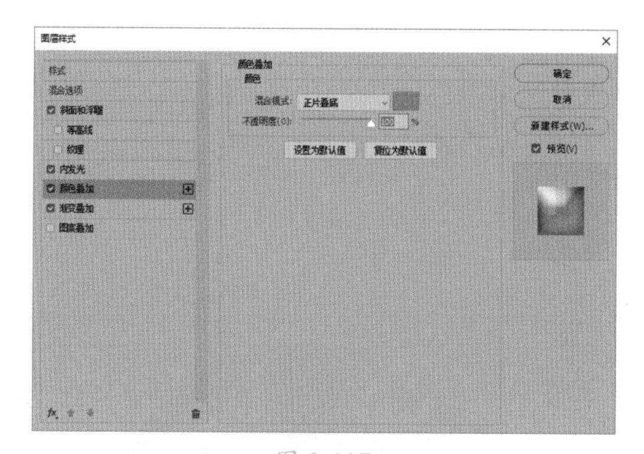

图 3-117

Step 06：单击颜色块，打开【拾色器】对话框，设置颜色为红色#c21b5e，如图 3-118 所示。单击【确定】按钮，修改颜色。

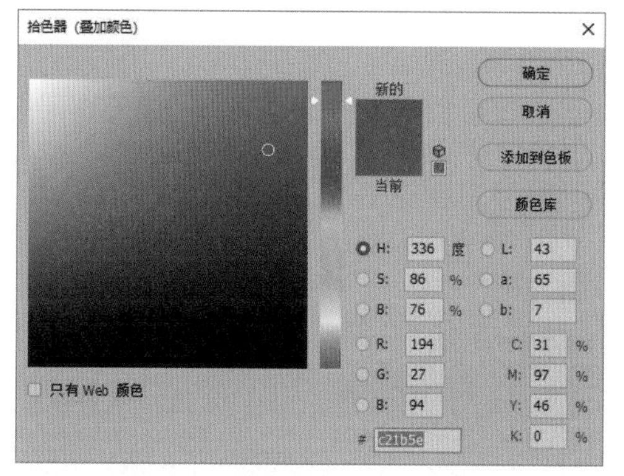

图 3-118

Step 07：选中【渐变叠加】选项，单击渐变色块，打开【渐变编辑器】对话框，选择【紫色_19】渐变，如图 3-119 所示。单击【确定】按钮，修改渐变颜色。

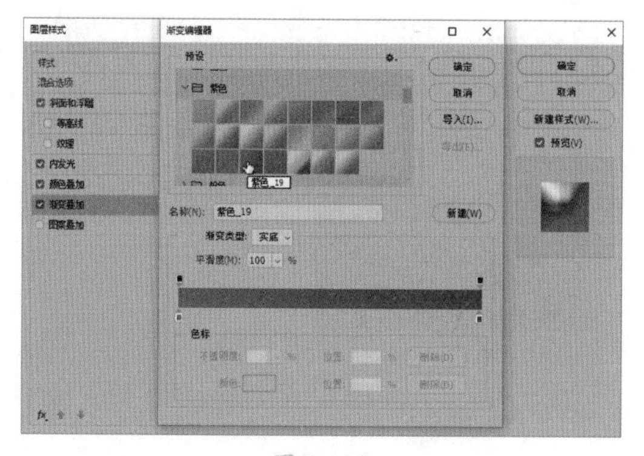

图 3-119

Step 08：选中【内发光】选项，设置发光颜色为深红色#730026，如图 3-120 所示。单击【确定】按钮，修改内发光颜色。

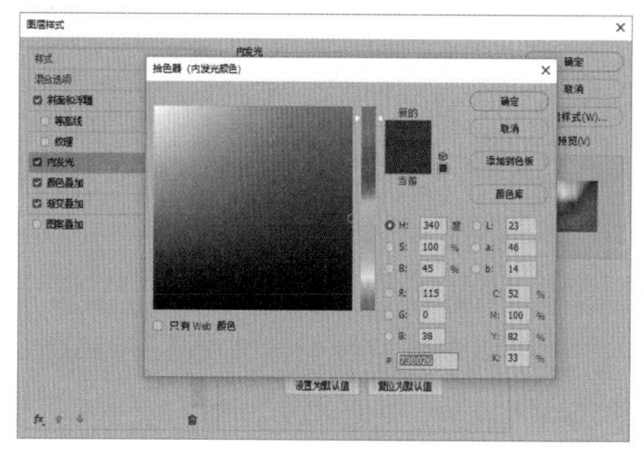

图 3-120

Step 09：返回【图层样式】对话框，单击【确定】按钮，保存图层样式的修改，效果如图 3-121 所示。

图 3-121

关键技能 027 填充图层的应用技巧

● 技能说明

填充图层属于保护性色彩填充，通常不会改变图像自身的颜色，但是可以通过设置图层混合模式和不透明度来改变图像效果。Photoshop 中可以使用纯色、渐变和图案创建填充图层。

执行【图层】→【创建填充图层】命令，在级联菜单中可以选择一种填充方式创建填充图层。或者单击【图层】面板底部的【创建新的填充或调整图层】按钮，在下拉列表中选择一种填充方式创建填充图层，如图 3-122 所示。

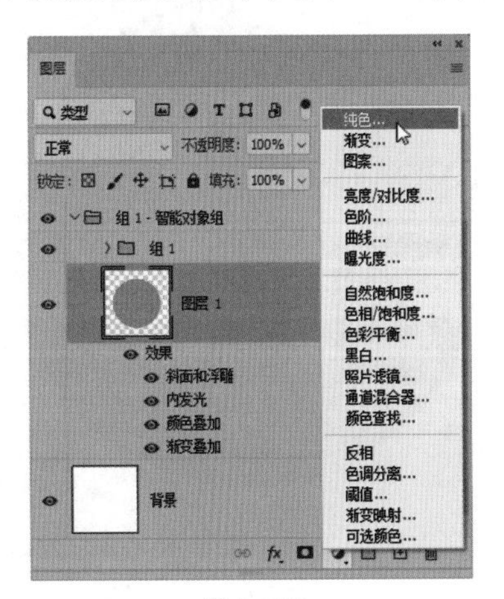

图 3-122

● 应用实战

1. 纯色填充图层

新建纯色填充图层可以为图像添加纯色效果，具体操作步骤如下。

Step 01：打开“素材文件/第 3 章/芒果.png”文件，如图 3-123 所示。

图 3-123

Step 02：执行【图层】→【创建新的填充图层】→【纯色】命令，打开【新建图层】对话框，如图 3-124 所示。

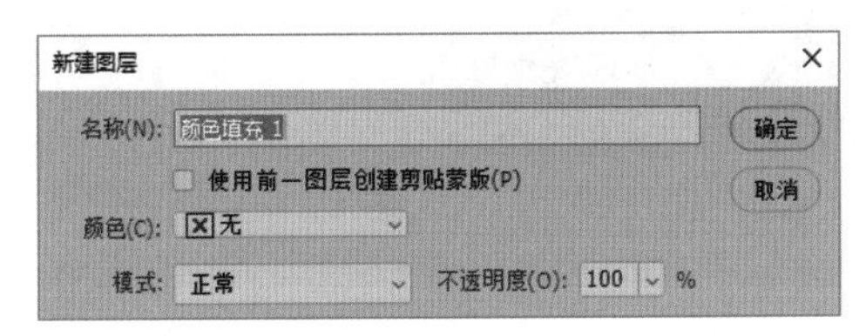

图 3-124

Step 03：单击【确定】按钮，打开【拾色器】对话框，设置填充色为绿色#2a7137，如图 3-125 所示。

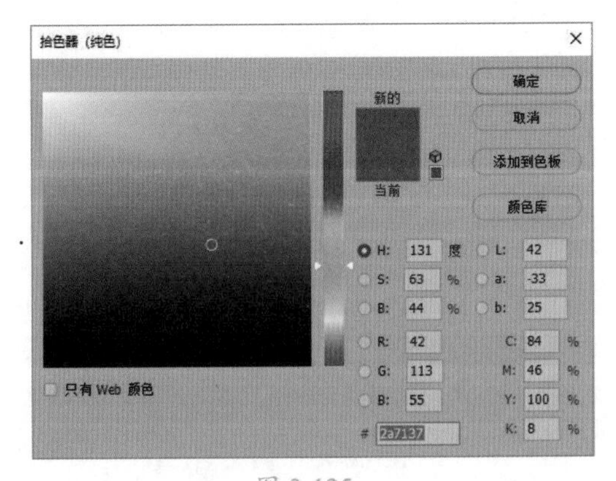

图 3-125

Step 04：单击【确定】按钮，创建填充图层，效果如图 3-126 所示。

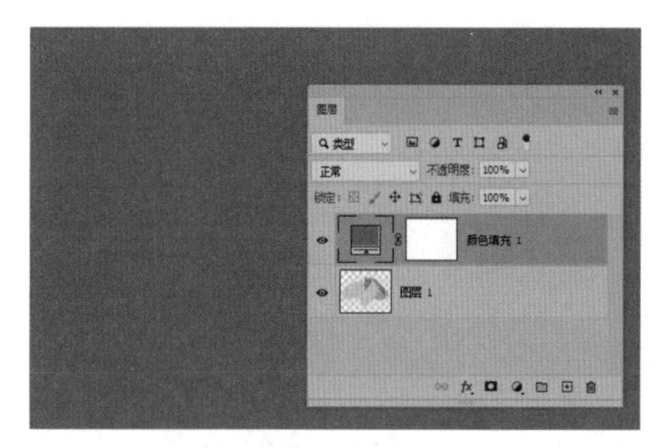

图 3-126

Step 05：将【填充图层 1】拖动到【图层 1】的下方，如图 3-127 所示。

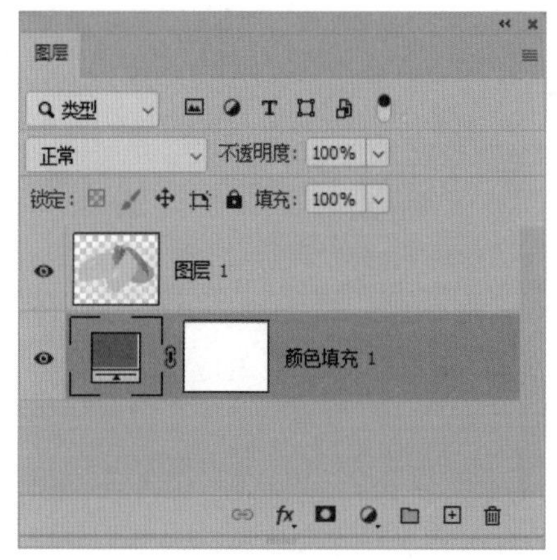

图 3-127

Step 06：通过前面的操作为芒果图像添加一个绿色的纯色背景，如图 3-128 所示。

图 3-128

2. 渐变填充图层

新建渐变填充图层可以为图像添加渐变色效果，具体操作步骤如下。

Step 01：打开"素材文件/第 3 章/玫瑰.jpg"文件，使用【椭圆选框】工具在图像中创建选区，如图 3-129 所示。

图 3-129

Step 02：按【Shift+F6】组合键，执行羽化命令，❶设置【羽化半径】为 100 像素，❷单击【确定】按钮，如图 3-130 所示。

图 3-130

Step 03：按【Shift+Ctrl+I】组合键反向选区，如图 3-131 所示。

图 3-131

Step 04：执行【图层】→【新建填充图层】→【渐变】命令，弹出【新建图层】对话框，单击【确定】按钮，如图 3-132 所示。

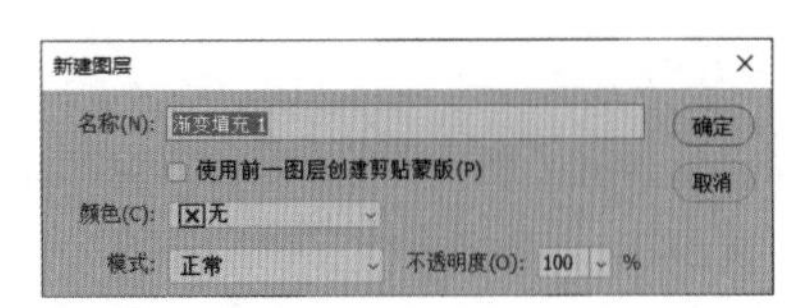

图 3-132

Step 05：在【渐变填充】对话框中，❶设置渐变为黑白渐变，【样式】为径向，【角度】为 90 度，【缩放】为 1%，❷单击【确定】按钮，如图 3-133 所示。

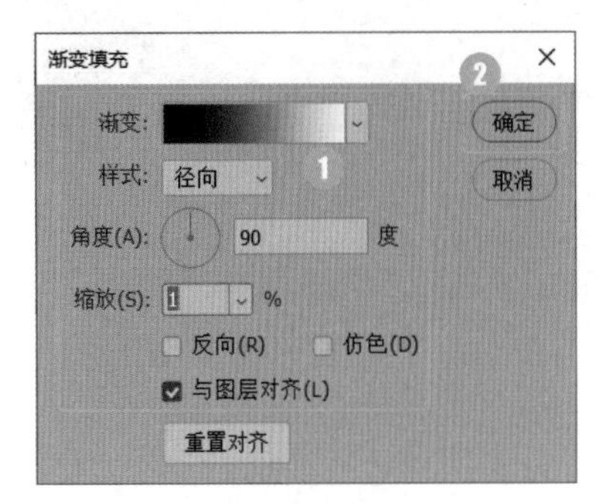

图 3-133

Step 06：效果如图 3-134 所示。

图 3-134

Step 07：更改图层混合模式为【叠加】，如图 3-135 所示。

图 3-135

Step 08：最终效果如图 3-136 所示。

图 3-136

高手点拨

如何填充自定义的渐变色

如果要填充自定义的渐变颜色，打开【渐变填充】对话框后，单击【点按可编辑渐变】按钮，如图 3-137 所示，可以打开【渐变编辑器】对话框。

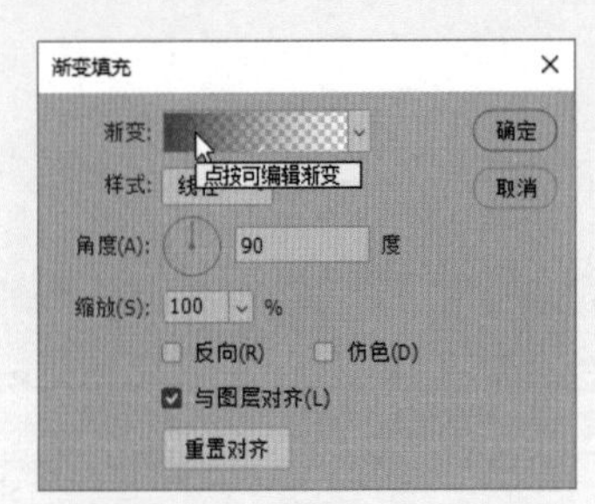

图 3-137

在【渐变编辑器】对话框中可以添加、删除颜色，以及设置颜色的透明度效果，如图 3-138 所示。

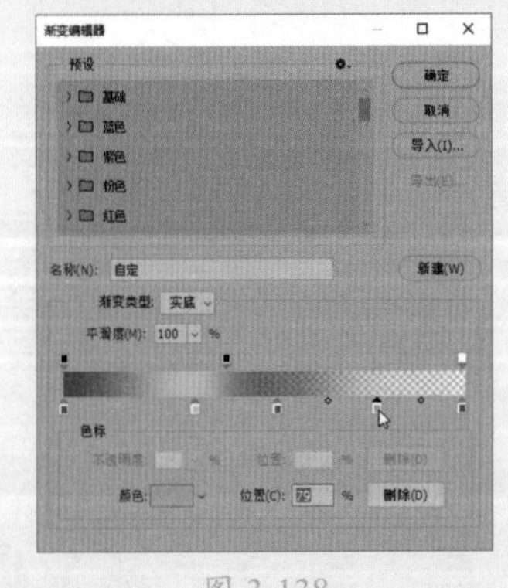

图 3-138

3. 图案填充图层

新建图案填充图层可以为图像添加图案效果，具体操作步骤如下。

Step 01：按【Ctrl+N】组合键执行【新建】命令，打开【新建】对话框，设置【宽度】为 800 像素，【高度】为 600 像素，【分辨率】为 72 像素/英寸，如图 3-139 所示。单击【确定】按钮，新建一个空白文档。

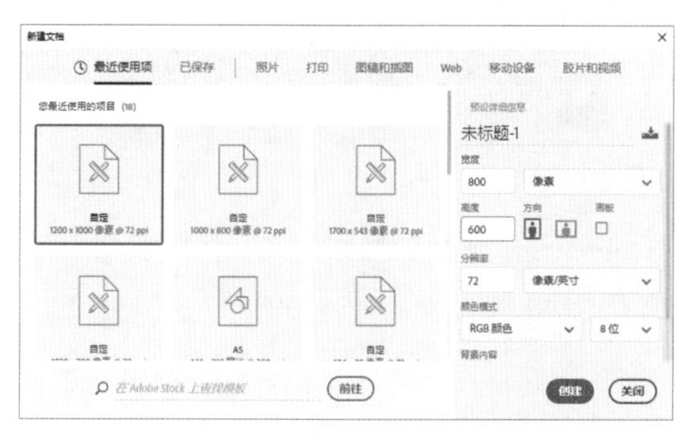

图 3-139

Step 02：单击【图层】面板底部的【创建新的填充和调整图层】按钮，在下拉列表中选择【渐变】命令，如图 3-140 所示。

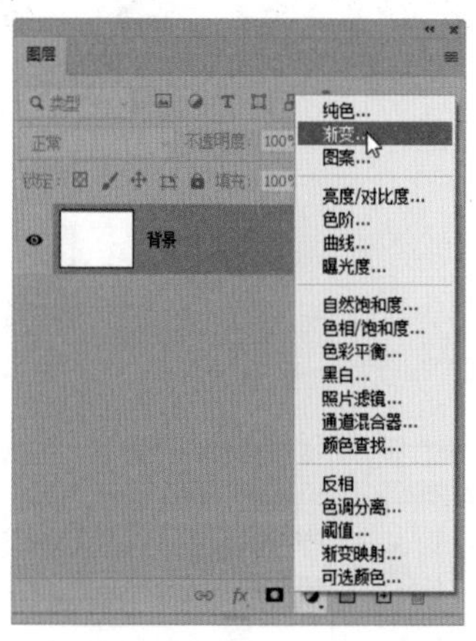

图 3-140

Step 03：打开【渐变填充】对话框，选择【绿色_16】渐变色，如图 3-141 所示。

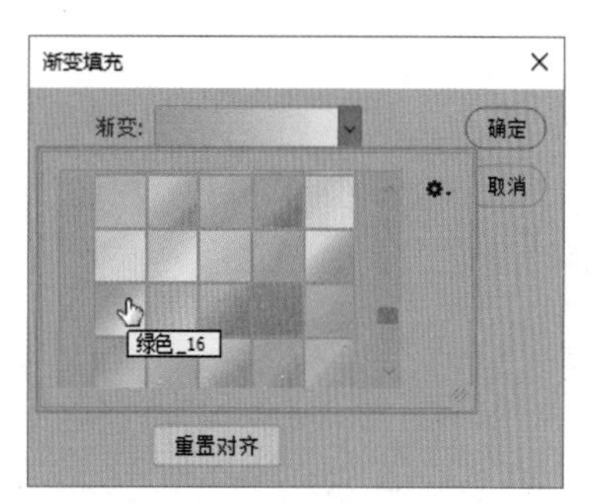

图 3-141

Step 04：设置【样式】为角度，【角度】为 90 度，如图 3-142 所示。

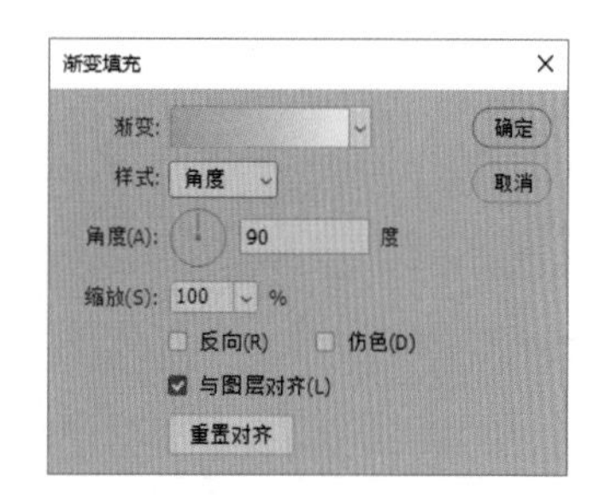

图 3-142

Step 05：单击【确定】按钮，创建渐变填充图层，效果如图 3-143 所示。

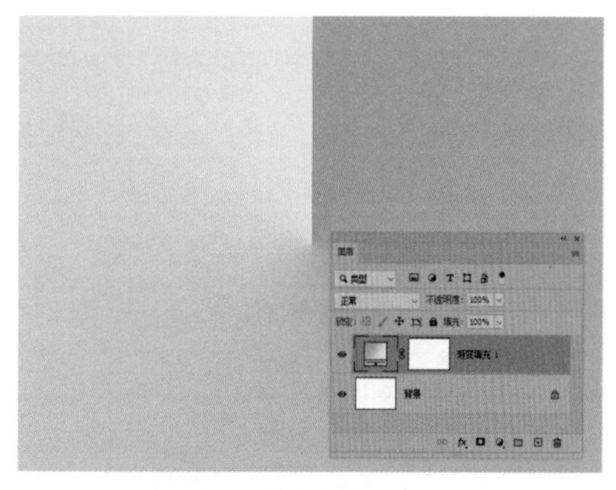

图 3-143

Step 06：选择【工具箱】中的【横排文字蒙版工具】，在文档中输入文字，并在选项栏设置字体系列为【方正超粗黑简体】，字体大小为 350 点，如图 3-144 所示。

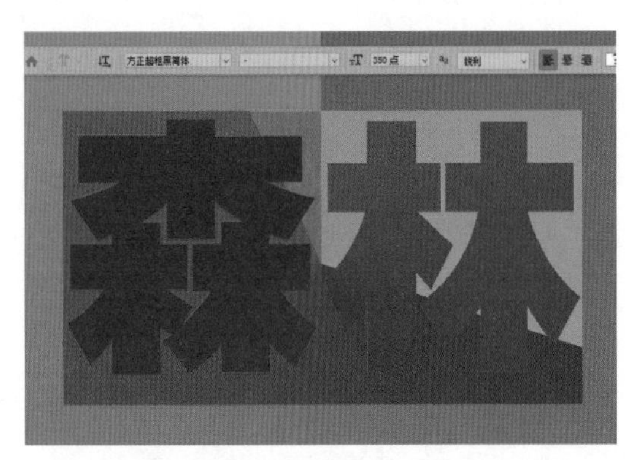

图 3-144

Step 07：按【Ctrl+Enter】组合键确认输入的文字，创建文字选区，如图 3-145 所示。

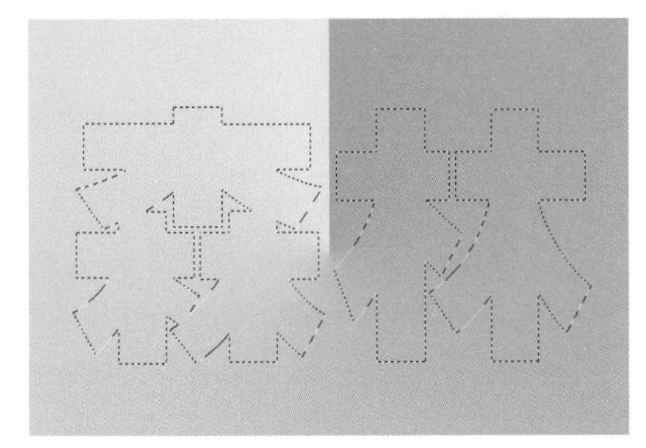

图 3-145

Step 08：单击【图层】面板底部的【创建新的填充和调整图层】按钮，在下拉列表中选择【图案】命令，如图 3-146 所示。

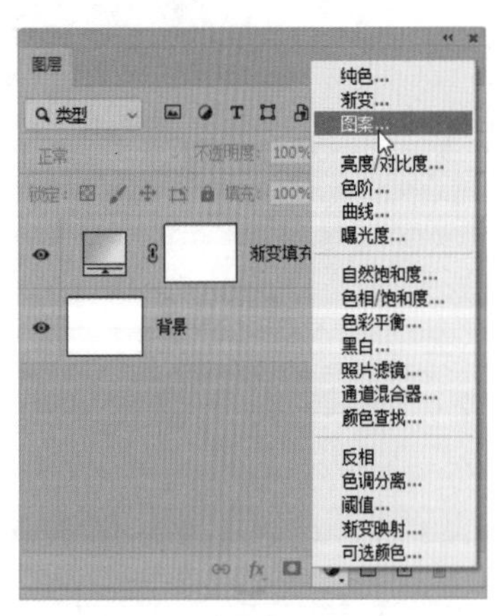

图 3-146

Step 09：打开【图案填充】对话框，❶单击图案缩览图右侧的下拉按钮，❷在打开的面板中选择【树】组中的【树拼贴 4】图案，❸单击【确定】按钮，如图 3-147 所示。

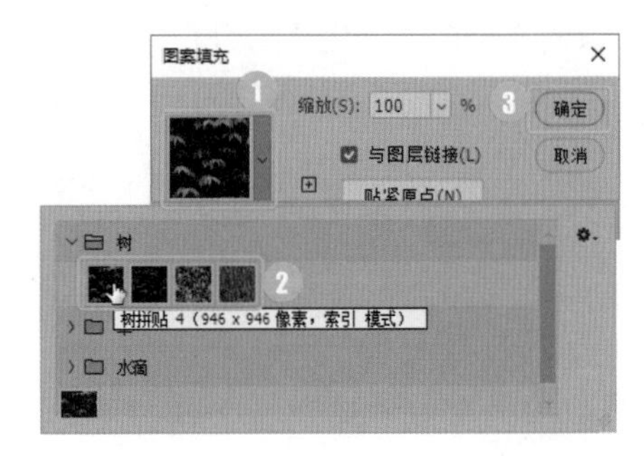

图 3-147

Step 10：通过前面的操作为文字选区填充图案，如图 3-148 所示。

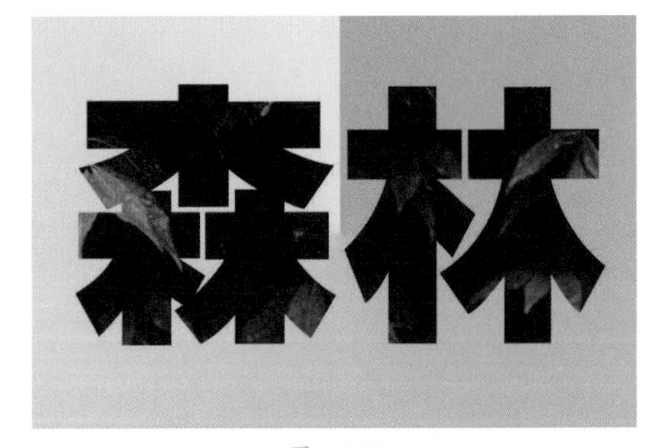

图 3-148

Step 11：【图层】面板效果如图 3-149 所示。

图 3-149

高手点拨

如何填充旧版图案

在最新版本的Photoshop中，填充图案图层时，只有【树】【草】和【水滴】三组图案。如果想要使用旧版图案，可以执行【窗口】→【图案】命令，打开【图案】面板。单击【图案】面板右上角的扩展按钮，在打开的扩展菜单中选择【旧版图案及其他】命令，如图 3-150 所示。

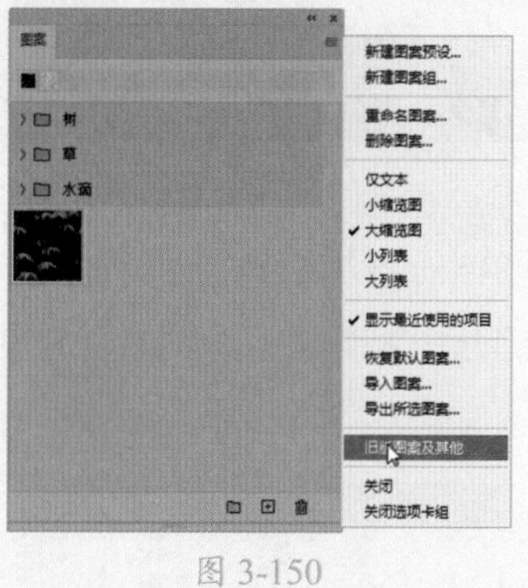

图 3-150

将旧版图案导入【图案】面板中。此时，创建图案填充图层时，就可以选择旧版图案进行填充了，如图 3-151 所示。

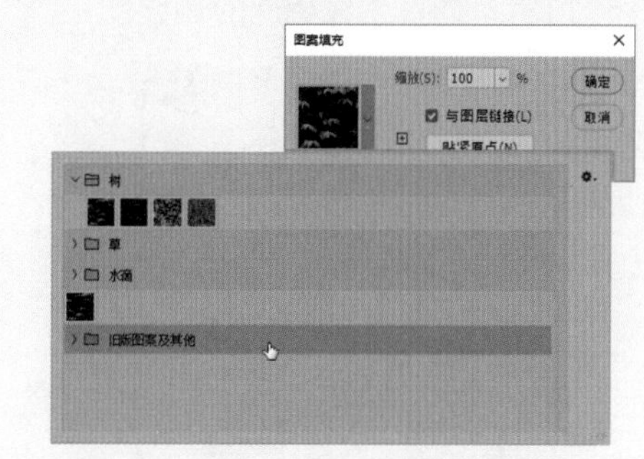

图 3-151

关键技能 028 创建可逆操作的调整图层

● 技能说明

色彩与色调的调整方式有两种，一种是执行菜单中的【调整】命令，另一种是通过调整图层来操作。通过执行【调整】命令调整，会直接修改所选图层中的像素；而调整图层可以达到同样的效果，且不会修改像素。在操作过程中，我们只需隐藏或删除调整图层，便可以将图像恢复为原来的状态。

此外，因为调整的图层是带有蒙版的图层，所以可以通过修改蒙版来调整图像效果。

创建调整图层有以下 3 种方法。

方法一： 单击【调整】面板中的相关按钮，如图 3-152 所示，即可创建相应的调整图层。

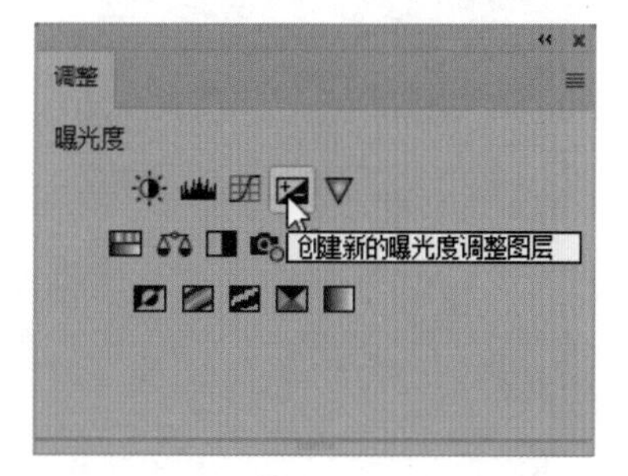

图 3-152

方法二：单击【图层】面板底部的【创建新的调整和填充按钮，在下拉列表中选择一种命令，如图 3-153 所示，即可创建相应的调整图层。

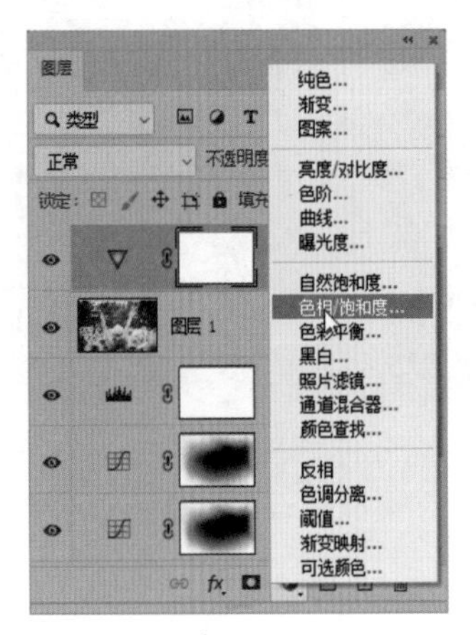

图 3-153

方法三：执行【图层】→【新建调整图层】命令，在级联菜单中选择任意一种命令，即可创建相应的调整图层。

创建调整图层后，会自动打开【属性】面板，如图 3-154 所示。在【属性】面板中设置相关参数，即可调整图像效果。

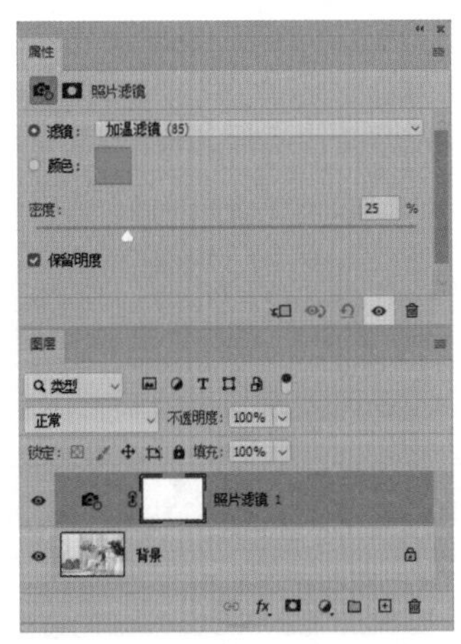

图 3-154

● 应用实战

使用调整图层调整图像色调的具体操作步骤如下。

Step 01：打开“素材文件/第 3 章/向日葵.jpg”文件，如图 3-155 所示。

图 3-155

Step 02：单击【图层】面板底部的【创建新的填充和调整图层】按钮，在下拉列表中选择【曲线】命令，如图 3-156 所示。

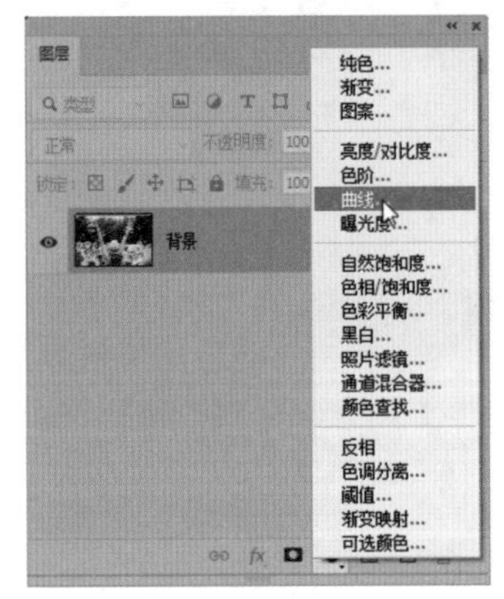

图 3-156

Step 03：创建【曲线调整图层】并打开【属性】面板，如图 3-157 所示。

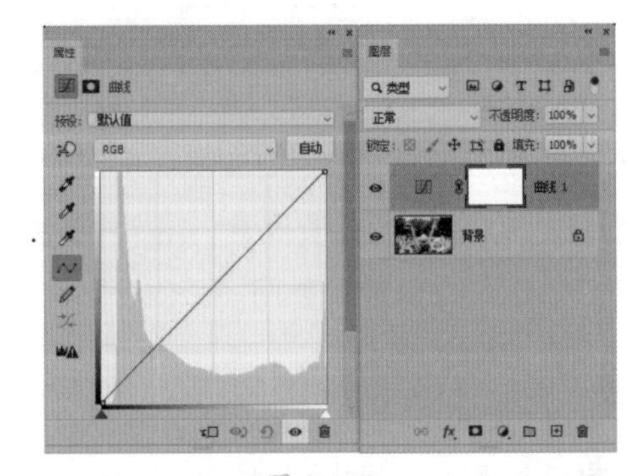

图 3-157

Step 04：在【属性】面板中向上拖动曲线，提亮图像，如图 3-158 所示。

图 3-158

Step 05：选择【红】通道调整曲线，为图像添加红色调，如图 3-159 所示。

图 3-159

Step 06：选择【蓝】通道调整曲线，为图像添加黄色调，如图 3-160 所示。

图 3-160

Step 07：创建【曲线 2】调整图层，在【属性】面板中向下拖动曲线，压暗图像，如图 3-161 所示。

图 3-161

Step 08：选择【曲线 2】调整图层的蒙版缩览图，按【Ctrl+I】组合键反向蒙版，隐藏压暗效果，如图 3-162 所示。

图 3-162

Step 09：选择【工具箱】中的【渐变工具】，❶单击选项栏中渐变缩览图右侧的下拉按钮，❷在打开的面板中选择【基础】渐变组中的【从前景到透明】渐变，❸单击【镜像渐变】按钮，如图 3-163 所示。

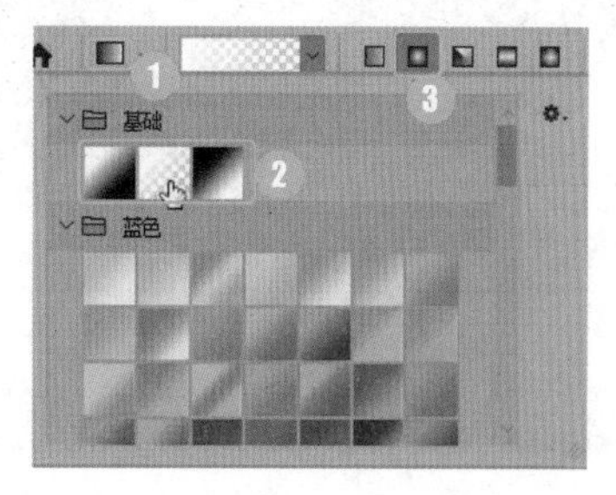

图 3-163

Step 10：选择【曲线 3】蒙版缩览图。按【Ctrl+−】

组合键适当缩小视图，从画板外侧向画板内拖动鼠标多次，如图 3-164 所示；修改蒙版，压暗四周图像，效果如图 3-165 所示。

图 3-164

图 3-165

Step11：按【Ctrl+J】组合键复制【曲线 2】图层，得到【曲线 2 拷贝】图层，进一步压暗四周图像，如图 3-166 所示。

图 3-166

Step12：选择【曲线 2 拷贝】图层，降低图层不透明度，使图像效果更加自然，如图 3-167 所示。

图 3-167

Step13：单击【调整】面板中的【创建新的色阶调整图层】按钮，如图 3-168 所示。

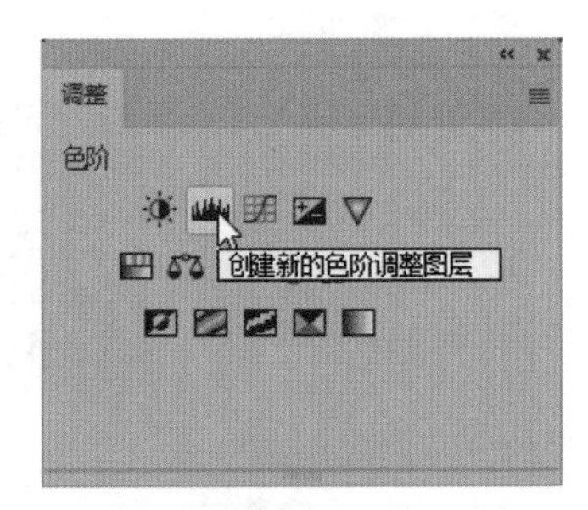

图 3-168

Step14：创建【色阶】调整图层，并打开【属性】面板。向左侧拖动高光和中间调的滑块，向右侧拖动阴影滑块，如图 3-169 所示。

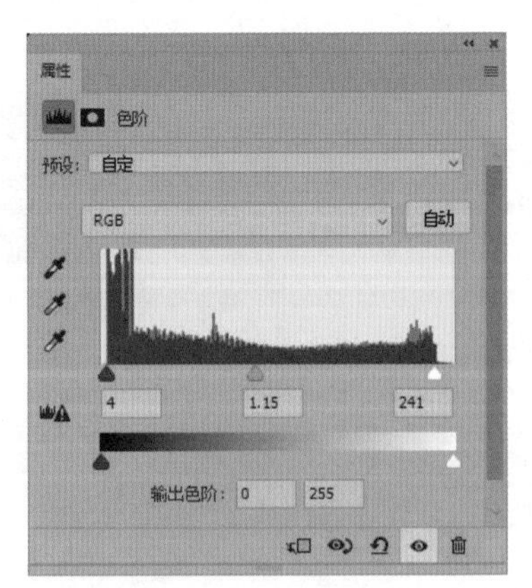

图 3-169

Step15：通过前面的操作提亮图像，如图 3-170 所示。

图 3-170

Step 16：按【Alt+Ctrl+E+Shift】组合键盖印图层，得到【图层 1】，如图 3-171 所示。

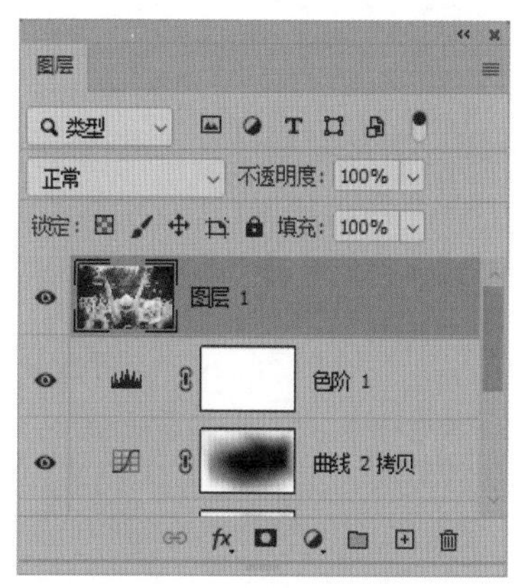

图 3-171

Step 17：选择【图层 2】，执行【滤镜】→【杂色】→【添加杂色】命令，打开【添加杂色】对话框，❶设置【数量】为 15%，❷选择【平均分布】和【单色】选项，❸单击【确定】按钮，如图 3-172 所示。

图 3-172

Step 18：通过前面的操作为图像添加噪点效果，完成图像色调的调整，如图 3-173 所示。

图 3-173

第 4 章
文字与路径应用的 10 个关键技能

在Photoshop中创建文字后，可以利用段落面板以及字符面板对文字进行排版，此外还可以将文字转换为路径，改变文字形状。利用路径则可以绘制能轻松改变形状的矢量图形。本章将介绍文字与路径应用的 10 个关键技能，以帮助读者提高文字编辑和图形绘制能力。本章知识点框架如图 4-1 所示。

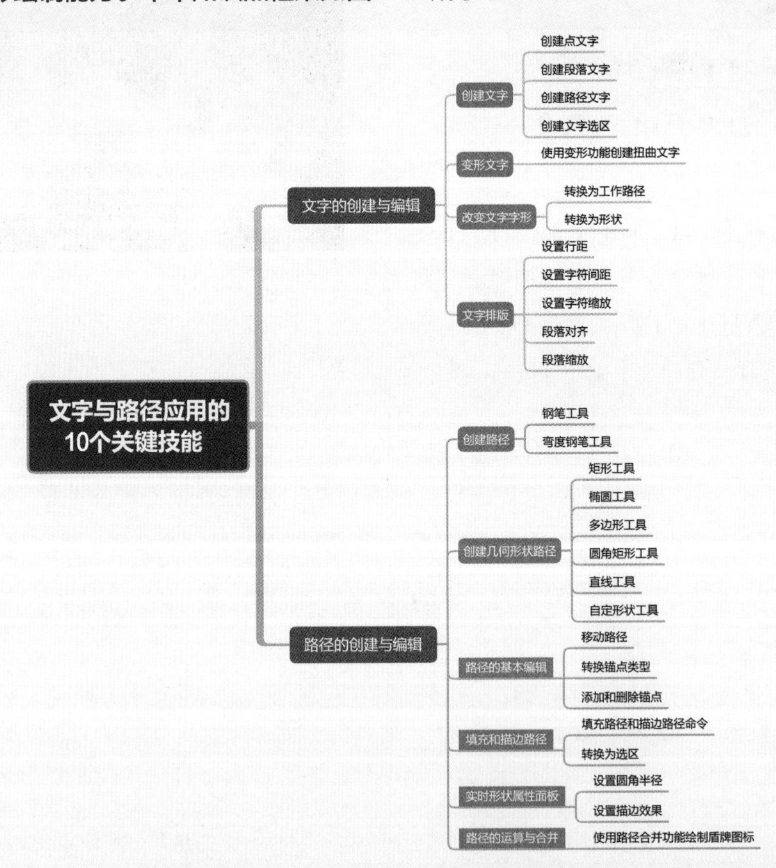

图 4-1

关键技能 029　4 种不同类型文字的创建方法

● 技能说明

Photoshop 中的文字是以矢量的方式存在的，在将文字栅格化以前，Photoshop 会保留基于矢量的文字轮廓，可以任意缩放文字，或调整文字大小而不会产生锯齿。

划分文字的方式有很多种，从排列方式划分，可分为横排文字和直排文字；从形式上划分，可分为文字和文字蒙版；从创建的内容上划分，可分为点文字、段落文字和路径文字；从样式上划分，可分为普通文字和变形文字。

● 应用实战

Photoshop 提供了 4 种文字创建工具，其中，【横排文字工具】T 和【直排文字工具】IT 用于创建点文字、段落文字和路径文字，【横排文字蒙版工具】T 和【直排文字蒙版工具】IT 用于创建文字选区。

1．创建点文字

点文字是一个水平或垂直文本行，一般从图像中单击鼠标的位置开始创建。通过创建点文字为图像添加说明文字的具体操作步骤如下。

Step01：打开“素材文件/第 4 章/生日贺卡.jpg”文件，如图 4-2 所示。

图 4-2

Step02：选择【横排文字工具】T，在图像中单击鼠标确认文字输入点，如图 4-3 所示。

图 4-3

Step03：输入文字“生日”，如图 4-4 所示。

图 4-4

Step04：双击鼠标选中文字，如图 4-5 所示。

图 4-5

Step 05：在选项栏中，设置字体为迷你简淹水，字体大小为 150 点，效果如图 4-6 所示。

图 4-6

Step 06：选中文本“生”，单击【设置文本颜色】图标，如图 4-7 所示。

图 4-7

Step 07：弹出【拾色器（文本颜色）】对话框。选择【吸管工具】，单击图中红色气球，吸取颜色，如图 4-8 所示。

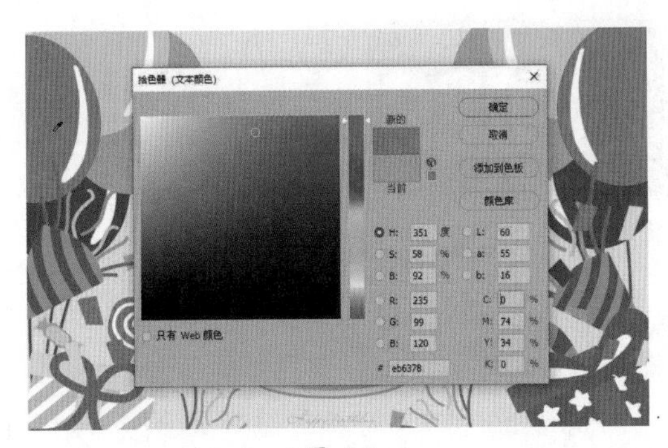

图 4-8

Step 08：选择文本“日”，使用前面的方法打开【拾色器】对话框，设置颜色，如图 4-9 所示。

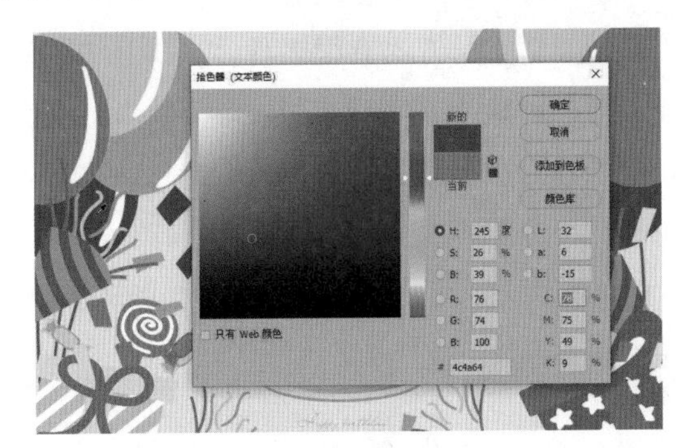

图 4-9

Step 09：单击选项栏中的✓按钮，完成文字输入，如图 4-10 所示。

图 4-10

Step 10：使用前面的方法输入文本“快乐”，并设置字体系列、大小和颜色，最终效果如图 4-11 所示。

图 4-11

> **高手点拨**
>
> **如何在输入状态下移动文字**
>
> 界面处于文字编辑状态时，移动鼠标到文字四周，当鼠标光标变化为 时，拖动鼠标即可移动文字。

2．创建段落文字

创建段落文字的具体操作步骤如下。

Step 01：打开“素材文件/第 4 章/背景.jpg”文件，如图 4-12 所示。

Step 02：使用【直排文字工具】，输入文本“故宫”，如图 4-13 所示。

图 4-12　　图 4-13

Step 03：按【Ctrl+A】组合键全选文本，如图 4-14 所示。

Step 04：在选项栏设置字体系列为“书体坊兰亭体”,【大小】为 400 点,【颜色】为白色，效果如图 4-15 所示。

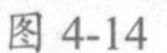

图 4-14　　图 4-15

Step 05：按【Ctrl+Enter】组合键确认输入的文字，并将其放在适当地位置，如图 4-16 所示。

Step 06：选择【横排文字工具】，在图像中拖动鼠标创建段落文本框，如图 4-17 所示。

图 4-16　　图 4-17

Step07：在选项栏中，设置字体为黑体，字体大小为26点。在段落文本框中输入文字，如图4-18 所示。

Step 08：继续输入文字，当文字到达文本框边界时会自动换行，如图 4-19 所示。

图 4-18　　图 4-19

Step09：继续输入文字，如图 4-20 所示。

Step10：此时，可以发现文本没有显示完全。将鼠标放在文本框的右下角，鼠标光标变换为形状，如图 4-21 所示。

图 4-20

图 4-21

Step11：拖动鼠标，将文本完全显示，并按【Ctrl+Enter】组合键结束文本输入，如图 4-22 所示。

图 4-22

3. 创建路径文字

路径文字是指创建在路径上的文字，文字会沿着路径排列，当改变路径形状时，文字的排列方式也会随之改变。图像在输出时，路径不会被输出。另外，在路径控制面板中，也可取消路径的显示，只显示载入路径后的文字。创建路径文字的具体步骤如下。

Step01：打开“素材文件/第4章/路径文字.psd”文件，切换到【路径】面板，单击【路径】图层，将路径显示出来，如图 4-23 所示。

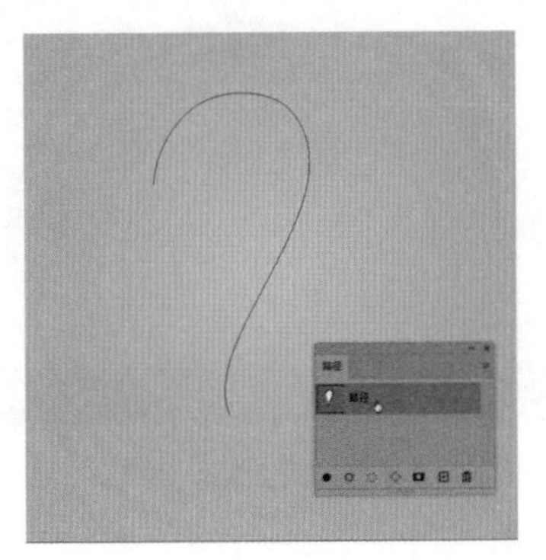

图 4-23

Step02：选择【横排文字工具】T，将鼠标放在路径上，鼠标光标变换为形状，单击鼠标，设置文字插入点，画面中会出现闪烁的“I”，如图 4-24 所示。

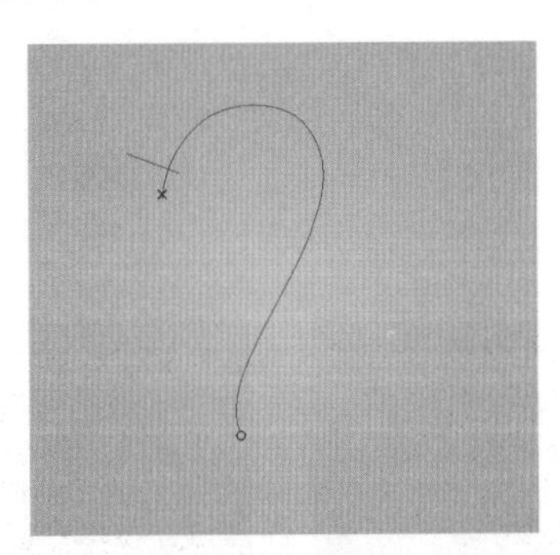

图 4-24

Step03：此时输入文字即可沿着路径排列，如图 4-25 所示。

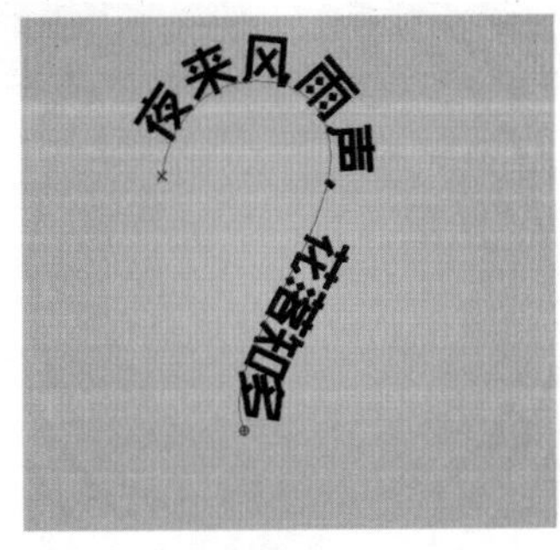

图 4-25

Step 04：将鼠标光标放在逗号处，在【字符】面板中设置字符微距为-520，缩小字符间距。再全选文字，设置字体大小为 90 点，如图 4-26 所示；文字效果如图 4-27 所示。

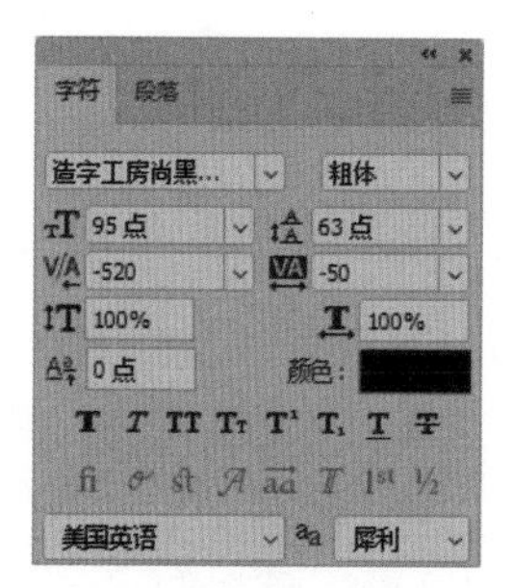

图 4-26

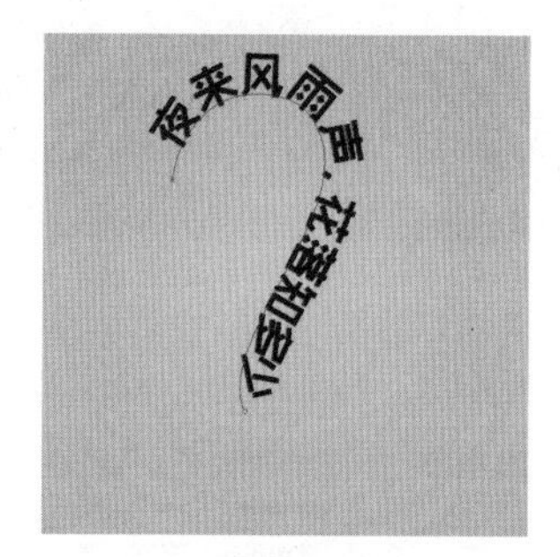

图 4-27

Step 05：单击选项栏中的按钮✓，确认输入的文字。选择【椭圆工具】，在选项栏设置绘制方式为路径。在画布上按住【Shift】键绘制正圆路径，如图 4-28 所示。

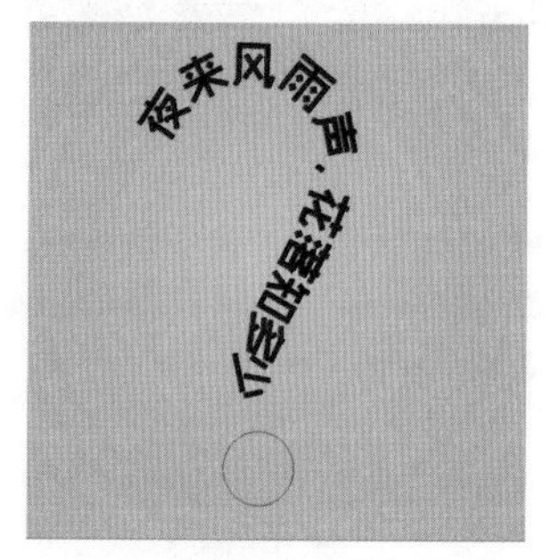

图 4-28

Step 06：选择【横排文字工具】T，将鼠标放在路径上，单击并输入路径文字，如图 4-29 所示。

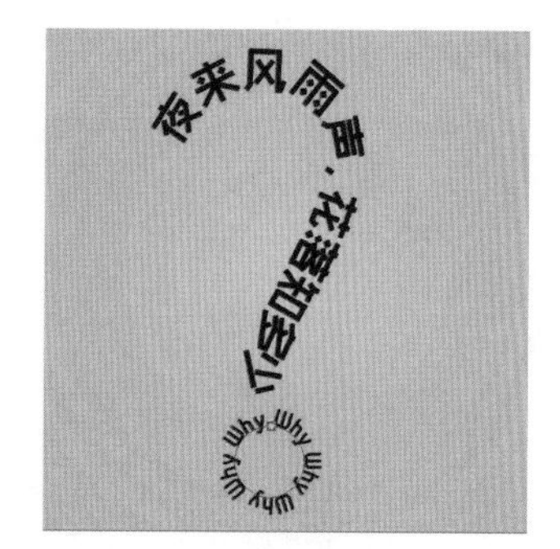

图 4-29

Step 07：在文字图层下方新建图层。使用【椭圆选框工具】绘制正圆形，并填充白色，如图 4-30 所示。

图 4-30

Step 08：选择【图层 3】，执行【滤镜】→【模糊】→【高斯模糊】命令，打开【高斯模糊】对话框，❶设置【半径】为 25 像素，❷单击【确定】按钮，如图 4-31 所示。

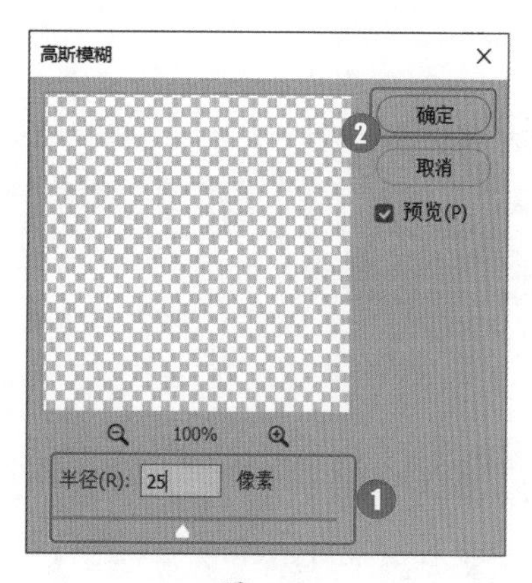

图 4-31

Step 09：效果如图 4-32 所示。

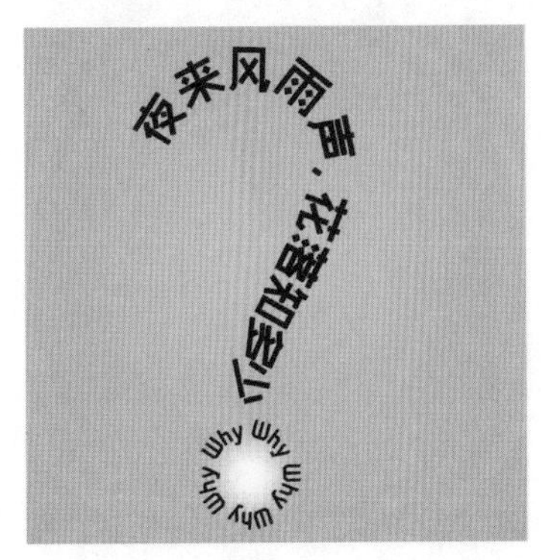

图 4-32

高手点拨

编辑路径文字

创建路径文字后，编辑路径形状就可以改变文字形状。如图 4-33 所示，使用【直接选择工具】，单击路径显示出锚点，改变路径形状，文字会根据调整后的路径重新排列；效果如图 4-34 所示。

图 4-33

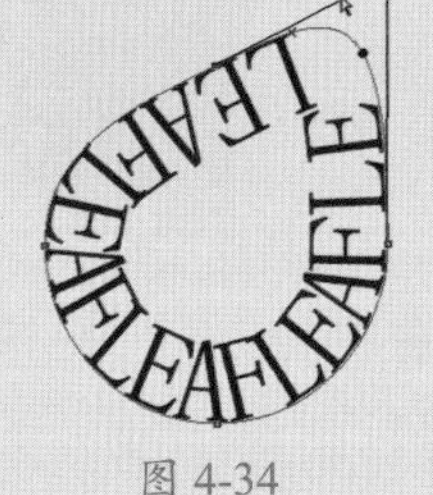

图 4-34

4. 文字选区的创建

【横排文字蒙版工具】和【直排文字蒙版工具】，用于创建文字选区。文字选区和普通文本一样，也可以设置字体和大小。不过文字选区只能在蒙版状态下设置字体和大小，当文本输入结束后则无法再更改文字选区的字体和大小。选择一个文字蒙版工具，在画面中单击鼠标，可以进入蒙版状态，如图 4-35 所示。

图 4-35

输入文字后，按【Ctrl+Enter】组合键结束文本输入，即可创建文字选区，如图 4-36 所示。

图 4-36

关键技能 030 使用变形功能创建特效扭曲文字

● 技能说明

文字变形是指对创建的文字进行变形处理后得到的文字。例如，可以将文字变形为扇形或波浪形。切换到文字工具，选择文本后，单击选项栏中的【创建文字变形】按钮，可以打开【变形文字】文字对话框，如图 4-37 所示。

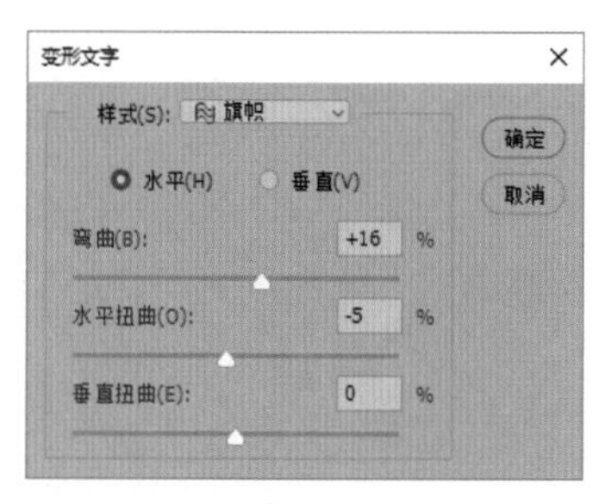

图 4-37

单击【变形】右侧的下拉按钮，在下拉列表中可以选择文字变形方式。【变形文字】对话框各选项的作用如表 4-1 所示。

表 4-1　【变形文字】对话框各选项的作用

选项	作用
样式	在该选项的下拉列表中可以选择 15 种变形样式，包括【扇形】【拱形】【旗帜】【波浪】【上弧】【鱼眼】【膨胀】等
水平/垂直	文本的扭曲方向为水平方向或垂直方向
弯曲	设置文本的弯曲程度
水平扭曲/垂直扭曲	可以对文本应用透视功能

● 应用实战

使用变形功能对文字变形的具体操作步骤如下。

Step 01：打开“素材文件/第 4 章/国潮.jpg”文件，如图 4-38 所示。

图 4-38

Step 02：使用【横排文字工具】T 输入文字，如图 4-39 所示。

图 4-39

Step 03：按【Ctrl+A】组合键全选文字，如图 4-40 所示。

图 4-40

Step 04：执行【窗口】→【属性】命令，打开【属性】面板，❶在【属性】面板中设置字体为“造字工房力黑（非商用）”，❷设置字体大小为 180 点，❸设置字体颜色为红色 #ba1717，如图 4-41 所示。

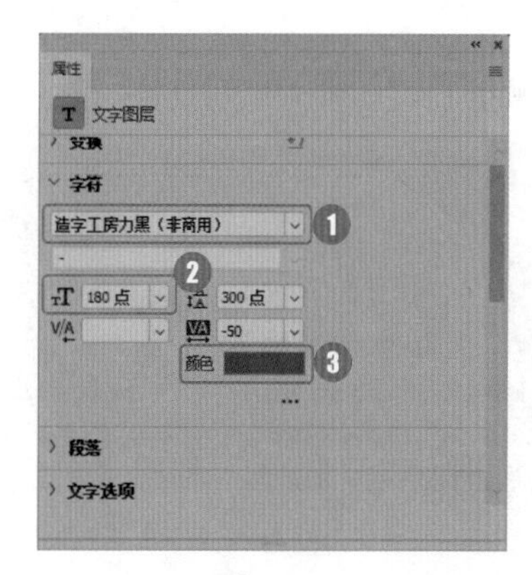

图 4-41

Step 05：将鼠标光标放在文本外侧，当光标变换形状时，拖动鼠标移动文字位置，如图 4-42 所示。

图 4-42

Step 06：单击选项栏中的【创建文字变形】按钮，打开【变形文字】对话框，❶单击样式右侧下拉按钮，在下拉列表中选择【旗帜】，❷选择【水平】单选项，❸设置【弯曲】为 20%，❹设置【水平扭曲】为-5%，❺单击【确定】按钮，如图 4-43 所示。

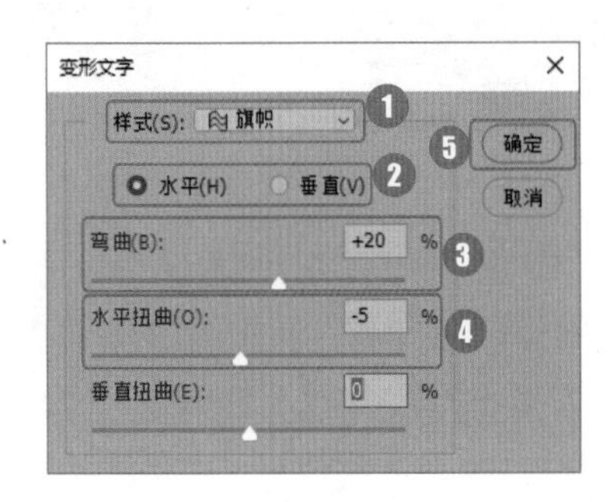

图 4-43

Step 07：返回文档中，按【Ctrl+Enter】组合键结束文本输入，效果如图 4-44 所示。

图 4-44

Step 08：双击【文字图层】，打开【图层样式】对话框，选择【描边】选项，如图 4-45 所示。

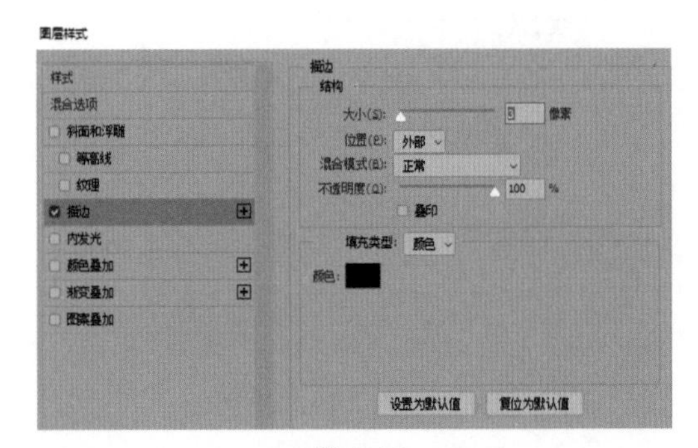

图 4-45

Step 09：❶设置【大小】为 10 像素，❷设置【位置】为外部，❸选择颜色为黄色#e79d17，❹单击【确定】按钮，如图 4-46 所示。

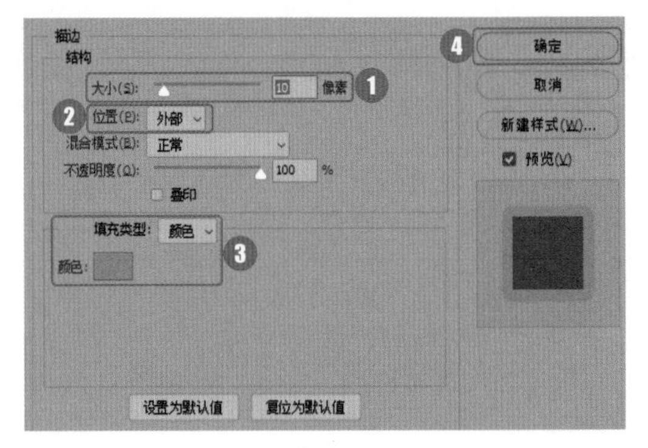

图 4-46

Step 10：返回文档中，完成变形文字效果设置，如图 4-47 所示。

图 4-47

关键技能 031 改变文字字形的 2 种方法

● 技能说明

Photoshop 中的文字是以矢量方式存在的，矢量对象最大的特点就是可以轻松地改变形状。根据这个特点，创建文本后，可以根据需要改变文字的字形。如果要改变文字字形，可以先将文字转换为路径的形状，再使用【直接选择工具】调整形状即可。

● 应用实战

1．转换为工作路径

执行【文字】→【创建工作路径】命令，可将文字转换为工作路径，原文字属性不变，生成的工作路径可以应用填充和描边，或者通过调整锚点得到变形文字。通过【创建工作路径】命令改变文字字形的具体操作步骤如下。

Step01：打开“素材文件/第 4 章/字形调整.psd”文件，如图 4-48 所示。

图 4-48

Step02：在【图层】面板中选择【快】图层，如图 4-49 所示。

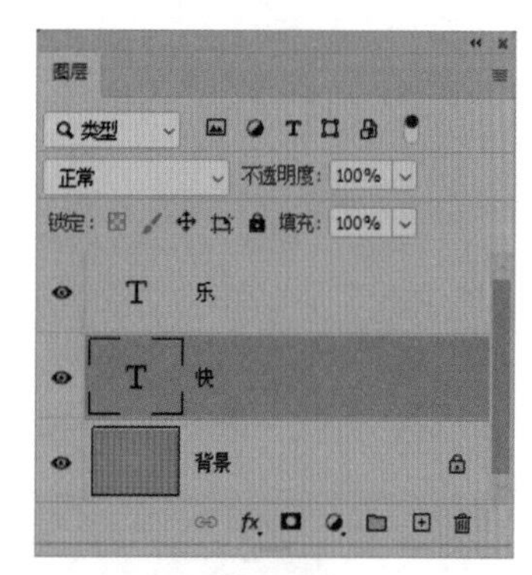

图 4-49

Step03：执行【文字】→【创建工作路径】命令，如图 4-50 所示，文字被创建为工作路径并显示出锚点。

图 4-50

Step04：切换到【路径】面板，会自动创建一个【工作路径】图层，如图 4-51 所示。

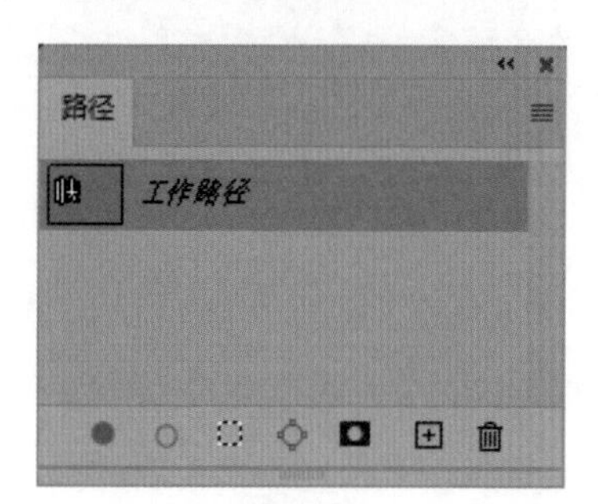

图 4-51

Step05：使用【添加锚点工具】在路径上单击添加锚点，如图 4-52 所示。

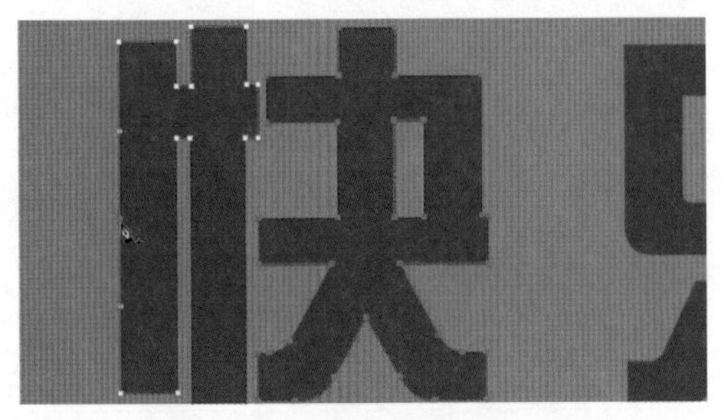

图 4-52

Step06：使用【直接选择工具】单击选中锚点并拖动，调整路径形状，如图 4-53 所示。

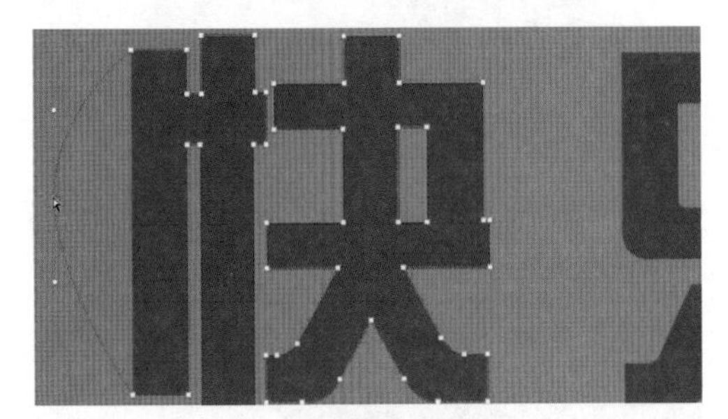

图 4-53

Step07：使用相同的方法继续调整路径形状，如图 4-54 所示。

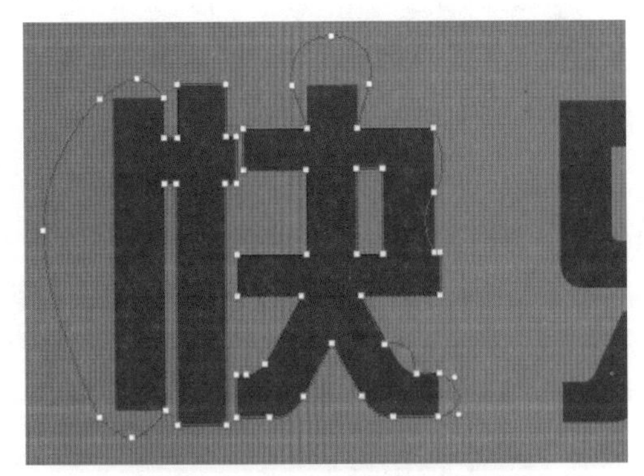

图 4-54

Step08：单击【图层】面板底部的新建图层按钮，新建【图层 1】，如图 4-55 所示。

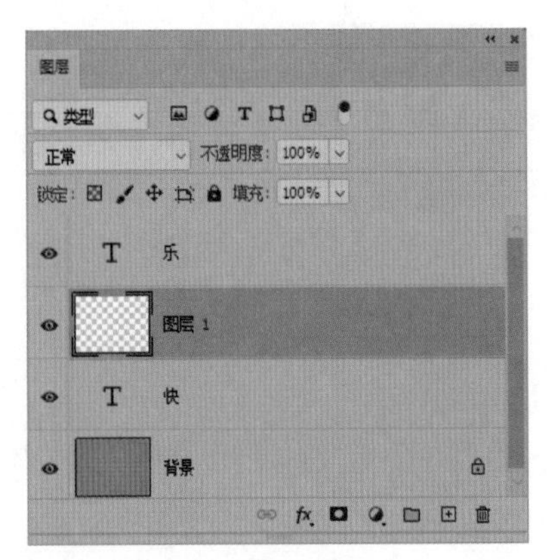

图 4-55

Step09：按【Ctrl+Enter】组合键将路径转换为选区，如图 4-56 所示。

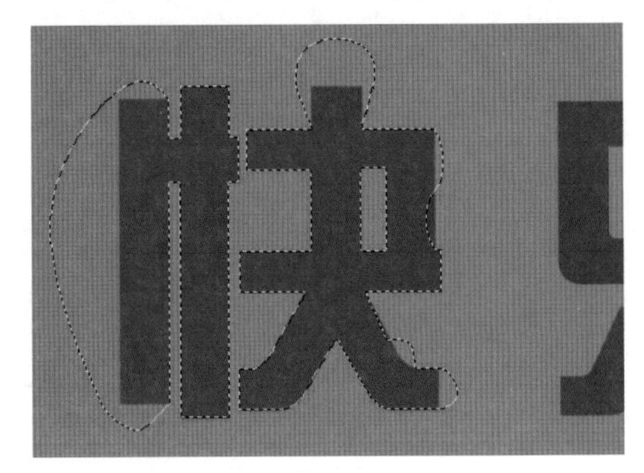

图 4-56

Step10：设置前景色为黄色#f48f19，按【Alt+Delete】组合键填充前景色，并单击【快】图层左侧的【指示图层可见性】图标将其隐藏，最后完成字形的修改，如图 4-57 所示。

图 4-57

高手点拨

什么是矢量图形

矢量图也叫作向量图，就是缩放不失真的图像格式。矢量图就如同画在质量非常好的橡胶膜上的图，无论对橡胶膜进行何种的长宽比成倍拉伸，画面依然清晰，不会看到图形的最小单位。

矢量图的最大优点是轮廓的形状更容易修改和控制，但是对于单独的对象，实现色彩变化没有位图方便。另外，支持矢量格式的应用程序没有支持位图的应用程序多，很多矢量图形都需要专门设计的程序才能打开浏览和编辑。矢量图形与分辨率无关，即可以将它们缩放到任意尺寸，按任意分辨率打印，而不会丢失细节或降低清晰度。因此，矢量图形最适合表现醒目的图形。

2. 转换为形状

选择文字图层，执行【文字】→【转换为形状】命令，可以将文字图层转换为形状图层。形状是连接到矢量蒙版的填充图层，具有矢量对象的性质。因此将文字转换为形状后，可以轻松地修改其形状轮廓。通过【转换为形状】命令修改字形的具体操作步骤如下。

Step 01：继续使用上一个案例的素材文件，选择【乐】图层，如图 4-58 所示。

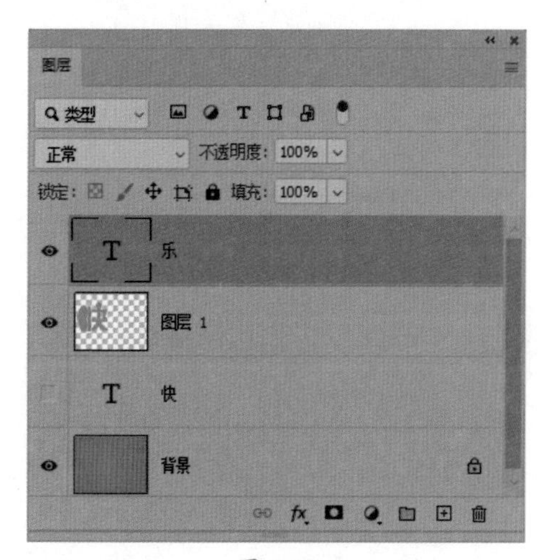

图 4-58

Step 02：执行【文字】→【转换为形状】命令，将其转换为形状，如图 4-59 所示。

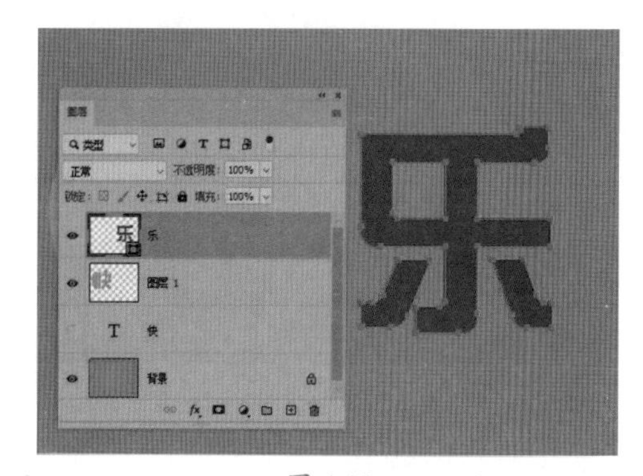

图 4-59

Step 03：使用【直接选择工具】拖动锚点，即可调整路径形状，如图 4-60 所示。

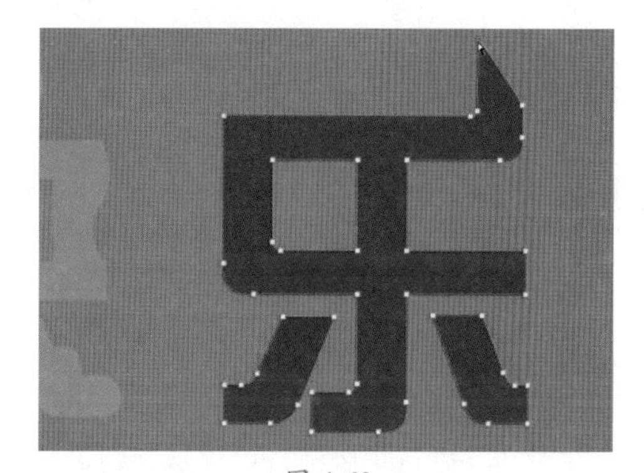

图 4-60

Step 04：使用【添加锚点工具】单击路径添加锚点并拖动，调整路径形状，如图 4-61 所示。

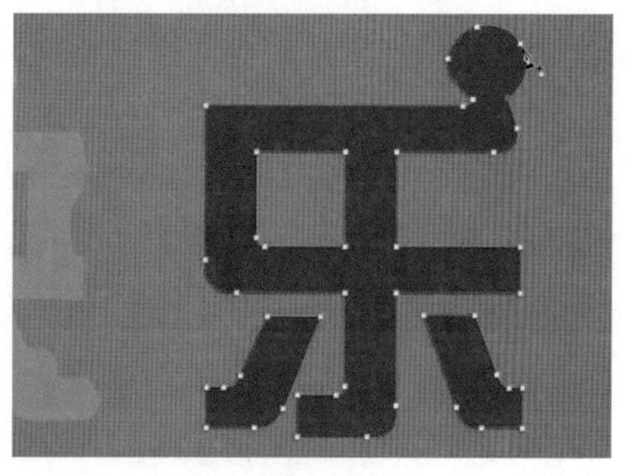

图 4-61

Step 05：使用相同的方法添加锚点，调整路径形状，改变字形，最终效果如图 4-62 所示。

图 4-62

高手点拨

【创建工作路径】命令和【转换为形状】命令的区别

执行【创建工作路径】命令会将文字转换为普通路径，而路径本身并不具有描边和填色的效果，需要将其转换为选区才能对其填充颜色或添加描边，从而显示出对象的形状。此时，如果继续修改形状的话，就会很麻烦。

执行【转换为形状】命令会将文字图层转换为形状图层。形状图层是一个带有矢量蒙版的图层，具有普通图层和矢量图形的双重属性。因此修改形状图层上对象的形状时，其效果会实时显示在该图层上。

关键技能 032 文字排版的 5 个操作要素

● 技能说明

在对文字进行排版时，可以通过设置字符间距、行距，以及段落对齐方式等方式使文字更加美观。设置字符间距、行距等可以通过【字符】面板来实现，设置段落对齐方式等则可通过【段落】面板来实现。

1.【字符】面板

执行【窗口】→【字符】命令，可以打开【字符】面板，如图 4-63 所示。同时可以设置系列、大小、颜色、字符间距、行距等参数。

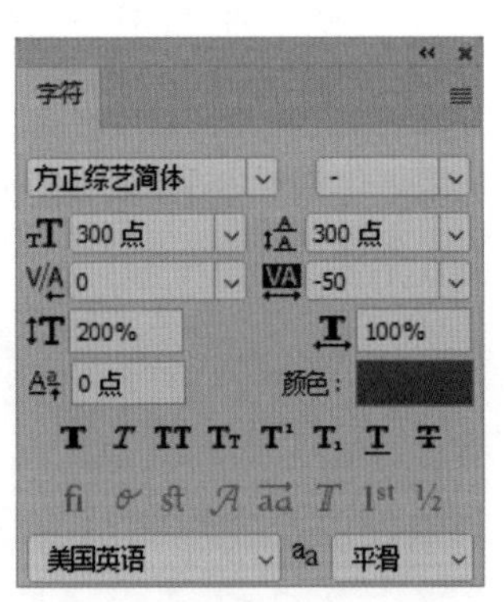

图 4-63

2.【段落】面板

执行【窗口】→【段落】命令，可以打开【段落】面板，如图 4-64 所示。也可以设置段落对齐方式、缩进方式等参数。

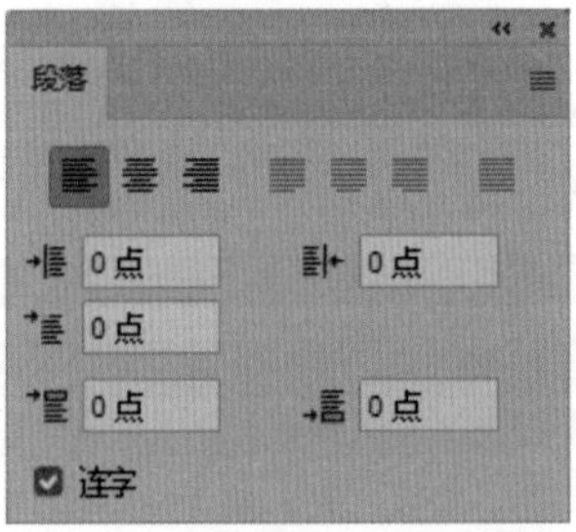

图 4-64

● 应用实战

1. 行距设置

行距是指行与行之间的距离，设置行距的具体操作步骤如下。

Step01：打开“素材文件/第 4 章/文字排版.psd”文件，文本段落中行与行之间的距离过小，显得文本十分拥挤，如图 4-65 所示。

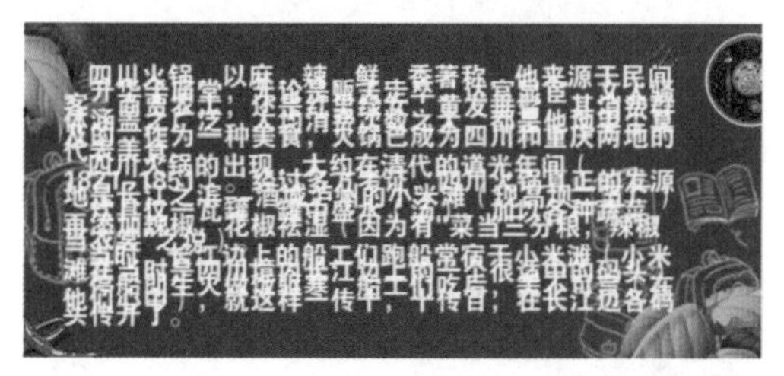

图 4-65

Step02：将鼠标放在段落文本中，按【Ctrl+A】组合键全选文本，如图 4-66 所示。

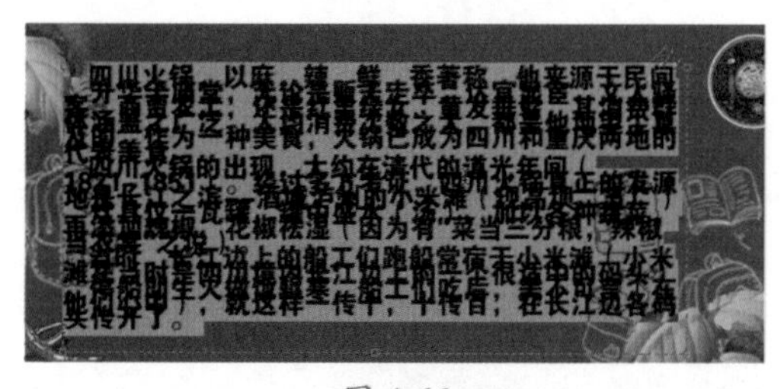

图 4-66

Step03：执行【窗口】→【字符】命令，打开【字符】面板，设置【字符行距】为 62 点，如图 4-67 所示。

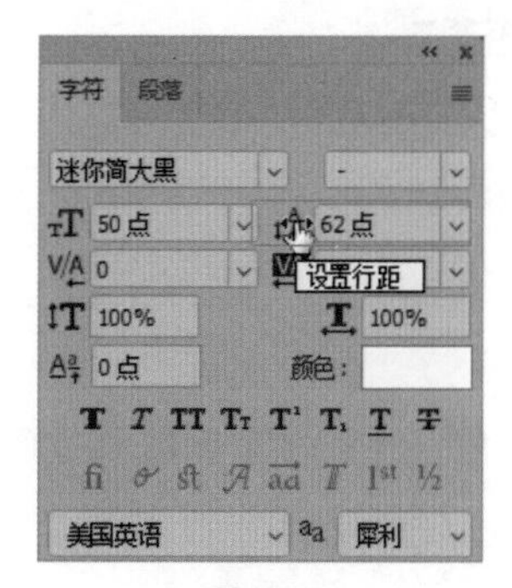

图 4-67

Step04：文字排版更加清晰，效果如图 4-68 所示。

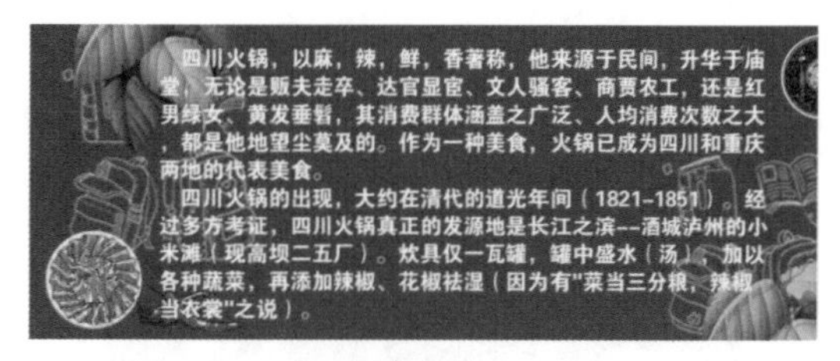

图 4-68

2. 字符间距设置

字符间距是指字符与字符之间的距离。选择文本，如图 4-69 所示。

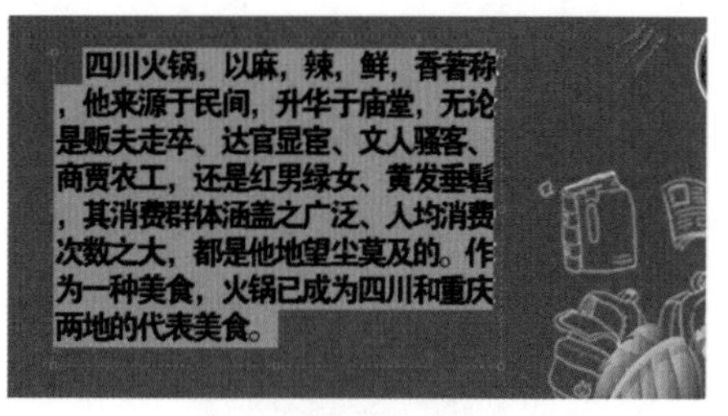

图 4-69

在【字符】面板设置【设置所选字符的字距调整】参数，即可调整字符之间的距离，如图 4-70 所示；效果如图 4-71 所示。

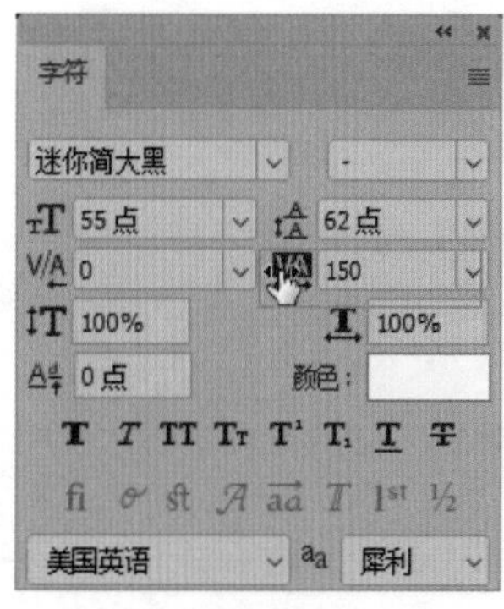

图 4-70

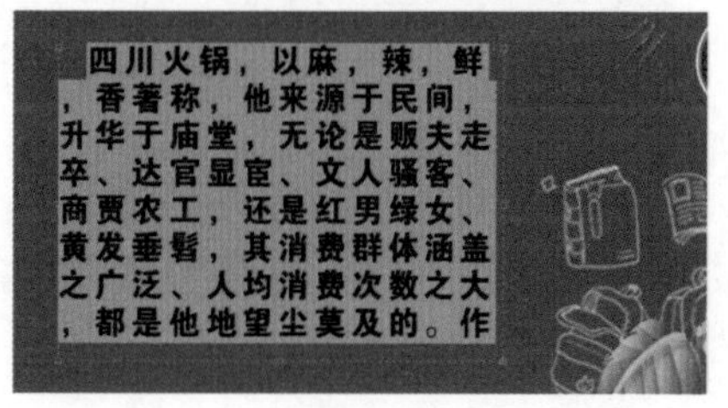

图 4-71

如果要调整指定的两个字符之间的距离，可以将鼠标光标置于字符之间，如将光标置于“四”和“川”之间，如图 4-72 所示。

图 4-72

在【字符】面板中设置【设置两个字符间的字距微调】参数，即可调整两个字符之间的距离，如图 4-73 所示；效果如图 4-74 所示。

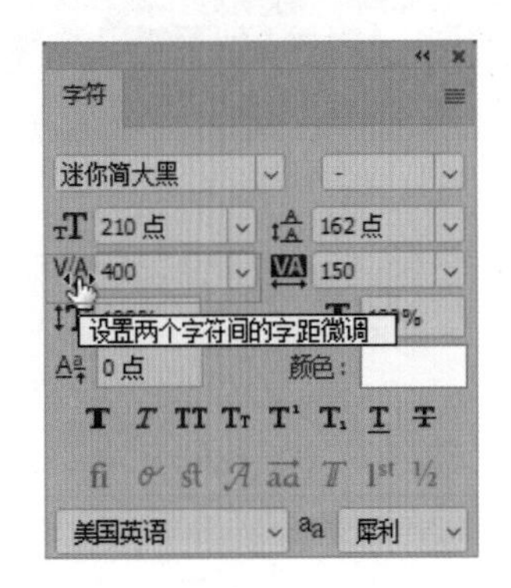

图 4-73

图 4-74

高手点拨

字符间距调整快捷键

选择文字后，按【Alt+→】组合键，可以增加字间距；按【Alt+←】组合键，可以减小字间距。

3. 字符缩放

字符缩放是指在水平或垂直方向上缩放字符。选择文字后，在【字符】面板中设置【垂直缩放】参数，可以在垂直方向上缩放文字，如图 4-75 所示；设置【水平缩放】参数，可以在水平方向上缩放文字，如图 4-76 所示。

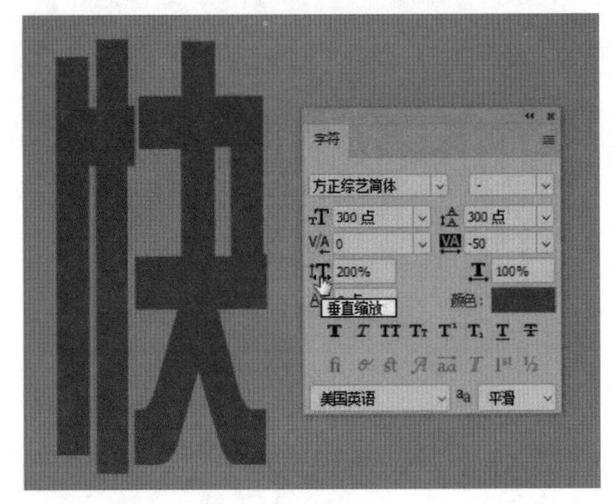

图 4-75

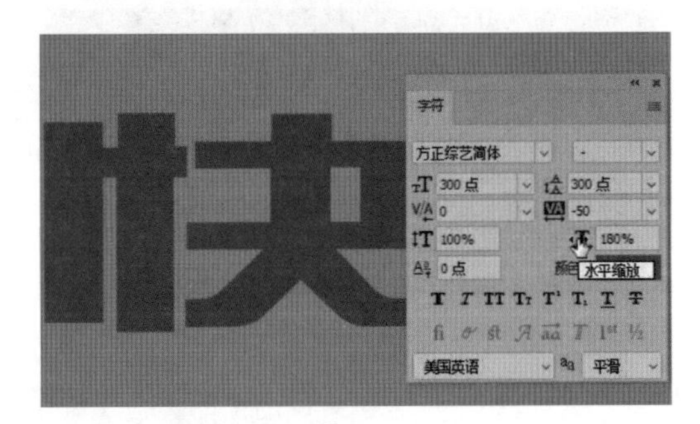

图 4-76

4. 段落对齐

【段落】面板顶部提供了一排用于设置段落对齐方式的按钮。选择文本或者将文本插入点定位在某段文本中，单击段落对齐按钮就可以设置段落对齐方式。

左对齐▇：以文本左侧边界字符为基准对齐，如图 4-77 所示。

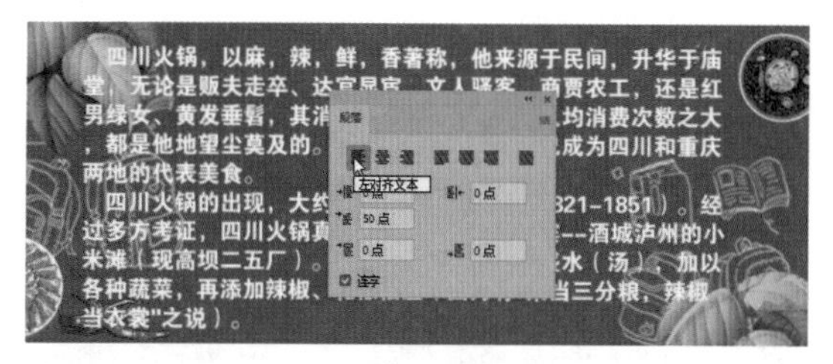

图 4-77

居中对齐：每行字符中心都与段落中心对齐，其余文本均匀分布于两端，如图 4-78 所示。

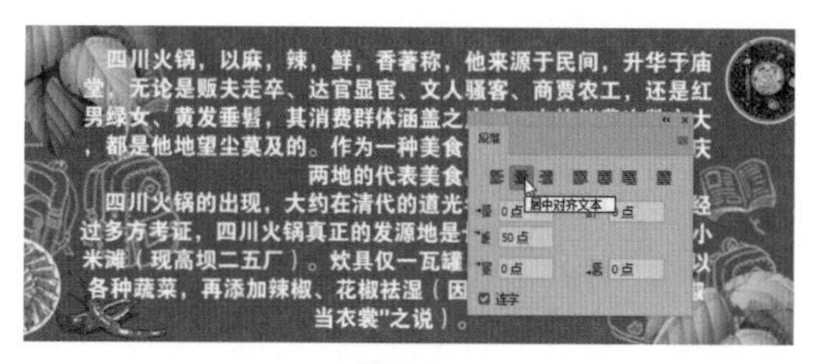

图 4-78

右对齐：以文本右侧边界的字符为基准对齐，如图 4-79 所示。

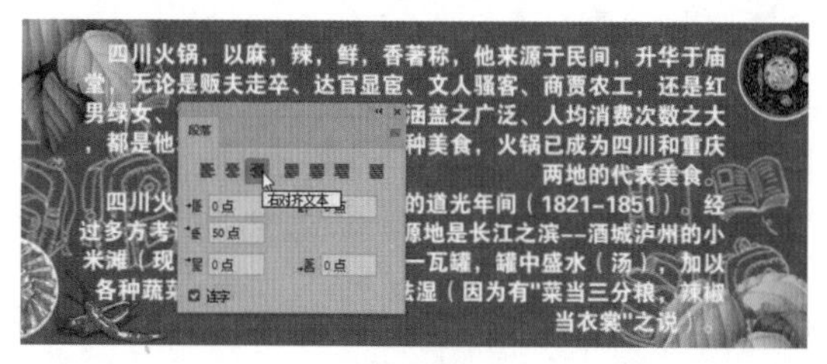

图 4-79

最后一行左对齐：文本两端强制对齐，段落的最后一行以左侧边界的字符为基准对齐，如图 4-80 所示。

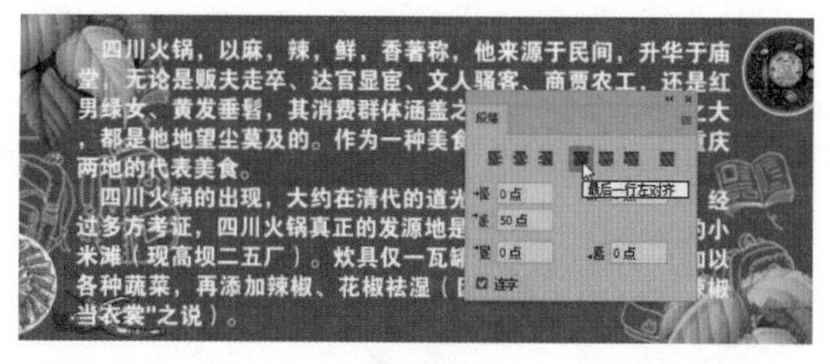

图 4-80

最后一行居中对齐：文本两端强制对齐，段落的最后一行以段落中心为基准居中对齐，如图 4-81 所示。

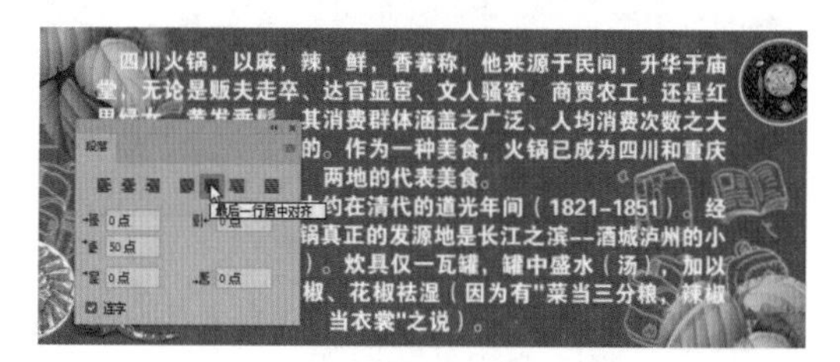

图 4-81

最后一行右对齐：文本两端强制对齐，段落的最后一行以右侧边界的字符为基准右对齐，如图 4-82 所示。

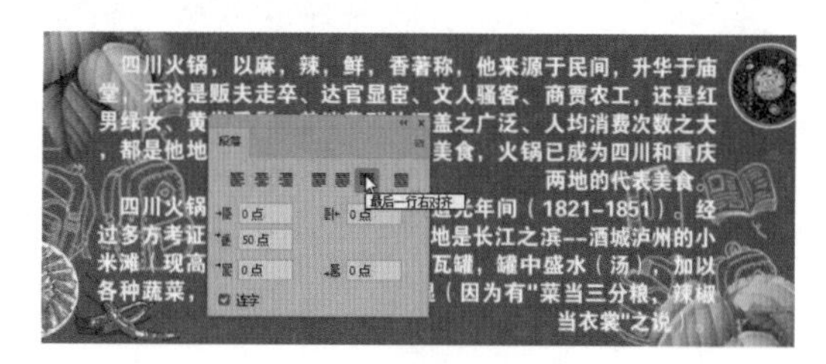

图 4-82

全部对齐：通过在字符间添加间距使文本两端强制对齐，如图 4-83 所示。

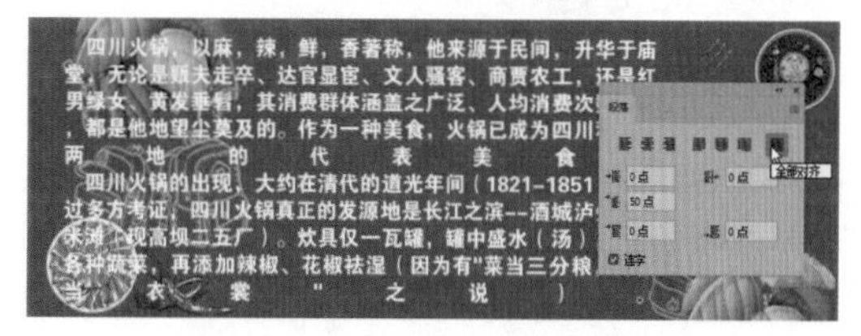

图 4-83

5. 段落缩进

缩进是指文本和文字对象边界之间的距离。选择所有的文本或者将光标置于需要调整缩进的段落中，然后在【缩进文本】框中输入参数，前者会影响所有文本的缩进效果，后者只影响文本插入点所在段落的缩进效果。

左缩进：输入缩进值后，文本向文本框的右侧移动，如图 4-84 所示。

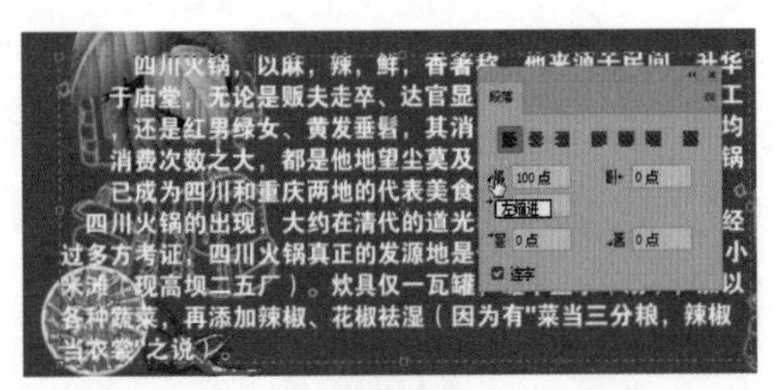

图 4-84

右缩进：输入缩进值后，文本向文本框的左侧移动，如图 4-85 所示。

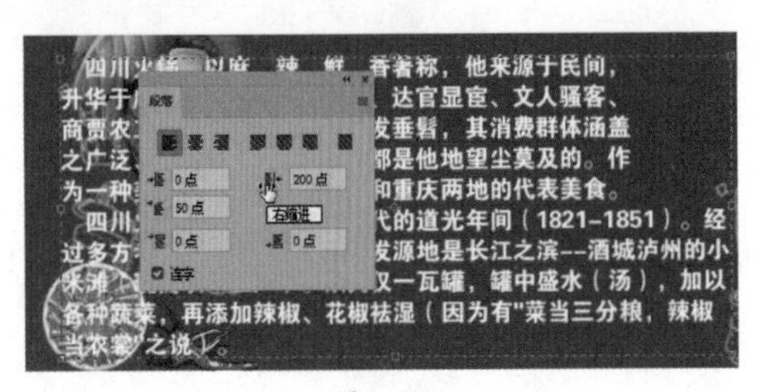

图 4-85

首行缩进：只影响首行文字的缩进效果，如图 4-86 所示。

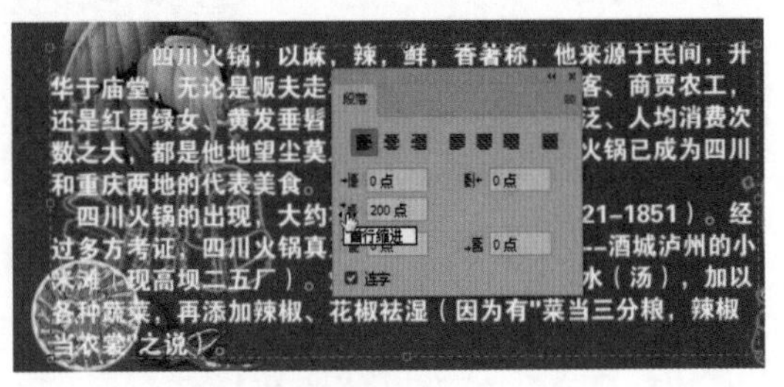

图 4-86

关键技能 033 路径创建的 2 种方法

● 技能说明

路径由一条或多条直线段或曲线段组成。如图4-87所示，路径可以是开放的，也可以是闭合的。

图 4-87

路径上连接两段线段的点是锚点。锚点又分为平滑点和角点，其中连接平滑曲线的点是平滑点，如图 4-88 所示；而连接直线和角曲线的点是角点，如图 4-89 所示。

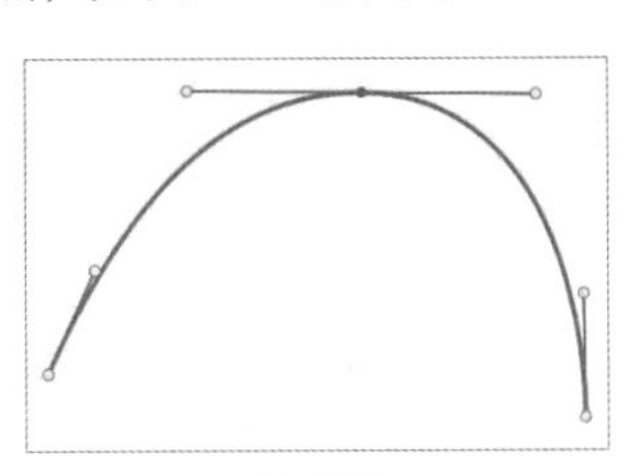

图 4-88

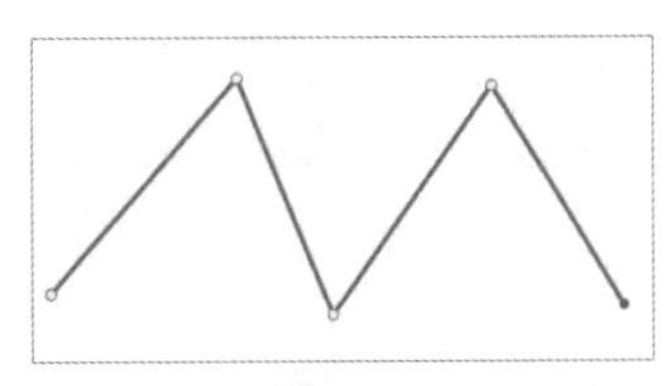

图 4-89

当锚点显示为空心时，表示该锚点未被选中，如图 4-90 所示；当锚点显示为实心时，表示该锚点为当前选取的点，如图 4-91 所示。

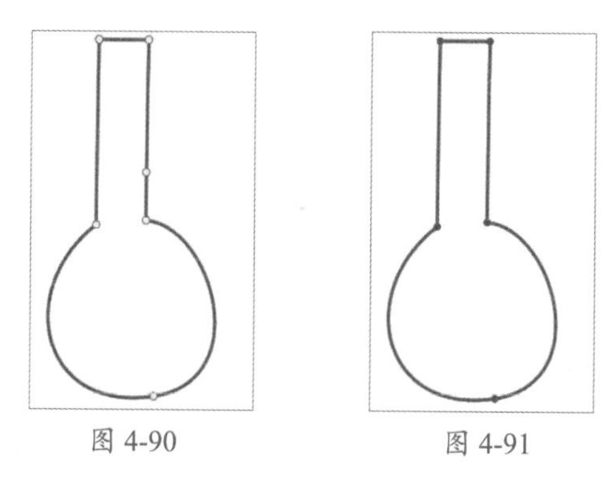

图 4-90　　图 4-91

选择锚点时会显示出方向线及方向点，拖拽方向点即可调整路径形状，如图 4-92 所示。

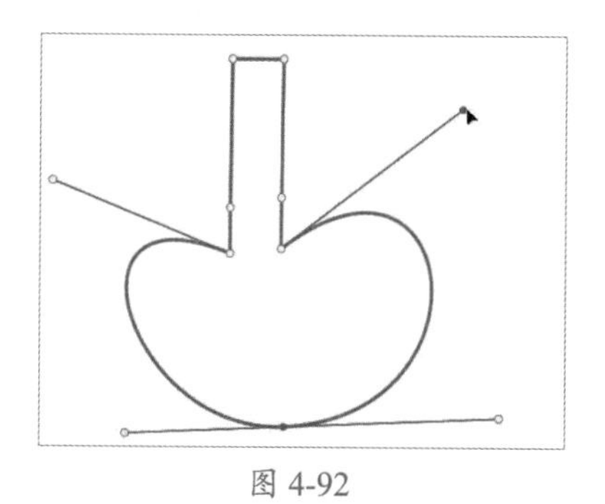

图 4-92

Photoshop 中提供了两种创建路径的方法，一种是使用【钢笔工具】绘制，另一种是使用【弯度钢笔工具】绘制。

● 应用实战

1. 钢笔工具

【钢笔工具】既可以绘制直线，也可以绘制平滑曲线，使用【钢笔工具】创建路径的具体操作步骤如下。

Step 01：选择【钢笔工具】，在选项栏中选择【路径】选项，在画布上单击鼠标确定路径起点，如图 4-93 所示。

图 4-93

高手点拨

绘图模式

使用钢笔和形状工具绘制对象时，需要先在选项栏中设置绘图模式，包括【路径】【形状】和【像素】。

路径：在选项栏中选择【路径】选项后，可创建工作路径。

形状：在选项栏中选择【形状】选项后，可以绘制带有填充和描边的形状，并且会自动创建形状图层。

像素：选择【像素】选项后，可在当前图层上绘制栅格化的图形。

Step 02：在下一目标处单击鼠标，即可在两点之间创建一条直线，如图 4-94 所示。

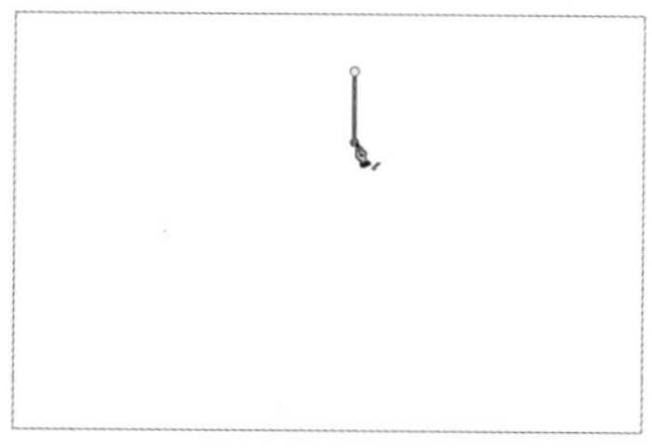

图 4-94

Step 03：继续在下一锚点处单击并拖拽鼠标，绘制曲线，如图 4-95 所示。

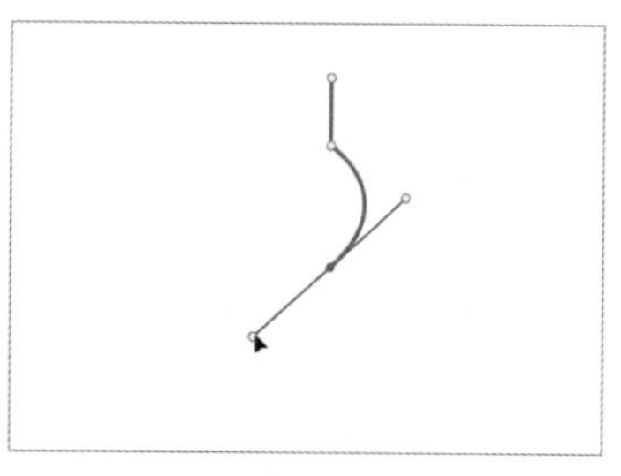

图 4-95

Step 04：按住【Alt】键，拖动下方的方向点，调整其位置，将该平滑点转换为角点，如图 4-96 所示。

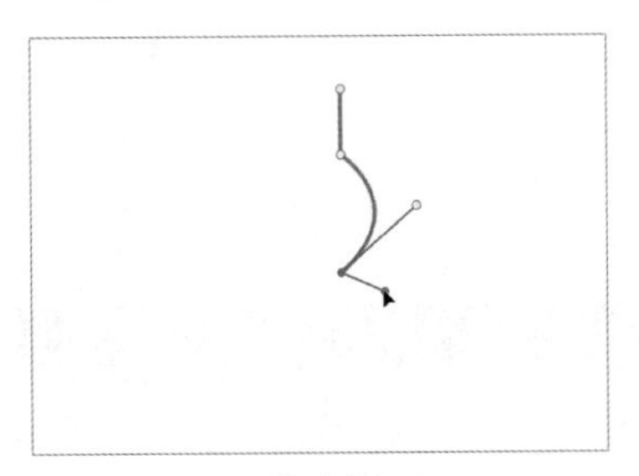

图 4-96

Step 05：继续在下一锚点处单击并拖动鼠标，绘制角曲线，如图 4-97 所示。

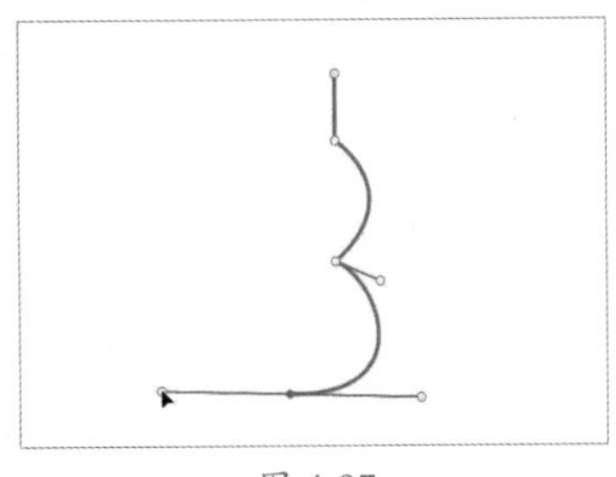

图 4-97

Step 06：继续在下一锚点处单击并拖动鼠标，绘制曲线，并按【Alt】键调整方向线，如图 4-98 所示。

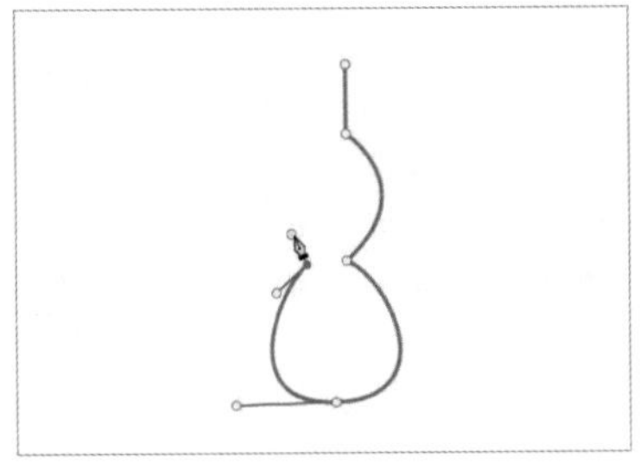

图 4-98

Step07：使用相同的方法绘制角曲线，如图 4-99 所示。

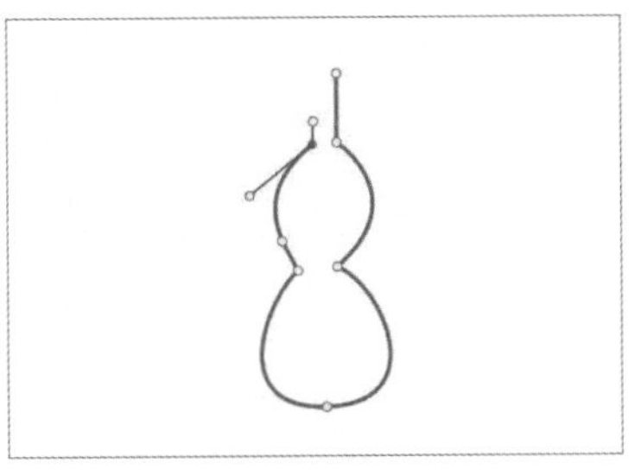

图 4-99

Step 08：在下一锚点处单击鼠标，绘制直线，如图 4-100 所示。

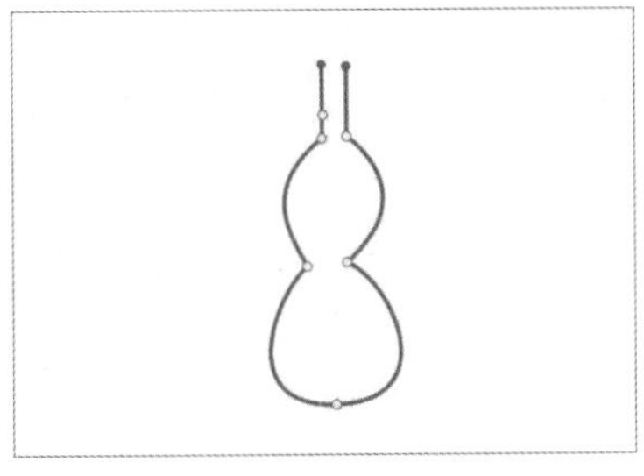

图 4-100

Step 09：将鼠标放在起始点的位置，单击并拖动鼠标，创建闭合路径，如图 4-101 所示。

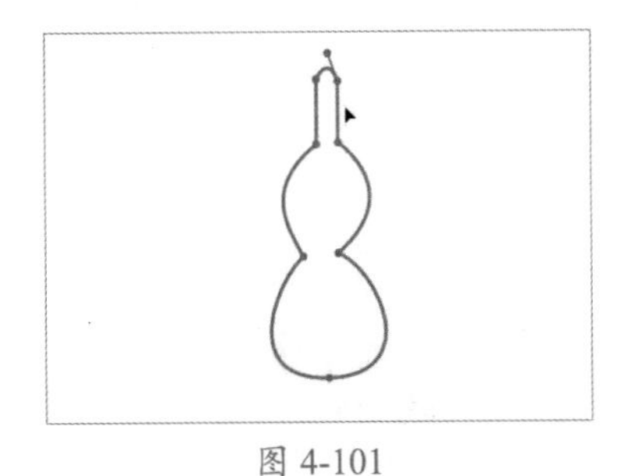

图 4-101

2. 弯度钢笔工具

使用【弯度钢笔工具】可以更加轻松地绘制平滑曲线和直线段，并且在执行该操作时，无须切换工具就可以创建、切换、编辑、添加或删除平滑点或角点。

选择【弯度钢笔工具】后，在画布上任意位置单击鼠标，创建锚点，如图 4-102 所示。

图 4-102

再次单击定义第二个锚点，完成第一段路径，如图 4-103 所示。

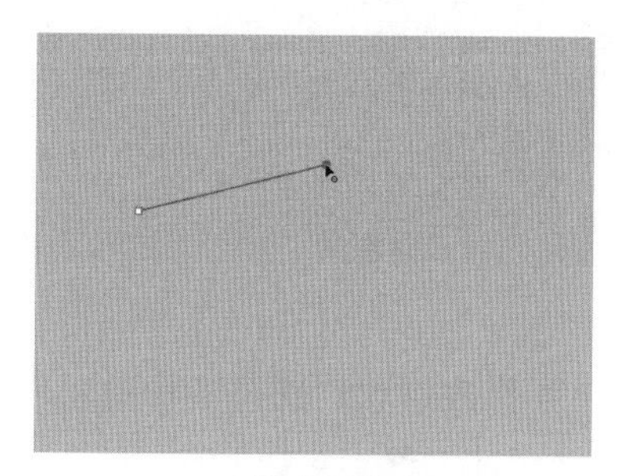

图 4-103

继续单击定义第三个锚点，此时，Photoshop 会进行相应调整，绘制平滑曲线，如图 4-104 所示。

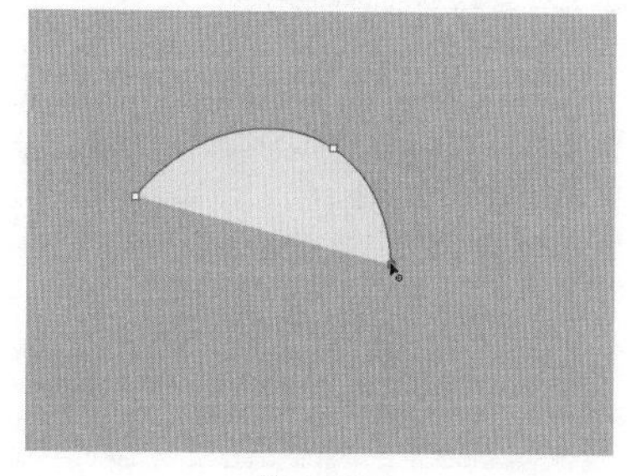

图 4-104

双击锚点，将其转换为角点，再继续定义第 4 个锚点，绘制直线，如图 4-105 所示。

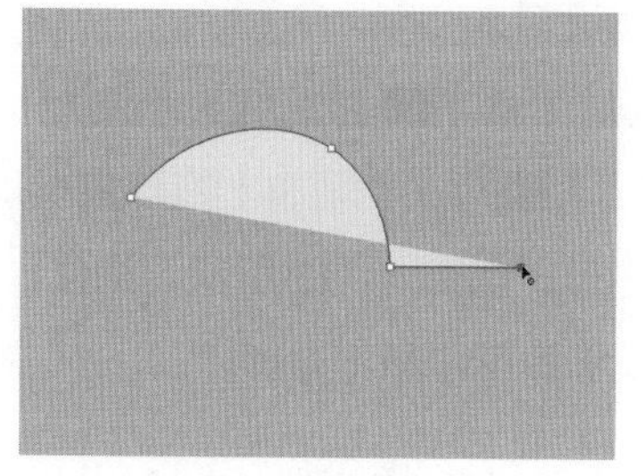

图 4-105

继续绘制锚点，完成闭合路径的绘制，如图 4-106 所示。

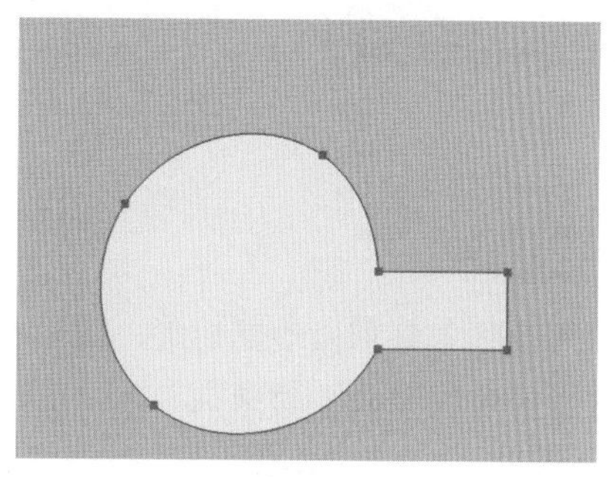

图 4-106

将鼠标放在锚点上，鼠标光标变换为形状时，拖动锚点，可以调整路径形状，如图 4-107 所示。

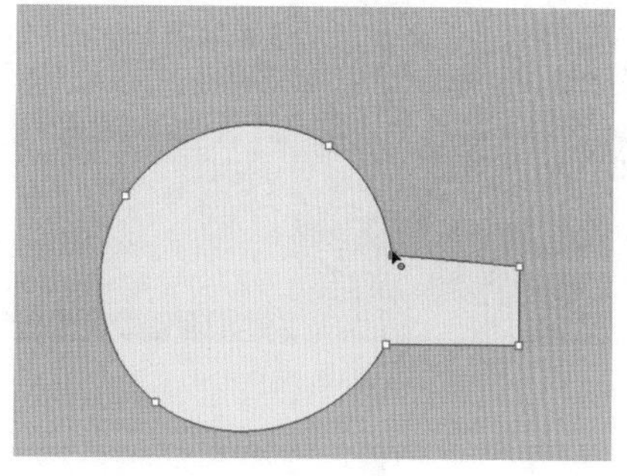

图 4-107

将鼠标放在路径段上方，鼠标光标变为时，单击鼠标，可以添加锚点，如图 4-108 所示。

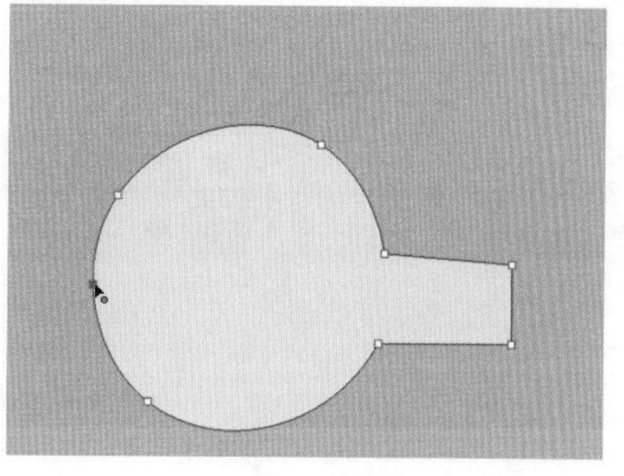

图 4-108

关键技能 034 创建形状多变的几何路径

● 技能说明

使用形状工具可以绘制矩形、圆形、多边形以及直线等标准的几何图形，也可以绘制自定义的图形，如树、动物、白云等。

使用形状工具绘制图形后,【图层】面板中会自动创建【形状图层】，如图 4-109 所示。

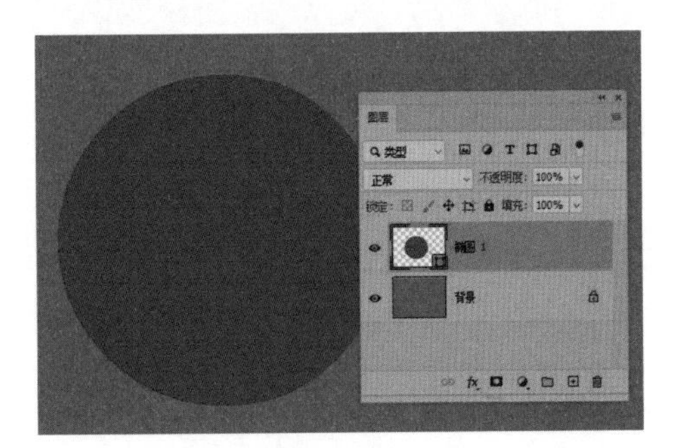

图 4-109

形状图层是带有矢量蒙版的填充图层，因此具有图层和矢量图形的属性，如图 4-110 所示。

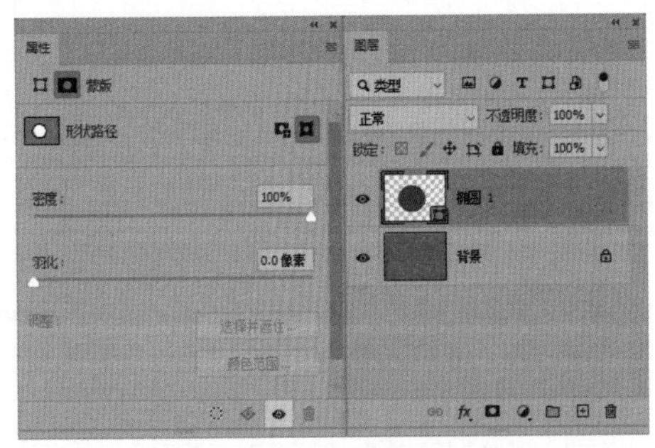

图 4-110

如果要修改填充，可以选择该形状图层及形状工具后，在【属性】面板或选项栏中重新设置填充颜色、渐变或图案，如图 4-111 所示。

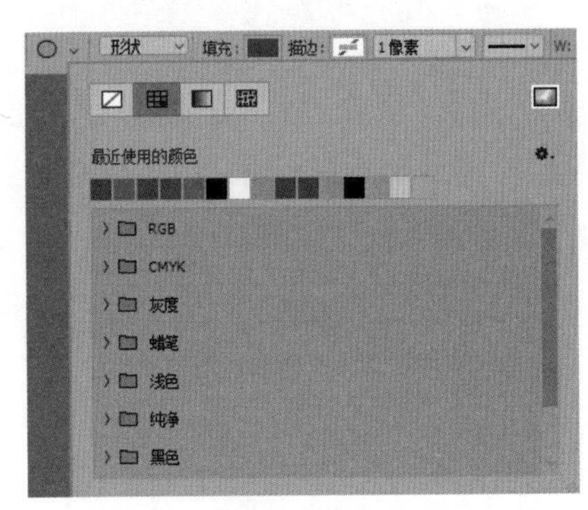

图 4-111

如果要修改形状，选择形状图层后，使用【直接选择工具】单击形状即可显示路径，拖动方向点即可修改路径形状，如图 4-112 所示。

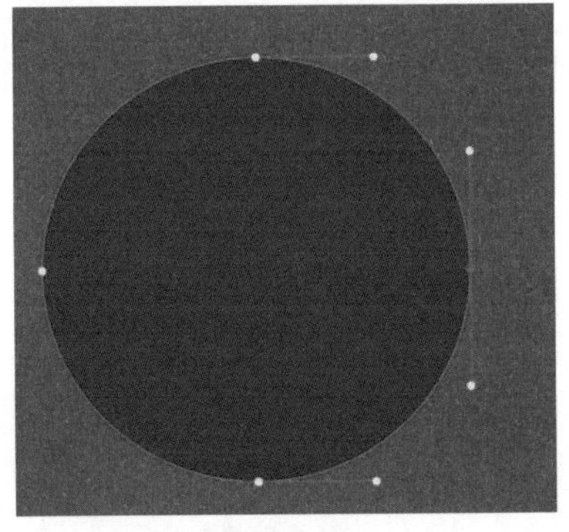

图 4-112

● 应用实战

1. 矩形工具

【矩形工具】主要用于绘制矩形，选择【矩形工具】后，在画布上拖动鼠标即可绘制相应的矩形，如图 4-113 所示，按住【Shift】键并拖动鼠标即可绘制正方形。

图 4-113

2．圆角矩形工具

【圆角矩形工具】可以绘制圆角矩形。选择【圆角矩形工具】后，在选项栏设置【半径】参数，然后在画布上拖动鼠标即可绘制相应的圆角矩形，如图 4-114 所示。

图 4-114

3．椭圆工具

【椭圆工具】可以一绘制椭圆形，如图 4-115 所示，按住【Shift】键并拖动鼠标可以绘制正圆形。

图 4-115

4．多边形工具

【多边形工具】可以绘制多边形和星形。选择【多边形工具】后，在选项栏设置【边数】参数，在画布上拖动鼠标即可绘制相应边数的多边形，如图 4-116 所示。

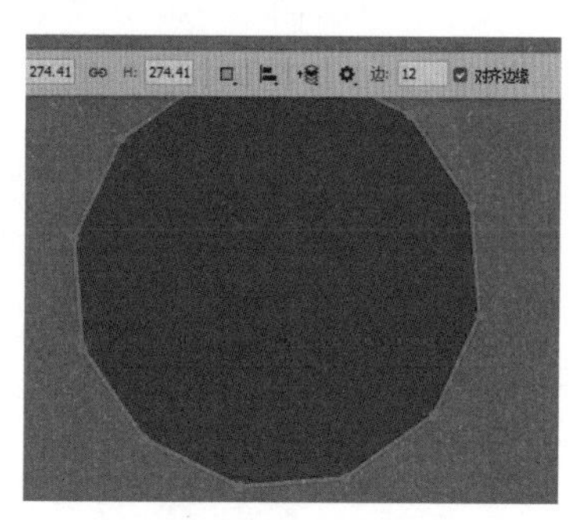

图 4-116

如果要绘制星形，单击选项栏中的【设置其他形状和路径选项】按钮，打开【路径选项】面板，选择【星形】选项，如图 4-117 所示；在画布上拖动鼠标即可绘制相应边数的星形，如图 4-118 所示。

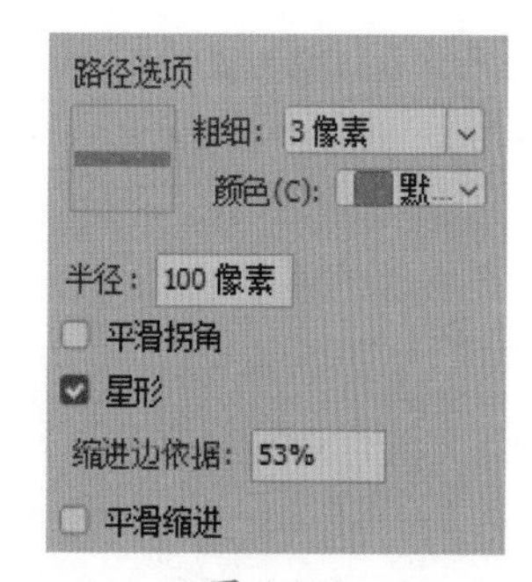

图 4-117

图 4-118

高手点拨

路径选项设置面板

通过设置【路径选项】面板中的参数，可以设置绘制的星形形状以及多边形的拐角效果。

【半径】：设置多边形或星形的半径长度。单击并拖动鼠标时可创建指定半径值的多边形或星形。

【平滑拐角】：创建具有平滑拐角的多边形和星形。选中【平滑拐角】复选框后，可使用圆角代替尖角，效果如图 4-119 所示。

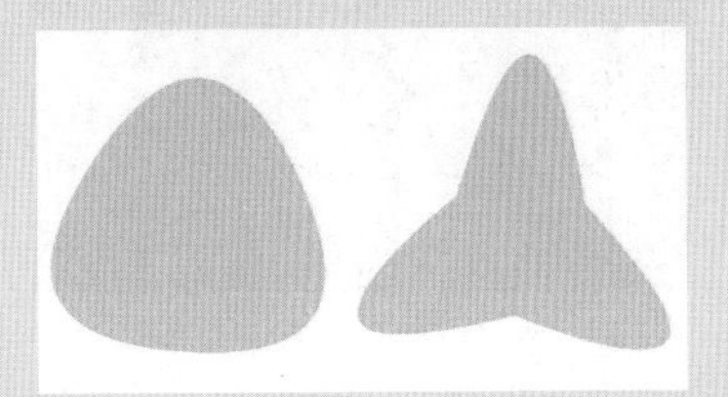

图 4-119

【星形】：选中该复选框可以创建星形。此时会启用【缩进边依据】和【平滑缩进】两个选项。

【缩进边依据】：可以设置星形边缘向中心缩进的数量。该值越高，缩进量越大，图 4-120 所示为缩进量为 30% 和 80% 的效果。

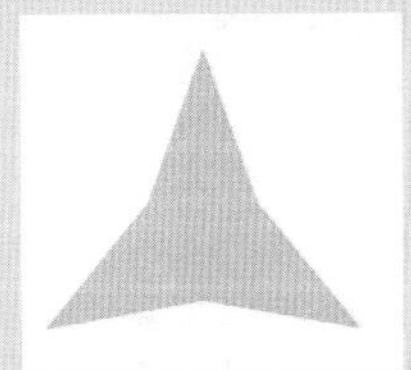

缩进量 30%　　缩进量 80%

图 4-120

【平滑缩进】：可以使星形的边平滑地向中心缩进，如图 4-121 所示。

图 4-121

5. 直线工具

使用【直线工具】可以绘制直线。选择【直线工具】后，在选项栏设置【粗细】参数，即可绘制相应粗细的直线；按住【Shift】键并拖动鼠标可以绘制角度为 45°倍数的直线段，如图 4-122 所示。

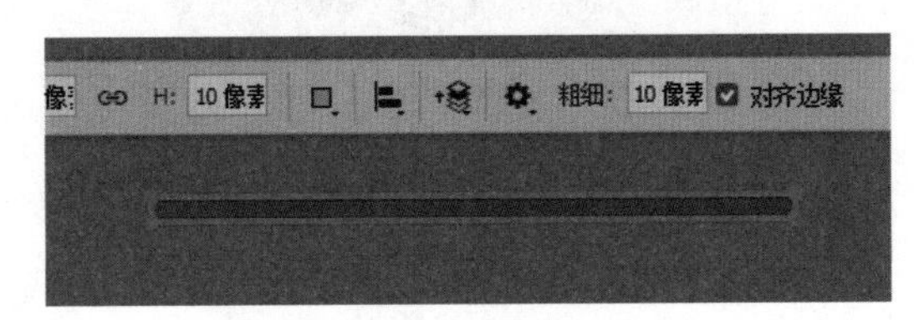

图 4-122

6. 自定形状工具

使用【自定形状工具】可以绘制自定形状的图形，如动物、花朵、树木等。选择【自定形状工具】，单击选项栏中的【形状】下拉按钮，在下拉面板中选择一种形状，然后在画布上拖动鼠标即可绘制所选形状，如图 4-123 所示。

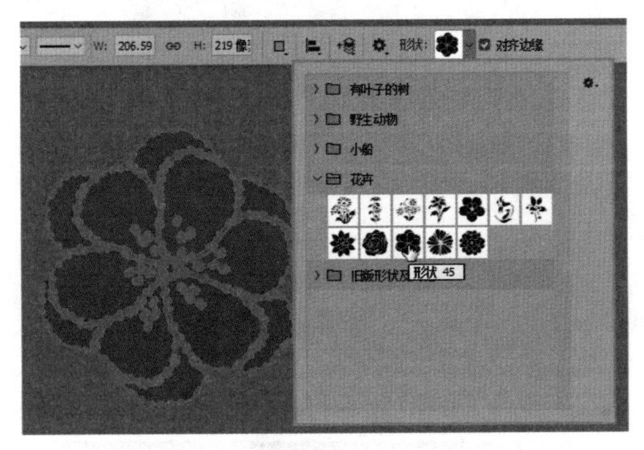

图 4-123

关键技能 035 路径的编辑方法和技巧

● 技能说明

创建路径后，可以使用编辑路径的工具修改路径形状，以使其更加完美。

路径选择工具：可以选择路径段。

直接选择工具：可以选择锚点、方向点以及路径段。

转换点工具：单击锚点可以转换锚点类型。

添加锚点工具：单击路径段，可以添加锚点。

删除锚点工具：单击锚点可以删除锚点。

● 应用实战

1. 移动路径

路径本身并不具有填充和描边的属性，因此创建路径后，无法使用【移动工具】将其选中和移动。使用【路径选择工具】单击路径，即可将其选中，如图 4-124 所示。

图 4-124

拖拽鼠标即可移动路径位置，如图 4-125 所示。

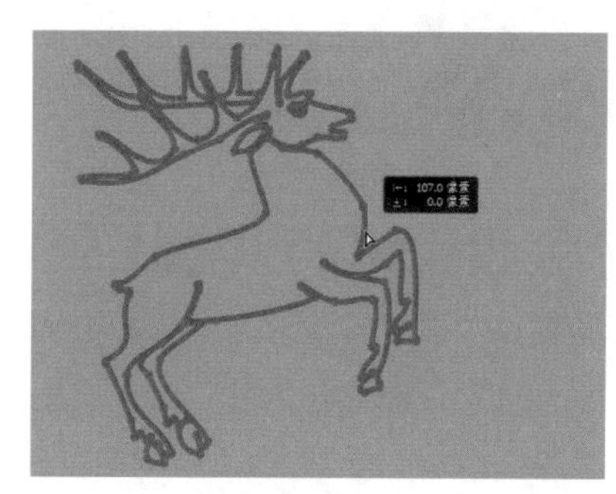

图 4-125

也可以使用【直接选择工具】框选所有锚点，如图 4-126 所示；释放鼠标后即可选中所有锚点，如图 4-127 所示。

图 4-126

图 4-127

拖拽鼠标即可移动路径，如图 4-128 所示。

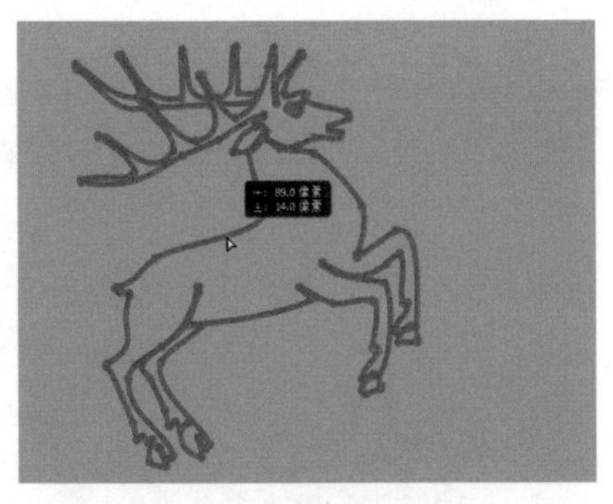

图 4-128

如果使用【直接选择工具】单击锚点，可以选择该锚点并显示其方向线，移动锚点或者拖动其方向线即可调整路径形状，如图 4-129 所示。

图 4-129

2. 转换锚点类型

编辑路径时，平滑点和角点可以相互转换。选择【转换点工具】将其放在路径段上角点的上方，如图 4-130 所示；单击锚点并拖拽鼠标，可以显示方向线，这时即可将角点转换为平滑点，如图 4-131 所示。

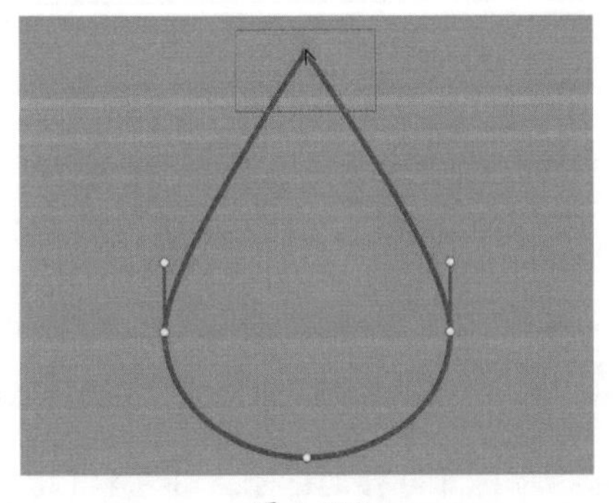

图 4-130

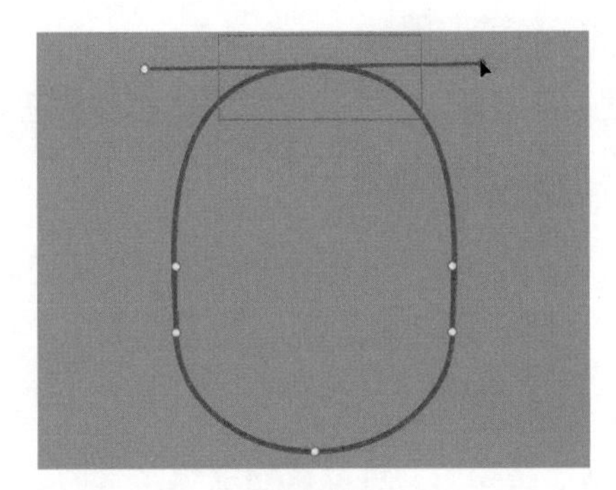

图 4-131

将【转换点工具】放在平滑点上方，如图 4-132 所示；单击锚点即可将其转换为角点，如图 4-133 所示。

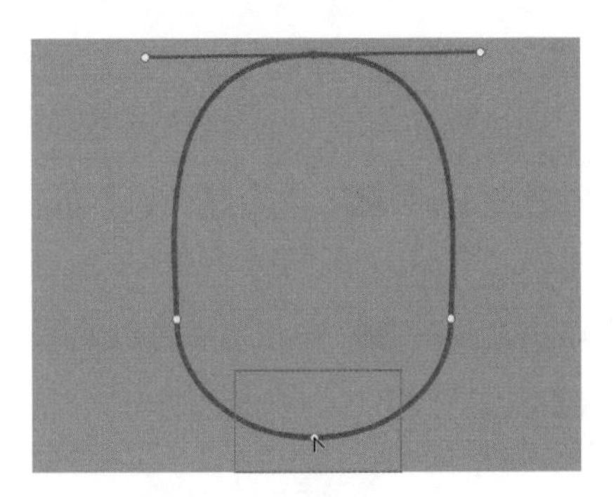

图 4-132

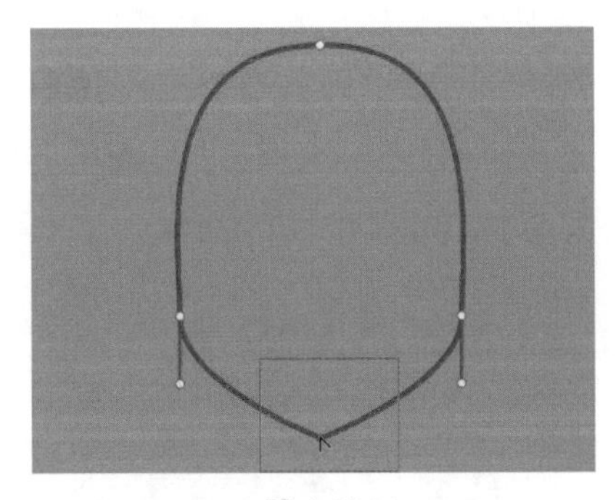

图 4-133

3. 添加和删除锚点

选择【添加锚点工具】，将鼠标光标放在路径段上，如图 4-134 所示；单击鼠标即可添加锚点，如图 4-135 所示。

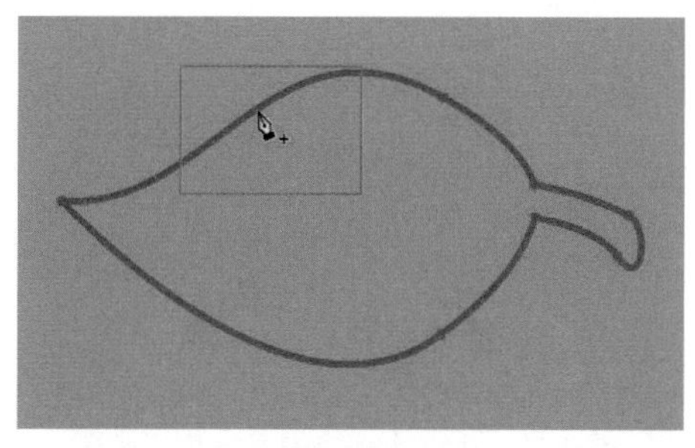

图 4-134

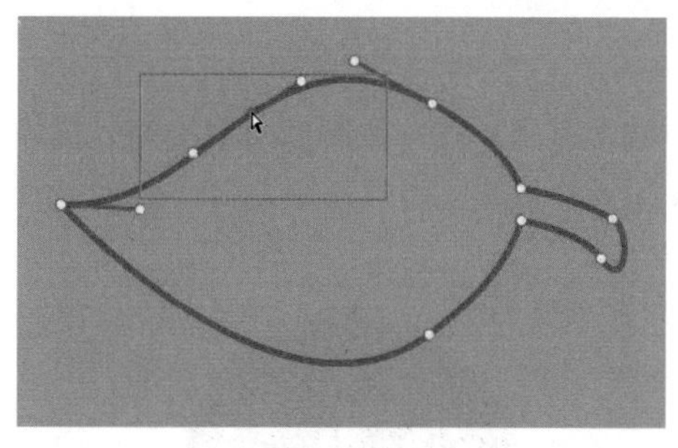

图 4-135

选择【删除锚点工具】，将鼠标光标放在锚点上方，如图 4-136 所示；单击锚点即可将其删除，如图 4-137 所示。

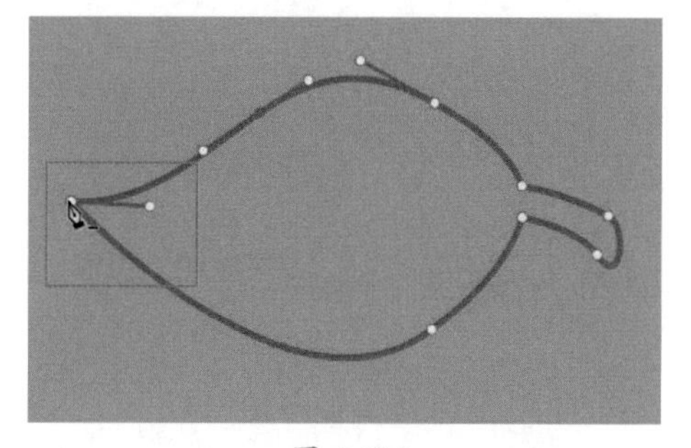

图 4-136

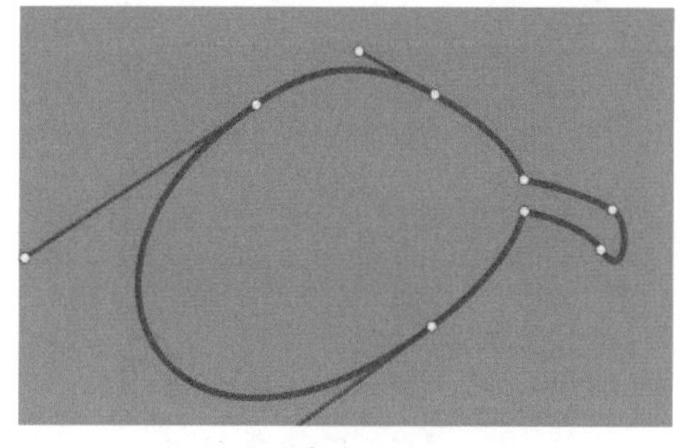

图 4-137

关键技能 036 填充和描边路径的 2 种方法

● 技能说明

创建路径后，需要添加填充或者描边效果才能将形状显示出来，并用于打印或者网络展示。Photoshop 中填充和描边路径有两种方法，一种是直接使用【填充路径】和【描边路径】命令为路径添加填充和描边；另一种是先将路径转换为选区，再为选区设置填充和描边效果。

● 应用实战

1.【填充路径】和【描边路径】命令

使用【填充路径】和【描边路径】命令为路径设置填充和描边效果，具体操作步骤如下。

Step 01：打开“素材文件/第 4 章/填充和描边路径.psd”文件，选择【路径】面板中的【雨伞】图层，如图 4-138 所示。

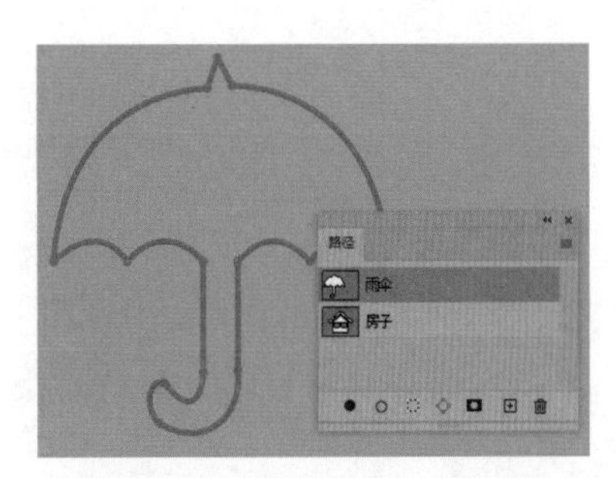

图 4-138

Step 02：单击【图层】面板底部的新建图层按钮，新建【图层 1】，如图 4-139 所示。

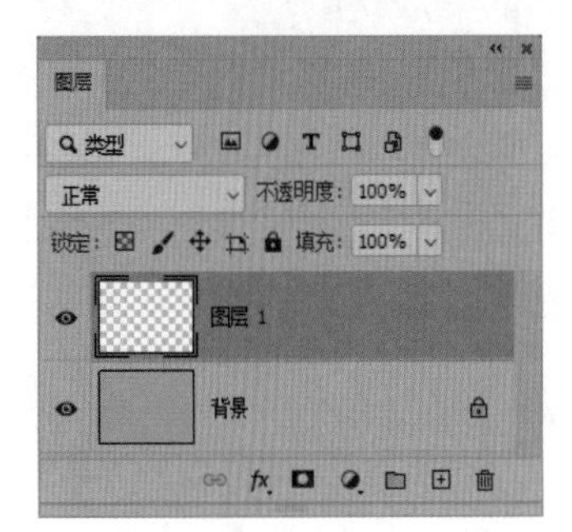

图 4-139

Step 03：单击【路径】面板右上角的扩展按钮，选择扩展菜单中的【填充路径】命令，如图 4-140 所示。

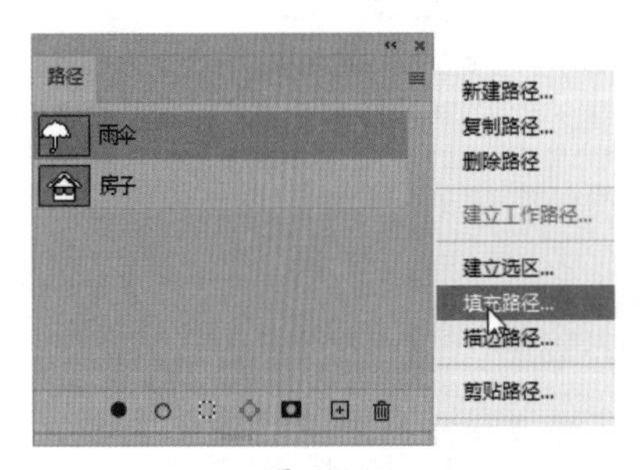

图 4-140

Step 04：打开【填充路径】对话框，❶设置【内容】为图案，❷单击【自定图案】下拉按钮，在下拉面板中选择【旧版图案】组下【彩色纸】组中的【红色纹理纸】，❸单击【确定】按钮，如图 4-141 所示。

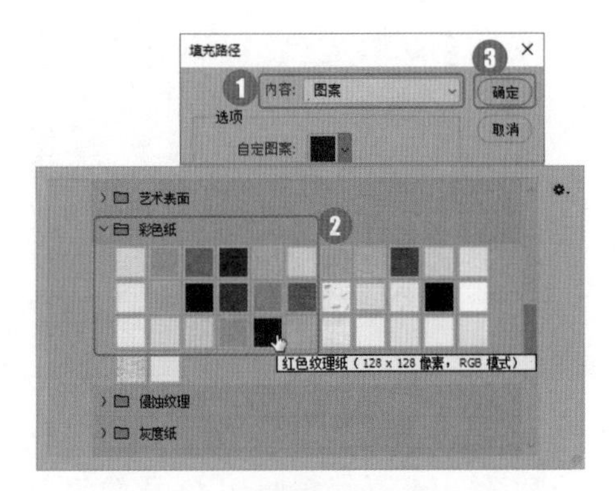

图 4-141

Step 05：返回文档中，所选图案沿路径被填充，如图 4-142 所示。

图 4-142

Step 06：选择【画笔工具】，❶单击选项栏中的【画笔选取器】下拉按钮，❷在下拉面板中选择【常规画笔】组中的【硬边圆】，❸设置【大小】为 20 像素，如图 4-143 所示。

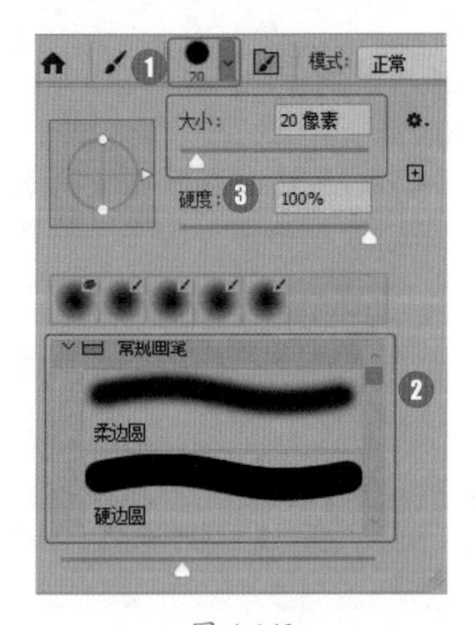

图 4-143

Step 07：设置前景色为黑色。单击【路径】面板右上角的扩展按钮，选择扩展菜单中的【描边路径】命令，如图 4-144 所示。

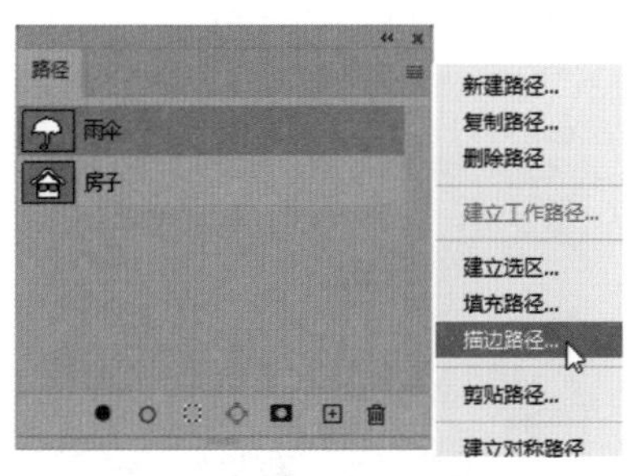

图 4-144

Step 08：打开【描边画笔】对话框，设置【工具】为画笔，单击【确定】按钮，如图 4-145 所示。

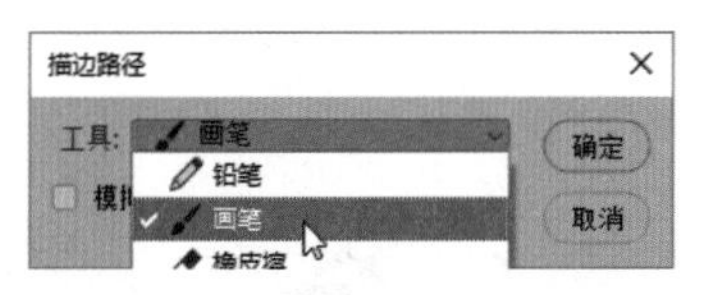

图 4-145

Step 09：返回文档中，路径被添加黑色描边，如图 4-146 所示。

图 4-146

2. 转换为选区

创建路径后，将其转换为选区即可为其设置填充和描边效果，具体操作步骤如下。

Step 01：在“设置填充和描边.psd”文档中，选择【路径】面板中的【房子】图层，如图 4-147 所示。

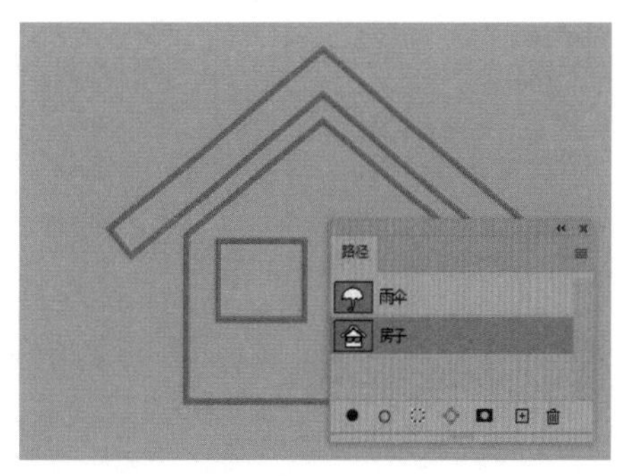

图 4-147

Step 02：单击【路径】面板底部的【将路径作为选区载入】按钮，或者按【Ctrl+Enter】组合键将其转换为选区，如图 4-148 所示。

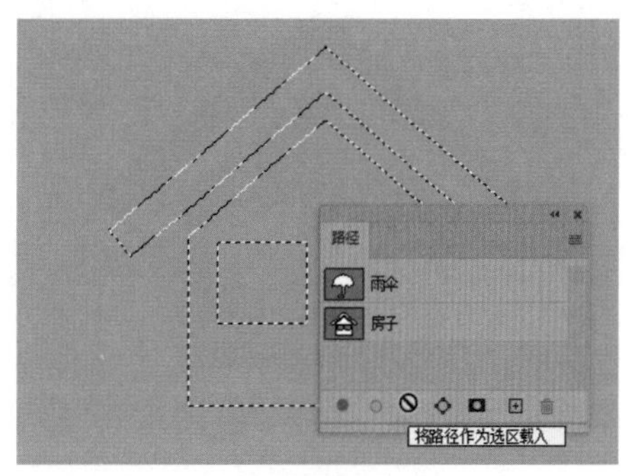

图 4-148

Step 03：单击【图层】面板底部的新建图层按钮，新建【图层 2】，如图 4-149 所示。

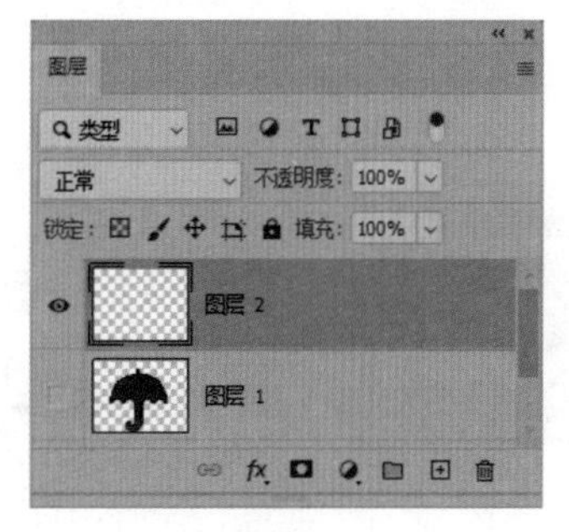

图 4-149

Step 04：单击前景色图标，打开【拾色器】对话框，设置颜色为蓝色#023d5e，单击【确定】按钮，如图 4-150 所示。

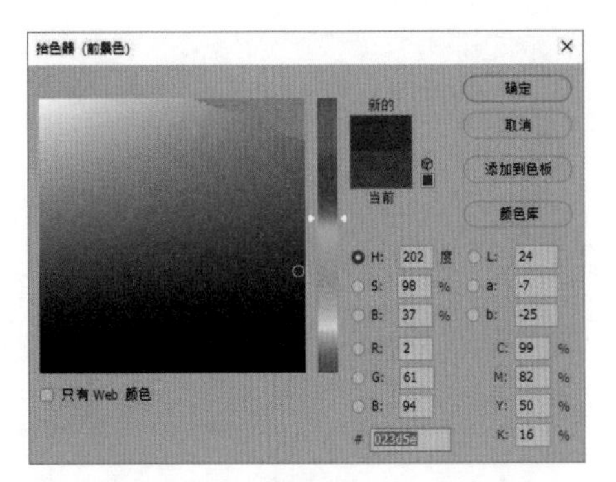

图 4-150

Step 05：按【Alt+Delete】组合键为【图层 2】填充前景色，如图 4-151 所示。

图 4-151

Step 06：执行【编辑】→【描边】命令，打开【描边】对话框，❶设置【宽度】为 3 像素，❷设置【颜色】为黑色，❸设置【位置】为居外，❹单击【确定】按钮，如图 4-152 所示。

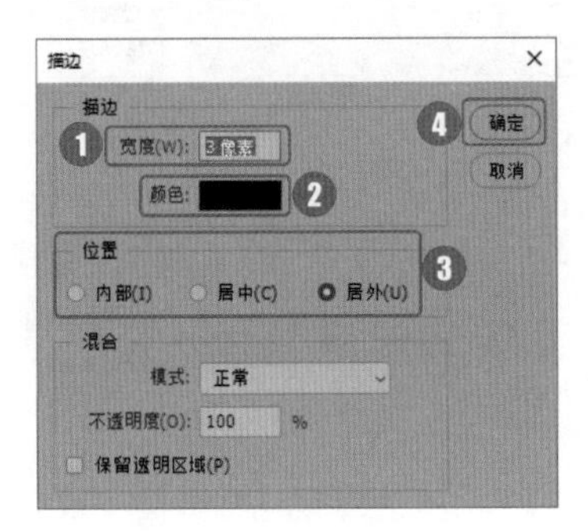

图 4-152

Step 07：返回文档中，完成填充和描边效果的设置，如图 4-153 所示。

图 4-153

关键技能 037 使用"实时形状属性"设置圆角半径和描边效果

● 技能说明

使用形状工具绘制形状后，在【属性】面板中会显示【实时形状属性】对话框，可以实时修改形状大小、填充、描边以及圆角半径等效果，如图 4-154 所示。

图 4-154

● 应用实战

1. 设置圆角半径

绘制圆角矩形，如图 4-155 所示；此时，【属性】面板中会显示【圆角半径】设置选项，如图 4-156 所示。

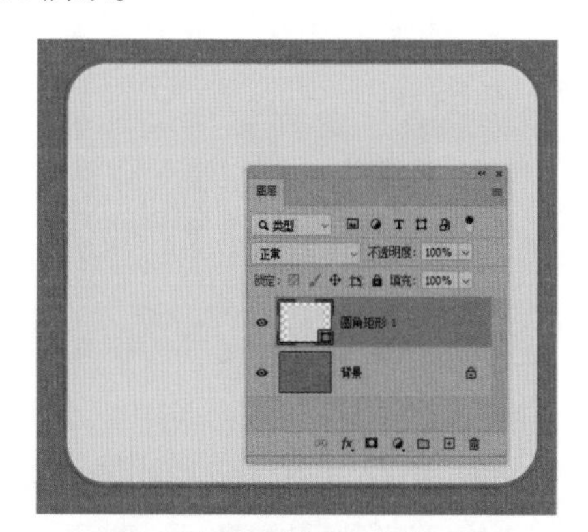

图 4-155

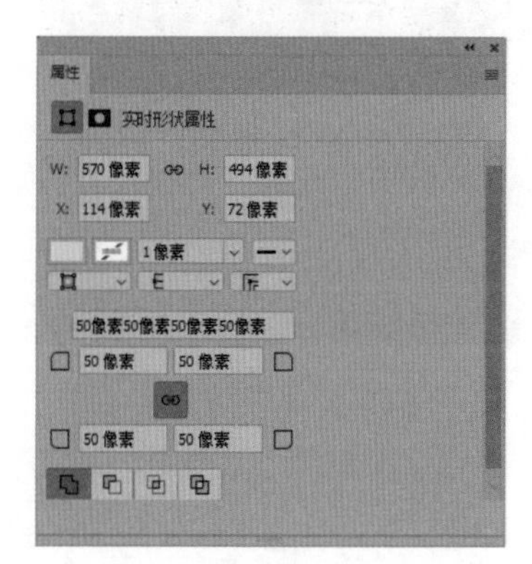

图 4-156

设置【圆角半径】为 200 像素，如图 4-157 所示；此时，圆角矩形的所有半径会更改为 200 像素的效果，如图 4-158 所示。

图 4-157

图 4-158

如果想要给圆角矩形的每个角都设置不同的圆角半径效果，可以单击链接按钮，取消链接，再依次设置【左上角半径】为 0 像素，【右上角半径】为 200 像素，【左下角半径】为 100 像素，【右下角半径】为 0 像素，如图 4-159 所示；效果如图 4-160 所示。

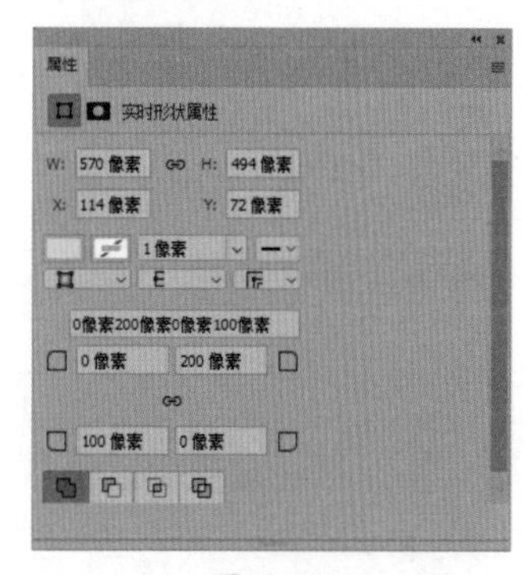

图 4-159

图 4-160

2. 设置描边效果

为形状添加描边后，不仅可以设置描边的虚实、粗细，还可以设置描边的对齐方式、端点样式等。为形状设置描边效果的具体操作步骤如下。

Step 01：使用【矩形工具】绘制矩形，如图 4-161 所示。

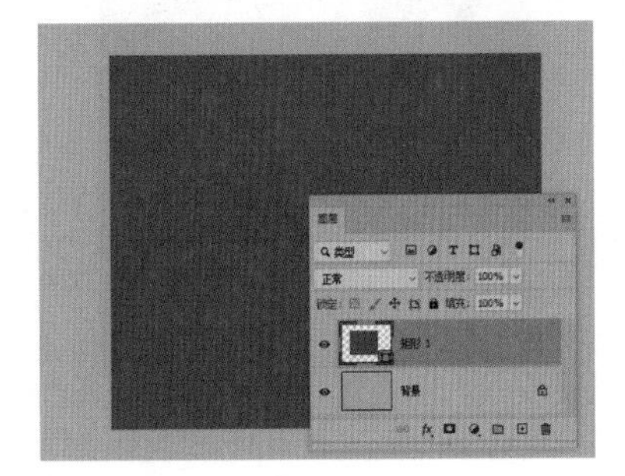
图 4-161

Step 02：❶单击【属性】面板中的【设置形状描边类型】按钮，❷在下拉列表中单击【纯色】按钮，❸选择一种填充颜色，❹设置粗细为 20 像素，如图 4-162 所示。

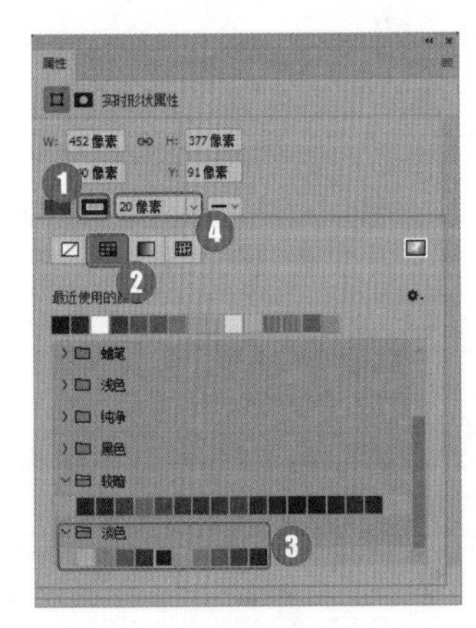

图 4-162

Step 03：添加描边后的效果如图 4-163 所示。

图 4-163

Step 04：❶单击【设置描边对齐类型】下拉按钮，❷在下拉列表中选择【外侧】，❸单击【设置描边线段合并类型】下拉按钮，❹在下拉列表中选择【斜面】，如图 4-164 所示。

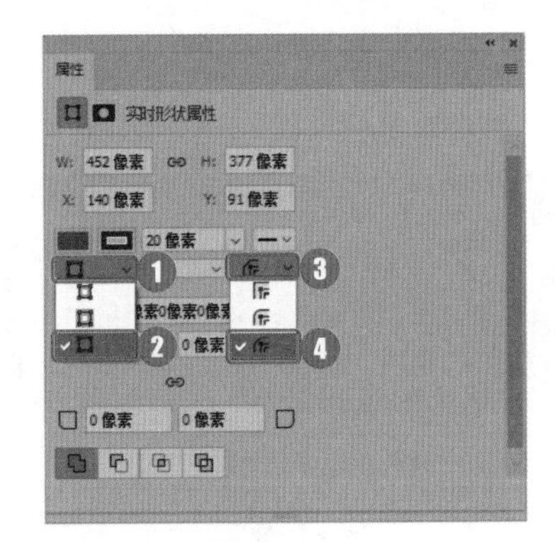

图 4-164

Step05：修改描边设置后的效果如图4-165 所示。

图 4-165

Step 06：❶单击【设置形状描边类型】下拉按钮，❷在下拉列表中选择【虚线】样式，如图 4-166 所示。

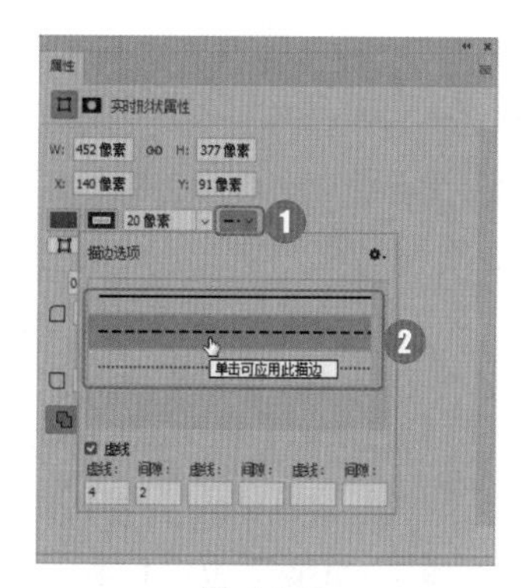

图 4-166

Step07：应用虚线描边样式的效果如图 4-167 所示。

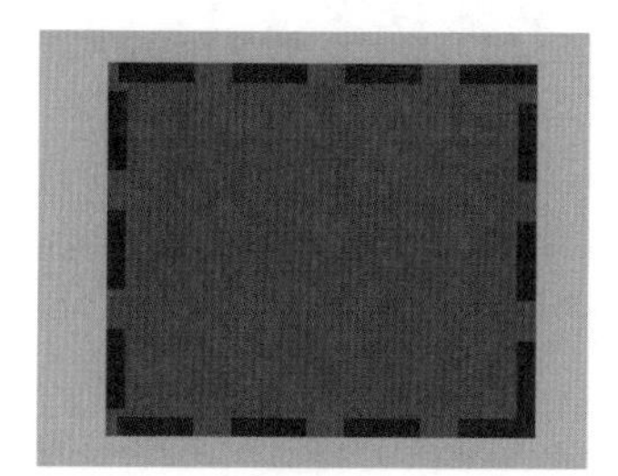

图 4-167

Step08：依次设置虚线长度和间隙长度，如图 4-168 所示。

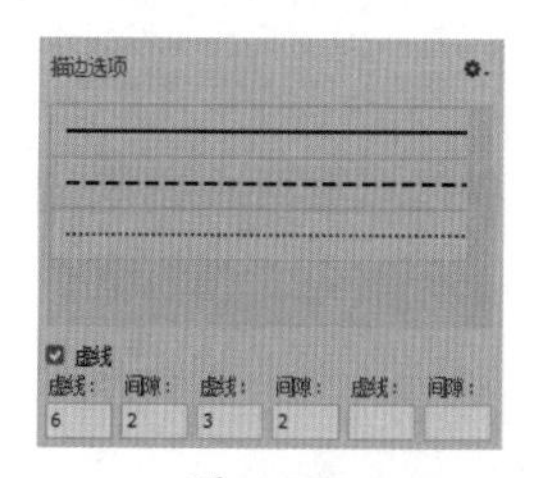

图 4-168

Step09：修改描边设置后的效果如图 4-169 所示。

图 4-169

Step10：❶单击【设置描边线段端点】下拉按钮，❷在下拉列表中选择【圆点】，如图 4-170 所示。

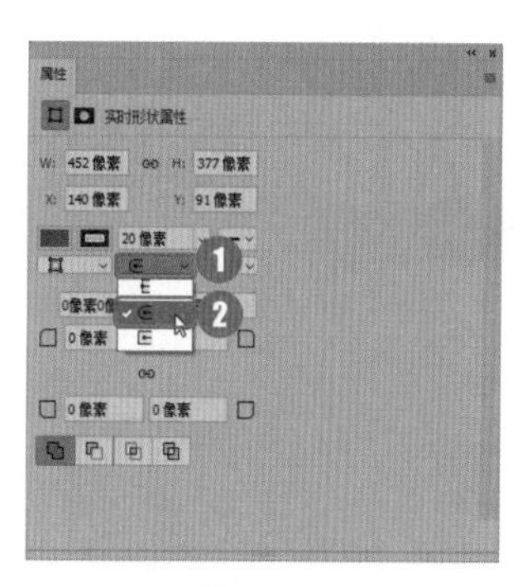

图 4-170

Step11：描边线段端点变为圆头的效果如图 4-171 所示。

图 4-171

高手点拨

描边面板

使用【直线工具】、【多边形工具】、【自定形状工具】以及【钢笔工具】创建形状时，【属性】面板中不会显示【实时形状属性】。此时，可以打开【描边】面板设置描边。

单击选项栏中的【设置形状描边类型】下拉按钮，打开【描边选项】面板，如图 4-172 所示，可以进行简单的描边设置。

单击【更多选项】，打开【描边面板】可以进行更多的描边设置，如图 4-173 所示。

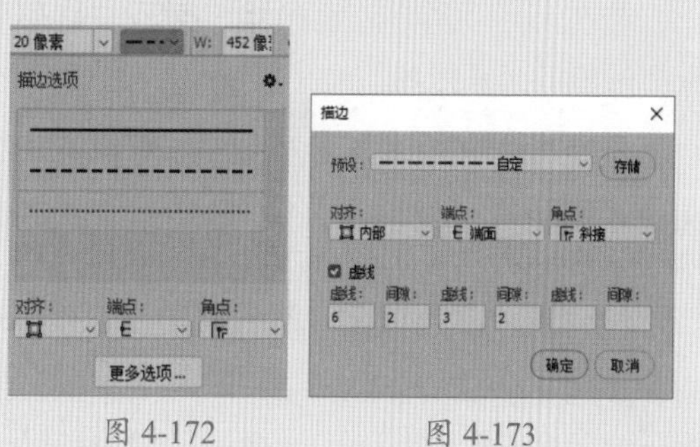

图 4-172　　图 4-173

关键技能 038 路径的运算与合并

● 技能说明

使用形状工具或钢笔工具创建路径时，可利用路径合并功能创建更加复杂的路径。绘制路径后，单击选项栏中的【路径操作】按钮，在下拉菜单中选择一种路径操作方式，如图 4-174 所示，然后继续绘制新的路径，即可以所选方式合并路径。

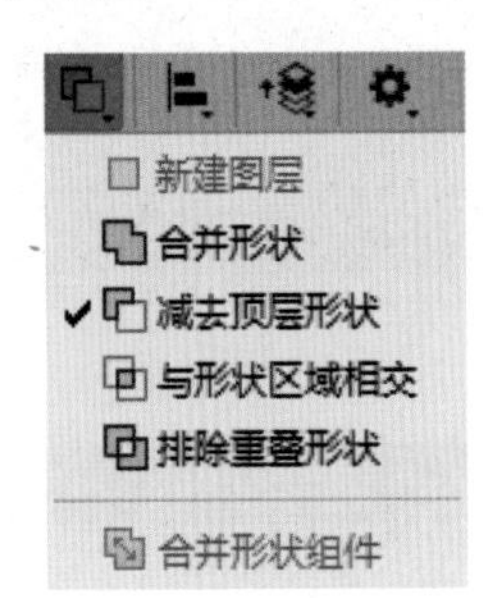

图 4-174

新建图层：在形状绘图模式下会启用该选项，使用形状工具或【钢笔工具】绘制新的形状时，会自动创建新的形状图层。

合并形状：将新区域添加到重叠路径区域。

减去顶层形状：将新区域从重叠路径区域移去。

与形状区域相交：将路径限制为新区域和现有区域的交叉区域。

排除重叠形状：从合并路径中排除重叠区域。

● 应用实战

使用路径合并功能绘制盾牌图标的具体操作步骤如下。

Step 01：执行【文件】→【新建】命令，打开【新建文档】对话框，设置【宽度】为 400 像素，【高度】为 400 像素，【颜色模式】为 RGB 颜色，【分辨率】为 72 像素/英寸。单击【确定】按钮，新建空白文档，如图 4-175 所示。

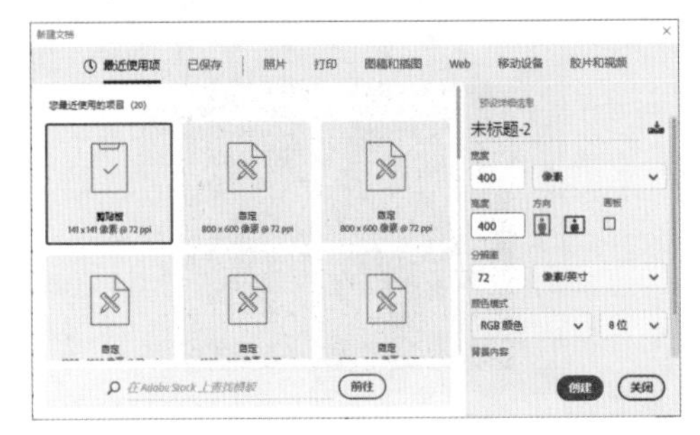

图 4-175

Step 02：按【Ctrl+R】组合键显示出标尺，并在垂直和水平方向上拖出两条参考线，如图 4-176 所示。

图 4-176

Step 03：选择【椭圆工具】，按住【Shift】键的同时拖拽鼠标，绘制正圆形路径，并使用【路径选择工具】移动路径到适当位置，使垂直参考线穿过正圆的圆心，如图 4-177 所示。

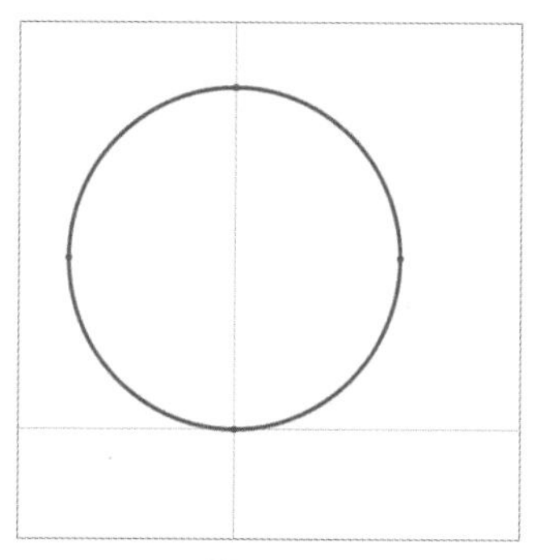

图 4-177

Step 04：将鼠标放在正圆形路径上，按住【Alt】键拖拽鼠标，复制并移动正圆形路径，使垂直参考线与新正圆形路径的左侧重合，如图 4-178 所示。

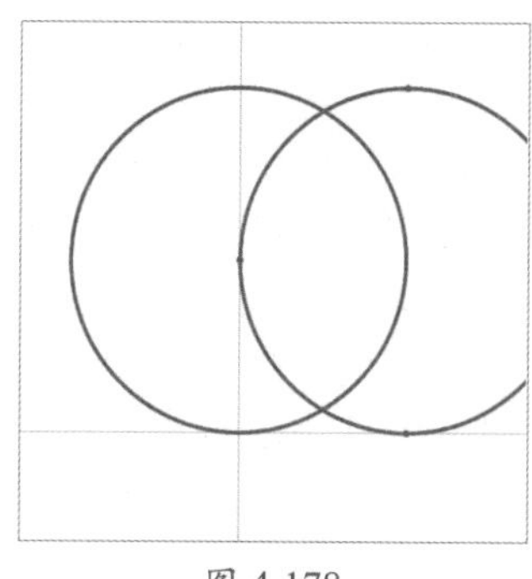

图 4-178

Step 05：单击选项栏中的【路径操作】按钮，在下拉列表中选择【与形状区域相交】，如图 4-179 所示；再次单击选项栏中的【路径操作】按钮，在下拉列表中选择【合并形状组件】，如图 4-180 所示。

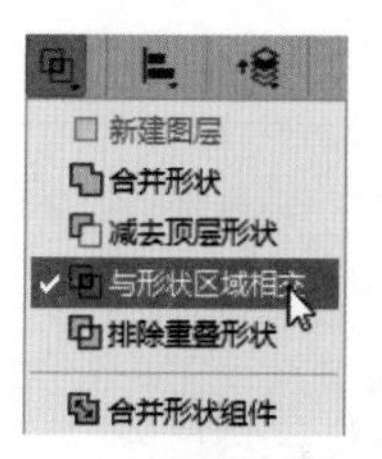

图 4-179

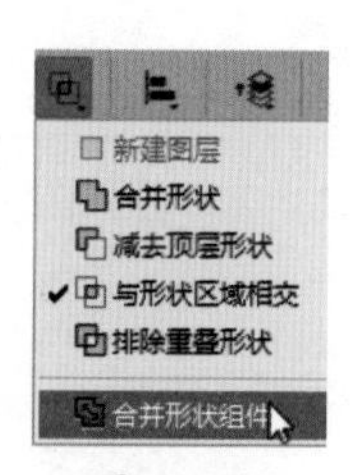

图 4-180

Step 06：弹出提示对话框，单击【是】按钮，如图 4-181 所示；合并形状组件后，效果如图 4-182 所示。

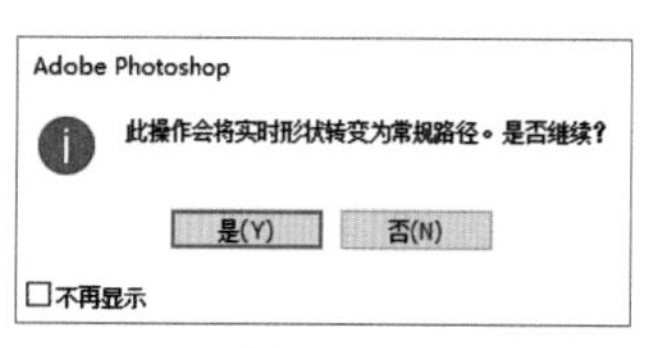

图 4-181

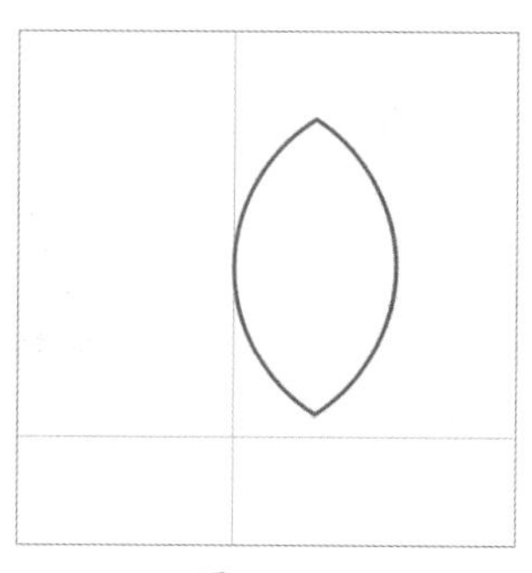

图 4-182

Step 07：使用【矩形工具】绘制矩形路径，如图 4-183 所示。

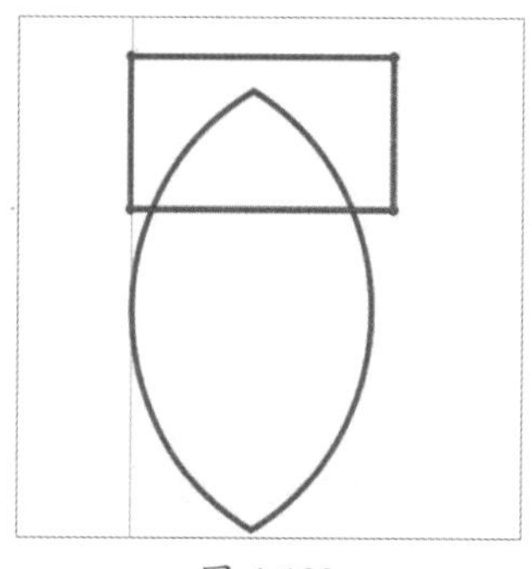

图 4-183

Step 08：按【Ctrl+T】组合键执行自由变换命令，显示定界框。按住【Shift】键的同时拖动边框线，调整矩形路径大小，如图 4-184 所示。

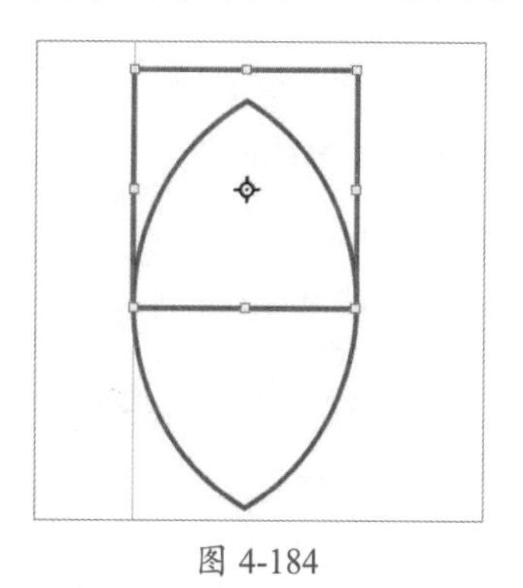

图 4-184

Step 09：单击选项栏中的【路径操作】按钮，在下拉列表中选择【减去顶层形状】，如图 4-185 所示；再次单击选项栏中的【路径操作】按钮，在下拉列表中选择【合并形状组件】，如图 4-186 所示。

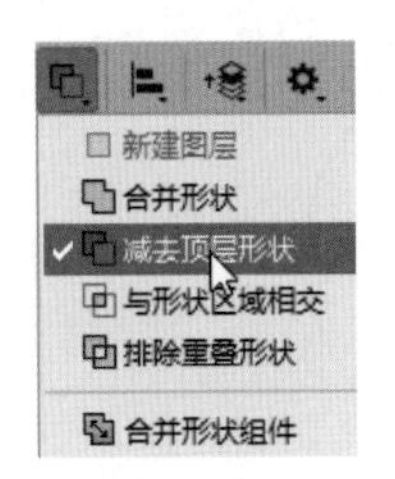

图 4-185

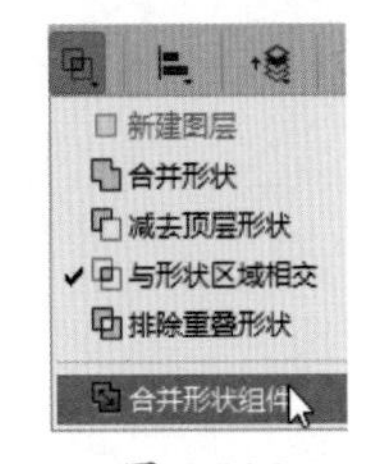

图 4-186

Step10：合并形状组件后的效果如图 4-187 所示。

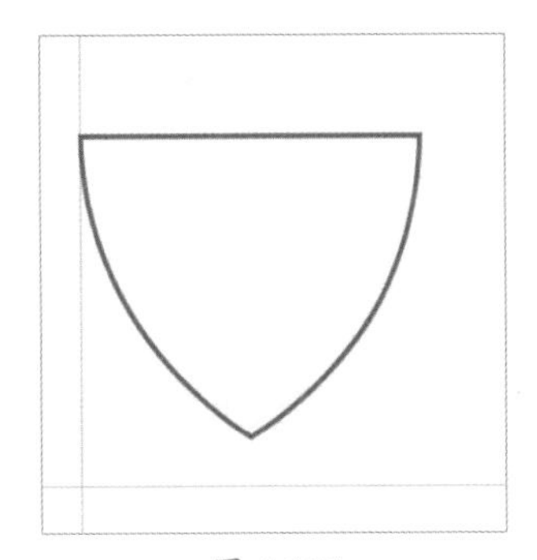

图 4-187

Step11：使用【椭圆工具】绘制椭圆路径，如图 4-188 所示。

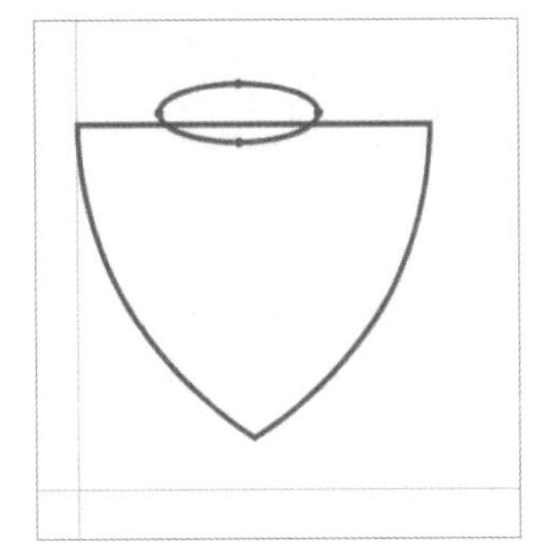

图 4-188

Step12：使用【路径选择工具】框选所有的路径，如图 4-189 所示。

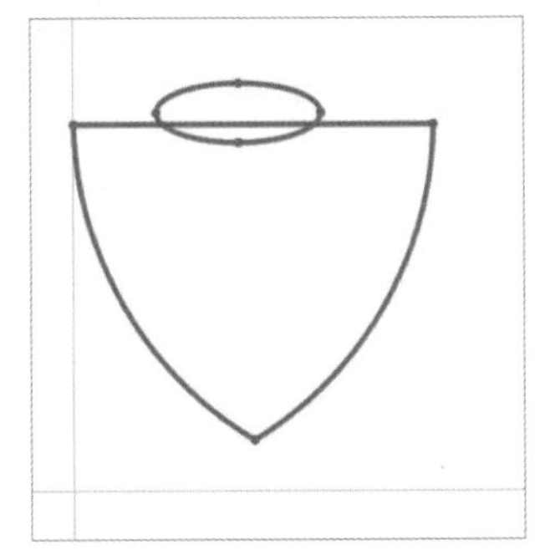

图 4-189

Step13：❶单击选项栏中的【路径对齐方式】按钮，❷在下拉面板中单击【水平居中对齐】按钮，如图 4-190 所示。

图 4-190

高手点拨

路径的对齐和分布

选择多个路径后，在选项栏中单击【路径对齐方式】按钮，在下拉面板中选择相应命令，即可按所选方式对齐或分布路径，如图 4-191 所示。需要注意的是，只有所选路径在同一个路径图层上时，才能使用对齐分布命令。

图 4-191

Step16：对齐路径后的效果如图 4-192 所示。

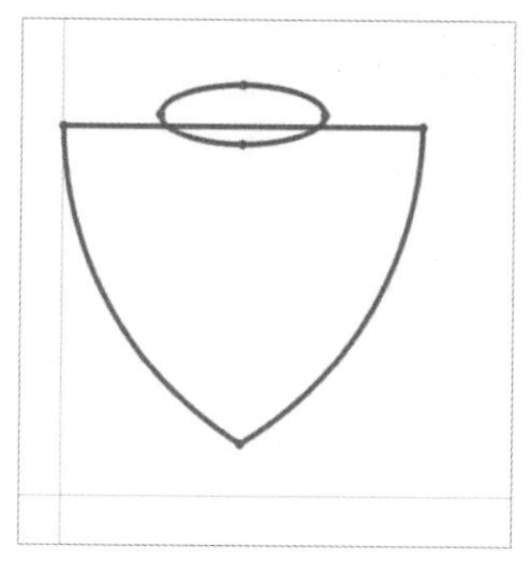

图 4-192

Step17：按“Step09”的操作方法减去顶层路径，效果如图 4-193 所示。

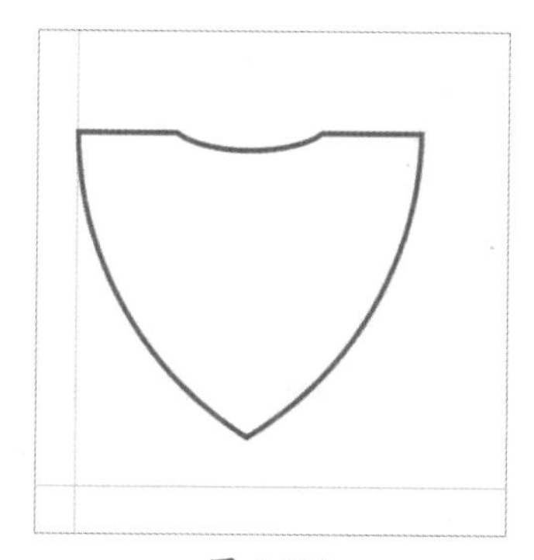

图 4-193

Step18：选择【椭圆工具】，将鼠标放在路径的右上角，如图 4-194 所示。

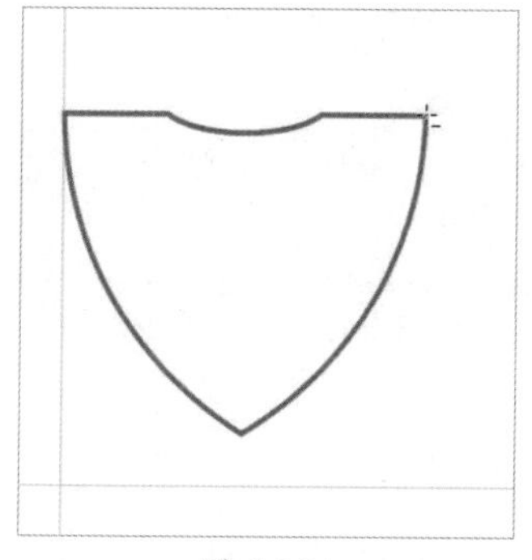

图 4-194

Step19：按住【Alt+Shift】组合键并拖拽鼠标，以路径右上角为中心点绘制正圆形路径，如图 4-195 所示。

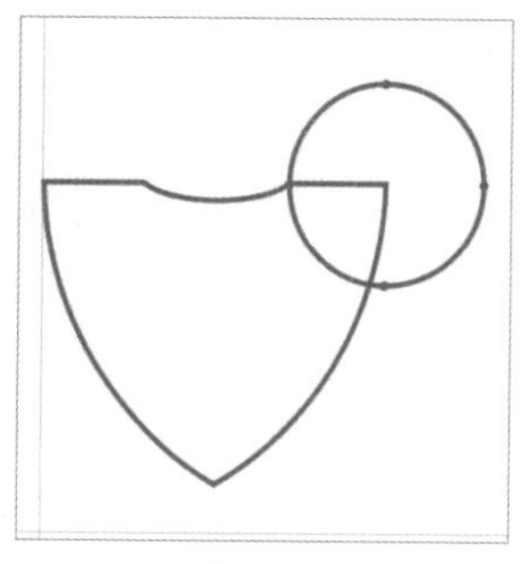

图 4-195

Step20：选择【路径选择工具】，在选项栏中设置【路径操作】减去顶层形状。将鼠标放在圆形路径上，按住【Alt】键的同时拖拽鼠标，移动复制圆形路径至左侧，如图 4-196 所示。

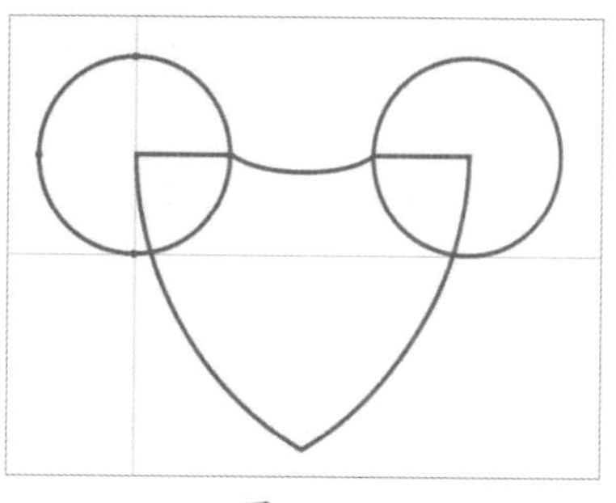

图 4-196

Step21：合并形状组件后的效果如图 4-197 所示。

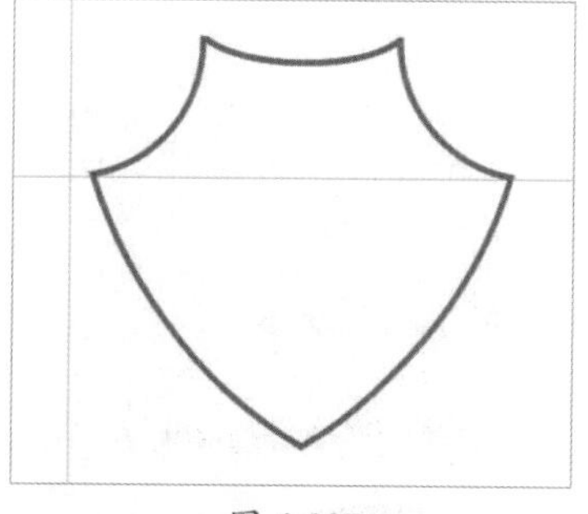

图 4-197

Step22：按【Ctrl+T】组合键执行自由变换命令，适当放大路径。设置前景色为黄色 #f7ea7a，新建【图层 1】并将其选中。单击【路径】面板底部的【用前景色填充路径】按钮，如图 4-198 所示。

图 4-198

Step 23：填充路径后的效果如图 4-199 所示。

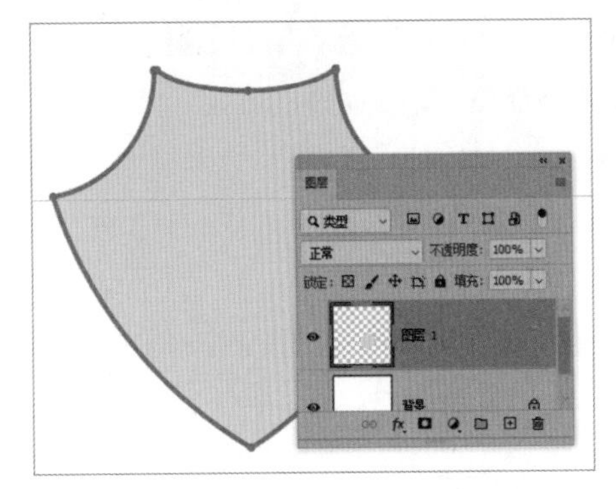

图 4-199

Step24：选择【画笔工具】，❶单击选项栏的【画笔选取器】按钮，❷在下拉面板中设置【大小】为 5 像素，❸设置【硬度】为 100，如图 4-200 所示。

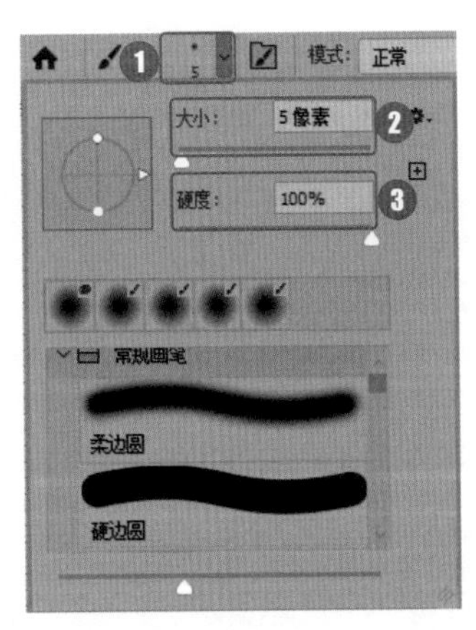

图 4-200

Step 25：设置前景色为褐色#4e2802。单击【路径】面板底部的【用画笔描边路径】按钮，如图 4-201 所示。

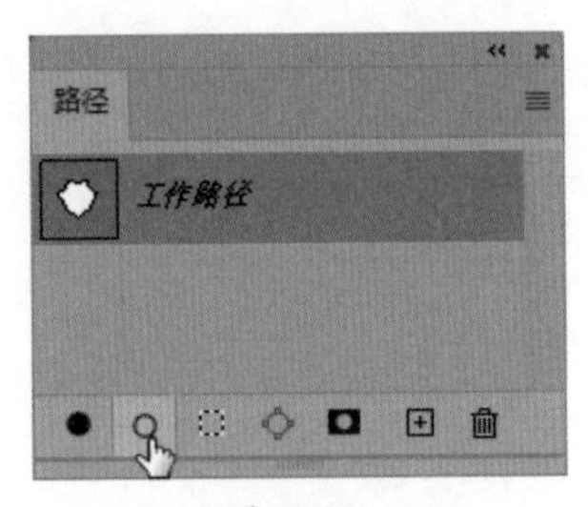

图 4-201

Step 26：为路径添加描边的效果如图 4-202 所示。

图 4-202

Step 27：按住【Ctrl】键的同时单击【图层】面板底部的新建图层按钮，在【图层 1】下方新建【图层 2】，如图 4-203 所示。

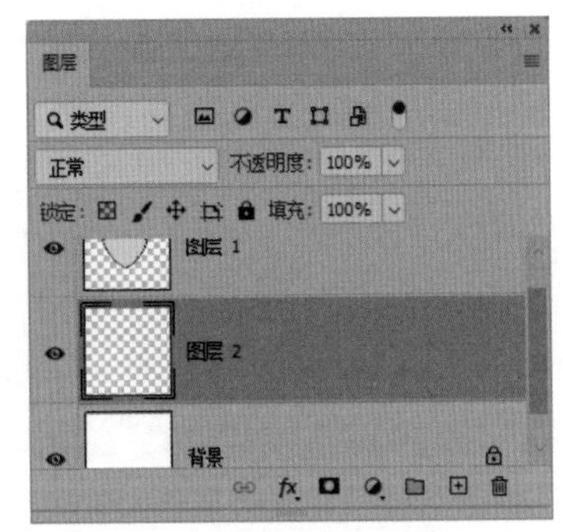

图 4-203

Step 28：切换到路径面板并选择【工作路径】。按【Ctrl+T】组合键执行自由变换命令，放大路径，如图 4-204 所示。

图 4-204

Step 29：为路径设置填充和描边，如图 4-205 所示。

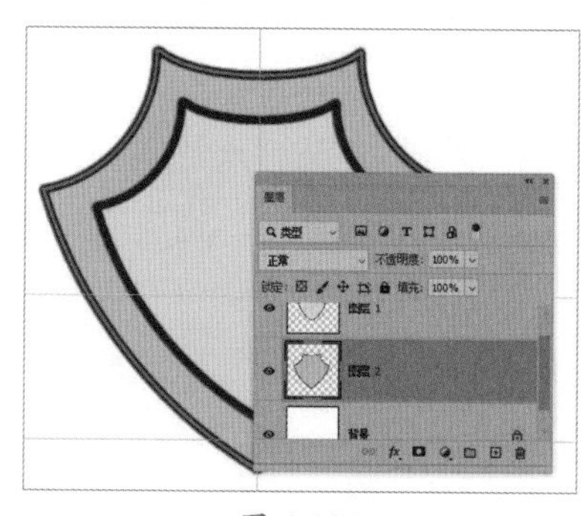

图 4-205

Step 30：选择【椭圆工具】，在选项栏设置绘制模式为形状，按住【Shift】键绘制正圆形，并将【椭圆 1】图层移动到【背景】图层上方，如图 4-206 所示。

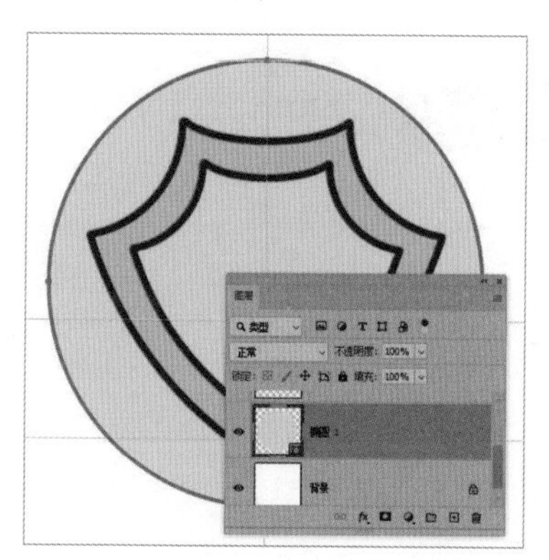

图 4-206

Step 31：❶单击【属性】面板中的【设置填充类型】按钮，打开下拉面板，❷单击【渐变】按钮，打开【渐变】面板，❸选择【粉色】组中的粉色-10 渐变，❹设置渐变类型为径向，❺单击反向按钮，反向渐变颜色，如图 4-207 所示。

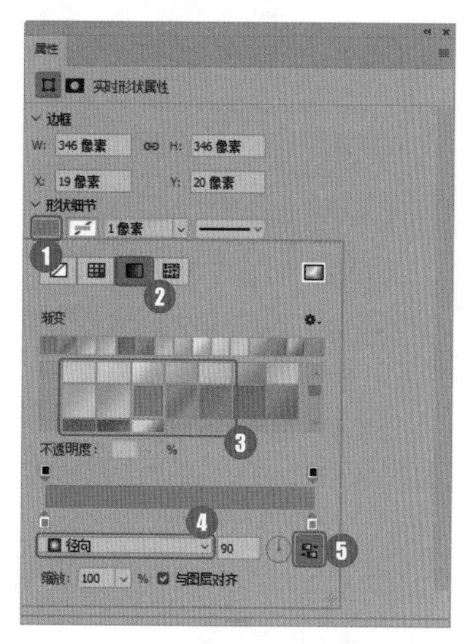

图 4-207

Step 32：返回文档，完成盾牌图标的制作，效果如图 4-208 所示。

图 4-208

第 5 章 通道与蒙版应用的 8 个关键技能

通道具有存储颜色信息和选区信息的功能。利用通道可以创建精准的选区，从而可以对图像进行精准抠图和调整。蒙版既可以保护图像的选择区域，也可以将部分图像处理成透明或半透明的效果，被广泛应用于图像合成领域。本章将介绍通道与蒙版应用的 8 个关键技能，以帮助读者提高图像编辑的技能。本章知识点框架如图 5-1 所示。

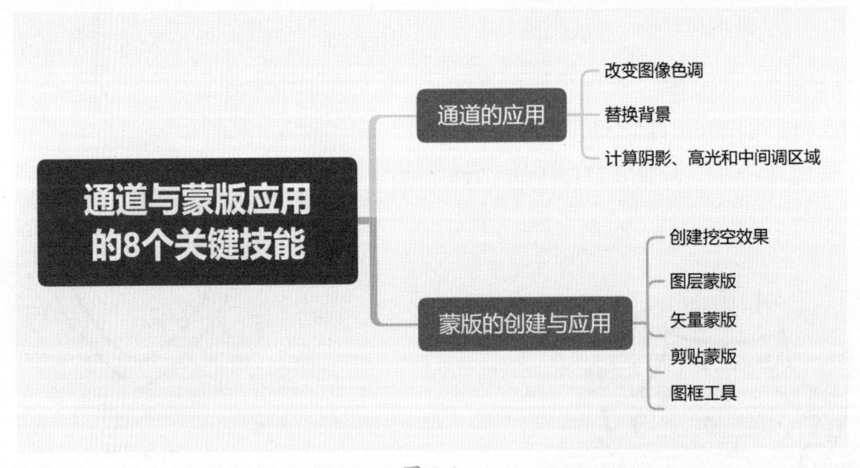

图 5-1

关键技能 039 调整通道明暗，改变图像色调

● 技能说明

通道中保存了颜色信息和选区信息。图片被建立或打开以后会自动建立颜色通道。这些通道把图像分解成一个或多个色彩成分，图像的模式决定了颜色通道的数量。RGB模式有R、G、B三个颜色通道，CMYK图像有C、M、Y、K四个颜色通道，灰度图只有一个颜色通道，它们包含了所有将被打印或显示的颜色。当查看单个通道图像时，只会显示灰度图像，如图 5-2 所示。

图 5-2

选择通道后，可以像编辑普通图层一样使用绘画工具、修饰工具、选区工具等对通道进行编辑。通过调整各颜色通道的亮度，就可以改变图像的色调，如图 5-3 所示。

图 5-3

高手点拨

通道的分类

Photoshop提供了 3 种类型的通道：颜色通道、专色通道和Alpha通道。

颜色通道：颜色通道就像是摄影胶片，它们记录了图像内容和颜色信息，图像的颜色模式不同，颜色通道的数量也不同。

每个颜色通道都是一副灰度图像，只代表一种颜色的明暗变化。例如，一副RGB颜色模式的图像，其通道就显示为RGB、红、绿、蓝四个通道，如图 5-4 所示。

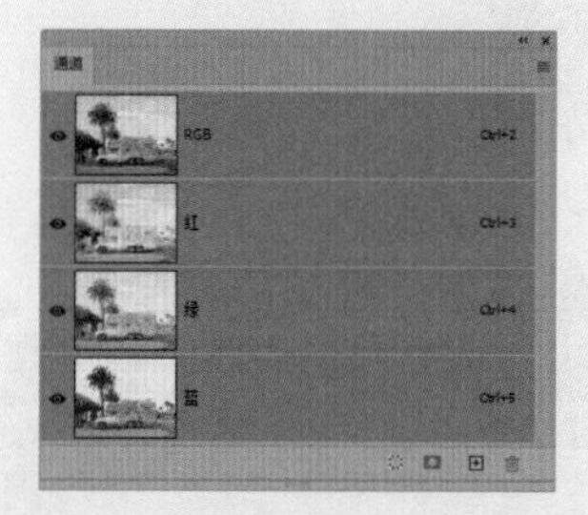

图 5-4

Alpha通道：Alpha通道主要有三种用途，一是用于保存选区；二是可以将选区存储为灰度图像，这样我们就能够用画笔、加深、减淡等工具以及各种滤镜，通过编辑Alpha通道来修改选区；三是我们可以从Alpha通道中载入选区。

在Alpha通道中，白色为选区部分，黑色为非选区部分，中间的灰度表示具有一定透明效果的选区（即选区区域）。用白色涂抹Alpha通道可以扩大选区范围；用黑色涂抹则可以缩小选区；用灰色涂抹可以增加选区的羽化范围。因此，利用对Alpha通道添加不同灰阶值的颜色可修改和调整图像选区。

专色通道：专色通道用于存储印刷用的专色。专色是特殊的预混油墨，如金属金银色油墨、荧光油墨等，它们用于替代或补充普通的印刷色（CMYK）油墨。通常情况下，专色通道都是以

专色的名称来命名的。每个专色通道以灰度图形式存储相应的专色信息，这与其在屏幕上的彩色显示无关。

每一种专色都有其本身固定的色相，所以它解决了印刷中颜色传递准确性的问题。在打印图像时因为专色色域很宽，超过了RGB、CMYK的表现色域，所以大部分颜色是CMYK四色印刷油墨无法呈现的。

● 应用实战

通过调整通道明暗改变图像色调的具体操作步骤如下。

Step 01：打开“素材文件/第 5 章/车.jpg”文件，整体色调偏青色，如图 5-5 所示。

图 5-5

Step 02：【通道】面板效果如图 5-6 所示。

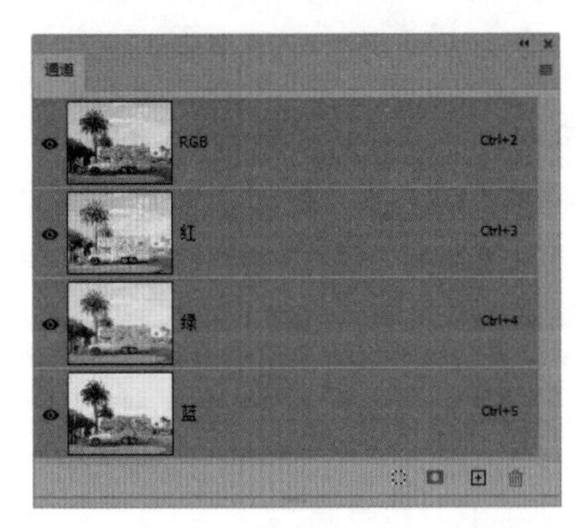

图 5-6

Step 03：❶单击【图层】面板底部的【创建新的填充和调整图层】按钮，❷在下拉列表中选择“曲线”命令，如图 5-7 所示。

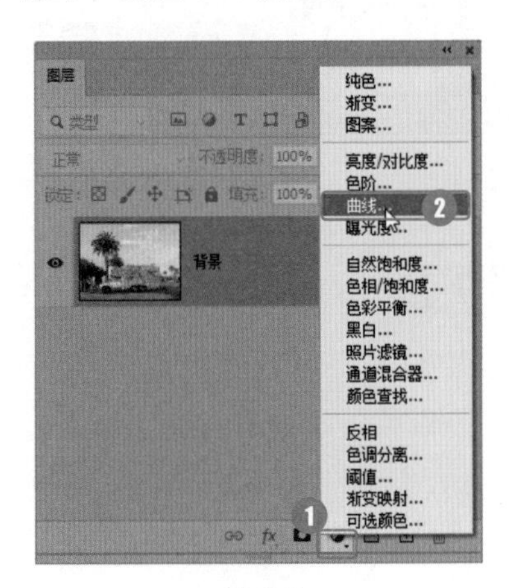

图 5-7

Step 04：新建【曲线】调整图层。在【属性】面板中，设置【通道】为蓝，向下拖动曲线，压暗【蓝】通道，如图 5-8 所示。

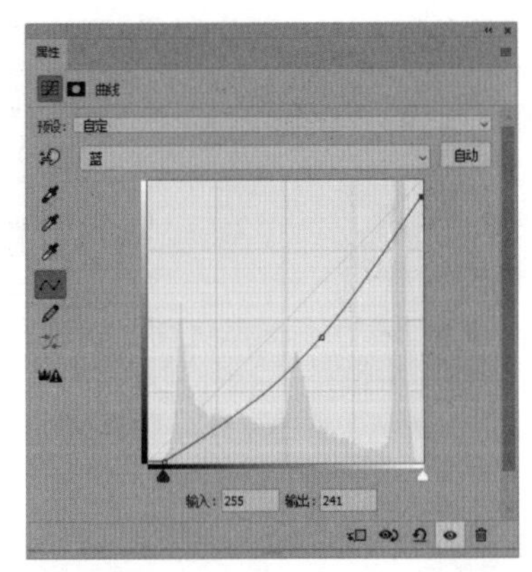

图 5-8

Step 05：【通道】面板效果如图 5-9 所示。

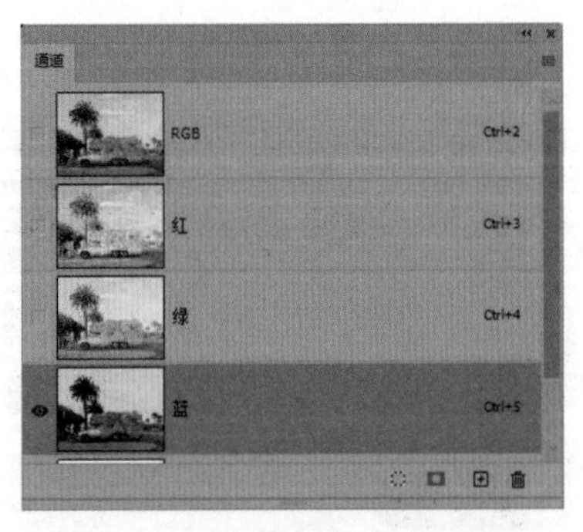

图 5-9

Step 06：在【属性】面板中设置【通道】为绿，向下拖动曲线，压暗绿通道，如图 5-10 所示。

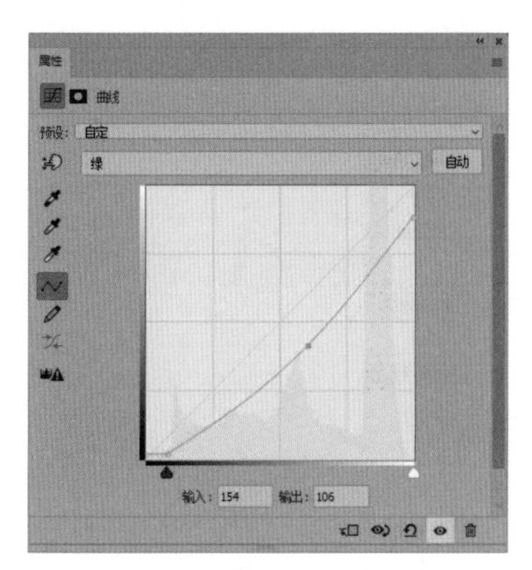

图 5-10

Step 07：【通道】效果如图 5-11 所示。

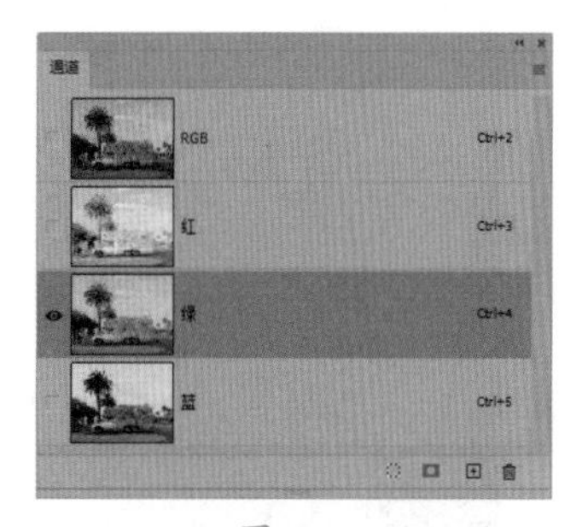

图 5-11

Step 08：图像最终效果如图 5-12 所示，整体色调偏红色。

图 5-12

关键技能 040 转换通道为选区，替换图像背景

● 技能说明

通道可以保存选区信息。在通道中，白色区域是选择的区域，黑色区域是非选择的区域，而灰色则表示半透明区域。选择通道后，单击【通道】面板底部的【将通道作为选区载入】按钮，即可载入选区，如图 5-13 所示；效果如图 5-14 所示。

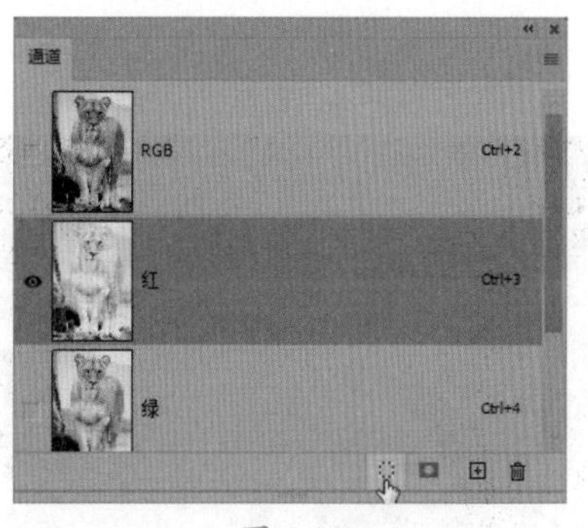

图 5-13

图 5-14

高手点拨

转换选区为通道

创建选区后，切换到通道面板，单击面板底部的【将选区存储为通道】按钮，即可将选区存储为通道，如图 5-15 所示。

图 5-15

● 应用实战

将通道转换为选区，替换背景的具体操作步骤如下。

Step01：打开"素材文件/第 5 章/金发女孩.jpg"文件，如图 5-16 所示。

图 5-16

Step02：切换到【通道】面板，拖动【红通道】到面板底部的【创建新通道】按钮上，如图 5-17 所示。

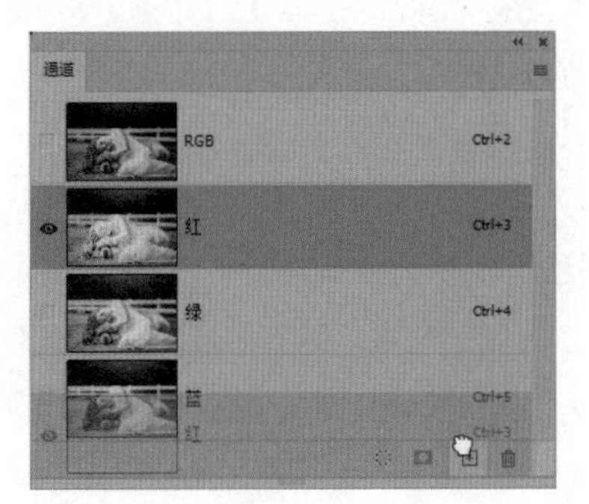

图 5-17

Step03：释放鼠标后，复制红通道，如图 5-18 所示。

图 5-18

Step04：按【Ctrl+L】组合键打开【色阶】对话框，依次设置【阴影】【高光】和【中间调】参数，如图 5-19 所示。

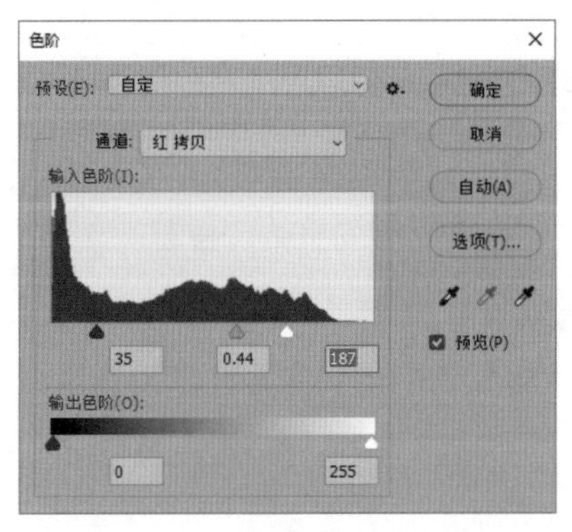

图 5-19

Step 05：增加图像对比度后效果如图 5-20 所示。

图 5-20

Step 06：选择【加深工具】，在选项栏设置【范围】为阴影，在图像背景上拖动鼠标。涂抹图像，加深背景，如图 5-21 所示。

图 5-21

Step 07：选择【减淡工具】，在选项栏中设置【范围】为中间调，在图像人物上涂抹以提亮人物，如图 5-22 所示。

图 5-22

Step 08：使用白色画笔涂抹人物，黑色画笔涂抹背景，如图 5-23 所示。

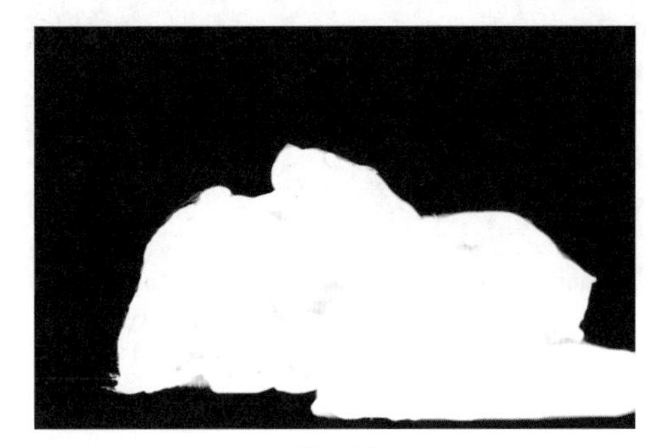

图 5-23

Step 09：单击【通道】面板底部的【将通道作为选区载入】按钮，如图 5-24 所示。

图 5-24

Step 10：载入选区后效果如图 5-25 所示。

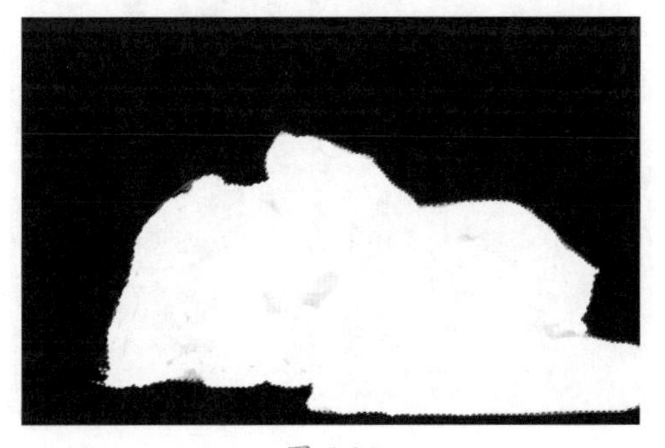

图 5-25

Step11：单击【RGB】复合通道，选择人物图像，如图 5-26 所示。

图 5-26

Step12：按【Ctrl+J】组合键复制选区图像，并隐藏背景图层，如图 5-27 所示。

图 5-27

Step13：打开“素材文件/第 5 章/落叶.jpg”文件，如图 5-28 所示。

图 5-28

Step14：拖动女孩图像到落叶文档中，并将其放在适当的位置，如图 5-29 所示。

图 5-29

Step15：选择【背景】图层，单击【图层】面板底部的【新建图层】按钮，新建【图层 2】，如图 5-30 所示。

图 5-30

Step16：设置前景色为深黄色#130b00。选择柔角画笔，并降低画笔不透明度和流量，在图像上绘制阴影效果，如图 5-31 所示。

图 5-31

Step17：选择【图层 2】，设置【混合模式】为颜色加深，如图 5-32 所示。

图 5-32

Step 18：融合图像后效果如图 5-33 所示。

图 5-33

Step 19：选择【背景】图层，执行【滤镜】→【模糊】→【高斯模糊】命令，打开【高斯模糊】对话框，设置【半径】为 12 像素，如图 5-34 所示。

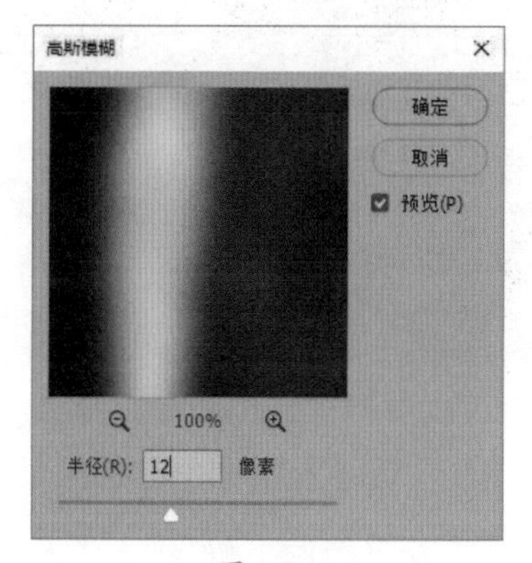

图 5-34

Step 20：完成背景替换后效果如图 5-35 所示。

图 5-35

高手点拨

新建、复制和删除通道

单击【通道】面板底部的【创建新通道】按钮，可以创建新通道，如图 5-36 所示。

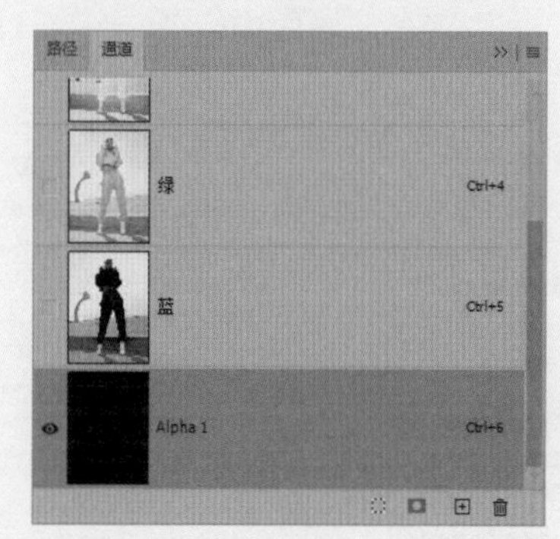

图 5-36

如果要创建专色通道，单击面板右上角的扩展按钮，在扩展菜单中选择【新建专色通道】命令，即可创建专色通道。

将通道拖动到【创建新通道】按钮上，释放鼠标后可以复制该通道。新创建和复制的通道都属于Alpha通道，不会对图像造成任何影响。

选择通道后，单击面板底部的删除按钮，可以删除该通道。

关键技能 041 使用通道计算图像阴影、中间调和高光区域

● 技能说明

使用通道计算可以分别计算出图像的高光区域、阴影区域和中间调区域。计算出这些区域之后，可以有针对性地对不同区域的图像进行色调、亮度等方面的编辑，而不会对图像的其他区域造成影响。

执行【编辑】→【计算】命令，在打开的【计算】对话框中取消选中【反相】选项，则新建的通道记录的是高光区域的内容，如图 5-37 所示。

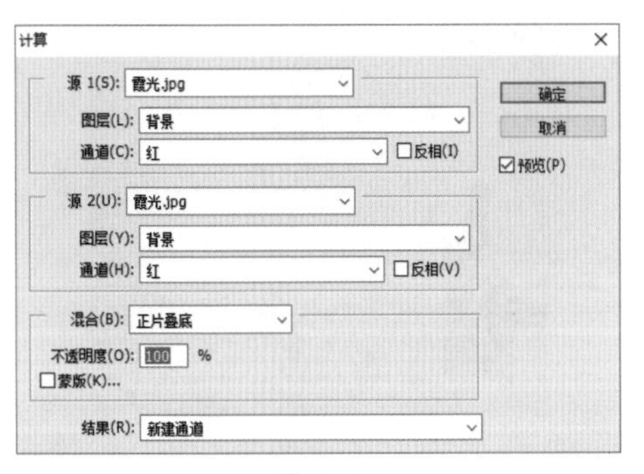

图 5-37

分别选中源 1 和源 2 的【反相】选项，则新建的通道记录的是阴影区域的内容，如图 5-38 所示。

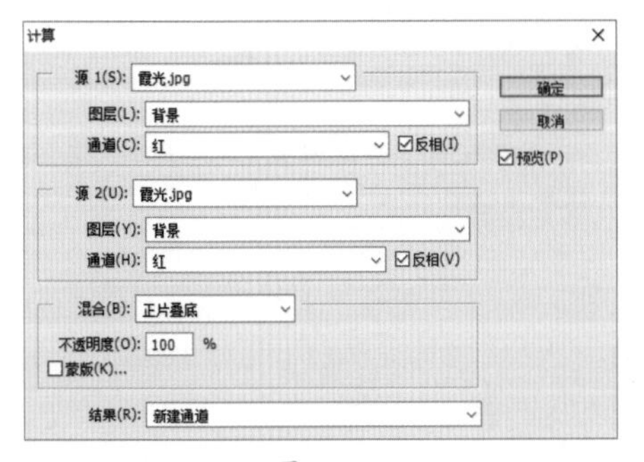

图 5-38

选中其中一个【反相】选项，则新建通道记录的是中间调区域的内容，如图 5-39 所示。

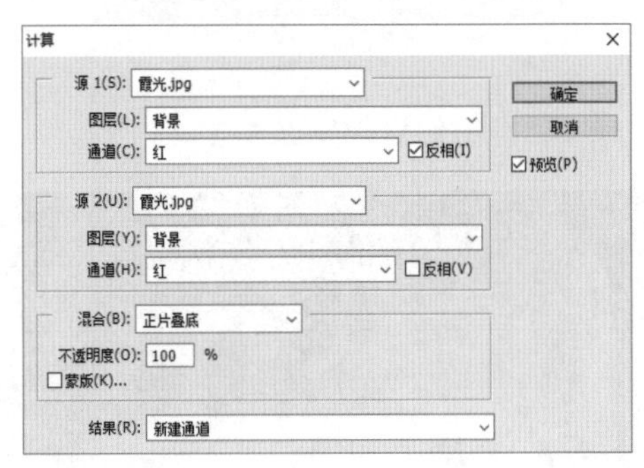

图 5-39

● 应用实战

使用通道计算图像阴影、中间调和高光区域的具体操作步骤如下。

Step 01：打开“素材文件 / 第 5 章 / 梯田 .jpg”文件，如图 5-40 所示。

图 5-40

Step 02：执行【图像】→【计算】命令，打开【计算】对话框，❶设置源 1 和源 2 的【通道】为红通道，❷【混合】为正片叠底，❸设置【结果】为新建通道，❹单击【确定】按钮，如图 5-41 所示。

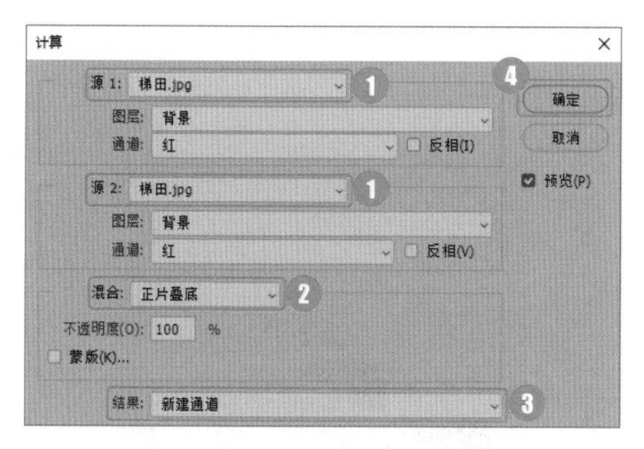

图 5-41

Step 03：创建 Alpha 1 通道，该通道保存高光区域的图像，如图 5-42 所示。

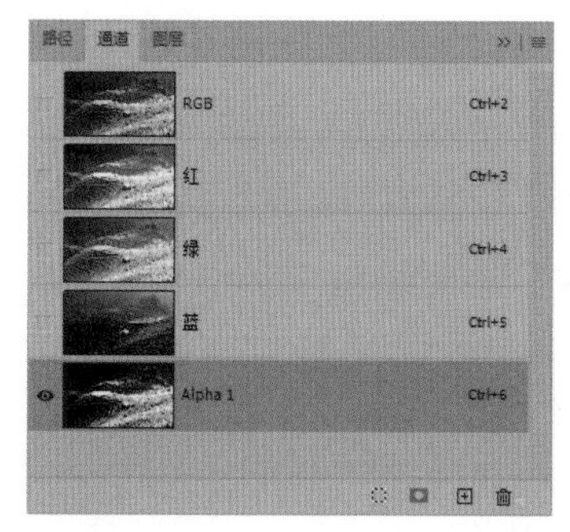

图 5-42

Step 04：执行【图像】→【计算】命令，打开【计算】对话框，❶设置源 1 和源 2 的【通道】为红通道，❷选中【反相】选项，❸设置【混合】为正片叠底，❹设置【结果】为新建通道，❺单击【确定】按钮，如图 5-43 所示。

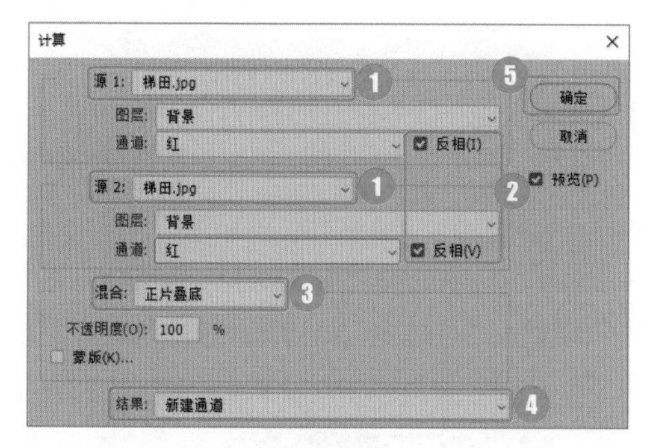

图 5-43

Step 05：创建 Alpha 2 通道，该通道保存阴影区域的图像，如图 5-44 所示。

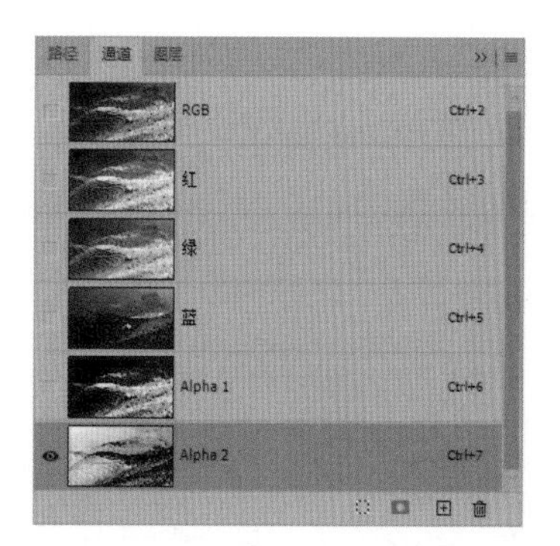

图 5-44

Step 06：执行【图像】→【计算】命令，打开【计算】对话框，❶设置源 1【通道】为红通道，源 2【通道】为绿通道，❷选中源 1【反相】选项，❸设置【混合】为正片叠底，❹设置【结果】为新建通道，❺单击【确定】按钮，如图 5-45 所示。

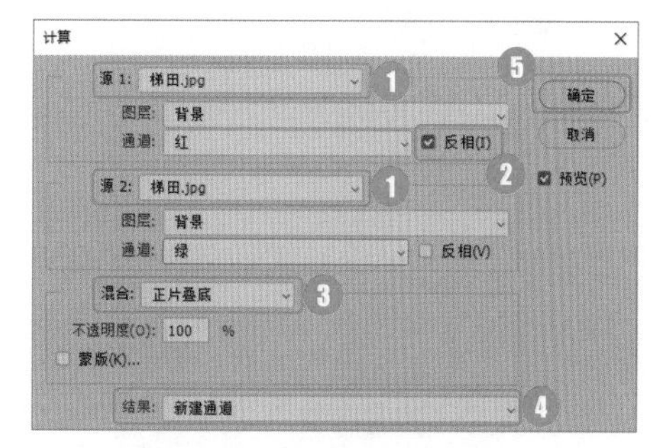

图 5-45

Step 07：创建 Alpha 3 通道，该通道保存中间调区域的图像，如图 5-46 所示。

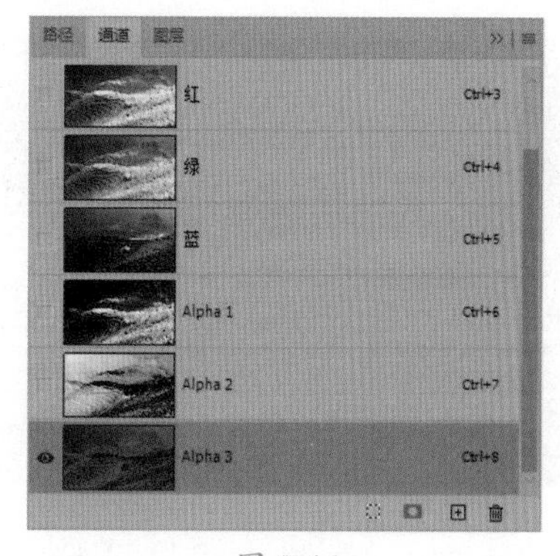

图 5-46

Step 08：选择 Alpha 1 通道，按【Ctrl】键并单击

通道缩览图载入选区。切换到【图层】面板，创建【曲线】调整图层，如图 5-47 所示。

图 5-47

Step 09：在【属性】面板中设置【通道】为【蓝】通道，向下拖动曲线，如图 5-48 所示。

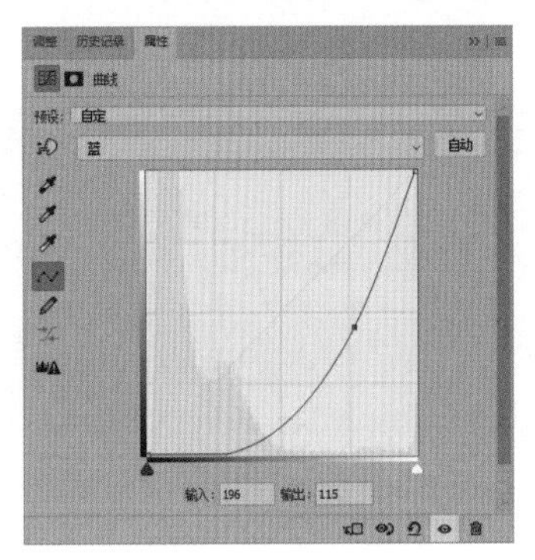

图 5-48

Step 10：为高光区域增加黄色调的效果如图 5-49 所示。

图 5-49

Step 11：切换到【通道】面板，选择【Alpha 2】通道，按【Ctrl】键并单击通道缩览图载入选区。切换到【图层】面板，创建【曲线】调整图层，如图 5-50 所示。

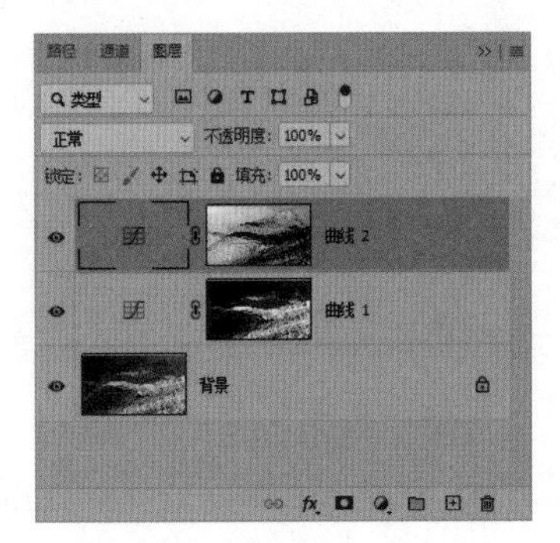

图 5-50

Step 12：在【属性】面板中，选择【RGB】复合通道，向下拖动曲线，如图 5-51 所示；选择蓝通道，向下拖动曲线，如图 5-52 所示；选择绿通道，向上拖动曲线，如图 5-53 所示。

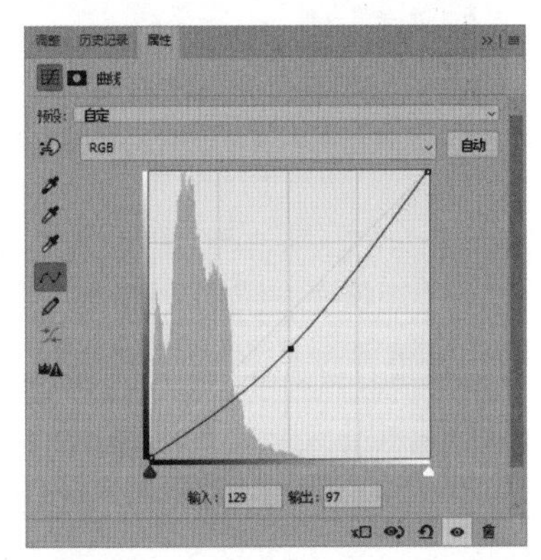

图 5-51

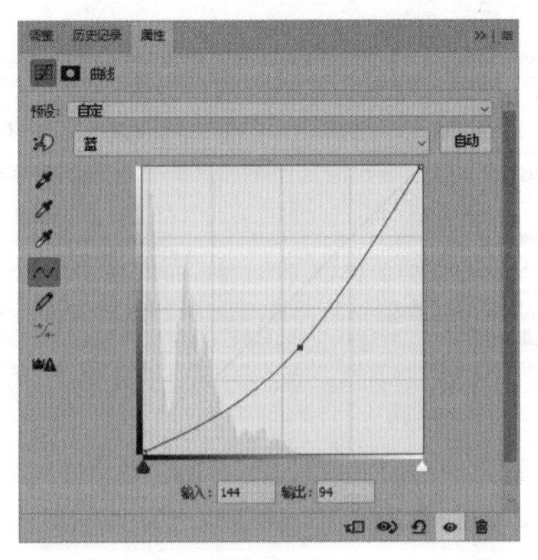

图 5-52

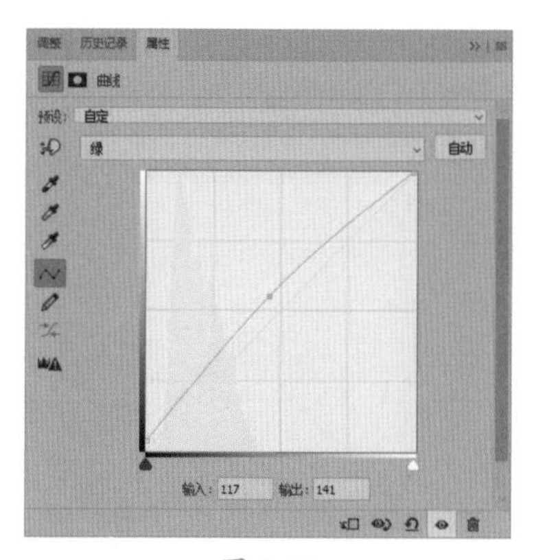

图 5-53

Step 13：为阴影图像增加绿色调的效果如图 5-54 所示。

图 5-54

Step 14：切换到【通道】面板，选择【Alpha 3】通道，按【Ctrl】键并单击【通道】缩览图载入选区。切换到【图层】面板，创建【曲线】调整图层，如图 5-55 所示。

图 5-55

Step 15：在【属性】面板中选择【RGB】复合通道，拖动曲线增加对比度，如图 5-56 所示；选择蓝通道，向上拖动曲线，如图 5-57 所示。

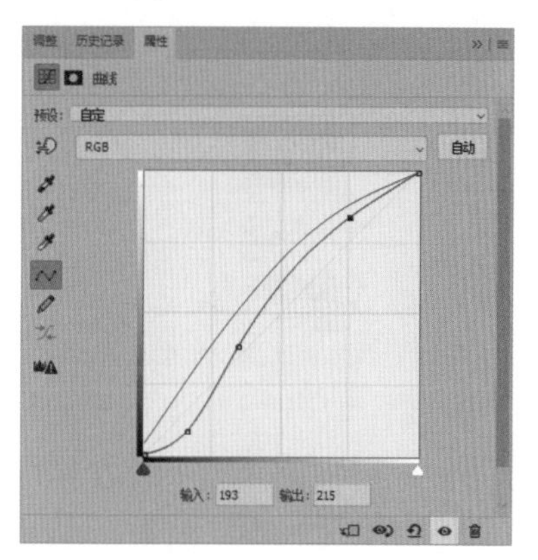

图 5-56

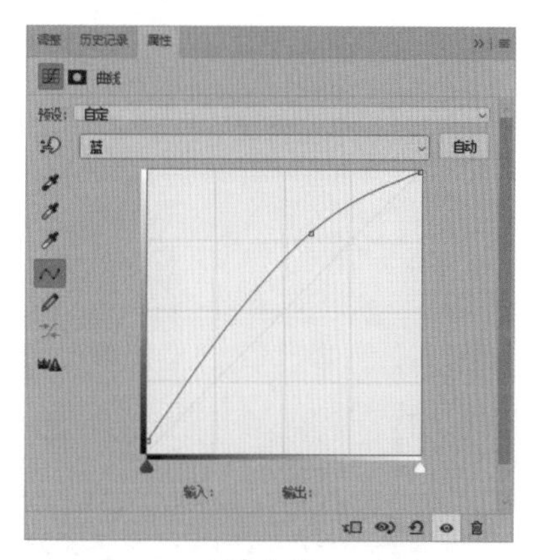

图 5-57

Step 16：增加中间调对比度和蓝色调的效果如图 5-58 所示。

图 5-58

Step 17：新建曲线调整图层，如图 5-59 所示。

图 5-59

Step18：在【属性】面板选择【RGB】复合通道，向上拖动曲线，提亮图像，如图 5-60 所示；选择蓝通道，向下拖动曲线，使图像整体增加黄色调，如图 5-61 所示。

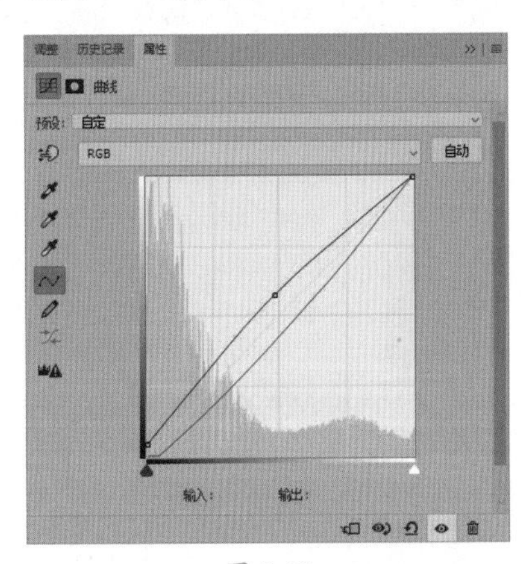

图 5-60

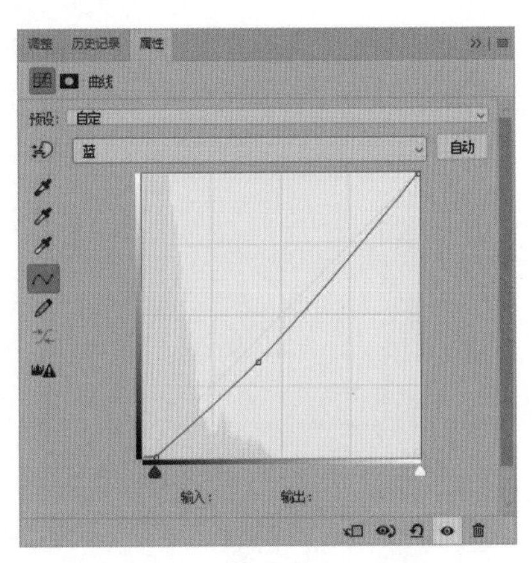

图 5-61

Step19：完成图像色调调整，最终效果如图 5-62 所示。

图 5-62

关键技能 042 运用"挖空"创建镂空效果

● 技能说明

在高级混合选项中，【挖空】的方式有三种：无、深、浅，用来设置当前图层在下面的图层上打孔并显示下面图层内容的方式，如图 5-63 所示。

对图层组内的子图层设置挖空效果时，如果设置挖空方式为"浅"，就会挖空到图层组下方的图层上，如图 5-64 所示；结果如图 5-65 所示。

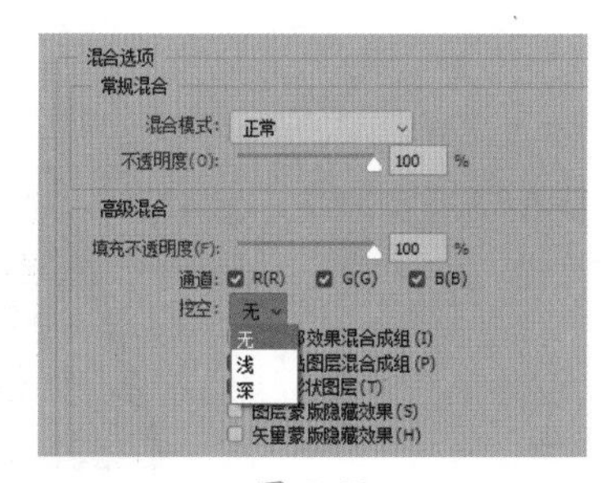

图 5-63

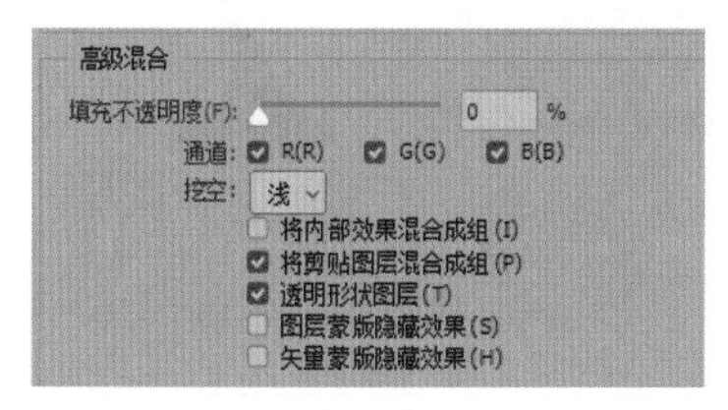

图 5-64

图 5-65

如果设置挖空方式为“深”，则会挖空到背景图层上，如图 5-66 所示；结果如图 5-67 所示。

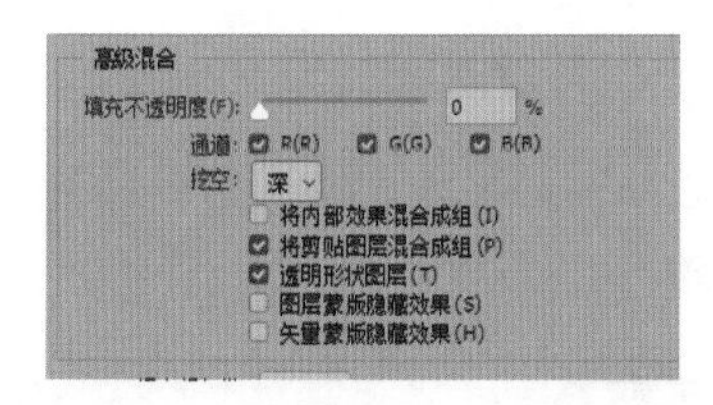

图 5-66

图 5-67

若对不是图层组成员的图层设置挖空，这个效果将会一直穿透到背景层，在这种情况下，挖空方式设置为“浅”或“深”效果是没有区别的。如果没有背景层，就会在透明图层上打孔，如图 5-68 所示。要想看到挖空效果，必须将当前图层填充不透明度的数值设置为 0 或者小于 100%，效果才会显示出来。

图 5-68

● 应用实战

使用挖空制作镂空文字效果的具体操作步骤如下。

Step 01：打开“素材文件/第 5 章/女孩.jpg”文件，如图 5-69 所示。

图 5-69

Step 02：单击【图层】面板底部的新建图层按钮，新建【图层 1】，如图 5-70 所示。

图 5-70

Step 03：双击工具箱中的前景色图标，打开【拾色器】对话框，设置前景色为#ffe5ce，如图 5-71 所示。

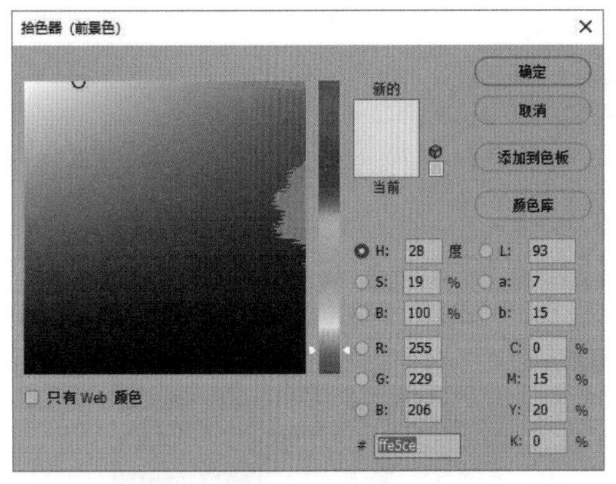

图 5-71

Step 04：按【Alt+Delete】组合键填充前景色，如图 5-72 所示。

Step 05：使用【文字工具】输入字母“A”，在【属性】面板中设置字体为Baskerville Old Face，颜色为黑色。按【Ctrl+T】组合键执行自由变换命令，放大文字，如图 5-73 所示。

图 5-72

图 5-73

Step 06：双击文字图层，打开【图层样式】对话框，❶在【混合选项】中设置【填充不透明度】为 0，❷设置【挖空】为“浅”，如图 5-74 所示。

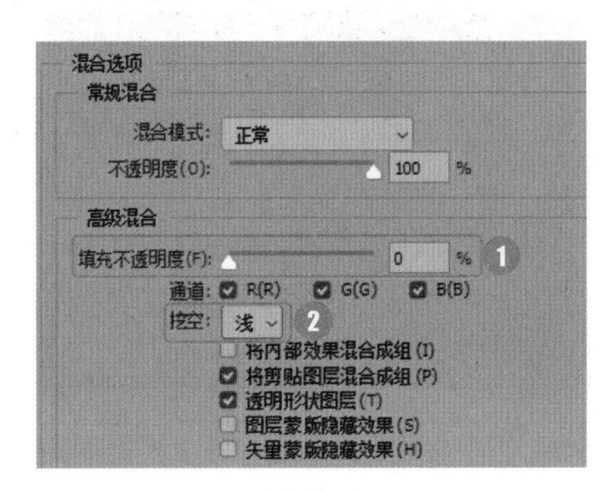

图 5-74

Step 07：选择【渐变叠加】选项，设置【混合模式】为柔光，【不透明度】为 100%，【渐变】为紫色-21，【样式】为线性，【角度】为-145°，【缩放】为 150%，如图 5-75 所示。

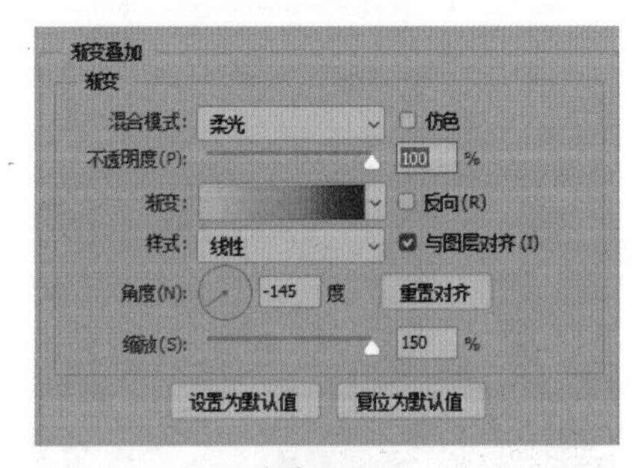

图 5-75

Step 08：选择【内发光】选项，❶设置【混合模式】为正片叠底，❷设置【不透明度】为 30%，❸设置发光颜色为#220c00，❹设置【阻塞】为 3%，❺设置【大小】为 16 像素，如图 5-76 所示。

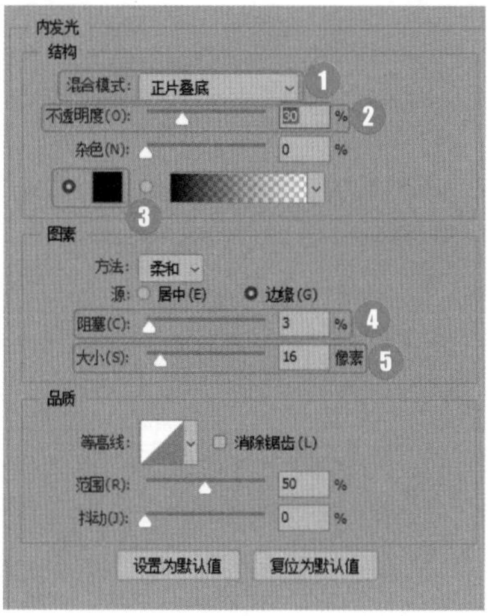

图 5-76

Step 09：单击【确定】按钮完成镂空效果制作，如图 5-77 所示。

Step 10：使用【文字工具】T输入段落文字，完成镂空文字海报的制作，效果如图 5-78 所示。

图 5-77

图 5-78

关键技能 043　添加图层蒙版，合成场景特效

● 技能说明

蒙版可以将图像部分区域遮住，从而控制画面的显示内容，是一种非破坏性的图像编辑方式。在蒙版中填充黑色、白色以及灰色就可以隐藏或显示图像。填充黑色可以隐藏图像，填充白色可以显示图像，填充灰色可以显示半透明图像，如图 5-79 所示。

图 5-79

1．蒙版的创建

Photoshop 中有以下 3 种创建蒙版的方法。

方法一： 选择图层后，单击【图层】面板底部的【添加蒙版】按钮，就可以为图层添加蒙版，如图 5-80 所示。

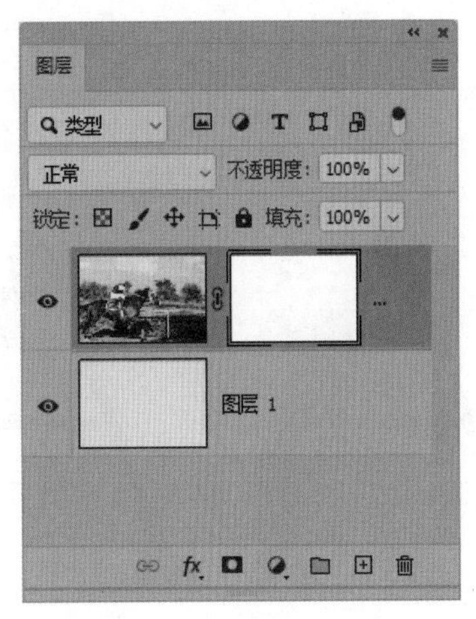

图 5-80

方法二： 创建选区后，单击【图层】面板底部的【添加蒙版】按钮，可以为图层添加蒙版，如图 5-81 所示；同时可以自动隐藏选区外的图像，如图 5-82 所示。

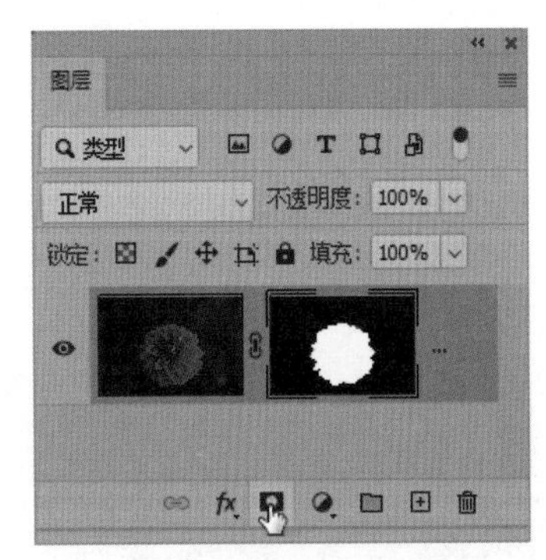

图 5-81

图 5-82

方法三： 执行【图层】→【图层蒙版】命令，在级联菜单中可以选择蒙版的创建方式，如图 5-83 所示。

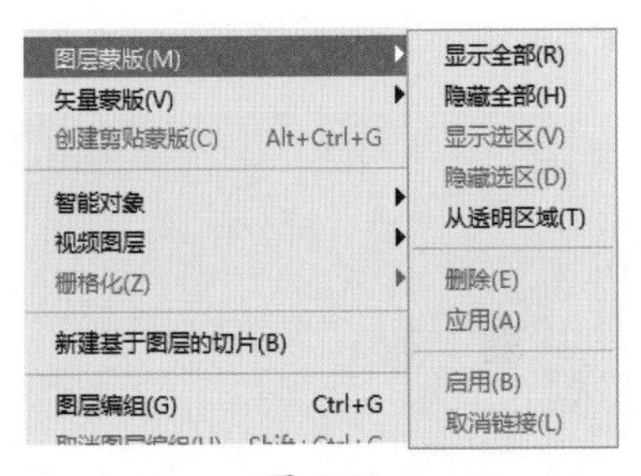

图 5-83

2. 蒙版【属性】面板

选择蒙版，执行【窗口】→【属性】命令，可以打开蒙版【属性】面板，如图 5-84 所示。在该面板中可以编辑蒙版的密度、羽化，也可以调整蒙版边缘。

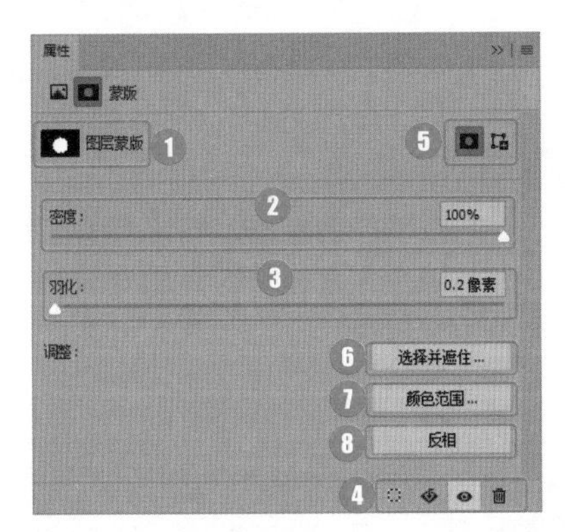

图 5-84

蒙版【属性】面板各选项的作用如表 5-1 所示。

表 5-1 蒙版【属性】面板各选项的作用

选项	功能及作用
❶ 蒙版预览框	通过预览框可查看蒙版形状，且在其后显示当前创建的蒙版类型。
❷ 密度	拖动滑块可以控制蒙版的不透明度，即蒙版的遮盖强度。
❸ 羽化	拖动滑块可以柔化蒙版的边缘。

续表

选项	功能及作用
❹快速图标	单击按钮，可将蒙版载入选区，单击按钮可将蒙版效果应用到图层中，单击按钮可停用或启用蒙版，单击按钮可删除蒙版
❺添加蒙版	为添加像素蒙版、为添加矢量蒙版
❻选择并遮住	单击该按钮，可以打开【调整蒙版】对话框修改蒙版边缘，并针对不同的背景查看蒙版。这些操作与调整选区边缘基本相同
❼颜色范围	单击该按钮，可打开【色彩范围】对话框，通过在图像中取样并调整颜色容差可修改蒙版范围
❽反相	可反转蒙版的遮盖区域

● 应用实战

蒙版通常被用来合成图像。使用图层蒙版合成图像的具体操作步骤如下。

Step 01：打开“素材文件/第 5 章/船.jpg”文件，如图 5-85 所示。

图 5-85

Step02：按【Ctrl+J】组合键复制图层，如图 5-86 所示。

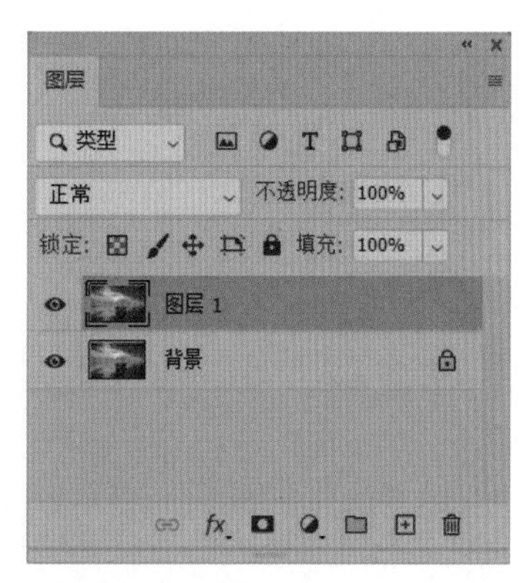

图 5-86

Step 03：按【Ctrl+T】组合键执行自由变换命令，右击鼠标，选择【顺时针旋转 90 度】命令；再次右击鼠标，选择【垂直翻转】命令翻转图像，将其放在左侧，如图 5-87 所示。

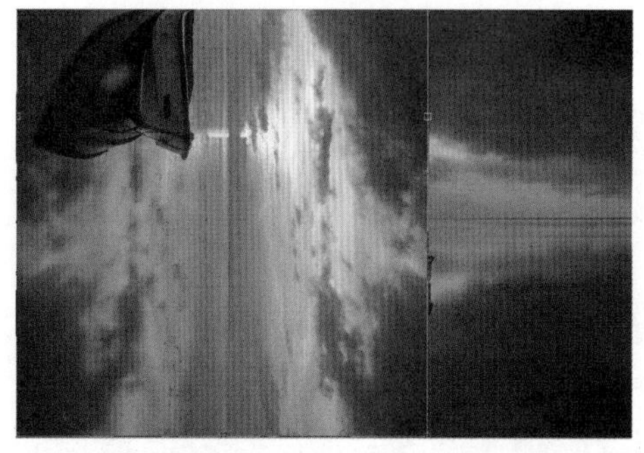

图 5-87

Step 04：选择【背景】图层，按【Ctrl+J】组合键复制背景图层。按【Ctrl+T】组合键执行自由变换命令，右击鼠标，选择【逆时针旋转 90 度】命令；再次右击鼠标，选择【垂直翻转】命令翻转图像，将其放在右侧，如图 5-88 所示。

图 5-88

Step 05：分别选择【图层 1】和【背景 拷贝】图层，右击鼠标，选择【转换为智能对象】命令，将其转换为智能对象图层，如图 5-89 所示。

图 5-89

Step06：使用【钢笔工具】绘制路径，如图 5-90 所示。

图 5-90

Step07：按【Ctrl+Enter】组合键将路径转换为选区。选择【图层 1】，按【Alt】键的同时单击【图层】面板底部的按钮，添加图层蒙版，效果如图 5-91 所示。

图 5-91

Step08：使用【钢笔工具】绘制路径，如图 5-92 所示。

图 5-92

Step09：按【Ctrl+Enter】组合键将路径转换为选区。选择【背景 拷贝】图层，按【Alt】键的同时单击【图层】面板底部的按钮，添加图层蒙版，如图 5-93 所示。

图 5-93

Step10：选择【背景】图层以外的所有图层，按【Ctrl+G】组合键编组图层，如图 5-94 所示。

图 5-94

Step11：按【Ctrl+J】组合键复制【组 1】图层，如图 5-95 所示。

Step12：按【Ctrl+E】组合键合并【组 1 拷贝】图层，如图 5-96 所示。

图 5-95

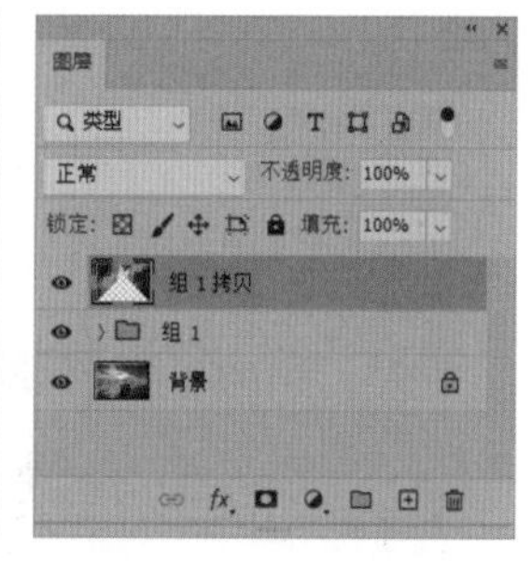

图 5-96

Step13：按【Ctrl】键的同时单击【组 1 拷贝】图层缩览图载入选区，如图 5-97 所示。

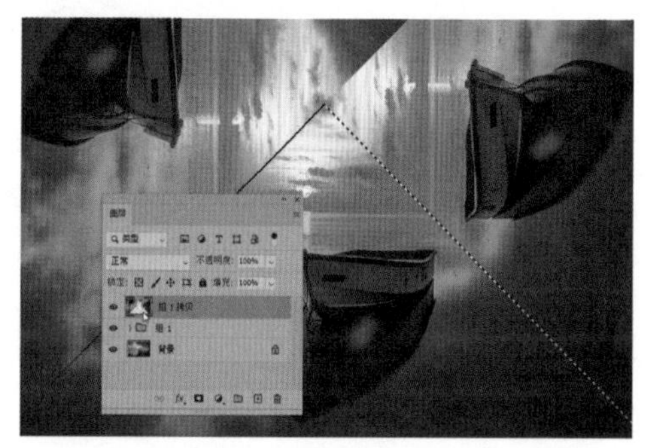

图 5-97

Step14：新建图层，将其放在【组 1】图层下方，并填充为黑色，如图 5-98 所示。

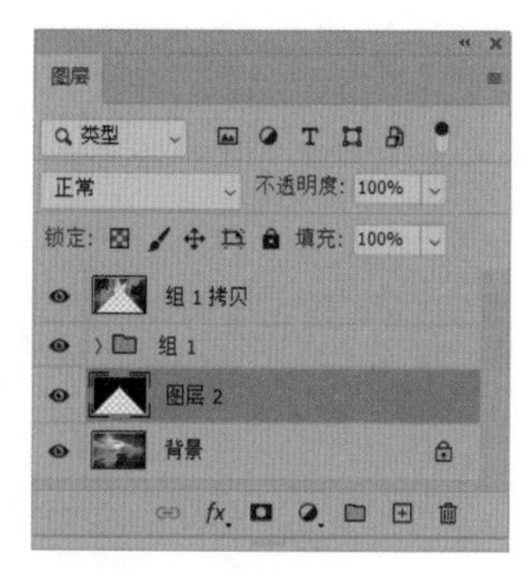

图 5-98

Step15：按【Ctrl+D】取消选区。执行【滤镜】→【模糊画廊】→【光圈模糊】命令，调整相应参数，如图 5-99 所示。

图 5-99

Step16：单击【图层】面板底部◘按钮，添加图层蒙版。使用黑色的柔角画笔，将画笔不透明度降低，涂抹黑色阴影的区域，使其效果更加自然，如图 5-100 所示。

图 5-100

Step17：选择【图层 1】蒙版缩览图，使用黑色柔角画笔涂抹右上方图像，使其与下方图像融合，如图 5-101 所示。

图 5-101

Step18：双击【图层 1】图层缩览图，进入源图像文档，使用【套索工具】选择小船对象，执行

【编辑】→【内容识别填充】命令，删除对象，如图 5-102 所示；使用相同的方法删除太阳，如图 5-103 所示。

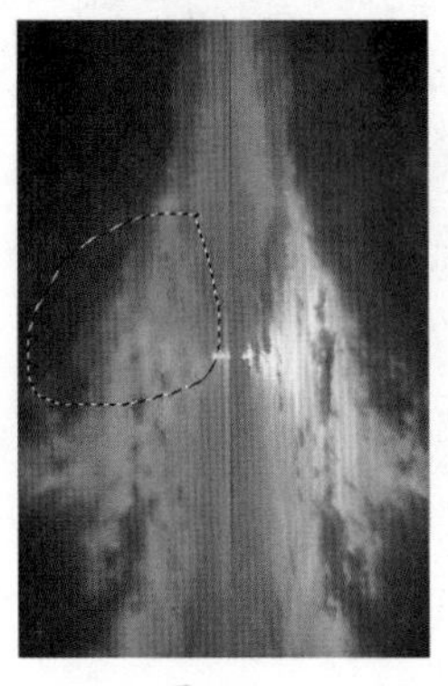

图 5-102

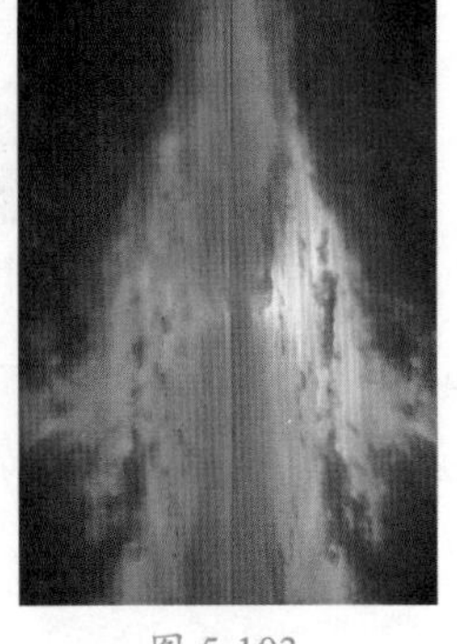

图 5-103

Step 19：按【Ctrl+S】组合键保存修改，返回文档中，可以发现图像左侧的小船对象被删除，如图 5-104 所示。

图 5-104

Step 20：使用相同的方法删除右侧的小船对象，完成超现实空间效果的制作，如图 5-105 所示。

图 5-105

高手点拨

启用与停用蒙版

按【Shift】键的同时单击该蒙版的缩览图，可快速关闭该蒙版；若再次单击该缩览图，则显示蒙版。

关键技能 044 创建矢量蒙版，随意修改图像形状

● 技能说明

矢量蒙版是由钢笔、自定义形状等矢量工具创建的蒙版，与分辨率无关。在相应的图层中添加矢量蒙版后，图像可以沿着路径变化出特殊形状。矢量蒙版常用于制作Logo、按钮或其他Web设计元素。

Photoshop中创建矢量蒙版的方法主要有以下两种。

方法一：执行【图层】→【矢量蒙版】→【显示全部】命令，创建显示图层内容的矢量蒙版；执行【图层】→【图层蒙版】→【隐藏全部】命令，创建隐藏图层内容的矢量蒙版。

方法二：创建路径后，执行【图层】→【矢量蒙版】→【当前路径】命令，或按住【Ctrl】键，单击【图层】面板中的【添加蒙版】按钮，可创建矢量蒙版，如图 5-106 所示；路径外的图像会被隐藏，如图 5-107 所示。

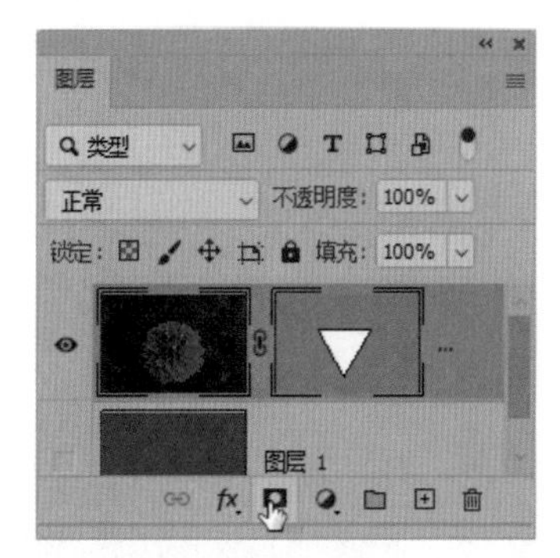

图 5-106

图 5-107

● 应用实战

创建矢量蒙版的具体操作步骤如下。

Step 01：打开"素材文件/第 5 章/海景.jpg"文件，如图 5-108 所示。

图 5-108

Step 02：置入"素材文件/第 5 章/小径.jpg"文件，将其调整至与画布相同大小，如图 5-109 所示。

图 5-109

Step 03：按【Ctrl+J】组合键复制【小径】图层，生成【小径 拷贝】图层，如图 5-110 所示。

图 5-110

Step 04：选择【矩形工具】，在选项栏中设置绘图模式为路径，并绘制矩形路径，如图 5-111 所示。

图 5-111

Step 05：选择【小径 拷贝】图层。按【Ctrl】键的同时单击图层面板底部的添加蒙版按钮，添加矢量蒙版，如图 5-112 所示。

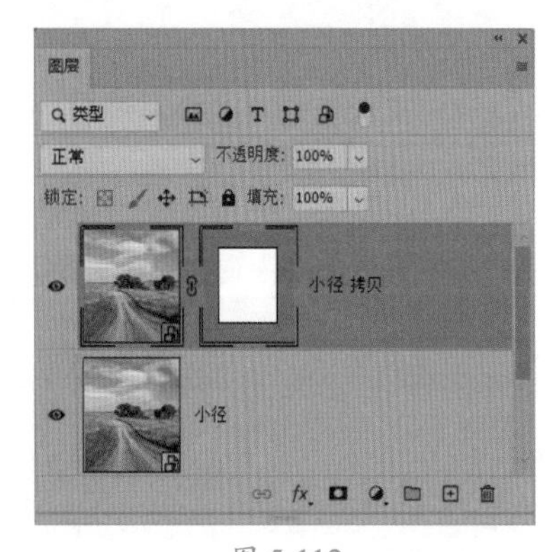

图 5-112

Step 06：选择【小径】图层，单击图层面板底部的添加蒙版按钮，添加图层蒙版。设置前景色为黑色，使用柔角画笔在蒙版上绘制（绘制时可以降低画笔的不透明度），以隐藏图像，如图 5-113 所示。

图 5-113

Step 07：选择【小径 拷贝】图层矢量蒙版缩览图。选择【路径选择工具】，单击路径，显示锚点，如图 5-114 所示。

图 5-114

Step 08：使用【添加锚点工具】单击路径，添加锚点，使用【直接选择工具】调整路径形状，如图 5-115 所示。

图 5-115

Step09：置入“素材文件/第 5 章/背影.png”文件，如图 5-116 所示。

图 5-116

Step10：使用【多边形套索工具】创建选区，如图 5-117 所示。

图 5-117

Step11：设置前景色为黑色，选择【渐变工具】在选项栏选择【前景到透明渐变】，并单击【线性渐变】按钮，如图 5-118 所示。

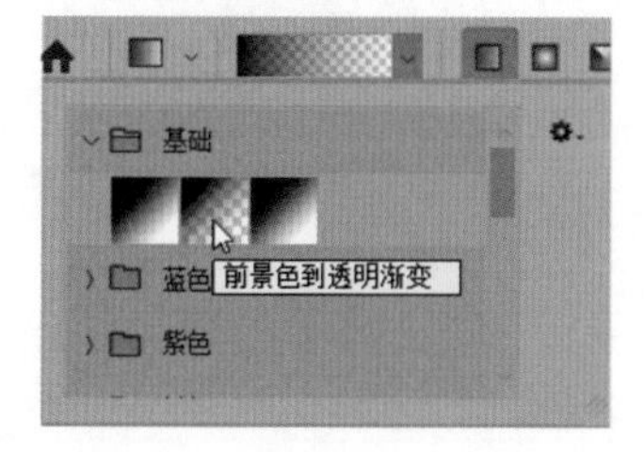

图 5-118

Step12：在【背影】图层下方创建【投影】图层，拖动鼠标多次填充渐变色，如图 5-118 所示。

图 5-118

Step13：设置【投影】图层混合模式为“柔光”，降低图层不透明度，如图 5-119 所示。

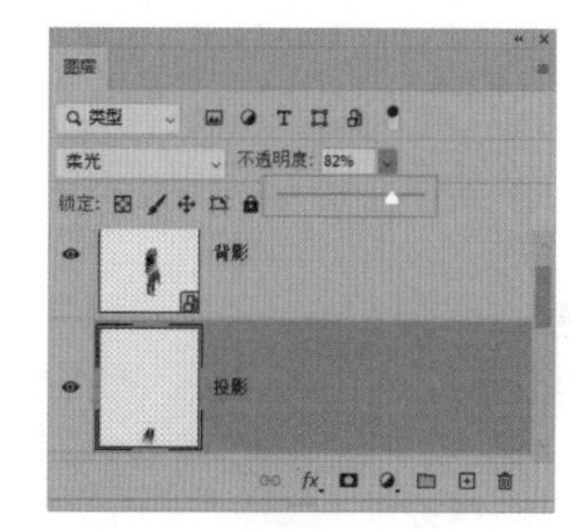

图 5-119

Step14：通过前面的操作使投影效果更加自然，如图 5-120 所示。

图 5-120

Step15：在【背影】图层上方创建【色阶】调整图层，单击【属性】面板底部的【此调整剪切到此图层】按钮，创建剪切蒙版。在【输入色阶】中向右侧拖动阴影滑块，向左侧拖动中间调滑块；在【输出色阶】中向左侧拖动白色滑块，如图 5-121 所示。

图 5-121

Step16：通过前面的操作压暗人物图像，如图 5-122 所示。

图 5-122

Step17：在【背景】图层上方创建【色阶 2】调整图层，在【输入色阶】中向左侧拖动中间调滑块，在【输出色阶】中向左侧拖动白色滑块，如图 5-123 所示。

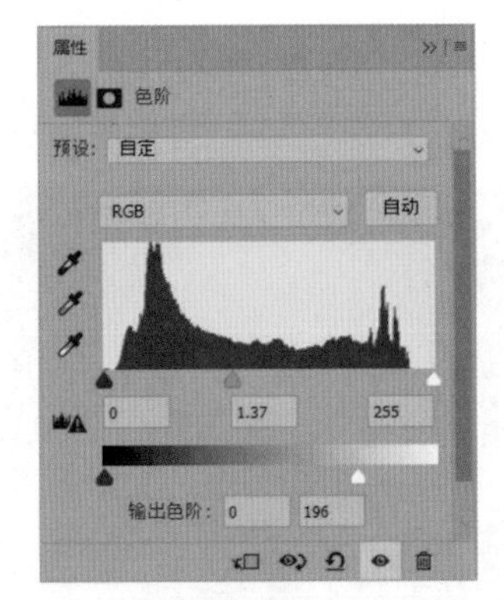

图 5-123

Step18：通过前面的操作压暗背景图像，如图 5-124 所示。

图 5-124

Step19：在图层面板最上方创建【曲线】调整图层，选择【蓝】通道，调整曲线形状，为高光增加蓝色，阴影减少蓝色，如图 5-125 所示。

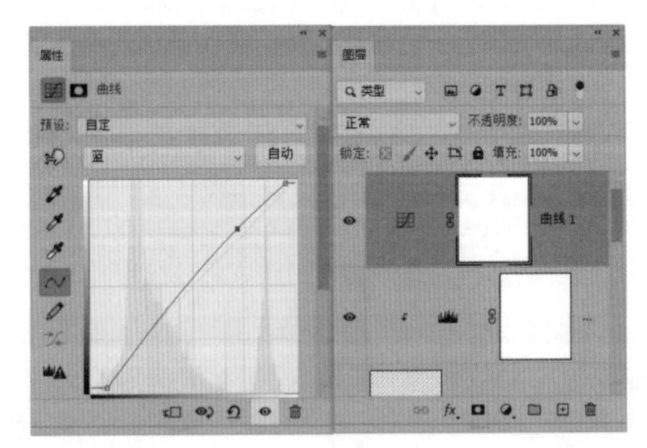

图 5-125

Step 20：选择【红通道】，调整曲线形状，为阴影增加红色，如图 5-126 所示。

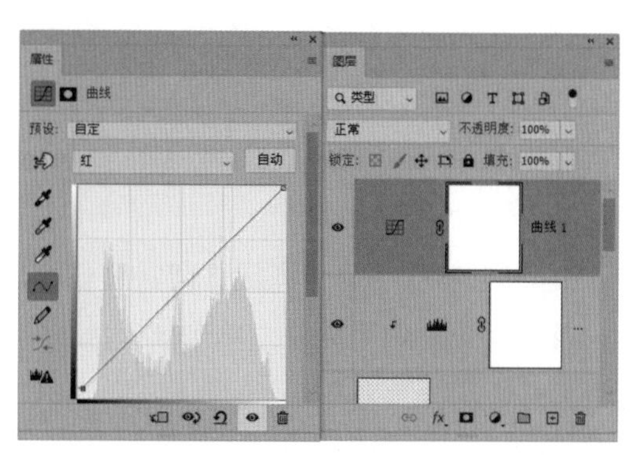

图 5-126

Step 21：通过前面的操作统一图像色调，图像效果如图 5-127 所示。

图 5-127

高手点拨

复制与转移蒙版

按住【Alt】键将一个图层的蒙版拖至另外的图层，可以将蒙版复制到目标图层。

如果直接将蒙版拖至另外的图层，则可将该蒙版转移到目标图层，源图层将不再有蒙版。

关键技能 045 创建剪贴蒙版，限制图像显示范围

● 技能说明

剪贴蒙版可以用一个图层中包含像素的区域限制它上层图像的显示范围，它的最大优点是可以通过一个图层控制多个图层的可见内容。

1. 剪贴蒙版图层结构

在剪贴蒙版组中，最下面的图层叫作【基底图层】，它的名称带有下划线；位于上面的图层叫作【内容图层】，它们的缩览图是缩进的，并带有↓图标，如图 5-128 所示；图像效果如图 5-129 所示。

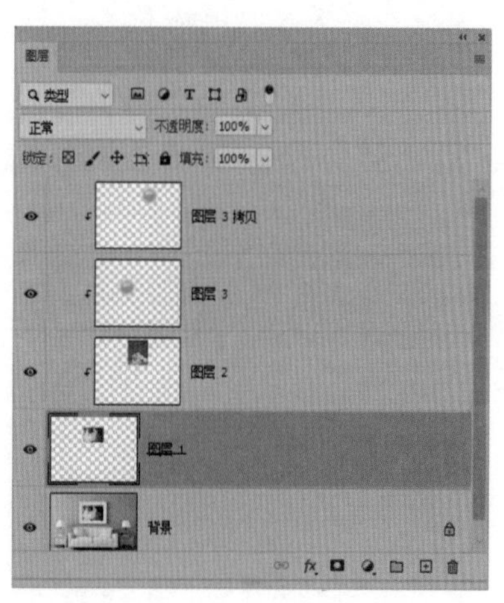

图 5-128

图 5-129

基底图层中的透明区域充当了整个剪贴蒙版组的蒙版，简单来说，它的透明区域就像蒙版一样，可以将内容层的图像隐藏起来，因此，当我们移动基底图层时，就会改变内容图层的显示区域，如图 5-130 所示；图像效果如图 5-131 所示。

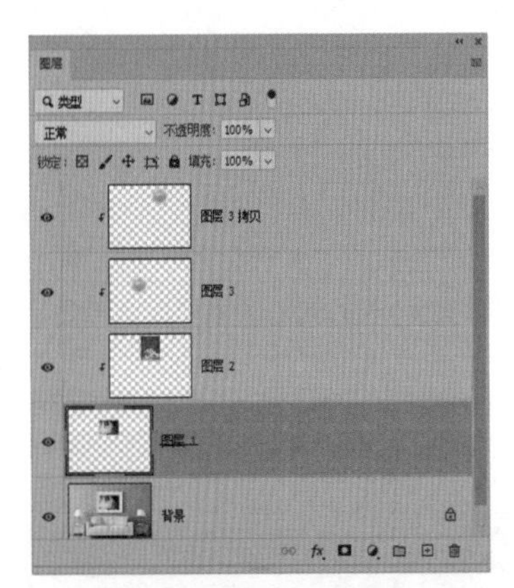

图 5-130

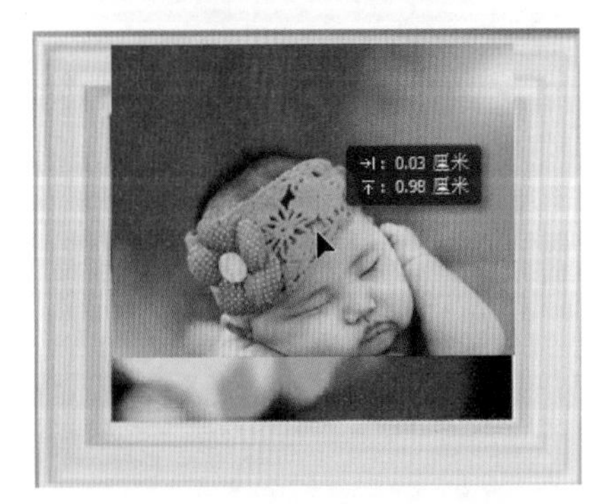

图 5-131

2. 创建剪贴蒙版的方法

方法一： 选择内容图层，右击鼠标，在快捷菜单中选择【创建剪贴】蒙版命令，即可创建剪贴蒙版。

方法二： 选择内容图层，执行【图层】→【创建剪贴蒙版】命令，或者按【Alt+Ctrl+G】组合键，即可创建剪贴蒙版。

方法三： 将鼠标放在两个图层之间，按住【Alt】键，当鼠标变为形状时，单击鼠标，即可创建剪贴蒙版，如图 5-132 所示。

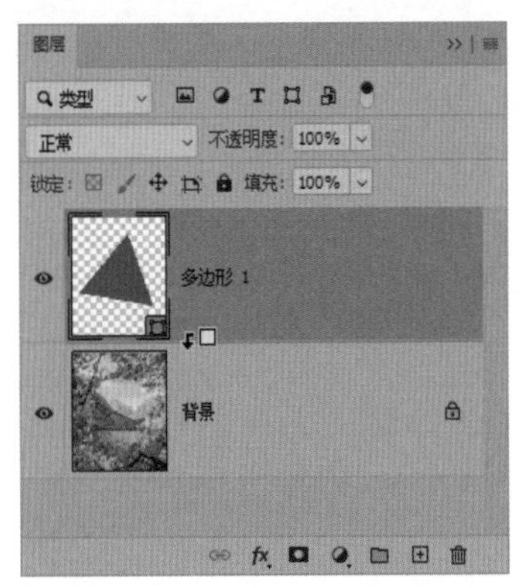

图 5-132

● 应用实战

剪贴蒙版通过下方图层的形状限制上方图层的显示状态，达到一种剪贴画的效果。剪贴蒙版至少需两个图层才能创建。创建剪贴蒙版的具体操作步骤如下。

Step 01： 打开"素材文件/第 5 章/窗户.jpg"文件，如图 5-133 所示。先将窗户区域的图像选择出来。

图 5-133

Step 02：切换到【通道】面板，复制【蓝通道】，得到【蓝 拷贝】通道，如图 5-134 所示。

图 5-134

Step 03：按【Ctrl+L】组合键执行【色阶】命令，打开【色阶】对话框，调整高光、阴影和中间调，增加图像对比度，如图 5-135 所示。

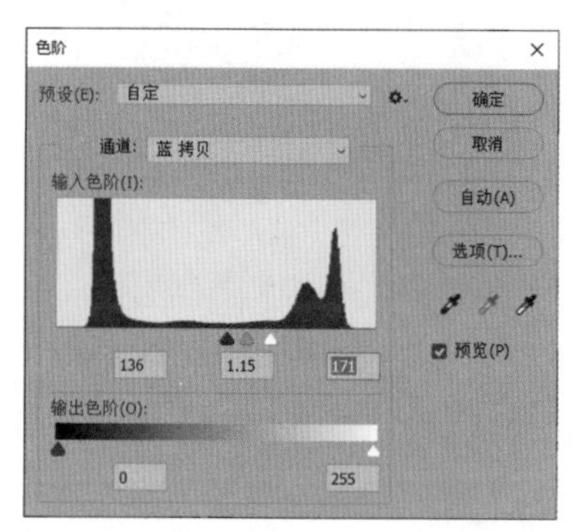

图 5-135

Step 04：通过前面的操作，使图像窗户区域几乎呈现白色，如图 5-136 所示。

图 5-136

Step 05：按【Ctrl】键的同时单击【蓝 拷贝】通道缩览图，载入选区。选择【RGB】复合通道，如图 5-137 所示。

图 5-137

Step 06：切换至【图层】面板，按【Ctrl+J】组合键复制选区图像，得到【图层 1】，如图 5-138 所示。

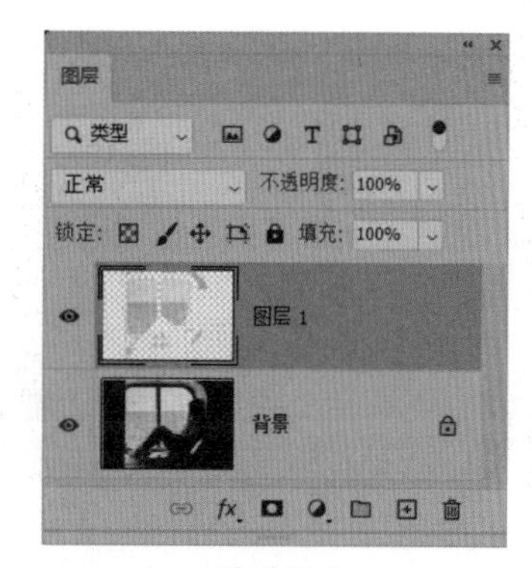

图 5-138

Step 07：置入“素材文件/第 5 章/威尼斯.jpg”文件，如图 5-139 所示。

图 5-139

Step 08：右击鼠标，在快捷菜单中选择【创建剪贴蒙版】命令，创建剪贴蒙版，如图 5-140 所示。

图 5-140

Step 09：通过前面的操作使上方的图像只显示在玻璃窗户区域，如图 5-141 所示。

图 5-141

Step 10：因为玻璃窗户区域多选了一些图像，所以选择【图层 1】，单击图层面板底部的添加蒙版按钮，添加蒙版，如图 5-142 所示。

图 5-142

Step 11：设置前景色为黑色，使用柔角画笔在蒙版上绘制，隐藏多余选区的图像，如图 5-143 所示。

图 5-143

Step 12：新建【图层 2】，执行【图层】→【剪贴蒙版】命令，创建剪贴蒙版，如图 5-144 所示。

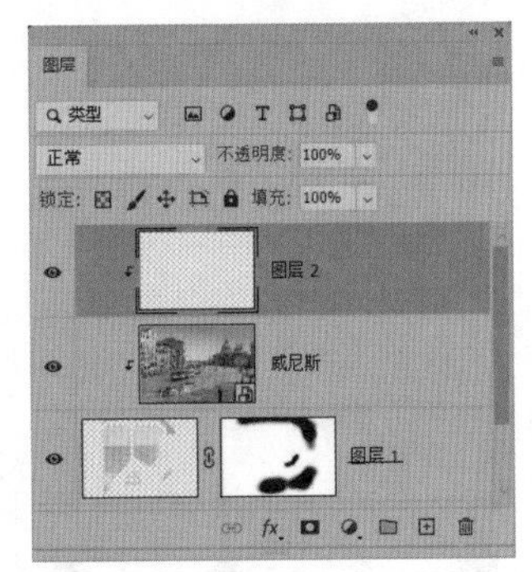

图 5-144

Step 13：设置前景色为深黄色#b07211，选择【画笔工具】，降低画笔的不透明度，在图像上绘制，如图 5-145 所示。

图 5-145

Step 14：设置【图层 2】混合模式为“叠加”，降低图层的不透明度，如图 5-146 所示。

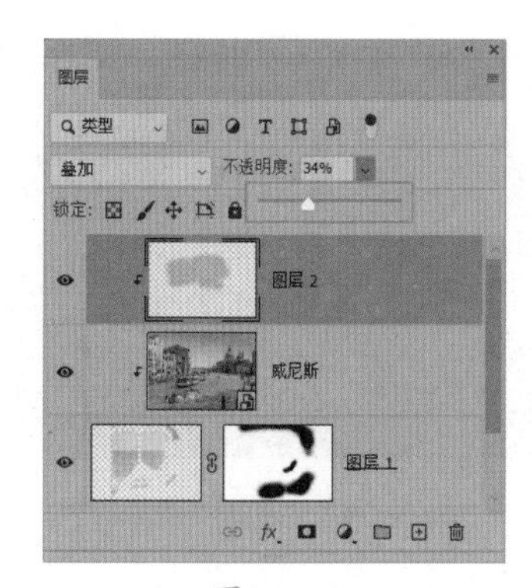

图 5-146

Step 15：通过前面的操作，图像效果如图 5-147 所示。

图 5-147

Step 16：新建【图层 3】并创建剪贴蒙版，如图 5-148 所示。

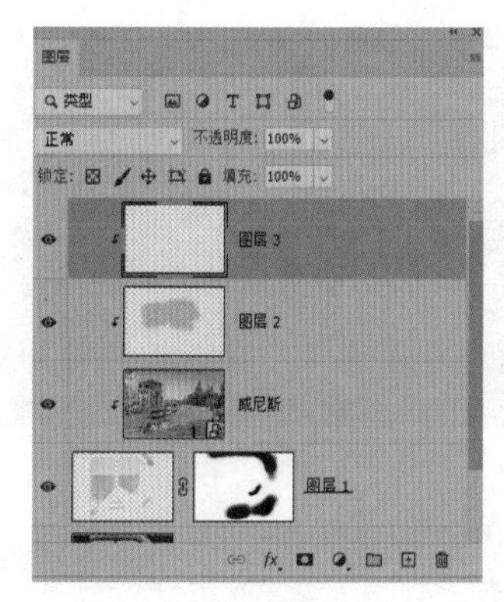

图 5-148

Step 17：设置前景色为深红色#700202，使用【画笔工具】在图像上绘制，如图 5-149 所示。绘制时可以用不同的画笔不透明度来绘制有层次感的光线效果。

图 5-149

Step 18：设置【图层 3】混合模式为“叠加”，降低图层不透明度，如图 5-150 所示。

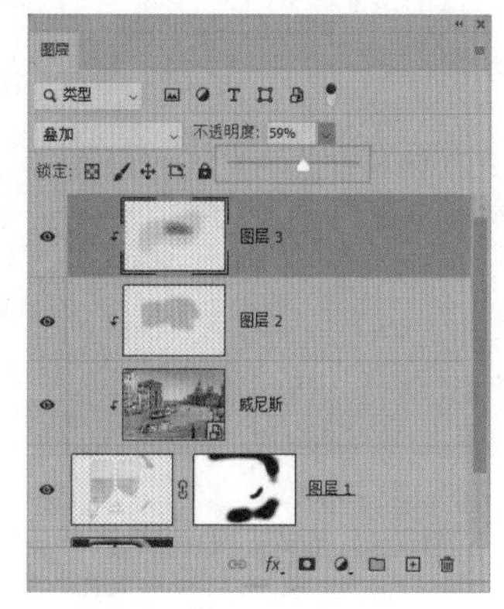

图 5-150

Step 19：通过前面的操作，为湖面图像添加光线效果，如图 5-151 所示。

图 5-151

Step 20：在图层面板最上方创建【曲线】调整图层，选择【RGB】通道，调整曲线形状，压暗图像高光，如图 5-152 所示。

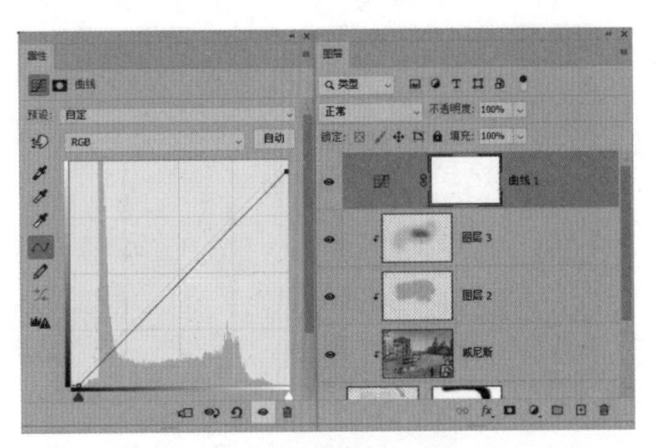

图 5-152

Step 21：压暗图像效果如图 5-153 所示。

图 5-153

Step 22：选择【蓝通道】，调整曲线形状，减少蓝色，如图 5-154 所示；选择【红通道】，调整曲线形状，增加红色，如图 5-155 所示。

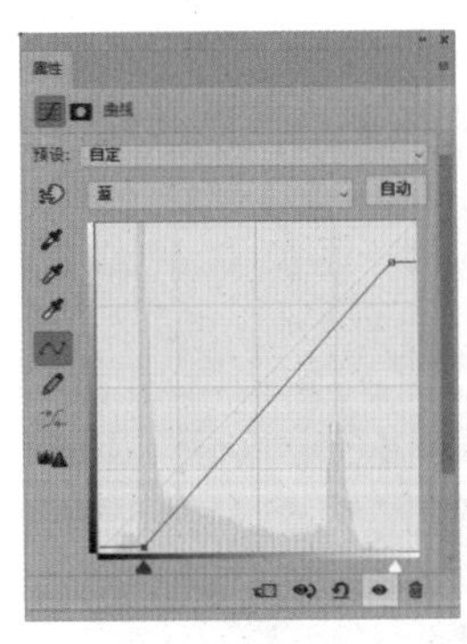

图 5-154　　图 5-155

Step 23：通过前面的操作统一图像色调，如图 5-156 所示。

图 5-156

Step 24：选择【图层 1】蒙版缩览图，设置前景色为灰色#a5a5a5。使用柔角画笔在蒙版上绘制，使玻璃呈现半透明效果，如图 5-157 所示。

图 5-157

Step 25：通过前面的操作使图像效果更加自然，如图 5-158 所示。

图 5-158

高手点拨

剪贴蒙版的混合模式

剪贴蒙版组统一使用基底图层的混合属性，当基底图层为【正常】模式时，所有的图层会按照各自的混合模式与下面的图层混合。调整基底图层的混合模式时，整个剪贴蒙版中的图层都会使用此模式与下面的图层混合。

关键技能 046 使用图框轻松遮盖图像

● 技能说明

图框与蒙版类似，有遮盖图像的功能，如图 5-159 所示。

图 5-159

创建图框图层后，会显示图框缩览图和内容缩览图，如图 5-160 所示。选中图框缩览图，可以移动、旋转和缩放图框；选中内容缩览图，则可以编辑内容图像，包括移动、缩放、旋转以及调整内容图像色调等。画框中的内容始终作为智能对象，因此可以实现无损缩放，也可以轻松替换内容图像。

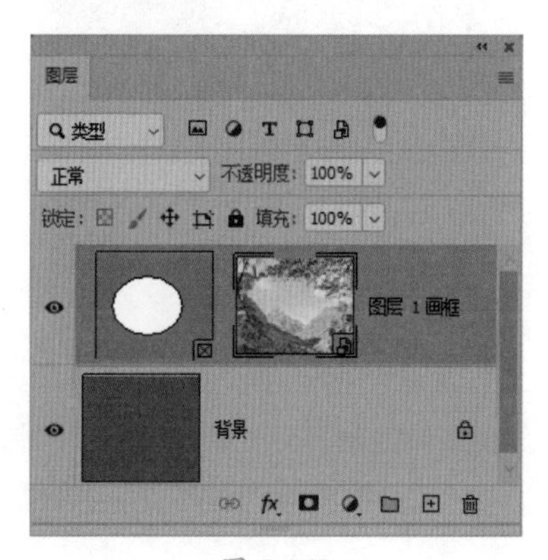

图 5-160

Photoshop 中创建占位符图框有以下几种方法。

方法一：使用【图框工具】，在画布上绘制空白的矩形图框或椭圆形图框。

方法二：选择现有的任意形状或文本，右击鼠标，在快捷菜单中选择【转换为图框】命令，可以将形状或文本转换为图框，如图 5-161 所示。

图 5-161

方法三：选择现有图像，使用【图框工具】在该图像的所需区域绘制图框，即可创建图框，如图 5-162 所示。图框以外区域的图像会自动被隐藏。

图 5-162

● 应用实战

使用图框遮盖图像的具体操作方法如下。

Step 01：打开“素材文件/第 5 章/太阳镜.jpg”文件，如图 5-163 所示。

图 5-163

Step 02：选择【钢笔工具】，在选项栏设置绘图模式为形状，填充设置为无。使用【钢笔工具】沿着眼镜轮廓进行绘制，如图 5-164 所示。

图 5-164

Step 03：分别选择【形状 1】和【形状 2】图层，右击鼠标，选择【转换为图框】命令，将其转换为图框，如图 5-165 所示。

图 5-165

Step 04：置入“素材文件/第 5 章/秋天.jpg”文件到图框中，如图 5-166 所示。

图 5-166

Step 05：完成置入后，图像效果如图 5-167 所示。

图 5-167

Step 06：选中内容缩览图，如图 5-168 所示。

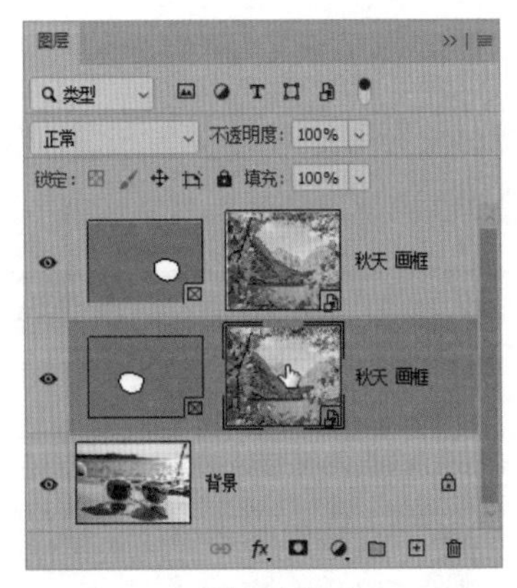

图 5-168

Step 07：按【Ctrl+T】组合键执行自由变换命令，缩放图像并移动其至合适的位置，如图 5-169 所示。

图 5-169

Step 08：使用相同的方法调整右侧图框内容的大小和位置，如图 5-170 所示。

图 5-170

第6章 图像光影调整与调色的 10 个关键技能

使用数码相机拍摄照片时，有时会出现曝光不准确、色彩不鲜艳的情况，这时可以利用Photoshop中的光影调整和调色命令矫正照片的曝光，以及还原照片的真实色彩。

本章将介绍图像光影调整与调色的 10 个关键技能，以帮助读者提高照片后期编辑的能力。本章知识点框架如图 6-1 所示。

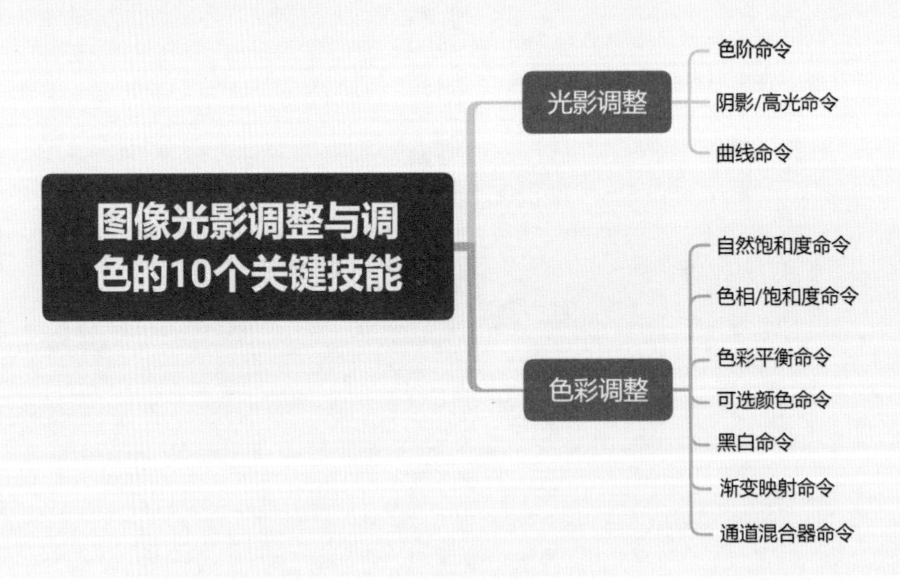

图 6-1

关键技能 047　运用“色阶”命令调整图像明暗

● 技能说明

【色阶】是Photoshop最为重要的调整工具之一，它可以调整图像的阴影、中间调和高光的强度级别，校正色调范围和色彩平衡。执行【图像】→【调整】→【色阶】命令就可以打开【色阶】对话框，如图 6-2 所示。当在对话框中设置【通道】为【RGB】复合通道时，可以调整图像明暗；设置【通道】为颜色通道时，可以调整图像色调。

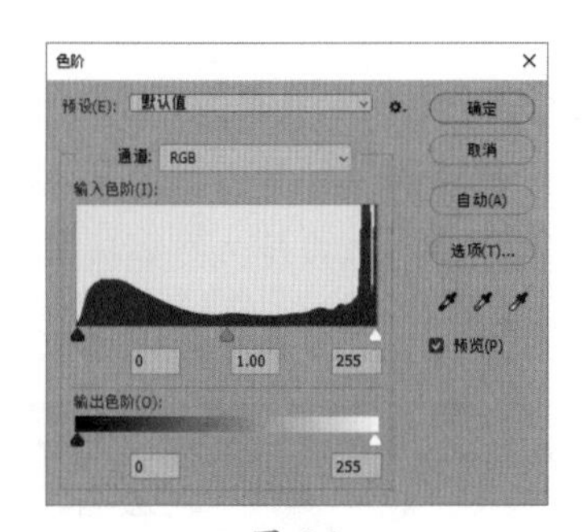

图 6-2

1. 使用预设调整图像

单击【色阶】对话框的预设下拉按钮，在下拉菜单中可以选择一种预设方案调整图像明暗，如图 6-3 所示。

图 6-3

2. 使用输入色阶调整图像

在【输入色阶】中从左至右的滑块分别表示“阴影”“中间调”和“高光”，如图 6-4 所示。

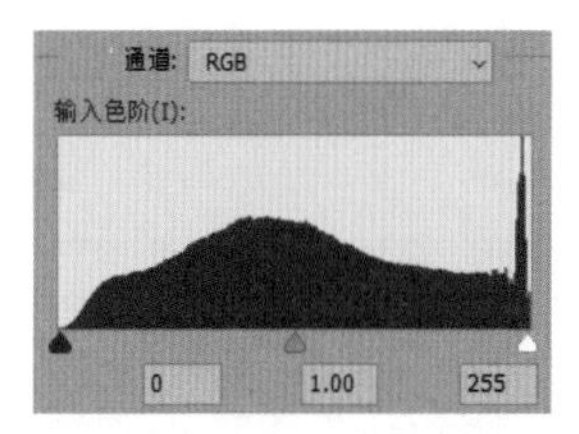

图 6-4

向右拖动阴影滑块，可以提亮阴影区域，如图 6-5 所示；向左拖动高光滑块，可以提亮高光区域，如图 6-6 所示。

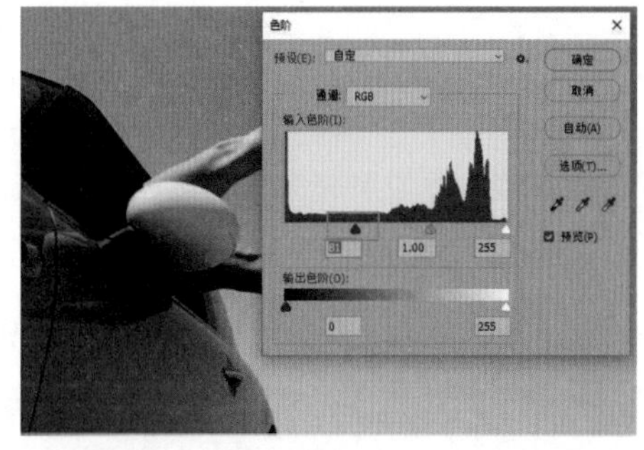

图 6-5

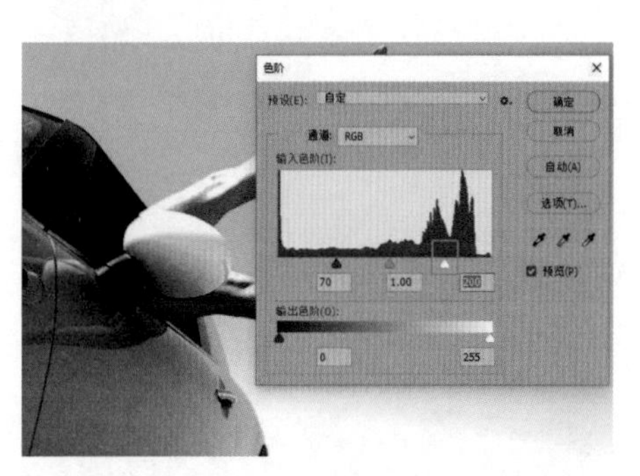

图 6-6

向左拖动中间调滑块，可以提亮中间调区

域，如图 6-7 所示；向右拖动中间调滑块，可以压暗中间调区域，如图 6-8 所示。

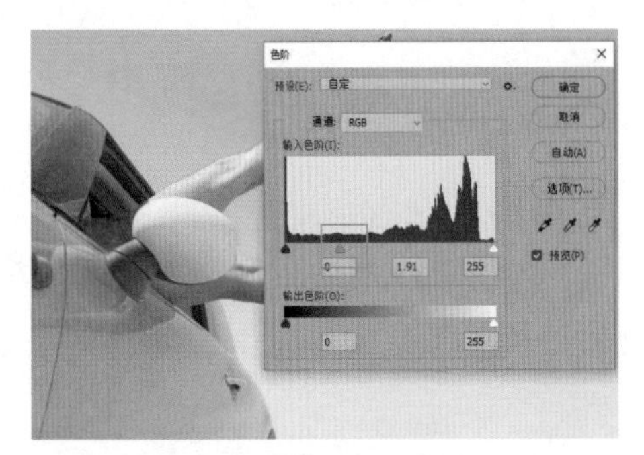

图 6-7

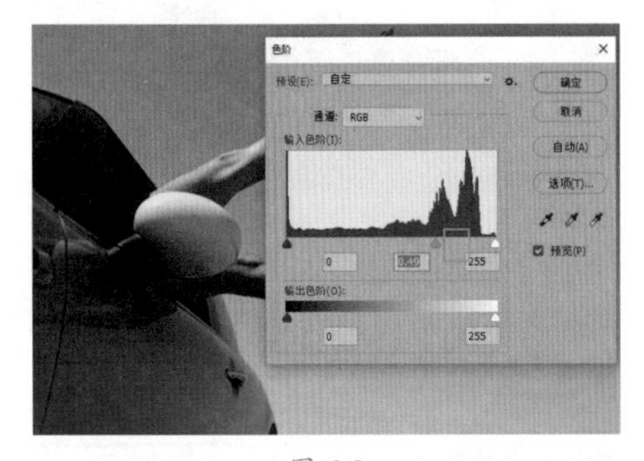

图 6-8

在【阴影】【中间调】和【高光】对应的文本框中输入数值也可以调整图像明暗。

3. 使用输出色阶调整图像

调整【输出色阶】参数可以限制图像的亮度范围，从而降低对比度，使图像呈现褪色效果。向右侧拖动黑色滑块，可以提亮图像，如图 6-9 所示；向左侧拖动白色滑块，可以压暗图像，如图 6-10 所示。

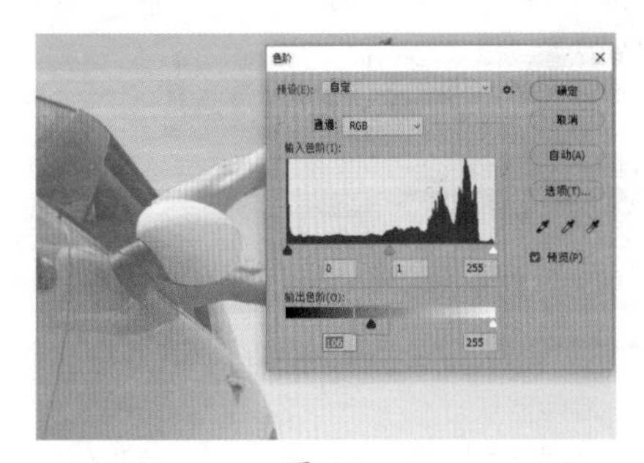

图 6-9

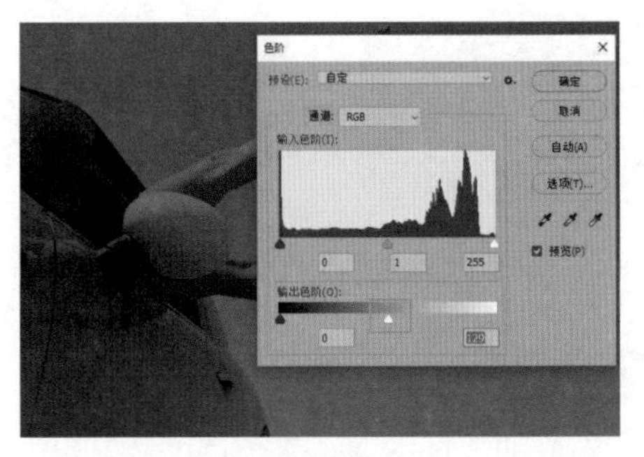

图 6-10

4. 通过设置白场、灰场和黑场来调整图像

黑场就是照片上的最暗点（有细节的而不是漆黑一团的），白场就是照片上最亮点（也是有细节的而不是一片全白的），而灰场就是中性灰。设置黑场、白场可以增加图像对比度，设置灰场则可以校正图像白平衡。

设置黑场：可以设置图像中的阴影范围。单击【在图像中取样以设置黑场】按钮，将光标放在图像最暗的点并单击鼠标，此时，图像中比选取点更暗的像素颜色会变得更深，如图 6-11 所示。

图 6-11

设置白场：可以设置图像中的高光范围。单击【在图像中取样以设置白场】按钮，将光标放在图像最亮的点并单击鼠标，此时，图像中比选取点更亮的像素颜色会变得更浅，如图 6-12 所示。

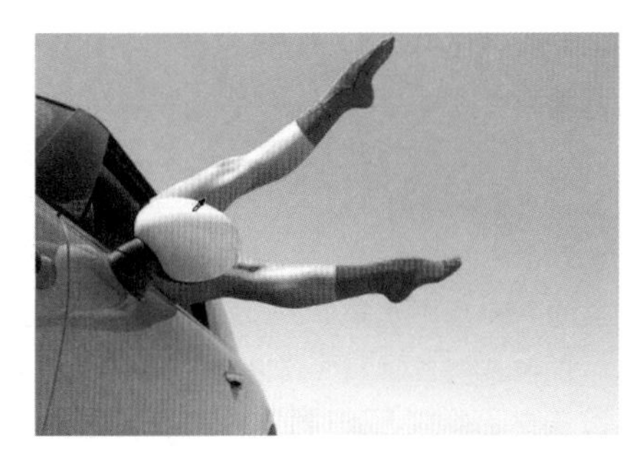

图 6-12

设置灰场：可以校正图像偏色问题。如图 6-13 所示，图像偏紫色。单击【在图像中取样以设置灰场】按钮，将光标放在图像灰色像素的地方并单击鼠标，此时，图像偏色的情况得到改善，如图 6-14 所示。

图 6-13

图 6-14

高手点拨

直方图

数码照片是由无数个像素点构成的图像，每个像素点都包含了图片信息，而直方图可以将这些信息集合显示，因此，通过直方图可以显示照片的信息分布情况。

如图 6-15 所示，直方图的横坐标表示的是明暗值，可以用 0~255 的色阶亮度值表示。最左侧数值最小为 0，是纯黑色，越往右色阶亮度值越大，明度越亮，到最右侧达到最大值 255，是纯白色。

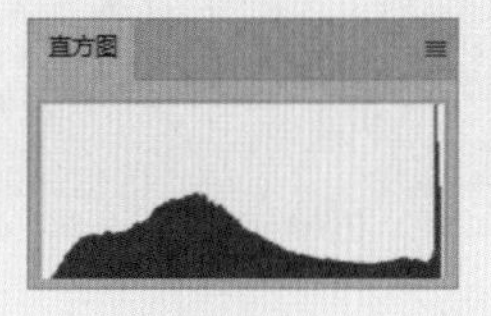

图 6-15

纵坐标对应亮度的像素数量，高度越高说明对应的亮度像素数量越多，图像整体色调便倾向于该亮度。如图 6-16 所示，直方图中的信息集中在右侧，说明该图像整体色调是偏亮的。

图 6-16

此外，直方图中还可以记录颜色信息。如图 6-17 所示，可以发现红色像素集中在左侧，说明红色像素集中在图像暗部。同样地，也可以分析蓝色和绿色像素的分布情况。

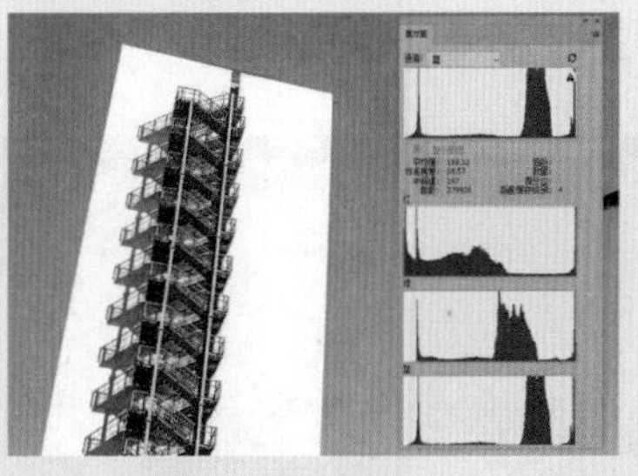

图 6-17

● 应用实战

执行【色阶】命令调整图像明暗的具体操作步骤如下。

Step01：打开“素材文件/第 6 章/白色建筑.jpg”文件，如图 6-18 所示，图像整体有点发灰。

图 6-18

Step 02：执行【图像】→【调整】→【色阶】命令，打开【色阶】对话框，如图 6-19 所示，拖动阴影和高光滑块，压暗阴影区域，提亮高光区域，向左拖动中间调滑块，压暗中间调区域。

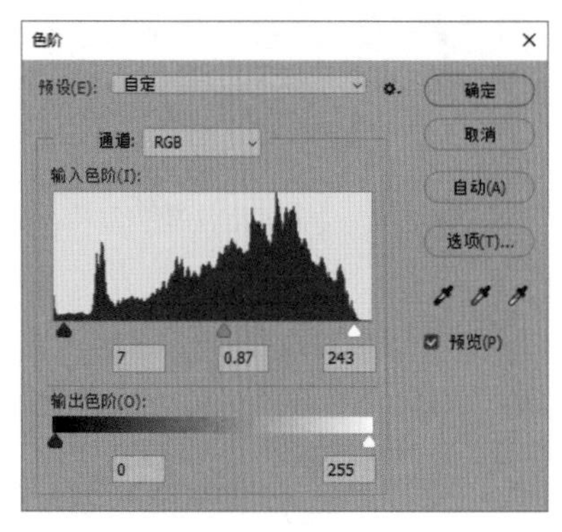

图 6-19

Step 03：通过前面的操作增强图像对比度，效果如图 6-20 所示。

图 6-20

高手点拨

色阶调整

颜色亮度用 0~255 的色阶值来表示，其中 0 表示最暗，也就是纯黑色；255 则表示最亮，也就是纯白色。【色阶】命令就是通过调整色阶值来改变图像明暗。

打开【色阶】对话框后，可以通过直方图查看图像的像素分布情况。

在【输入色阶】中，左侧阴影滑块和高光滑块对应的初始值分别是 0 和 255，也就是黑色和白色。当向右侧拖动阴影滑块时，如拖动至 66，设置图像中色阶值为 66 的像素就被重新定义为 0，也就是说，原本图像中 0-66 色阶范围的像素全部变成了黑色，黑色范围增大，因此图像会变暗，如图 6-21 所示；拖动高光滑块原理也是一样的，将其拖动到某个色阶，就可以将该色阶重新定义为白色，白色范围增大，所以图像会变亮。

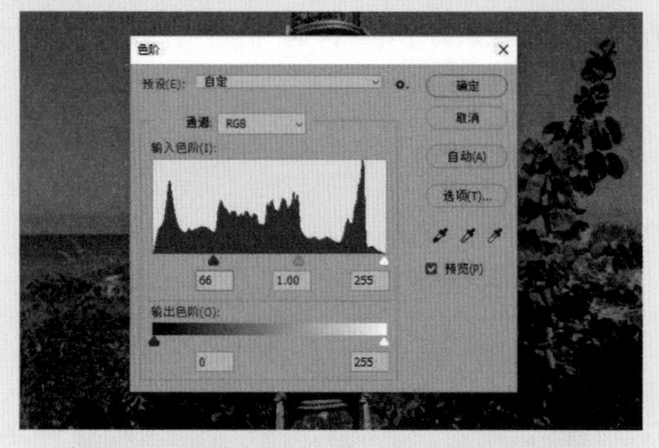

图 6-21

中间调滑块左侧代表图像的暗部，右侧代表图像的亮部。当将中间调滑块向左侧拖动时，右侧的亮部范围会增大，因此图像变亮，反之则会变暗。

【输出色阶】可以改变图像整体的亮度。向右侧拖动黑色滑块时，如拖动至 97，表示将原本色阶值为 0 的像素重新定义为 97，所以图像会变亮，如图 6-22 所示；反之图像则会变暗。

图 6-22

关键技能 048 运用“阴影/高光”命令校正逆光照片

● 技能说明

执行【阴影/高光】命令可以调整图像的阴影和高光部分，该命令主要用于修改一些因为阴影或逆光而主体较暗的照片。执行【图像】→【调整】→【阴影/高光】命令，可以打开【阴影/高光】对话框，如图 6-23 所示。

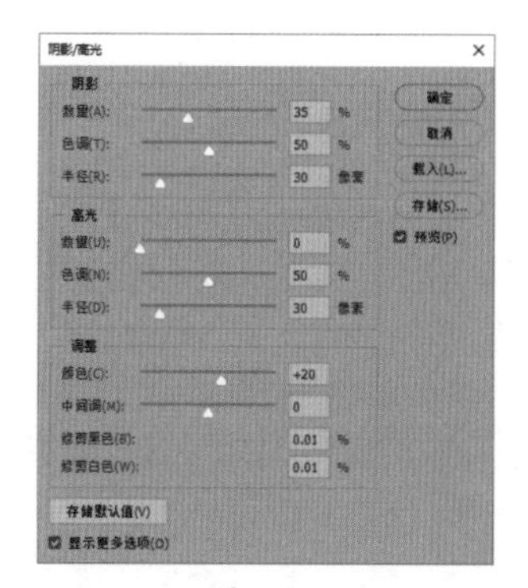

图 6-23

1. 阴影/高光

设置阴影/高光栏中的参数可以恢复阴影和调整高光区域的细节。拖动【数量】滑块可以控制调整强度。

【色调】用来调整色调的修改范围，较大的值会影响更多色调，较小的值只会对阴影中较暗的区域进行校正，或者对高光区域中较亮的区域进行校正。

【半径】可调整每个像素周围的局部相邻像素的大小，相邻像素决定像素是在阴影中还是在高光中。

2. 调整

设置调整栏中的参数可以调整图像颜色和对比度。拖动【颜色】滑块可以调整已修改区域的色彩。例如，增加【阴影】栏中的【数量】值使图像中较暗的颜色显示出来以后，再增加【颜色】值，就可使颜色更加鲜艳。

【中间调】用于控制中间调区域图像的对比度。

【修剪黑色】和【修剪白色】指定在图像中将多少阴影/高光剪切到新极端阴影（色阶为 0，黑色）和高光（色阶为 255，白色）中。该值越大，色调对比度越强。

● 应用实战

使用【阴影/高光】命令校正逆光照片的具体操作步骤如下。

Step01：打开“素材文件/第 6 章/小树林.jpg”文件，如图 6-24 所示，高光和阴影区域图像细节消失。

图 6-24

Step02：执行【图像】→【调整】→【阴影/高光】命令，打开【阴影/高光】对话框，设置【高光/阴影】参数，如图 6-25 所示。

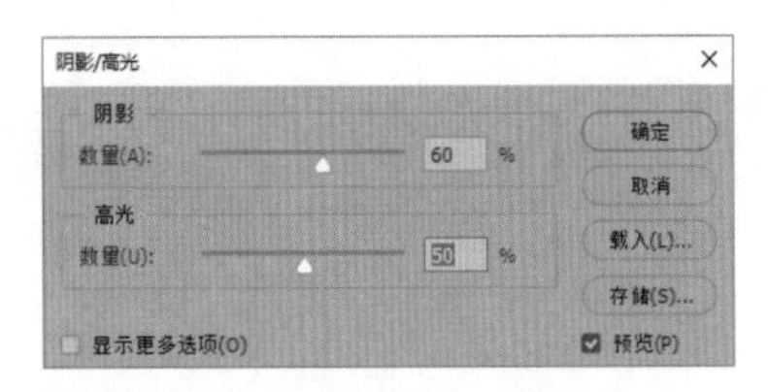

图 6-25

Step 03：通过前面的操作，提亮阴影区域，压暗高光区域，增加图像细节，如图 6-26 所示。

图 6-26

Step 04：增加图像细节后，整体有点发灰且效果不自然。选择【显示更多选项】，展开对话框，在【阴影】栏中设置【色调】为 60%，【半径】为 60 像素；在【高光】栏中设置【色调】为 60%，【半径】为 60 像素；在【调整】栏中设置【颜色】为 30，【中间调】为 -40。单击【确定】按钮，如图 6-27 所示。

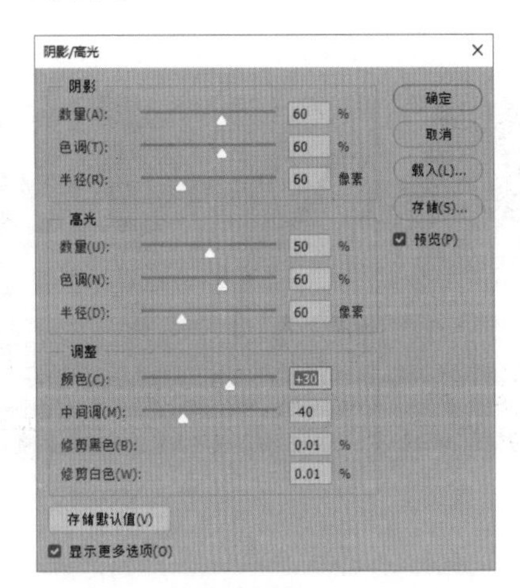

图 6-27

Step 05：通过前面的操作，增加图像的鲜艳度且效果显得更加自然，如图 6-28 所示。

图 6-28

Step 06：再次执行【图像】→【调整】→【阴影/高光】命令，打开【阴影/高光】对话框，显示更多选项，在【阴影】栏中设置【数量】为 30%；在【调整】栏中设置【颜色】为 0，【中间调】为 40；增加中间调对比度，其他保持默认设置。单击【确定】按钮，如图 6-29 所示。

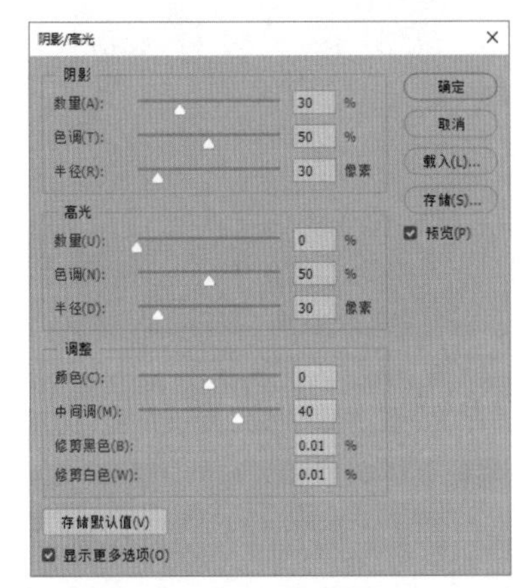

图 6-29

Step 07：通过前面的操作，增强图像效果，如图 6-30 所示。

图 6-30

关键技能 049　运用“曲线”命令调整图像色调

● 技能说明

使用【曲线】命令可以调整图像的色调。执行【图像】→【调整】→【曲线】命令，可以打开【曲线】对话框，如图6-31所示。在曲线中，右上角代表图像的高光区域，左下角代表图像的阴影区域，中间部分则代表图像的中间调区域。图形的水平轴表示输入色阶（初始图像值）；垂直轴表示输出色阶（调整后的新值）。

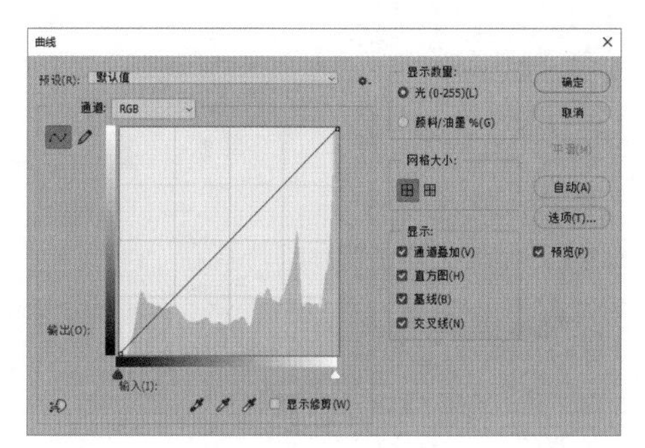

图 6-31

在曲线上添加控制点并向上拖动曲线，可以提亮图像，如图6-32所示。

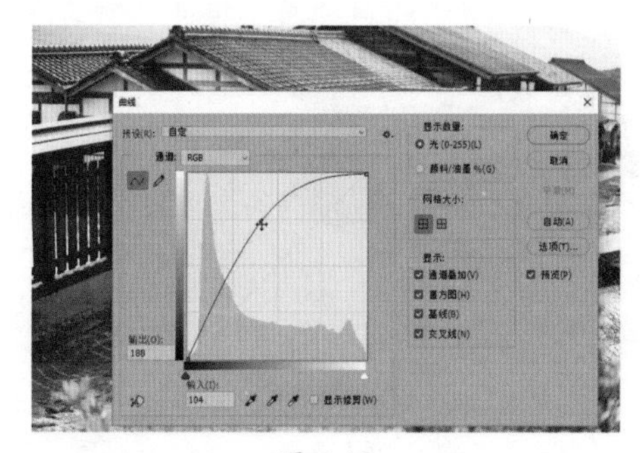

图 6-32

向下拖动曲线，可以压暗图像，如图6-33所示。

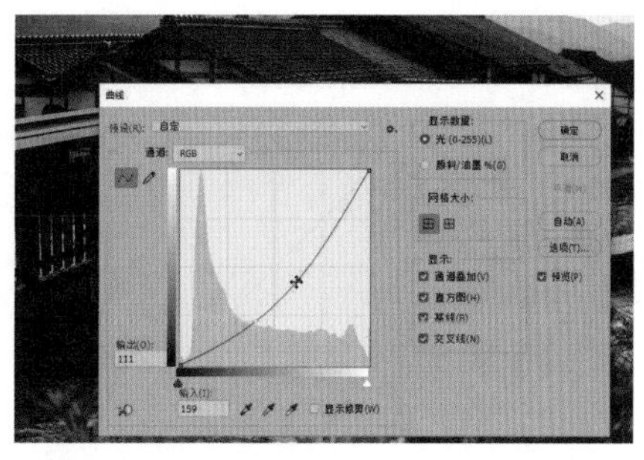

图 6-33

将曲线拖出“S”形状，可以增加图像对比度，如图6-34所示。

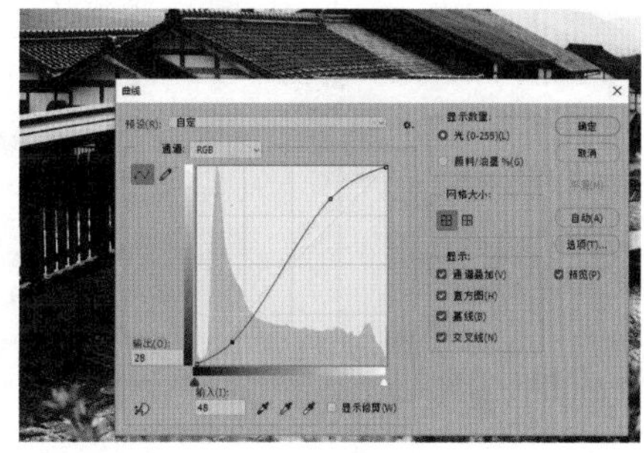

图 6-34

单击对话框左下角的【在图像上单击并拖动可修改曲线】按钮，将光标放在图像上并拖动鼠标，可以修改单击点的色调，如图6-35所示。

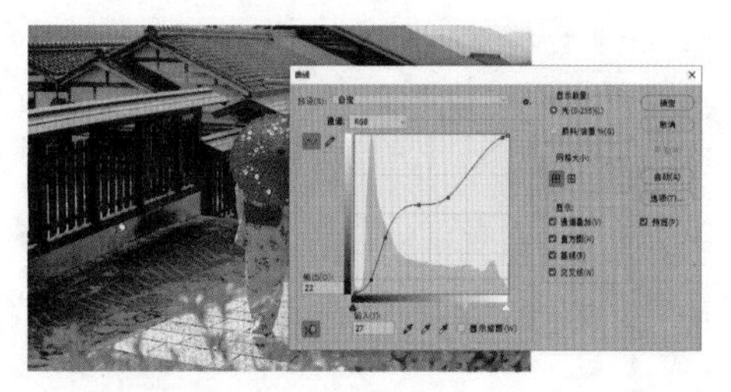

图 6-35

此外，使用【曲线】命令还可以设置黑场、白场来调整图像明暗，也可以设置灰场来校正白平衡。具体操作方法参考【色阶】命令。

高手点拨

阴影、高光和中间调

阴影：图像中色调较暗但仍然包含细节的图像区域。

高光：图像中色调较亮但仍然包含细节的图像区域。

中间调：图像中既不亮也不暗的过度范围。

● 应用实战

使用【曲线】命令调整图像色调的具体操作步骤如下。

Step 01：打开“素材文件/第 6 章/湖边.jpg”文件，如图 6-36 所示。

图 6-36

Step 02：执行【图像】→【调整】→【曲线】命令，打开【曲线】对话框，选择【RGB】复合通道，调整曲线形状，如图 6-37 所示。

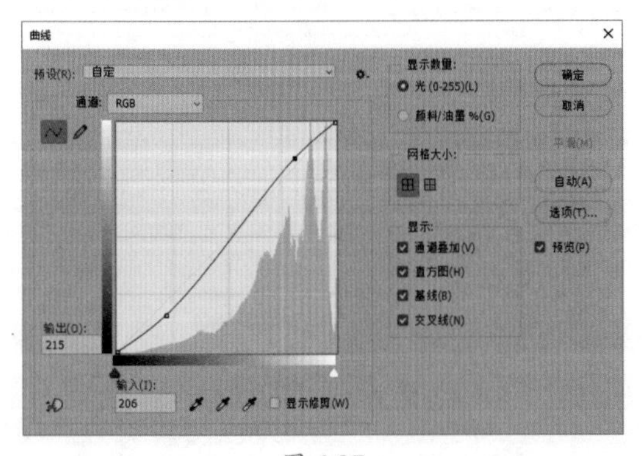

图 6-37

Step 03：通过前面的操作提亮图像并增加图像的对比度，效果如图 6-38 所示。

图 6-38

Step 04：选择【蓝】通道，调整曲线形状，如图 6-39 所示。

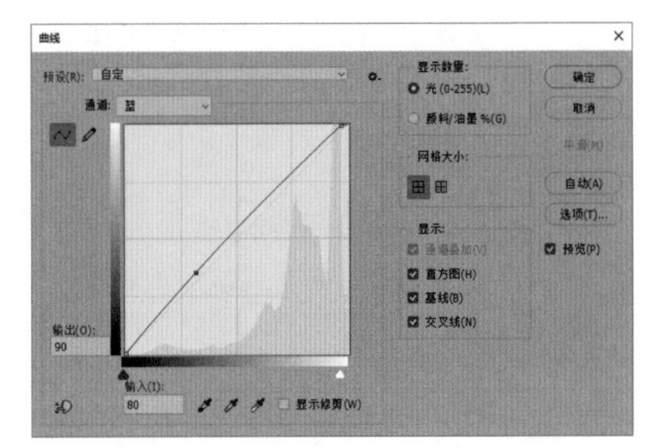

图 6-39

Step 05：通过前面的操作为图像增加蓝色调，效果如图 6-40 所示。

图 6-40

Step 06：选择【红】通道，调整曲线形状，如图 6-41 所示。

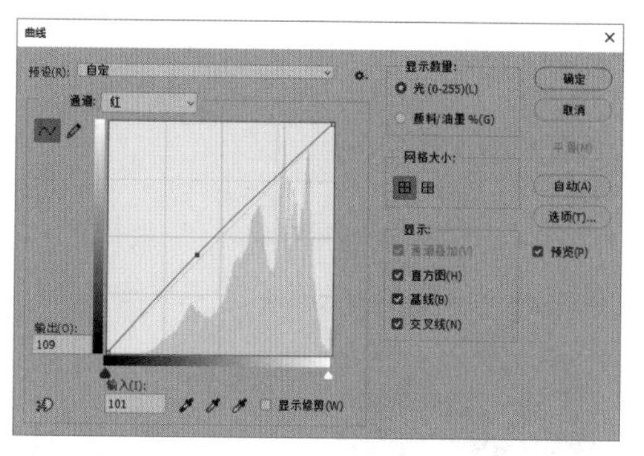

图 6-41

Step 07：通过前面的操作为图像增加红色调，效果如图 6-42 所示。

图 6-42

关键技能 050 运用“自然饱和度”命令调整图像饱和度

● 技能说明

饱和度也称纯度，表示色彩的鲜艳程度。Photoshop 中使用【自然饱和度】命令可以调整图像的鲜艳程度。执行【图像】→【调整】→【自然饱和度】命令，可以打开【自然饱和度】对话框，如图 6-43 所示。

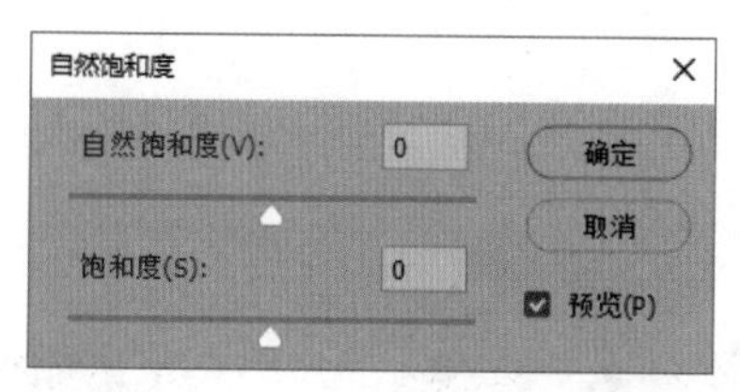

图 6-43

自然饱和度：自然饱和度会检测画面中颜色的鲜艳程度，尽量让照片中所有颜色的鲜艳程度趋于一致。向右侧拖动滑块时，自然饱和度会优先增加颜色较淡区域的鲜艳程度，将其大幅度提高。如图 6-44 所示，当【自然饱和度】为 100 时，图像整体鲜艳程度被提高了，但仍然保留图像细节。

图 6-44

向左侧拖动滑块时，会降低色彩的鲜艳程度。如图 6-45 所示，当【自然饱和度】为 -100 时，图像中本来颜色淡的地方会被去色，但是强烈色彩区域的颜色会有所保留。

图 6-45

饱和度：用于控制画面中所有色彩的鲜艳程度。当向右侧拖动滑块时，画面中的色彩会增加同样强度的饱和度。如图 6-46 所示，当【饱和度】为 100 时，画面中原本饱和度较高的地方出现了过饱和，图像细节丢失。

图 6-46

当向左侧拖动滑块时，画面中会降低同样强度的饱和度。如图 6-47 所示，当【饱和度】为 -100 时，画面中所有色彩会变成灰色。

图 6-47

● 应用实战

使用【自然饱和度】命令调整图像饱和度的具体操作步骤如下。

Step 01：打开“素材文件/第 6 章/旅行.jpg”文件，如图 6-48 所示，图像色彩不够鲜艳。

图 6-48

Step 02：执行【图像】→【调整】→【自然饱和度】命令，打开【自然饱和度】对话框，设置【自然饱和度】为 60，【饱和度】为 20，单击【确定】按钮，如图 6-49 所示。

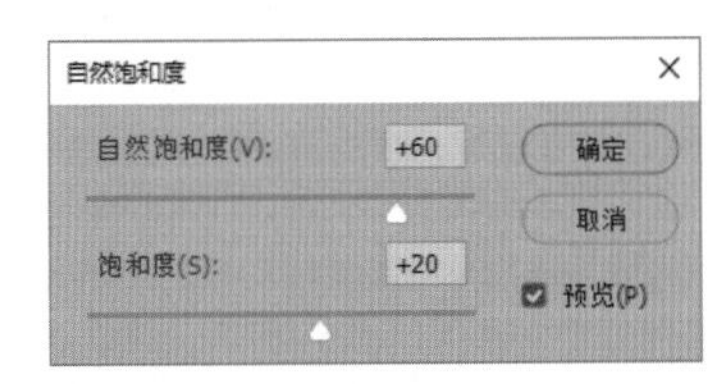

图 6-49

Step 03：通过前面的操作，图像色彩变得更加鲜艳，如图 6-50 所示。

图 6-50

关键技能 051 运用“色相 / 饱和度”命令选择性调整图像颜色

● 技能说明

使用【色相/饱和度】命令，可以对色彩的色相、饱和度、明度进行修改。执行【图像】→【调整】→【色相/饱和度】命令，可以打开【色相/饱和度】对话框，如图 6-51 所示。拖动【色相】【饱和度】和【明度】滑块即可相应调整色相、饱和度和明度。

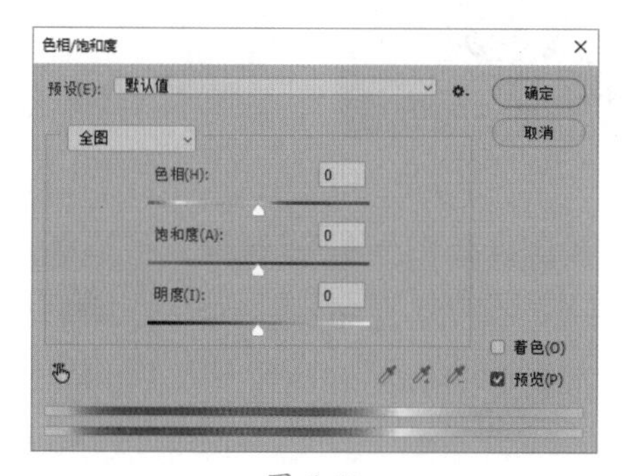

图 6-51

色相：色彩所呈现出来的质地面貌，也就是通常所说的颜色，如黄色、红色、绿色、蓝色等。在【色相/饱和度】对话框中拖动【色相】滑块即可改变颜色，如图 6-52 所示。

图 6-52

饱和度：拖动【饱和度】滑块可以调整色彩的鲜艳程度，如图 6-53 所示。

图 6-53

明度：颜色的明暗程度。该值越大，颜色越亮，反之颜色越暗。当值为 100 时，画面呈现白色；当值为 -100 时，画面呈现黑色。如图 6-54 所示为增加明度的效果对比图。

图 6-54

在默认情况下，拖动【色相】【饱和度】或【明度】滑块会调整图像的整体颜色，如果单击【色相/饱和度】左下角的【在图像上单击并拖动可修改饱和度】图标，然后在图像上单击，可以定位单击点的颜色；再拖动【色相】【饱和度】或【明度】滑块，可以调整图像中与单击点相似颜色区域的颜色，如图 6-55 所示；效果如图 6-56 所示。

图 6-55

图 6-56

选中【色相/饱和度】对话框右下角的【着色】选项，再设置相关参数，可以创建单色效果的图像，如图 6-57 所示；效果如图 6-58 所示。

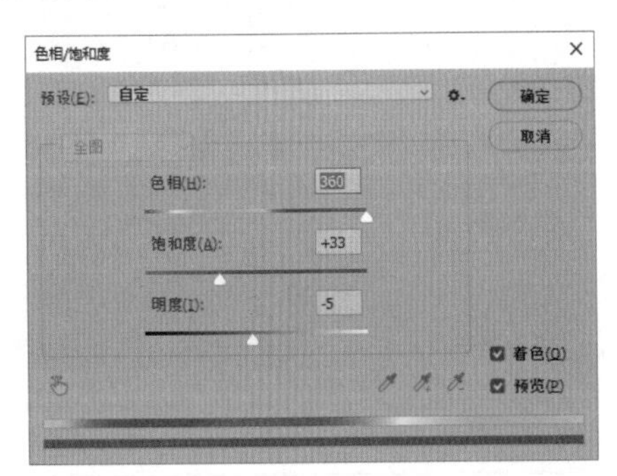

图 6-57

图 6-58

● 应用实战

使用【色相/饱和度】命令选择性调整图像颜色的具体操作步骤如下。

Step 01：打开“素材文件/第 6 章/塔.jpg”文件，如图 6-59 所示。

Step 02：按【Ctrl+J】组合键复制【背景】图层，生成【图层 1】，如图 6-60 所示。

图 6-59

图 6-60

Step 03：执行【图像】→【调整】→【色相/饱和度】命令，打开【色相/饱和度】对话框，❶单击对话框左下角的【在图像上单击并拖动可修改饱和度】按钮，❷单击画面中的建筑，此时软件会自动识别单击点的颜色并选择，❸在对话框中选择“红色”，如图 6-61 所示。

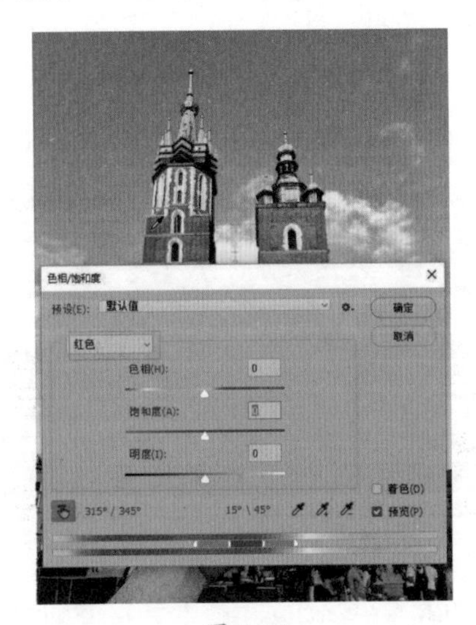

图 6-61

Step 04：设置【色相】为-14,【饱和度】为-13,【明度】为-12，如图6-62所示。

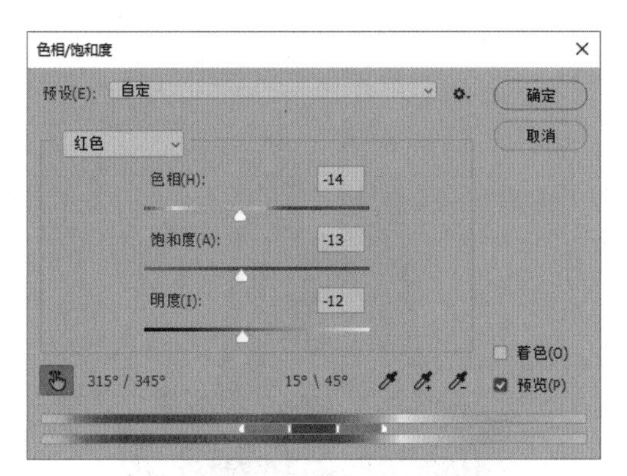

图 6-62

Step 05：此时，画面中包含红色的像素颜色发生改变，如图6-63所示。

图 6-63

Step 06：单击画面中的建筑，在对话框中选择“黄色”，如图6-64所示。

Step 07：设置【色相】为-8,【饱和度】为6,【明度】为-5，如图6-65所示。

Step 08：通过前面的操作，画面中包含黄色的像素颜色发生改变，如图6-66所示。

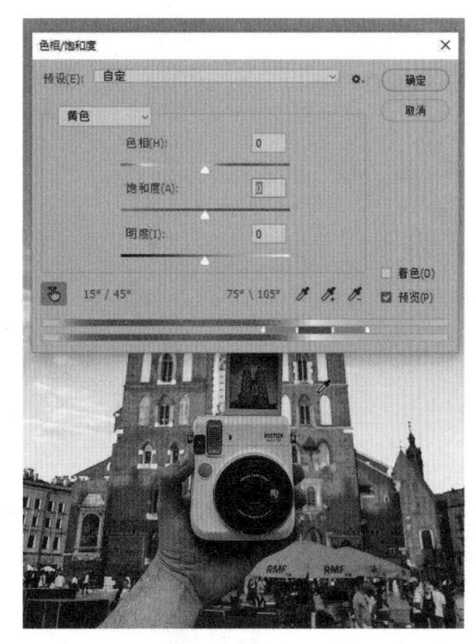

图 6-64

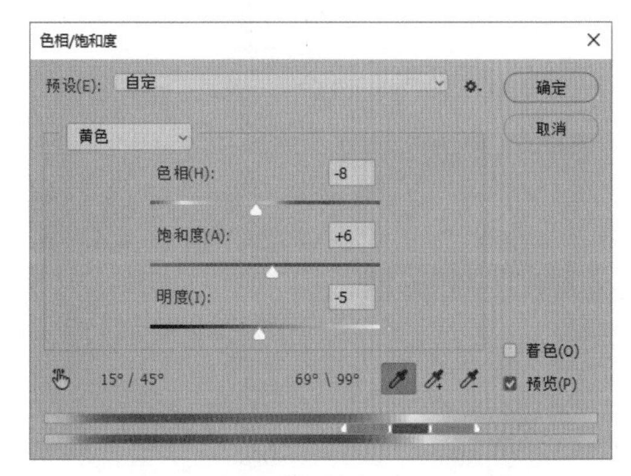

图 6-65

图 6-66

Step 09：❶设置【颜色】为全图，❷设置【饱和度】为 6,【明度】为 5，❸单击【确定】按钮，如图 6-67 所示。

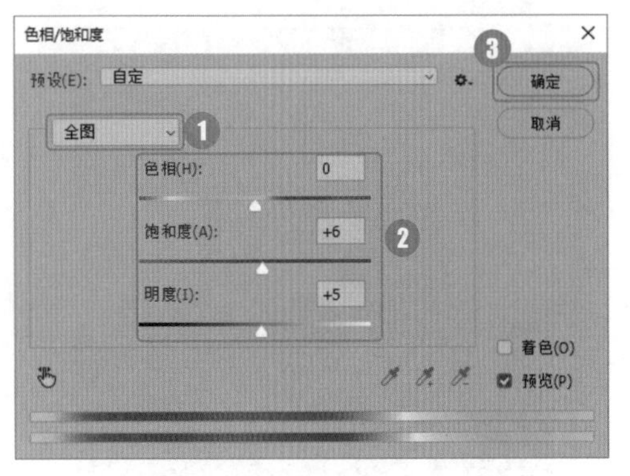

图 6-67

Step 10：通过前面的操作，图像整体颜色的饱和度及明亮度增加，如图 6-68 所示。

图 6-68

关键技能 052 运用“色彩平衡”命令调整图像色调

● 技能说明

【色彩平衡】命令可以分别调整图像阴影区、中间调和高光区的色彩成分，并混合色彩达到平衡。执行【图像】→【调整】→【色彩平衡】命令，打开【色彩平衡】对话框，如图 6-69 所示。

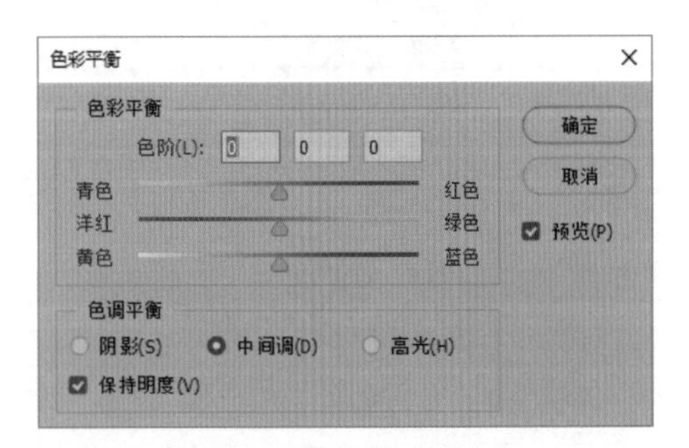

图 6-69

在【色彩平衡】对话框中，相互对应的两个颜色互为补色，当我们提高某种颜色的比重时，位于另一侧的补色的比重就会减少。

在默认情况下，调整【色彩平衡】对话框中的参数时，会调整图像中间调区域的色调。如果选择【阴影】单选项或【高光】单选项，再设置相应参数，即可调整阴影区域或高光区域的色调。

● 应用实战

使用【色彩平衡】命令调整图像色调的具体操作步骤如下。

Step 01：打开“素材文件/第 6 章/芭蕾.jpg”文件，整体色调偏黄色和绿色，如图 6-70 所示。

图 6-70

Step 02：执行【图像】→【调整】→【色彩平衡】命令，打开【色彩平衡】对话框，选择【阴影】选项，分别向红色、洋红和黄色方向拖动滑块，如图 6-71 所示。

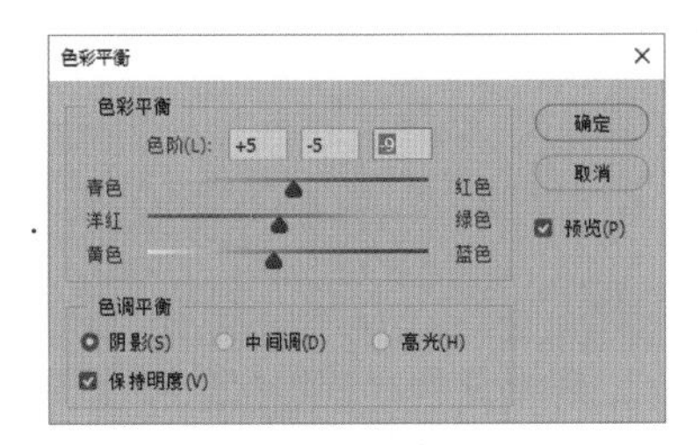

图 6-71

Step 03：通过前面的操作，为阴影区域添加暖色调，如图 6-72 所示。

图 6-72

Step 04：选择【高光】选项，分别向青色、洋红和蓝色方向拖动滑块，如图 6-73 所示。

Step 05：通过前面的操作，为高光区域添加冷色调，如图 6-74 所示。

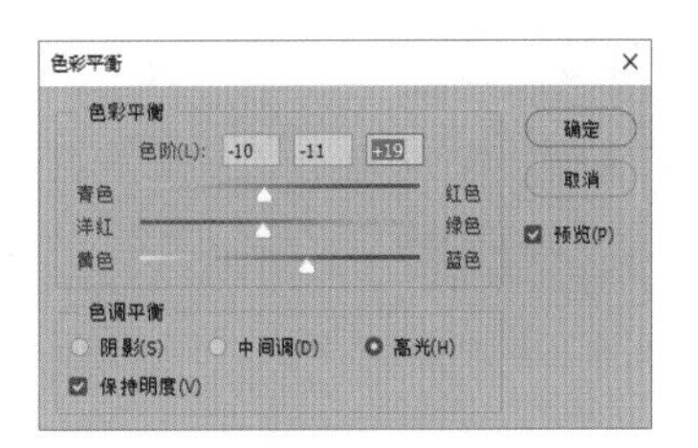

图 6-73

图 6-74

Step 06：选择【中间调】选项，分别向红色、绿色和蓝色方向拖动滑块，如图 6-75 所示。

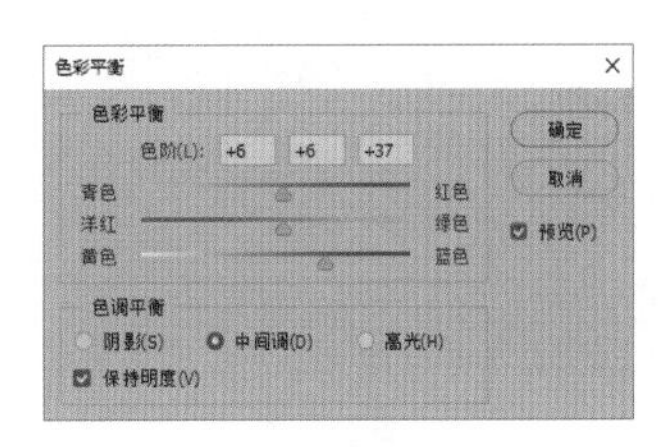

图 6-75

Step 07：通过前面的操作，为中间调区域添加冷色调，完成冷暖对比色调效果的调整，效果如图 6-76 所示。

图 6-76

关键技能 053 运用“可选颜色”命令调整图像特定颜色

● 技能说明

印刷时，所有颜色都是由青、洋红、黄、黑四种颜色的油墨混合而成的。而【可选颜色】命令可以模拟印刷过程中通过增减颜色的油墨量而改变某种颜色的效果。执行【图像】→【调整】→【色彩平衡】命令可以打开【可选颜色】对话框，如图 6-77 所示。

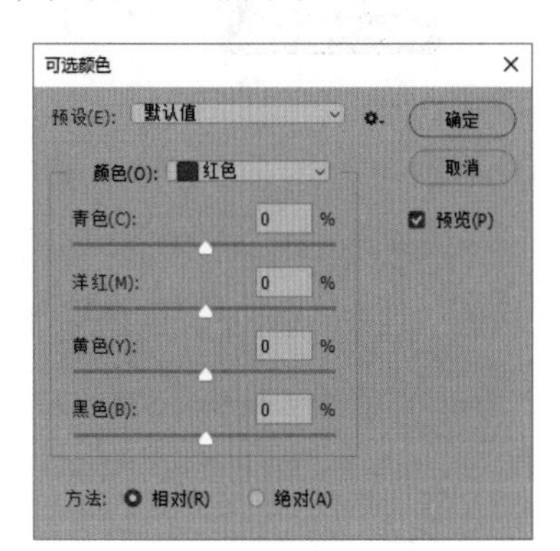

图 6-77

在该对话框中可以调整红色、黄色、绿色、青色、蓝色和洋红色 6 种主色以及白色（亮部）、中性色（中间调）和黑色（暗部）3 个主影调区域。

1. 调整对象的选择

使用【可选颜色】命令调色之前，需要弄清楚需要调整的颜色会受到【可选颜色】中哪些颜色的影响。可以先取样并使用【吸管工具】或者【信息】面板来查看取样点的RGB值，并找出其最大值、中间值和最小值。一种颜色会受到RGB值中最大值对应的色彩和最大值与中间值混合色的影响。

例如，RGB为（120，67，33）的颜色会受到红色（R），以及红色（R）和绿色（G）的混合色，也就是黄色的控制。所以使用【可选颜色】命令调整该颜色时，就应该调整红色和黄色。

2. 色彩调整规律

【可选颜色】对话框中提供了 4 个调整滑块，分别是青色、洋红、黄色和黑色滑块。拖动颜色滑块即可调节各种颜色的含量，从而改变图像色彩。

调整颜色时需要遵循互补色原理，即拖动青色滑块，会调整其互补色红色的含量；拖动洋红滑块，可以调整其互补色绿色的含量；拖动黄色滑块，可以调整其互补色蓝色的含量；拖动黑色滑块，可以调整色彩的明暗度，增加黑色会压暗，减少黑色会提亮。

此外，除调整主色外，调整白色、黑色和中性色的操作也是一样的。其中调整白色，会影响RGB值均高于 128 的像素区域；调整黑色，会影响RGB值均低于 128 的像素区域；调整中性色，则会影响非纯黑和非纯白的中间调区域。对于灰度图像，则只能使用白色、黑色和中性色来调整。

高手点拨

色彩关系

使用【可选颜色】命令调整色彩时需要掌握以下几种颜色关系。

红+绿=黄　红+蓝=品红　绿+蓝=青
青+品红=蓝　青+黄=绿　品红+黄=红

● 应用实战

使用【可选颜色】调整图像色彩的具体操作步骤如下。

Step 01：打开“素材文件/第 6 章/草.jpg”文件，如图 6-78 所示。

图 6-78

Step 02：使用【颜色取样器】工具，单击草地取样，并弹出【信息】面板，如图 6-79 所示。该取样点RGB值为（36，112，65），因此影响草地的颜色是绿色和青色（绿色与蓝色的混合色），且主色是绿色。

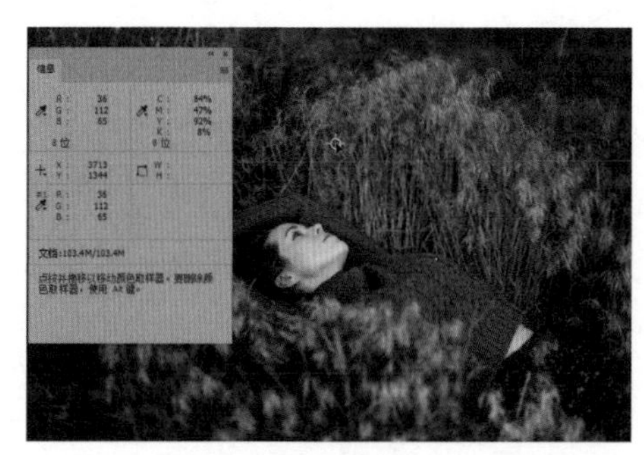

图 6-79

Step 03：单击【图层】面板底部的【创建新的填充和调整图层】按钮，选择【可选颜色】命令，如图 6-80 所示。

图 6-80

Step 04：创建可选颜色调整图层。在前面的操作中知道影响草地颜色的主色是绿色，因此需在【属性】面板中选择【绿色】，再调整滑块。本例中需要将草地颜色变为黄色，因此需要减少青色，增加黄色和洋红色，如图 6-81 所示。

图 6-81

Step 05：通过前面的调整，草地颜色变黄，效果如图 6-82 所示。

图 6-82

Step 06：如果觉得偏黄的程度不够，可以继续调整其他主色。这里要注意的是该图像整体色调偏暗，可以选择【中性色】进行调整。与前面的操作一样，可减少青色，增加黄色和洋红色，如图 6-83 所示。

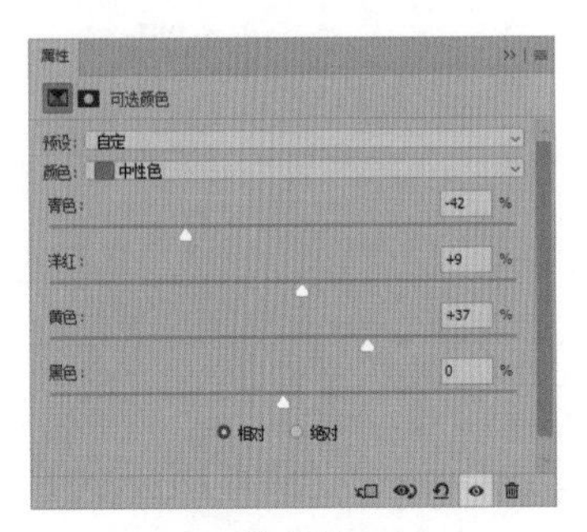

图 6-83

Step 07：通过前面的操作，草地颜色变成黄色，如图 6-84 所示。

图 6-84

Step 08：由于调整的是中性色，所以人物颜色受到了一定的影响。选择可选颜色调整图层的蒙版缩览图，使用黑色柔角画笔，并降低不透明度，在人物区域涂抹，如图 6-85 所示。

图 6-85

Step 09：通过前面的操作，恢复人物图像颜色，效果如图 6-86 所示。

图 6-86

关键技能 054 运用“黑白”命令制作有层次感的黑白图像

● 技能说明

执行【黑白】命令可以将图像转换为黑白图像，并且可以在对话框中设置参数以调整每一种灰度色调的深浅，从而制作出具有层次感的黑白图像。

执行【图像】→【调整】→【黑白】命令，可以打开【黑白】对话框，如图 6-87 所示。

【黑白】对话框中可以调整红色、黄色、绿色、青色、蓝色和洋红色的深浅。选中【色调】选项，再调整【色相】和【饱和度】的参数，可以制作单色效果，如图 6-88 所示。

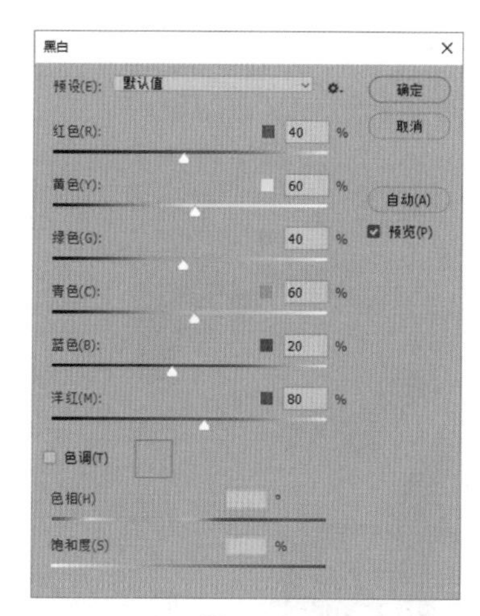

图 6-87

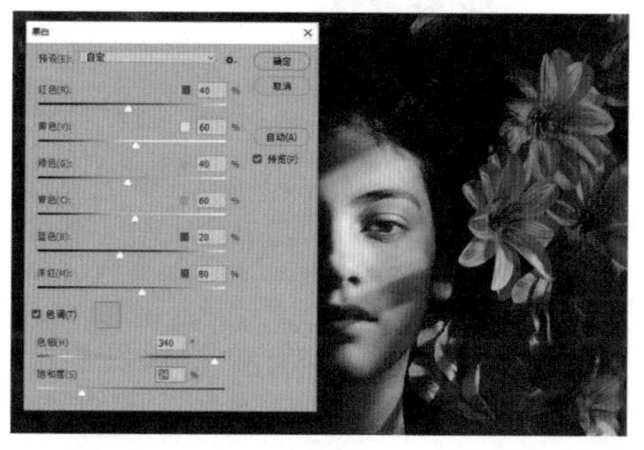

图 6-88

使用【黑白】命令将图像转换为黑白图像后，各种颜色灰度都很相似，因此无法分辨每一种颜色，此时，将光标放在图像上，单击并拖拽鼠标，可以定位单击点的颜色并进行调整，如图 6-89 所示。

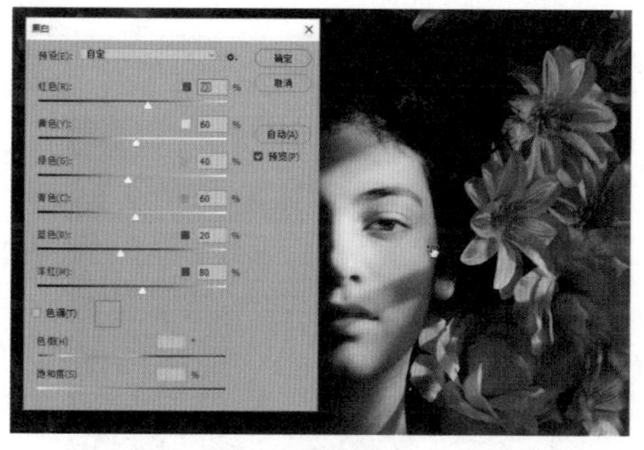

图 6-89

● 应用实战

使用【黑白】命令制作具有层次感的黑白照片的具体操作步骤如下。

Step 01：打开“素材文件/第 6 章/婚礼.jpg”文件，如图 6-90 所示。

图 6-90

Step 02：执行【图像】→【调整】→【黑白】命令，打开【黑白】对话框。此时，图像转换为黑白图像，如图 6-91 所示。

图 6-91

Step 03：设置【红色】为 109%,【黄色】为 134%,【绿色】为 -43%,【青色】为 -28%,【蓝色】为 -25%,【洋红】为 -30%（设置参数时注意观察画面中的明暗变化），如图 6-92 所示。

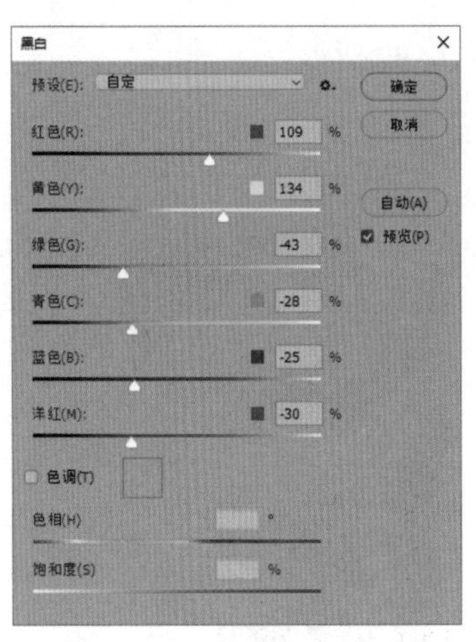

图 6-92

Step 04：通过前面的操作，完成黑白效果的制作，如图 6-93 所示。

图 6-93

关键技能 055 运用“渐变映射”命令调整图像色调

● 技能说明

【渐变映射】可以将图像灰度范围映射到指定的渐变填充色。执行【图像】→【调整】→【渐变映射】命令，打开【渐变映射】对话框，单击渐变色条，打开【渐变编辑器】对话框，设置渐变颜色即可调整图像色调，如图 6-94 所示。

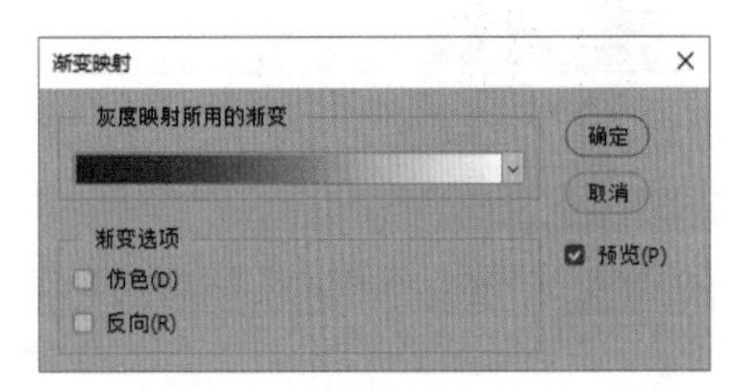

图 6-94

该命令会从明度角度将图像分为暗部、中间调和高光区域，而渐变色条从左到右依次对应的就是图像的暗部、中间调、高光区域。

打开一张黑白图像，可以明显地区别图像的暗部、高光和中间调区域，如图 6-95 所示。

图 6-95

执行【渐变映射】命令，选择“黄色—红色—紫色”颜色渐变，此时会发现，图像暗部（映射渐变色条左侧）为黄色；亮部（映射渐变色条右侧）为紫色；中间调区域（映射渐变色条中间）为红色，如图 6-96 所示。

图 6-96

需要注意的是，直接执行【渐变映射】命令时，效果一般并不理想，通常需要配合使用降低不透明度或设置图层混合模式才能达到理想效果。

● 应用实战

执行【渐变映射】命令调整图像色调的具体操作步骤如下。

Step 01：打开“素材文件/第 6 章/船.jpg”文件，如图 6-97 所示。

图 6-97

Step 02：按【Ctrl+J】组合键复制背景图层，生成【图层 1】，如图 6-98 所示。

图 6-98

Step 03：执行【图像】→【调整】→【渐变映射】命令，打开【渐变映射】对话框，单击渐变色条，如图 6-99 所示。

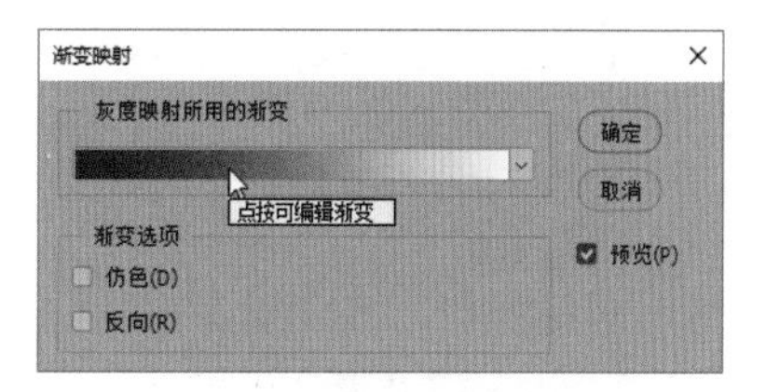

图 6-99

Step04：打开【渐变编辑器】对话框，如图 6-100 所示，❶选择【紫色】渐变组中的【紫色_21】，❷单击【确定】按钮，如图 6-100 所示。

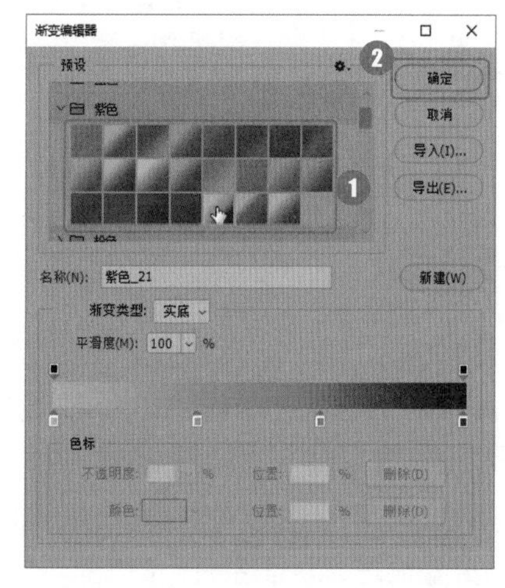

图 6-100

Step 05：完成后，效果如图 6-101 所示，可以发现看不清图像细节了。

图 6-101

Step 06：设置【图层 1】混合模式为【颜色加深】，并降低图层不透明度，如图 6-102 所示。

图 6-102

Step 07：通过前面的操作完成色调调整，图像整体色调偏黄，打造黄昏的效果，如图 6-103 所示。

图 6-103

关键技能 056 运用“通道混合器”命令制作特殊色调效果

● 技能说明

【通道混合器】命令是通过交换通道颜色分量，改变通道明暗，从而达到改变颜色的目的。在学习【通道混合器】命令之前，需要先了解 RGB 颜色模式、颜色模式与通道的关系，这样才能更好地理解【通道混合器】命令的调色原理。

1．RGB颜色模式

RGB 颜色模式是根据颜色发光的原理来设定的，适用于显示器等发光体的显示。红、绿、蓝是色光三原色，当将这 3 种颜色等比例混合时，可以混合为不同的颜色，例如，红色+绿色=黄色，红色+蓝色=品红，绿色+蓝色=青色，红色+蓝色+绿色=白色，如图 6-104 所示。

当这些光相互叠合的时候，色彩相混，而亮度却等于两者亮度之和，所以不同色光混合会越来越亮。而根据红、绿、蓝三色混合的比例不同，就可以产生各种各样的颜色，色轮如图 6-105 所示。

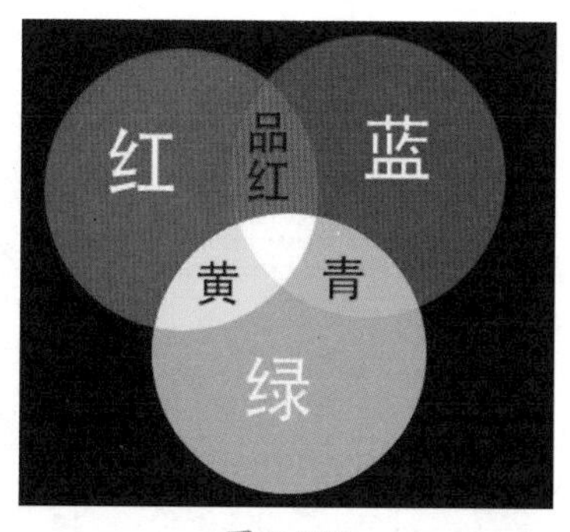

图 6-104

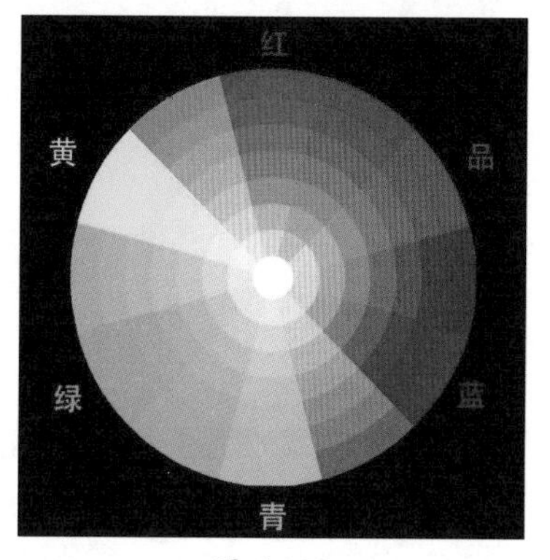

图 6-105

在RGB颜色模式下，每种颜色的RGB成分都可以使用0~255的值来表示，如纯红色的RGB值为（255，0，0）；纯绿色RGB值为（0，255，0）；纯蓝色RGB值为（0，0，255）。

2. 颜色模式与通道

Photoshop中使用RGB颜色模式显示图像时，会把R分量放进红色通道里，G分量放进绿色通道里，B分量放进蓝色通道里。经过一系列处理，显示在屏幕上的就是我们所看到的彩色图像。

因为RGB颜色分量的物理含义是灰度值，所以查看单独的颜色通道时显示的是灰度图像，通道越亮表示颜色分量越重。如图 6-106 所示，可以发现图像红（R）通道最亮，也就表示R分量最重；彩色图像效果如图 6-107 所示，图像整体偏红色。

图 6-106

图 6-107

如果交换通道的分量，则可以改变图像的颜色。如图 6-108 所示，使用【颜色取样器】工具单击绿色像素取样，单击点的RGB颜色值为（248，254，20），因为RGB值中红色和绿色含量最重，所以颜色显示为黄色。

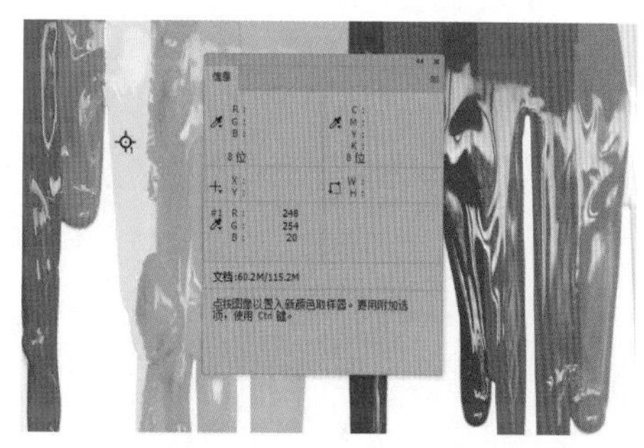

图 6-108

将绿色通道的颜色分量添加到红色通道，蓝色通道的颜色分量添加到绿色通道，蓝色通道保持不变，如图 6-109 所示，单击点的RGB值改变为（254，20，20），此时，RGB值中R值变化不大，B值保持不变，但是G值从254

减小为 20，绿色减少，所以单击点的颜色由黄色改变为红色。

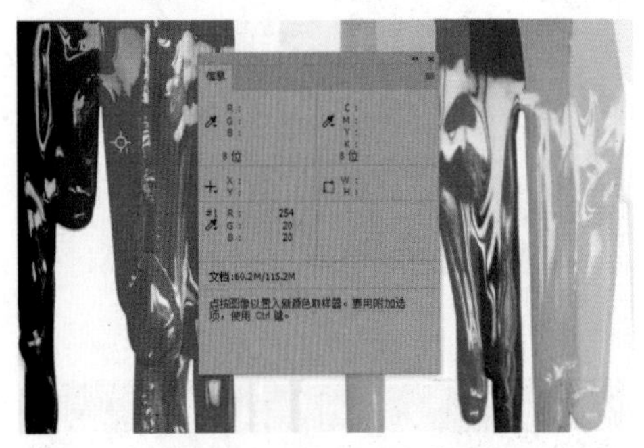

图 6-109

3.【通道混合器】命令的使用方法

执行【通道混合器】命令可以很轻松地交换各通道的颜色分量，从而改变图像颜色。执行【图像】→【调整】→【通道混合器】命令，打开【通道混合器】对话框，如图 6-110 所示。

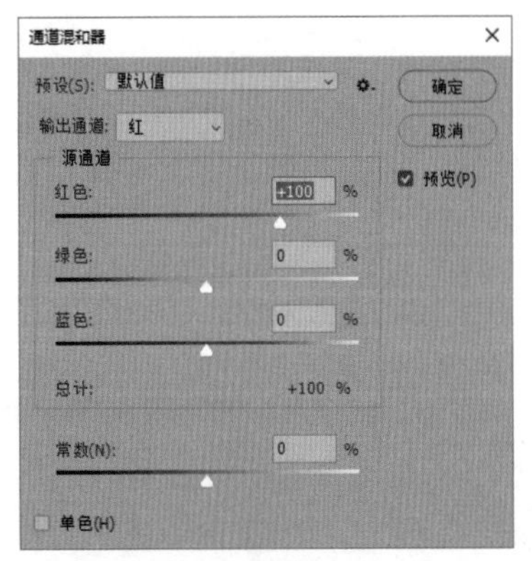

图 6-110

（1）【输出通道】参数设置。

对话框中【输出通道】就是需要调整的通道，通俗来讲，当设置【输出通道】为【红】时，设置【源通道】的参数，就可以调整红通道的明暗，具体表现为只影响RGB中的R值。

如图 6-111 所示，在图像中取样颜色，单击点的RGB值为（2，194，108），可以发现该单击点的颜色是绿色，并且偏蓝色一点。

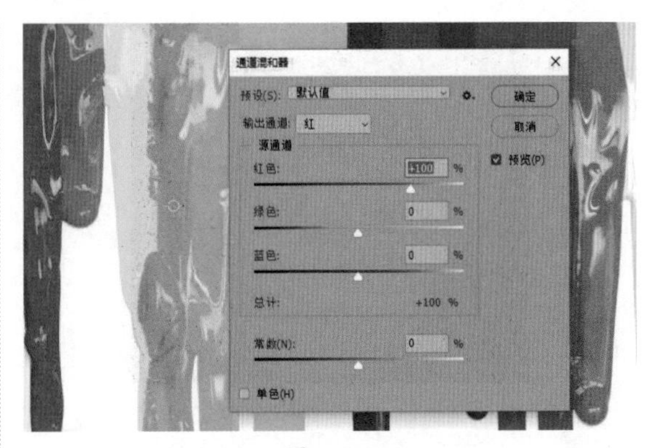

图 6-111

此时，不管向左拖动滑块还是向右拖动滑块，最终都只会改变R值。如图 6-112 所示，单击的点RGB值为（255，194，108），此时，R值从 2 增加到 255，所以取样处添加了红色，原来的绿色变成了黄色。

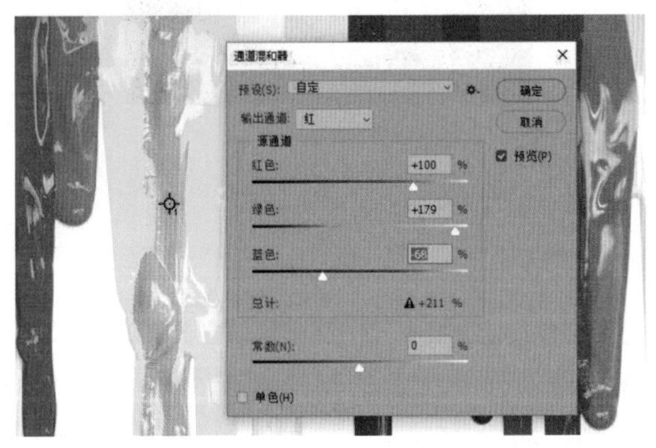

图 6-112

如果设置【输出通道】为绿或蓝，设置【源通道】参数时，只会改变绿通道或蓝通道的明暗，在RGB值中只会改变G值或者B值。

（2）【源通道】参数设置。

【源通道】可以理解为需要借用颜色分量的通道。如图 6-113 所示，图中形状分别填充了红色（255，0，0）、绿色（0，255，0）、蓝色（0，0，255）、青色（0，255，255）、品红色（255，0，255）和黄色（255，255，0）。

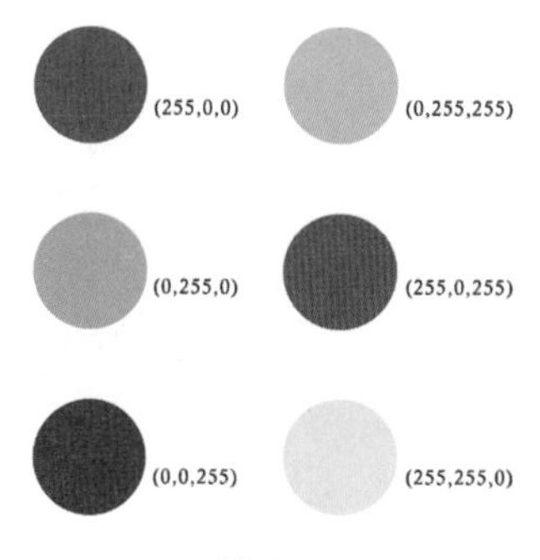

图 6-113

执行【通道混合器】命令后，设置【输出通道】为【红】，此时，设置参数只会改变R值。

如果向右拖动红色滑块，增加红色分量，可以发现图中颜色不会有任何改变，如图 6-114 所示。

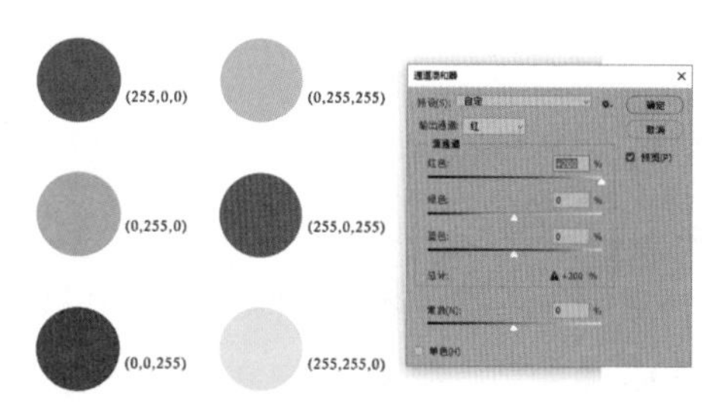

图 6-114

如果向左侧拖动红通道滑块，减去红色分量，可以发现原来的红色会变成黑色，品红色会变成蓝色，黄色会变成绿色，而原本的青色、绿色和蓝色不会有任何变化，如图 6-115 所示。

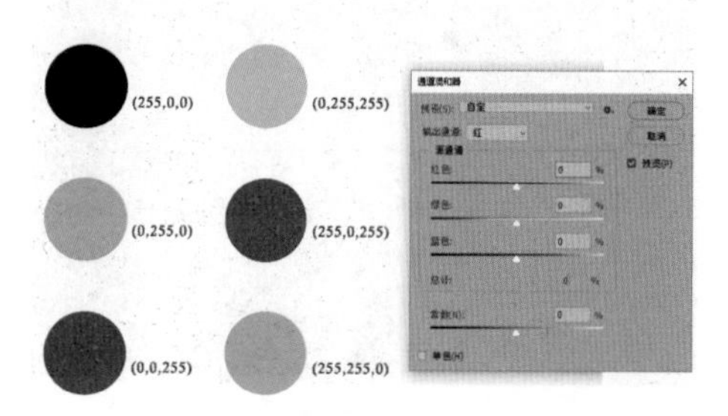

图 6-115

如果观察红色（255，0，0）、绿色（0，255，0）、蓝色（0，0，255）、青色（0，255，255）、品红色（255，0，255）和黄色（255，255，0）的RGB值可以发现，红色、品红和黄色里面均含有红色分量，且R值均是255（已经是最大值），所以继续向红色通道增加红色分量是不会有任何变化的。

反之，红色通道中减去红色分量，那么这3种颜色的R值最终都会减少为0，所以原本红色的RGB值会变成（0，0，0），颜色变成黑色；品红的RGB值会变成（0，0，255），颜色变成蓝色；黄色的RGB值会变成（0，255，0），颜色变成绿色。

如果向右侧拖动绿通道滑块，向红通道增加绿色分量，如图6-116所示，绿色会变成黄色、青色会变成白色，其他颜色保持不变。

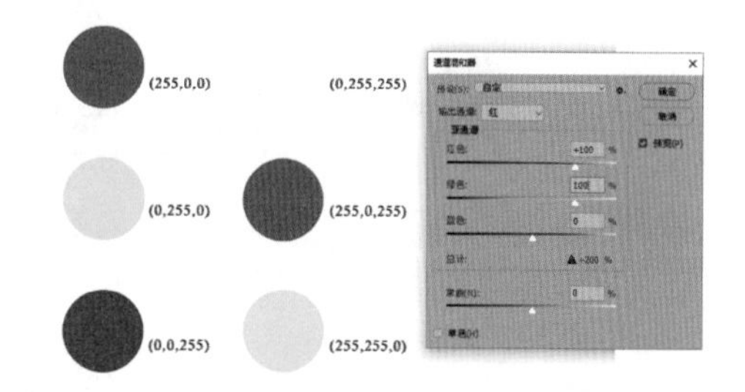

图 6-116

通过观察这 6 种颜色的RGB值可以发现，青色（0，255，255）、绿色（0，255，0）和黄色（255，255，0）中包含了绿色分量，而青色和绿色的R值都是0，所以向红色通道增加绿色分量时，这两种颜色中的R值最终会变成255，所以原本青色的RGB变成（255，255，255），颜色变成白色；绿色的RGB值变成（255，255，0），颜色变成黄色；而黄色因为其RGB值中的R值已经达到最大，所以继续添加红色分量并不会改变其颜色。

相反，向左侧拖动绿通道滑块，那么黄色中的R值最终会减少为0，所以颜色会变成绿色；绿色和青色则由于R值已经是最小值0，所以不会有任何变化，如图 6-117 所示。

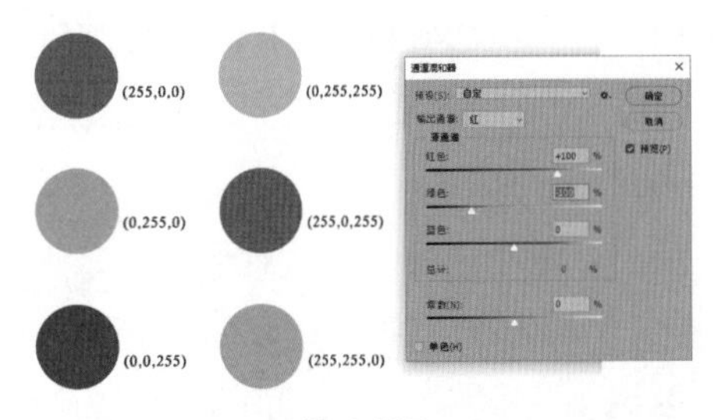

图 6-117

向右侧拖动蓝通道滑块，向红通道中增加蓝色分量，可以发现青色会变成白色，蓝色会变成品红色，其他颜色保持不变，如图 6-118 所示。

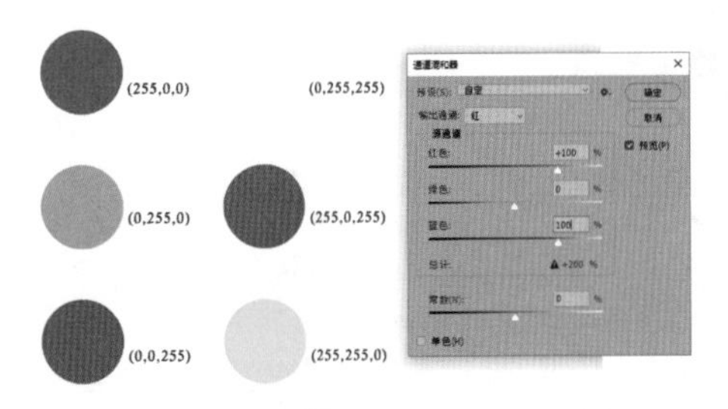

图 6-118

通过观察这 6 种颜色的RGB值可以发现，青色（0，255，255）、蓝色（0，0，255）和品红（255，0，255）中包含了蓝色分量，而青色和蓝色中的R值为最小值 0，向红色通道中添加蓝色分量时，这两种颜色中的R值最终会变成 255，所以原本青色的RGB值变成（255，255，255），颜色变成白色；蓝色的RGB值变成（255，0，255），颜色变成品红；而品红色中的R值已经是最大值 255，所以R值不会发生任何变化。

反之，向左侧拖动蓝色滑块，减少红色通道中的蓝色分量，那么原本品红色中的R值最终会减小为 0，颜色变成蓝色，如图 6-119 所示；青色和绿色因为R值已经是最小值 0，所以不会发生改变。

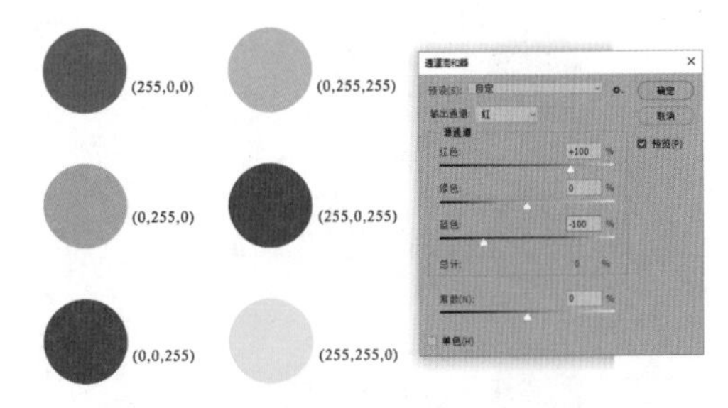

图 6-119

由此可见，使用【通道混合器】命令将源通道中的某种颜色分量与输出通道交换时，需要保证调整的颜色中包含源通道的颜色分量。所以执行【通道混合器】命令调整图像色彩时，需要弄清楚调整色彩的颜色成分，以及目标调整色彩的颜色成分，才能知道应该如何调整参数。

如果设置【输出通道】为绿或蓝，其操作原理是一样的。

● 应用实战

使用【通道混合器】命令调整图像色调为青橙色的具体操作步骤如下。

Step 01：打开“素材文件/第 6 章/夜景.jpg”文件，如图 6-120 所示。分析图像发现，图像色调是蓝色和红色，如果要将色调变成青色和橙色，就需要添加绿色和蓝色。

图 6-120

Step 02：执行【图像】→【调整】→【通道混合器】命令，打开【通道混合器】对话框，设置【输出通道】为【绿】。

向右侧拖动红通道滑块，向绿通道中添加红色分量，画面中的红色变成橙色；向左侧拖动绿通道滑块，减少绿色分量，向右侧拖动蓝通道滑块，增加蓝色分量，画面中的蓝色调整为青色，如图 6-121 所示。

图 6-121

Step 03：设置【输出通道】为【蓝】，向右侧拖动绿通道滑块，增加绿色分量，增强画面中的青色，如图 6-122 所示。

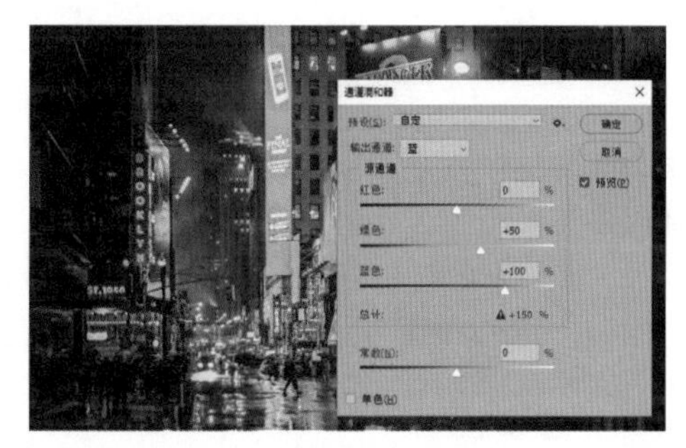

图 6-122

Step 04：向右侧拖动【常数】滑块，为画面整体添加蓝色调，如图 6-123 所示。

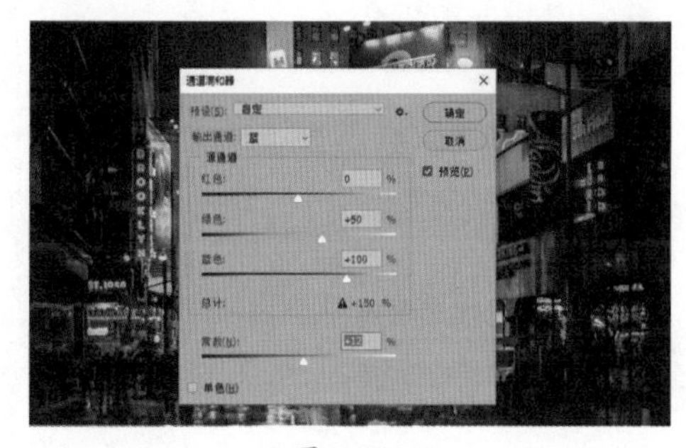

图 6-123

Step 05：设置【输出通道】为【红】，向右侧拖动【常数】滑块，为画面整体添加红色调，如图 6-124 所示。

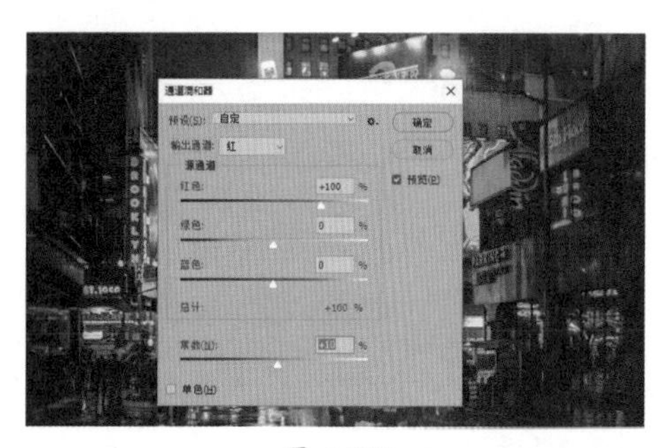

图 6-124

Step 06：执行【图像】→【调整】→【曲线】命令，打开【曲线】对话框，拖动曲线，提亮图像并增加对比度，如图 6-125 所示。

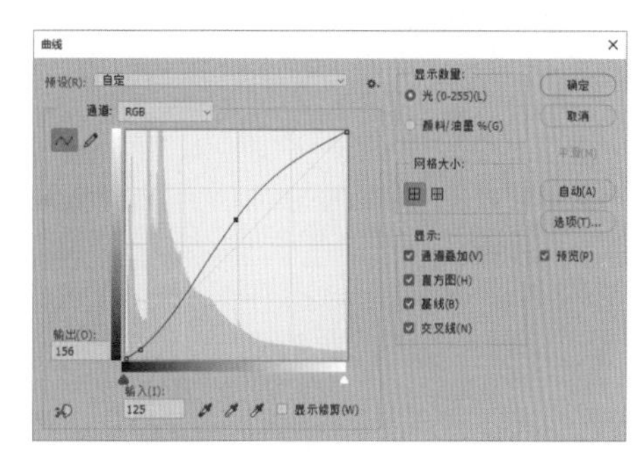

图 6-125

Step 07：完成色调调整后，图像效果如图 6-126 所示。

图 6-126

第 7 章 滤镜应用的 5 个关键技能

滤镜可以简化图像处理过程，通过对亮度、对比度和饱和度等的综合运算，将多个步骤综合在一个过程中完成，从而快速实现某种图像效果的制作。本章将介绍滤镜应用的 5 个关键技能，帮助读者提高滤镜的应用能力。本章知识点框架如图 7-1 所示。

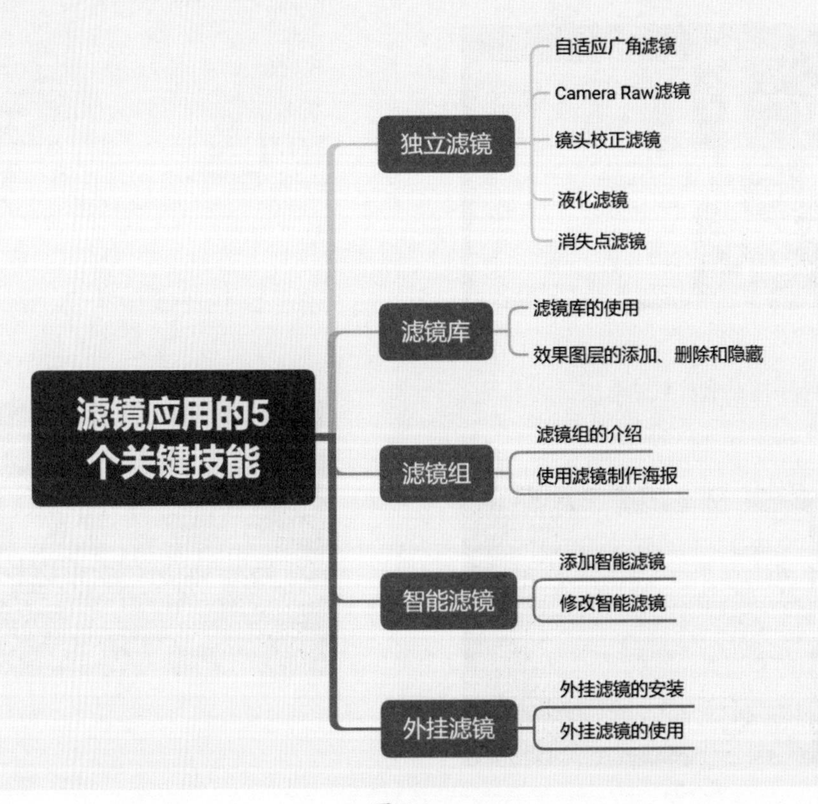

图 7-1

关键技能 057 运用独立滤镜修改图像

● 技能说明

【自适应广角】【Camera Raw滤镜】【镜头校正】【液化】和【消失点】滤镜是独立的滤镜。在滤镜菜单下可以选择需要应用的独立滤镜命令，如图 7-2 所示。

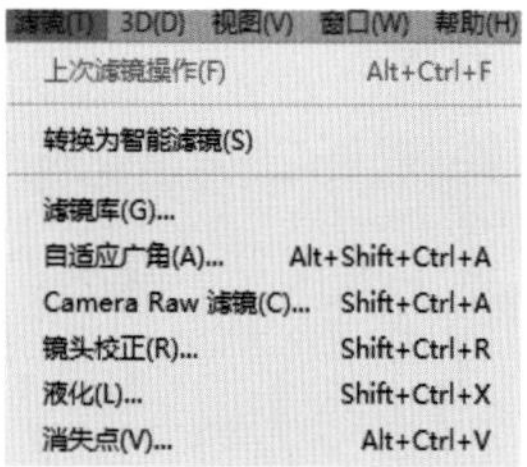

滤镜(T) 3D(D) 视图(V) 窗口(W) 帮助(H)
上次滤镜操作(F) Alt+Ctrl+F
转换为智能滤镜(S)
滤镜库(G)...
自适应广角(A)... Alt+Shift+Ctrl+A
Camera Raw 滤镜(C)... Shift+Ctrl+A
镜头校正(R)... Shift+Ctrl+R
液化(L)... Shift+Ctrl+X
消失点(V)... Alt+Ctrl+V

图 7-2

自适应广角：该命令可以校正由于使用广角镜头而造成的镜头扭曲。

Camera Raw滤镜：该命令可以调整照片的【白平衡】【色调】【曝光度】【清晰度】等参数，该滤镜的使用与Camera Raw插件类似。

液化：该命令可以使对象变形，通常用于修饰人物体型，或者制作特殊扭曲效果的图像。

镜头校正：该命令可以修复一些由于镜头在特定焦距、光圈大小和对焦距离下呈现出的缺陷，如桶形失真、枕形失真、色差及晕影等问题。此外，该命令也可以用于校正倾斜的照片，或修复由于相机垂直或水平倾斜而导致的图像透视现象。

打开【镜头校正】对话框后，会出现【自动校正】和【自定】两个选项卡。【自动校正】选项卡中提供了可自动校正照片问题的各种配置文件。先在【相机制造商】和【相机型号】下拉列表中指定拍摄该数码照片的相机制造商及相机型号，然后在【镜头型号】下拉列表中选择一款镜头。指定这些选项后，软件就会给出与之匹配的镜头配置文件。如果没有出现配置文件，则可单击【联机搜索】按钮进行在线查找。参数设置完成后，在【校正】选项组中选择一个选项，软件就会自动校正照片中出现的几何扭曲、色差或晕影。【自定】选项卡中有手动设置面板，可以手动设置参数进行调整。

消失点：该命令可以简化在包含透视平面（如建筑物的侧面、墙壁、地面或任何矩形对象）的图像中进行的透视、校正和编辑的过程。打开【消失点】对话框，可以在图像中指定平面，然后应用绘画、仿制、拷贝、粘贴及变换等编辑操作。所有编辑操作都将采用所处理平面的透视，因此结果将更加逼真。

● 应用实战

1．自适应广角滤镜

执行【滤镜】→【自适应广角】命令，可以打开【自适应广角】对话框。在对话框中通过拉直在全景图，或者采用鱼眼镜头和广角镜头拍摄的照片中看起来弯曲的线条，就可以校正图像。具体操作步骤如下。

Step01：打开“素材文件/第 7 章/鱼眼镜头.jpg”文件，如图 7-3 所示。

图 7-3

Step 02：执行【滤镜】→【自适应广角】命令，打开【自适应广角】对话框，选择【约束工具】，沿着图像中弯曲的像素拖动鼠标，如图 7-4 所示。

图 7-4

Step 03：释放鼠标后，弯曲图像被拉直。单击【确定】按钮，退出【自适应广角】对话框，图像拉直效果如图 7-5 所示。

图 7-5

Step 04：使用【裁剪工具】裁剪透明像素，完成图像修复，效果如图 7-6 所示。

图 7-6

2. Camera Raw滤镜

Camera Raw滤镜可以像使用Camera Raw插件一样编辑普通格式的照片，具体操作步骤如下。

Step 01：打开"素材文件/第 7 章/城市.jpg"文件，如图 7-7 所示。

图 7-7

Step 02：执行【滤镜】→【Camera Raw滤镜】命令，打开【Camera Raw滤镜】对话框，单击【在原图/效果图视图之间切换】按钮，可以对比前后效果，如图 7-8 所示。

图 7-8

Step 03：在基本面板中设置色温、色调、对比度、高光、阴影、清晰度等参数，如图 7-9 所示。

基本
色温 +13
色调 +8
自动 默认值
曝光 0.00
对比度 +10
高光 +8
阴影 +14
白色 0
黑色 0
纹理 0
清晰度 +15
去除薄雾 0

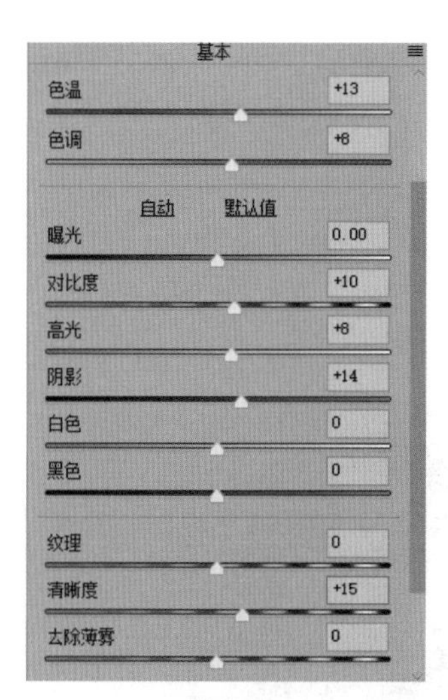

图 7-9

Step 04：图像前后对比效果如图 7-10 所示。

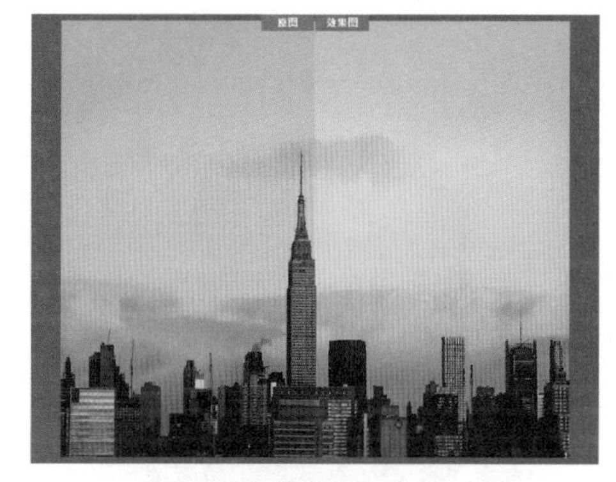

图 7-10

Step 05：在【HSL 调整】面板中设置红色、橙色、黄色和绿色的色相，如图 7-11 所示。

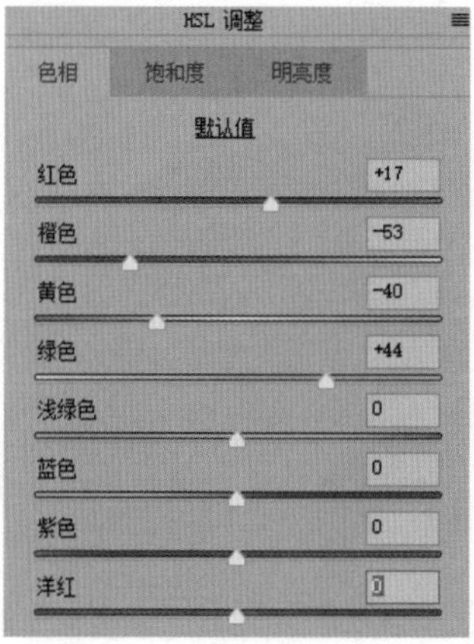

HSL 调整
色相 饱和度 明亮度
默认值
红色 +17
橙色 -53
黄色 -40
绿色 +44
浅绿色 0
蓝色 0
紫色 0
洋红 0

图 7-11

Step 06：单击【确定】按钮，完成图像效果修改，如图 7-12 所示。

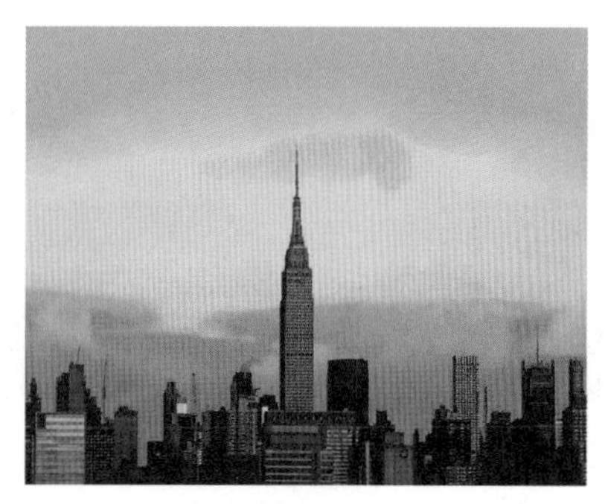

图 7-12

3. 镜头校正滤镜

使用【镜头校正】滤镜命令校正桶形失真图像的具体操作步骤如下。

Step01：打开“素材文件/第 7 章/桶形失真.jpg”文件，如图 7-13 所示。

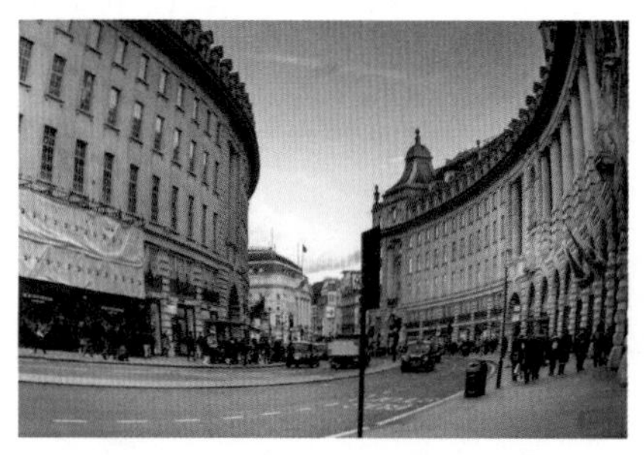

图 7-13

Step 02：执行【滤镜】→【镜头校正】对话框，选择【自定】选项卡，设置【移去扭曲】参数为 100，即可校正图像，如图 7-14 所示。

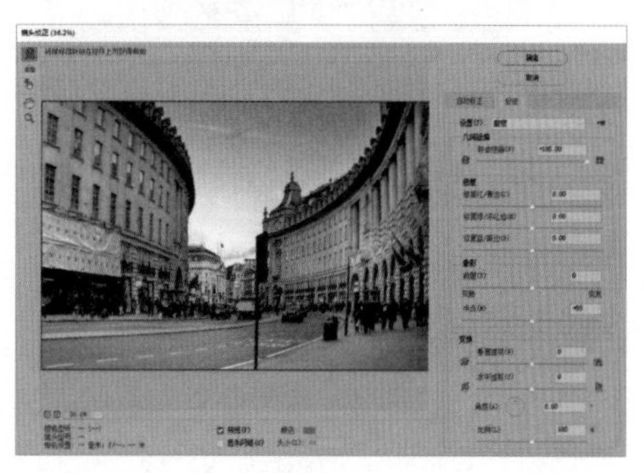

图 7-14

Step 03：单击【确定】按钮，即可应用校正效果，如图 7-15 所示。

图 7-15

高手点拨

枕形失真和桶形失真、晕影和色差

桶形失真是一种镜头缺陷，它会导致直线向外弯曲到图像的外缘。枕形失真的效果相反，直线会向内弯曲。

晕影是一种由于镜头周围的光线衰减而使图像的拐角变暗的缺陷。色差显示为对象边缘的一圈色边，它是镜头对不同平面中不同颜色的光进行对焦而导致的。

4. 液化滤镜

使用【液化】滤镜修饰人物五官的具体操作步骤如下。

Step 01：打开“素材文件/第 7 章/夏季.jpg”文件，如图 7-16 所示。

图 7-16

Step 02：执行【滤镜】→【液化】命令，打开【液化】对话框。单击【脸部工具】按钮，进入脸部修饰状态，如图 7-17 所示。因为人物眼睛大小不一致，所以先调整两只眼睛的大小。将鼠标放在右眼上，拖动鼠标调整眼睛高度，如图 7-18 所示。

图 7-17

图 7-18

Step 03：继续调整两只眼睛的大小，使其大小一致，如图 7-19 所示。

图 7-19

Step 04：将鼠标放在鼻子上，拖动鼠标，调整鼻子高度和宽度，如图 7-20 所示。

图 7-20

Step 05：将鼠标放在嘴唇右侧拖动鼠标，使嘴巴呈现微笑的状态，如图 7-21 所示。

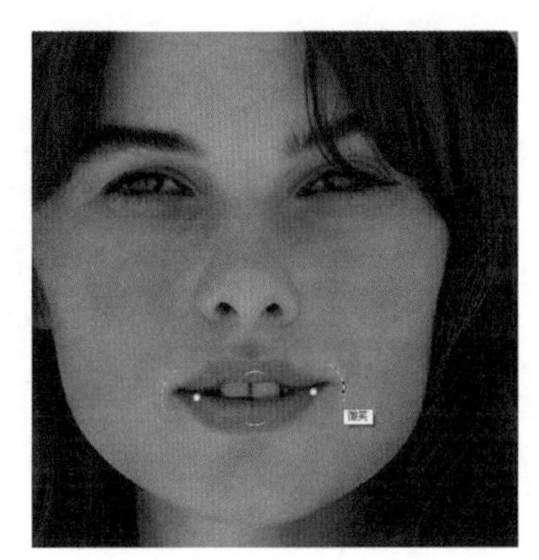

图 7-21

Step 06：将鼠标放在脸部轮廓上，拖动鼠标，调整脸部宽度，下颌、前额和下巴高度，使脸部变得小一点，如图 7-22 所示。

图 7-22

Step 07：使用【向前变形工具】在头发上拖动鼠标，使头发变得蓬松一些，如图 7-23 所示。拖动鼠标时注意不要影响到脸部和帽子区域，如果有误操作，可以使用【重建工具】在误操作图像上拖动鼠标将其恢复。

图 7-23

Step 08：设置完成后，单击【确定】按钮，应用滤镜效果。返回文档，完成五官修饰后的图像效果如图 7-24 所示。

图 7-24

5. 消失点滤镜

使用【消失点】滤镜命令在墙壁上贴图的具体操作步骤如下。

Step 01：打开“素材文件/第 7 章/墙体.jpg”文件，如图 7-25 所示。

图 7-25

Step 02：按【Ctrl+J】组合键复制背景图层，生成【图层 1】。拖动“素材文件/第 7 章/海洋.png”文件到“墙体”文档中，如图 7-26 所示。

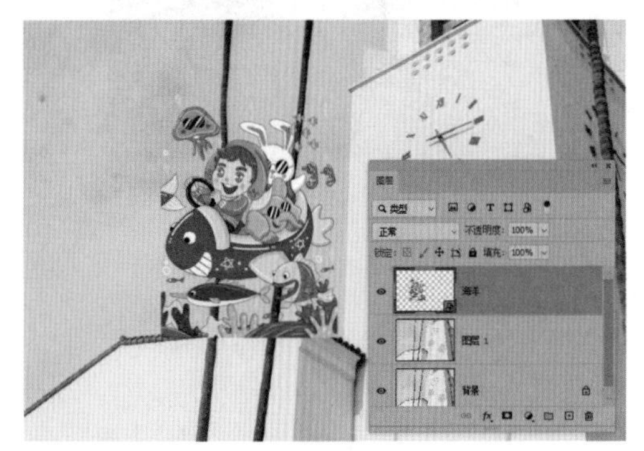

图 7-26

Step 03：按【Ctrl】键的同时单击【海洋】图层缩览图，载入选区，并按【Ctrl+C】组合键复制选区内容，如图 7-27 所示。

图 7-27

Step 04：按【Ctrl+D】组合键取消选区，并隐藏海洋图层，如图 7-28 所示。

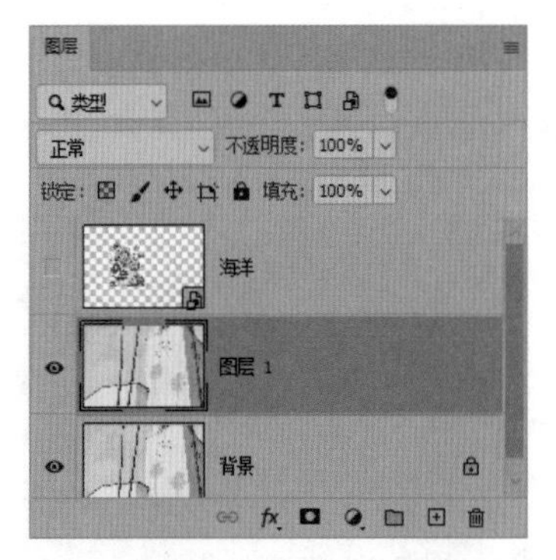

图 7-28

Step 05：选择【图层 1】，执行【滤镜】→【消失点】命令，打开【消失点】对话框，使用【创建平面工具】，在墙体上单击创建平面，如图 7-29 所示。

图 7-29

Step 06：使用【选框工具】创建选区，如图 7-30 所示。

图 7-30

Step 07：按【Ctrl+V】组合键粘贴图像，如图 7-31 所示。

图 7-31

Step 08：移动图像到创建的平面内，选择【变换工具】，显示定界框并拖动定界框线，适当缩小图像，如图 7-32 所示。

Step 09：单击【确定】按钮，完成对墙体的贴图，效果如图 7-33 所示。

图 7-32

图 7-33

关键技能 058 使用滤镜库中的滤镜为图像添加艺术效果

● 技能说明

滤镜库中包含风格化、画笔描边、扭曲、素描、纹理和艺术效果 6 类滤效果。执行【滤镜】→【滤镜库】命令，可以打开【滤镜库】对话框，对话框左侧是效果预览区，中间是滤镜命令，右侧是参数设置区域，如图 7-34 所示。

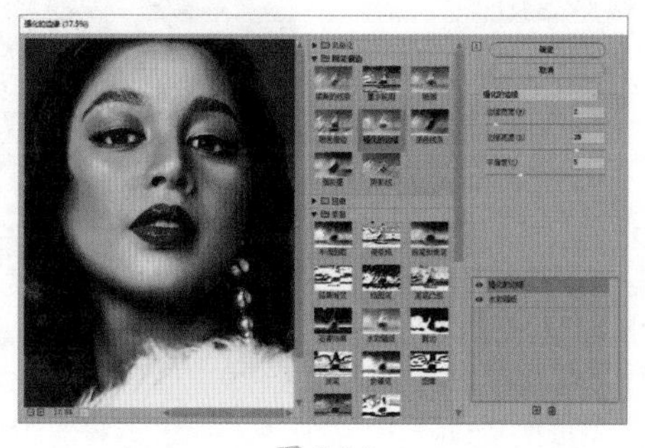
图 7-34

● 应用实战

使用【滤镜库】中的滤镜为图像添加艺术效果的具体操作步骤如下。

Step 01：打开“素材文件/第 7 章/红.jpg”文件，如图 7-35 所示。

图 7-35

Step 02：执行【滤镜】→【滤镜库】命令，打开【滤镜库】对话框，选择【画笔描边】滤镜组中的【成角的线条】滤镜，设置相关参数，如图 7-36 所示。

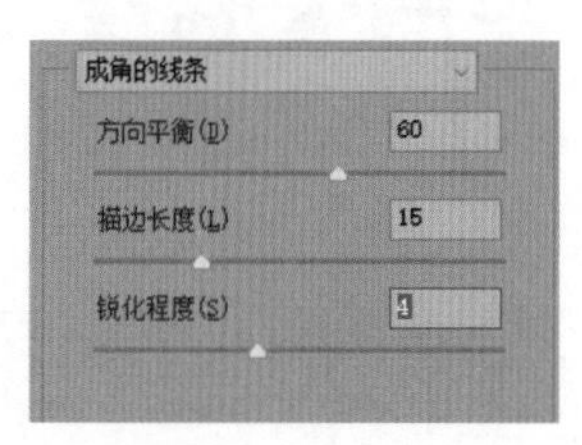

图 7-36

Step 03：单击对话框右下角的【新建效果图层】按钮⊞，新建效果图层，如图 7-37 所示。新建的效果图层会复制前面应用过的滤镜效果。

图 7-37

Step 04：选择上方的效果图层，单击【艺术效果】组中的【调色刀】命令，将其修改为【调色刀】效果，如图 7-38 所示。

图 7-38

Step 05：使用默认参数设置，可以发现眼睛的位置有些瑕疵，图像效果如图 7-39 所示。

图 7-39

Step 06：选择【成角的线条】效果图层，修改相关参数，直到眼睛位置瑕疵消失，参数设置如图 7-40 所示；图像效果如图 7-41 所示。

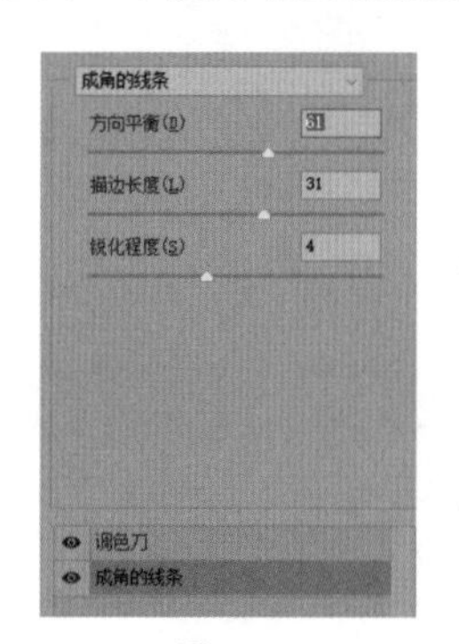

图 7-40

图 7-41

Step 07：新建效果图层，并选择【艺术效果】组中的【粗糙蜡笔】效果命令，设置相关参数，如图 7-42 所示。

Step 08：单击【确定】按钮，完成图像的艺术效果制作，如图 7-43 所示。

图 7-42

图 7-43

高手点拨

效果图层的添加、删除、显示和隐藏

如图7-44所示，滤镜库右下角是效果图层面板。单击【新建效果图层】按钮⊞，可以新建效果图层；单击【删除效果图层】按钮🗑，可以删除效果图层；单击图层前面的👁图标，可以隐藏或显示效果。

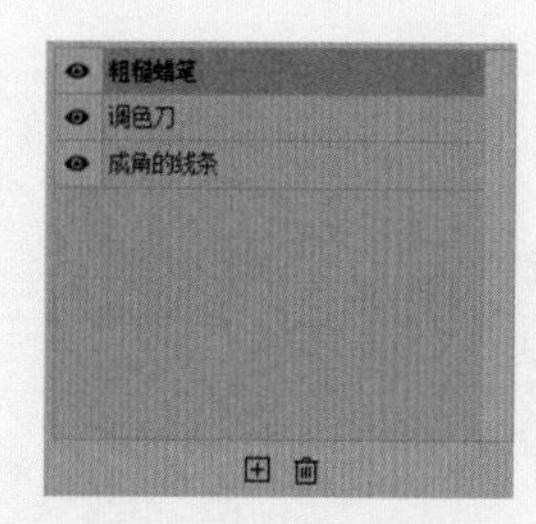

图7-44

此外，效果图层也可以像普通图层一样调整图层顺序，图层顺序改变后也会影响图像效果。

关键技能 059 使用滤镜组中的命令制作图像特效

● 技能说明

Photoshop中的滤镜都是成组显示的，包括【风格化】滤镜组、【画笔描边】滤镜组、【模糊】滤镜组、【模糊画廊】滤镜组、【扭曲】滤镜组、【锐化】滤镜组、【素描】滤镜组、【视频】滤镜组、【纹理】滤镜组、【像素化】滤镜组、【渲染】滤镜组、【艺术效果】滤镜组、【杂色】滤镜组和【其他】滤镜组，共14组滤镜。同一组中的滤镜命令效果类似，例如，锐化滤镜组中的滤镜命令用于锐化图像，模糊滤镜组中的滤镜则用于模糊图像。

风格化滤镜组：该滤镜组包含9种滤镜命令，其主要作用是移动选区内图像的像素、提高像素对比度，使之产生绘画或印象派绘画风格的效果，如图7-45所示。该组中的滤镜命令除【照亮边缘】需要打开【滤镜库】执行外，其他命令在滤镜菜单下拉列表中就可以执行。

图7-45

画笔描边滤镜组：该滤镜组包含8种滤镜命令，其中一部分滤镜通过不同的油墨和画笔勾画图像产生绘画效果，一部分滤镜可以添加颗粒、绘画、杂色、边缘细节或纹理效果。该组滤镜命令都需要打开【滤镜库】对话框才能执行，如图7-46所示。

图 7-46

模糊滤镜组：该组包含 14 种滤镜命令，既可以对图像进行柔化处理，也可以将图像像素的边线设置为模糊状态，在图像上表现出速度感或晃动感，如图 7-47 所示。执行【滤镜】→【模糊】命令，在级联列表中就可以选择一种模糊命令。

图 7-47

模糊画廊滤镜组：该组中的滤镜命令可以通过直观的图像控件快速创建截然不同的照片模糊效果。每个模糊工具都提供直观的图像控件来应用和控制模糊效果。完成模糊调整后，可以使用散景控件设置整体模糊效果的样式。Photoshop 在使用模糊画廊效果时提供完全尺寸的实时预览，如图 7-48 所示。

图 7-48

扭曲滤镜组：该滤镜组包含 12 种滤镜命令，既可以通过移动、扩散或收缩来设置图像的像素，也可以对图像进行各种形状的变换，如波浪、波纹、玻璃等，如图 7-49 所示。在处理图像时，这些滤镜会占用大量内存，如果文件较大，建议先在较小的图像上进行试验。该组滤镜中的【海洋波纹】【玻璃】和【扩散亮光】命令，需要打开【滤镜库】才能执行。

图 7-49

锐化滤镜组：该滤镜组包含 6 种命令，既可以将图像制作得更加清晰，使画面中的图像更加鲜明，又可以通过提高主像素的颜色对比度使画面更加细腻。

素描滤镜组：该滤镜组包含 14 种命令，需要打开【滤镜库】才能执行。它们可以将纹理添加到图像中，常用于模拟素描和速写等艺术效果或手绘外观，如图 7-50 所示。其中，大部分滤镜命令在重绘图像时都要使用前景色和背景色，因此，设置不同的前景色和背景色，可以获得不同的图像效果。

图 7-50

纹理滤镜组：该滤镜组包含 6 种命令，可以模拟有深度或质感的外观，如图 7-51 所示。

图 7-51

像素化滤镜组：该滤镜组包含 7 种滤镜，它们通过平均分配色度值使单元格中颜色相近的像素结成块，用于清晰地定义一个选区，从而使图像产生彩块、晶格、碎片化等效果，如图 7-52 所示。

图 7-52

渲染滤镜组：该滤镜组包含 8 种命令，它们可以在图像中创建出灯光、云彩、折射图案及模拟光反射，也可以制作火焰、添加树和图片框的特效，是非常重要的特效制作滤镜，如图 7-53 所示。

图 7-53

艺术效果滤镜：滤镜该组包括 15 种命令，既可以为图像添加具有艺术特色的绘制效果，也可以使普通图像具有绘画或艺术风格的效果，如图 7-54 所示。该组滤镜中的命令需要打开【滤镜库】才能执行。

图 7-54

杂色滤镜组：该组包含 5 种命令，它们用于增加图像上的杂点，使之产生色彩漫散的效果，或者用于去除图像中的杂点，如扫描图像的斑点或折痕，效果如图 7-55 所示。

图 7-55

视频滤镜组：该组包含两种命令，它们可以处理从隔行扫描方式的设备中提取的图像，将普通图像转换为视频设备可以接收的图像，以解决视频图像交换时系统差异的问题。

其他滤镜组：该组包含 6 种命令，其中既有允许自定义滤镜的命令，也有使用滤镜修改蒙版、在图像中使选区发生位移和快速调整颜色的命令，如图 7-56 所示。

图 7-56

● 应用实战

使用滤镜制作炫酷宇宙海报的具体操作步骤如下。

Step 01：按【Ctrl+N】组合键执行新建命令，打开【新建文档】对话框，设置【宽度】为 18 英寸（1 英寸=2.54 厘米），【高度】为 24 英寸，【分辨率】为 150。单击【创建】按钮，新建空白文档。

Step 02：打开"素材文件/第 7 章/星云.jpg"文件，将其拖动至空白文档中，按【Ctrl+T】组合键执行自由变换命令，将图像放大到与文档同等大小，如图 7-57 所示。

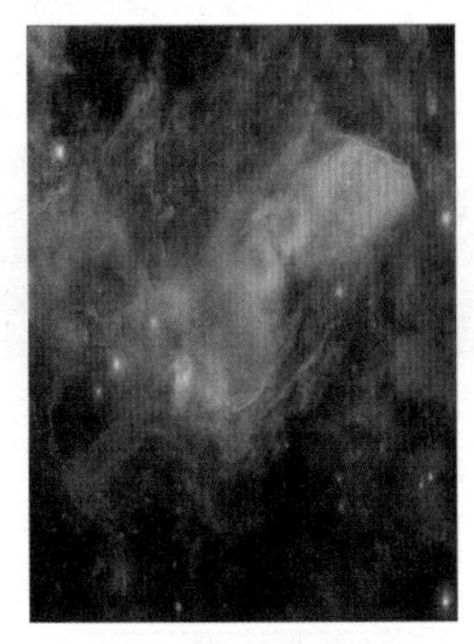

图 7-57

Step 03：执行【滤镜】→【扭曲】→【极坐标】命令，打开【极坐标】对话框，❶选择【平面坐标到极坐标】选项，❷单击【确定】按钮，如图 7-58 所示。

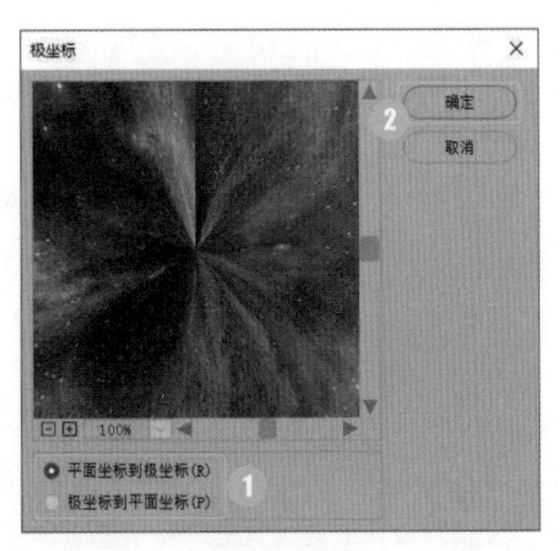

图 7-58

Step 04：应用极坐标滤镜后效果如图 7-59 所示。

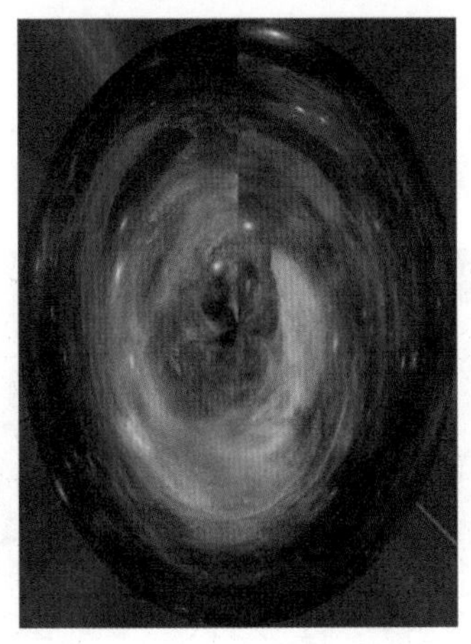

图 7-59

Step 05：执行【滤镜】→【模糊】→【径向模糊】命令，打开【径向模糊】对话框，❶设置【数量】为 3，❷设置【模糊方法】为旋转，❸设置【品质】为好，如图 7-60 所示。

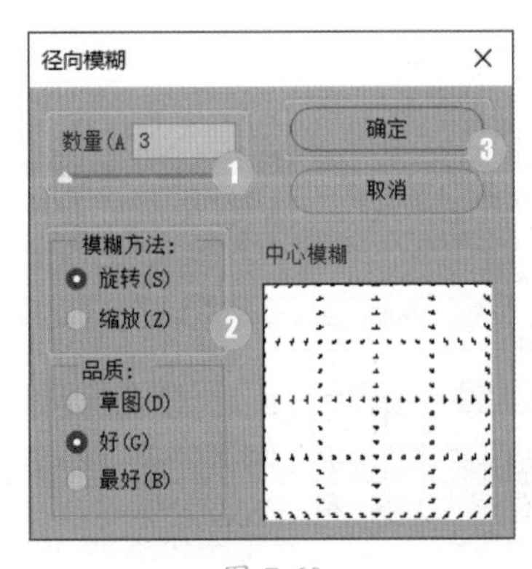

图 7-60

Step 06：图像效果如图 7-61 所示。

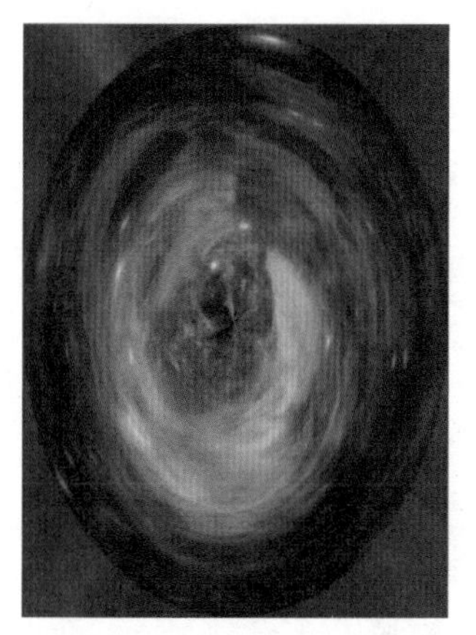

图 7-61

Step 07：执行【滤镜】→【扭曲】→【旋转扭曲】命令，打开【旋转扭曲】对话框，❶设置【角度】为 355 度，❷单击【确定】按钮，如图 7-62 所示。

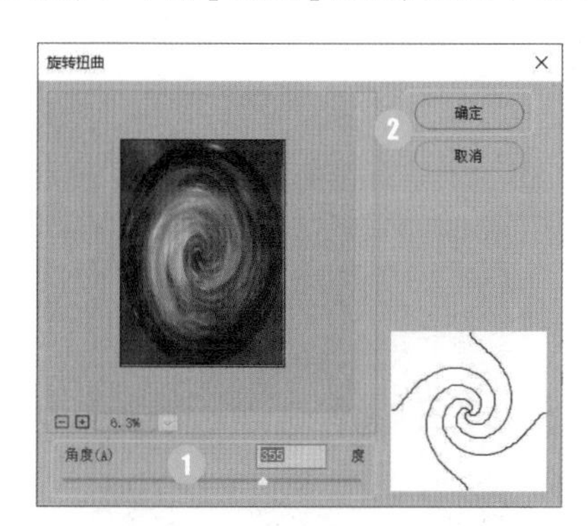

图 7-62

Step 08：效果如图 7-63 所示。

图 7-63

Step 09：执行【滤镜】→【扭曲】→【挤压】命令，打开【挤压】对话框，❶设置【数量】为 55%，❷单击【确定】按钮，如图 7-64 所示。

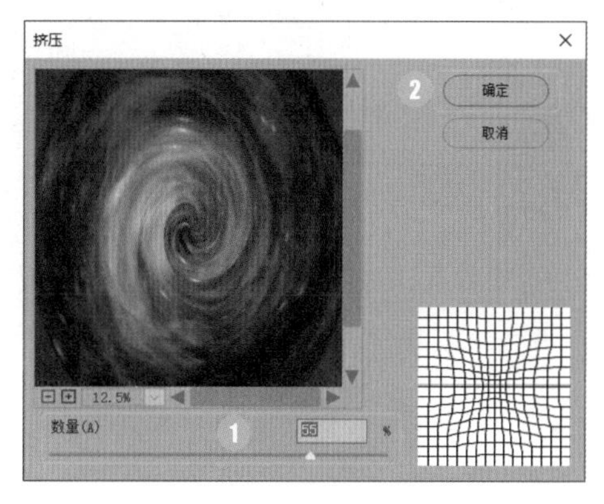

图 7-64

Step 10：应用挤压滤镜后图像更具有纵深感，效果如图 7-65 所示。

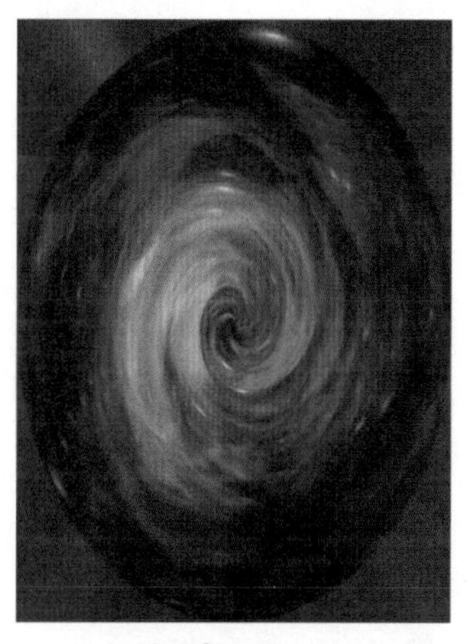

图 7-65

Step 11：执行【滤镜】→【风格化】→【油画】命令，设置相关参数，如图 7-66 所示。

Step 12：应用油画滤镜后，图像颜色更加鲜艳，更具有层次感，效果如图 7-67 所示。

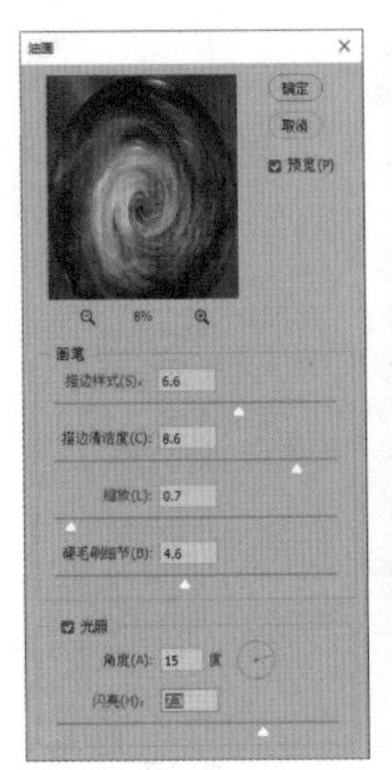

图 7-66

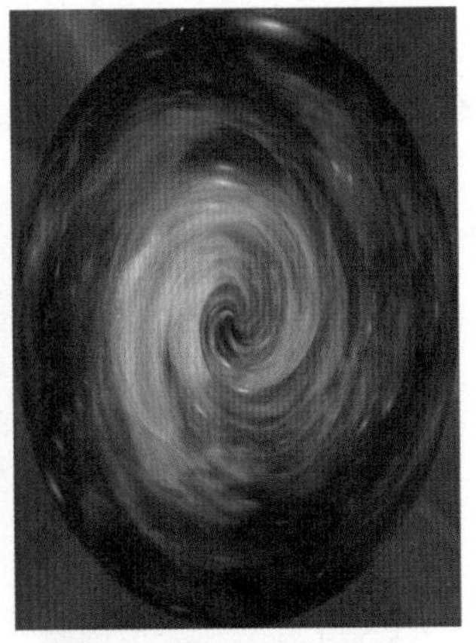

图 7-67

Step 12：按【Ctrl+T】组合键执行自由变换命令，放大图像，如图 7-68 所示。

图 7-68

Step 13：按【Ctrl+J】组合键复制图层，得到【图层 1 拷贝】图层，如图 7-69 所示。

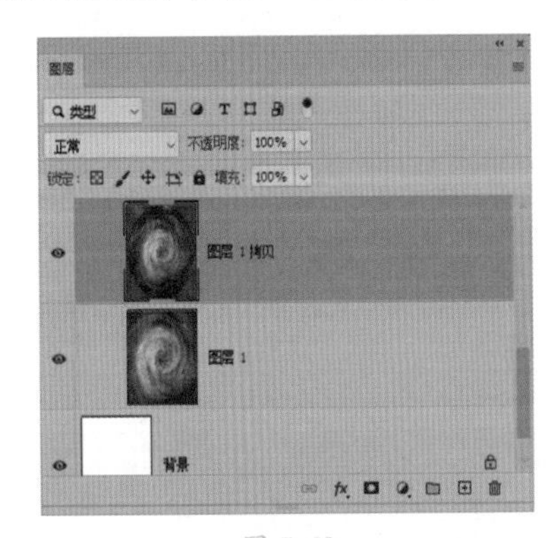

图 7-69

Step 14：按【Ctrl+T】组合键执行自由变换命令，缩小图像，使其刚好铺满画布，如图 7-70 所示。

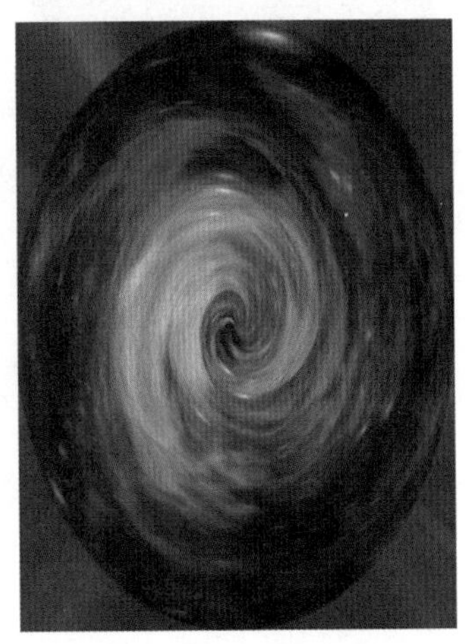

图 7-70

Step 15：为【图层 1 拷贝】图层添加图层蒙版，使用黑色画笔在蒙版上涂抹，显示出下方图像，如图 7-71 所示。

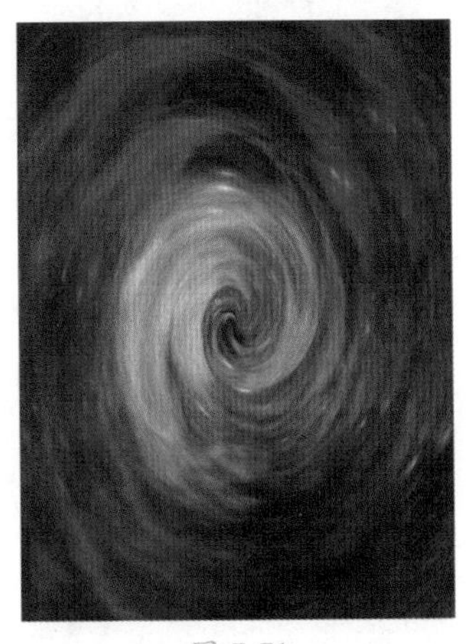

图 7-71

Step 16：新建【色彩平衡】调整图层，选择【中间调】，增加黄色、红色和品红色，如图 7-72 所示。

图 7-72

Step17：选择【阴影】，增加黄色、红色和品红色，如图 7-73 所示。

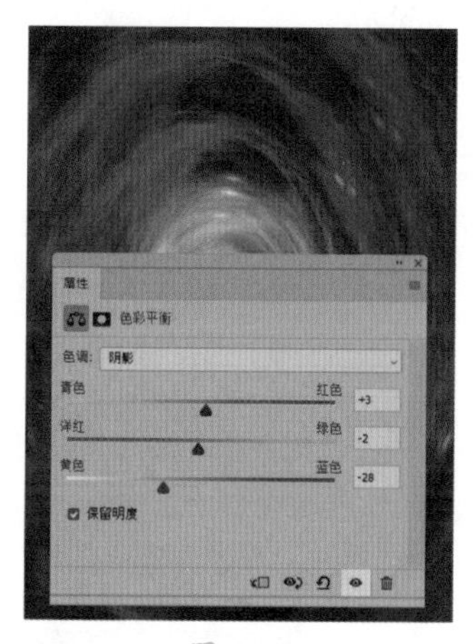

图 7-73

Step18：选择【高光】，增加黄色，如图 7-74 所示。

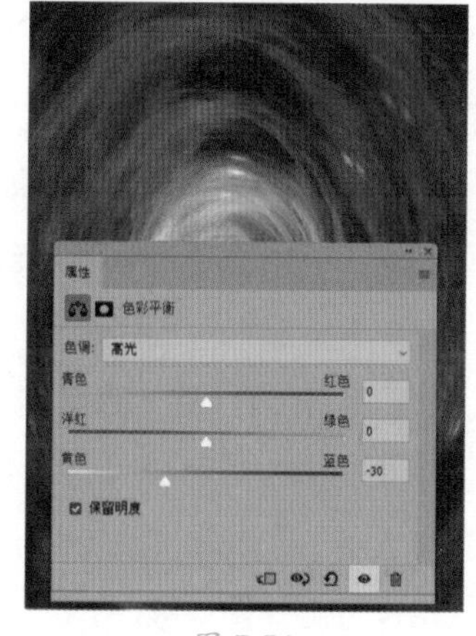

图 7-74

Step19：选择除【背景】图层外的所有图层，按【Ctrl+G】组合键编组图层，并重命名为【星云背景】，如图 7-75 所示。

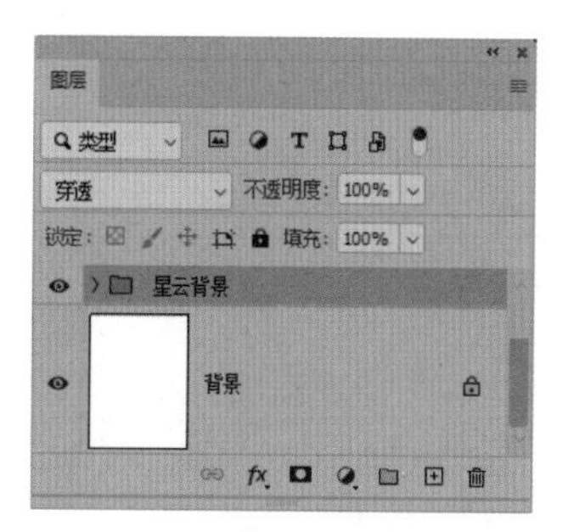

图 7-75

Step20：置入宇航员素材，如图 7-76 所示。

图 7-76

Step21：栅格化宇航员图层。使用【魔棒工具】，在选项栏设置【容差】为 15，单击白色背景，选中背景，如图 7-77 所示。

图 7-77

Step 22：按【Delete】键删除选区图像。按【Ctrl+T】组合键执行自由变换命令，适当旋转并缩放图像，如图 7-78 所示。

图 7-78

Step 23：新建【曲线】调整图层，单击【属性】面板底部的【此调整剪切到此图层】按钮，创建剪切蒙版。向下拖动曲线，压暗人物图像，如图 7-79 所示。

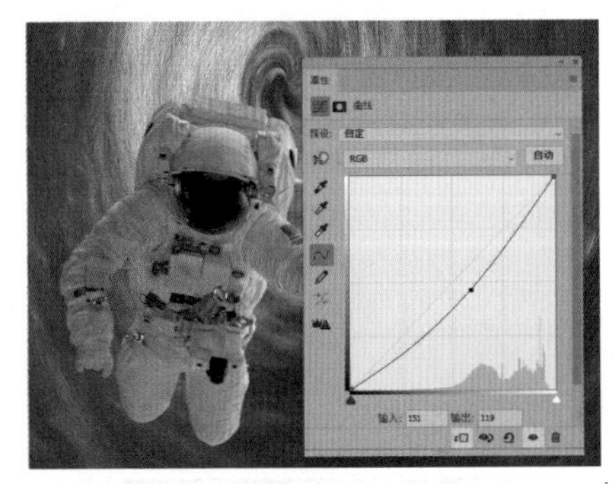

图 7-79

Step 24：创建【色彩平衡】调整图层，单击【属性】面板底部的【此调整剪切到此图层】按钮，创建剪切蒙版。选择【中间调】，增加黄色、红色和品红色，如图 7-80 所示。

图 7-80

Step 25：选择【阴影】，增加黄色和红色，如图 7-81 所示。

图 7-81

Step 26：新建【图层 2】。选择【画笔工具】，按住【Alt】键单击人物周围的图像吸取颜色，并在人物上涂抹，如图 7-82 所示。

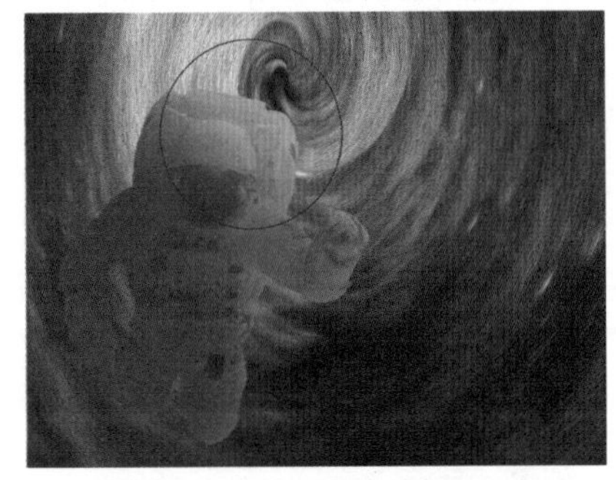

图 7-82

Step 27：选择【图层 2】，设置图层混合模式为【强光】，并适当降低图层不透明度。右击鼠标，选择快捷菜单中的【创建剪切蒙版】命令，创建剪切蒙版，图像效果如图 7-83 所示。

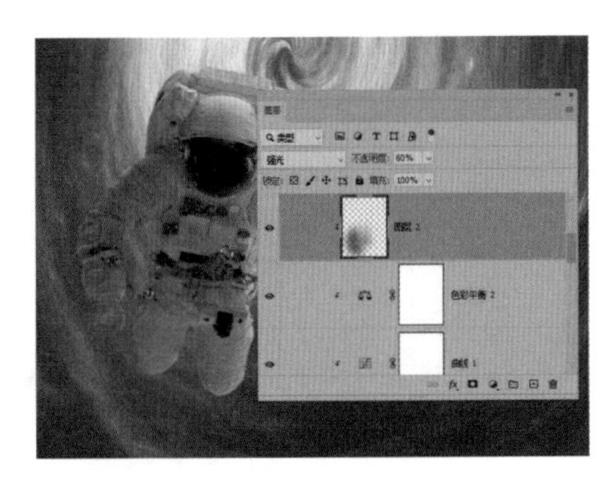

图 7-83

Step 28：选择【宇航员】图层，按【Ctrl+J】组合键复制图层，得到【宇航员 拷贝】图层。重命名【宇航员】图层为【投影】，如图 7-84 所示。

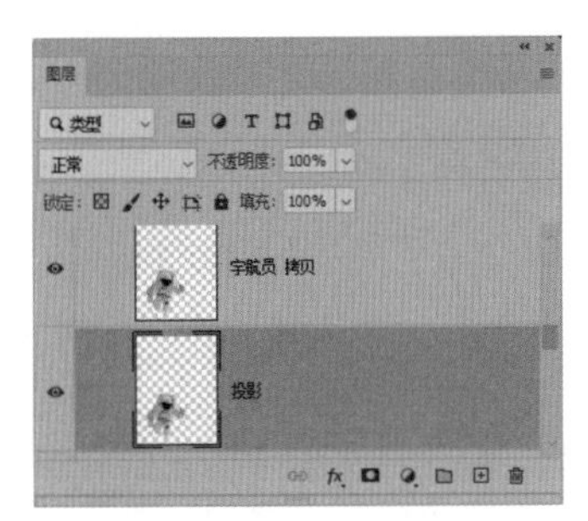

图 7-84

Step 29：选择【投影】图层。按【Ctrl+T】组合键执行自由变换命令，右击鼠标，选择【垂直翻转】命令，翻转图像，并调整图像位置。按【Ctrl】键的同时单击【投影】图层缩览图载入选区，并填充黑色，降低图层不透明度，制作投影效果，如图 7-85 所示。

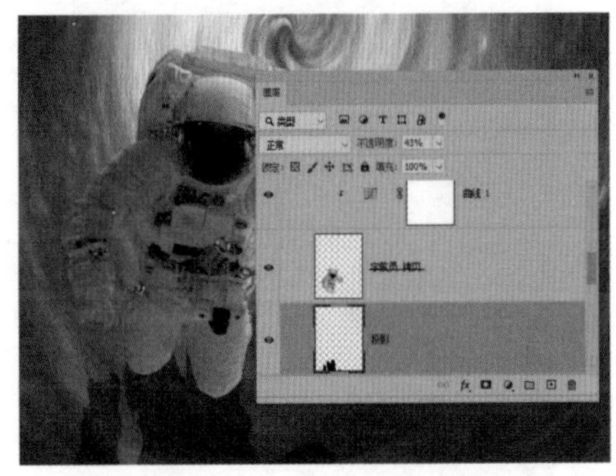

图 7-85

Step 30：选择【投影】图层，执行【滤镜】→【模糊】→【高斯模糊】命令，打开【高斯模糊】对话框，设置【半径】为 18 像素，使投影效果更加自然，如图 7-86 所示。

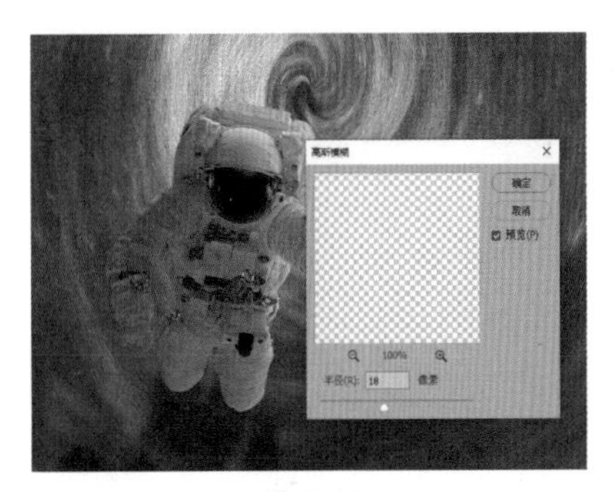

图 7-86

Step 31：选择【宇航员 拷贝】及以上的图层，如图 7-87 所示。

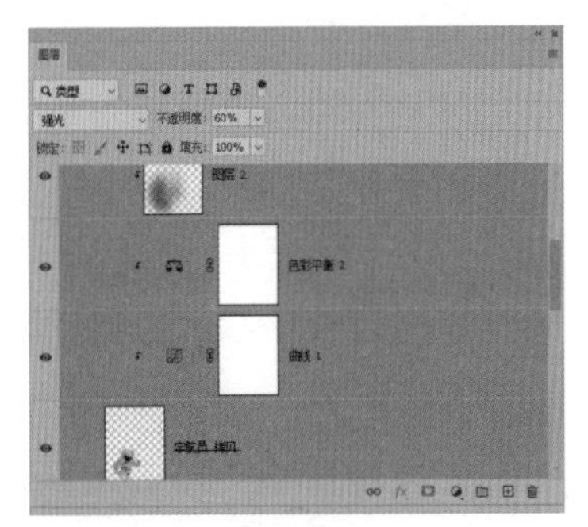

图 7-87

Step 32：按【Alt+Ctrl+E】组合键盖印图层，生成【图层 2】。执行【滤镜】→【风格化】→【油画】命令，打开【油画】对话框，设置相关参数，如图 7-88 所示。

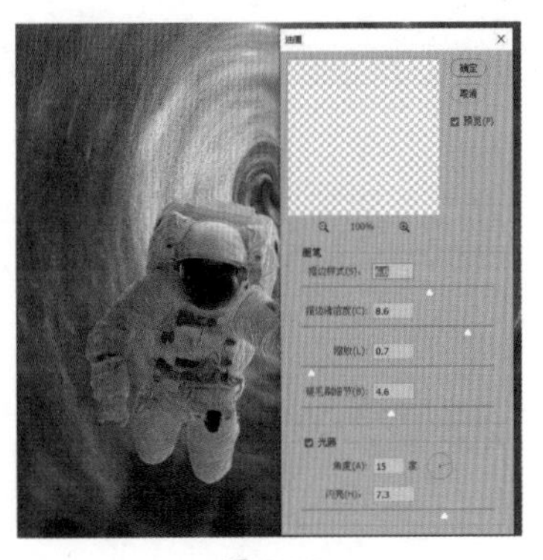

图 7-88

Step 33：新建【曲线】调整图层，单击【属性】面板底部的【此调整剪切到此图层】按钮，创建剪切蒙版。向上拖动曲线，提亮图像，如图 7-89 所示。选择【曲线】调整图层蒙版缩览图，按【Ctrl+I】组合键反向蒙版，隐藏提亮效果。

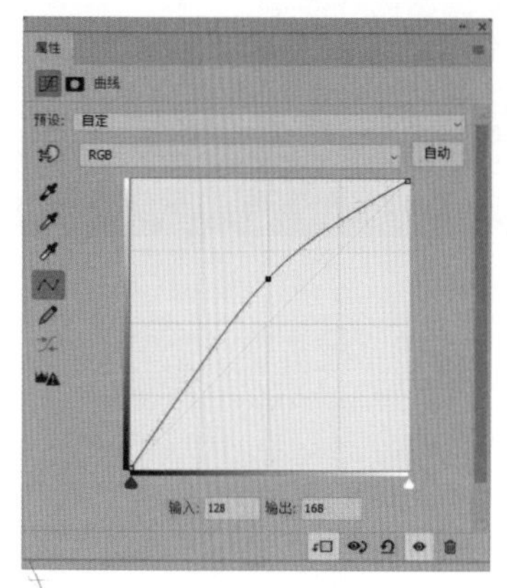

图 7-89

Step 34：使用白色画笔工具，并降低画笔的不透明度，在人物高光处涂抹，提亮高光区域图像，增加对比度，如图 7-90 所示。

图 7-90

Step 35：选择所有与宇航员图像相关的图层，按【Ctrl+G】组合键编组图层，并重命名为【宇航员】，如图 7-91 所示。

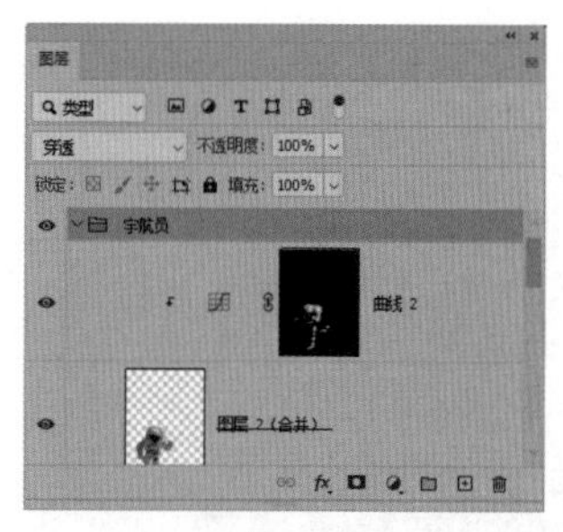

图 7-91

Step 36：展开【星云背景】图层组，在【色彩平衡】图层上方新建【曲线】调整图层，向下拖动曲线，压暗图像。选择【曲线】图层蒙版缩览图，按【Ctrl+I】组合键反向蒙版，隐藏效果，如图 7-92 所示。

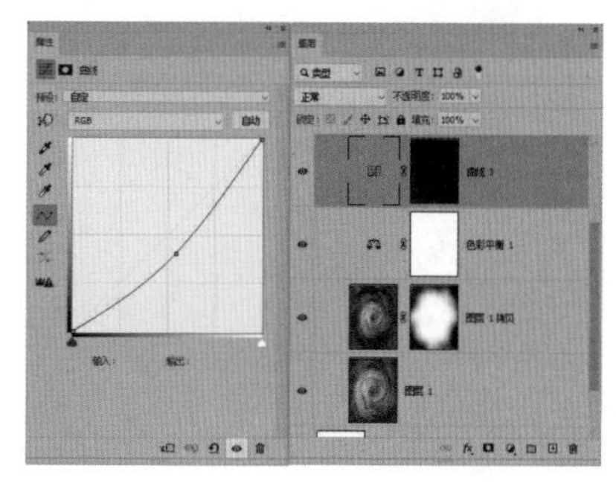

图 7-92

Step 37：选择【渐变工具】，在选项栏设置渐变为“从前景到透明渐变”，设置前景色为白色。选择【曲线】图层蒙版缩览图，从画布外向画布内拖动鼠标，填充渐变，将图像四周压暗，如图 7-93 所示。

图 7-93

Step 38：新建【曲线】调整图层，向上拖动曲线，提亮图像。使用前面步骤的方法隐藏提亮图像，再提亮部分图像，如图 7-94 所示。

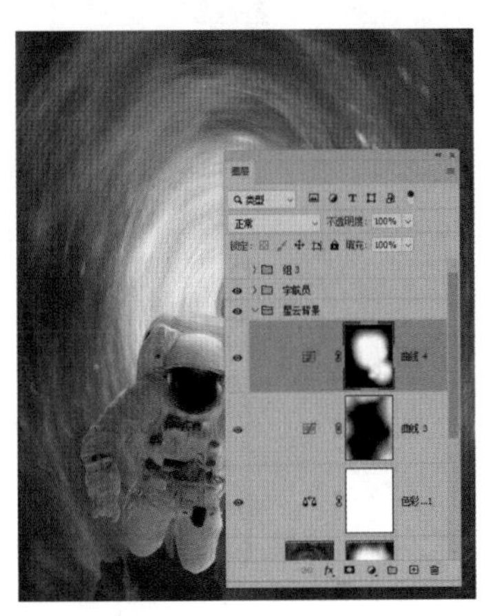

图 7-94

Step 39：新建【文字】图层组，输入文字并排版，完成宇宙效果海报制作，如图 7-95 所示。

图 7-95

关键技能 060 转换为智能滤镜，轻松修改滤镜效果

● 技能说明

应用于智能对象的滤镜是智能滤镜，它包含一个类似于图层样式的列表，列表中显示了使用的滤镜效果，并带有一个图层蒙版，如图 7-96 所示。

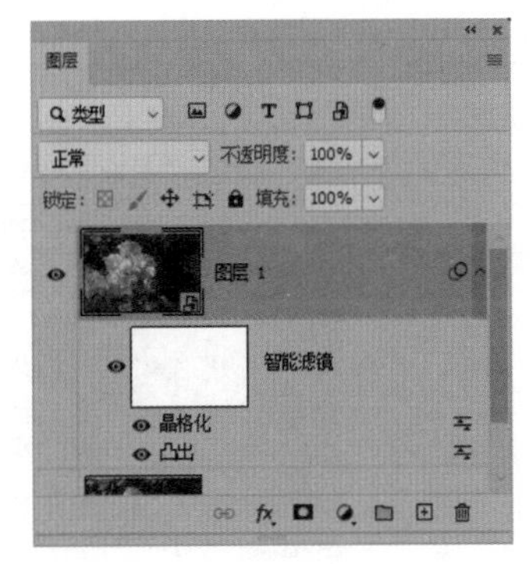

图 7-96

使用黑色画笔在蒙版上绘制，可以调整滤镜效果的强度，如图 7-97 所示。单击智能滤镜前面切换智能滤镜的可见性图标，可以将滤镜效果隐藏；将滤镜拖到按钮上，可以将滤镜删除。单击滤镜名称可以打开对应的滤镜对话框修改滤镜参数，因此转换为智能滤镜是一种非破坏性的滤镜。

图 7-97

● 应用实战

添加智能滤镜并修改滤镜参数的具体操作步骤如下。

Step 01：打开“素材文件/第 7 章/建筑.jpg”文件，如图 7-98 所示。

图 7-98

Step 02：选择【背景】图层，执行【滤镜】→【转换为智能滤镜】命令，弹出提示对话框，如图 7-99 所示。单击【确定】按钮，将其转换为智能图层。

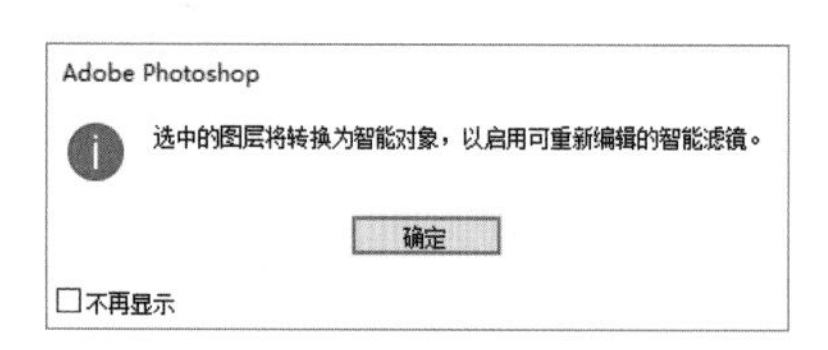

图 7-99

Step 03：执行【滤镜】→【Camera Raw滤镜】命令，打开【Camera Raw滤镜】对话框，选择【HSL调整】选项卡，设置红色、橙色、黄色、绿色和蓝色参数，如图 7-100 所示。因为需要将照片转换为漫画效果，所以需要增加图像饱和度，效果如图 7-101 所示。

图 7-100

图 7-101

Step 04：切换到【色相】面板，设置橙色、黄色和蓝色参数，如图 7-102 所示。修改图像部分颜色，使天空变为青色，红色建筑更偏红一些，树木更偏绿一些。单击【确定】按钮，完成色调调整，效果如图 7-103 所示。

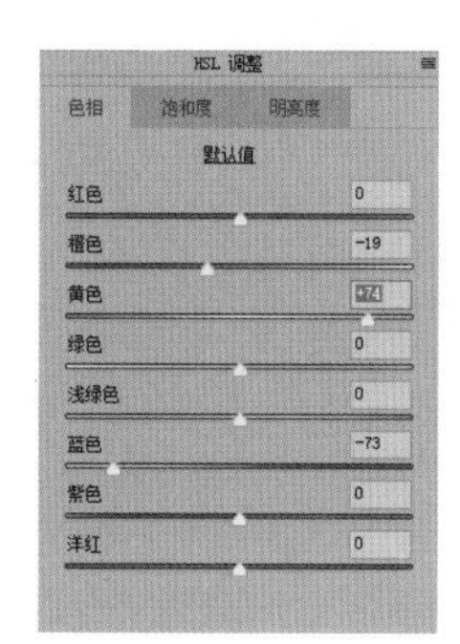

图 7-102

图 7-103

Step 05：执行【滤镜】→【滤镜库】命令，打开【滤镜库】对话框，选择【画笔描边】滤镜组中的【强化的边缘】命令，设置相关参数，使图像偏向绘画效果，如图 7-104 所示；效果如图 7-105 所示。

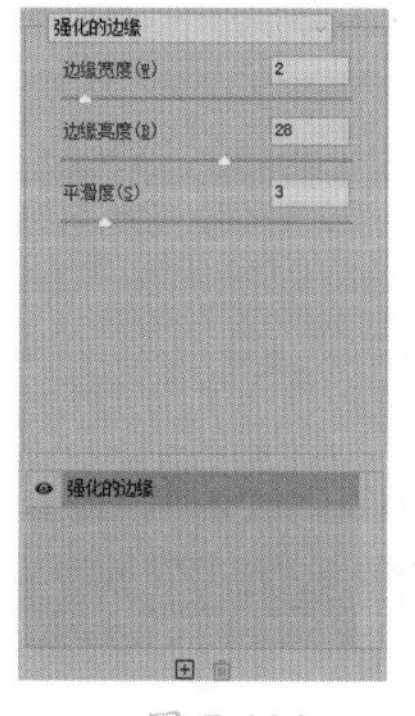

图 7-104

图 7-105

Step 06：单击对话框右下角的【新建效果图层】按钮，新建效果图层，再修改效果为【艺术效果】滤镜组中的【干画笔】滤镜效果，设置相关参数，使图像更具有漫画效果，如图 7-106 所示；效果如图 7-107 所示。

图 7-106

图 7-107

Step 07：单击【确定】按钮，完成效果制作，返回文档中，可以发现添加的滤镜效果都会显示在图层面板上，并带有一个图层蒙版，如图 7-108 所示。

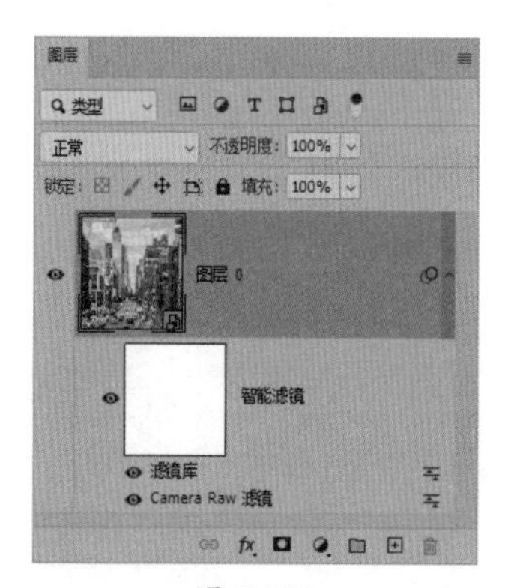

图 7-108

Step 08：双击【滤镜库】的名称，可以打开【滤镜库】对话框，选择【干画笔】滤镜效果，修改参数，如图 7-109 所示；选择【强化的边缘】滤镜效果，并修改参数，如图 7-110 所示。

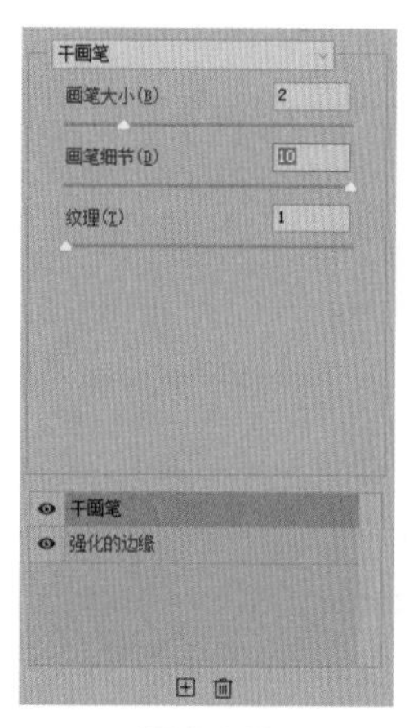

图 7-109

图 7-110

Step 09：单击【确定】按钮，完成参数修改，图像效果如图 7-111 所示。

图 7-111

Step 10：双击滤镜名称右侧的【编辑滤镜混合选项】图标，可以打开【混合选项（滤镜库）】对话框，❶设置【模式】为颜色加深，❷设置【不透明度】为 23%，❸单击【确定】按钮，如图 7-112 所示。

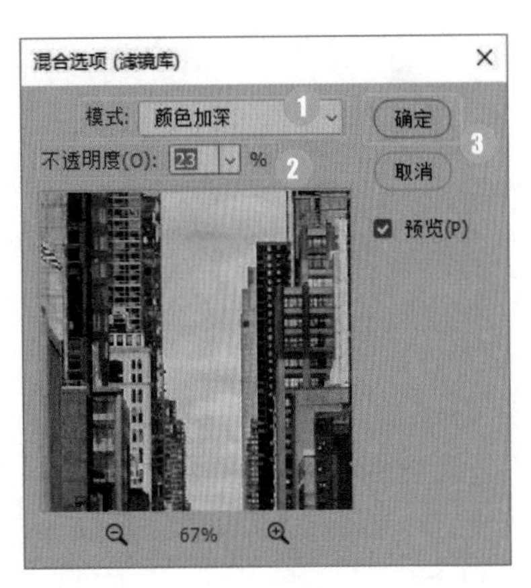

图 7-112

Step11：为滤镜添加混合模式后，图像效果如图 7-113 所示。

图 7-113

关键技能 061 如何安装与使用外挂滤镜

● 技能说明

Photoshop 中除可以使用软件内置的滤镜外，还可以安装第三方厂商开发的滤镜，以实现更丰富的图像效果制作。第三方滤镜被称为外挂滤镜，以插件的形式安装在 Photoshop 中。外挂滤镜种类繁多，有专门针对调色的滤镜、抠图滤镜、皮肤润色磨皮滤镜、光效滤镜等。合理利用这些外挂滤镜不仅可以制作各种各样的图像效果，还可以节省时间，提高工作效率。

● 应用实战

Nik Collection 滤镜是一套专注于图像后期处理、调色的滤镜套装，包括 Color Efex Pro（图像调色滤镜）、HDR Efex Pro（HDR 成像滤镜）、Silver Efex Pro（黑白胶片滤镜）、Viveza（选择性调节滤镜）、Sharpener Pro（锐化滤镜）、Dfine（降噪滤镜）和 Aanlog Efex Pro（胶片特效滤镜）7 款滤镜插件。该滤镜安装之前需要关闭 Photoshop 软件。安装并使用 Nik Collection 滤镜调色的具体操作步骤如下。

Step01：从官网下载软件安装包后，选择“exe”文件并右击鼠标，在快捷菜单中选择“以管理员身份运行”命令，如图 7-114 所示。

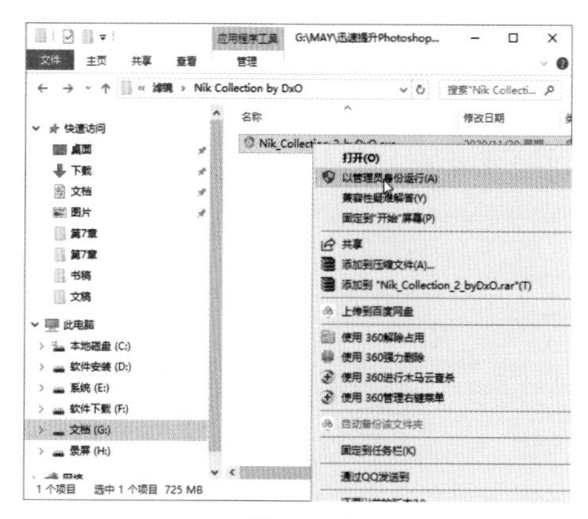

图 7-114

Step 02：弹出对话框，选择安装语言为中文，单击“ok”按钮，如图 7-115 所示。

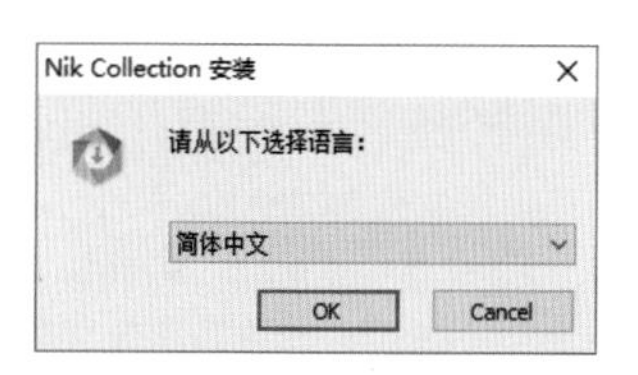

图 7-115

Step 03：打开安装向导界面，单击【下一步】按钮，如图 7-116 所示。

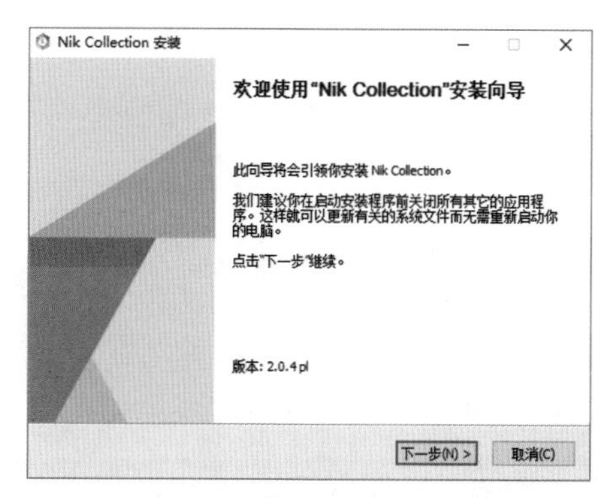

图 7-116

Step 04：打开欢迎界面，单击“下一步”按钮，如图 7-117 所示。

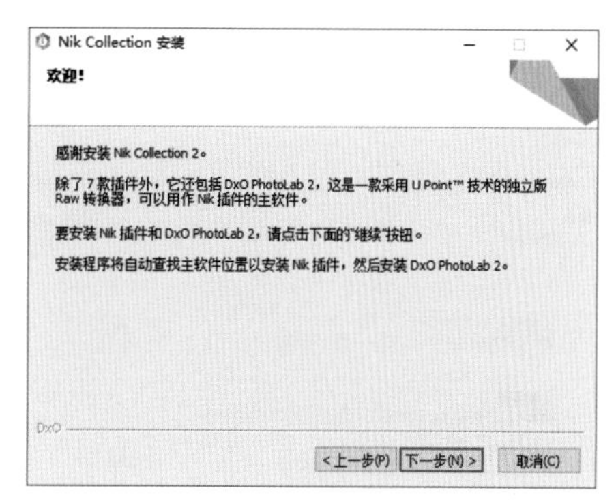

图 7-117

Step 05：进入下一步安装进程，单击【我同意】按钮，如图 7-118 所示。

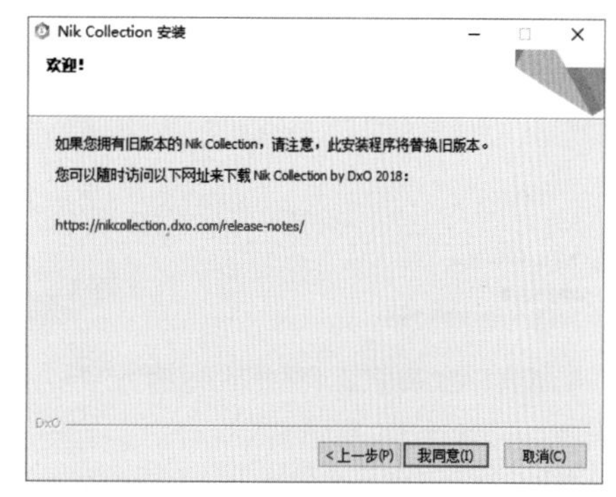

图 7-118

Step 06：进入许可证协议界面，单击【我同意】按钮，如图 7-119 所示。

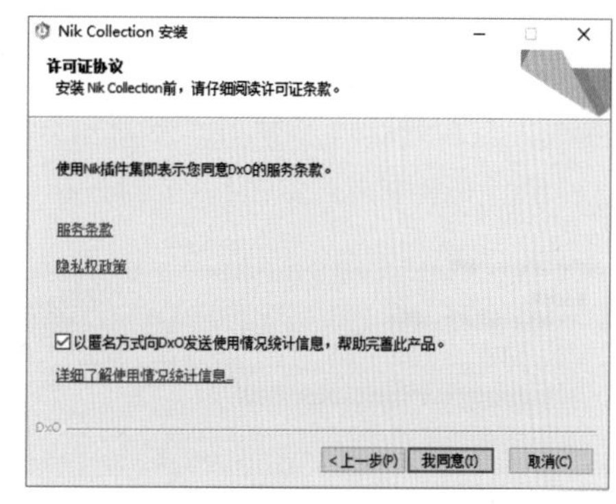

图 7-119

Step 07：进入激活界面，输入激活码，单击【激活】按钮，就可以进行安装了。如果没有激活码，单击【试用】按钮，安装软件（软件可以免费试用 30 天，到期后需要付费才能继续使用），如图 7-120 所示。

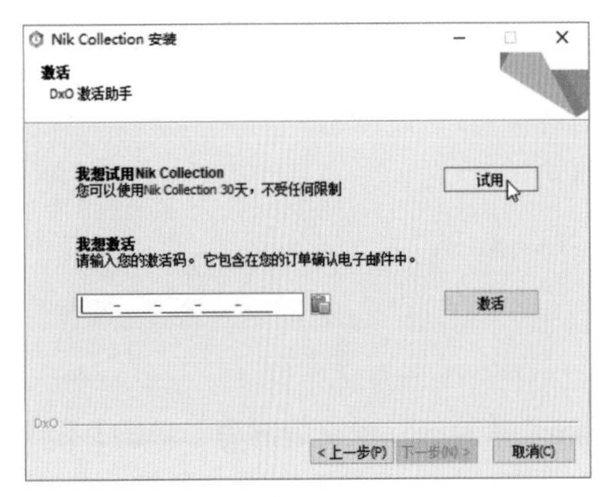

图 7-120

Step 08：系统打开选择安装位置界面，设置安装位置为 Photoshop 的 Plug-ins 目录下，如图 7-121 所示。

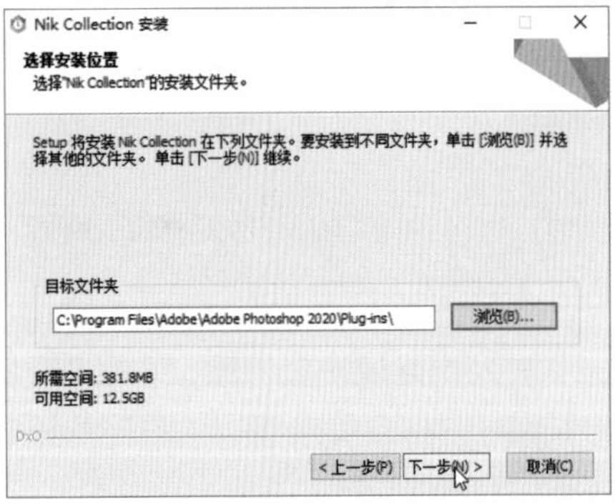

图 7-121

Step 09：开始安装软件并显示安装进度，如图 7-122 所示。安装完成后单击【完成】按钮即可。

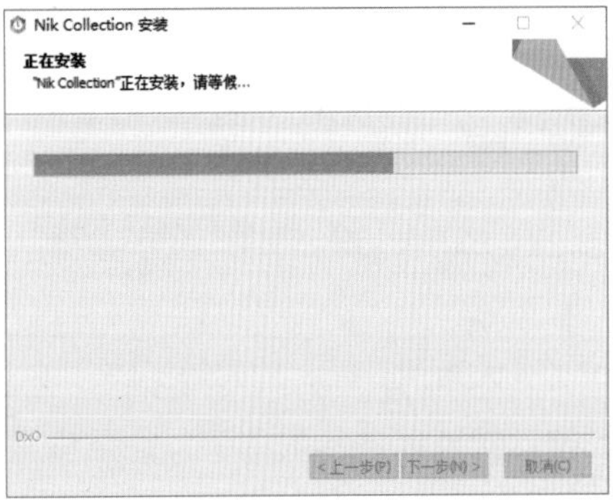

图 7-122

Step 10：软件安装完成后，打开 Photoshop 软件，在滤镜菜单底部可以显示安装的外挂滤镜，如图 7-123 所示。

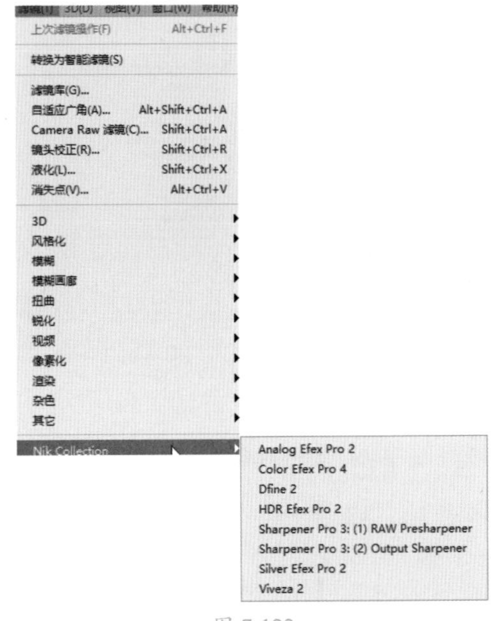

图 7-123

Step 11：打开"素材文件/第 7 章/迪士尼.jpg"文件，如图 7-124 所示。

图 7-124

Step 12：按【Ctrl+J】组合键复制背景图层，生成【图层 1】，如图 7-125 所示。

图 7-125

Step 13：执行【滤镜】→【Nik Collection】→【Aanlog Efex Pro】命令，打开胶片滤镜设置界面，界面左侧提供了一些预设滤镜效果，中间是效果预览区域，右侧是参数设置区域，如图 7-126 所示。

图 7-126

Step 14：在左侧选择【经典相机 7】的滤镜效果，此时可以预览效果，如图 7-127 所示。

图 7-127

Step 15：在右侧界面中设置基本调整参数，如图 7-128 所示。

图 7-128

Step 16：单击右下角的【确定】按钮，应用滤镜效果。返回文档中，图像效果如图 7-129 所示。

图 7-129

第 8 章 高效处理图像的 5 个关键技能

利用动作功能可以对一系列的操作进行自动化处理，减少重复进行相同操作的次数，提高工作效率。此外，Photoshop 还提供了批处理功能，可以同时处理多个图像，如将大量图像转换为特定尺寸、特定格式及批量修改文件属性等。本章将介绍高效处理图像的 5 个关键技能，以帮助读者学会高效处理图像。本章知识点框架如图 8-1 所示。

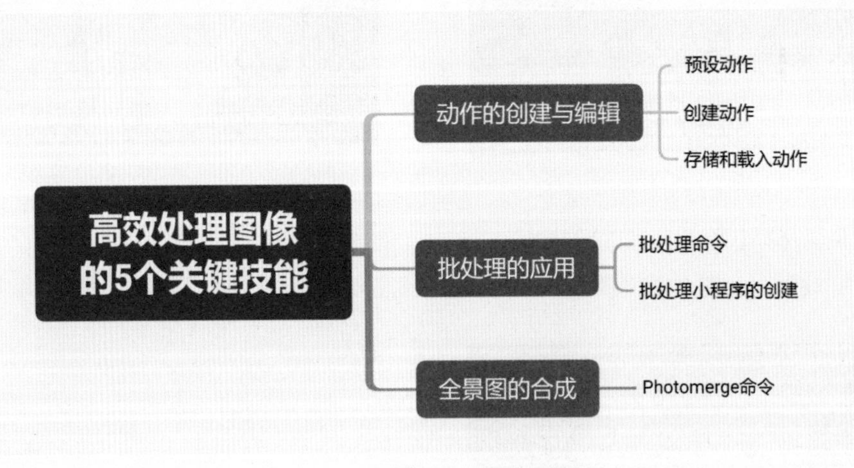

图 8-1

关键技能 062　使用预设动作快速调整图像

● 技能说明

动作是指在单个文件或一批文件上执行的一系列任务，如菜单命令、面板选项、工具动作等。利用动作命令可以快速调整图像，提高工作效率。Photoshop 提供了一系列预设动作，可以直接使用，如制作图像效果、文字效果的动作等。执行【窗口】→【动作】命令，打开【动作】面板，即可使用预设动作制作图像效果，如图 8-2 所示。

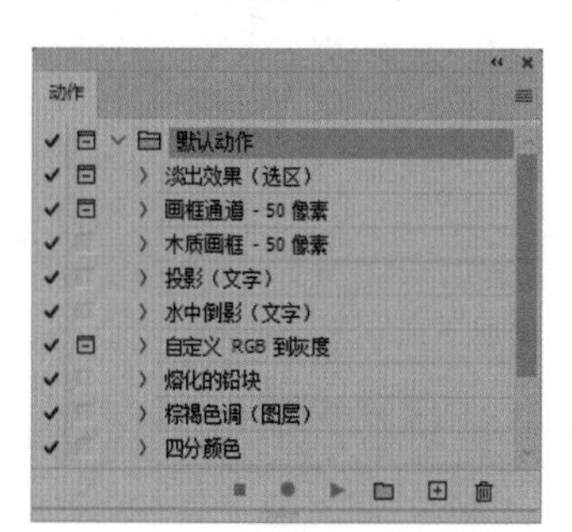

图 8-2

● 应用实战

使用预设动作制作图像效果的具体操作步骤如下。

Step 01：打开“素材文件/第 8 章/房子.jpg”文件，如图 8-3 所示。

图 8-3

Step 02：执行【窗口】→【动作】命令，打开【动作】面板，如图 8-4 所示。

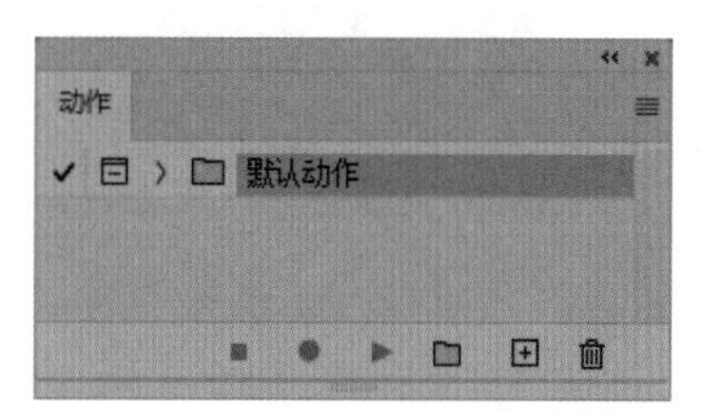

图 8-4

Step 03：单击【动作】面板右上角的扩展按钮▤，在弹出的菜单中选择【图像效果】命令，将其载入【动作】面板，如图 8-5 所示。

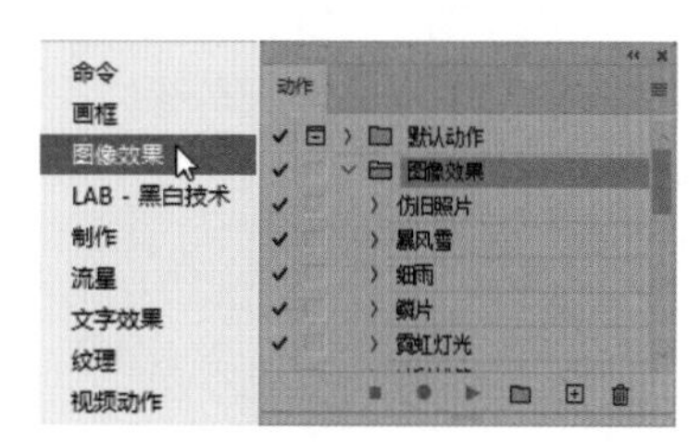

图 8-5

Step 04：选择【背景】图层。❶选择【动作】面板中【图像效果】动作组中的【仿旧照片】命令，❷单击面板底部的【播放动作】按钮▶，如图 8-6 所示。

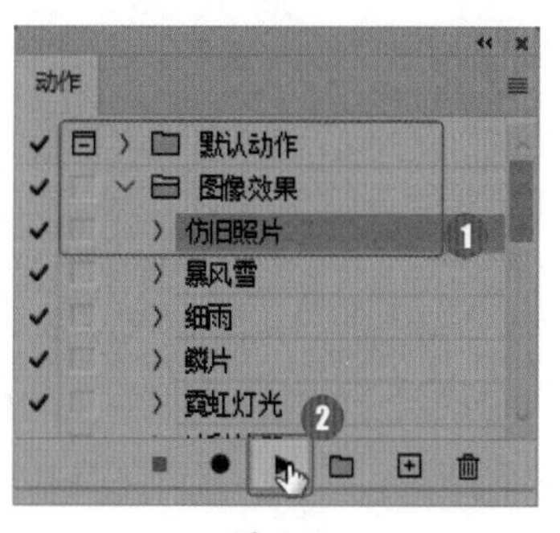

图 8-6

Step 05：软件会自动运行动作，为图像添加仿旧照片的效果，如图 8-7 所示。

图 8-7

Step 06：此时，所有操作的步骤会显示在【历史记录】面板中。执行【窗口】→【历史记录】命令，即可看到仿旧照片效果的所有操作步骤，如图 8-8 所示。

图 8-8

Step 07：单击【动作】面板右上角的扩展按钮▤，在弹出的菜单中选择【图框】命令，将其载入【动作】面板，如图 8-9 所示。

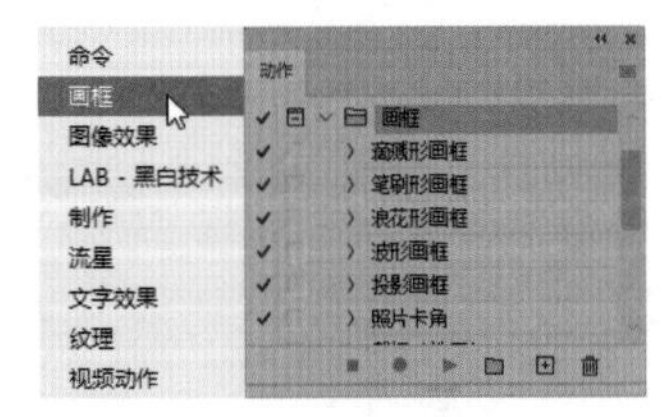

图 8-9

Step 08：❶选择【画框】动作组中的【木质画框-50 像素】命令，❷单击面板底部的【播放选定的动作】按钮▶，如图 8-10 所示。

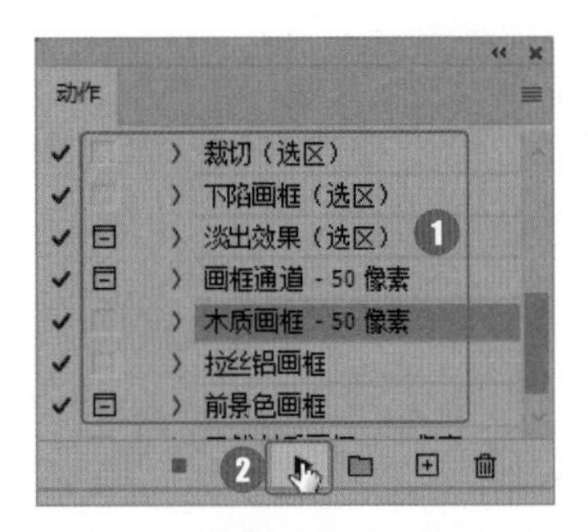

图 8-10

Step 09：添加作画框后，图像效果如图 8-11 所示。

图 8-11

高手点拨

重排、复制和删除动作

在【动作】面板中，将动作或命令拖至同一动作或另一动作中的新位置，即可重新排列动作和命令。

将动作和命令拖至【创建新动作】按钮⊞上，可将其复制。按住【Alt】键移动动作和命令，可快速复制动作和命令。

将动作或命令拖至【动作】面板中的【删除】按钮🗑上，可将其删除。

选择扩展菜单中的【清除全部动作】命令，可删除所有动作。

关键技能 063 新建并记录动作

● 技能说明

使用Photoshop编辑图像时，为了节省时间，可以将一些常用的操作创建为动作，需要时直接播放动作即可，即免去了重复操作的烦琐，也可以提高工作效率。

● 应用实战

新建并记录动作的具体操作步骤如下。

Step 01：打开“素材文件/第 8 章/花.jpg”文件，如图 8-12 所示。

图 8-12

Step 02：执行【窗口】→【动作】命令，打开【动作】面板，如图 8-13 所示。

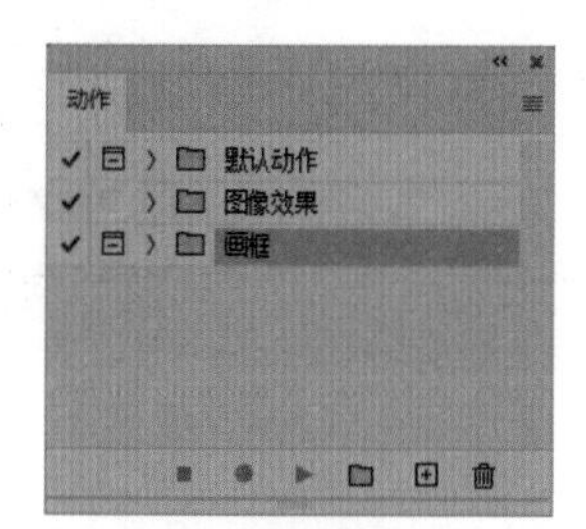

图 8-13

Step 03：单击面板底部的【创建新组】按钮，打开【创建组】对话框，❶设置【名称】为调色，❷单击【确定】按钮，创建动作组，如图 8-14 所示。

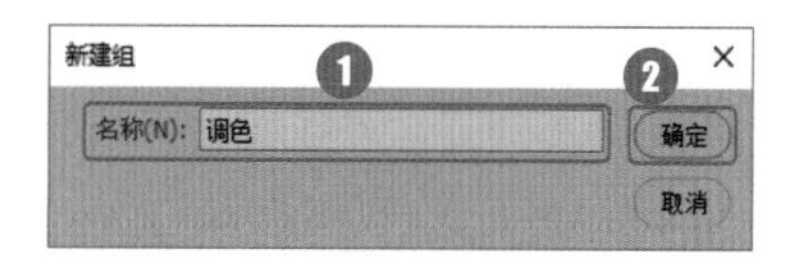

图 8-14

Step 04：单击面板底部的【创建新动作】按钮，打开【新建动作】对话框，设置动作名称、快捷键等参数。单击【记录】按钮，进入动作录制状态，如图 8-15 所示。

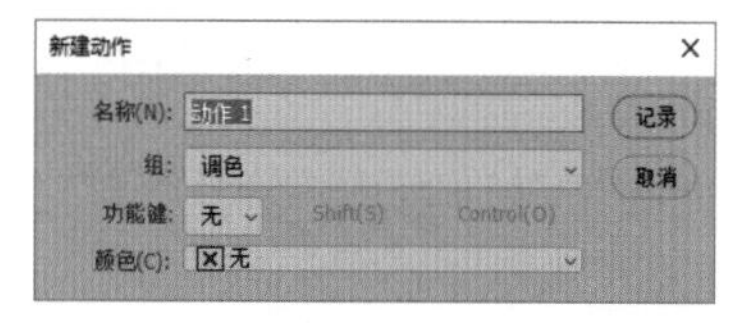

图 8-15

Step 05：新建【色彩平衡】调整图层，在【属性】面板中选择【中间调】，设置相关参数，增加红色、黄色和绿色，如图 8-16 所示。

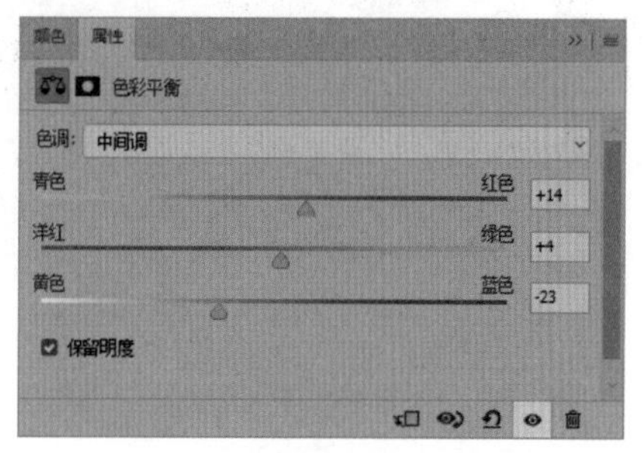

图 8-16

Step 06：通过前面的操作，图像色调偏黄色，如图 8-17 所示。

图 8-17

Step 07：选择【高光】，设置相关参数，增加高光区域的蓝色和青色，如图 8-18 所示。

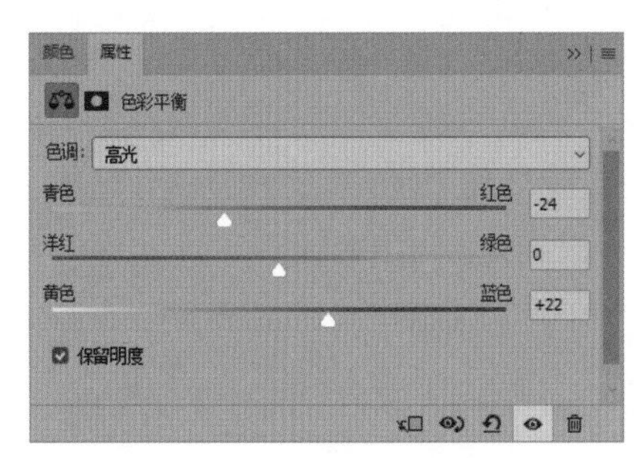

图 8-18

Step 08：通过前面的操作使高光区域的色调偏冷，如图 8-19 所示。

图 8-19

Step 09：新建【曲线】调整图层，向上拖动曲线，提亮图像，效果如图 8-20 所示。

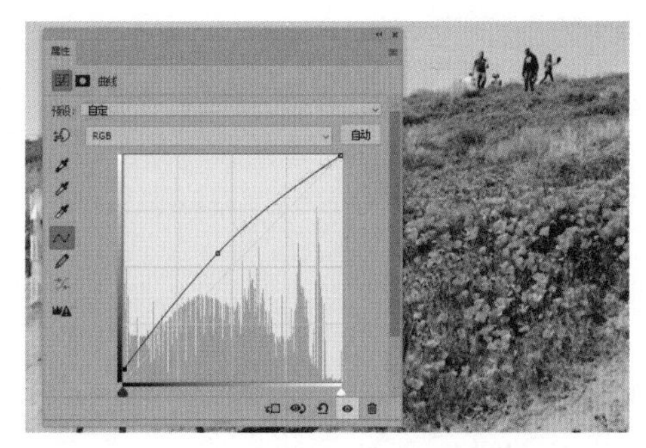

图 8-20

Step 10：选择【红】通道，调整曲线形状，使高光区域减少红色，阴影区域增加红色，如图 8-21 所示。

图 8-21

Step 11：选择【蓝】通道，调整曲线形状，使高光区域增加蓝色，阴影区域减少蓝色，如图 8-22 所示。

图 8-22

Step 12：完成色调调整后，单击【动作】面板底部的【停止记录/播放】按钮■，退出动作记录状态，完成动作录制，如图 8-23 所示。

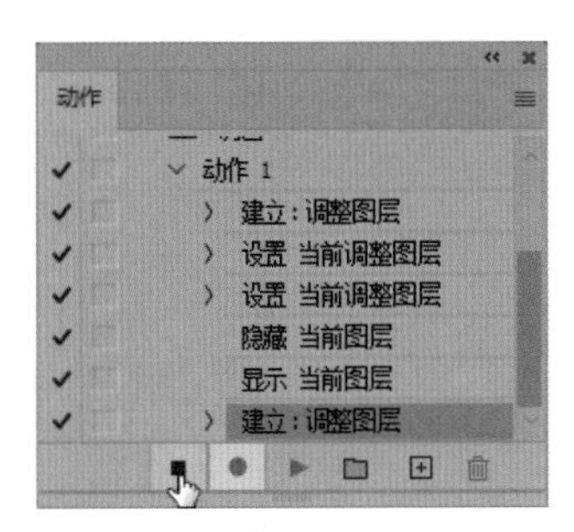

图 8-23

Step13：在色彩平衡调整步骤的左侧单击【切换对话开/关】按钮，将其打开，如图 8-24 所示。

图 8-24

Step14：打开“素材文件/第 8 章/城堡.jpg”文件，如图 8-25 所示。

图 8-25

Step15：❶选择【动作】面板中【调色】动作组中的【动作 1】命令，❷单击【播放选定的动作】按钮，如图 8-26 所示。

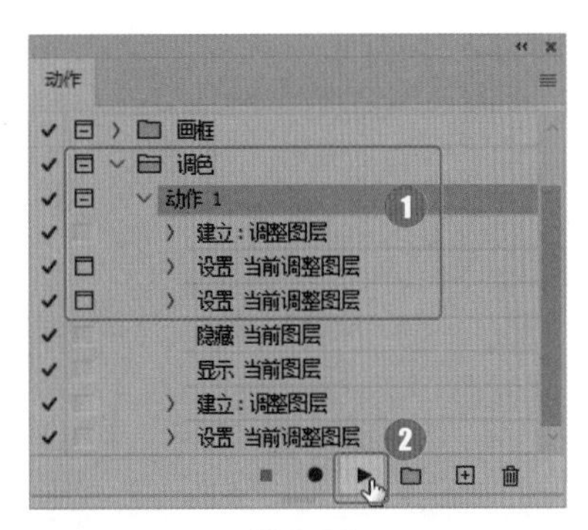

图 8-26

Step16：此时软件会自动调整图像，当执行到色彩平衡调整步骤时会弹出【色彩平衡】对话框，根据实际需求修改参数，如图 8-27 所示。

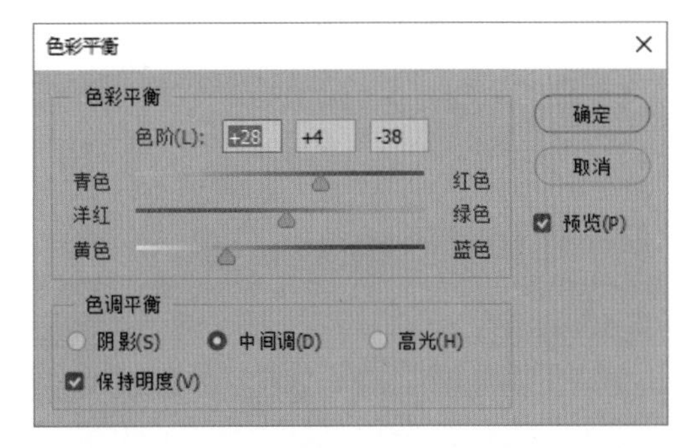

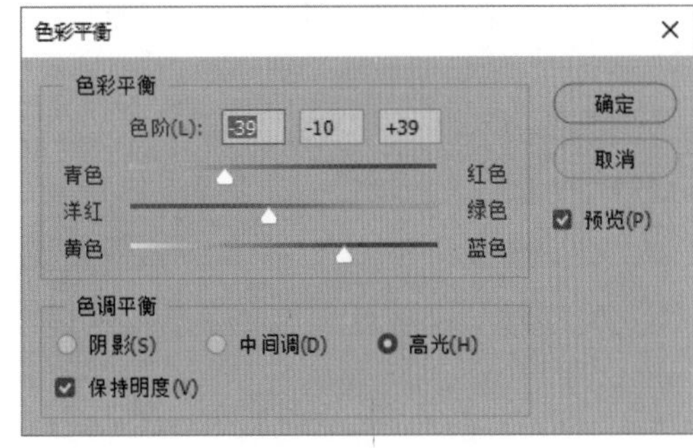

图 8-27

Step17：参数修改完成后，会继续执行后面的操作步骤，完成后效果如图 8-28 所示。

图 8-28

高手点拨

重排、复制和删除动作

在创建动作的过程中，单击动作面板右上角的扩展按钮▤，选择扩展菜单中的【插入停止】命令，可以暂时停止，以便在播放动作的过程中执行无法记录的任务（如使用绘图工具）。完成绘图操作后，单击【动作】面板中的【播放选定的动作】按钮▶，可继续完成未完成的动作。

关键技能 064 存储和载入动作库

● 技能说明

如果要向他人分享自己创建的动作命令，可以将动作存储为ATN格式的文件，然后再载入动作库文件，其他人就可以使用该动作命令了。

● 应用实战

1．存储动作

选择动作后，执行【存储动作】命令即可存储动作，具体操作步骤如下。

Step01：执行【窗口】→【动作】命令，打开【动作】面板，选择创建的【调色】动作组，如图8-29所示。

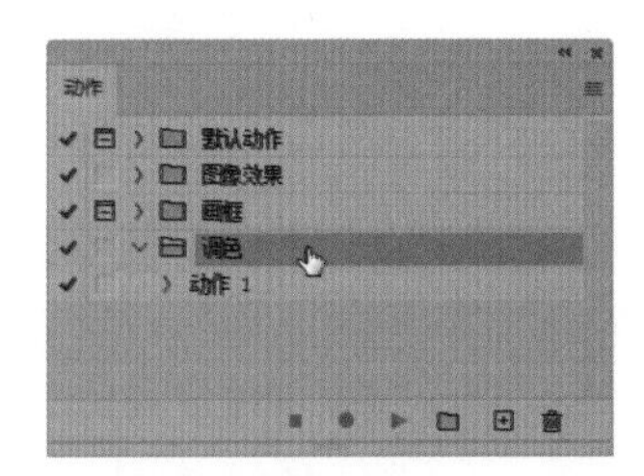

图 8-29

Step02：单击面板右上角的扩展按钮▤，选择扩展菜单中的【存储动作】命令，如图8-30所示。

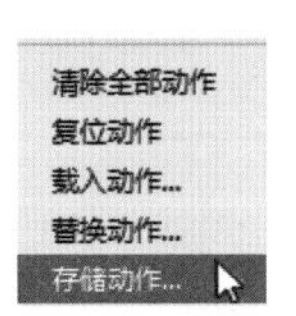

图 8-30

Step03：打开【另存为】对话框，❶选择存储位置，❷设置文件名称，文件格式会自动设置为ATN格式，❸单击【保存】按钮，即可保存动作，如图8-31所示。

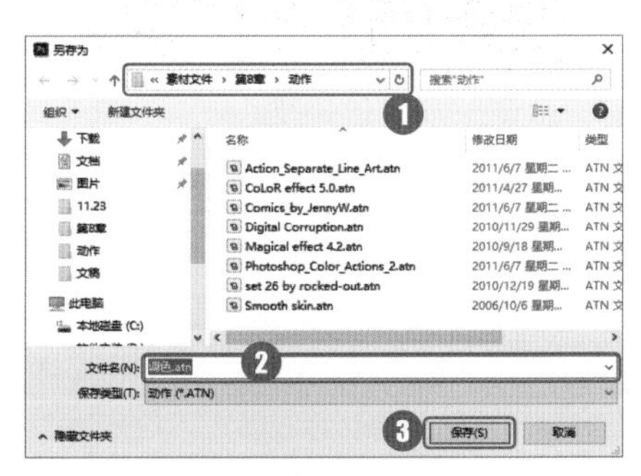

图 8-31

2. 载入动作

选择 ATN 格式文件后，执行【载入动作】命令即可将其载入 Photoshop 中使用，具体操作步骤如下。

Step 01：打开【动作】面板，单击面板右上角的扩展按钮，选择扩展菜单中的【载入动作】命令，如图 8-32 所示。

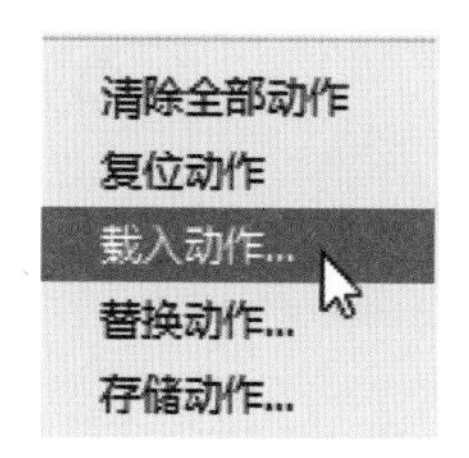

图 8-32

Step 02：打开【载入】对话框，❶定位至文件保存位置，❷选择“Magical effect 4.2.atn”文件，❸单击【载入】按钮，如图 8-33 所示。

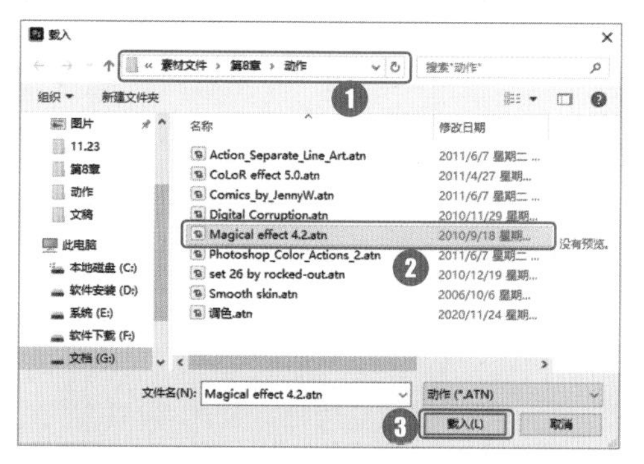

图 8-33

Step 03：所选动作被载入到【动作】面板中，如图 8-34 所示。

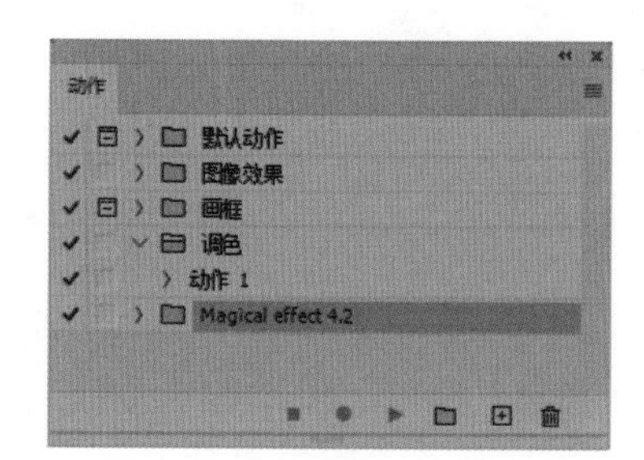

图 8-34

Step 04：打开“素材文件/第 8 章/蓝色.jpg”文件，如图 8-35 所示。

图 8-35

Step 05：❶选择【动作】面板【Magical effect】动作组中的【Action 1】动作命令，❷单击【播放动作】按钮，如图 8-36 所示。

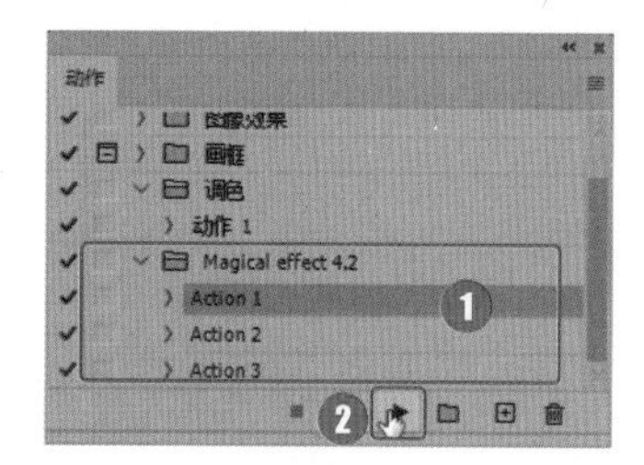

图 8-36

Step 06：软件自动运行动作命令，编辑图像，效果如图 8-37 所示。

图 8-37

关键技能 065 批量处理图像的两种方法

● 技能说明

【批处理】可以将动作应用于多张图片，同时完成大量相同的、重复性的操作，以节省时间，提高工作效率，实现图像处理自动化。

Photoshop中提供了两种【批处理】图像的方法，一种是通过执行【批处理】命令来批处理图像；另一种是通过创建快捷批处理程序来实现批处理图像的目的。

● 应用实战

1．批处理命令

使用批处理命令处理图像，首先要在【动作】面板中设置动作，然后再通过【批处理】对话框进行设置，具体操作步骤如下。

Step 01：执行【窗口】→【动作】命令，打开【动作】面板，载入【图像效果】动作组，如图 8-38 所示。

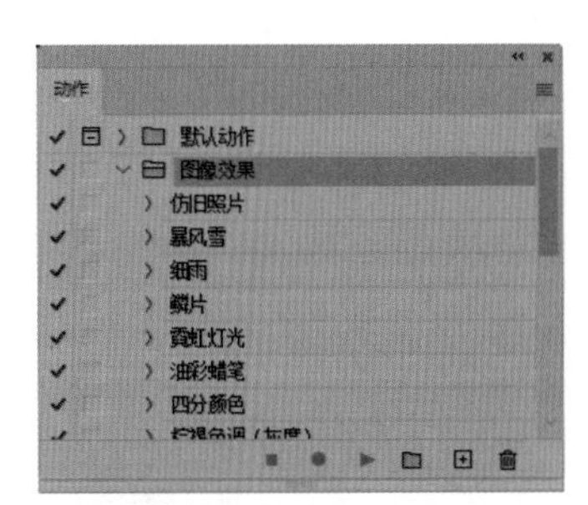

图 8-38

Step 02：执行【文件】→【自动】→【批处理】命令，打开【批处理】对话框，❶单击【组】列表框，选择【图像效果】动作组。❷在【播放】栏中单击【动作】列表框，选择【鳞片】动作选项，如图 8-39 所示。

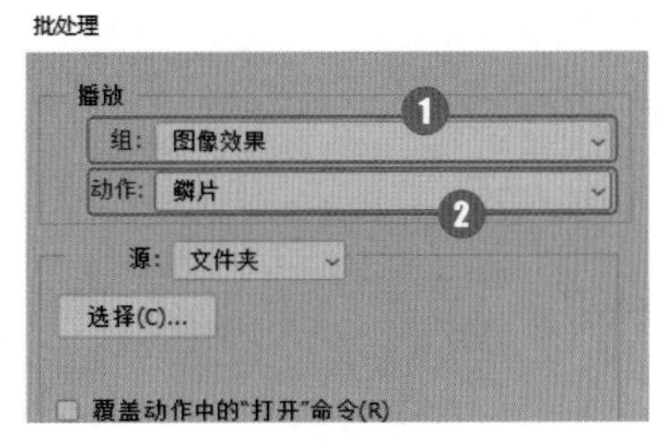

图 8-39

Step 03：❶在【源】栏中选择【文件夹】选项，❷单击【选择】按钮，如图 8-40 所示。

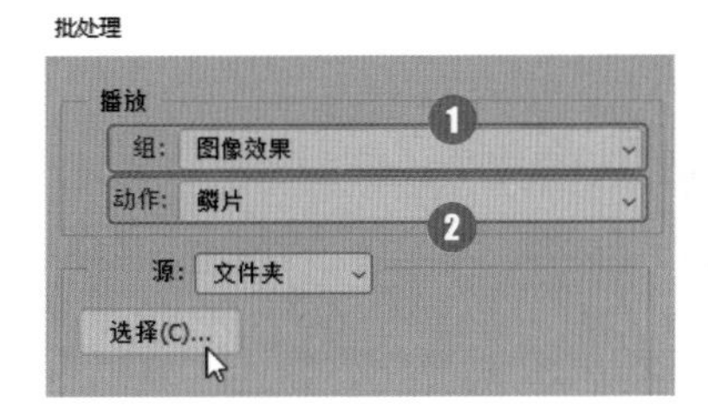

图 8-40

Step 04：打开【选取批处理文件夹】对话框，❶选择第 8 章素材文件中的【批处理】文件夹，❷单击【选择文件夹】按钮，如图 8-41 所示。

图 8-41

Step 05：设置【目标】为文件夹，单击【选择】按钮，如图 8-42 所示。

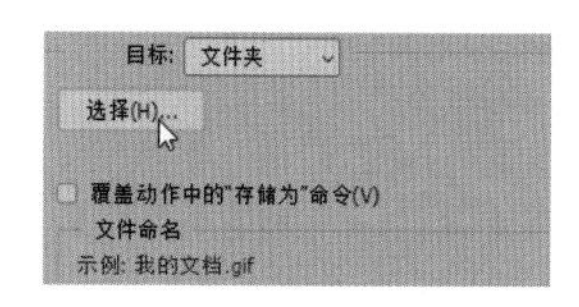

图 8-42

Step 06：打开【选取目标文件夹】对话框，❶选择第 8 章结果文件中的【批处理】文件夹，❷单击【选择文件夹】按钮，如图 8-43 所示。

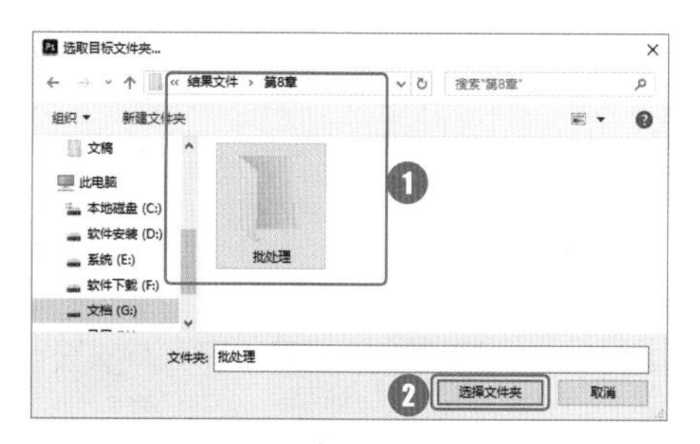

图 8-43

Step 07：设置完成参数后，单击【确定】按钮，如图 8-44 所示。

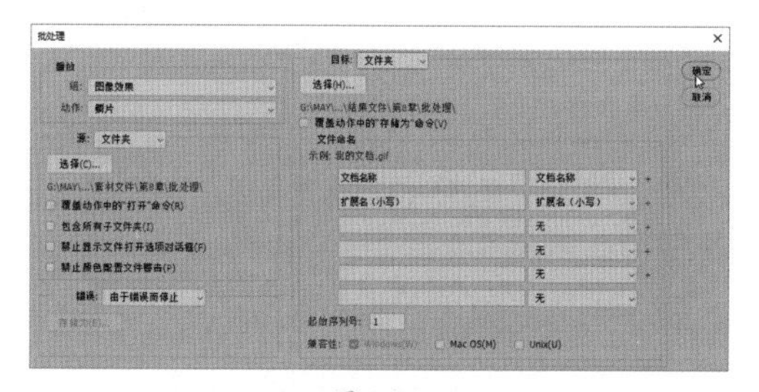

图 8-44

Step 08：返回文档中，软件开始以选择的动作编辑图像，完成后弹出对话框，单击【保存在您的计算机上】按钮，如图 8-45 所示。

图 8-45

Step 09：打开【另存为】对话框，软件自动定位到之前设置的目标文件夹，❶设置文件格式为"JPEG"，❷单击【保存】按钮，保存图像，如图 8-46 所示。

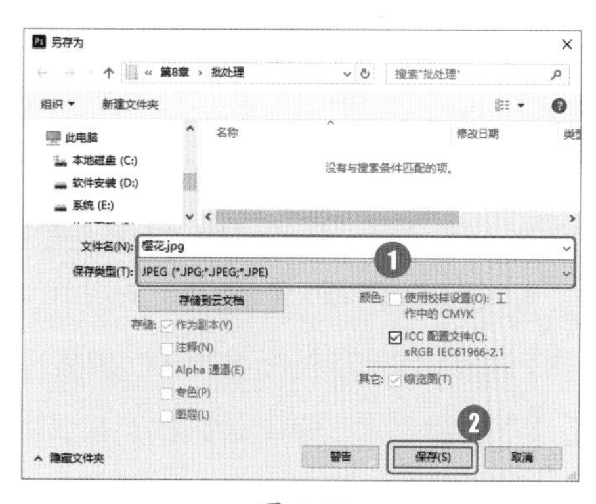

图 8-46

Step 10：保存图像后软件会继续处理其他图像，最终效果如图 8-47 所示。

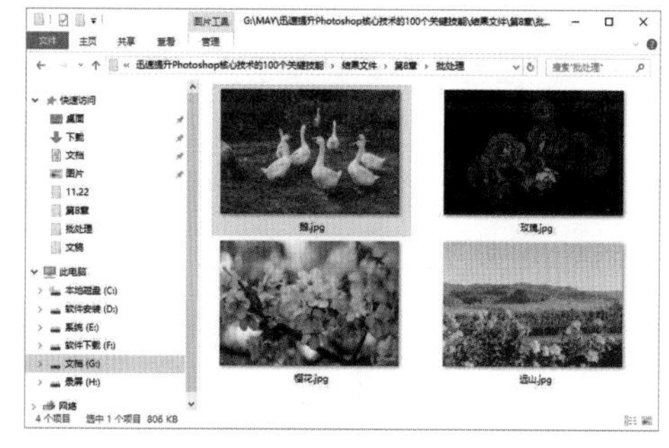

图 8-47

2．快捷批处理程序

快捷键处理是一个小程序，它可以简化批处理操作的过程。创建快捷批处理任务的具体步骤如下。

Step 01：执行【文件】→【自动】→【创建快捷批处理】命令，弹出【创建快捷批处理】对话框，单击【选择】按钮，如图 8-48 所示。

图 8-48

Step 02：打开【另存为】对话框，❶设置程序保存位置，❷单击【保存】按钮，如图 8-49 所示。

图 8-49

Step 03：返回【创建快捷批处理】对话框，❶设置【组】为图像效果，❷设置【动作】为四分颜色，如图 8-50 所示。

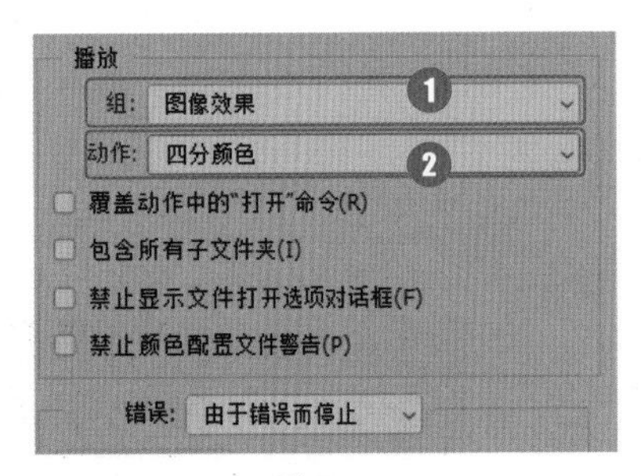

图 8-50

Step 04：❶设置【目标】为文件夹，❷单击【选择】按钮，如图 8-51 所示。

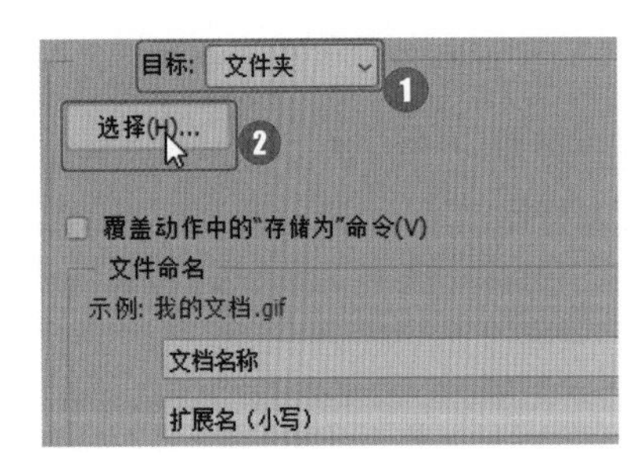

图 8-51

Step 05：打开【选择用于存储快捷批处理输出的文件夹】对话框，❶设置保存路径，❷单击【选择文件夹】按钮，如图 8-52 所示。

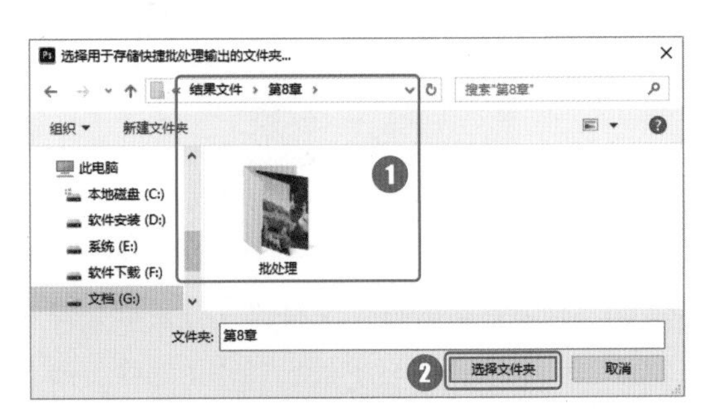

图 8-52

Step 06：定位到【快捷批处理】程序保存的位置，可以看见创建的批处理程序图标，如图 8-53 所示。

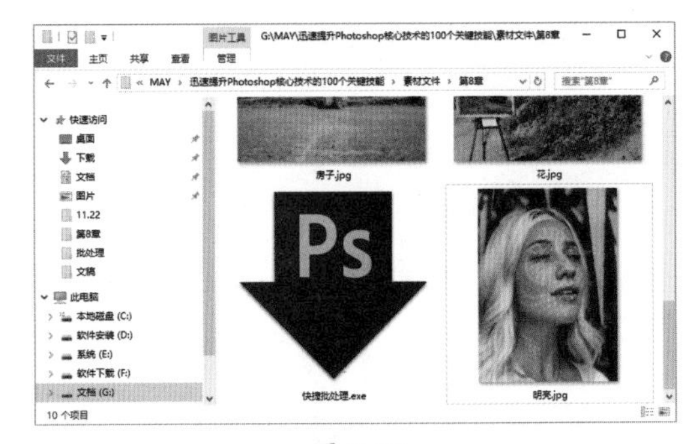

图 8-53

Step 07：拖动照片到【批处理】程序图标上，释放鼠标后，Photoshop 软件会自动打开并以程序设置的动作处理图像，如图 8-54 所示。

图 8-54

Step 08：处理完成后会弹出【另存为】对话框，❶设置文件类型，❷单击【保存】按钮，即可保存处理后的图像，如图 8-55 所示。

图 8-55

Step 09：在定位到存储快捷批处理输出的文件夹中可以查看经过快捷批处理程序处理后的图像，如图 8-56 所示。

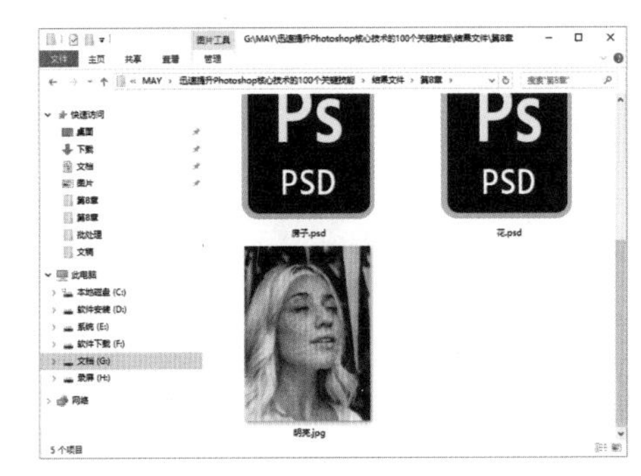

图 8-56

关键技能 066 使用“Photomerge”命令创建全景图

● 技能说明

【Photomerge】命令可以将多幅照片组合成一个连续的图像，从而创建全景图。该命令能够汇集水平平铺和垂直平铺的照片。为了避免拼合图像出现问题，需要按照以下规则拍摄用于Photomerge的照片。

充分重叠图像：图像之间的重叠区域应约为 40%。如果重叠区域较小，拼合图像时可能无法自动汇集成全景图。

使用同一焦距：拍摄照片时不要改变照片焦距。

使相机保持水平状态：如果照片之间的倾斜角度较大，在拼合全景图时可能会出现错误，所以拍摄照片时尽量使相机保持水平状态。

保持相同的位置：在拍摄系列照片时，最好不要改变自己的位置，这样可使照片来自同一个视点。

避免使用扭曲镜头：扭曲镜头可能会影响Photomerge，但是，“自动”选项会对使用鱼眼镜头拍摄的照片进行调整。

保持同样的曝光度：Photomerge 中的混合功能有助于消除不同的曝光度，但很难使差别极大的曝光度达到一致。因此，拍摄时尽量使所有照片都保持相同的曝光度。

● 应用实战

使用【Photomerge】命令创建全景图的具体操作步骤如下。

Step 01：执行【文件】→【自动】→【Photomerge】命令，打开【Photomerge】对话框，如图 8-57 所示。

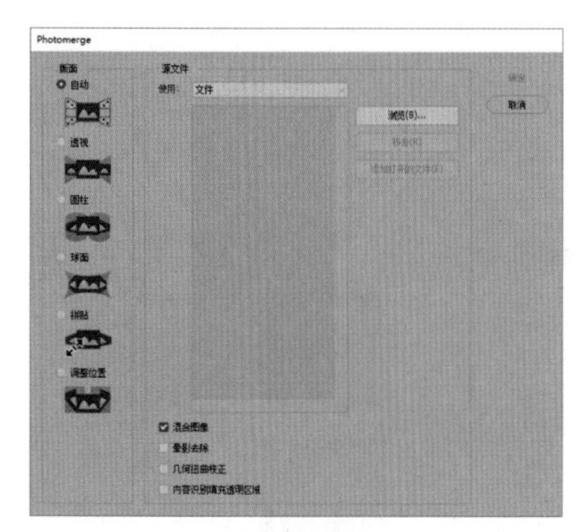

图 8-57

Step 02：❶设置【使用】为文件，❷单击【浏览】按钮，如图 8-58 所示。

图 8-58

Step 03：打开【打开】对话框，❶选择第 8 章素材文件中的全景素材文件，❷单击【确定】按钮，如图 8-59 所示。

图 8-59

Step 04：将全景素材文件载入【Photomerge】对话框，单击【确定】按钮，如图 8-60 所示。

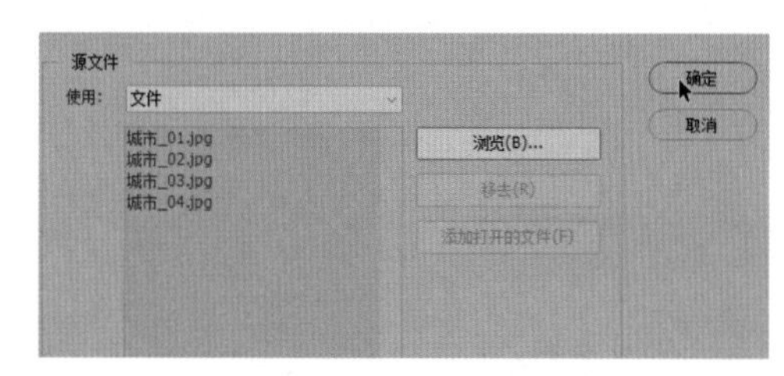

图 8-60

Step 05：进入 Photoshop 软件操作界面，自动拼合图像，效果如图 8-61 所示。

图 8-61

第二篇

综合实战篇

第 9 章 PS 抠图的 10 个关键技能

无论是在图像设计合成还是修图中，都会遇到需要处理局部图像的情况，这时就需要将局部图像选择出来，也就是抠取出来，单独进行调整和处理。对于简单的图像，可以通过使用一般的选区工具创建选区来抠图；对于复杂的图像，则可以使用通道、蒙版及钢笔工具来进行抠图。本章将介绍抠图的 10 个关键技能，以帮助读者熟练掌握抠图技法，提高抠图技能。本章知识点框架如图 9-1 所示。

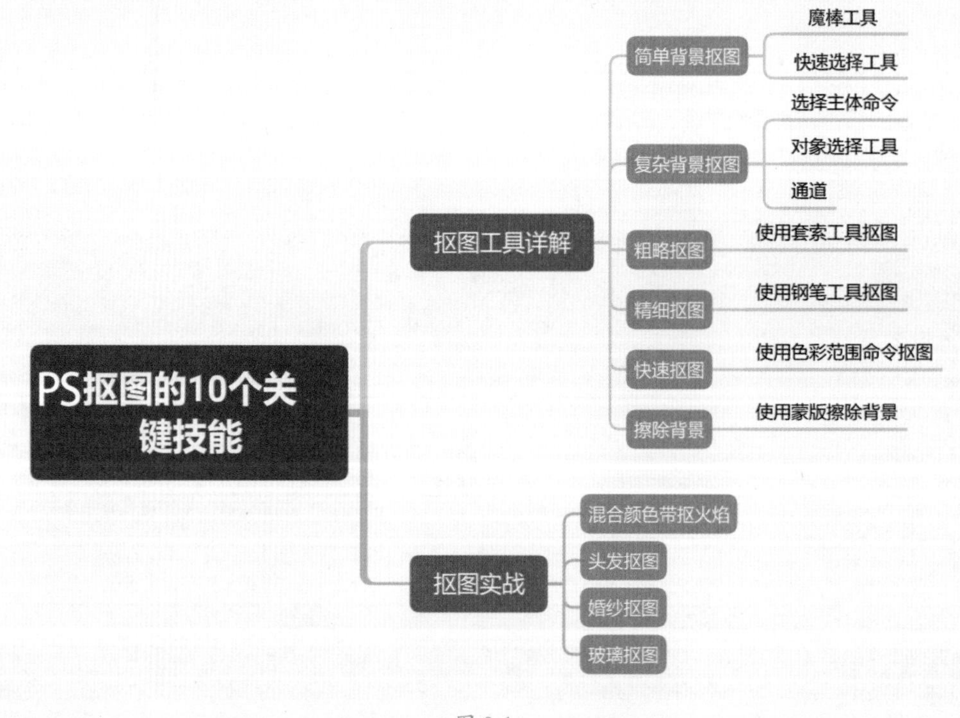

图 9-1

关键技能 067 简单背景抠图的两种方法

● 技能说明

Photoshop 中可以用于抠图的工具有很多，不同的工具有不同的特点，可以解决不同的抠图问题。如果是纯色背景的图像，可以使用【魔棒工具】抠图；如果主体对象边缘清晰且颜色与背景颜色分明，可以使用【快速选择工具】抠图。

● 应用实战

1. 使用魔棒工具抠图

使用【魔棒工具】单击图像，可以快速选择与单击点相同颜色的图像区域，创建选区。此方法适合抠取纯色背景图像，具体操作步骤如下。

Step 01：打开“素材文件/第 9 章/鱼.jpg”文件，如图 9-2 所示。

图 9-2

Step 02：选择【魔棒工具】，在选项栏设置【容差】为 15，单击黑色背景，创建选区，如图 9-3 所示。

图 9-3

Step 03：双击【背景】图层，将其转换为普通图层，按【Delete】键删除选区图像，按【Ctrl+D】取消选区，如图 9-4 所示。

图 9-4

Step 04：打开“素材文件/第 9 章/鱼缸.jpg”文件，如图 9-5 所示。

图 9-5

Step 05：使用【移动工具】移动鱼的图像到【鱼缸】文档中，并调整其大小和位置，如图 9-6 所示。

图 9-6

Step 06：新建【曲线】调整图层，调整曲线形状，提亮图像，并单击【属性】面板底部的【此调整影响下面所有调整图层】的按钮，创建剪切蒙版，如图 9-7 所示。

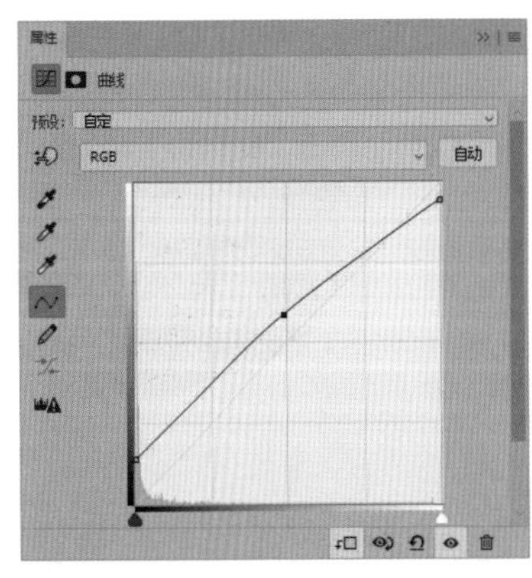

图 9-7

Step 07：新建【曲线】调整图层，选择【RGB】通道，向上拖动曲线，提亮图像；选择【红】通道，向上拖动曲线，增加红色调；选择【蓝】通道，向下拖动曲线，增加黄色调，如图 9-8 所示。

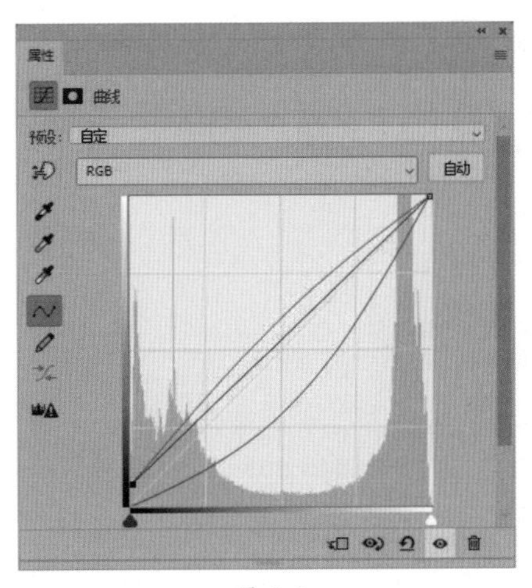

图 9-8

Step 08：调整色调后，图像融合得更自然，效果如图 9-9 所示。

图 9-9

高手点拨

什么是容差

使用【魔棒工具】抠图时，可以先在选项栏中设置【容差】值。容差是指选取颜色时所设置的选取范围，该值越大，选取的颜色范围也越大，其数值范围在 0~255 之间。

2. 使用快速选择工具抠图

使用【快速选择工具】拖动鼠标时，会自动查找并跟随图像中定义的边缘创建选区，从而选择图像，适用于抠取渐变背景或主体对象边缘清晰的图像，具体操作步骤如下。

Step 01：打开“素材文件/第 9 章/沙漠.jpg”文件，如图 9-10 所示。

图 9-10

Step 02：选择【快速选择工具】，在沙漠图像上拖动鼠标，选择沙漠图像，如图 9-11 所示。

图 9-11

Step 03：按【Ctrl+J】组合键复制选区图像，如图 9-12 所示。

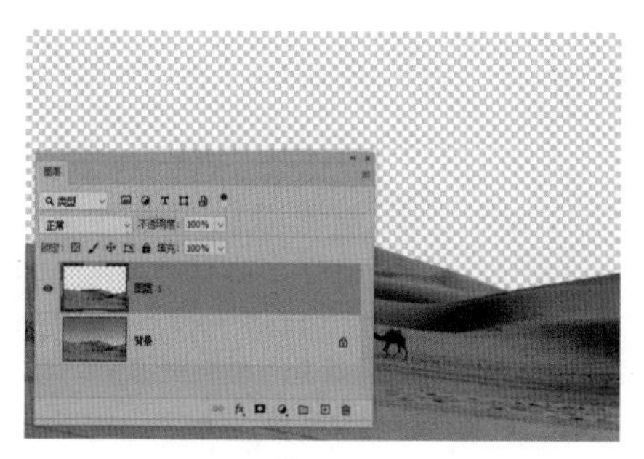

图 9-12

Step 04：打开“素材文件/第 9 章/草地.jpg”文件，如图 9-13 所示。

图 9-13

Step 05：使用【快速选择工具】，在草地图像上拖动鼠标，选择草地图像，如图 9-14 所示。

图 9-14

Step 06：按【Ctrl+Shift+I】组合键反选选区，选中天空图像区域，如图 9-15 所示。

图 9-15

Step 07：使用【移动工具】，拖动天空图像到【沙漠】文档中，调整大小和位置，并将其置于沙漠图像的下方，如图 9-16 所示。

图 9-16

Step08：在【图层 1】上方新建【可选颜色】调整图层。选择【蓝色】，拖动洋红色滑块，增加绿色，将天空颜色调整为青色，如图 9-17 所示；选择【青色】，拖动黄色滑块，增加蓝色，使天空颜色更偏青色一些，如图 9-18 所示。

图 9-17

图 9-18

Step09：选择【黄色】，拖动青色和黄色滑块，增加红色和蓝色，使沙漠颜色偏红色，如图 9-19 所示。

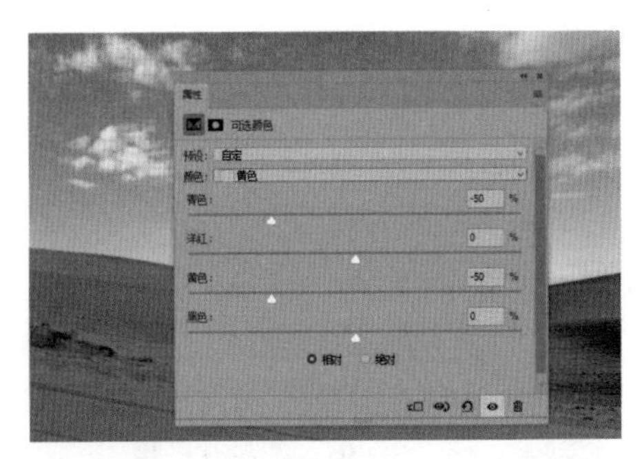

图 9-19

Step10：选择【中性色】，拖动青色和洋红色滑块，增加红色和绿色，如图 9-20 所示。

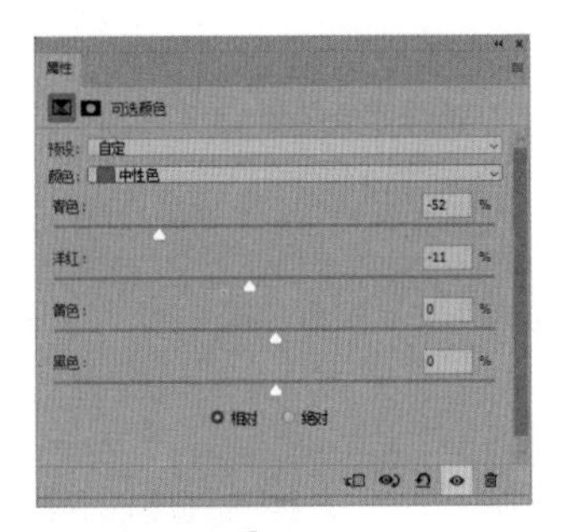

图 9-20

Step11：通过前面的操作，统一图像色调，使图像色调偏红色，图像之间融合得更自然，效果如图 9-21 所示。

图 9-21

高手点拨

调整【快速选择工具】笔触大小

使用【快速选择工具】抠图时，在英文输入法状态下，按【]】键可以增大笔触，按【[】键可以减小笔触。

关键技能 068 复杂背景抠图的 3 种方法

● 技能说明

面对复杂背景的图像时，使用【魔棒工具】和【快速选择工具】抠图就不够用了，这时可以执行【选择主体】命令、【对象选择工具】或【通道】来抠图。

选择主体命令：执行【选择主体】命令后，软件会自动分析图像并选择图像中的主体对象，如汽车、人物、动物等。

对象选择工具：选择【对象选择工具】后，可以使用【选框工具】或【套索工具】创建选区，此时，软件会自动分析选区内的图像并选中主体对象。

通道：通道可以记录选区信息。在通道中填充白色可以显示图像，填充黑色可以隐藏图像，填充灰色可以显示半透明效果图像，通常被用来抠取复杂图像。

● 应用实战

1．使用选择主体命令抠图

执行【选择主体】命令可以快速选择图像中所有清晰的人物、动物等主体对象，具体操作步骤如下。

Step 01：打开“素材文件/第 9 章/飞鸟.jpg”文件，如图 9-22 所示。

图 9-22

Step 02：执行【选择】→【主体】命令，软件会自动分析图像并选中图像中所有清晰的主体对象，如图 9-23 所示。

图 9-23

Step 03：【选择主体】命令虽然可以快速选择主体对象，但选择对象时不一定会十分精准。按【Ctrl++】组合键放大图像视图，观察对象是否选择准确。如果不准确可以选择【快速选择工具】，单击选项栏中的【添加到选区】按钮，在未选中的区域拖动鼠标，将其添加到选区中，如图 9-24 所示。

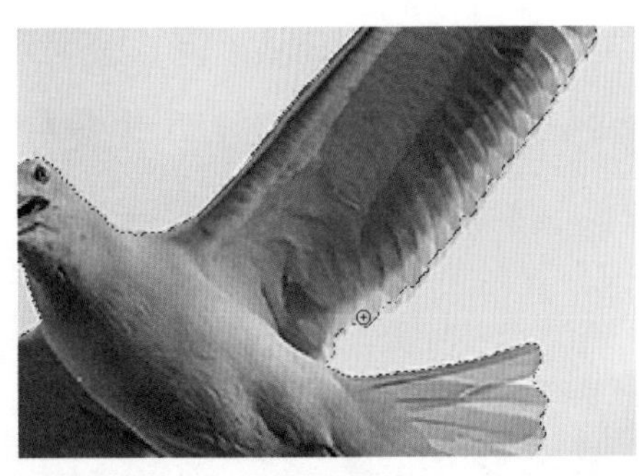

图 9-24

Step 04：选中对象后，按【Ctrl+J】组合键复制选区图像，如图 9-25 所示。

图 9-25

Step 05：打开“素材文件/第 9 章/山水.jpg”文件，如图 9-26 所示。

图 9-26

Step 06：拖动飞鸟图像到【山水】文档中，调整位置和大小，如图 9-27 所示。

图 9-27

Step 07：复制飞鸟图像所在图层，调整其位置和大小，完成图像制作，效果如图 9-28 所示。

图 9-28

2. 使用对象选择工具抠图

【对象选择工具】适合于选择一些背景复杂，或者被选择主体与背景颜色相似的图像，具体操作步骤如下。

Step 01：打开“素材文件/第 9 章/相机.jpg”文件，如图 9-29 所示。

图 9-29

Step 02：选择【对象选择工具】，在选项栏设置【模式】为套索，沿着相机对象拖动鼠标，创建选区，如图 9-30 所示。

图 9-30

Step 03：释放鼠标后，软件自动分析选区的图像并选中相机主体，如图 9-31 所示。

图 9-31

Step 04：如果有多选的区域，可以按住【Alt】键切换到减去选区状态，圈选多选区域，释放鼠标后，可以将其从选区中减去，如图 9-32 所示。

图 9-32

Step 05：使用【对象选择工具】选择对象时，不一定会十分精准，可以配合其他选择工具调整选区。选择【快速选择工具】，在选项栏单击【添加到选区】按钮，在少选的图像上拖动鼠标将其添加到选区中，如图 9-33 所示。

图 9-33

Step 06：单击选项栏中的【选择并遮住】按钮，进入选区边缘调整界面，设置相关参数，调整选区边缘，如图 9-34 所示。

图 9-34

Step 07：调整完成后，单击【确定】按钮退出边缘调整界面。按【Ctrl+J】组合键复制选区图像，如图 9-35 所示。

图 9-35

Step 08：在相机图层下方新建一个空白图层并填充任意颜色，以查看抠图效果，如图 9-36 所示。

图 9-36

3．使用通道抠图

利用通道抠图的具体操作步骤如下。

Step 01：打开“素材文件/第 9 章/车.jpg”文件，如图 9-37 所示。

图 9-37

Step 02：使用【快速选择工具】，选择白色飘纱，如图 9-38 所示。

图 9-38

Step 03：按【Ctrl+J】组合键复制选区图像，得到【图层 1】，如图 9-39 所示。

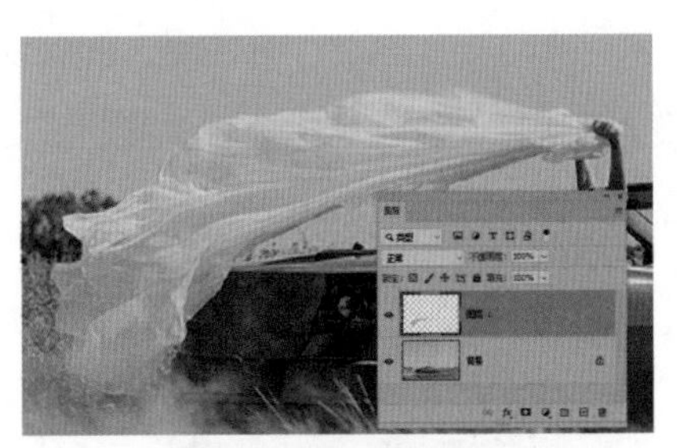

图 9-39

Step 04：切换到【通道】面板，复制【绿】通道，生成【绿 拷贝】通道，如图 9-40 所示。

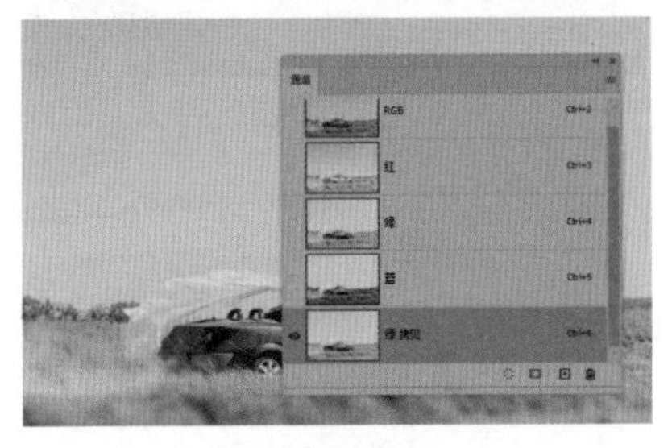

图 9-40

Step 05：按【Ctrl+L】组合键，打开【色阶】对话框，设置相关参数，增加对比度，使车子区域变成黑色，背景区域变成白色，如图 9-41 所示。

图 9-41

Step 06：使用【对象选择工具】绘制矩形框，如图 9-42 所示；创建选区，选择车子，如图 9-43 所示。

图 9-42

图 9-43

Step07：使用【套索工具】调整选区范围，将未选中的图像添加到选区中，如图 9-44 所示。

图 9-44

Step08：按【Ctrl+Shift+I】组合键反选选区，如图 9-45 所示。

图 9-45

Step09：为选区填充白色，如图 9-46 所示。

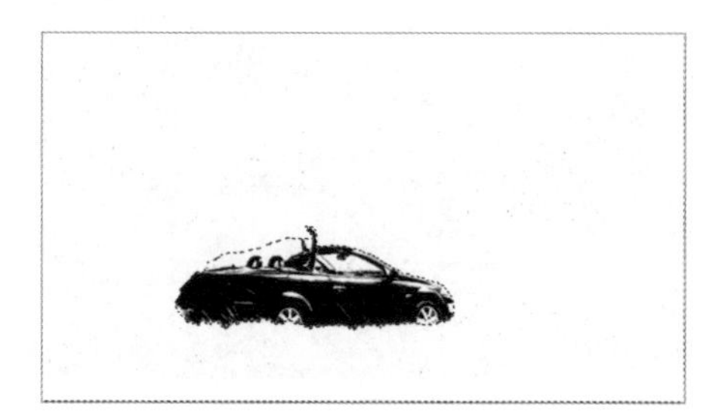
图 9-46

Step10：使用【套索工具】选中玻璃窗的区域。创建选区时可以选择【RGB】复合通道查看选区创建的效果，如图 9-47 所示。

图 9-47

Step11：设置前景色为灰色，使用【画笔工具】为选区绘制灰色，如图 9-48 所示。

图 9-48

Step12：按【Ctrl+D】组合键取消选区后，按【Ctrl+I】组合键反相图像，如图 9-49 所示。

图 9-49

Step13：设置前景色为白色，使用【画笔工具】在车子的黑色区域绘制，将其变成白色，如图 9-50 所示。

图 9-50

Step 14：单击【通道】面板底部的【将通道作为选区载入】按钮，如图 9-51 所示。

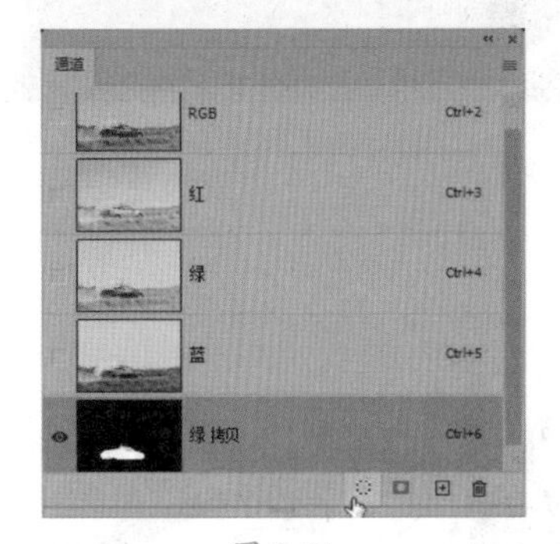

图 9-51

Step 15：载入选区后，选择【RGB】复合通道，查看选区效果，如图 9-52 所示。

图 9-52

Step 16：切换到【图层】面板，选择【背景】图层，按【Ctrl+J】组合键复制选区图像，得到【图层 2】，隐藏【背景】图层，查看抠图效果，如图 9-53 所示。

图 9-53

Step 17：置入"素材文件/第 9 章/弯路.jpg"文件，将其放在【背景】图层上方，并调整大小，使其铺满整个画布，如图 9-54 所示。

图 9-54

Step18：选择【图层 1】和【图层 2】，按【Ctrl+E】组合键将二者合并，如图 9-55 所示。

图 9-55

Step 19：按【Ctrl+T】组合键执行【自由变换】命令，旋转图像角度并适当放大图像，如图 9-56 所示。

图 9-56

Step 20：使用【矩形选框工具】创建选区，如图 9-57 所示。

图 9-57

Step 21：选择【弯路】图层，按【Ctrl+J】组合键复制选区图像，生成【图层 2】，将其放在【图层 1】上方，如图 9-58 所示。

图 9-58

Step 22：单击【图层】面板底部的【添加蒙版】按钮，添加图层蒙版，如图 9-59 所示。

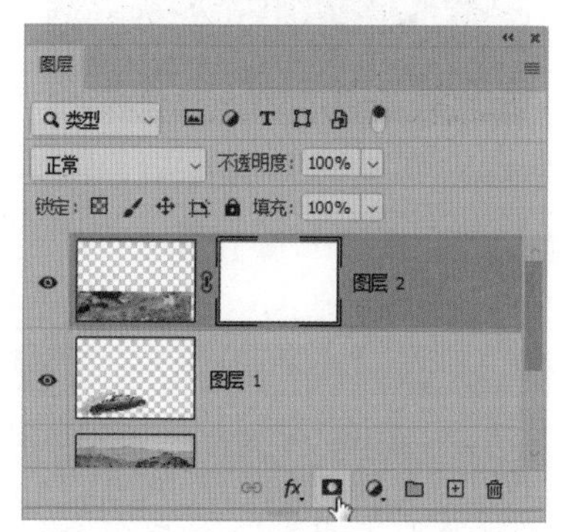

图 9-59

Step 23：设置前景色为黑色，使用【画笔工具】在蒙版上绘制，以隐藏图像，将下方的车子图像显示出来，如图 9-60 所示。

图 9-60

Step 24：继续拖动鼠标绘制，将车子图像完全显示出来，效果如图 9-61 所示。

图 9-61

高手点拨

通道抠图注意事项

如果在【通道】中直接编辑颜色通道，会对图像色调产生影响；编辑 Alpha 通道则不会对图像产生任何影响；而如果复制颜色通道，其复制的颜色通道会转换为 Alpha 通道。所以，使用【通道】抠图时需要复制颜色通道，再编辑复制的颜色通道。

选择颜色通道时，需要选择对比度最大的颜色通道，或者选择记录主体对象颜色信息最多的通道进行复制。

关键技能 069 使用“套索工具”粗略抠图

● 技能说明

使用【套索工具】沿着对象的轮廓绘制就可以创建选区，选择对象。通常来说【套索工具】只能进行大致的选择，在不需要精准选择对象的情况下，可以使用【套索工具】快速抠图。

● 应用实战

使用【套索工具】抠图的具体操作步骤如下。

Step 01：打开“素材文件/第 9 章/极光.jpg”如图 9-62 所示。

图 9-62

Step 02：打开“素材文件/第 9 章/行星.jpg”文件，如图 9-63 所示。

图 9-63

Step 03：选择【套索工具】，沿着星球形状拖动鼠标，如图 9-64 所示。

图 9-64

Step 03：在起始点与终点重合时释放鼠标，可以创建选区，选择图像，如图 9-65 所示。

图 9-65

Step 04：使用【移动工具】拖动选区图像到“极光”文档中，调整图像大小和位置，如图 9-66 所示。

Step 05：选择【图层 1】，设置混合模式为【滤色】，融合图像效果如图 9-67 所示。

图 9-66

图 9-67

关键技能 070　使用“钢笔工具”精细抠图

● 技能说明

【钢笔工具】可以绘制任意的形状，因此可以很好地勾勒所绘对象的形状。如果图像用于打印输出，或是商业广告设计，就需要用【钢笔工具】进行精细抠图。

● 应用实战

使用【钢笔工具】进行精细抠图的具体操作步骤如下。

Step 01：打开“素材文件/第 9 章/鞋子.jpg”文件，如图 9-68 所示。

图 9-68

Step 02：选择【钢笔工具】，在选项栏设置绘图模式为路径，沿着鞋子边缘单击鼠标确认起始点，在下一处单击并拖动鼠标，使路径形状与鞋子形状贴近，如图 9-69 所示。

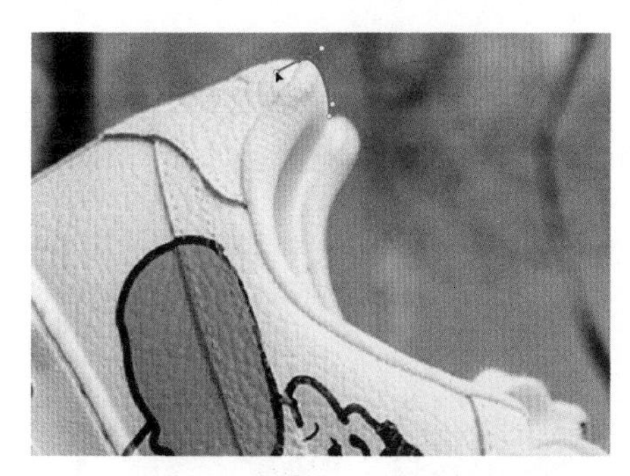

图 9-69

Step 03：继续添加锚点绘制路径，当与起始点重合时，单击鼠标闭合路径，如图 9-70 所示。

图 9-70

Step 04：右击鼠标，在弹出的快捷菜单中选择【建立选区】命令，打开【建立选区】对话框，❶设置【羽化】为 2 像素，❷单击【确定】按钮，如图 9-71 所示。

图 9-71

Step 05：将路径转换为选区后，选中图像，如图 9-72 所示。

图 9-72

Step06：打开“素材文件/第 9 章/鞋子背景.psd”文件，如图 9-73 所示。

图 9-73

Step 07：使用【移动工具】拖动鞋子图像到【鞋子背景】文档中，调整大小、角度和位置，如图 9-74 所示。

图 9-74

Step 08：使用【椭圆选框工具】绘制椭圆选区，如图 9-75 所示。

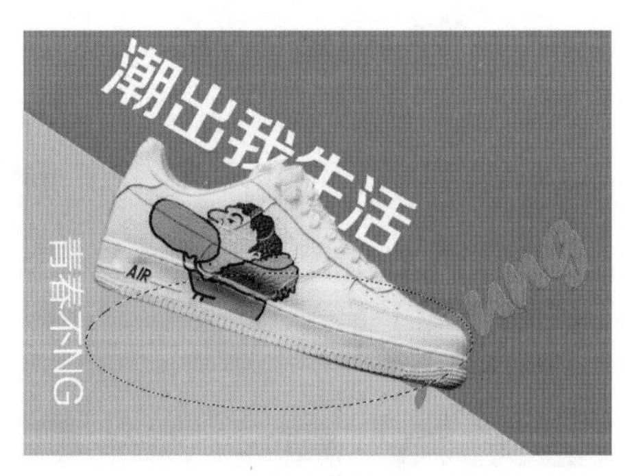

图 9-75

Step 09：执行【选择】→【变换选区】命令，旋转选区角度，与鞋子倾斜角度一致，如图 9-76 所示。

图 9-76

Step10：设置前景色为黑色，选择【渐变工具】，在选项栏设置渐变为【从前景色到透明渐变】，单击【线性渐变】按钮。在【图层 1】下方新建【图层 2】，在椭圆选区内从右向左拖动鼠标填充渐变色，如图 9-77 所示。

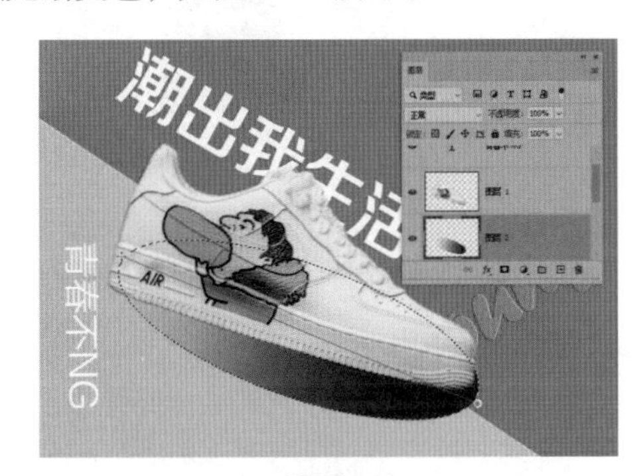

图 9-77

Step11：执行【滤镜】→【模糊】→【高斯模糊】命令，打开【高斯模糊】对话框，设置【半径】为 20 像素，单击【确定】按钮，模糊黑色图像，制作投影效果，如图 9-78 所示。

图 9-78

Step12：选择【图层 1】，按【Ctrl+J】组合键复制图层，水平翻转图像后将其放在右上角，如图 9-79 所示。

图 9-79

Step13：选择【图层 1 拷贝】图层，执行【滤镜】→【模糊】→【动感模糊】命令，打开【动感模糊】对话框，设置【角度】为 40 度，【距离】为 27 像素，单击【确定】按钮，如图 9-80 所示。

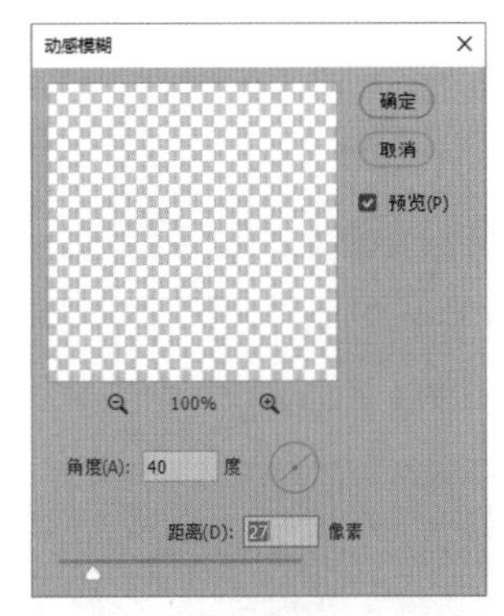

图 9-80

Step14：完成鞋子海报制作，效果如图9-81 所示。

图 9-81

关键技能 071 使用“色彩范围”命令快速抠图

● 技能说明

执行【色彩范围】命令，打开【色彩范围】对话框后，使用【吸管工具】单击图像，可以分析单击点的颜色，并选择与单击点相同或相似的颜色范围。该命令的原理与【魔棒工具】类似，通常用来抠取背景颜色相似或所选主体对象颜色相似的图像。在【色彩范围】对话框的预览图中，白色表示选区，黑色表示非选区。

● 应用实战

使用【色彩范围】命令抠图的具体操作步骤如下。

Step 01：打开“素材文件/第 9 章/花.jpg”文件，如图 9-82 所示，背景颜色是青色，但是要选择的主体对象比较复杂，所以并不适合使用【魔棒工具】抠图。

图 9-82

Step 02：执行【选择】→【色彩范围】命令，打开【色彩范围】对话框，在青色背景单击鼠标，自动选择与单击点类似的颜色，选择区域为白色，如图 9-83 所示。

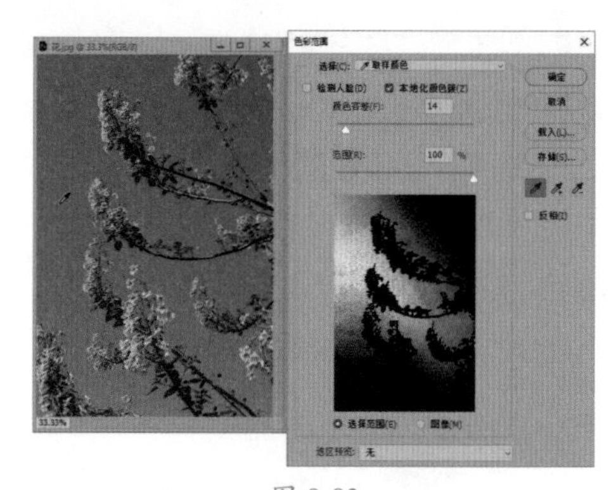

图 9-83

Step 03：向右侧拖动颜色容差滑块，增加颜色范围，如图 9-84 所示。

图 9-84

Step 04：此时依然没有完全选中背景。单击【添加到取样】按钮，在图像上未被选中的区域单击鼠标，将其添加到选区，直到背景完全为白色，如图 9-85 所示。

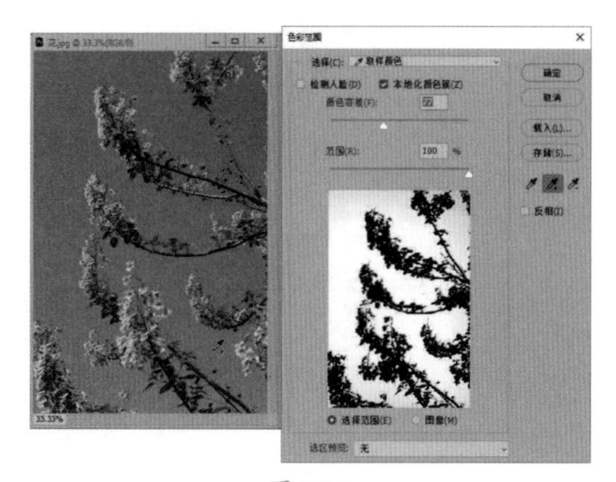

图 9-85

Step 05：单击【确定】按钮，返回文档，创建选区，选中背景区域，如图 9-86 所示。

Step 06：按【Ctrl+Shift+I】组合键反选选区，可以选中花，如图 9-87 所示。

图 9-86

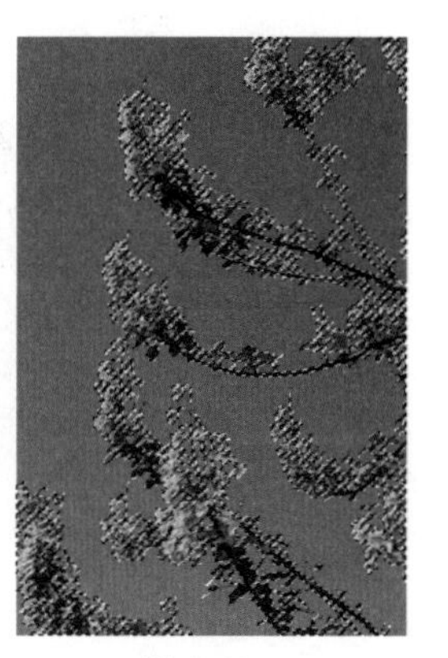

图 9-87

Step 07：按【Ctrl+J】组合键复制选区图像，生成【图层 1】。在【图层 1】下方新建【图层 2】，并填充任意颜色，观察抠图效果，如图 9-88 所示。

图 9-88

高手点拨

在【色彩范围】对话框中选择对象

打开【色彩范围】对话框后，会显示选择范围预览图，使用【吸管工具】单击预览图，也可以快速选择与单击点颜色类似的图像区域。

关键技能 072　使用“蒙版”擦除背景

● 技能说明

蒙版通常用于融合图像，使图像融合效果更加自然。在蒙版中填充白色可以显示图层内容，填充黑色可以隐藏图层内容，填充灰色可以显示透明图像，因此蒙版也常被用来抠图。蒙版通常需要配合选区工具和画笔工具一起使用才能达到抠图目的。

● 应用实战

使用蒙版擦除背景的具体操作步骤如下。

Step 01：打开“素材文件/第 9 章/街道.jpg”文件，如图 9-89 所示。

图 9-89

Step 02：打开“素材文件/第 9 章/牛.jpg”文件，如图 9-90 所示。

图 9-90

Step 03：在“牛”文档中，双击背景图层将其转换为普通图层。使用【移动工具】将其拖动到“街道”文档中，如图 9-91 所示。

图 9-91

Step 04：选择【图层 1】，单击【图层】面板底部的【添加图层蒙版】按钮，创建蒙版，如图 9-92 所示。

图 9-92

Step 05：默认情况下添加的蒙版填充颜色为白色。单击【图层 1】蒙版缩览图，将其选中。设置前景色为黑色，选择柔角画笔，并降低画笔不透明度，在图像背景上涂抹，擦除图像，如图 9-93 所示。

图 9-93

Step 06：擦除背景图像时，为了不影响需要选择的主体对象，可以使用【对象选择工具】框选出对象所在区域，如图 9-94 所示。

图 9-94

Step 07：释放鼠标后可以创建选区，选择对象，如图 9-95 所示。

图 9-95

Step 08：按【Shift+Ctrl+I】组合键反选选区，继续使用【画笔工具】擦除选区内容，擦除时注意保留阴影，如图 9-96 所示。

图 9-96

Step 09：按【Ctrl+D】取消选区。按【Ctrl++】组合键放大视图，继续使用【画笔工具】擦除未擦除的背景图像。如果擦除了主体对象，可以设置前景色为白色，使用【画笔工具】绘制，将图像显示出来，如图 9-97 所示。

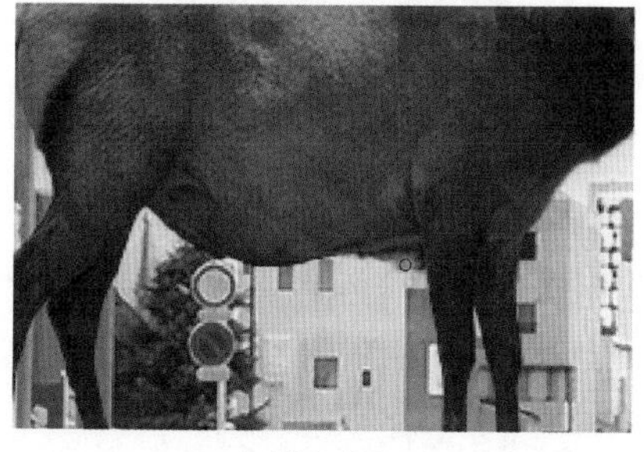

图 9-97

Step 10：新建【曲线】调整图层，单击【属性】面板中的【此调整剪切到此图层】按钮，创建剪切蒙版。选择【RGB】通道，调整曲线形状，提亮"牛"对象，如图 9-98 所示。

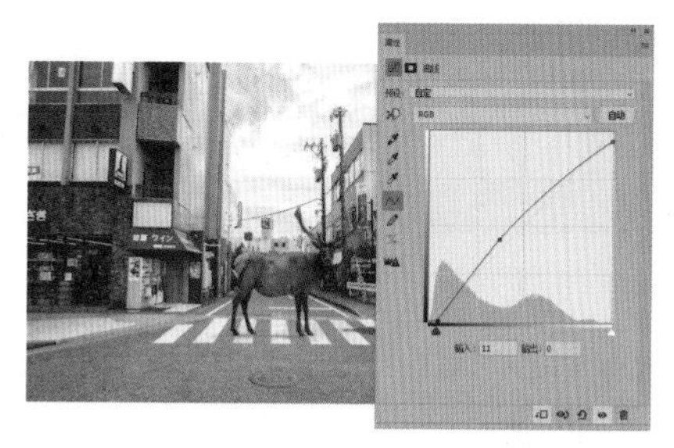

图 9-98

Step 11：选择【红】通道，调整曲线形状，增加红色调，如图 9-99 所示。

图 9-99

Step 12：选择【蓝】通道，调整曲线形状，增加黄色调，如图 9-100 所示。

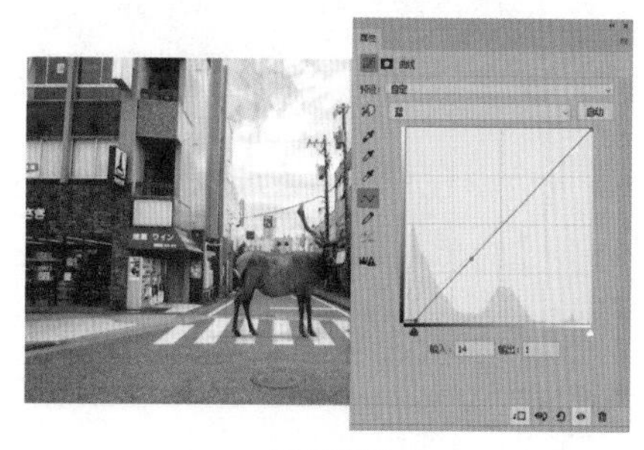

图 9-100

Step 13：通过前面的操作，统一图像色调，使图像融合更加自然，最终效果如图 9-101 所示。

图 9-101

关键技能 073 使用“混合颜色带”抠火焰

● 技能说明

【混合颜色带】可以控制当前图层与下方图层混合时像素的显示范围，当图像背景是纯黑色或纯白色时，使用【混合颜色带】可以很好地混合图像。

打开【图层样式】对话框，在混合选项卡中可以设置【混合颜色带】参数，如图 9-102 所示。

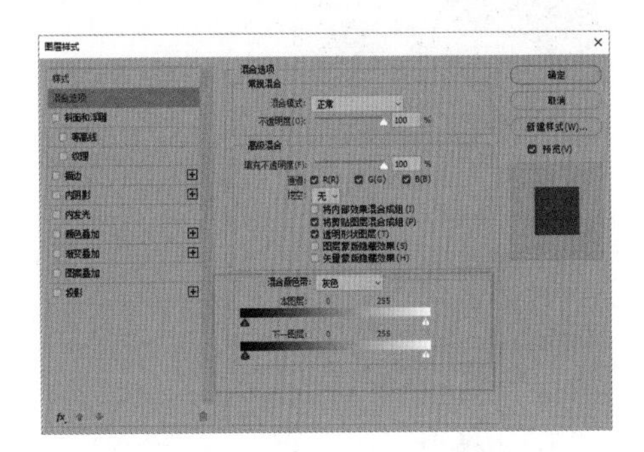

图 9-102

在【混合颜色带】中通过拖动【本图层】和【下一图层】的黑白滑块来混合像素的亮度范围。这两个黑白渐变色条表示的是 0（黑）~255（白）的亮度色阶值。如果拖动【本图层】黑色滑块到 66，如图 9-103 所示，那么所选当前图层上亮度值小于 66 的像素被隐藏，显示下方图像；如果将白色滑块拖动到 156，如图 9-104 所示，那么所选当前图层上亮度值大于 156 的像素被隐藏，显示下方图像。

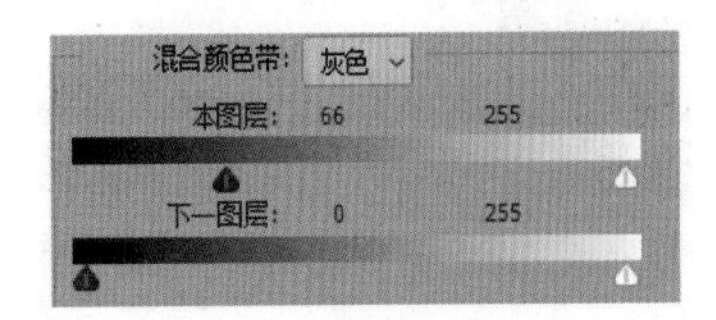

图 9-103

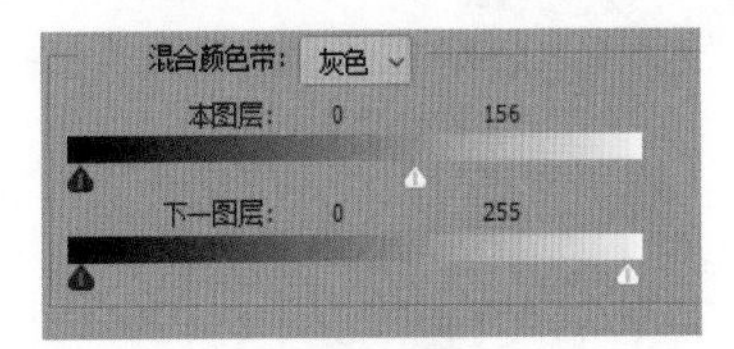

图 9-104

如果拖动【下一图层】黑色滑块到 85，如图 9-105 所示，那么所选图层下方图层上亮度值小于 85 的像素，与所选图层的图像混合并显示下方图像；若拖动白色滑块到 189，如图 9-106 所示，那么所选图层下方图层上亮度值大于 189 的像素，与所选图层的图像混合并显示下方图像。

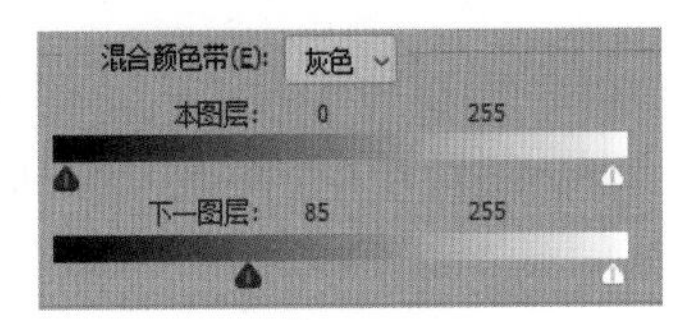

图 9-105

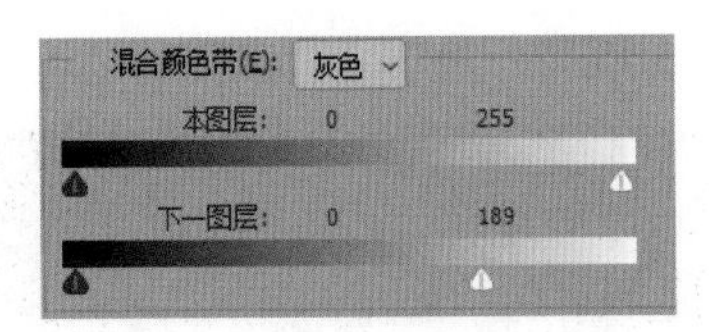

图 9-106

如果按住【Alt】键的同时拖动滑块三角形的一半，如图 9-107 所示，可以控制图像的透明效果，从而使图像混合得更加自然。

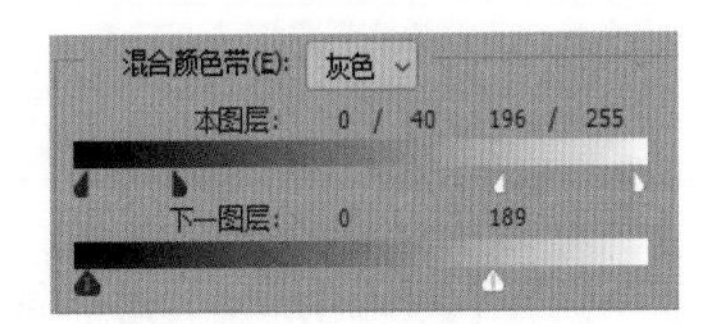

图 9-107

● 应用实战

使用【混合颜色带】抠火焰的具体操作步骤如下。

Step 01：打开“素材文件/第 9 章/手.jpg”文件，如图 9-108 所示。

图 9-108

Step 02：打开“素材文件/第 9 章/火焰.jpg”文件，如图 9-109 所示。

图 9-109

Step 03：在【火焰】文档中，双击【背景】图层将其转换为普通图层，使用【移动工具】拖动火焰图像到“手”文档中，调整其大小和位置，如图 9-110 所示。

图 9-110

Step 04：双击【图层 1】，打开【图层样式】对话框。在【混合颜色带】栏向右侧拖动【本图层】的黑色滑块，如图 9-111 所示。

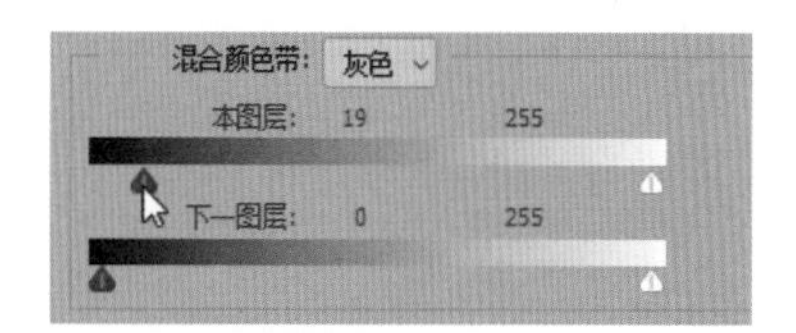

图 9-111

Step05：此时，黑色背景被隐藏，如图 9-112 所示。

图 9-112

Step 06：按住【Alt】键拖动【本图层】中黑色滑块右侧的滑块，如图 9-113 所示。

图 9-113

Step 07：通过前面的操作，可以羽化火焰的边缘，如图 9-114 所示。

图 9-114

Step 08：按住【Alt】键拖动【下一图层】黑色滑块右侧的滑块，如图 9-115 所示。

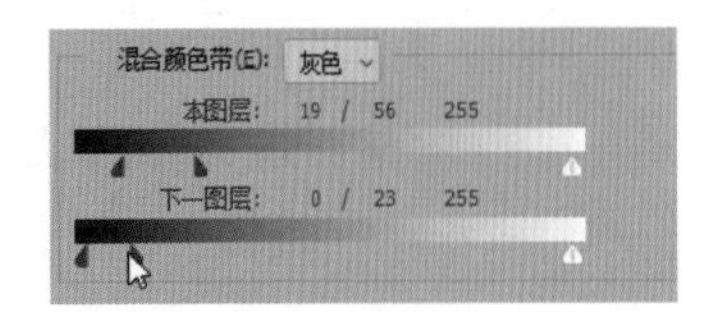

图 9-115

Step 09：通过前面的操作，可以设置半透明效果，如图 9-116 所示。

图 9-116

Step 10：单击【确定】按钮，返回文档，调整火焰图像位置和大小，完成火焰效果制作，效果如图 9-117 所示。

图 9-117

关键技能 074 头发的抠图方法

● 技能说明

在所有抠图中，人物的抠图是最烦琐的，而人物抠图中最难的是头发的处理。因为头发是一丝丝、一缕缕的，所以处理起来格外麻烦。利用通道则可以比较好地抠取头发。

● 应用实战

使用【通道】抠取头发的具体操作步骤如下。

Step 01：打开“素材文件/第 9 章/女模特.jpg”文件，如图 9-118 所示。

图 9-118

Step 02：切换到【通道】面板，观察各颜色通道，可以发现【蓝】通道中记录的头发信息最少，复制【蓝】通道，得到【蓝 拷贝】通道，如图 9-119 所示。

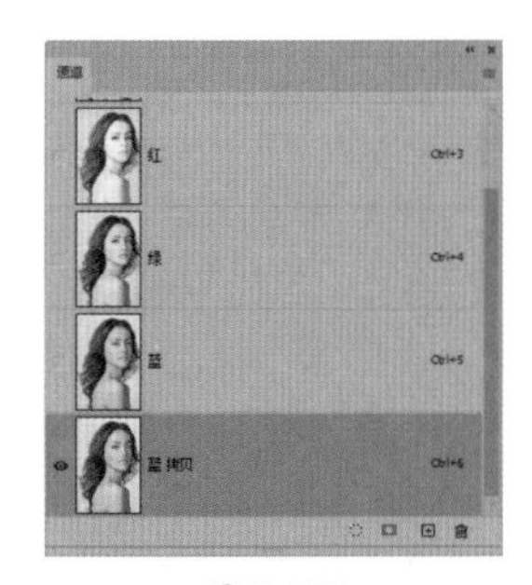
图 9-119

Step 03：按【Ctrl+I】组合键反相图像，如图 9-120 所示，可以发现头发区域变成白色。

Step 04：按【Ctrl+L】组合键执行【色阶】命令，打开【色阶】对话框，调整参数，增加对比度，使头发全部变成白色，如图 9-121 所示。

图 9-120

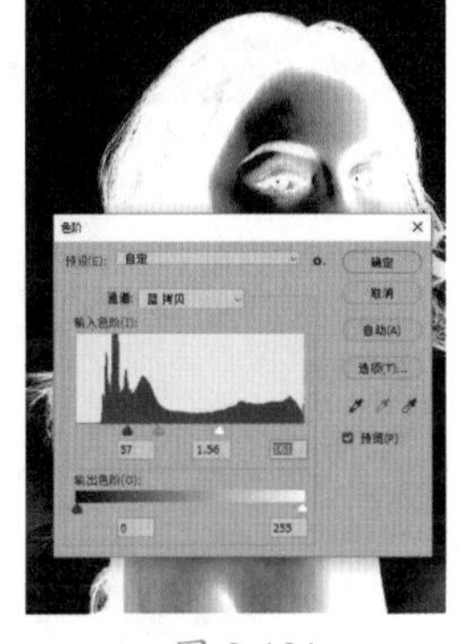
图 9-121

Step 05：使用【加深工具】在背景上绘制，加深背景，使其变为黑色，如图 9-122 所示。

Step 06：按【Ctrl】键单击【蓝 拷贝】通道缩览图，载入选区，如图 9-123 所示。

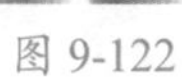
图 9-122

图 9-123

Step 07：选择【RGB】通道，切换到【图层】面板，按【Ctrl+J】组合键复制选区图像，生成【图层 1】，如图 9-124 所示，可以发现头发已经被很好地抠取出来了。

Step 08：选择【背景】图层，使用【套索工具】圈选出身体区域，如图 9-125 所示。

图 9-124

图 9-125

Step 09：按【Ctrl+J】组合键复制选区图像，生成【图层 2】，并隐藏【背景】图层，如图 9-126 所示，完成人物的抠图。

Step 10：置入“素材文件/第 9 章/背景.jpg”文件，将其放在人物图层下方，并调整大小，可以查看抠图效果，如图 9-127 所示。

图 9-126

图 9-127

关键技能 075 透明婚纱的抠图方法

● 技能说明

婚纱抠图可以分为两个部分，一部分是非透明区域，另一部分是透明区域。对于非透明区域使用一般的抠图方法即可；对于透明区域则可以利用通道进行抠图。

● 应用实战

婚纱抠图的具体操作步骤如下。

Step 01：打开“素材文件/第 9 章/婚纱.jpg”文件，如图 9-128 所示。

图 9-128

Step 02：选择【磁性套索工具】，沿着透明婚纱处拖动鼠标，自动创建锚点，如图 9-129 所示。

图 9-129

Step 03：回到起始点，单击鼠标，创建选区，选择透明婚纱区域，如图 9-130 所示。

图 9-130

Step 04：按【Shift+F6】组合键，打开【羽化选区】对话框，设置【羽化半径】为 5 像素，单击【确定】按钮，如图 9-131 所示。

图 9-131

Step 05：按【Ctrl+J】组合键复制选区图像，生成【图层 1】，如图 9-132 所示。

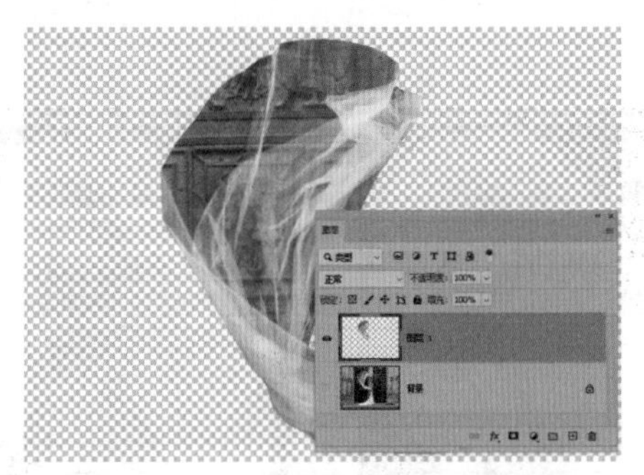

图 9-132

Step 06：选择【背景】图层，按【Ctrl+J】组合键复制背景图层，生成【背景 拷贝】图层。使用【磁性套索工具】，沿着人物轮廓拖动鼠标，选择人物，如图 9-133 所示。

图 9-133

Step07：使用【套索工具】调整选区范围，将多余的图像减去，剩余的图像添加到选区，如图 9-134 所示。

图 9-134

Step08：选择【背景 拷贝】图层，单击【图层】面板底部的【添加蒙版】按钮，添加蒙版，如图 9-135 所示。

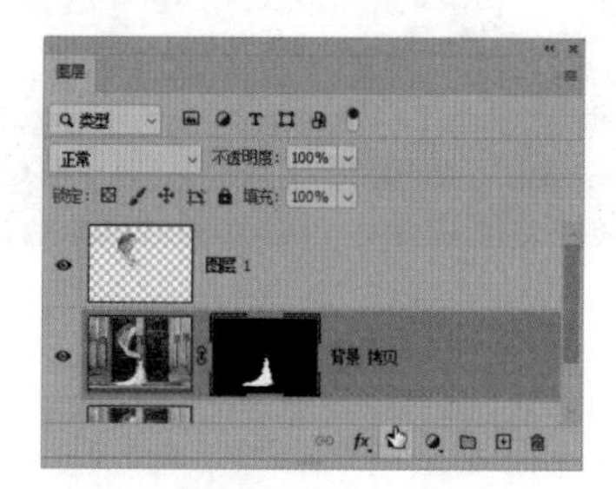

图 9-135

Step09：隐藏【背景】图层后，图像背景被隐藏，效果如图 9-136 所示。

图 9-136

Step10：选择【图层 1】，执行【图像】→【计算】命令，打开【计算】对话框，使用默认设置参数，单击【确定】按钮，如图 9-137 所示。

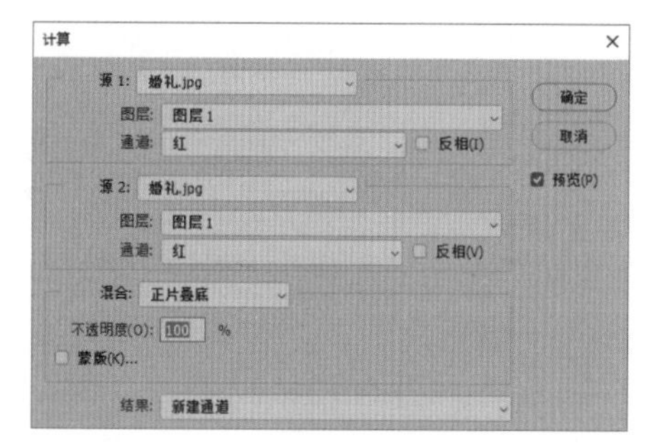

图 9-137

Step11：切换到【通道】面板，自动生成【Alpha 1】通道，该通道记录高光区域的选区，如图 9-138 所示。

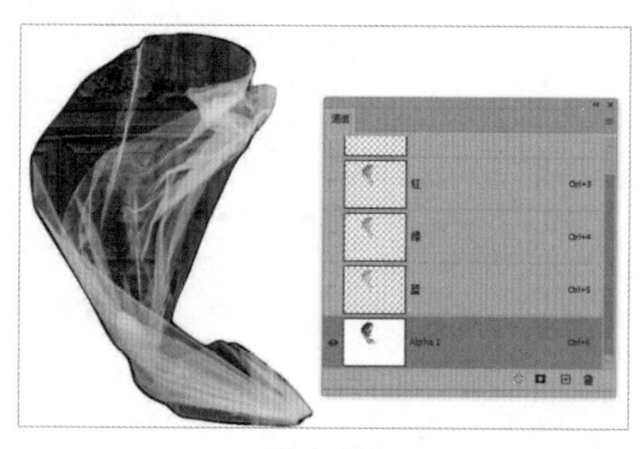

图 9-138

Step12：按【Ctrl】键并单击【Alpha 1】通道缩览图，载入选区，如图 9-139 所示。

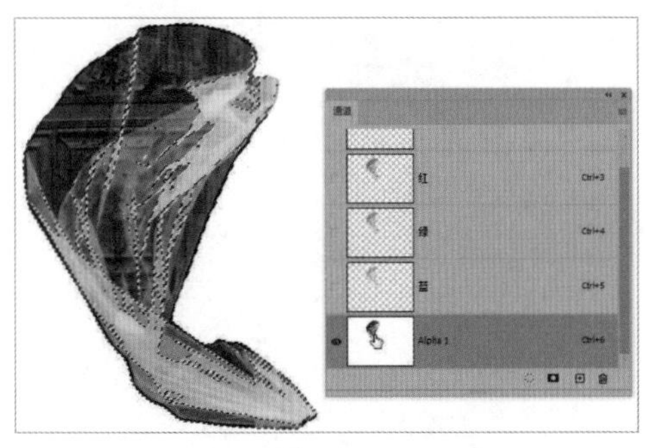

图 9-139

Step13：选择【RGB】复合通道，切换到【图层】面板，选择【图层 1】，按【Ctrl+J】组合键复制高光区域图像，得到【图层 2】，如图 9-140 所示。

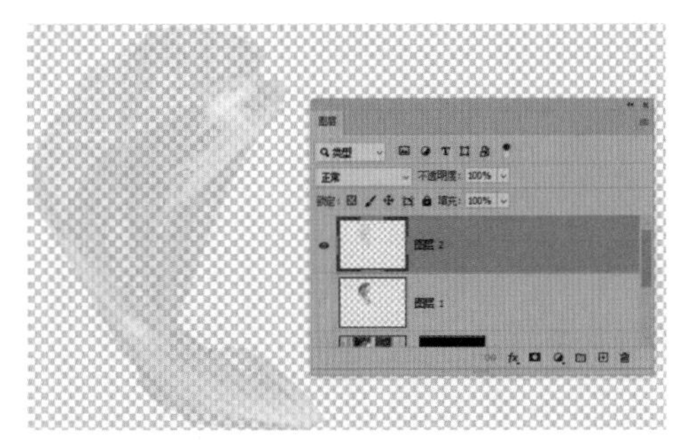

图 9-140

Step14：按【Ctrl】键，单击【图层 1】缩览图，载入选区，如图 9-141 所示。

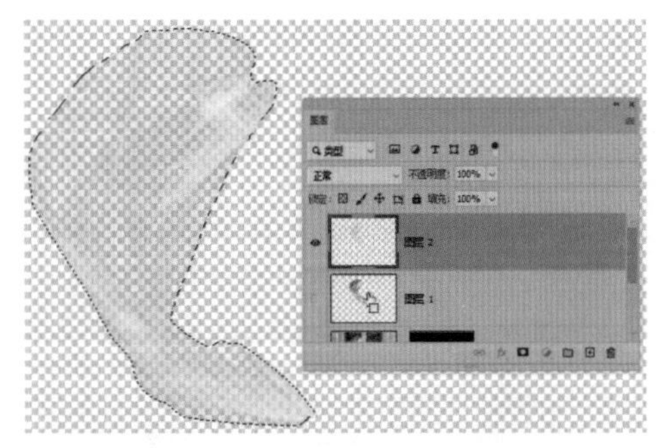

图 9-141

Step15：在【图层 2】上方新建【图层 3】，填充选区为白色，按【Ctrl+D】组合键取消选区，如图 9-142 所示。

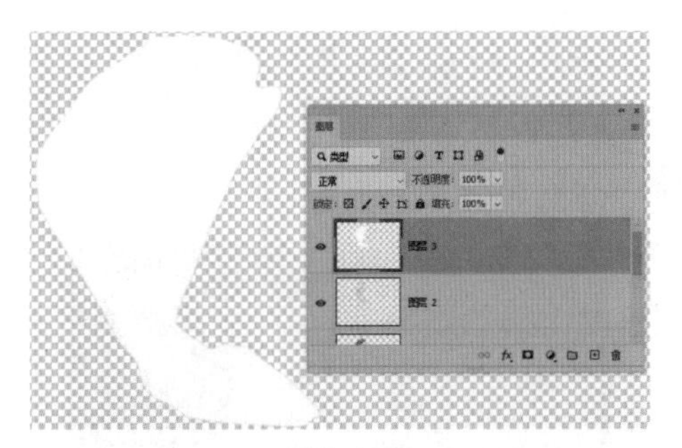

图 9-142

Step16：设置【图层 3】混合模式为滤色，降低图层填充，图像会显示出透明的效果，如图 9-143 所示。

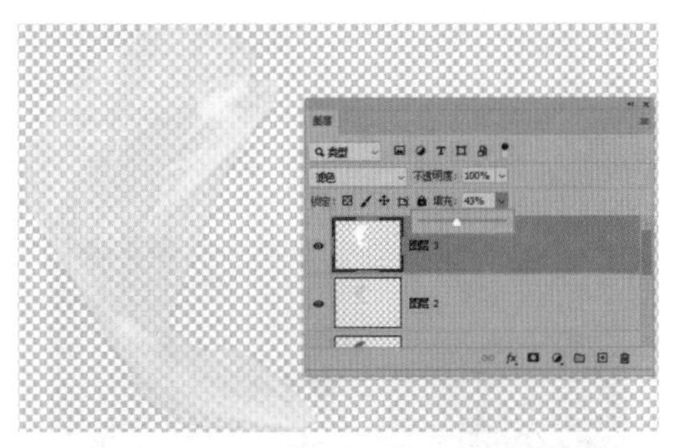

图 9-143

Step17：在【背景】图层上方新建【图层 4】，并填充红色，如图 9-144 所示。

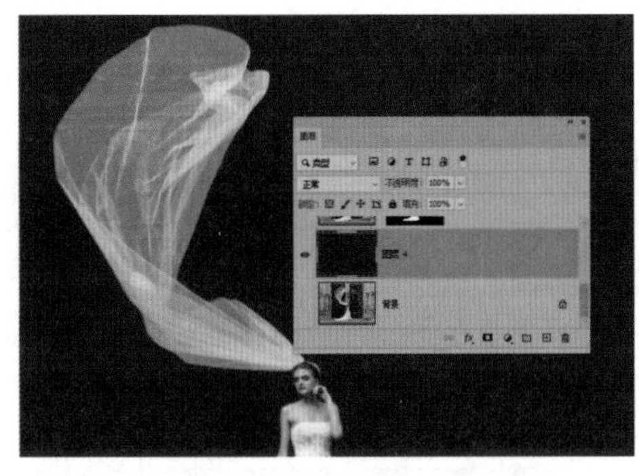

图 9-144

Step18：此时可以看到抠图的效果，可以发现透明婚纱区域还能看到原来的背景图像。使用【套索工具】，沿着纹理圈选出图像，选择【图层 2】，如图 9-145 所示。

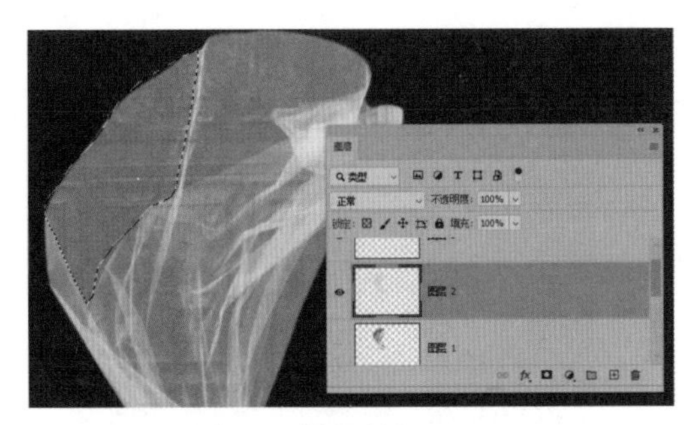
图 9-145

Step 19：按【Shift+F6】组合键打开【羽化选区】对话框，设置【羽化半径】为 2 像素，单击【确定】按钮，如图 9-146 所示。

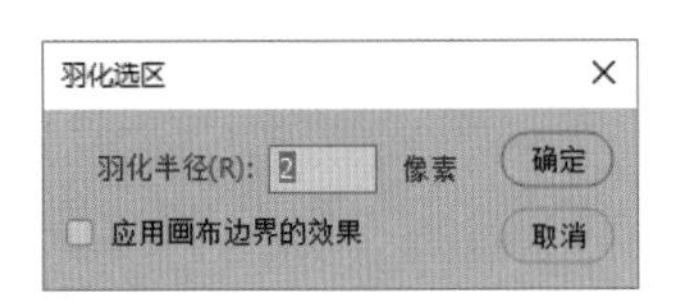

图 9-146

Step 20：执行【滤镜】→【模糊】→【动感模糊】命令，打开【动感模糊】对话框，根据婚纱的角度设置角度，本例中设置【角度】为 -90 度，【距离】为 78 像素，单击【确定】按钮，如图 9-147 所示。

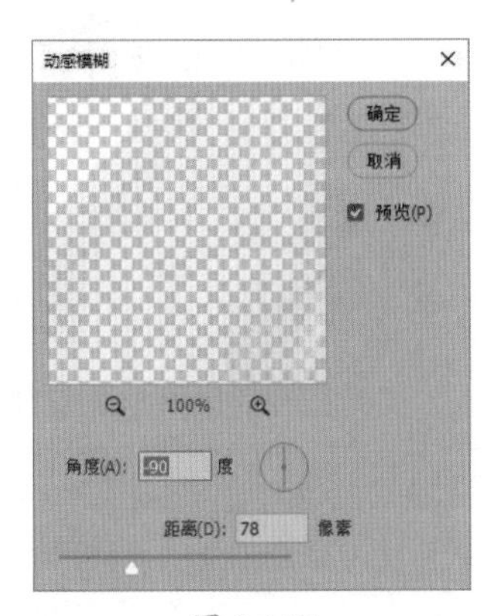

图 9-147

Step 21：返回文档，可以发现背景图像被去除，如图 9-148 所示。

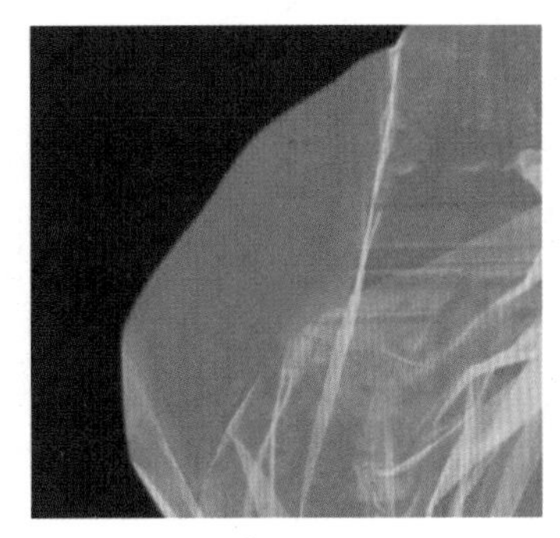
图 9-148

Step 22：继续执行【动感模糊】命令，依次去除透明婚纱区域中的其他背景图像，最终效果如图 9-149 所示。

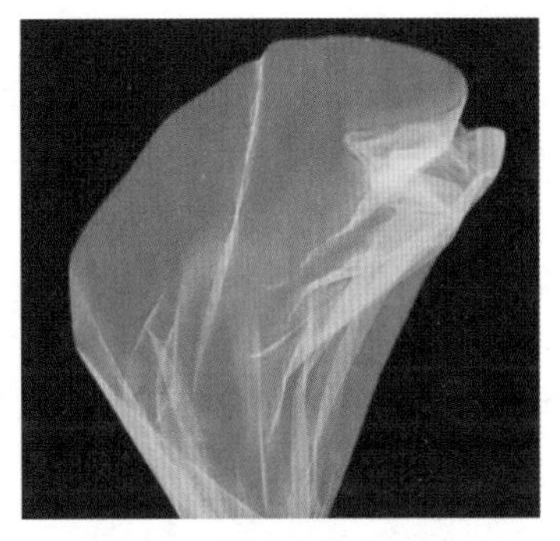
图 9-149

Step 23：选择【图层 4】上方的所有图层，按【Ctrl+G】组合键编组图层，将其重命名为【人物】，如图 9-150 所示。

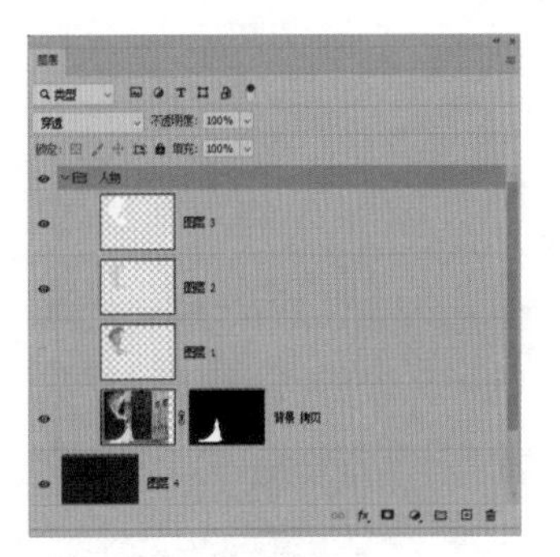
图 9-150

Step 24：选择【人物】图层组，按【Ctrl+T】组合键执行自由变换命令，放大图像，并将其放在左侧，如图 9-151 所示。

图 9-151

Step25：使用【文字工具】T输入文字并排版，完成图像效果制作，如图 9-152 所示。

图 9-152

关键技能 076 玻璃瓶的抠图方法

● 技能说明

玻璃瓶因为是半透明的材质，所以不能用一般的方法抠图。在【通道】或【蒙版】中填充灰色，可以使图像呈现透明的效果，利用这个特点，可以使用【通道】或【蒙版】来抠取玻璃材质的物体。

● 应用实战

使用蒙版抠取半透明沙漏的具体操作步骤如下。

Step01：打开“素材文件/第 9 章/沙漏.jpg”文件，可以发现沙漏瓶是半透明的玻璃材质，如图 9-153 所示。

图 9-153

Step02：按【Ctrl+J】组合键复制【背景】图层，生成【图层 1】。使用【钢笔工具】沿着瓶子边缘勾勒轮廓，如图 9-154 所示。

图 9-154

Step03：按【Ctrl+Enter】组合键将路径转换为选区，如图 9-155 所示。

图 9-155

Step 04：选择【图层 1】，单击【图层】面板底部的【添加图层蒙版】按钮，添加蒙版，隐藏背景图层，如图 9-156 所示，可以发现沙漏瓶已经被抠取出来了。

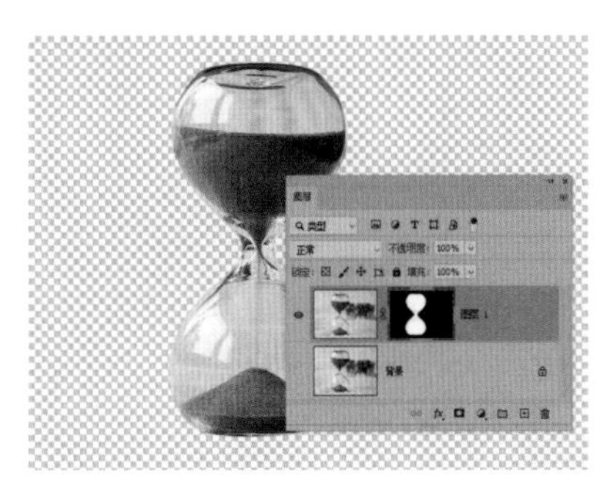

图 9-156

Step 05：因为瓶子是透明玻璃材质，所以没有沙子的地方应该是透明的。设置前景色为灰色，使用【画笔工具】在没有沙子的区域绘制，制作半透明效果，如图 9-157 所示。

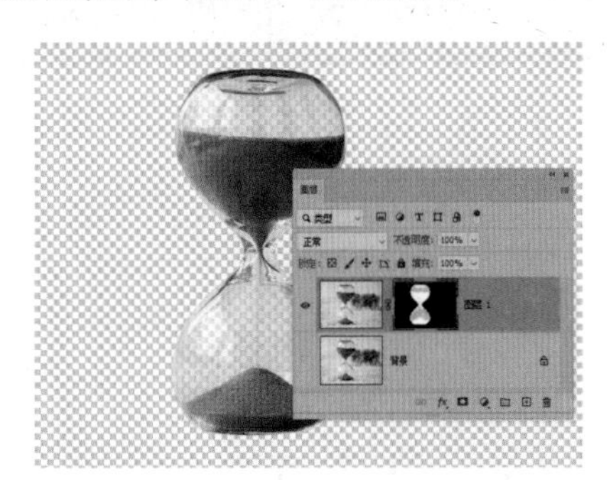

图 9-157

Step 06：置入"素材文件/第 9 章/草坪.jpg"文件，将其放在【图层 1】下方，如图 9-158 所示。

图 9-158

Step 07：选择【图层 1】，按【Ctrl+T】组合键调整其大小和位置，如图 9-159 所示。

图 9-159

Step 08：使用【矩形选框工具】创建选区，如图 9-160 所示。

图 9-160

Step 09：选择【草坪】图层，按【Ctrl+J】组合键复制选区图像，将图层放在【图层 1】上方，如图 9-161 所示。

图 9-161

Step 10：选择【图层 2】并添加图层蒙版。设置前景色为黑色，使用【画笔工具】在蒙版上绘制，显示出沙漏，如图 9-162 所示。

图 9-162

Step 11：新建【曲线】调整图层，调整【RGB】通道中【红】通道和【蓝】通道的曲线形状，如图 9-163 所示；整体增加黄色，统一图像色调，使图像融合得更加自然，效果如图 9-164 所示。

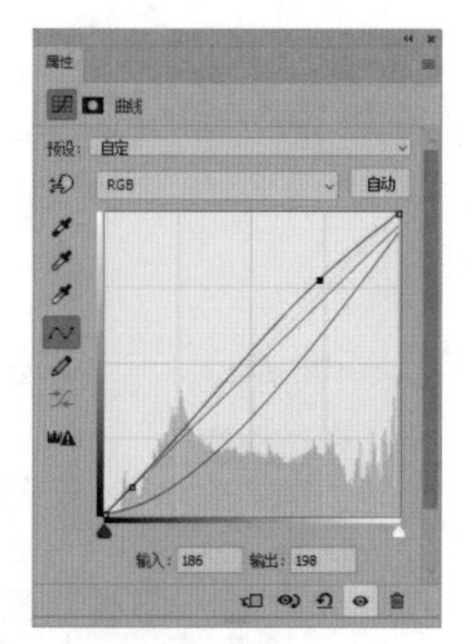

图 9-163

图 9-164

第 10 章
PS修图的 11 个关键技能

修图即修改图片，通过去除图片中不需要的元素，或通过裁剪重新构图等操作，使图片达到需要的效果。修图是Photoshop最常应用的领域之一。因此，Photoshop中提供了各种各样的修图工具，利用这些工具可以进行去除污点、校正图像光影、对图片进行重新构图及对图片重新上色等操作。不同的修图工具具有不同的功能和特点，在实际操作中应根据实际需求选择相应的工具进行操作。

本章将介绍修图的 11 个关键技能，分别应对不同的修图场景，可以帮助读者快速选择相应的工具进行修图。本章知识点框架如下图 10-1 所示。

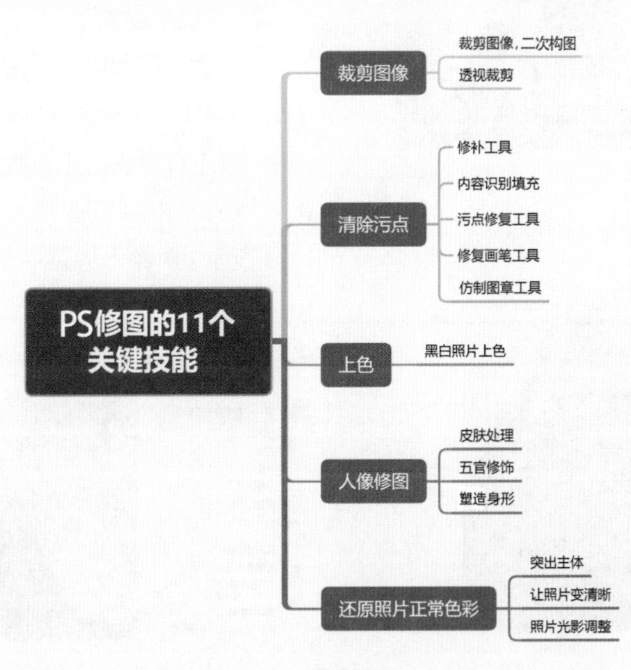

图 10-1

关键技能 077 裁剪图像，重新构图

● 技能说明

拍摄照片时，会因为一些客观因素，如图片拍摄角度、地点等，不能达到理想的构图效果。在Photoshop中编辑照片时，可以通过裁剪图像，对图像进行二次构图，使图像呈现最完美的效果。

使用【裁剪工具】在图像上拖动鼠标绘制裁剪框，如图 10-2 所示；确定裁剪范围后，按【Enter】键即可裁剪图像，如图 10-3 所示。

图 10-2

图 10-3

1. 裁剪比例设置

使用【裁剪工具】裁剪图像时，单击选项栏的【选择预设长宽比或裁剪尺寸】下拉按钮，如图 10-4 所示。如果在下拉列表中选择“宽 × 高 × 分辨率”，可以自定义裁剪比例；若选择其他选项，则可以按指定的比例裁剪图像。

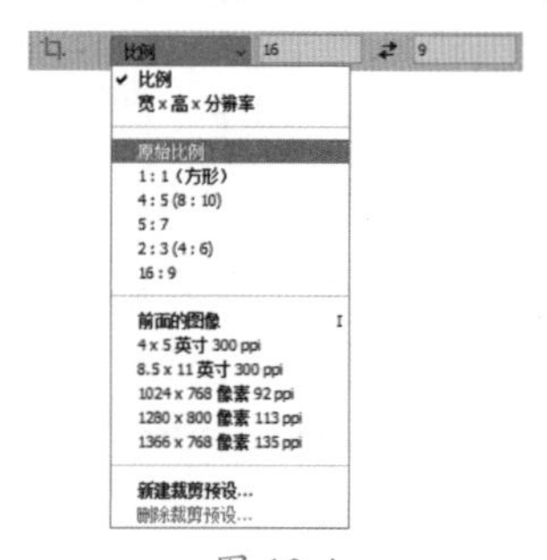

图 10-4

2. 设置辅助构图

常见的图像构图方式有“三等分构图”“黄金比例构图”“金色螺旋构图”等。裁剪图像时，如果单击【设置裁剪工具的叠加选项】按钮，在下拉列表中可以选择显示叠加方式，如图 10-5 所示；图像上将显示此构图辅助线，如图 10-6 所示，可以根据构图辅助线调整裁剪范围，从而达到理想的构图效果。

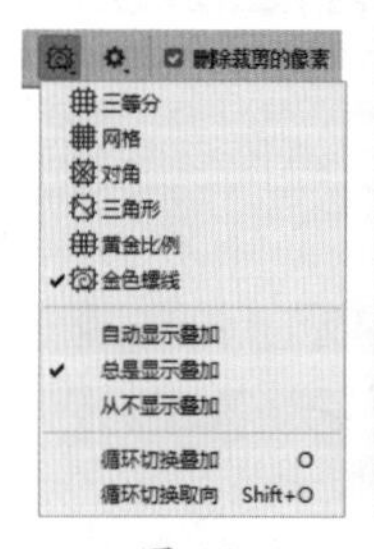

图 10-5

图 10-6

3. 拉直图像

【裁剪工具】也可以拉直倾斜的图像。单击选项栏中的拉直按钮，在倾斜的图像上沿着倾斜角度拉出一条直线，如图 10-7 所示。

图 10-7

释放鼠标后，软件自动创建裁剪框，如图 10-8 所示，可以发现倾斜的地平线被校正，按【Enter】键确认裁剪即可。

图 10-8

● 应用实战

使用【裁剪工具】裁剪图像，重新构图的具体操作步骤如下。

Step01：打开“素材文件/第 10 章/构图.jpg”文件，如图 10-9 所示。

图 10-9

Step02：选择【裁剪工具】，图像上会自动显示裁剪框，如图 10-10 所示。

图 10-10

Step03：在选项栏中设置裁剪尺寸为“宽×高×分辨率”，单击【设置裁剪工具的叠加选项】按钮，在下拉列表中选择“金色螺线”，单击裁剪框，图中显示螺线构图，如图 10-11 所示。

图 10-11

Step04：拖动裁剪框，调整裁剪范围，如图 10-12 所示。裁剪框内的图像是需要保留的图像，裁剪框外灰色的图像是需要被删除的图像。

图 10-12

Step05：单击选项栏中的【提交当前裁剪操作】按钮✓，确定裁剪，如图 10-13 所示。

图 10-13

Step 06：执行【窗口】→【历史记录】命令，打开【历史记录】面板，选择【打开】步骤，如图 10-14 所示。

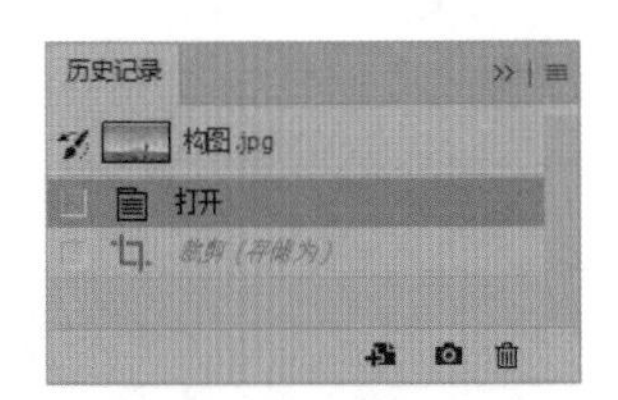

图 10-14

Step 07：通过前面的操作返回未裁剪之前的图像效果，如图 10-15 所示。

图 10-15

Step 08：在选项栏中单击【设置裁剪工具的叠加选项】按钮，在下拉列表中选择【三等分】，单击裁剪框，显示三等分构图，如图 10-16 所示。

图 10-16

Step 09：拖动裁剪框，调整裁剪范围，如图 10-17 所示。

图 10-17

Step 10：调整裁剪范围后，可以发现裁剪框超出了画布原本的范围。选择选项栏中的【内容识别】选项，按【Enter】键确定裁剪，如图 10-18 所示，可以发现超出画布区域会被自动填充像素。

图 10-18

关键技能 078　透视裁剪图像，校正图像透视问题

● 技能说明

拍摄建筑，特别是拍摄高楼时，由于透视的原因，图像会有一些倾斜变形。编辑此类图像时，使用【透视裁剪工具】裁剪图像，就可以解决图像因透视引起的倾斜问题。

● 应用实战

使用【透视裁剪工具】裁剪图像的具体操作步骤如下。

Step 01：打开“素材文件/第 10 章/建筑.jpg”文件，可以发现由于透视原因，图像有点倾斜，如图 10-19 所示。

图 10-19

Step 02：选择【透视裁剪工具】，在图像上拖动鼠标，绘制裁剪范围，如图 10-20 所示。

Step 03：拖动左上角的控制点，倾斜网格，如图 10-21 所示。

Step 04：继续拖动其他控制点，使网格与建筑处于相同的倾斜角度，如图 10-22 所示。

图 10-20

图 10-21

图 10-22

Step 05：将鼠标光标移到两侧的网格线上，当鼠标光标变为双向箭头的形状时，拖动网格线，调整裁剪范围，如图 10-23 所示。

图 10-23

Step 06：按【Enter】键确定裁剪，如图 10-24 所示，倾斜建筑被拉直。

图 10-24

关键技能 079 运用"修补工具"清除图像多余元素

● 技能说明

如果照片中的元素过多、结构复杂，会使画面显得非常混乱，导致主体不明确。在后期编辑照片时，就需要使用修复工具清除画面中多余的元素，从而使主体更加突出。Photoshop 中修复图像的工具有很多种，其中【修补工具】是比较常用的一种。

【修补工具】可以移去不需要的图像元素。当选项栏设置修补方式为"内容识别"时，软件会自动识别附近的内容并进行无缝合成。

● 应用实战

使用【修补工具】清除图像中多余元素的具体操作步骤如下。

Step 01：打开"素材文件/第 10 章/草地.jpg"，如图 10-25 所示。

图 10-25

Step 02：选择【裁剪工具】显示出裁剪框，如图 10-26 所示。

图 10-26

Step03：拖动裁剪框，调整裁剪范围，如图 10-27 所示。

图 10-27

Step04：按【Enter】键确认裁剪，图像从横图变为竖图，如图 10-28 所示。

图 10-28

Step05：按【**Ctrl++**】组合键放大图像视图。选择【修补工具】，单击选项栏【修补】下拉按钮，选择【内容识别】选项。圈选出画面中不必要的草垛元素，如图 10-29 所示。

图 10-29

Step06：释放鼠标后，创建选区。将其拖动至右侧草地处，如图 10-30 所示。

图 10-30

Step07：释放鼠标后，使用右侧草地图像修补左侧草垛图像，按【Ctrl+D】组合键取消选区，如图 10-31 所示，草垛元素被清除。

图 10-31

Step08：使用【修补工具】圈选出右侧的房子元素，如图 10-32 所示。

图 10-32

Step09：向左侧拖动鼠标，拖动时需要注意房子一侧的白色小路，所以修补图像时需要对齐旁边的白色小路，如图 10-33 所示。

图 10-33

Step10：释放鼠标后，按【Ctrl+D】组合键取消选区，房子元素被清除，如图 10-34 所示。

图 10-34

Step11：使用同样的方法，清除图像中其他的草垛和小房子元素，如图 10-35 所示。清除时需要注意，一些颜色差异特别明显的地方一定要对齐，这样元素被清除后图像效果才会自然。

图 10-35

高手点拨

源和目标选项

当设置【修补】为“正常”时，选项栏中会出现“源”和“目标”选项。其中“源”选项表示从目标修补源。在该模式下需要先选择要清除的元素，再将其拖动到图像中干净的画面处，依次修补源图像，如图 10-36 所示。

图 10-36

“目标”选项表示从源修补目标。在该模式下，先选择图像中干净的画面处作为源图像，再将其拖动到需要清除的图像处，以源图像覆盖目标图像，从而达到清除图像的目的，如图 10-37 所示。

图 10-37

关键技能 080 “内容识别填充”，智能识别并清除图像

● 技能说明

【内容识别填充】命令可以通过从图像其他部分取样的内容来无缝填充图像中选定的部分。

选择需要清除的图像，执行【编辑】→【内容识别填充】命令，可以打开【内容识别填充】工作区，如图 10-38 所示。

图 10-38

【内容识别填充】工作区提供了三个取样区域选项，使用这些选项，可以确定使用 Photoshop 在图像中查找源像素来填充内容的取样区域。

自动：使用类似填充区域周围的内容。

矩形：使用填充区域周围的矩形区域。

自定：使用手动定义的取样区域。用户可以准确地识别要在哪些像素中进行填充。

● 应用实战

使用【内容识别填充】命令清除图像的具体操作步骤如下。

Step 01：打开“素材文件/第 10 章/花.jpg”文件，如图 10-39 所示。

图 10-39

Step02：使用【套索工具】圈选人物图像，如图 10-40 所示。

图 10-40

Step03：执行【编辑】→【内容识别填充】命令，打开【内容识别填充】工作区，保持默认设置，在【预览】区域可以预览效果，如图 10-41 所示。

图 10-41

Step04：单击【确定】按钮，返回文档，人物图像被清除，效果如图 10-42 所示。

图 10-42

高手点拨：如何设置取样区域

进入【内容识别填充】工作区后，默认情况下绿色区域为取样区域。选择【取样画笔工具】，单击选项栏中的【添加到叠加区域】按钮，在图像上绘制可以将其添加到取样区域；单击选项栏中的【减去到叠加区域】按钮，在图像上绘制可以将其从取样区域除去，如图 10-43 所示。

图 10-43

关键技能 081　使用“污点修复画笔工具”快速去除污点

● 技能说明

使用【污点修复画笔工具】可以快速去除图像中的污点或其他不理想的部分。该工具可以从所修饰区域周围取样，并将样本像素的纹理、光照、透明度和阴影与所修复的像素进行匹配。

使用【污点修复画笔工具】修复图像时，可以选择以下 3 种修复类型。

内容识别：比较附近的图像内容，对选区进行不留痕迹的填充，同时保留让图像栩栩如生的关键细节，如阴影和对象边缘。

创建纹理：使用选区中的像素创建纹理。如果纹理不起作用，请尝试再次拖过该区域。

近似匹配：利用选区边缘的像素，找到要用作修补的区域。

● 应用实战

【污点修复画笔工具】适用于修复小片区域污点或纹理感不强的图像污点，具体操作步骤如下。

Step 01：打开“素材文件/第 10 章/鸟.jpg”文件，图像背景是青色天空，基本是纯颜色，如图 10-44 所示。

图 10-44

Step 02：选择【污点修复画笔工具】，调整画笔笔尖大小，在电线图像上绘制，如图 10-45 所示。

图 10-45

Step 03：释放鼠标后，即可清除该区域的图像，如图 10-46 所示。

图 10-46

Step 04：使用相同的方法继续清除电线，在清除鸟身上的电线时要注意缩小画笔笔尖，一点一点地清除，最终效果如图 10-47 所示。

图 10-47

关键技能 082 使用“取样”的方式去除污点

● 技能说明

Photoshop 中【修复画笔工具】和【仿制图章工具】都可以将取样的样本像素覆盖需要修复的像素，从而达到去除污点的目的。【修复画笔工具】和【污点修复画笔工具】一样，可以将样本像素的纹理、光照、透明度和阴影与所修复的像素进行匹配，从而使修复后的像素不留痕迹地融入图像的其余部分。而【仿制图章工具】则是直接将样本像素覆盖所修复的像素，所以取样时取样像素的纹理、光照、透明度和阴影需要与修复像素保持一致。

使用【修复画笔工具】和【仿制图章工具】修复图像时可以选择以下 3 种取样方式。

当前图层：只对当前图层上的像素进行取样。

当前和下方图层：可以对当前和下方图层上的像素进行取样。选择这种取样方式时，可以新建一个空白图层修复图像。

所有图层：可以对所有图层上的像素进行取样。

● 应用实战

1. 修复画笔工具

【修复画笔工具】可以使用图像其他部分的像素来修复瑕疵，具体操作步骤如下。

Step 01：打开“素材文件/第 10 章/女生.jpg”文件，放大视图后可以发现人物脸部有一些痘痘，如图 10-48 所示。

图 10-48

Step 02：新建【图层 1】空白图层，如图 10-49 所示。

图 10-49

Step 03：选择【图层 1】，选择【修复画笔工具】，单击选项栏【样本】下拉按钮，在下拉列表中选择“当前和下方图层”。按【Ctrl++】组合键放大视图，将画笔笔尖调整到与痘痘差不多大小，按住【Alt】键在周围完好的皮肤上单击鼠标进行取样，如图 10-50 所示。

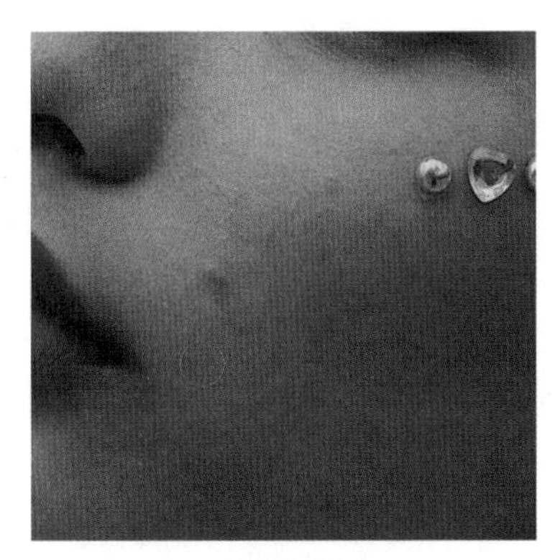

图 10-50

Step 04：将鼠标光标放在痘痘上，单击鼠标，即可清除痘痘，如图 10-51 所示。

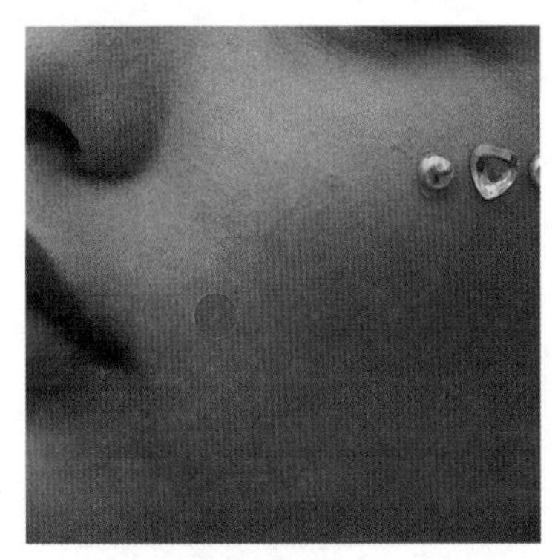

图 10-51

Step 05：按【[】键缩小画笔笔尖，将鼠标光标放在其他痘痘的位置并单击，清除痘痘，可以发现虽然取样像素没有变化，但修复之后的皮肤依然和周围像素融合得很好，效果非常自然，如图 10-52 所示。

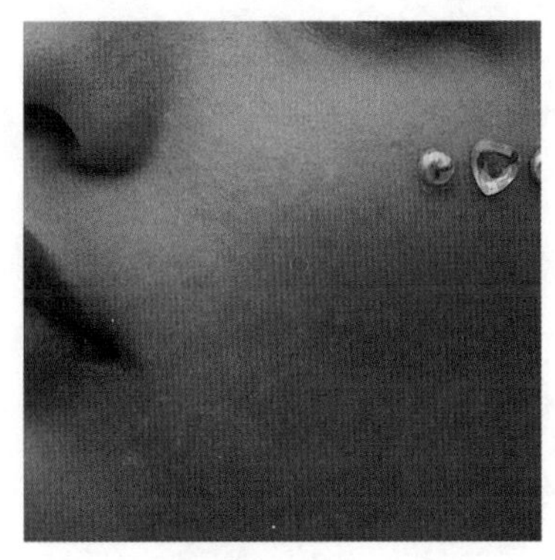

图 10-52

Step 06：使用相同的方法继续清除其他痘痘，清除过程中如果出现修复后的像素与周围像素差异很大的情况，就需要重新取样进行修复，最终效果如图 10-53 所示。

图 10-53

高手点拨

使用【修复画笔工具】填充图案

选择【修复画笔工具】后，单击选项栏中的【图案】按钮，并单击【图案拾色器】下拉按钮，在打开的【图案】面板中选择一种图案，如图 10-54 所示。

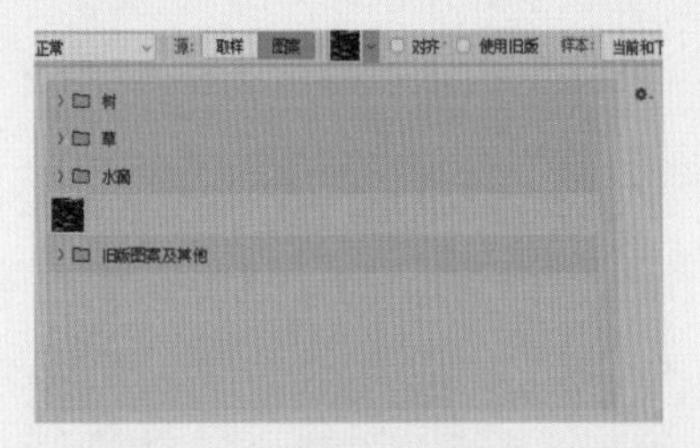

图 10-54

在图像上拖动鼠标进行绘制，可以填充图案，如图 10-55 所示。绘制图案时也可以设置混合模式，以控制图案填充效果。

图 10-55

2．仿制图章工具

【仿制图章工具】可以使用图像中其他部分的像素进行绘画，该工具既可以用于修复瑕疵，也可以用于复制图像。使用【仿制图章工具】修复图像的具体操作步骤如下。

Step 01：打开“素材文件/第 10 章/墙.jpg”文件，可以发现墙壁上有很多瑕疵，因为墙壁是有很多纹理的，所以可以使用【仿制图章工具】进行修复，效果如图 10-56 所示。

图 10-56

Step 02：新建【图层 1】，如图 10-57 所示。

图 10-57

Step 03：选择【仿制图章工具】，在选项栏中设置【样本】为当前和下方图层。将画笔笔尖调整到合适的大小，按住【Alt】键在瑕疵像素周围单击鼠标，进行取样，如图 10-58 所示。

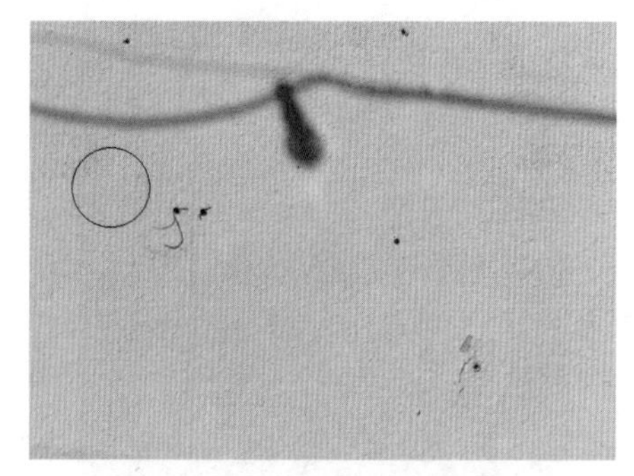

图 10-58

Step 04：将鼠标光标放在瑕疵图像上，单击鼠标，取样像素替换瑕疵像素，瑕疵被清除，如图 10-59 所示。

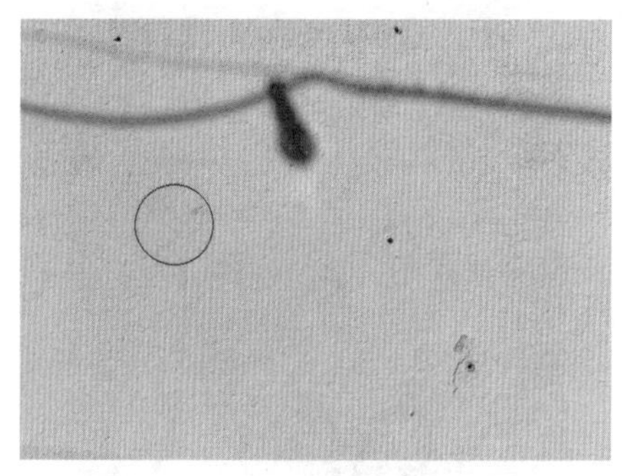

图 10-59

Step 05：可以发现瑕疵没有被处理干净，按【[】键缩小画笔笔尖，重新单击瑕疵周围的像素进行取样，如图 10-60 所示。

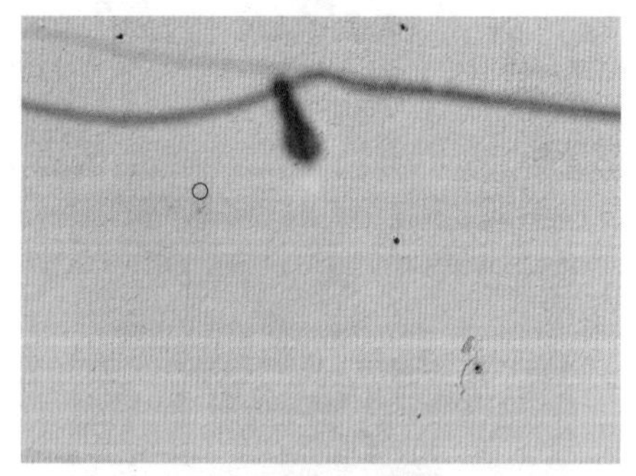

图 10-60

Step 06：将鼠标光标放在瑕疵图像上，单击鼠标，清除瑕疵，如图 10-61 所示。

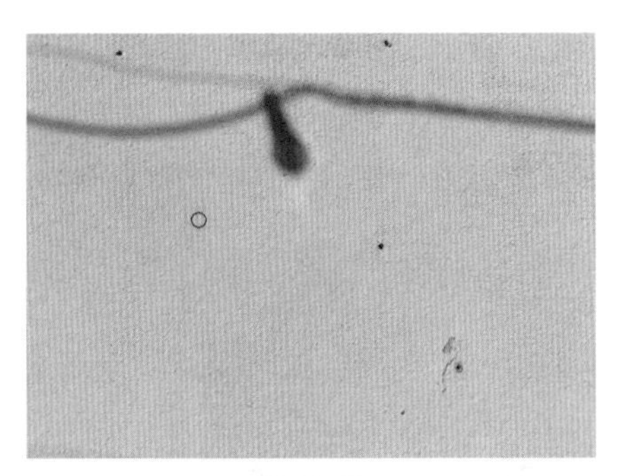

图 10-61

Step 07：使用同样的方法取样其他瑕疵周围的像素，清除瑕疵，效果如图 10-62 所示。

图 10-62

高手点拨

仿制源面板

【仿制源】面板可以存储样本源，配合【修复画笔工具】或【仿制图章工具】可以将源图像复制到当前文档或 Photoshop 打开的任何文档中。

如图 10-63 所示，选择【仿制图章工具】，按【Alt】键单击图像进行取样。执行【窗口】→【仿制源】命令，打开【仿制源】面板，可以发现一个仿制源位于“热气球”文档。此外，【仿制源】面板中也可以设置图像的水平缩放、位移及旋转角度参数，如图 10-64 所示。

图 10-63

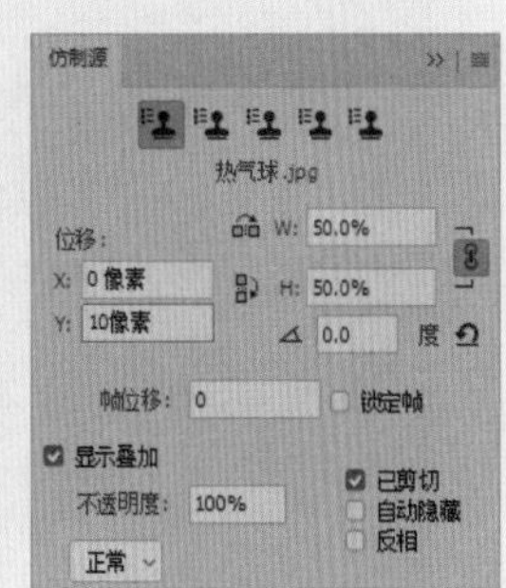

图 10-64

参数设置完成后，切换到“春天”文档，并拖动鼠标绘制图像，可以将取样热气球复制到“春天”文档中，如图 10-65 所示。

图 10-65

关键技能 083 给黑白照片上色

● 技能说明

使用纯色图层、色彩平衡命令、曲线命令等都可以为黑白照片上色，为黑白照片上色时根据需要选择相应的颜色命令即可。上色后的图像效果一般，缺少光影层次，看起来并不真实，因此上色后还需要对图像的细节进行调整，以及进行光影层次的塑造，才能使上色效果更加真实自然。

● 应用实战

为黑白照片上色的具体操作步骤如下。

Step 01：打开“素材文件/第 10 章/黑白.jpg”文件，如图 10-66 所示。

图 10-66

Step 02：创建【色彩平衡 1】调整图层，在【属性】面板中选择“中间调”，增加红色、黄色和洋红色。图像偏黄色，如图 10-67 所示。

图 10-67

Step 03：选择【色彩平衡 1】调整图层蒙版缩览图，按【Ctrl+I】组合键反向蒙版，隐藏效果，如图 10-68 所示。

图 10-68

Step 04：设置前景色为白色。使用柔角画笔在人物皮肤上绘制，为皮肤上色，绘制时注意避开眉毛、嘴唇等位置，如图 10-69 所示。

图 10-69

Step 05：在选项栏中降低画笔不透明度，在眉毛、嘴巴等位置绘制，使其具有淡淡的皮肤色，如图 10-70 所示。

图 10-70

Step06：按【 ' 】键下方的按键，如图 10-71 所示。

图 10-71

Step 07：通过前面的操作，进入快速蒙版状态，其中红色区域表示没有上色，如图 10-72 所示。使用白色柔角画笔绘制皮肤上红色的区域，为皮肤上色，如图 10-73 所示。

图 10-72

图 10-73

Step 08：再次按【 ' 】键下方的按键，退出快速蒙版状态，完成对皮肤的上色，如图 10-74 所示。

图 10-74

Step 09：创建【色彩平衡 2】调整图层，在【属性】面板中选择"中间调"，增加红色，减少洋红和黄色，如图 10-75 所示。

图 10-75

Step 10：使用同样的方法为嘴唇和指甲涂抹红色，如图 10-76 所示。

图 10-76

Step 11：创建【曲线 1】调整图层，选择【RGB】通道，调整曲线形状，提亮图像，如图 10-77 所示；选择【蓝】通道，调整曲线形状，增加蓝色，如图 10-78 所示。

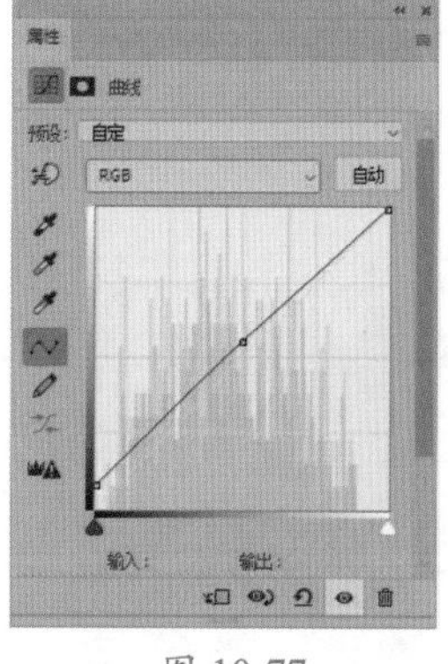

图 10-77

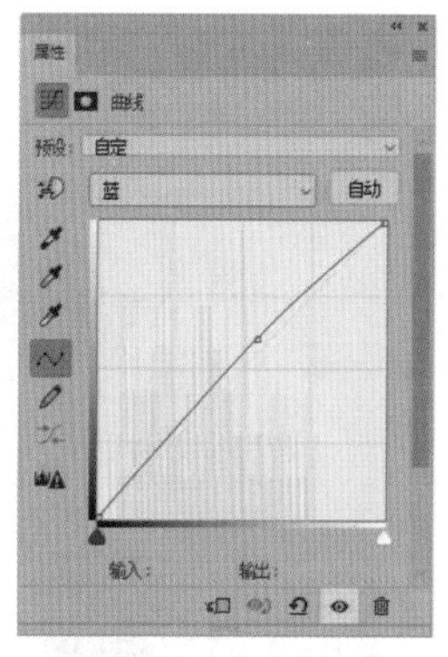

图 10-78

Step 12：使用前面的方法将牙齿调整为白色，如图 10-79 所示。

图 10-79

Step 13：创建【曲线 2】调整图层，选择【红】通道，调整曲线形状，增加红色，如图 10-80 所示；选择【蓝】通道，调整曲线形状，减少蓝色，如图 10-81 所示。

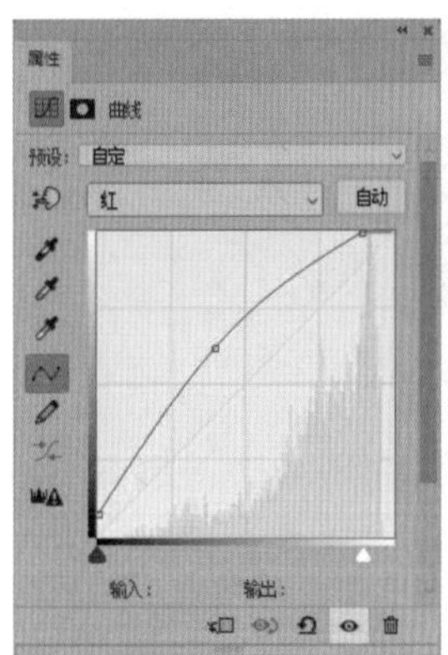

图 10-80

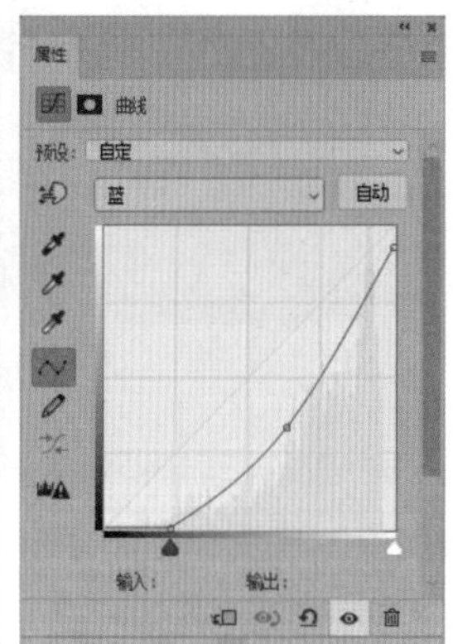

图 10-81

Step 14：使用前面的方法将衣服调整为黄色，如图 10-82 所示。

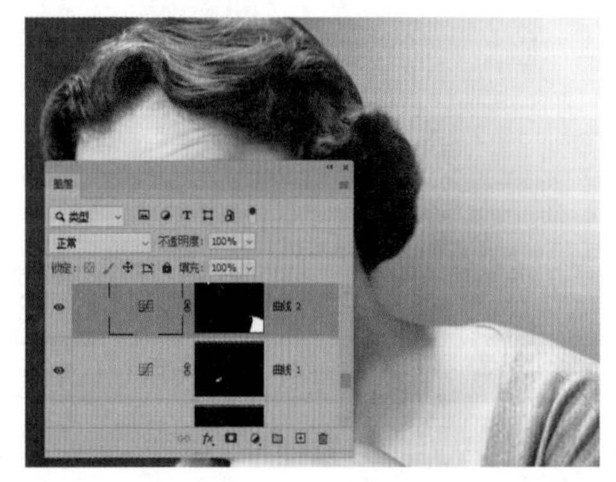

图 10-82

Step 15：创建【曲线 3】调整图层，分别减少红色、绿色和蓝色，为头发上色，如图 10-83、图 10-84 和图 10-85 所示。

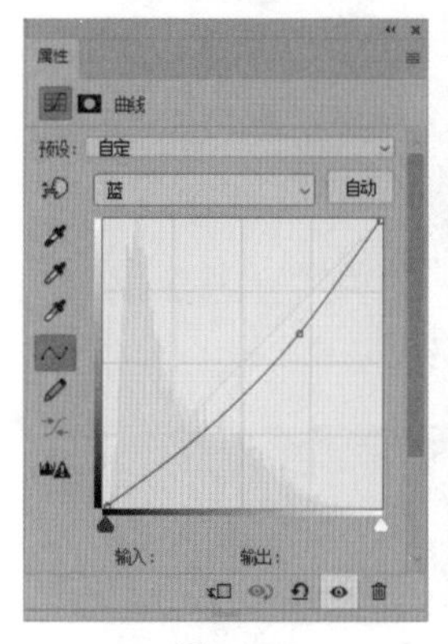

图 10-83

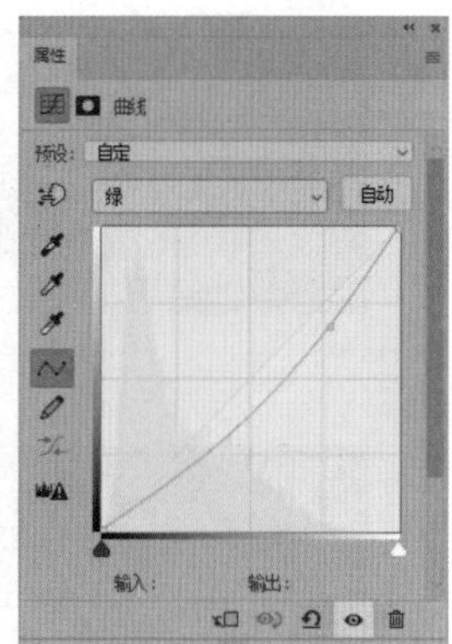

图 10-84

图 10-85

Step 16：创建【曲线 4】调整图层，分别减少红色，增加绿色和蓝色，将背景上色为蓝色，如图 10-86、图 10-87 和图 10-88 所示。

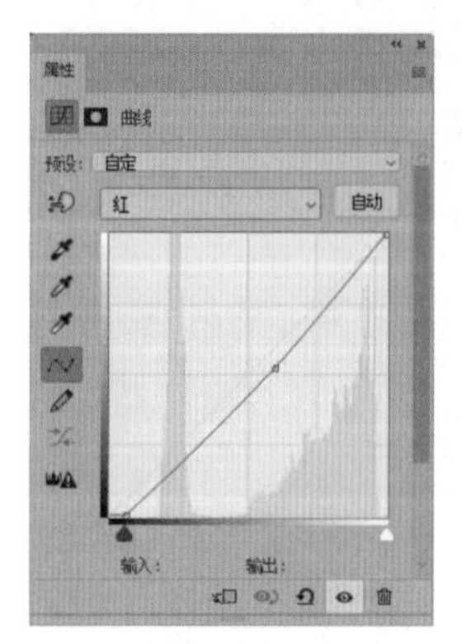

图 10-86

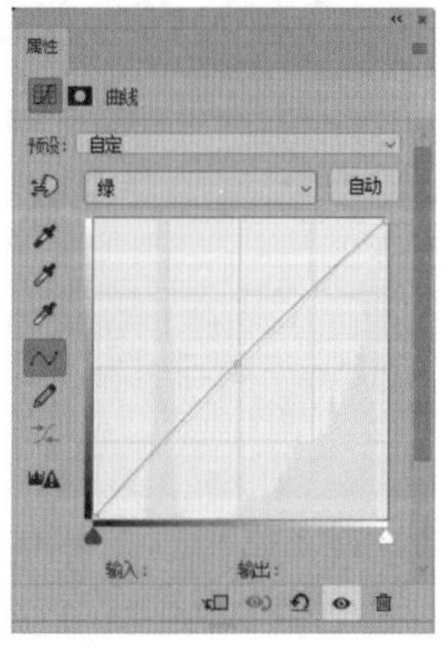

图 10-87

图 10-88

Step17：创建【色彩平衡 3】调整图层，选择“中间调”，增加青色和蓝色，将眼珠调整为蓝色，如图 10-89 所示。

图 10-89

Step18：通过前面的操作，人物上色已经基本完成，如图 10-90 所示。但是图像整体色调很平，效果不自然。

图 10-90

Step19：创建【曲线 5】调整图层为观察层。在【属性】面板中选择【RGB】通道，向下拖动曲线，压暗图像，如图 10-91 所示。

图 10-91

Step20：按【Alt+Ctrl+2】组合键创建高光选区，如图 10-92 所示。

图 10-92

Step21：创建带蒙版的【色彩平衡 4】调整图层，如图 10-93 所示。

图 10-93

Step22：在【属性】面板中选择“高光”，增加蓝色和青色，使皮肤颜色更加通透、更有层次感，如图 10-94 所示。

图 10-94

Step 23：在【曲线 3】调整图层上方创建【色彩平衡】调整图层并创建剪切蒙版，如图 10-95 所示。

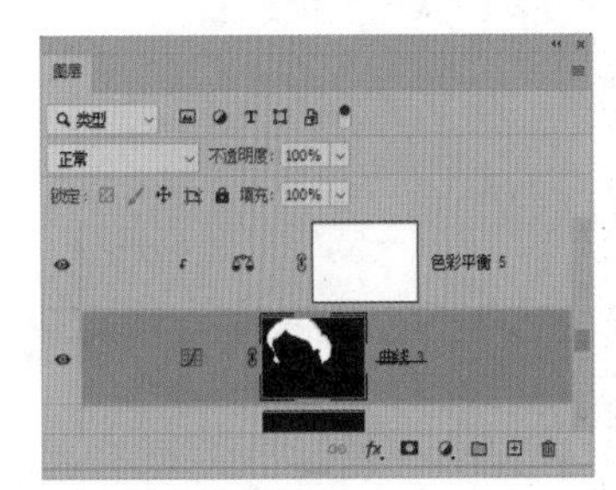

图 10-95

Step 24：在【属性】面板中选择“高光”，增加青色和蓝色，使头发色彩更有层次感，如图 10-96 所示。

图 10-96

Step 25：在【色彩平衡 3】调整图层上方创建【曲线】调整图层，选择【RGB】通道，向上拖动曲线，提亮图像，如图 10-97 所示。

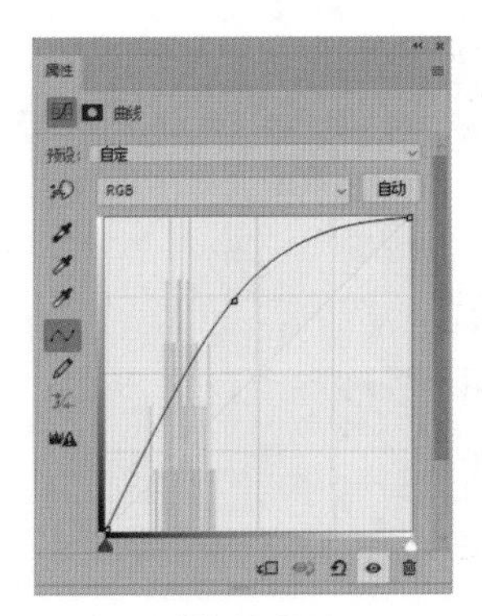

图 10-97

Step 26：按【Ctrl+I】组合键反向蒙版，隐藏效果。使用白色柔角画笔在眼珠上绘制，提亮眼珠，使眼睛看起来更加有神，如图 10-98 所示。

图 10-98

Step 27：在图层面板最上方创建一个【细节】图层，设置混合模式为“柔光”，如图 10-99 所示。

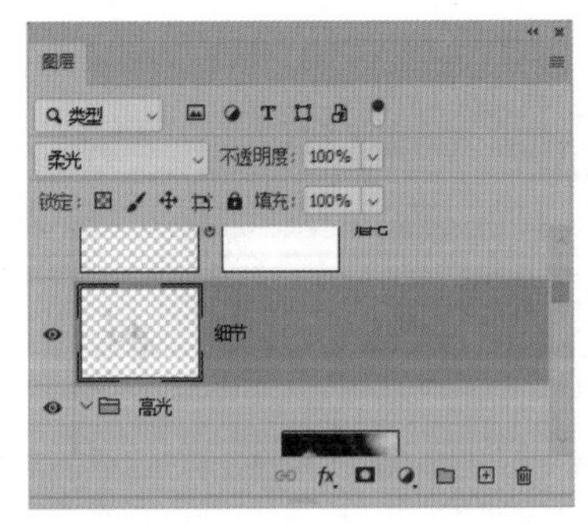

图 10-99

Step 28：按【D】键恢复默认的前景色（黑色）和背景色（白色）。选择柔角画笔工具，并将【流量】降至最低，使用白色画笔涂抹颜色深的图像，将其提亮，使用黑色画笔涂抹颜色浅的图像，将其压暗，从而统一图像光影，如图 10-100 所示。

图 10-100

Step 29：新建【眉毛】图层，使用【画笔工具】，按住【Alt】键单击眉毛图像吸取颜色，在眉毛上绘制，补全眉毛，如图 10-101 所示。

图 10-101

Step 30：选择【背景】图层，按【Ctrl+J】组合键复制图层，生成【背景 拷贝】图层。使用【修补工具】去除额头上的皱纹，如图 10-102 所示。

图 10-102

Step 31：在图层面板最上方创建【曲线】调整图层，选择【RGB】通道，调整曲线形状，增加对比度，如图 10-103 所示。

图 10-103

Step 32：选择【红】通道调整曲线形状，增加红色，如图 10-104 所示；选择【蓝】通道，调整曲线形状，增加蓝色，如图 10-105 所示。

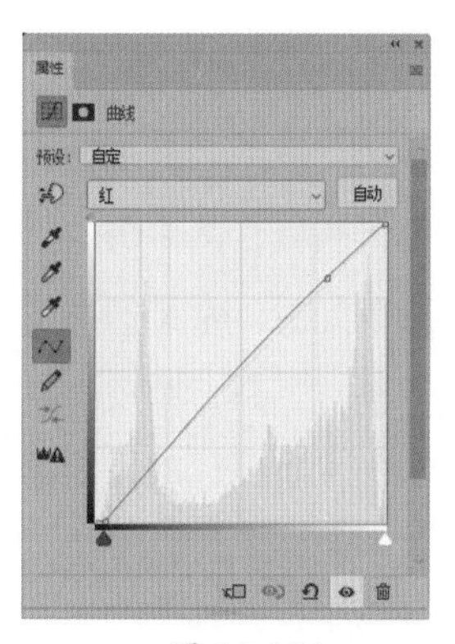

图 10-104

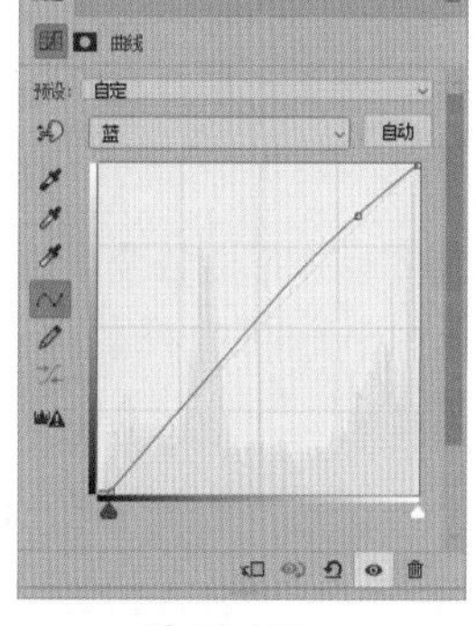

图 10-105

Step 33：通过前面的操作统一图像色调，完成黑白照片的上色，效果如图 10-106 所示。

图 10-106

关键技能 084 人像修图的 3 种要素

● 技能说明

人像修图大概可以分为 3 个部分，分别是皮肤处理、五官修饰及身形的塑造。其中皮肤处理包括瑕疵的修饰、肤色的调整等；五官修饰包括瑕疵的处理、五官形态的修饰，如大小眼的调整、眉形调整、眼神光的添加等；身形塑造则是将人物身材比例调整得更加完美，如拉高人物、为人物瘦身等。

● 应用实战

1．皮肤处理

在人像照片的后期处理中，皮肤的处理尤为重要。处理皮肤时一般先修饰瑕疵，然后再通过磨皮操作使皮肤变得更加细腻光滑。常见的磨皮方法有使用加深减淡工具、图章工具、磨皮插件及高低频图层等，在实际操作中也可以根据实际情况结合几种工具进行磨皮操作。本例中使用高低频图层处理皮肤，具体操作步骤如下。

Step 01：打开“素材文件/第 10 章/人物.jpg”文件，如图 10-107 所示。

Step 02：按【Ctrl+J】组合键复制两个图层，并分别命名为【高】和【低】，如图 10-108 所示。

Step 03：隐藏【高】图层，选择【低】图层，执行【滤镜】→【模糊】→【高斯模糊】命令，打开【高斯模糊】对话框，设置【模糊半径】为 6 像素（设置参数时注意观察预览效果，看不到图像中的瑕疵即可），单击【确定】按钮，如图 10-109 所示。

图 10-107

图 10-108

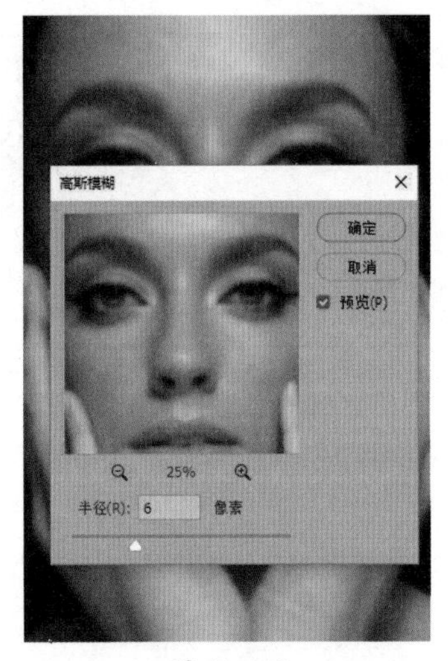

图 10-109

Step 04：显示【高】图层，执行【图像】→【应用图像】命令，打开【应用图像】对话框，❶设置【图层】为低，❷设置【混合模式】为相加，❸设置【缩放】为 2,【补偿值】为 128，单击【确定】按钮，如图 10-110 所示。创建高低频图层时这个参数是固定的。

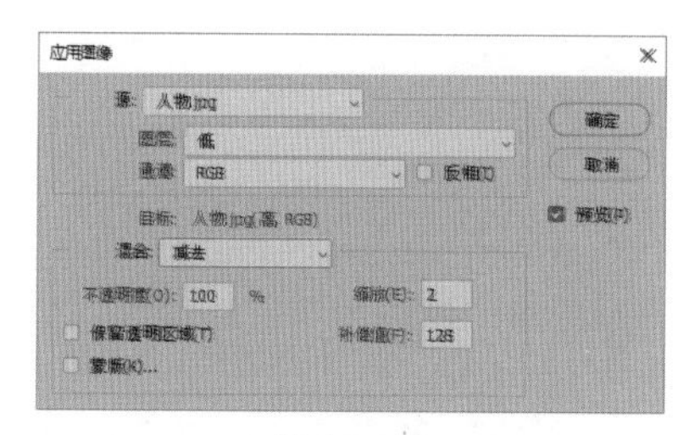

图 10-110

Step 05：此时，图像效果如图 10-111 所示。

Step 06：设置【高】图层混合模式为“线性光”，并将【高】和【低】两个图层创建【高低频】图层组，如图 10-112 所示。

图 10-111

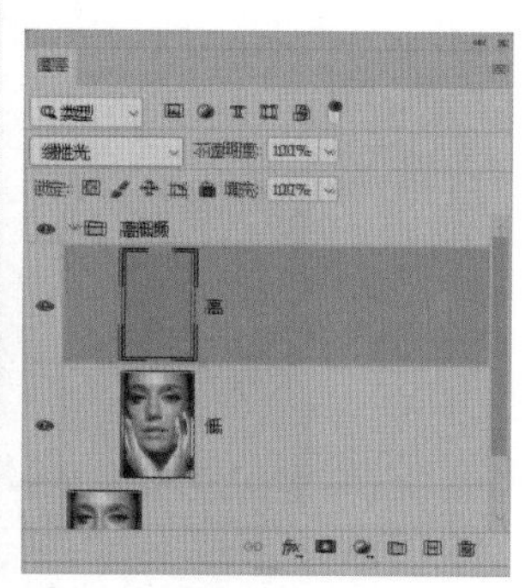

图 10-112

高手点拨

什么是高低频图层

高低频图层其实就是将图像的纹理和光影分别放在【高】图层和【低】图层上，然后分别对图像的纹理和光影进行调整，且二者互不影响。

其中【低】图层通过模糊操作来模糊图像纹理，只保留图像的光影关系；【高】图层通过执行“应用图像”操作来增加图像的反差，突出图像细节，所以该图层保留图像的纹理。

使用【高】【低】图层修图时，如果要修复图像瑕疵，则在【高】图层上操作，这样可以很好地保留图像纹理且不会改变图像光影关系；如果要调整图像明暗，使光影过渡更加自然，则在【低】图层上进行操作，同样也不会改变图像纹理。

Step 07：此时图像效果如图 10-113 所示，可以发现图像没有产生任何变化。

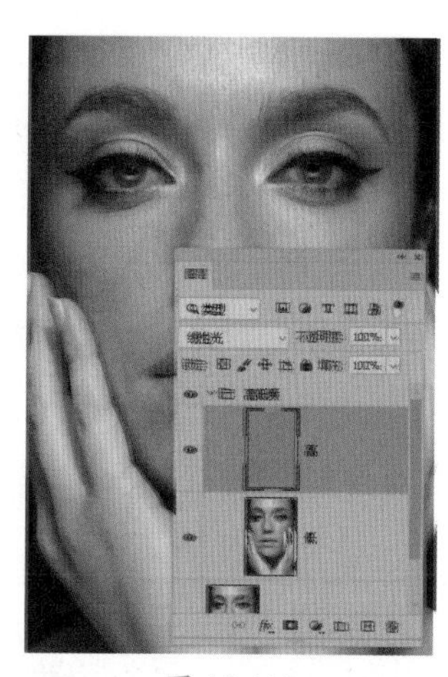

图 10-113

Step 08：选择【高】图层，如图 10-114 所示。

图 10-114

Step 09：选择【仿制图章工具】，在选项栏设置【样本】为当前图层。按住【Alt】键单击取样，去除皮肤上的痘痘、多余的头发等瑕疵，如图 10-115 所示。

图 10-115

Step10：图像中人物脸颊处的毛孔特别粗，可以将【仿制图章工具】的不透明度降低为 10%，按【Alt】键取样好的皮肤，在毛孔粗大的皮肤区域涂抹，使皮肤变得柔和，如图 10-116 所示。

Step11：创建【细节】图层，设置混合模式为“柔光”，如图 10-117 所示。

图 10-116

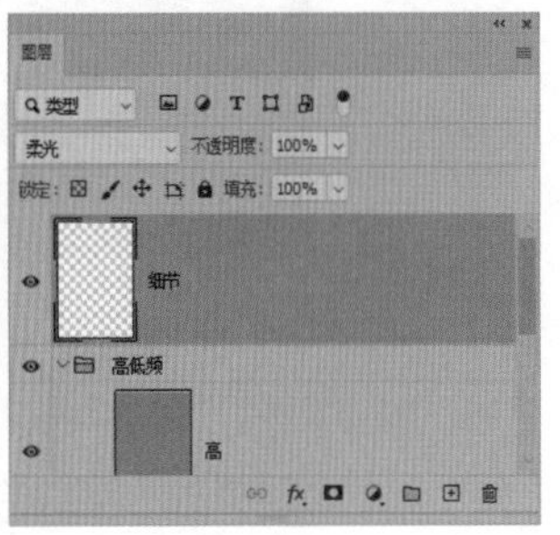

图 10-117

Step12：按【D】键绘制默认的前景色（黑色）和背景色（白色）。选择柔角画笔工具，设置【流量】为 1%。使用白色画笔在暗色皮肤上涂抹，将其提亮，使用黑色画笔在亮色皮肤上涂抹，将其压暗，使其细节上的颜色过渡更加平滑，如图 10-118 所示。

图 10-118

Step13：在【低】图层上创建空白图层，如图 10-119 所示。

图 10-119

Step14：选择【画笔工具】，在选项栏设置画笔流量为 5%。光影过渡不自然的地方按【Alt】键单击取样颜色，拖动鼠标进行绘制，使光影过渡更加自然，如图 10-120 所示。

图 10-120

Step15：使用【矩形选框工具】选择额头区域，创建【可选颜色】调整图层，选择“红色”，减少青色、黄色和黑色，如图 10-121 所示；选择“黄色”，减少青色和黑色，增加黄色，如图 10-122 所示。

图 10-121

图 10-122

Step16：通过前面的操作，统一额头区域皮肤颜色与脸部其他区域颜色，如图 10-123 所示。

图 10-123

Step17：选择【可选颜色 1】调整图层蒙版缩览图，将蒙版填充为黑色，隐藏效果。使用白色柔角画笔在人头区域绘制，显示调色效果，如图 10-124 所示。

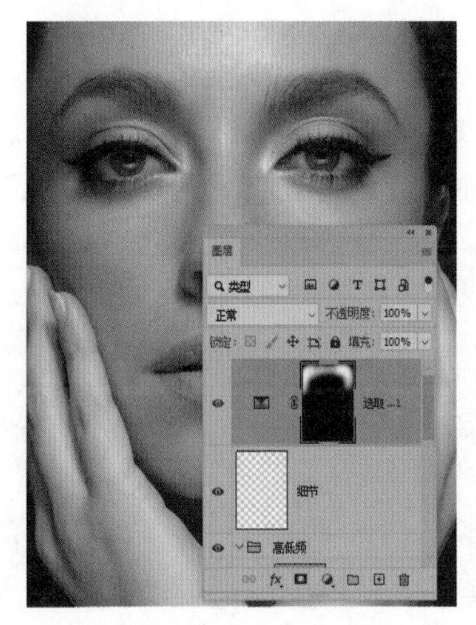

图 10-124

Step18：使用【矩形选框工具】框选手部区域，创建【曲线】调整图层，选择【RGB】通道，向下拖动曲线压暗图像，如图 10-125 所示。

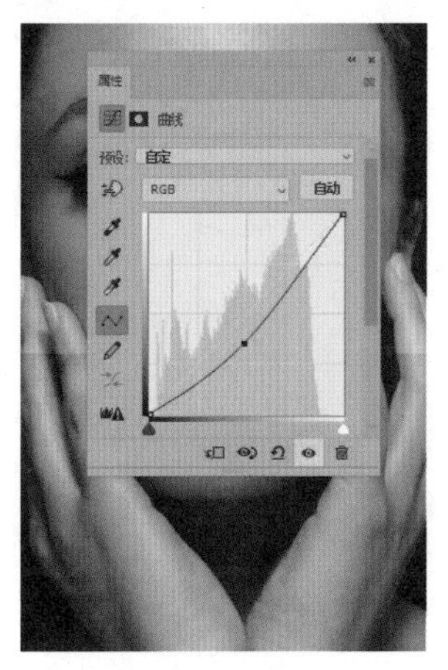

图 10-125

Step19：选择【曲线 1】调整图层蒙版缩览图，填充黑色，隐藏效果。使用白色柔角画笔在手部区域绘制，显示图像，统一肤色，如图 10-126 所示。

图 10-126

2. 五官修饰

五官修饰的第一步是瑕疵处理，然后再调整五官形状，使其更加完美，具体操作步骤如下。

Step 01：打开“素材文件/第 10 章/人像.psd”文件，图像已经提前处理了皮肤，如图 10-127 所示。

图 10-127

Step 02：选择【高】图层，使用【仿制图章工具】去除眼睛内的红血丝，如图 10-128 所示。

图 10-128

Step 03：创建【曲线 2】调整图层，选择【RGB】通道，向上拖动曲线，提亮图像，如图 10-129 所示。

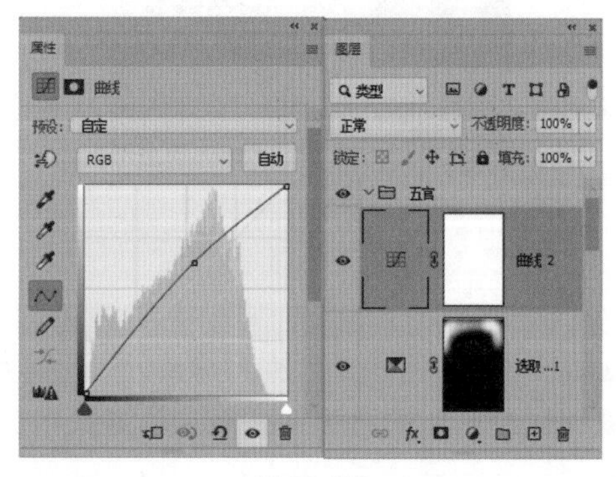

图 10-129

Step 04：选择【曲线 2】图层蒙版缩览图，按【Ctrl+I】组合键反向蒙版，隐藏效果。使用白色柔角画笔在眼睛上涂抹，提亮眼睛，如图 10-130 所示。

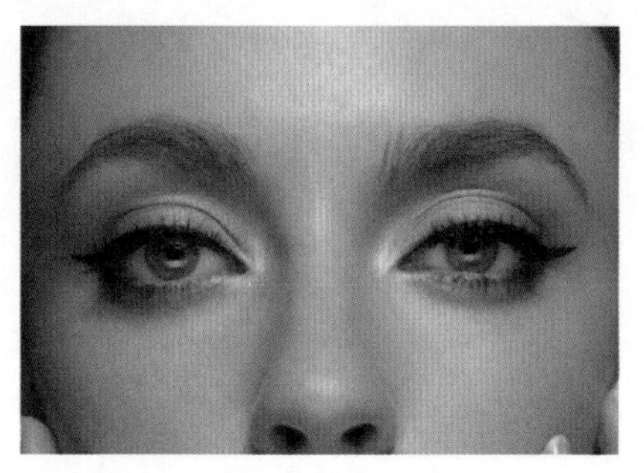

图 10-130

Step 05：创建【色彩平衡 1】调整图层，选择“中间调”，增加青色和蓝色，如图 10-131 所示。

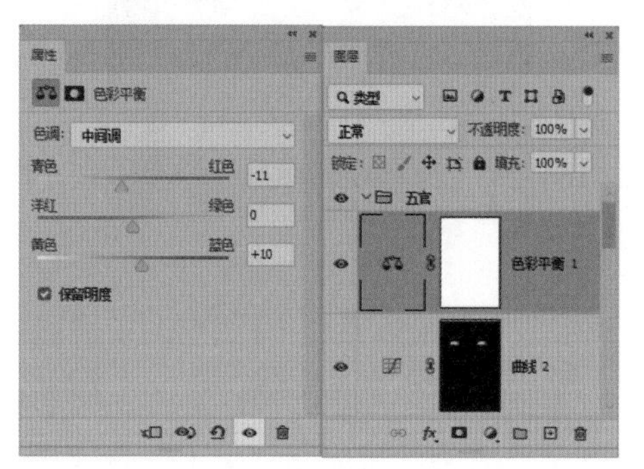

图 10-131

Step 06：选择【色彩平衡 1】图层蒙版缩览图，按【Ctrl+I】组合键反向蒙版，隐藏效果。使用白色柔角画笔在眼珠上绘制，显示调色效果，使眼珠颜色变成蓝色，如图 10-132 所示。

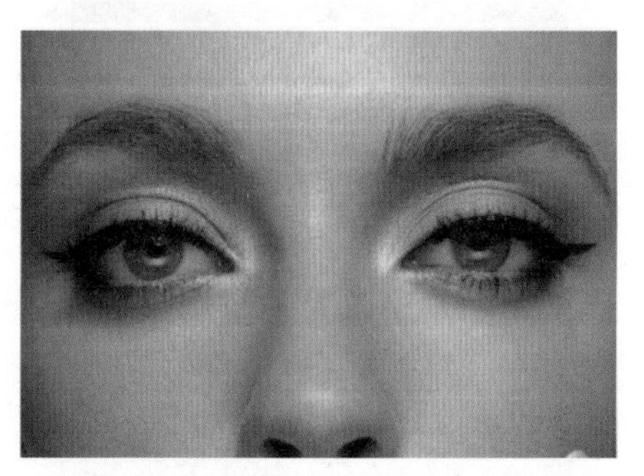

图 10-132

Step 07：创建【曲线 3】调整图层，选择【RGB】通道，向上拖动曲线，提亮图像，如图 10-133 所示。

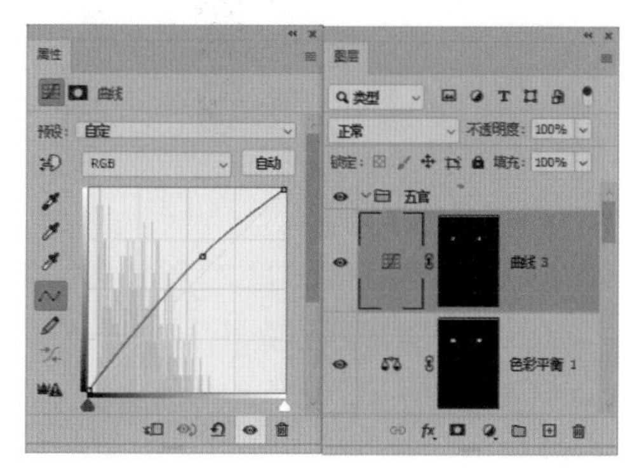

图 10-133

Step 08：选择【曲线 3】图层蒙版缩览图，按【Ctrl+I】组合键反向蒙版，隐藏提亮效果。使用白色柔角画笔在眼睛高光处绘制，提亮眼珠，使眼睛更加有神，如图 10-134 所示。

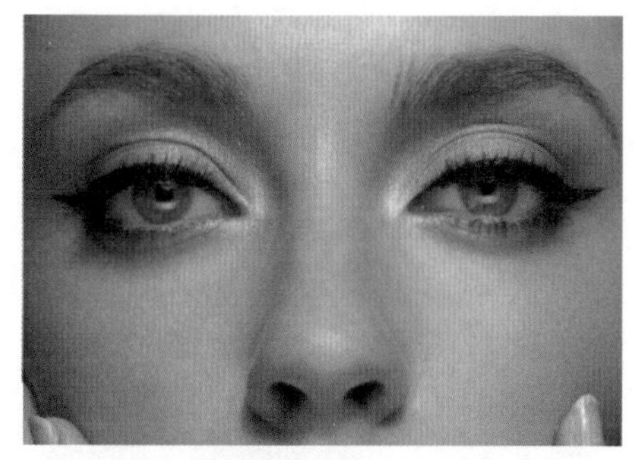

图 10-134

Step 09：创建【眉毛】图层，如图 10-135 所示。

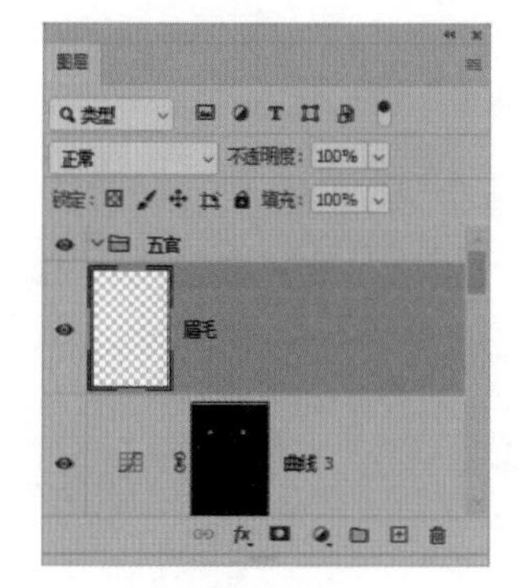

图 10-135

Step 10：选择【仿制图章工具】，在选项栏设置【样本】为当前和下方图层。按【Alt】键单击眉毛进行取样，将眉毛补齐，如图 10-136 所示。

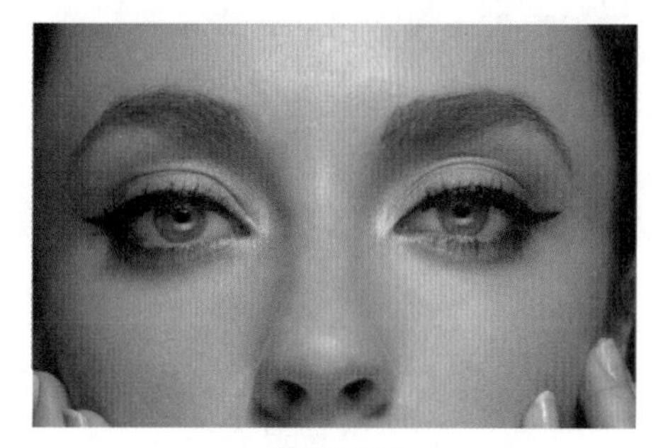

图 10-136

Step 11：选择【高】图层，使用【仿制图章工具】修复嘴唇，如图 10-137 所示。

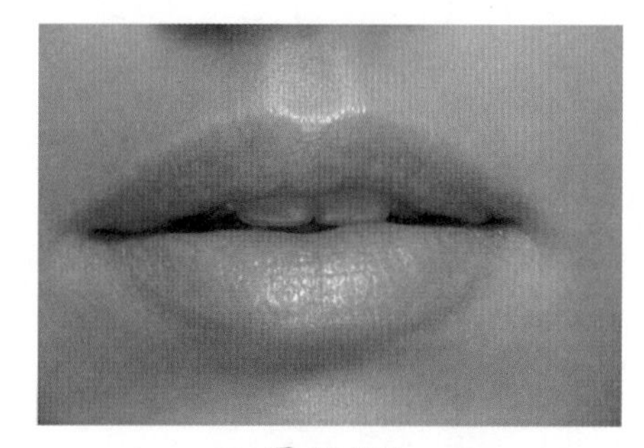

图 10-137

Step 12：创建【色相/饱和度】调整图层，设置色相、饱和度和明度参数，如图 10-138 所示。

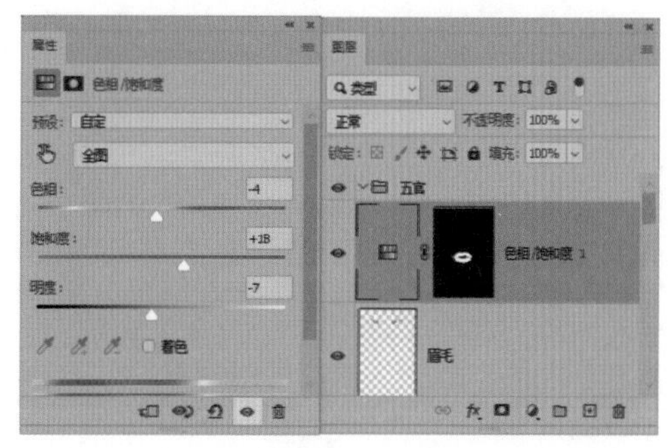

图 10-138

Step 13：选择【色相/饱和度 1】图层蒙版缩览图，填充黑色，隐藏调色效果。使用白色柔角画笔在嘴唇上绘制，显示调色效果，如图 10-139 所示。

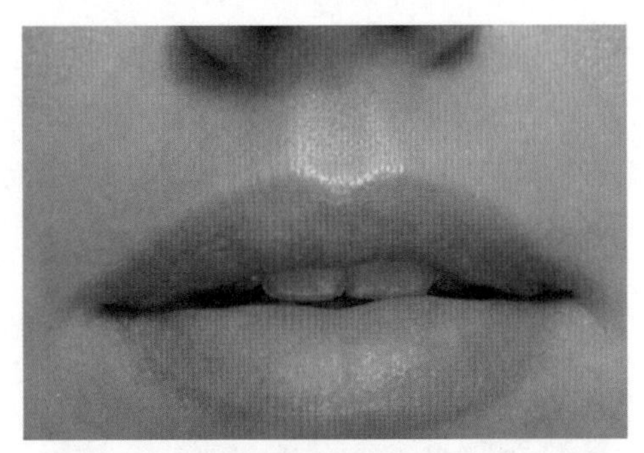

图 10-139

Step 14：创建【曲线 4】调整图层，向上拖动曲线，提亮图像，如图 10-140 所示。

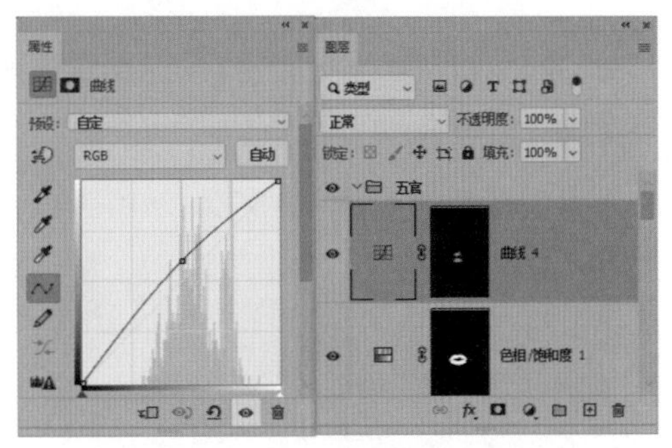

图 10-140

Step 15：选择【曲线 4】图层蒙版缩览图，填充黑色，隐藏提亮效果。使用白色柔角画笔在嘴唇高光区域绘制，提亮图像，使其更有光感，如图 10-141 所示。

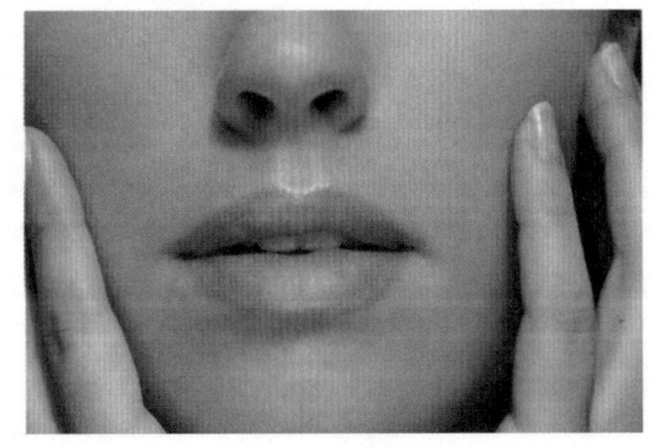

图 10-141

Step 16：创建【色相/饱和度 2】调整图层，选择【红色】，调整色相和饱和度参数，如图 10-142 所示。

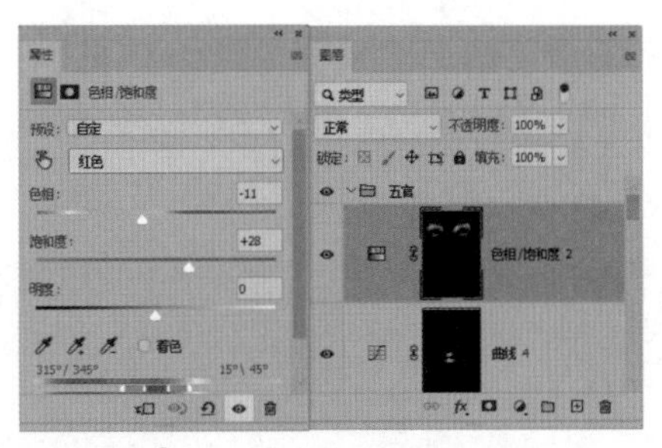

图 10-142

Step 17：选择【色相/饱和度 2】图层蒙版缩览图，填充黑色，隐藏调色效果。使用白色柔角画笔在眼影位置绘制，加深眼影的颜色，如图 10-143 所示。

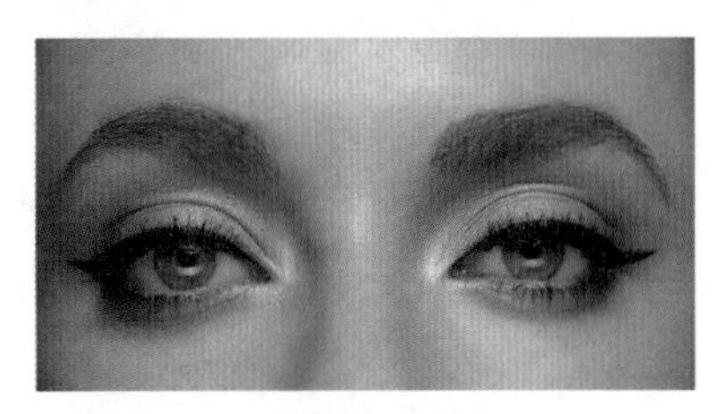

图 10-143

Step 18：创建两个曲线调整图层，一是提亮图像，一是压暗图像，如图 10-144 所示。

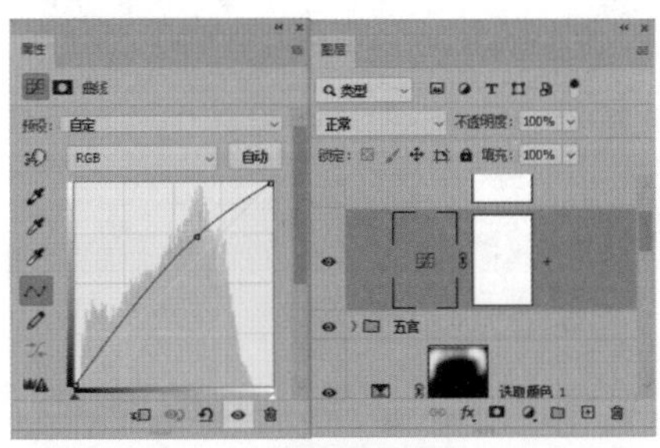

提亮图像

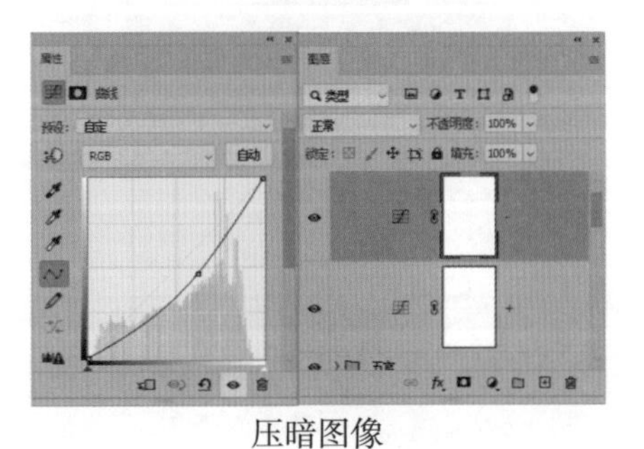

压暗图像

图 10-144

Step19：分别选择【+】和【-】图层蒙版缩览图，按【Ctrl+I】组合键反向蒙版，隐藏效果。选择【+】图层蒙版缩览图，使用白色画笔工具在图像高光处绘制，提亮图像；选择【-】图层蒙版缩览图，使用白色画笔工具在人物轮廓处绘制压暗图像，重塑图像光影，使其更具立体感，如图 10-145 所示。

Step20：创建【曲线 5】调整图层，选择【RGB】通道，调整曲线形状，增加图像对比度，如图 10-146 所示。

图 10-145

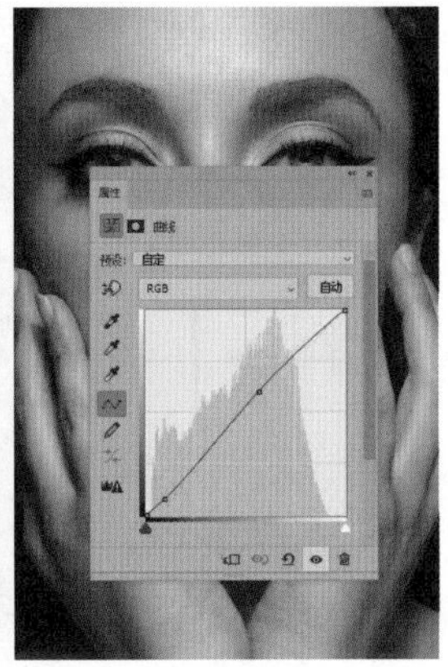

图 10-146

Step21：选择【红】通道，调整曲线形状，使高光减少红色，阴影增加红色，如图 10-147 所示；选择【蓝】通道，调整曲线形状，使高光增加蓝色，阴影减少蓝色，如图 10-148 所示。

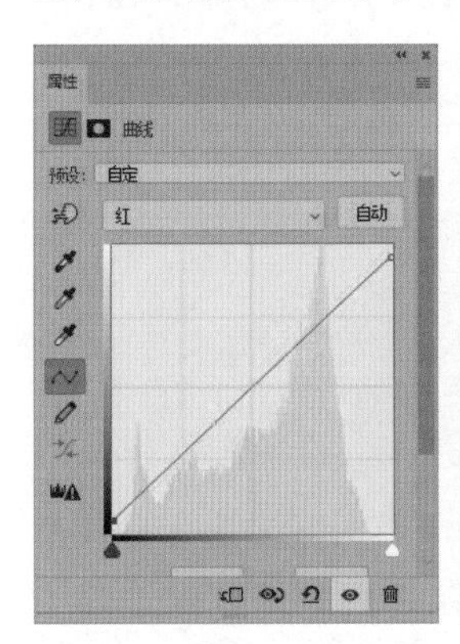

图 10-147

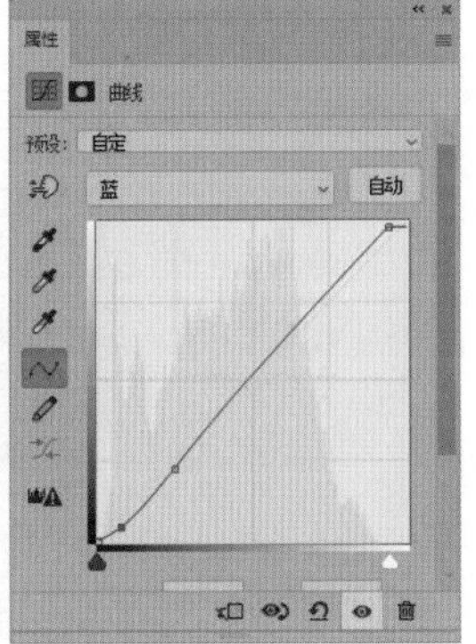

图 10-148

Step22：通过前面的操作完成色调调整，图像效果如图 10-149 所示。

图 10-149

3. 塑造身形

使用【自由变换】命令可以拉高人物，使用【液化】命令则可以对人物进行瘦身的操作，塑造更加完美的身材，具体操作步骤如下。

Step01：打开“素材文件/第 10 章/塑形.jpg”文件，如图 10-150 所示。

Step02：选择【裁剪工具】，显示出裁剪框。向下拉动裁剪框，增加画布的高度，如图 10-151 所示。

图 10-150

图 10-151

Step03：按【Ctrl+J】组合键复制【背景】图层，生成【图层 1】，如图 10-152 所示。

图 10-152

Step 04：使用【矩形选框工具】沿着腿部创建选区，如图 10-153 所示。

Step 05：按【Ctrl+T】组合键执行自由变换命令，按住【Shift】键向下拖动选区，按【Enter】键确认变换，如图 10-154 所示。

图 10-153

图 10-154

Step 06：为【图层 1】添加蒙版，使用黑色柔角画笔在图像衔接处绘制，融合图像，使效果更加自然，如图 10-155 所示。

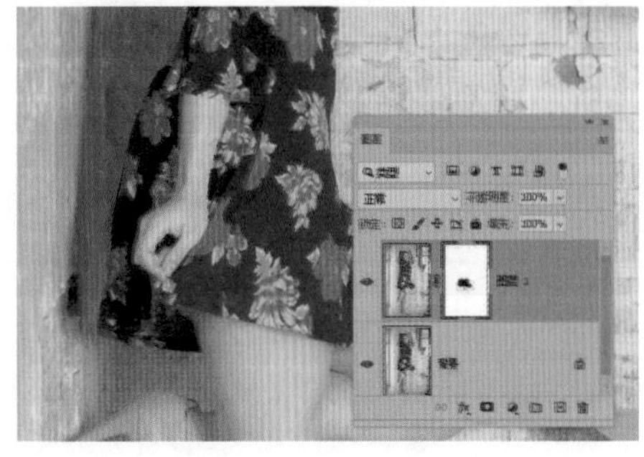
图 10-155

Step 07：选择【背景】图层，使用【仿制图章工具】，按住【Alt】键取样裙子边，将左侧的花朵覆盖，如图 10-156 所示。

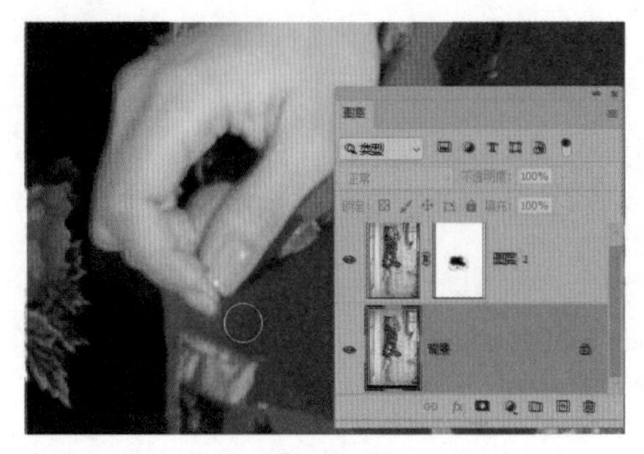
图 10-156

Step 08：按【Alt+Shift+Ctrl+E】组合键盖印图层，生成【图层 2】，如图 10-157 所示。

图 10-157

Step 09：执行【滤镜】→【液化】命令，打开【液化】对话框，选择【向前变形工具】，在【画笔工具选项】中设置【密度】为 25，【压力】为 20，如图 10-158 所示。

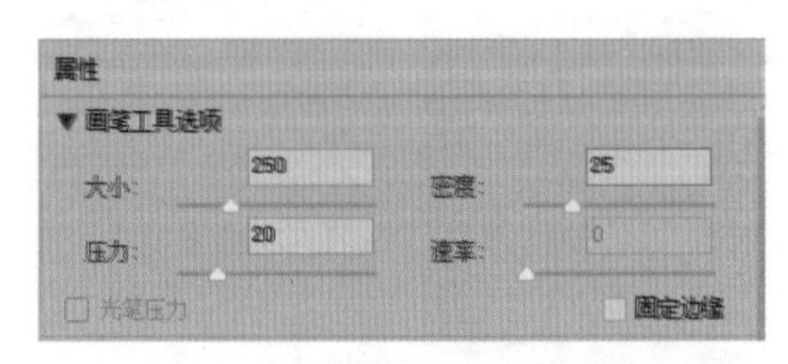

图 10-158

Step 10：按【[】和【]】键将画笔调整到适当大小，调整臀部和腰部，如图 10-159 所示。

图 10-159

Step 11：使用相同的方法调整人物胸部和腹部，如图 10-160 所示。

图 10-160

Step 12：继续使用相同的方法调整腿部，如图 10-161 所示。

图 10-161

Step 13：选择【重建工具】，在周围环境上拖动鼠标绘制，恢复被拉变形的环境和手臂，如图 10-162 所示。

图 10-162

Step 14：单击【确定】按钮，返回文档，查看身型塑造后的效果，如图 10-163 所示。

图 10-163

关键技能 085 突出照片中的主体

● 技能说明

主体是照片内容的中心，一张照片如果主体不明确，就不能准确传达照片想要表达的信息。在拍摄照片的前期，可能由于取景地点、拍摄器材等因素导致拍摄的照片主体不明确。在后期编辑照片时，可以通过裁剪、删除多余元素或虚化背景的方式，将照片主体凸显出来。

● 应用实战

突出照片主体的具体操作步骤如下。

Step 01：打开“素材文件/第 10 章/滑板.jpg”文件，可以发现照片给人感觉比较平淡，主体不够突出，如图 10-164 所示。

图 10-164

Step 02：选择【对象选择工具】，在选项栏设置【模式】为套索，圈选画面中的人物和滑板，如图 10-165 所示。

图 10-165

Step 03：按【Shift+Ctrl+I】组合键反选选区，选中背景，如图 10-166 所示。

图 10-166

Step 04：按【Ctrl+J】组合键复制选区图像，生成【图层 1】，如图 10-167 所示。

图 10-167

Step 05：执行【滤镜】→【模糊画廊】→【旋转模糊】命令，打开【模糊画廊】设置界面，拖动定界框，扩大模糊范围，并设置【模糊角度】为 5，如图 10-168 所示。

图 10-168

Step 06：单击【确定】按钮，返回文档，添加模糊效果如图 10-169 所示。

图 10-169

Step 07：模糊图像后，人物边缘也会受到影响，这时选中【图层 1】，单击【图层】面板底部的【添加蒙版】按钮，添加图层蒙版，如图 10-170 所示。

图 10-170

Step 08：设置前景色为黑色。选择画笔工具，在选项栏降低画笔不透明度，在蒙版上绘制人物和滑板边缘，恢复人物和滑板边缘，使效果更加自然，如图 10-171 所示。

图 10-171

关键技能 086　让灰蒙蒙的照片变清晰

● 技能说明

拍摄照片时，由于天气原因（如雾霾天气）或相机参数设置不当，会导致拍摄的照片对比度、饱和度不足，呈现灰蒙蒙的状态。在后期编辑时，可以通过增加对比度、饱和度及进行锐化等操作来解决照片的发灰问题。

● 应用实战

让灰蒙蒙的照片变清晰的具体操作步骤如下。

Step 01：打开“素材文件/第 10 章/逛街.jpg”文件，可以发现照片发灰，对比度不够，色彩也不够鲜艳，如图 10-172 所示。

图 10-172

Step 02：创建【色阶】调整图层，在【属性】面板中向右侧拖动阴影滑块至有像素的位置，向左侧拖动高光滑块至有像素的位置，如图 10-173 所示。

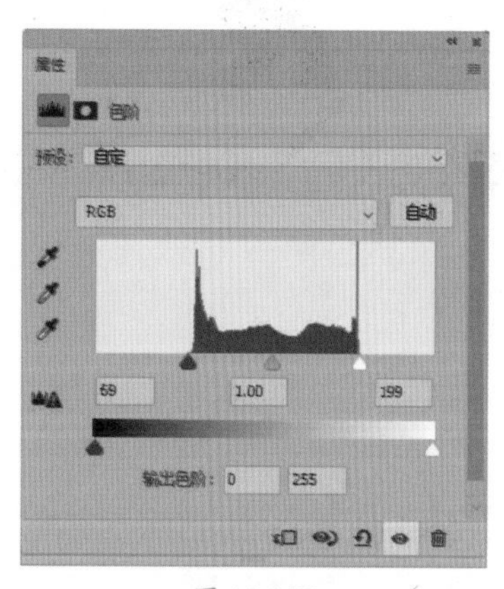

图 10-173

Step 03：通过前面的操作，增加图像对比度，如图 10-174 所示。

图 10-174

Step 04：因为图像高光区域有些曝光过度，所以先选择【色阶】和【背景】图层，按【Ctrl+E】组合键合并图层，如图 10-175 所示。

图 10-175

Step 05：执行【图像】→【调整】→【阴影/高光】命令，打开【阴影/高光】对话框，设置【阴影数量】为 10%，【高光数量】为 20%，单击【确定】按钮，如图 10-176 所示。

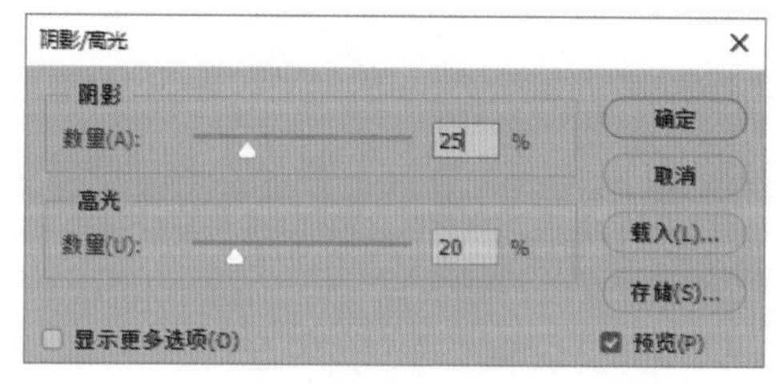

图 10-176

Step 06：通过前面的操作，提亮阴影区域，压暗高光区域，如图 10-177 所示。

图 10-177

Step 07：创建【曲线】调整图层，选择【蓝】通道，调整曲线形状，如图 10-178 所示。

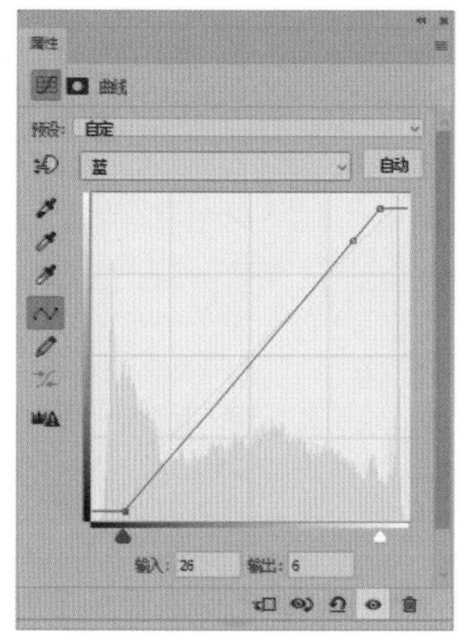

图 10-178

Step 08：通过前面的操作，为图像阴影区域增加黄色调，高光区域增加蓝色调，如图 10-179 所示。

图 10-179

Step 09：选择【红】通道，调整曲线形状，如图 10-180 所示。

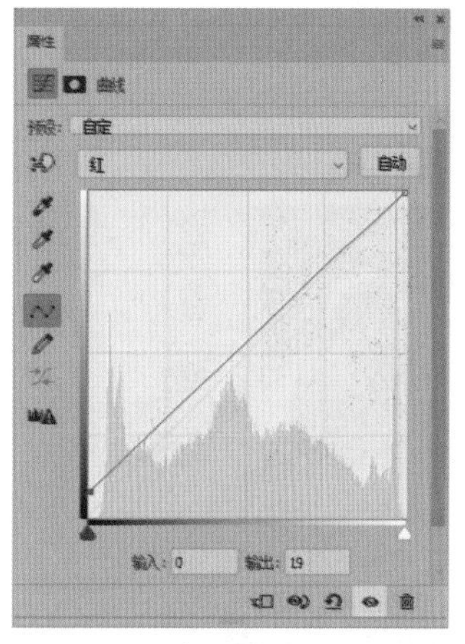

图 10-180

Step 10：通过前面的操作，为图像阴影区域增加红色调，如图 10-181 所示。

图 10-181

Step 11：按【Alt+Shift+Ctrl+E】组合键盖印图层，得到【图层 1】，如图 10-182 所示。

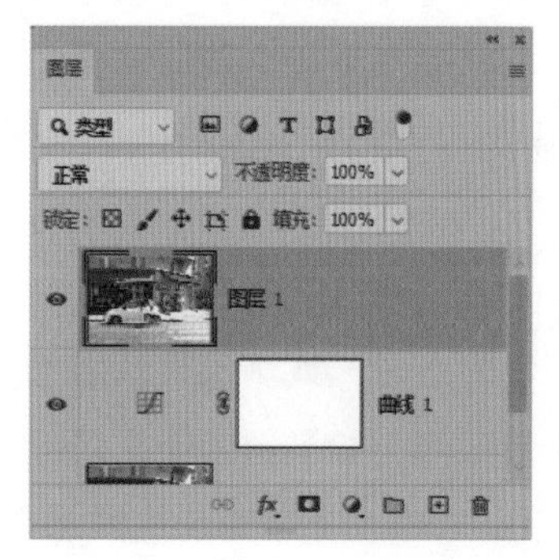

图 10-182

Step12：执行【滤镜】→【锐化】→【USM锐化】命令，打开【USM锐化】对话框，❶设置【数量】为 20%，❷设置【半径】为 4 像素，❸单击【确定】按钮，如图 10-183 所示。

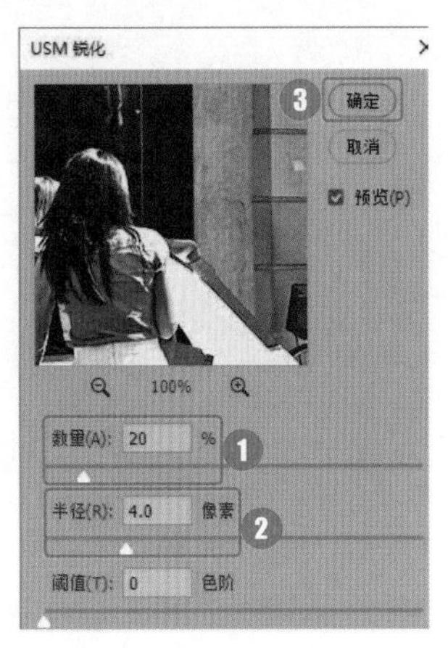

图 10-183

Step13：通过前面的操作锐化图像，使图像变得更加清晰，如图 10-184 所示。

图 10-184

关键技能 087 还原照片的正常光线

● 技能说明

拍摄照片时，如果光圈开得过大或曝光时间过长就会造成曝光过度，使照片颜色发白，丢失亮部细节；如果光圈开得过小或周围环境太暗就会造成曝光不足，使照片颜色发黑，丢失暗部细节；如果逆光拍摄，则会使被摄主体曝光不充分。针对以上三种情况，可以在 Photoshop 中通过曝光度、色阶、曲线等调整命令恢复照片的正常光线。值得注意的是，软件调整也是有限的，如果照片中出现死白和死黑的情况，无论怎么调整都是无法恢复正常的。

● 应用实战

1. 曝光过度照片的修复

通常曝光过度照片的画面整体亮度过高，且高光区域部分细节受损或完全缺失，所以修复曝光过度的照片主要是压暗其高光区域，恢复细节，具体操作步骤如下。

Step01：打开"素材文件/第 10 章/曝光过度.jpg"文件，照片明显曝光过度，看不到天空细节，如图 10-185 所示。

图 10-185

Step 02：按【Ctrl+J】组合键复制【背景】图层，生成【图层 1】，如图 10-186 所示。

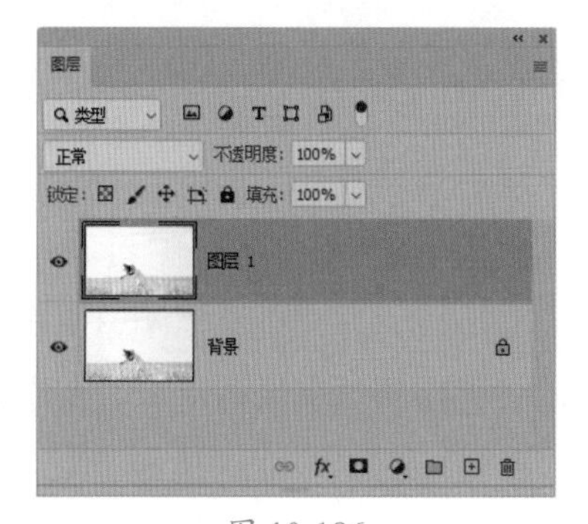

图 10-186

Step 03：执行【滤镜】→【Camera Raw】滤镜命令，打开【Camera Raw】对话框，在【基本】面板中设置【曝光度】为-1.25，【高光】为-27，【白色】为-49，单击【确定】按钮，如图 10-187 所示。

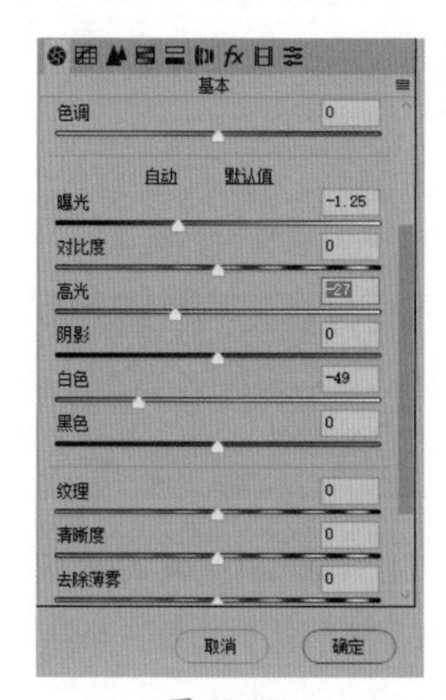

图 10-187

Step 04：返回文档，可以发现天空细节已经显示出来，但图像亮度也整体偏暗了，如图 10-188 所示。

图 10-188

Step 05：新建【色阶】调整图层，在【属性】面板向左侧拖动阴影滑块，向右侧拖动中间调和高光滑块，如图 10-189 所示。

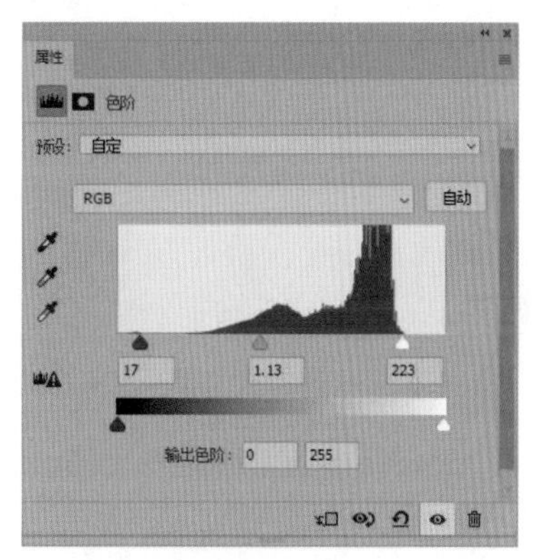

图 10-189

Step 06：通过前面的操作，增加图像的整体亮度，如图 10-190 所示。

图 10-190

Step 07：因为人物比较暗，所以使用【套索工具】圈选出人物，如图 10-191 所示。

图 10-191

Step 08：新建【曲线】调整图层，选择【RGB】通道，向上拖动曲线，如图 10-192 所示。

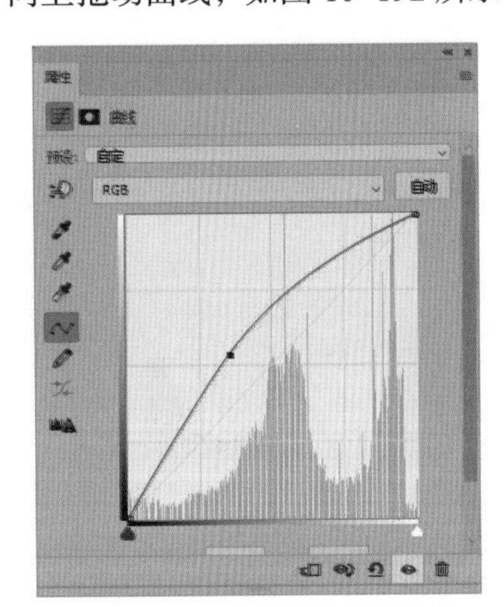

图 10-192

Step 09：通过前面的操作，选区图像被提亮，如图 10-193 所示。

图 10-193

Step 10：因为选区图像被提亮后与周围图像差异太大，所以选择【曲线】调整图层蒙版缩览图，将蒙版填充为黑色，隐藏提亮效果，如图 10-194 所示。

图 10-194

Step 11：设置前景色为白色。选择【画笔工具】，设置【硬度】为 0，并降低画笔不透明度，在人物上绘制，将提亮效果显示出来，完成曝光过度照片的修复，如图 10-195 所示。

图 10-195

2. 曝光不足照片的修复

曝光不足的照片画面整体亮度过低，且阴影区域部分细节受损或完全缺失。因此修复曝光不足的照片主要提亮照片阴影区域，恢复细节，具体操作步骤如下。

Step 01：打开“素材文件/第 10 章/石头.jpg”文件，可以发现该图像画面亮度整体偏低，曝光不足，如图 10-196 所示。

图 10-196

Step 02：选择【背景】图层，按【Ctrl+J】组合键复制【背景】图层，生成【图层 1】，如图 10-197 所示。

图 10-197

Step 03：执行【图像】→【调整】→【阴影/高光】命令，打开【阴影/高光】对话框，设置【阴影数量】为 50，单击【确定】按钮，如图 10-198 所示。

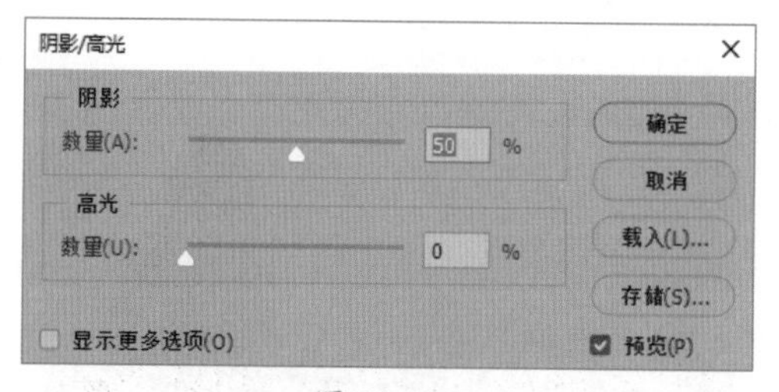

图 10-198

Step 04：通过前面的操作，阴影区域被提亮，如图 10-199 所示。

图 10-199

Step 05：阴影区域被提亮后，图像对比度下降。新建【色阶】调整图层，在【属性】面板中向右侧拖动阴影滑块，向左侧拖动中间调滑块，如图 10-200 所示。

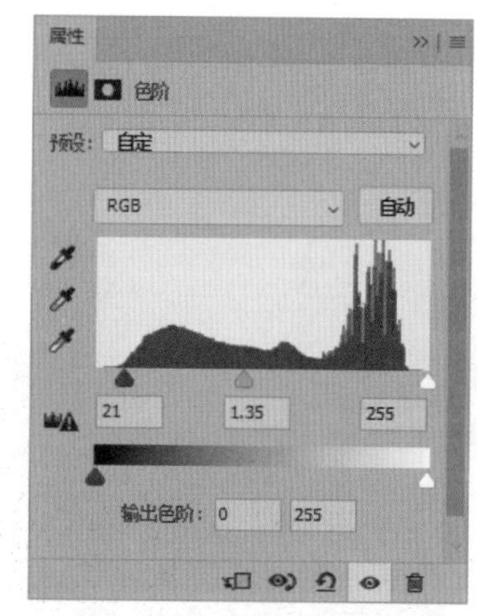

图 10-200

Step 06：增加图像对比度后，效果如图 10-201 所示。

图 10-201

Step 07：观察图像可以发现，画面色彩鲜艳度不够。新建【色相/饱和度】调整图层，单击【属性】面板中【在图像上单击并拖动可修改饱和度】按钮，单击画面左下角的人物并拖动鼠标，增加画面中蓝色的饱和度，如图 10-202 所示。

图 10-202

Step 08：单击天空并拖动鼠标，增加画面中青色的饱和度，如图 10-203 所示。

图 10-203

Step 09：单击石头并拖动鼠标，增加画面中红色的饱和度，如图 10-204 所示。

图 10-204

Step 10：新建【曲线】调整图层，在【属性】面板中选择【蓝】通道，调整曲线形状，使高光增加蓝色，阴影增加黄色，如图 10-205 所示。

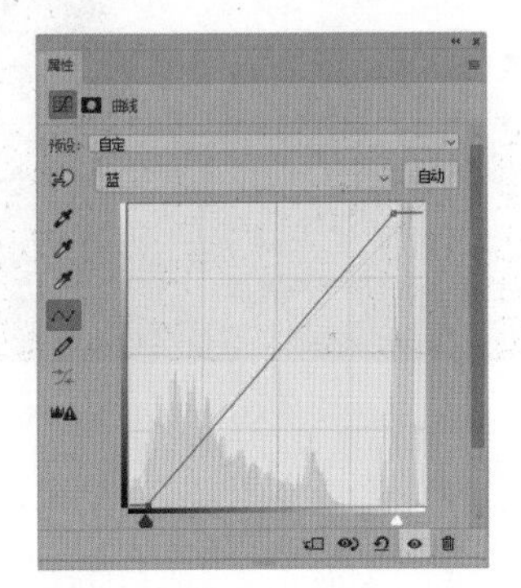

图 10-205

Step 11：选择【绿】通道，调整曲线形状，使高光增加绿色，阴影增加品红色，如图 10-206 所示。

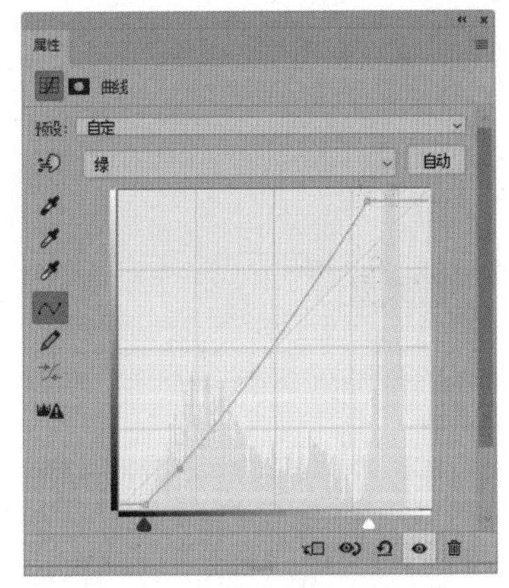

图 10-206

Step 12：通过前面的调整，高光区域偏青色，阴影区域偏红色，效果如图 10-207 所示。

图 10-207

3．逆光照片的修复

逆光拍摄的照片，画面中被摄主体因为曝光不足而亮度偏暗，高光区域则因为曝光过度而整体发白，修复逆光照片的具体操作步骤如下。

Step 01：打开“素材文件/第 10 章/逆光.jpg”文件，可以发现这是一张逆光拍摄的照片，画面中主体偏暗，如图 10-208 所示。

图 10-208

Step 02：新建【色阶】调整图层，向右侧拖动阴影滑块至有像素的地方，如图 10-209 所示。

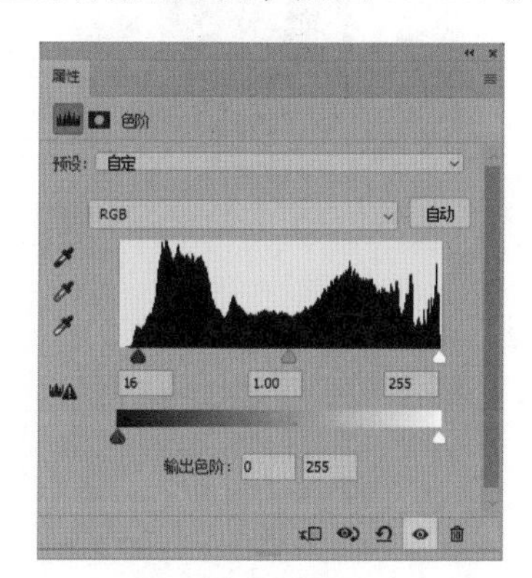

图 10-209

Step 03：通过前面的操作，增加图像对比度，如图 10-210 所示。

图 10-210

Step 04：新建【曲线】调整图层，选择【RGB】通道，向上拖动曲线，提亮图像，如图 10-211 所示。

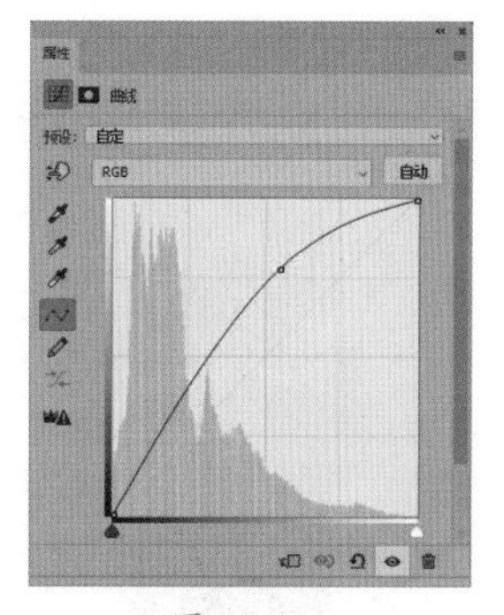

图 10-211

Step 05：按【Ctrl+I】组合键反向蒙版，隐藏提亮效果。设置前景色为白色，使用柔角画笔并降低画笔不透明度，在人物上绘制，提亮人物，如图 10-212 所示。

图 10-212

Step 06：按【Ctrl+J】组合键复制【曲线】调整图层，并降低图层不透明度，如图 10-213 所示。

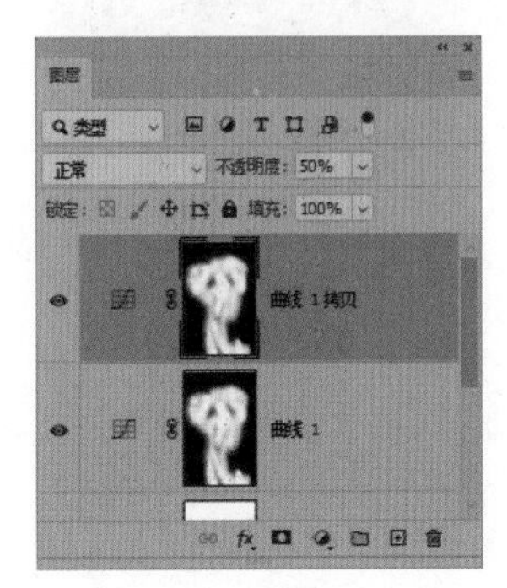

图 10-213

Step 07：通过前面的操作，再次提亮人物，如图 10-214 所示。

图 10-214

Step 08：创建【曲线 2】调整图层，选择【RGB】通道，调整曲线形状，整体提亮图像，如图 10-215 所示；选择【蓝】通道，调整曲线形状，为高光增加蓝色调，如图 10-216 所示。

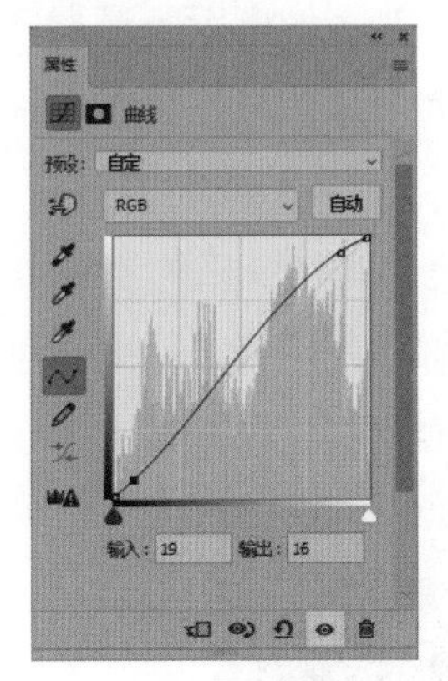

图 10-215

图 10-216

Step 09：通过前面的操作完成逆光图像的调整，效果如图 10-217 所示。

图 10-217

第 11 章 PS 调色的 8 个关键技能

在图片中利用颜色对比，可以突出画面，增强图片表现力。此外，色彩还可以引起人的心理联想，产生冷暖的感觉。如果图片中以红色、橙色等暖色作为整体色调，会给人温暖的感觉，而以蓝色、绿色等冷色作为整体色调，则会给人冷清、平静的感觉。因此，合理运用色调可以增加图片氛围，突出图片主题。Photoshop 提供了强大的调色功能，既可以改变图像的色相，也可以调整整体色调。本章将介绍调色的 8 个关键技能，以期提高读者的调色能力。本章知识点框架如图 11-1 所示。

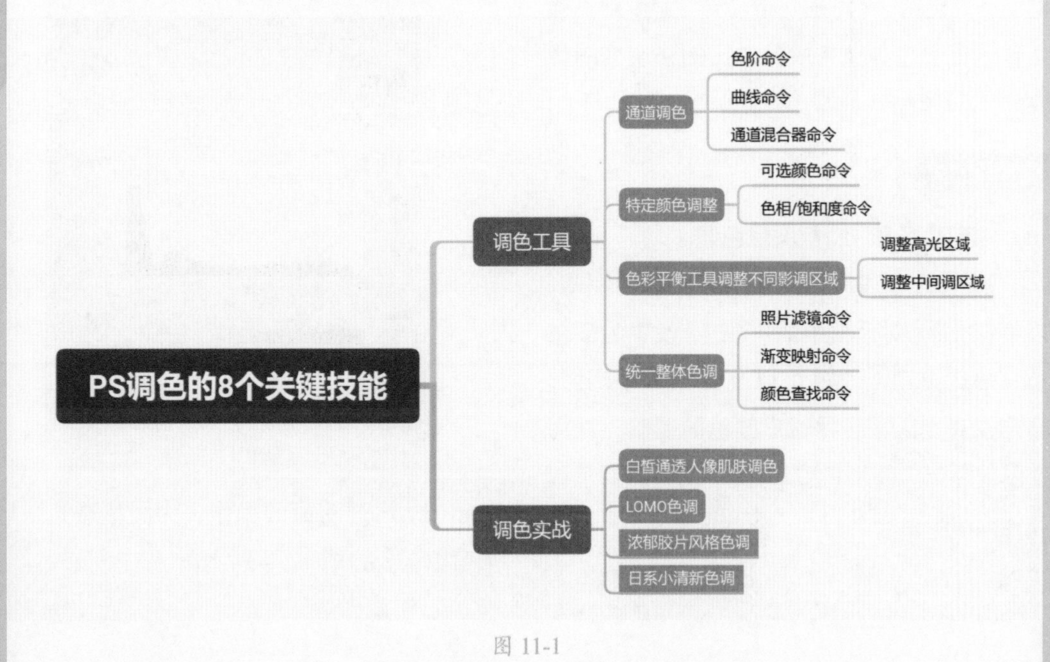

图 11-1

关键技能 088 通道调色的 3 种方法

● 技能说明

通道用来记录颜色信息，直接调整通道的明暗可以改变图像的色调。反之，在Photoshop中调整图像色调时，也会改变通道的明暗。虽然我们在调整图像色调时，无法直接通过调整通道面板中的颜色通道来调整图像色调，但是可以使用Photoshop中的调色命令来调整。Photoshop中与通道相关的调色命令分别是【色阶】【曲线】和【通道混合器】。使用这 3 个命令调整图像色调时，可以单独调整各个颜色通道，从而达到调整图像色调的目的。其中【色阶】和【曲线】命令可以通过调整每个颜色通道的亮度来调整图像色调，而【通道混合器】命令则是通过调整通道中每种颜色成分的比例来改变图像色调的。

● 应用实战

1．使用【色阶】调整图像色调

【色阶】命令通常被用来调整图像的明暗。如果将【色阶】对话框中的【通道】设置为颜色通道，那么拖动滑块就可以改变图像中阴影、中间调及高光区域各种通道颜色的明暗，从而改变图像色调。使用【色阶】命令调整图像色调的具体操作步骤如下。

Step 01：打开“素材文件/第 11 章/婚纱.jpg”文件，如图 11-2 所示。

图 11-2

Step 02：新建【色阶】调整图层。在【属性】面板中选择【蓝】通道，在【输入色阶】中向左侧拖动白色滑块到有像素的地方，如图 11-3 所示。

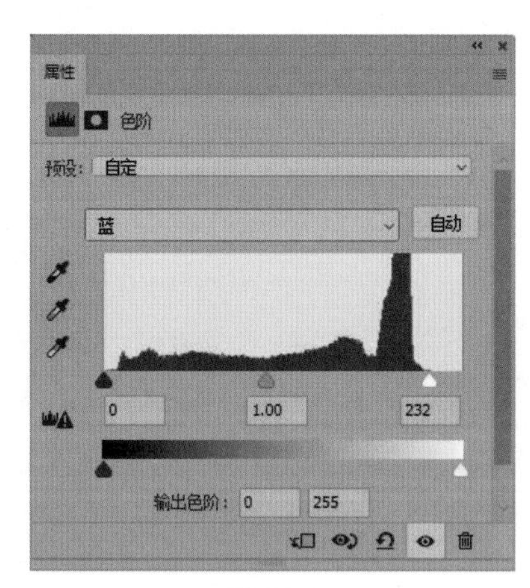

图 11-3

Step 03：通过前面的操作，为图像高光区域增加蓝色调，如图 11-4 所示。

图 11-4

Step 04：选择【绿】通道，在【输入色阶】向左拖动高光滑块至有像素的地方，如图 11-5 所示。

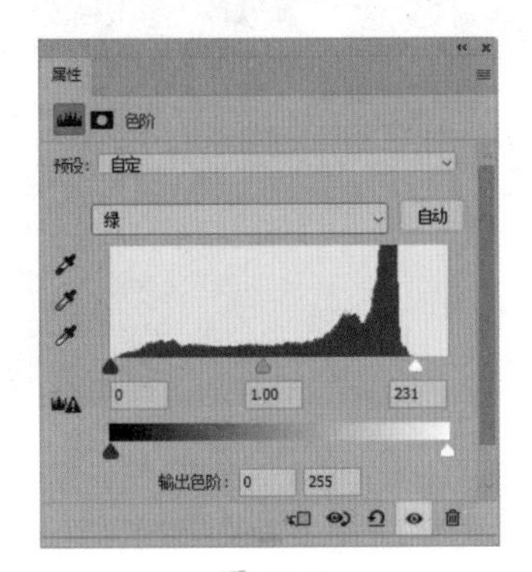

图 11-5

Step 05：通过前面的操作，为图像高光区域增加绿色调，如图 11-6 所示。

图 11-6

Step 06：选择【红】通道，在【输出色阶】中向右拖动黑色滑块，为阴影区域增加红色，向左侧拖动白色滑块，为高光区域减少红色；在【输入色阶】中向左侧拖动中间点滑块，为中间调区域增加红色调，如图 11-7 所示。

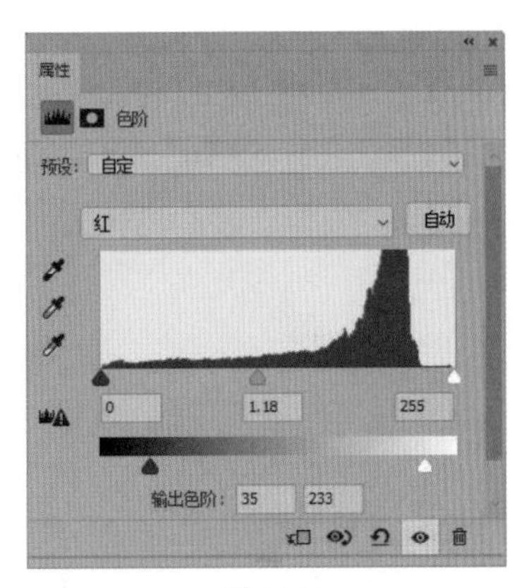

图 11-7

Step 07：通过前面的操作，完成色调调整，效果如图 11-8 所示。

图 11-8

高手点拨

输入色阶和输出色阶

使用【色阶】命令调整图像明暗时，通常只会调整【输入色阶】参数。但是调整图像色调时则需要配合【输出色阶】参数来共同调整。

例如，选择【红】通道，在【输入色阶】中向左侧拖动高光滑块，可以增加高光区域的红色，如图 11-9 所示。

图 11-9

在【输出色阶】中拖动白色滑块，可以增加高光区域的绿色，如图 11-10 所示。

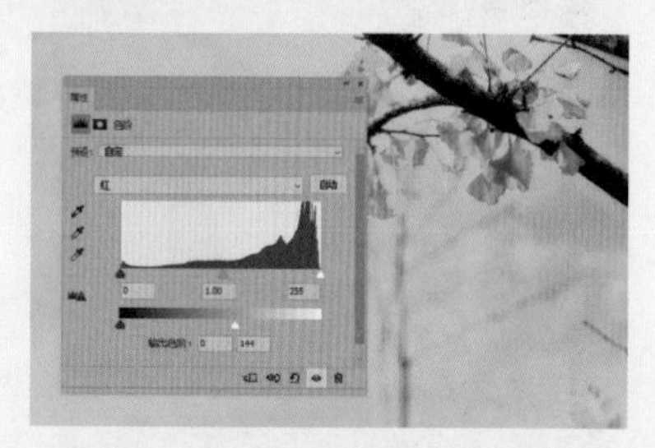

图 11-10

在【输入色阶】中向右侧拖动阴影滑块，可以增加阴影区域的绿色，如图 11-11 所示。

图 11-11

在【输出色阶】中拖动黑色滑块，可以增加阴影区域的红色，如图 11-12 所示。

图 11-12

在【输入色阶】中向左侧拖动中间调滑块，红色调像素范围增大，图像会偏红色，如图 11-13 所示。反之，向右侧拖动滑块，图像会偏绿色。

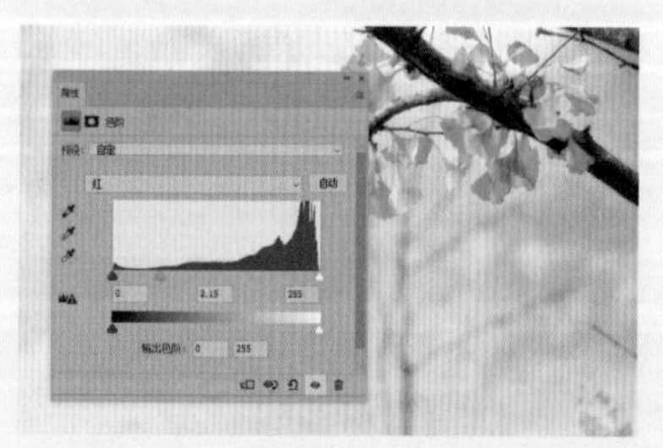

图 11-13

2. 使用【曲线】调整图像色调

Photoshop 中【曲线】的操作原理与【色阶】一样，当选择【RGB】通道时，可以调整图像明暗；当选择颜色通道时，可以调整图像色调。【曲线】也是最常用的调色命令之一。使用【曲线】调整图像色调的具体操作步骤如下。

Step 01：打开"素材文件/第 11 章/街拍.jpg"文件，如图 11-14 所示。

图 11-14

Step 02：新建【曲线】调整图层，选择【蓝】通道，调整曲线形状，如图 11-15 所示。

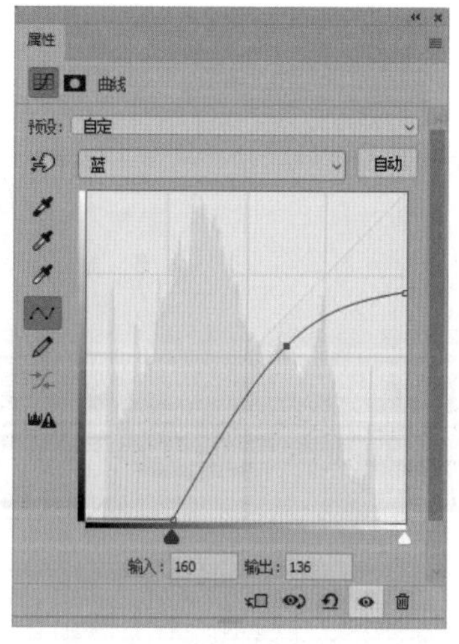

图 11-15

Step 03：通过前面的操作，图像整体增加黄色，如图 11-16 所示。

图 11-16

Step 04：选择【红】通道，调整曲线形状，如图 11-17 所示。

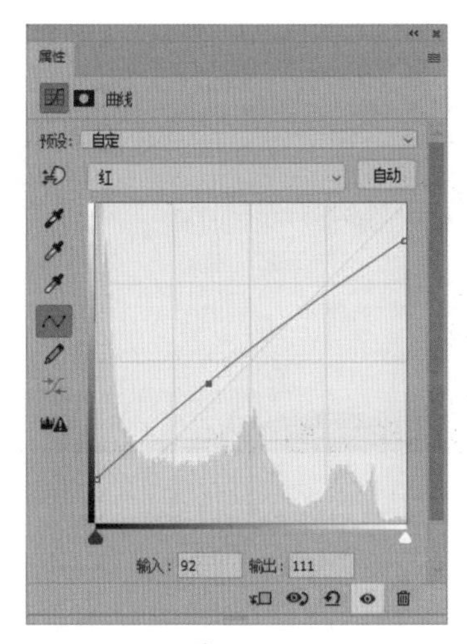

图 11-17

Step 05：通过前面的操作，增加红色调，效果如图 11-18 所示。

图 11-18

高手点拨

曲线形状与色调

使用【曲线】调整图像色调的原理与调整图像明暗是一样的。例如，选择【红】通道，在曲线中部添加点并向上拖动曲线，可以为图像中间调区域增加红色，如图 11-19 所示；反之，向下拖动曲线则会减少红色（增加青色）。

图 11-19

在【曲线】左下角添加点并向右侧拖动曲线，可以减少图像阴影区域的红色（增加青色），如图 11-20 所示；如果向上拖动曲线，则可以增加红色。

图 11-20

在【曲线】右上角添加点并向左侧拖动曲线，可以增加图像高光区域的红色，如图 11-21 所示；如果向下拖动曲线，则可以减少红色（增加青色）。

图 11-21

3. 使用通道混合器调整图像色调

Photoshop中图像颜色信息被保存在通道中，在RGB颜色模式下，图像颜色被分别存储于【红】通道、【绿】通道和【蓝】通道中。虽然每个颜色通道保存相应的颜色信息，例如【红】通道保存红色信息，但这并不代表【红】通道中只有红色信息。如果向通道中添加其他颜色成分，那么就可以改变【红】通道的各颜色成分的混合比例，从而改变通道明暗，最终改变图像颜色。使用【通道混合器】调整图像色调的具体操作步骤如下。

Step 01：打开“素材文件/第 11 章/海边.jpg”文件，如图 11-22 所示。

图 11-22

Step 02：创建【通道混合器】调整图层，因为海水偏蓝色，所以设置【输出】通道为【蓝】通道，减少红色成分，主要影响草地颜色；增加绿色和蓝色成分，主要影响海水颜色，如图 11-23 所示。

Step 03：通过前面的操作，海水偏紫色，草地偏黄色，如图 11-24 所示。

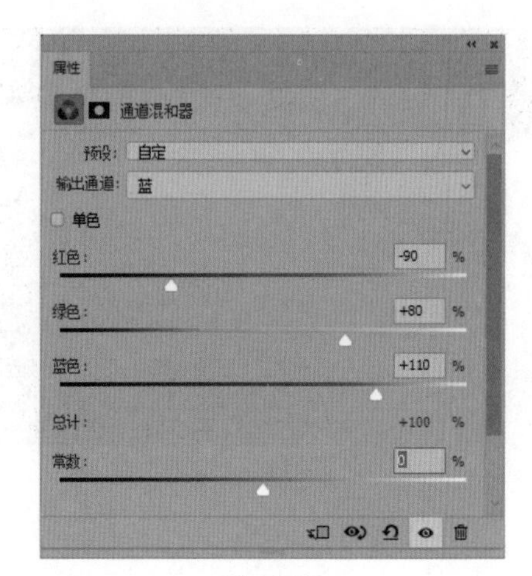

图 11-23

图 11-24

Step 04：设置【输出】通道为【绿】通道，增加蓝色成分，可以调整海水颜色；减少红色和绿色成分，可以调整草地颜色，如图 11-25 所示。

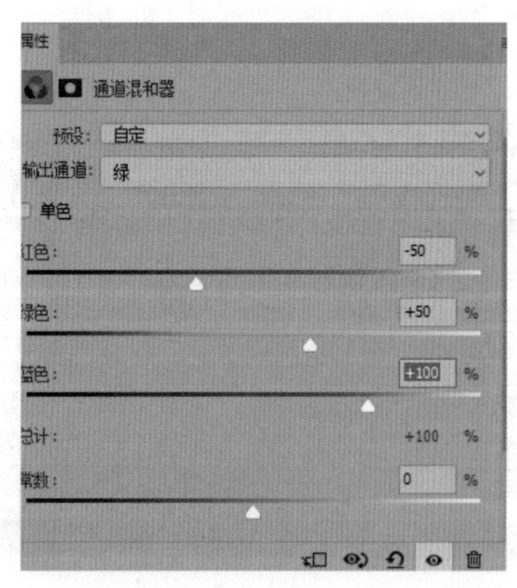

图 11-25

Step 05：通过前面的操作，草地颜色偏红，海水颜色偏青，如图 11-26 所示。

图 11-26

Step 06：拖动常数滑块，减少常数，如图 11-27 所示。

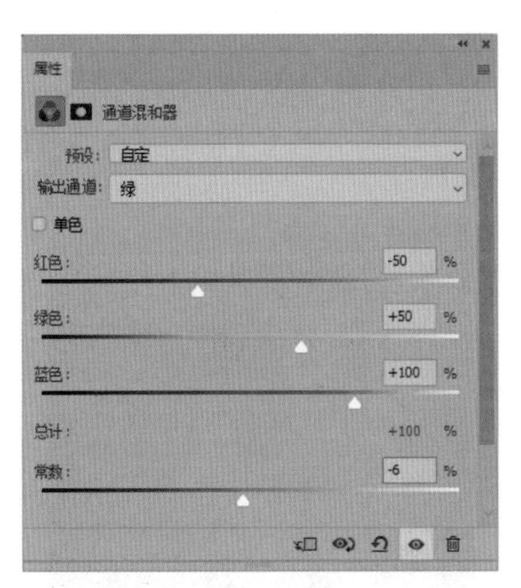

图 11-27

Step 07：为图像整体添加红色调，如图 11-28 所示。

图 11-28

Step 08：选择【蓝】通道，拖动常数滑块，增加常数，如图 11-29 所示。

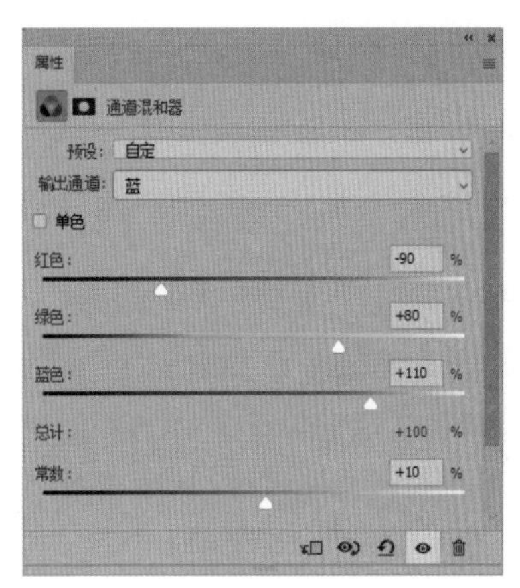

图 11-29

Step 09：通过前面的操作，为图像整体添加蓝色调，效果如图 11-30 所示。

图 11-30

高手点拨

总计的作用

在【通道混合器】对话框中有一个“总计”参数，用于计算各颜色成分总和，默认为 100。修改颜色成分时最好使“总计”保持为 100，如果总计大于或小于 100，可能会产生偏色问题。该参数可以作为调色的参考，实际调整中需要根据具体效果设置颜色成分。

关键技能 089 特定颜色的调整

● 技能说明

调整图像时，为了使画面颜色统一或突出画面主体，通常需要改变图像中的某些颜色，例如，将绿色变成黄色等。这时就可以使用【可选颜色】命令或【色相/饱和度】命令来改变颜色。

● 应用实战

1. 使用可选颜色调整图像色彩

使用【可选颜色】调整图像色彩的具体操作步骤如下。

Step 01：打开“素材文件/第 11 章/绿色.jpg”文件，人物肤色偏黄，因为皮肤中主要包含红色和黄色，所以选择红色和黄色进行调整，如图 11-31 所示。

图 11-31

Step 02：创建【可选颜色】调整图层，选择【红色】，设置青色、洋红、黄色和黑色的参数，如图 11-32 所示。

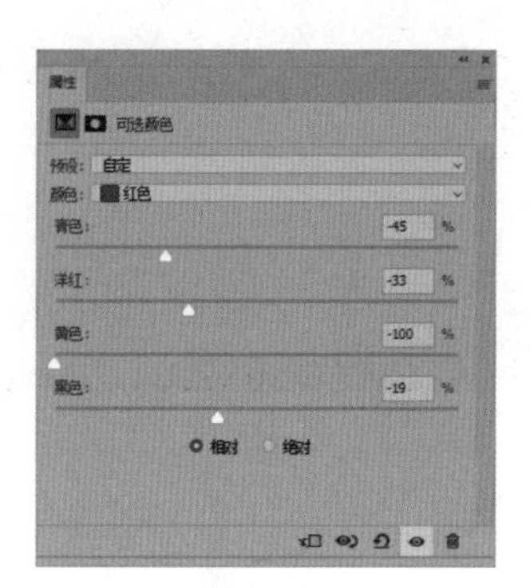

图 11-32

Step 03：通过前面的操作，改变皮肤颜色，如图 11-33 所示。

图 11-33

Step 04：选择【黄色】，设置黑色参数，如图 11-34 所示。

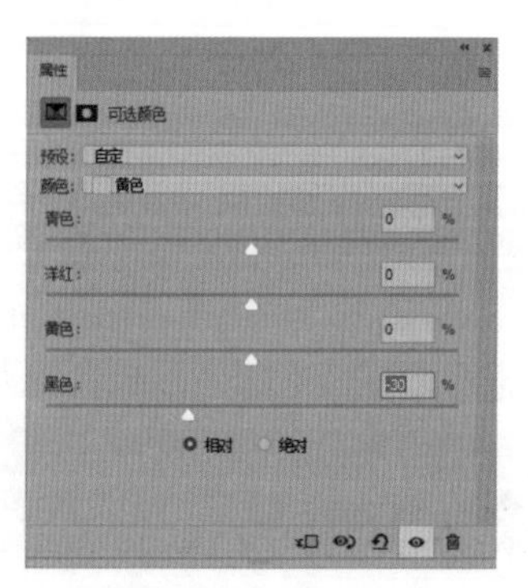

图 11-34

Step 05：通过前面的操作，提亮皮肤，如图 11-35 所示。

图 11-35

Step 06：选择【背景】图层。单击工具栏底部的设置前景色图标，打开【拾色器（前景色）】对话框，使用鼠标在背景处单击，拾取颜色，可以发现背景主要是绿色，如图 11-36 所示。

图 11-36

Step 07：选择【可选颜色】调整图层，在【属性】面板中选择【绿色】，设置参数，如图 11-37 所示。

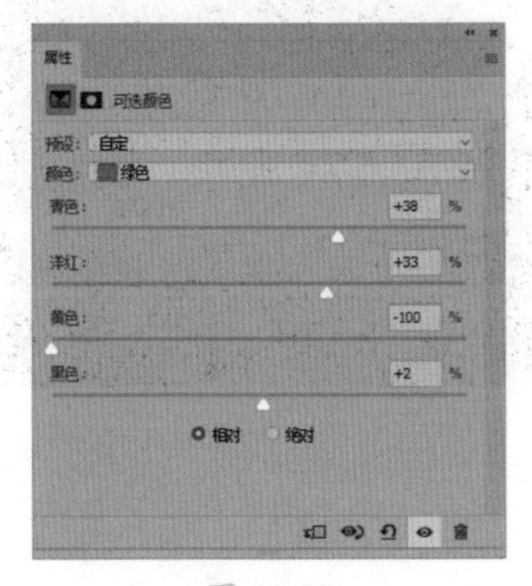

图 11-37

Step 08：通过前面的操作，将背景设置为青色，如图 11-38 所示。

图 11-38

Step 09：选中【可选颜色】调整图层蒙版。选择【画笔工具】，设置画笔硬度为 0，并降低画笔的不透明度。设置前景色为黑色，在嘴唇上绘制，恢复嘴唇颜色，如图 11-39 所示。

图 11-39

2. 使用【色相/饱和度】调整图像色彩

使用【色相/饱和度】命令可以调整颜色色相、饱和度和亮度，具体操作步骤如下。

Step 01：打开“素材文件/第 11 章/建筑.jpg”文件，画面中树木是绿色的，如图 11-40 所示。

图 11-40

Step 02：创建【色相/饱和度】调整图层，在【属性】面板中选择【绿色】，将色相滑块拖动至最左侧，如图 11-41 所示。

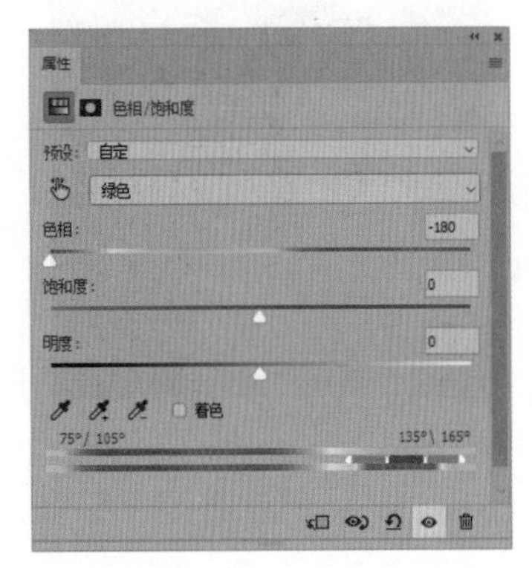

图 11-41

Step 03：此时画面中的绿色变为红色，如图 11-42 所示。

图 11-42

Step 04：将鼠标光标放在下方的色轮上，将右侧的白色滑块拖动至左侧大概 75°的地方，如图 11-43 所示。

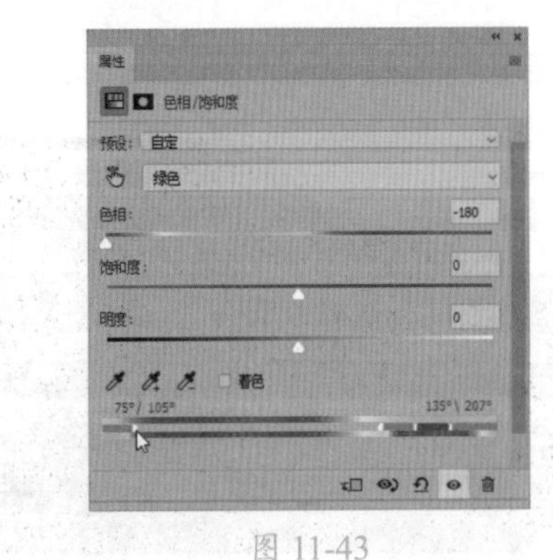

图 11-43

Step 05：通过前面的操作，颜色改变的范围变大，效果如图 11-44 所示。

图 11-44

Step 06：因为树叶中也含有黄色，所以选择【黄色】，向左侧拖动色相滑块，如图 11-45 所示。

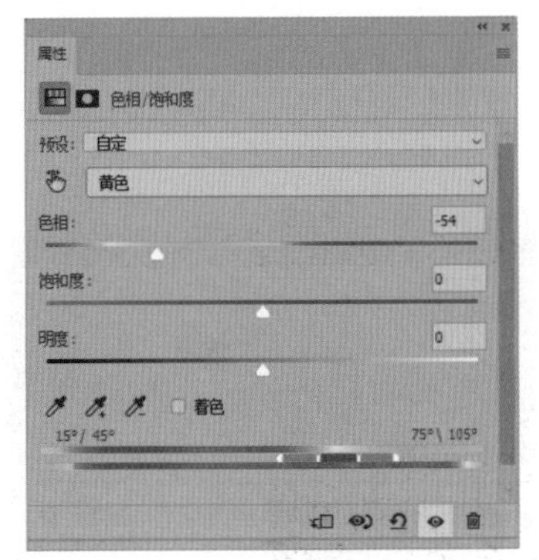

图 11-45

Step 07：画面中含有黄色的树叶变成红色，如图 11-46 所示。

图 11-46

关键技能 090 使用"色彩平衡"工具调整图像不同影调区域颜色

● 技能说明

【色彩平衡】工具把图像分为阴影、中间调和高光三个部分，可以单独对这 3 大区域的图像进行色彩调整，从而使色彩由明到暗区分开来，使画面色彩更具层次感。

● 应用实战

使用【色彩平衡】工具调整图像色调的具体操作步骤如下。

Step 01：打开"素材文件/第 11 章/船.jpg"，如图 11-47 所示。

图 11-47

Step 02：创建【色彩平衡】调整图层，选择【高光】，增加洋红和蓝色，如图 11-48 所示。

图 11-48

Step 03：通过前面的操作，画面高光区域增加蓝色，如图 11-49 所示。

图 11-49

Step 04：选择【中间调】，增加青色和蓝色，如图 11-50 所示。

图 11-50

Step 05：通过前面的操作，画面中间调区域增加蓝色和青色，如图 11-51 所示。

图 11-51

关键技能 091 统一图像整体色调的 3 种方法

● 技能说明

如果一张照片色彩杂乱，给人的观感就会很不好，这时需要进行色彩统一。在Photoshop中使用【照片滤镜】工具、【渐变映射】工具和【颜色查找】工具，可以快速统一图像色调。

● 应用实战

1. 使用【照片滤镜】工具统一色调

【照片滤镜】工具可以将照片色调统一为冷色调或者暖色调，具体操作步骤如下。

Step 01：打开“素材文件/第 10 章/菊花.jpg”文件，如图 11-52 所示。

图 11-52

Step 02：单击【图层】面板底部的【创建新的填充或调整图层】按钮，在下拉列表中选择【照片滤镜】命令，如图 11-53 所示。

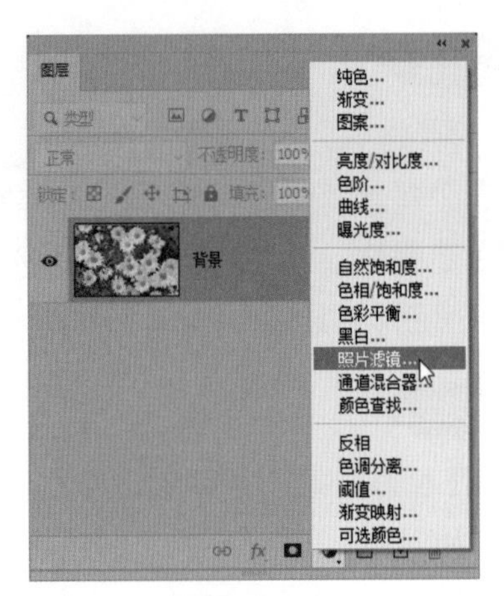

图 11-53

Step 03：在【属性】面板中单击滤镜下拉按钮，在下拉列表中选择【蓝】滤镜，如图 11-54 所示。

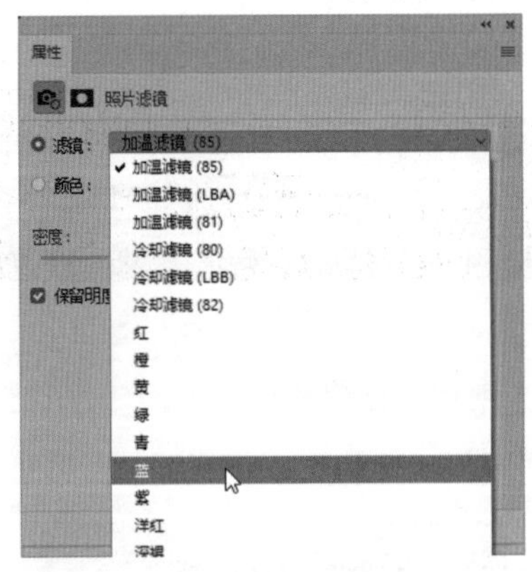

图 11-54

Step 04：通过前面的操作，为图像添加冷色调，如图 11-55 所示。

图 11-55

Step 05：向右拖动密度滑块，增加滤镜密度，如图 11-56 所示。

图 11-56

Step 06：此时滤镜效果被增强，图像效果如图 11-57 所示。

图 11-57

2．使用渐变映射工具统一色调

【渐变映射】工具可以将图像的灰度范围映射到指定的渐变填充，渐变色条左侧的颜色映射到图像的暗部区域，右侧的颜色映射到图像的亮部区域，具体操作步骤如下。

Step 01：打开“素材文件/第 11 章/广场.jpg”文件，如图 11-58 所示。

图 11-58

Step 02：新建【渐变映射】调整图层，单击【属性】面板中的渐变下拉按钮，在下拉列表中选择【蓝色】渐变组中的“蓝色-17”渐变，如图 11-59 所示。

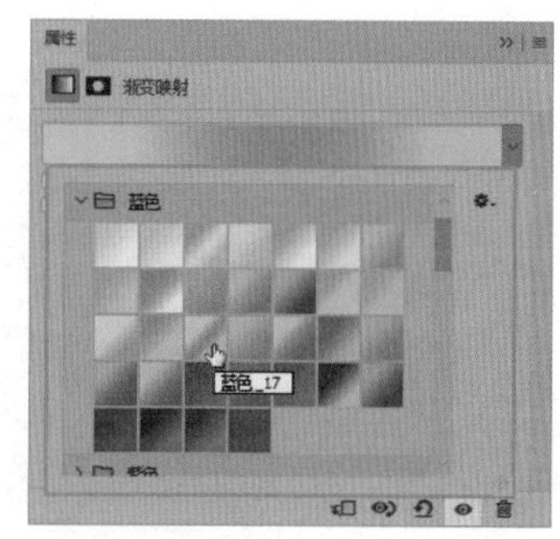

图 11-59

Step 03：通过前面的操作，图像中的暗部区域映射填充左边的青色，中间调区域映射填充浅紫色，亮部区域映射填充右侧的青色，如图 11-60 所示。

图 11-60

Step 04：直接应用【渐变映射】工具后图像效果会很强烈，设置【渐变映射】调整图层混合模式为“叠加”，如图 11-61 所示。

图 11-61

Step 05：此时图像色调变成了冷色调，效果如图 11-62 所示。

图 11-62

3. 使用【颜色查找】工具统一色调

很多数字图像的输入、输出设备都有自己特定的色彩空间，这会导致色彩在这些设备间传递时出现不匹配的现象，【颜色查找】命令可以让颜色在不同的设备之间精确地传递和再现，具体操作步骤如下。

Step 01：打开“素材文件/第 11 章/海岛.jpg”文件，如图 11-63 所示。

图 11-63

Step 02：创建【颜色查找】调整图层，单击【属性】面板中的【3DLUT 文件】下拉按钮，在下拉列表中选择“HorrorBlue.3DL”文件，如图 11-64 所示。

图 11-64

Step 03：通过前面的操作，图像效果被统一为青色调，如图 11-65 所示。

图 11-65

关键技能 092　调出白皙通透的人像肌肤

● 技能说明

皮肤是人像照片后期处理的重中之重。一张好看的人像照片中，皮肤一定是通明透亮的，也就是明度稍高、反差小、色泽白皙。在人像照片后期调整中，适当提高皮肤的明度可以使皮肤变得更加通透，而适当增加蓝色则可以使肤色变得更加白皙。

● 应用实战

调出白皙通透人像皮肤的具体操作步骤如下。

Step 01：打开“素材文件/第 11 章/人像.jpg”文件，先观察图像，人物皮肤肤色偏黄，明度低，如图 11-66 所示。

图 11-66

Step 02：创建【可选颜色】调整图层，选择【红色】，减少青色、黄色和黑色，如图 11-67 所示。选择【黄色】，减少青色、黄色、洋红和黑色，如图 11-68 所示。

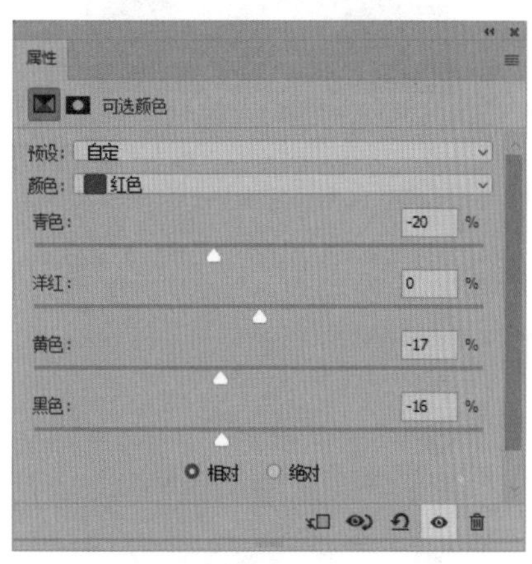

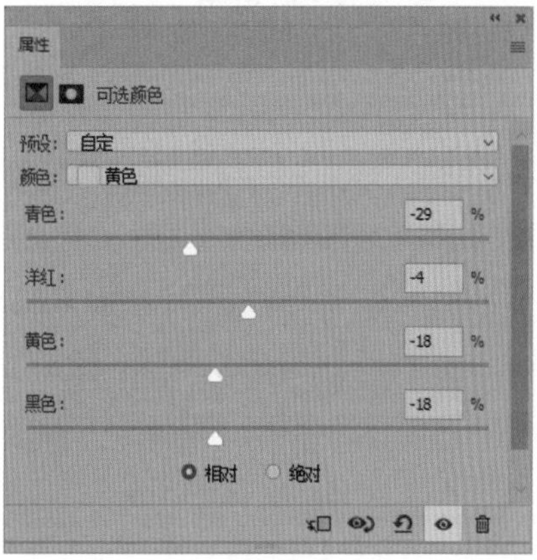

图 11-67

属性
可选颜色
预设：自定
颜色：黄色
青色：-29 %
洋红：-4 %
黄色：-18 %
黑色：-18 %
相对
绝对

图 11-68

Step 03：通过前面的操作，减少皮肤中的黄色，并提亮皮肤，使皮肤肤色更白一些，如图 11-69 所示。

图 11-69

Step 04：按【Alt+Ctrl+Shift+E】组合键盖印图层，生成【图层 1】，如图 11-70 所示。

图 11-70

Step 05：选择【图层 1】，右击鼠标，在快捷菜单中选择【转换为智能对象】命令，将图层转换为智能对象图层。执行【滤镜】→【Camera Raw 滤镜】命令，打开【Camera Raw 滤镜】对话框，选择【HSL 调整】选项卡，增加【橙色】的明亮度，提亮肤色，如图 11-71 所示。

图 11-71

Step 06：选择【饱和度】选项，适当降低【橙色】饱和度，如图 11-72 所示。

图 11-72

Step 07：单击【确定】按钮，返回文档。因为调整时，衣服上包含橙色的像素也会受到影响，所以设置前景色为黑色，使用柔角画笔，在【智能滤镜】蒙版上涂抹，恢复衣服效果，如图 11-73 所示。

图 11-73

Step 08：脖子地方的皮肤颜色与脸部皮肤颜色差别很大，所以需要统一皮肤颜色。使用【矩形选框工具】框选脖子区域像素，如图 11-74 所示。

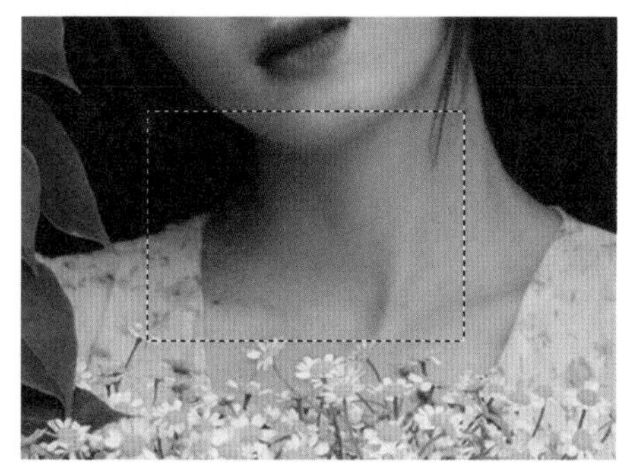

图 11-74

Step 09：创建【可选颜色】调整图层，选择【黄色】，减少青色、黄色和黑色，如图 11-75 所示；选择【红色】，减少青色、黄色和黑色，如图 11-76 所示。调整时观察脖子区域的肤色是否和脸部肤色一致。

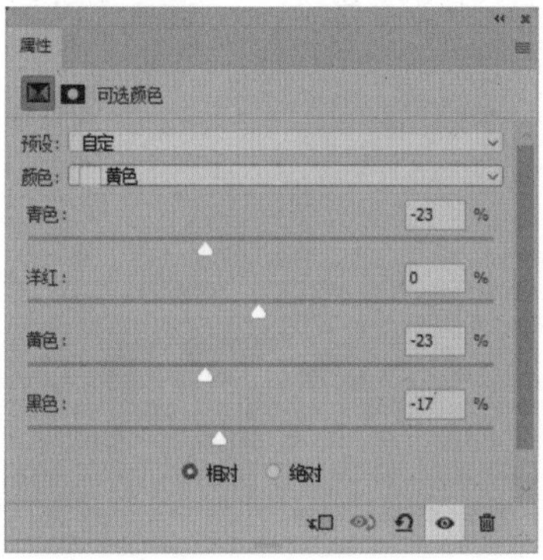

属性
可选颜色
预设：自定
颜色：黄色
青色：-23 %
洋红：0 %
黄色：-23 %
黑色：-17 %
相对
绝对

图 11-75

属性
可选颜色
预设：自定
颜色：红色
青色：-12 %
洋红：0 %
黄色：-7 %
黑色：-13 %
相对
绝对

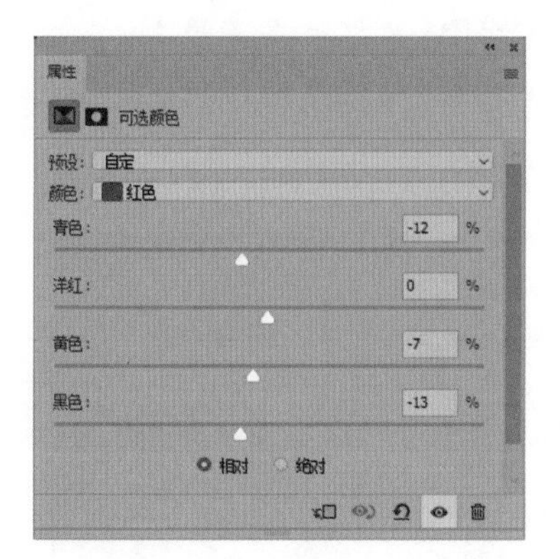

图 11-76

Step 10：通过前面的操作，脖子区域肤色与脸部肤色趋于一致，如图 11-77 所示。

图层
类型
正常
不透明度：100%
锁定：
填充：100%
选...
图层 1

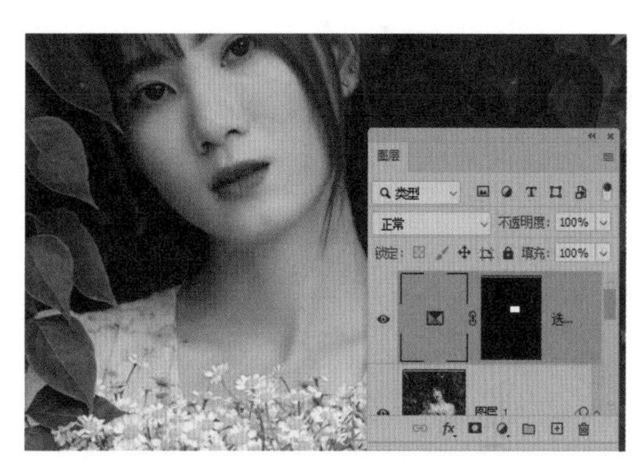

图 11-77

Step 11：选择【可选颜色 2】调整图层蒙版缩览图，并填充黑色，隐藏调整效果。设置前景色为白色，使用柔角画笔在脖子处绘制，显示调整效果，如图 11-78 所示。

图层
类型
正常
不透明度：100%
锁定：
填充：100%
选...
图层 1

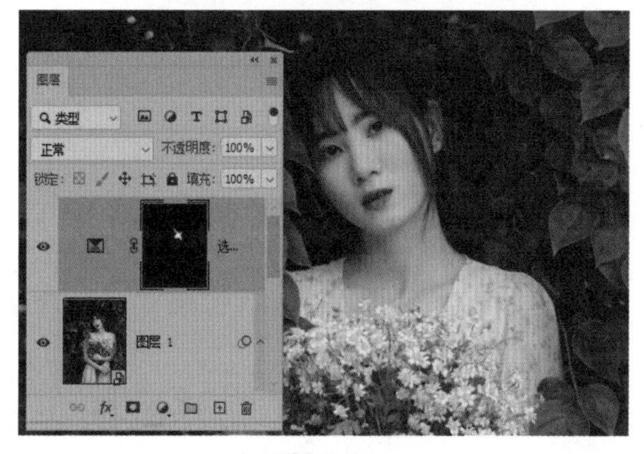

图 11-78

Step 12：选择【图层 1】，执行【图像】→【计算】命令，打开【计算】对话框，设置“源 1”“源 2”图层为【图层 1】，选中一个反相选项，其他保持默认设置，如图 11-79 所示。

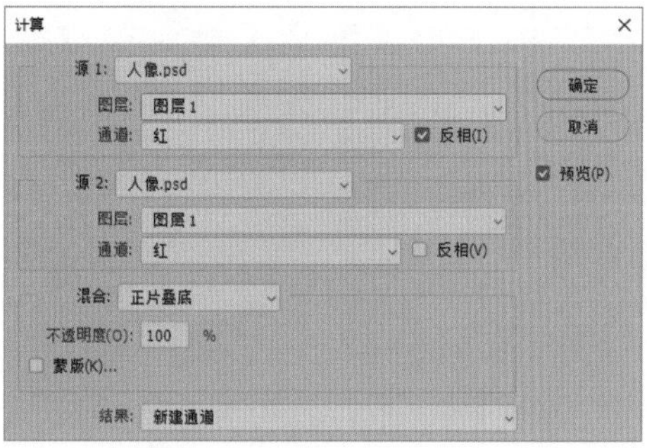

计算
源 1：人像.psd
图层：图层 1
通道：红
反相(I)
确定
取消
预览(P)
源 2：人像.psd
图层：图层 1
通道：红
反相(V)
混合：正片叠底
不透明度(O)：100 %
蒙版(K)...
结果：新建通道

图 11-79

Step 13：通过前面的操作计算出“中间调区域”并生成【Alpha 1】通道。切换到【通道】面板，按【Ctrl】键的同时单击【Alpha 1】通道缩览图，弹出警告对话框，单击【确定】按钮，如图 11-80 所示。

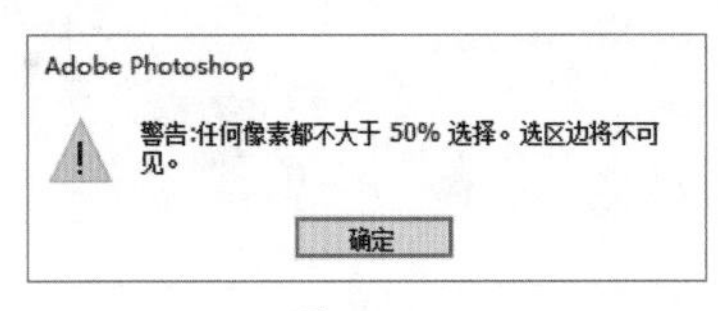

图 11-80

Step 14：选择【RGB】复合通道。切换到【图层】面板，创建【曲线】调整图层，如图 11-81 所示。

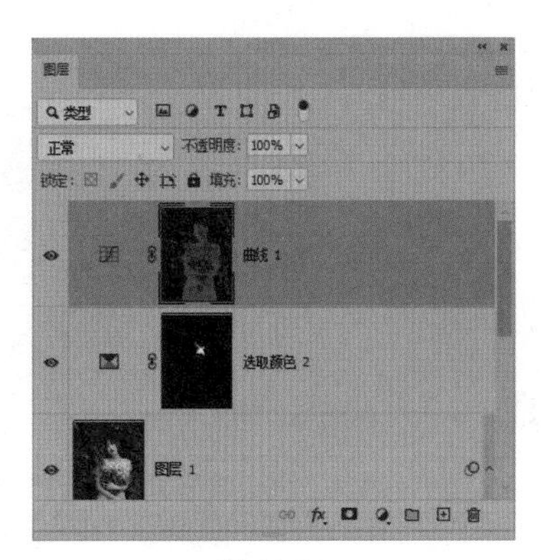

图 11-81

Step15：在【属性】面板中分别向上拖动【RGB】通道、【红】通道和【蓝】通道的曲线，如图 11-82、图 11-83 和图 11-84 所示。

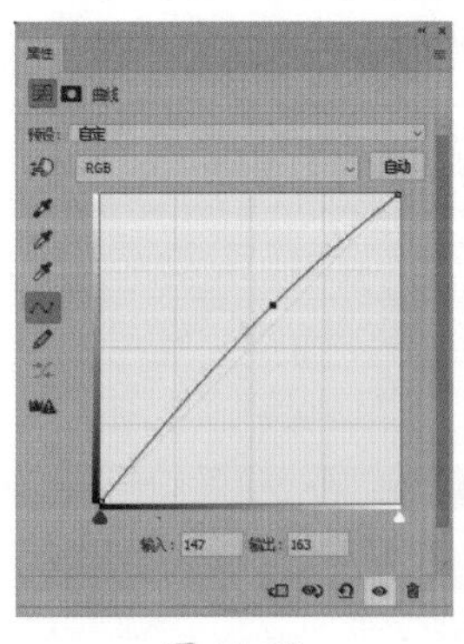

图 11-82

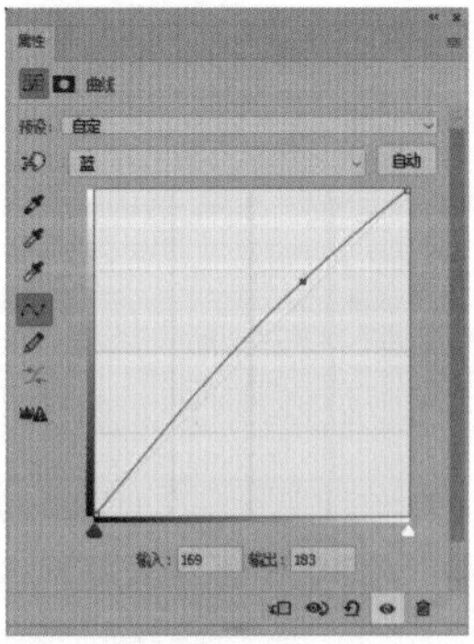

图 11-83

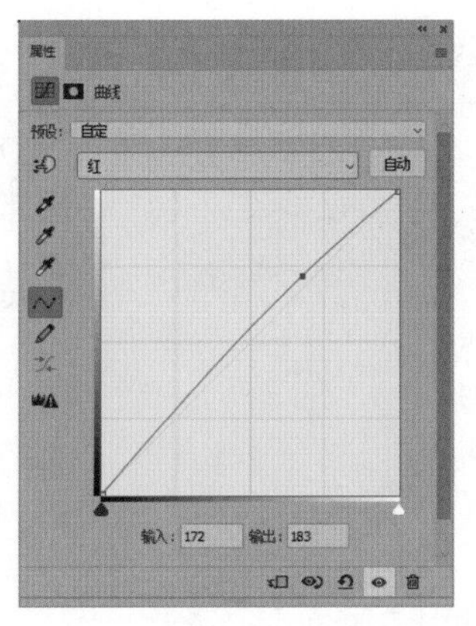

图 11-84

Step 16：通过前面的操作，提亮中间调区域，使皮肤颜色更有层次感，如图 11-85 所示。

图 11-85

Step 17：使用【矩形选框工具】框选嘴唇区域，创建【可选颜色】调整图层，选择【红色】，减少青色，增加洋红和黄色，如图 11-86 所示。

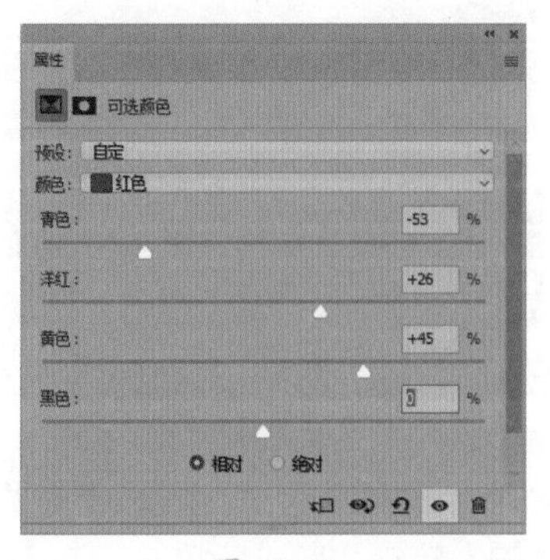

图 11-86

Step 18：通过前面的操作，使嘴唇颜色更加红润，如图 11-87 所示。

图 11-87

Step 19：选择【可选颜色 3】调整图层蒙版缩览图，填充黑色，隐藏调整效果。设置前景色为白色，使用柔角画笔工具在嘴唇上绘制，恢复嘴唇调整效果，如图 11-88 所示。

图 11-88

Step 20：创建【可选颜色 4】调整图层，在【属性】面板选择【绿色】，减少青色、黄色和黑色，增加洋红，如图 11-89 所示。

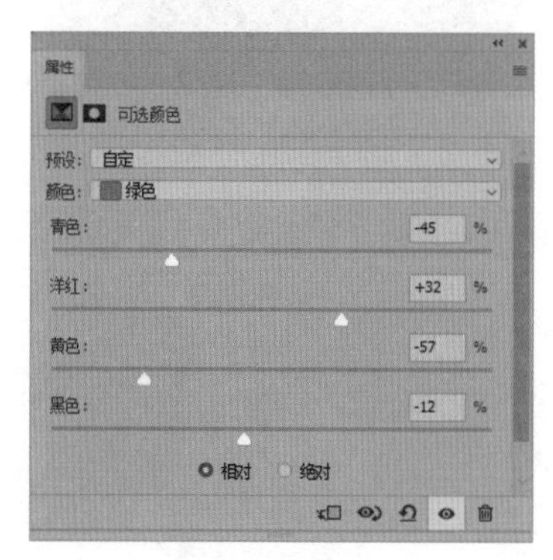

图 11-89

Step 21：通过前面的操作，调整背景的植物颜色，如图 11-90 所示。

图 11-90

Step 22：创建【曲线】调整图层，调整图像整体色调。选择【RGB】复合通道，向上拖动曲线，提亮图像，如图 11-91 所示；选择【蓝】通道，调整曲线，使高光增加蓝色，阴影减少蓝色，如图 11-92 所示。

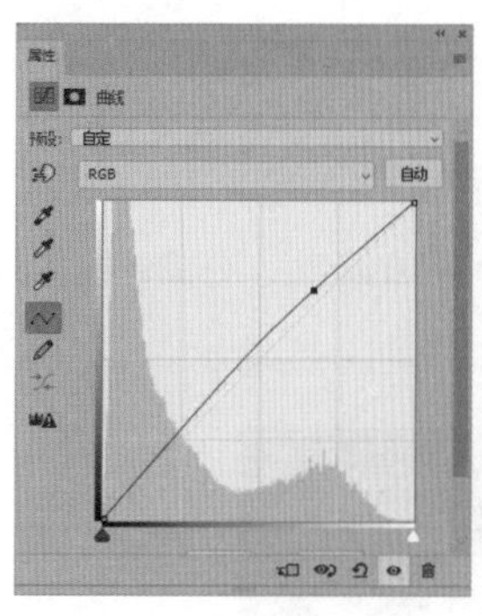

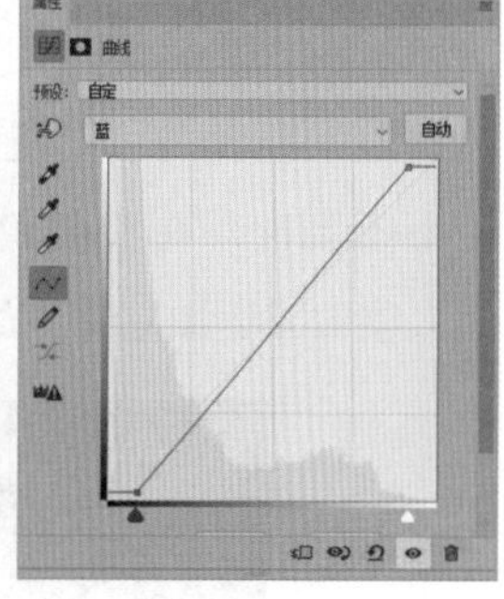

图 11-91　　图 11-92

Step 23：通过前面的操作，图像效果如图 11-93 所示。

图 11-93

Step 24：创建【曲线 3】调整图层，向下拖动曲线，压暗图像，如图 11-94 所示。

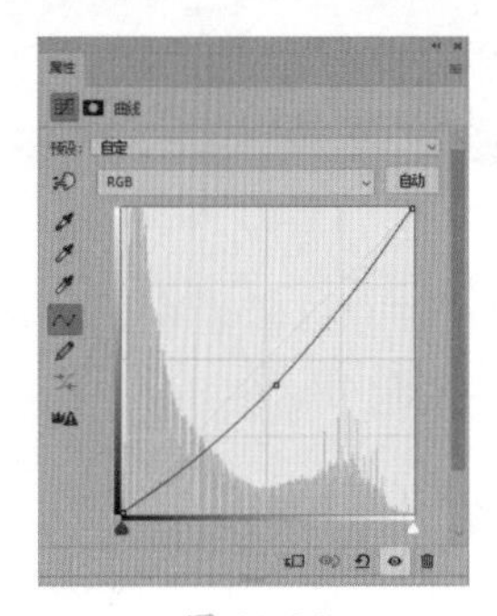

图 11-94

Step 25：选择【曲线 3】调整图层蒙版缩览图，按【Ctrl+I】组合键反向蒙版，隐藏压暗效果。设置前景色为白色，使用柔角画笔，并降低画笔不透明度，在脸部轮廓出绘制，压暗图像，使人物效果更加立体，如图 11-95 所示。

图 11-95

Step 26：单击【图层】面板底部的【新建图层】按钮，新建【图层 2】，如图 11-96 所示。

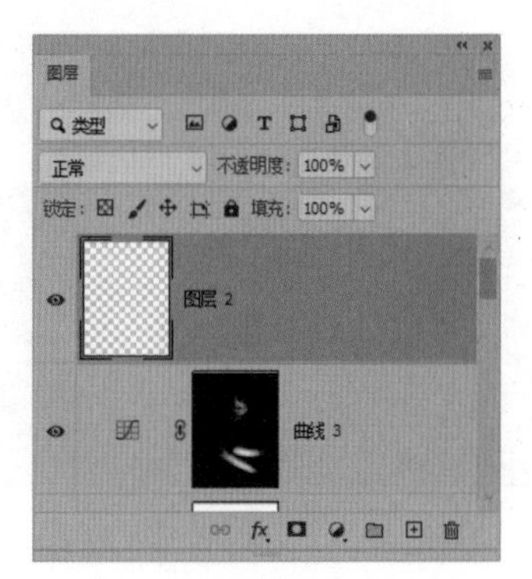

图 11-96

Step 27：按【D】键恢复默认前景色（黑色）和背景色（白色）。选择【渐变工具】，在选项栏中选择【从前景色到透明渐变】，单击【径向渐变】按钮，如图 11-97 所示。

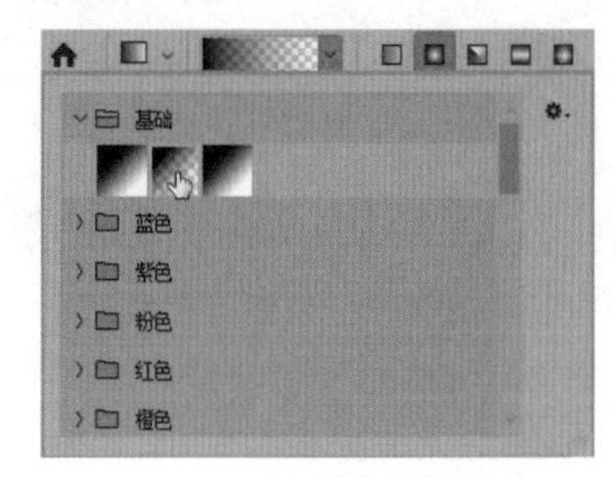

图 11-97

Step 28：选择【图层 2】，从画布外向中心多次拖动鼠标，填充渐变效果如图 11-98 所示。

图 11-98

Step 29：通过前面的操作，压暗图像四周，如图 11-99 所示。

图 11-99

Step 30：选择【图层 2】，设置混合模式为“柔光”并降低图层不透明度，如图 11-100 所示。

Step 31：通过前面的操作，完成氛围的添加。图像最终效果如图 11-101 所示。

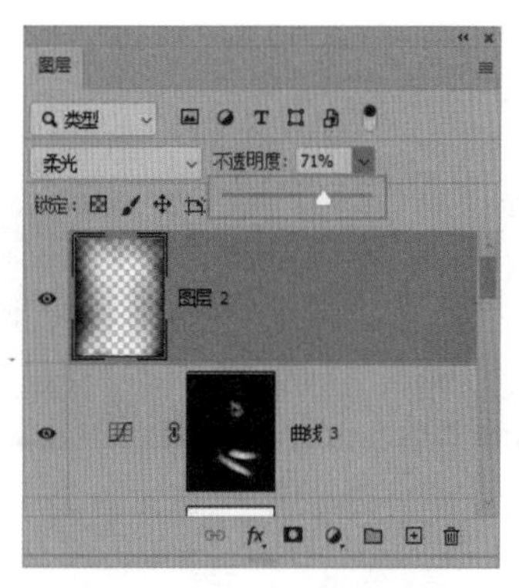

图 11-100

图 11-101

关键技能 093 调出 LOMO 色调

● 技能说明

LOMO 色调起源于 LOMO 相机，该相机拍摄出的照片具有色彩浓郁、四周有暗角、成像极富视觉冲击力等特点。

● 应用实战

在 Photoshop 中将普通照片调出 LOMO 色调的具体操作步骤如下。

Step 01：打开“素材文件/第 11 章/度假.jpg”文件，照片效果灰暗而有意境，非常适合制作 LOMO 风格的照片，如图 11-102 所示。

图 11-102

Step 02：为了调整照片的整体颜色，按【Ctrl+J】组合键复制图层为【图层 1】，设置【图层 1】的图层【混合模式】为【滤色】，如图 11-103 所示。

图 11-103

Step 03：单击【背景】图层，按【Ctrl+J】组合键复制图层为【背景 拷贝】图层，将该图层移动到【图层 1】的上方，并设置其图层【混合模式】为【柔光】，如图 11-104 所示。

图 11-104

Step 04：按【Shift+Ctrl+Alt+E】组合键盖印可见图层，得到【图层 2】，按【Ctrl+I】组合键将照片反相，如图 11-105 所示。

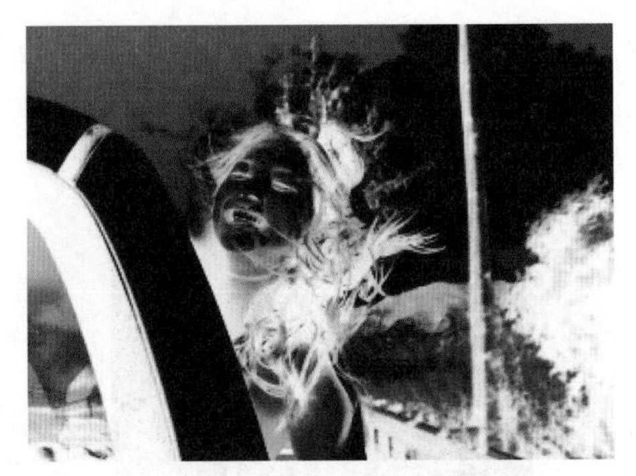

图 11-105

Step 05：双击【图层 2】，弹出【混合选项：默认】对话框，在弹出的【图层样式】对话框中设置【不透明度】为 35%，在【高级混合】中只勾选【B】通道复选框，如图 11-106 所示。

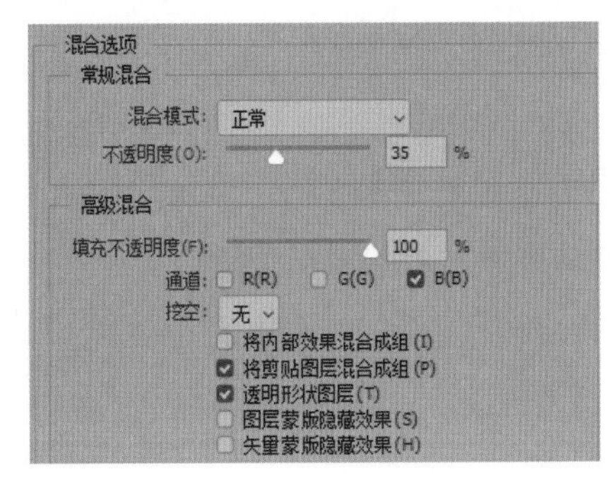

图 11-106

Step 06：通过上一步操作，照片有了LOMO色调的风格。为了调整整体图像的最终效果，按【Shift+Ctrl+Alt+E】组合键盖印可见图层，得到【图层 3】，如图 11-107 所示。

图 11-107

Step 07：为了给照片添加晕影效果，执行【滤镜】→【镜头校正】命令，在弹出的【镜头校正】对话框中，单击【自定】选项卡，设置晕影参数，如图 11-108 所示。

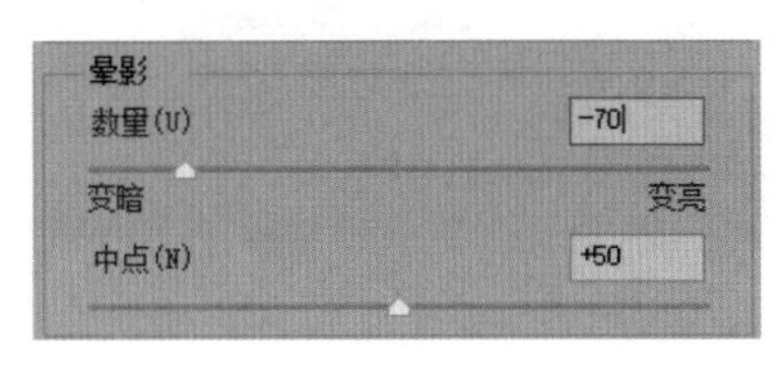

图 11-108

Step 08：为了加强晕影效果，按【Alt+Ctrl+F】组合键重复上一步操作，最终照片效果如图 11-109 所示。

图 11-109

关键技能 094 调出浓郁胶片风格色调

● 技能说明

在胶片时代，还原色彩的技术并不成熟。其中，胶片的种类、涂料、药水比例、冲洗时间等因素，都会影响最终成像的色彩质感。这种在可接受范围内的色偏极具特色，加上胶片独有的颗粒感，更为图像增添了独特的魅力，这种风格的照片被称为胶片风格照片。随着技术的发展，即使没有胶片机，也可以通过后期手段来模拟胶片，制作胶片风格的照片。胶片风格照片有以下几个非常显著的特点。

- 对比度高，色彩浓郁。
- 无纯黑纯白部分，且画面有些发灰。
- 有色偏及颗粒感。
- 图像有明显的暗角。

● 应用实战

将照片调出浓郁胶片风格色调的具体操作步骤如下。

Step 01：打开“素材文件/第 11 章/工地.jpg”文件，如图 11-110 所示。

图 11-110

Step 02：按【Ctrl+J】组合键复制【背景】图层，生成【图层 1】，使用【污点修复画笔工具】，清除图像右侧和下方的多余元素，如图 11-111 所示。

图 11-111

Step 03：执行【滤镜】→【Camera Raw滤镜】命令，打开对话框，如图 11-112 所示。

图 11-112

Step 04：原图像偏暗，单击【基本】按钮，在【基本】面板中，设置【曝光】为+0.70,【对比度】为+18,【白色】为-25,【去除薄雾】为 31，如图 11-113 所示；调整后的效果如图 11-114 所示。

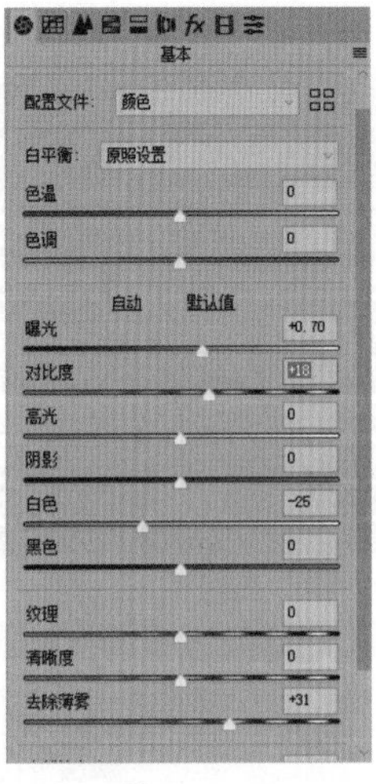

图 11-113

图 11-114

Step 05：切换到【HSL 调整】面板，选择【色相】选项卡，设置【红色】为-75,【橙色】为 40,【黄色】为-33,【蓝色】为-3，如图 11-115 所示；选择【饱和度】选项卡，设置【红色】为 21,【橙色】为 18,【黄色】为 13,【蓝色】为 23,【洋红】为 12，如图 11-116 所示；选中【明亮度】选项卡，设置【橙色】为 5,【黄色】为 4,【蓝色】为 11，如图 11-117 所示。调整后图像效果如图 11-118 所示。

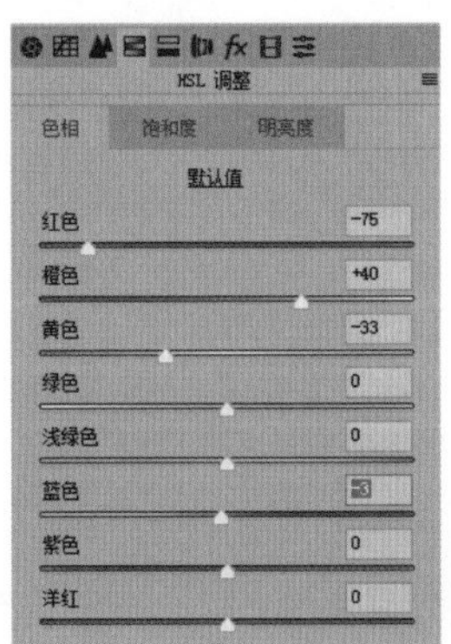

图 11-115

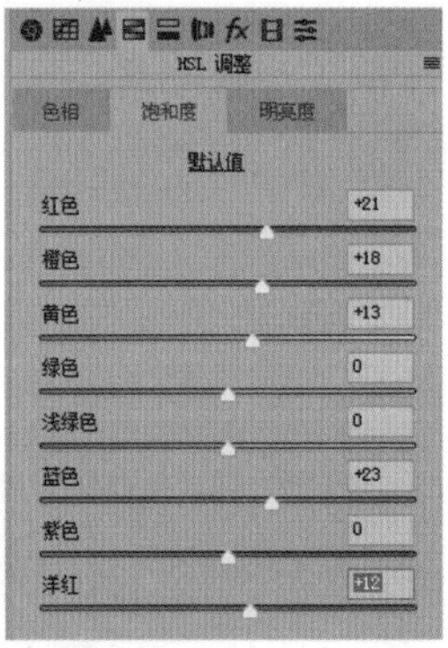

图 11-116

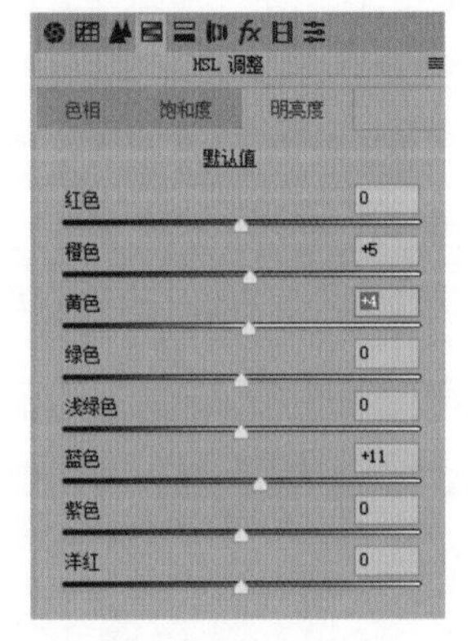

图 11-117

图 11-118

Step 06：切换到【色调曲线】面板，选择【点】选项卡后，选择【RGB】通道，绘制曲线形状，提亮高光，增加图像对比度，如图 11-119 所示；效果如 11-120 所示。

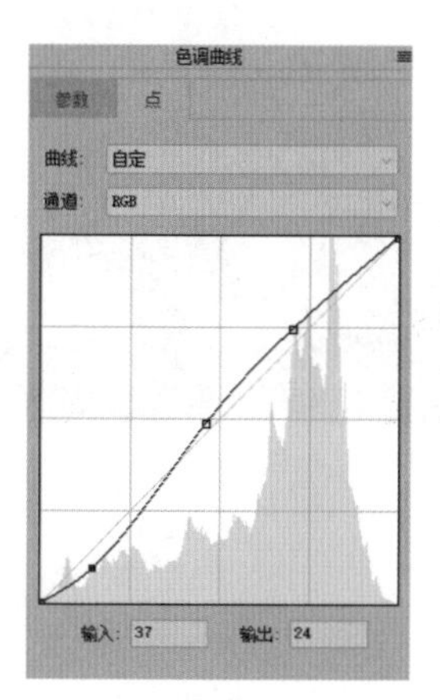

图 11-119

图 11-120

Step 07：切换到【色调曲线】面板，选择【蓝色】通道，调整曲线，为高光区域添加蓝色，阴影区域减少蓝色，如图 11-121 所示；图像效果如图 11-122 所示。选择【红色】通道，为阴影区域添加红色，高光区域减少红色，如图 11-123 所示；图像效果如图 11-124 所示。

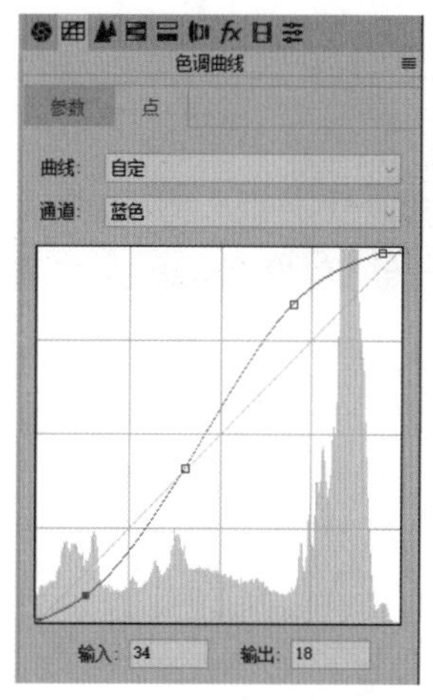

图 11-121

图 11-122

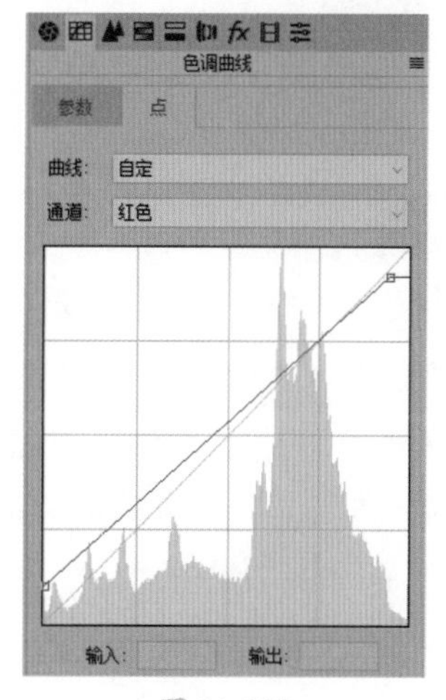

图 11-123

图 11-124

Step 08：切换到【效果】面板，在【颗粒】栏中设置【数量】为 43,【大小】为 71,【粗糙度】为 60；在【裁剪后晕影】栏中设置【样式】为高光优先,【数量】为-33,【中点】为 35,【圆度】+20,【羽化】为 82，完成胶片风格照片的制作，如图 11-125 所示；最终效果如图 11-126 所示。

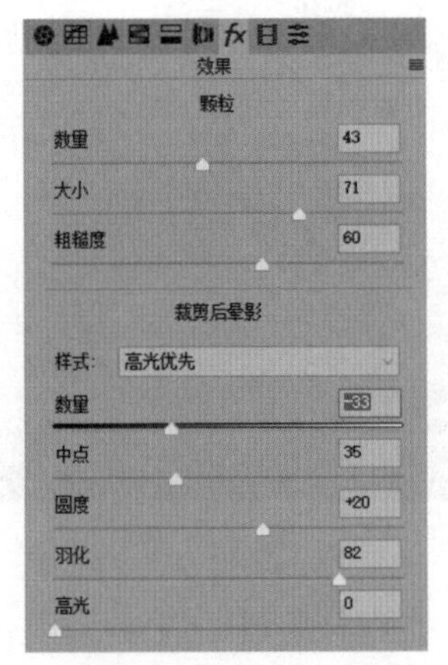

图 11-125

图 11-126

关键技能 095 打造日系小清新色调

● 技能说明

日系小清新风格照片主要以朴素淡雅的色彩和明亮的色调为主，给人一种舒服、低调而又温暖、惬意的感觉，因此广受大众的喜爱。这种风格照片的特点是亮度偏高，画面显得干净、清新；多使用冷色调，且以蓝色、青色为主，从而给人以清爽、静谧的感觉；画面对比度低且光线感比较强，从而使画面呈现出柔和、明亮、有活力的特点。

● 应用实战

日系小清新色调调整的具体操作步骤如下。

Step 01：打开“素材文件/第 11 章/西瓜.jpg”文件，如图 11-127 所示。

图 11-127

Step 02：单击图层面板底部的【创建新的填充或调整图层】按钮 ，新建【曲线】调整图层，在属性面板中向上拖动曲线，调亮图像，再向上拖动左下角的控制点，提升图像的明度，营造一种朦胧的氛围；向左拖动右上角的滑块，提亮高光区域的图像，如图 11-128 所示。

图 11-128

Step 03：单击图层面板底部的【创建新的填充或调整图层】按钮 ，创建【色相/饱和度】调整图层，在属性面板中选择绿色，设置参数（+45，-18，+30），如图 11-129 所示。

图 11-129

Step 04：在属性面板中选择黄色，设置参数（-6，-2，+15），如图 11-130 所示。

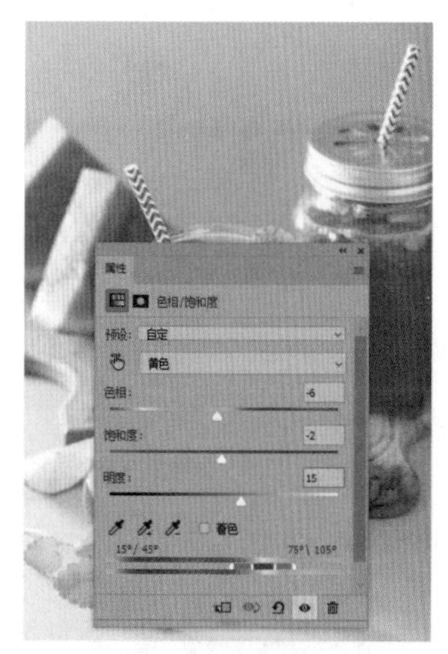

图 11-130

Step 05：单击图层面板底部的【创建新的填充或调整图层】按钮 ，创建【可选颜色】调整图层，设置【颜色】为红色，设置参数（+20，-5，-15，-4），如图 11-131 所示；设置【颜色】为黄色，设置参数（-10，-6，-25，0），如图 11-132 所示。

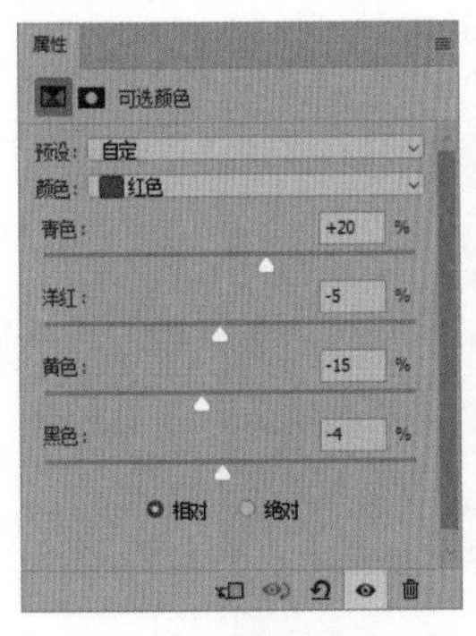

图 11-131

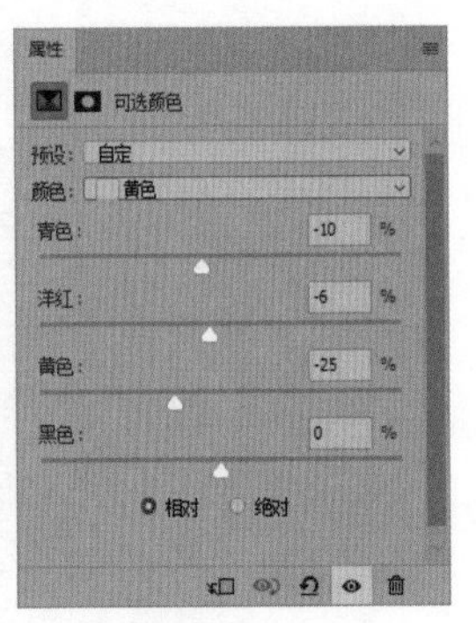

图 11-132

Step 06：使用【可选颜色】调整图像的效果如图 11-133 所示；单击图层面板底部的【创建新的填充或调整图层】按钮 ，创建【照片滤镜】调整图层，在属性面板中设置【滤镜】为【冷却滤镜（LBB）】，其他参数保持不变，如图 11-134 所示。

图 11-133

图 11-134

Step 07：最终图像效果如图 11-135 所示。

图 11-135

第 12 章 PS 特效与合成的 8 个关键技能

图像特效与合成是Photoshop最常应用的领域之一。使用图层样式、滤镜、3D功能可以制作各种各样的图像特效，如立体效果、金属质感等；利用蒙版、图层混合模式则可以融合图像，制作真实自然的合成效果。本章将介绍PS特效与合成的8个关键技能，帮助读者提高图像合成和特效制作技能。本章知识点框架如图 12-1 所示。

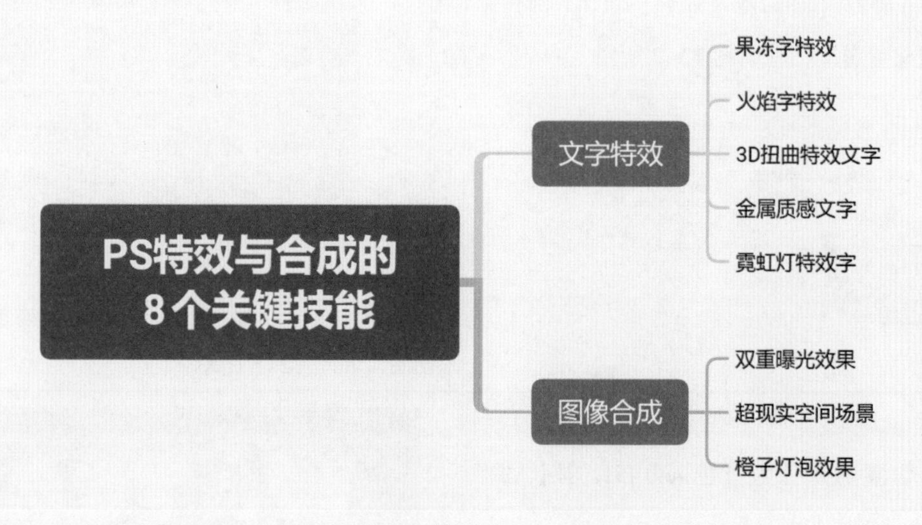

图 12-1

关键技能 096 制作果冻字特效

● 技能说明

果冻质感的文字效果主要是通过添加“斜面和浮雕”的图层样式来实现的，在具体制作过程中可以多复制几个文字图层，在每个文字图层上添加“斜面和浮雕”的图层样式，通过调整参数设置不同区域文字的效果，从而完成果冻质感效果的制作。

● 应用实战

制作果冻质感文字特效具体操作步骤如下。

Step01：执行【文件】→【新建】命令，打开【新建文档】对话框，设置【宽度】为 760 像素，【高度】为 240 像素，【分辨率】为 72，单击【创建】按钮，新建空白文档，如图 12-2 所示。

图 12-2

Step02：设置前景色为黄色#efb45f，按【Alt+Delete】组合键填充前景色。

使用【文字工具】输入“water”字母，设置字体为“Sniglet”，字体大小为 140 点，颜色为白色，如图 12-3 所示。

图 12-3

Step03：双击文字图层，打开【图层样式】对话框，选择【内阴影】选项，设置【混合模式】正片叠底，阴影颜色为黑色，【角度】为 0，【距离】为 7 像素，【阻塞】为 16%，【大小】为 13 像素，【不透明度】为 19%，如图 12-4 所示。

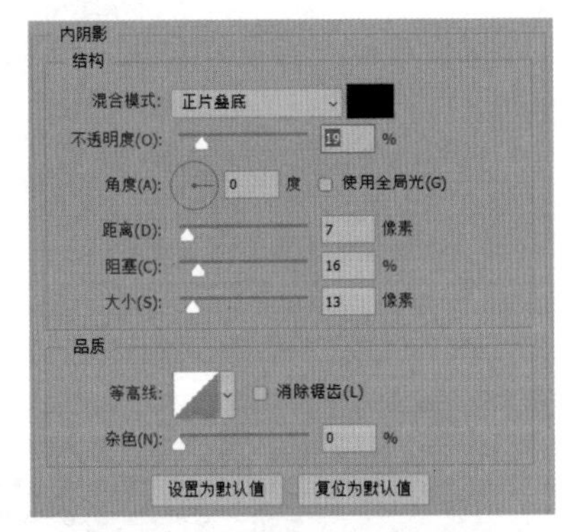

图 12-4

Step04：通过前面的操作，为文字添加内阴影效果，如图 12-5 所示。

图 12-5

Step05：切换到【混合选项】，将【填充不透明度】降低为 8%，如图 12-6 所示。

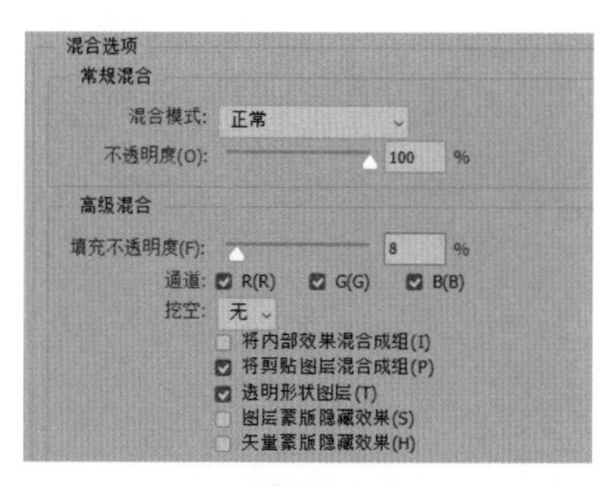

图 12-6

高手点拨

填充不透明度与不透明度

【图层】面板中有两个控制图层不透明度的选项:【不透明度】和【填充不透明度】。其中,【不透明度】用于控制图层、图层组中绘制的像素和形状的不透明度，如果对图层应用了图层样式，则图层样式的不透明度也会受到该值的影响。如图 12-7 所示，当【不透明度】设置为 0 时，画布上的三角形像素和图层样式效果都消失了。

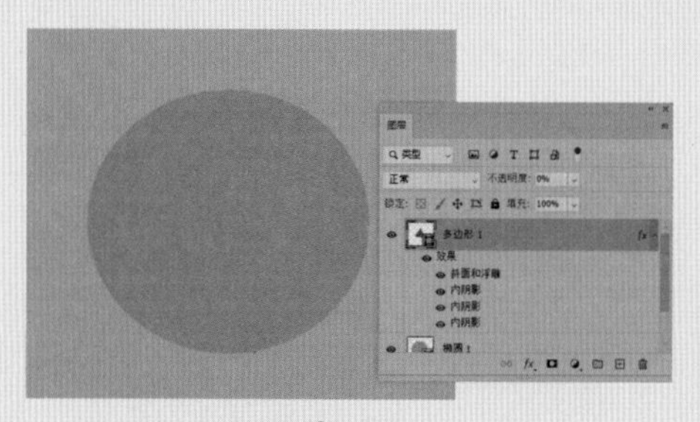

图 12-7

【填充不透明度】只影响图层中绘制的像素和形状的不透明度，不会影响图层样式的不透明度。如图 12-8 所示，设置【填充不透明度】为 0 时，画布上三角形像素消失，但是设置的图层样式效果依然被保留。

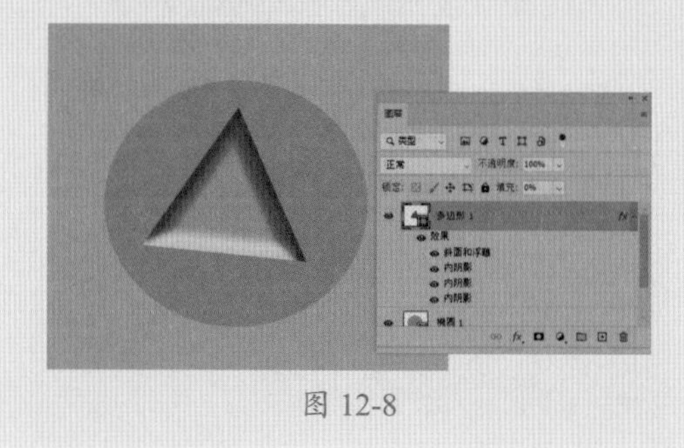

图 12-8

Step 06：选择【斜面和浮雕】选项，设置【样式】为内斜面,【方法】为平滑,【深度】为 615%,【方向】为上,【大小】为 27 像素,【软化】为 9 像素,【角度】为 146,【高度】为 53,【光泽等高线】为内凹 - 深,【高光模式】为滤色，颜色为浅黄色 #efc78d,【不透明度（O）】为 73,【阴影模式】为叠加，颜色为黑色,【不透明度（C）】为 58%，如图 12-9 所示。

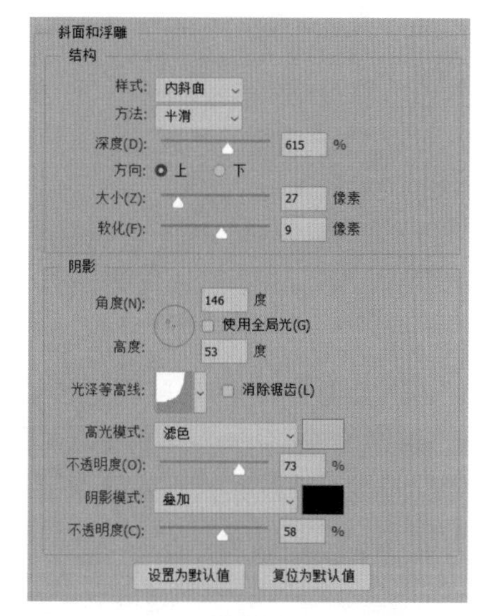

图 12-9

Step 07：通过前面的操作，文字呈现立体的效果，如图 12-10 所示。

图 12-10

Step 08：选择【等高线】子选项，单击等高线缩览图，打开【编辑等高线】对话框，调整曲线形状，调整文字上的光线效果，如图 12-11 所示。

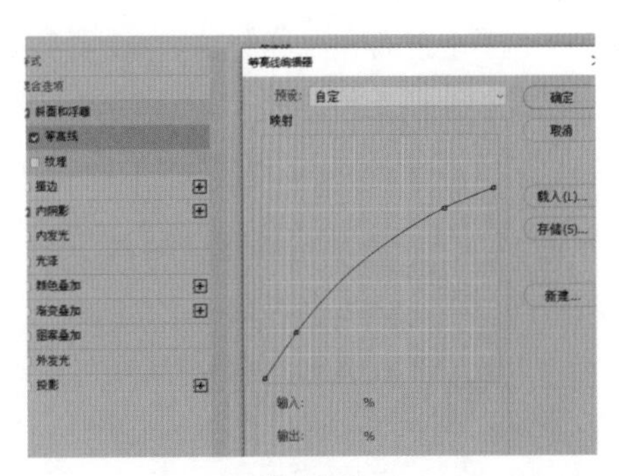

图 12-11

Step 09：通过前面的操作，文字效果如图 12-12 所示。

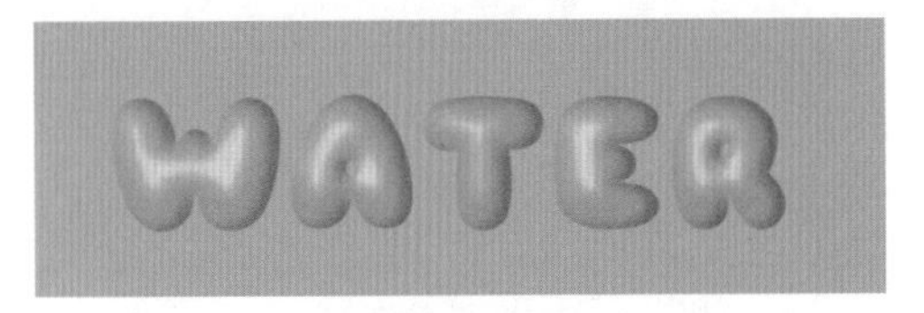

图 12-12

Step 10：选择【光泽】选项，设置【混合模式】为叠加，颜色为黄色#dca049,【不透明度】为 36%,【角度】为 0,【距离】为 134 像素,【大小】为 46 像素，如图 12-13 所示。

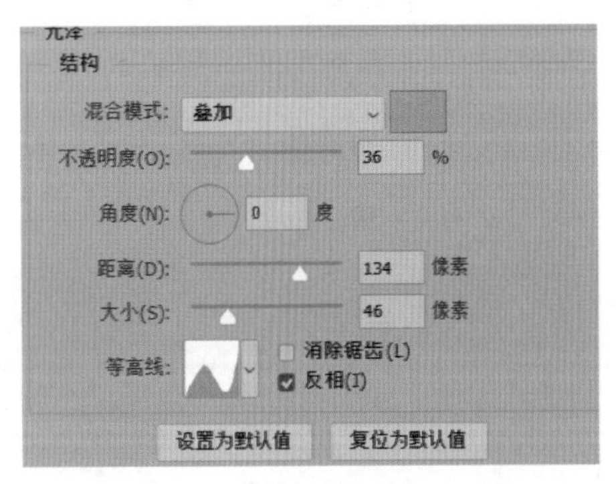

图 12-13

Step 11：单击等高线缩览图，打开【等高线编辑器】对话框，调整曲线形状，设置光线效果，如图 12-14 所示。

Step 12：通过前面的操作，使文字表面更具质感，如图 12-15 所示。

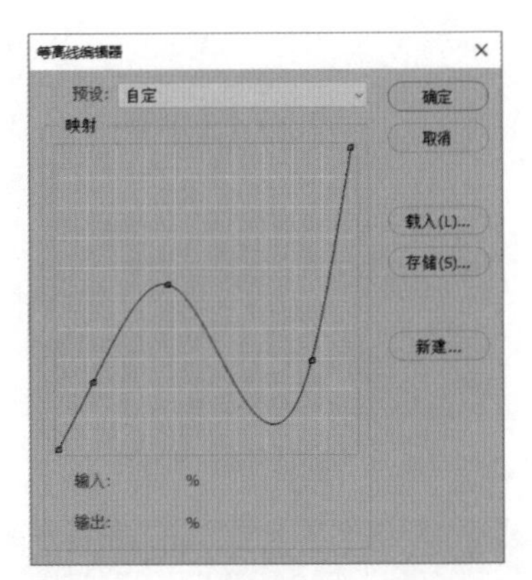

图 12-14

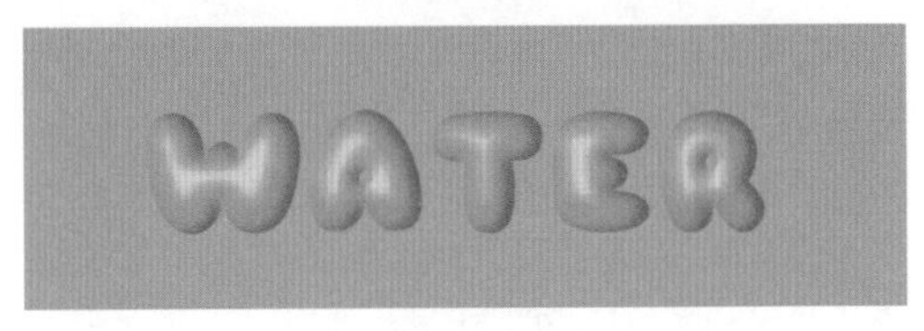

图 12-15

Step 13：选择【投影】选项，设置【混合模式】为线性加深,【距离】为 5 像素,【扩展】为 8%,【大小】为 10 像素,【角度】为 149,【不透明度】为 35%，如图 12-16 所示。

图 12-16

Step 14：通过前面的操作，添加投影效果，如图 12-17 所示。

图 12-17

Step15：选择文字图层，按【Ctrl+J】组合键复制图层，得到【WATER 拷贝】图层，删除除"斜面和浮雕"样式以外的所有图层样式，如图 12-18 所示。

图 12-18

Step16：双击【斜面和浮雕】图层样式，打开【图层样式】对话框，设置【样式】为内斜面，【方法】为平滑，【深度】为 501%，【方向】为上，【大小】为 5 像素，【软化】为 13 像素，【角度】为 172，【高度】为 32，【光泽等高线】为内凹-深，【高光模式】为滤色，颜色为深黄色#cbaa8a，【不透明度（O）】为 100，【阴影模式】为叠加，颜色为黑色，【不透明度（C）】为 0%，如图 12-19 所示。

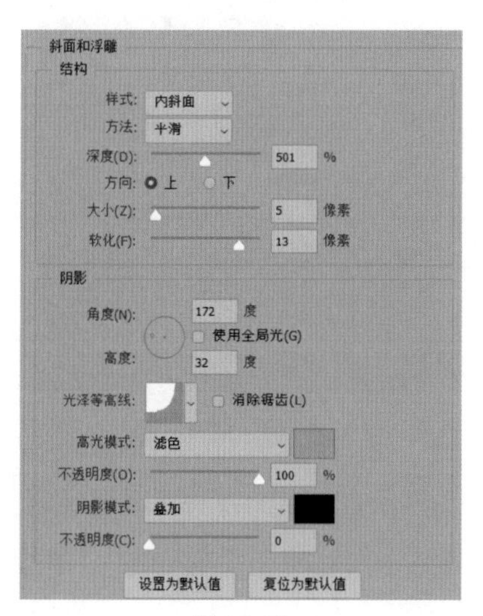

图 12-19

高手点拨

删除图层样式效果

如图 12-20 所示，添加图层样式效果后，所有的图层样式效果都会在图层面板中显示。如果拖动效果样式到 图层面板底部的删除按钮上，释放鼠标后，可以将所有的图层样式删除，如图 12-21 所示。

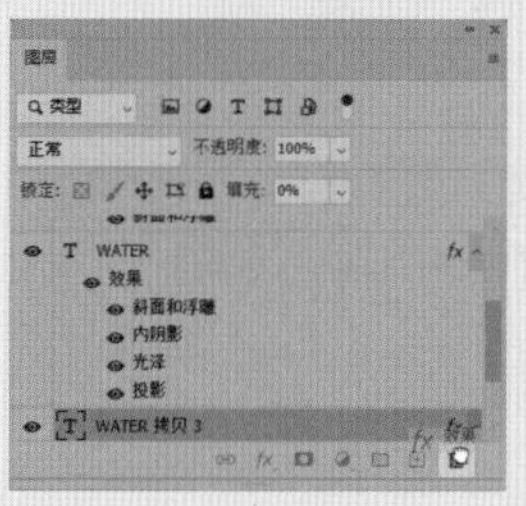

图 12-20

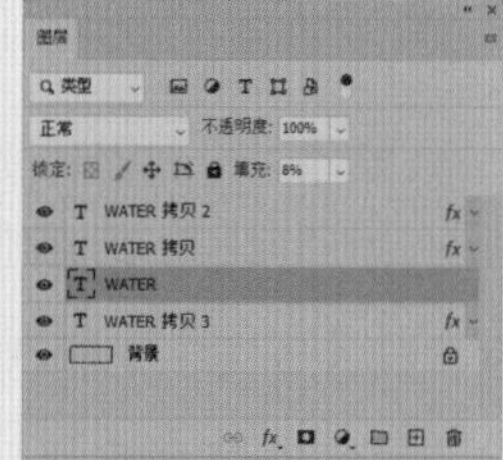

图 12-21

如图 12-22 所示，如果拖动某一种图层样式效果到图层面板底部的删除按钮上，释放鼠标后可以删除该图层样式效果；而其他图层样式效果会被保留，如图 12-23 所示。

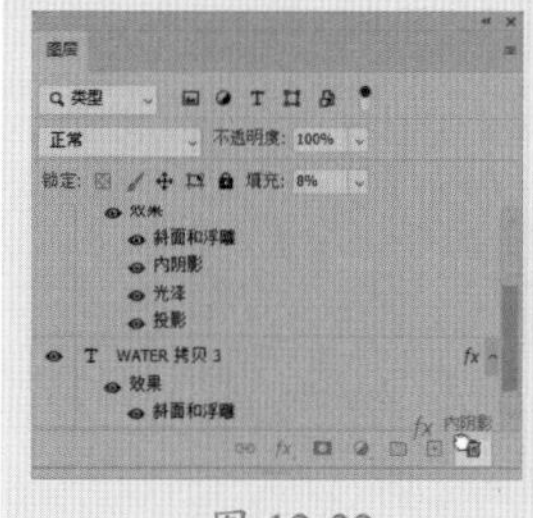

图 12-22

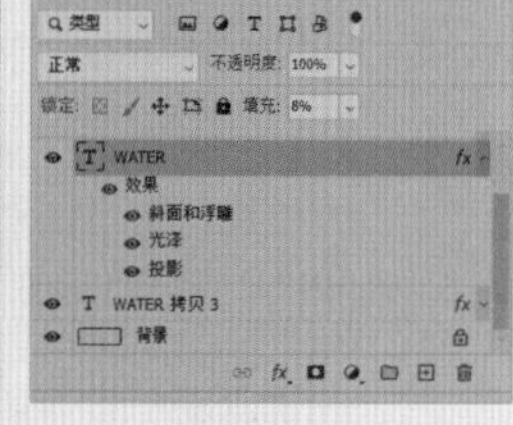

图 12-23

Step17：通过前面的操作，在字体左侧添加高光效果，如图 12-24 所示。

图 12-24

Step18：复制【WATER 拷贝】图层，得到【WATER 拷贝 2】图层，如图 12-25 所示。

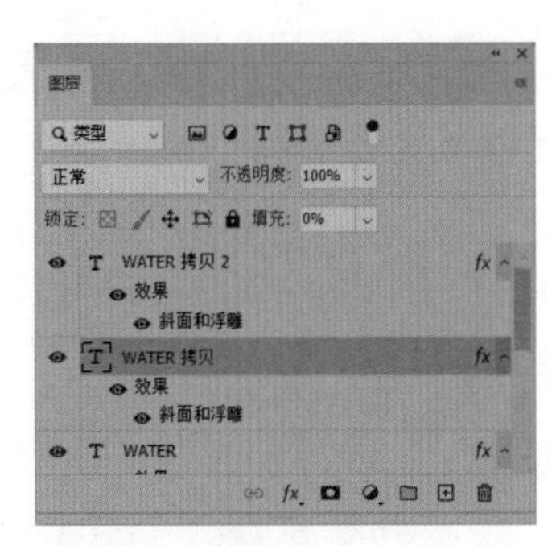

图 12-25

Step19：双击【斜面和浮雕】图层样式，打开【图层样式】对话框，设置【样式】为内斜面，【方法】为平滑，【深度】为 542%，【方向】为下，【大小】为 8 像素，【软化】为 8 像素，【角度】为-135，【高度】为 32，【光泽等高线】为内凹-深，【高光模式】为滤色，颜色为深黄色#cbaa8a，【不透明度（O）】为 100，【阴影模式】为叠加，颜色为黑色，【不透明度（C）】为 8%，如图 12-26 所示。

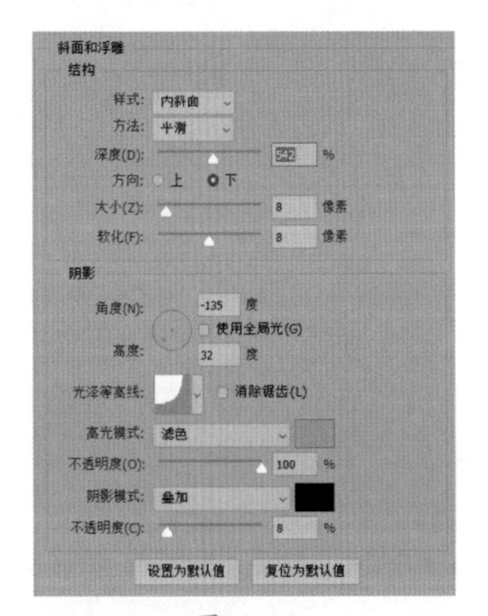

图 12-26

Step20：通过前面的操作，在文字右侧添加高光效果，如图 12-27 所示。

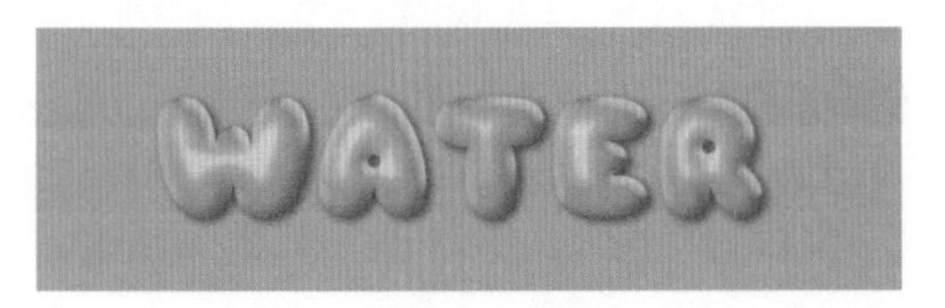

图 12-27

Step21：选择【等高线】子选项，单击等高线缩览图，打开【等高线编辑器】对话框，调整曲线形状，调整光线效果，如图 12-28 所示。

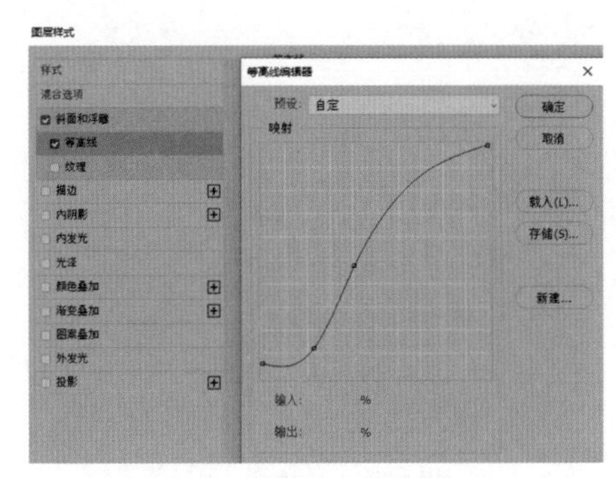

图 12-28

Step22：通过前面的操作，右侧高光效果更加自然，如图 12-29 所示。

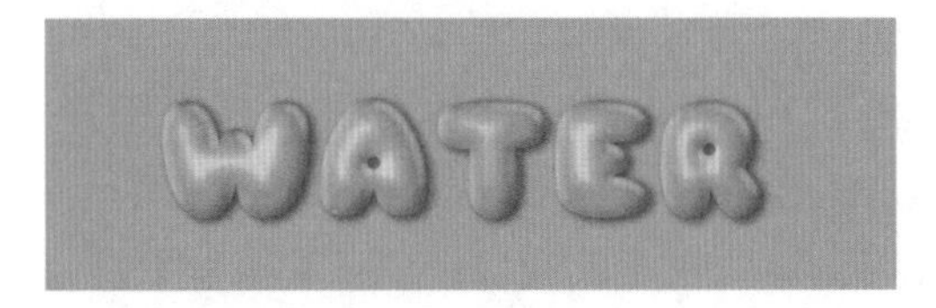

图 12-29

Step23：复制【WATER 拷贝 2】图层，得到【WATER 拷贝 3】图层，并将其拖动到【背景】图层上方，如图 12-30 所示。

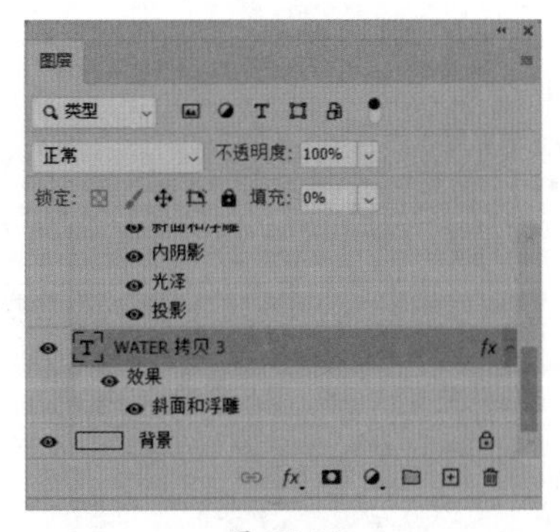

图 12-30

Step24：双击【斜面和浮雕】图层样式，打开【图层样式】对话框，设置【样式】为内斜面，【方法】为平滑，【深度】为 792%，【方向】为上，

【大小】为 18 像素,【软化】为 9 像素,【角度】为 123,【高度】为 53,【光泽等高线】为内凹-深,【高光模式】为滤色，颜色为深黄色# ede7cd,【不透明度（O）】为 34,【阴影模式】为叠加，颜色为黑色,【不透明度（C）】为 0%，如图 12-31 所示。

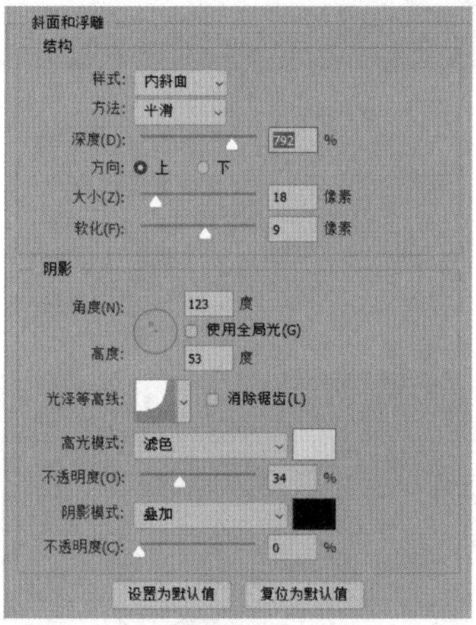

图 12-31

Step 25：通过前面的操作，在文字表面添加高光效果，如图 12-32 所示。

图 12-32

Step 26：选择【等高线】子选项，单击等高线缩览图，打开【等高线编辑器】对话框，调整曲线形状，如图 12-33 所示。

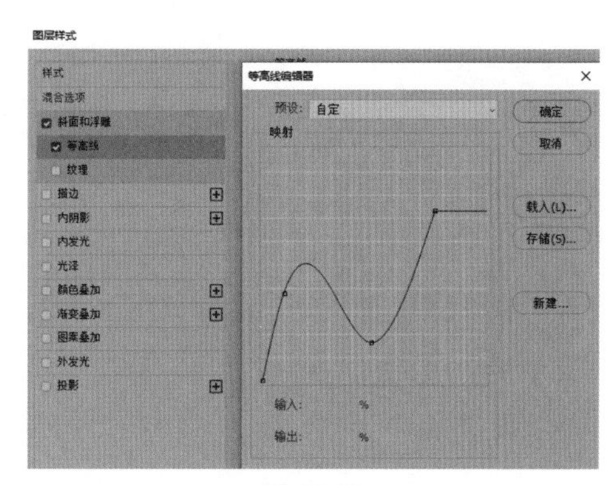

图 12-33

Step 27：通过前面的操作，增强文字表面的高光效果，如图 12-34 所示。

图 12-34

关键技能 097　制作火焰字特效

● 技能说明

Photoshop CC 2018 以后的版本中增加了一个火焰滤镜命令，利用该滤镜可以轻松制作火焰文字效果。制作火焰文字效果时，需要选择比较细圆的字体样式及比较简单的字符（如英文字母等），才能得到一个很好的火焰文字效果。如果字符很复杂，最终的效果可能不能清晰地显示出文字轮廓。因此如果要使用复杂的字符制作火焰文字效果，可以先使用【钢笔工具】勾勒出文字轮廓，再使用火焰滤镜命令制作火焰文字效果。

● 应用实战

制作火焰文字特效的具体操作步骤如下。

Step 01：执行【文件】→【新建】命令，打开【新建文档】对话框，设置【宽度】为 1080 像素，【高度】为 720 像素，【分辨率】为 72，单击【确定】按钮，新建空白文档，如图 12-35 所示。

图 12-35

Step 02：设置前景色为黑色，按【Alt+Delete】组合键填充前景色，如图 12-36 所示。

图 12-36

Step 03：选择【文字工具】T，在画布上单击鼠标，插入占位符，并输入字母“FLAMES”，在选项栏设置字体为“Microsoft Yi Baiti”，字体大小设置为 300 点，颜色设置为橙黄色 #a23d11，如图 12-37 所示。

图 12-37

Step 04：选择文字图层，执行【文字】→【创建工作路径】命令，创建工作路径，如图 12-38 所示。

图 12-38

Step 05：单击【图层】面板底部的新建图层按钮 ⊞，新建【图层 1】，如图 12-39 所示。

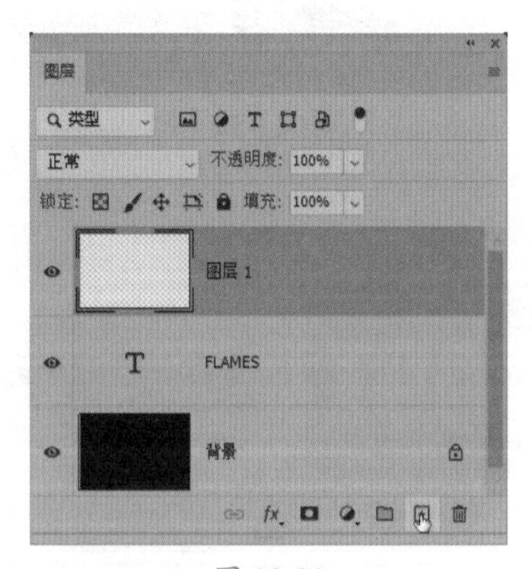

图 12-39

Step 06：执行【滤镜】→【渲染】→【火焰】命令，弹出警告对话框，单击【确定】按钮，如图 12-40 所示。

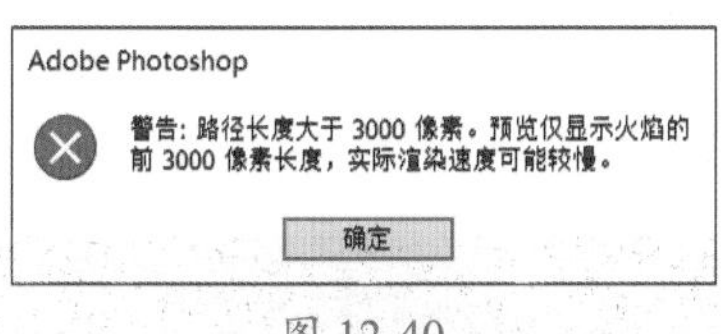

图 12-40

Step 07：打开【火焰】对话框，在【基本】选项卡中设置【火焰类型】为“2.沿路径多个火焰”，【长度】为 65，【宽度】为 30，【时间间隔】为 20，【品质】为精细（非常慢）。设置参数时一定要参考预览效果，需要能清晰地显示出字符轮廓，如图 12-41 所示。

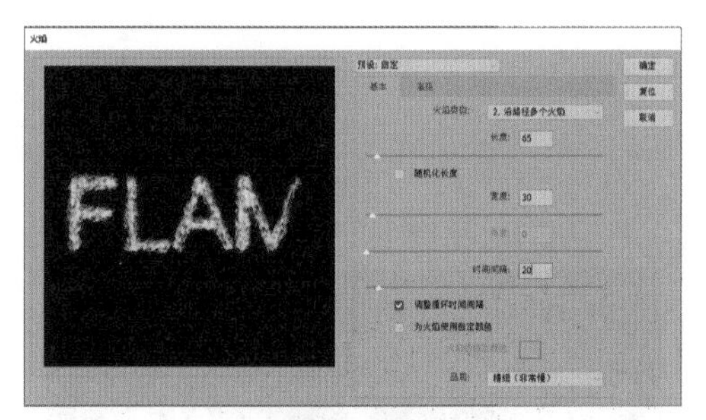

图 12-41

Step 08：切换到【高级】选项卡，设置【湍流】为 29，【不透明度】为 25，【火焰线条（复杂性）】为 20，【火焰底部对齐】为 33，【火焰样式】为“2.猛烈”，【火焰形状】为“3.散开”，如图 12-42 所示。根据具体情况决定是否设置该选项卡中的参数。如果设置【基本】选项卡中的参数后火焰文字效果已经很明显，那么该选项中的参数可以不用设置。

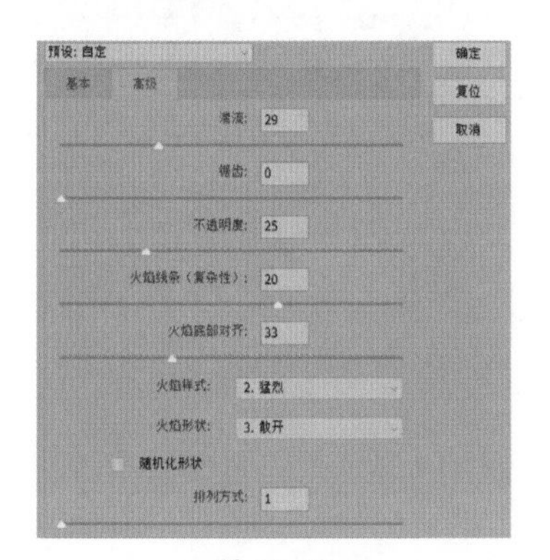

图 12-42

Step 09：单击【确定】按钮，返回文档，可以发现文字路径转换为火焰效果，如图 12-43 所示。

图 12-43

Step 10：切换到【路径】面板，单击面板空白处，取消路径选择，此时，画布上不再显示文字路径，如图 12-44 所示。

图 12-44

Step 11：置入“素材文件/第 12 章/火焰.png”文件，将其放在【图层 1】下方，如图 12-45 所示。

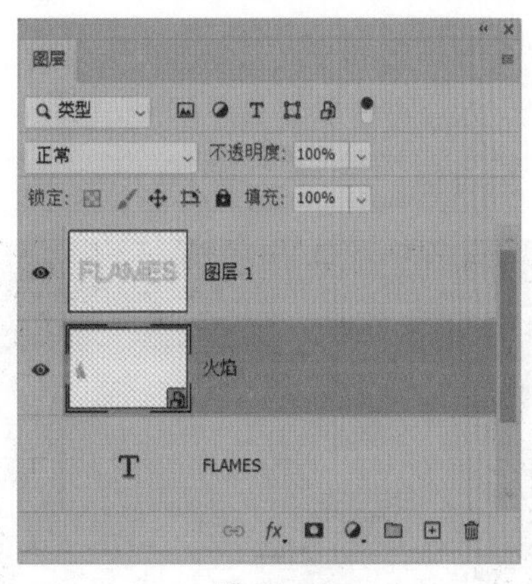

图 12-45

Step12：按【Ctrl+T】组合键执行自由变换命令，调整火焰大小，并将其放在最左侧文字附近，如图 12-46 所示。

图 12-46

Step13：单击【图层】面板底部的【新建组】按钮，创建【组 1】图层，并将【火焰】图层拖动到图层组中，如图 12-47 所示。

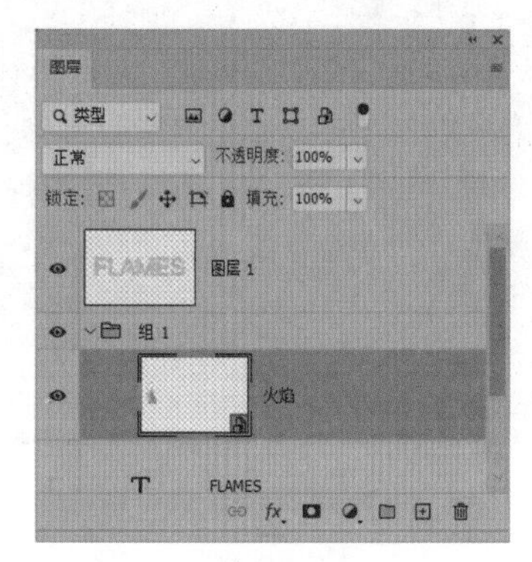

图 12-47

Step14：按【Ctrl+J】组合键复制【火焰】图层，按【Ctrl+T】组合键执行自由变换命令，调整大小，将其放在最左侧文字的其他地方，如图 12-48 所示。

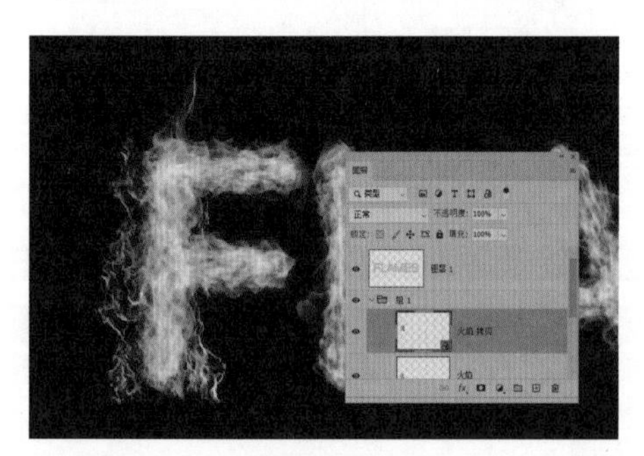

图 12-48

Step15：继续复制【火焰】图层，并调整其大小和角度，沿着文字轮廓放置火焰，如图 12-49 所示。

图 12-49

Step16：继续复制两个火焰图层，按【Ctrl+T】组合键执行自由变换命令，放大火焰图像并旋转角度，将其分别放在最左侧和最右侧，如图 12-50 所示。

图 12-50

Step17：选择【组 1】图层，单击【图层】面板底部的【添加蒙版】按钮，添加图层蒙版，如图 12-51 所示。

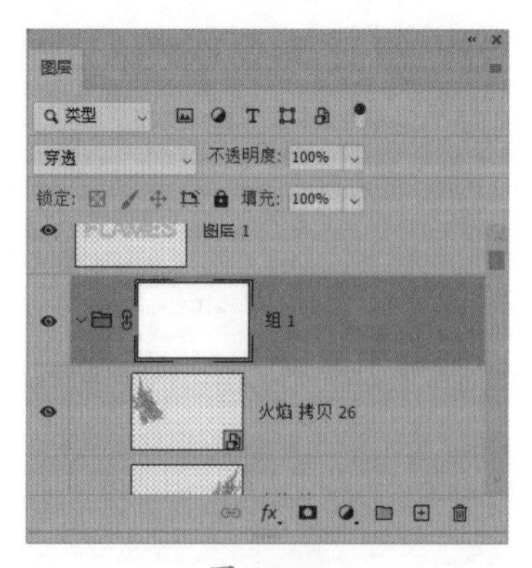

图 12-51

Step18：设置前景色为黑色，选择【画笔工具】，在选项栏设置画笔硬度为 0，并适当降低画笔不透明度。选择【组 1】图层蒙版缩览图，在火焰上绘制，擦除一些火焰，使文字和火焰融合更加自然，如图 12-52 所示。

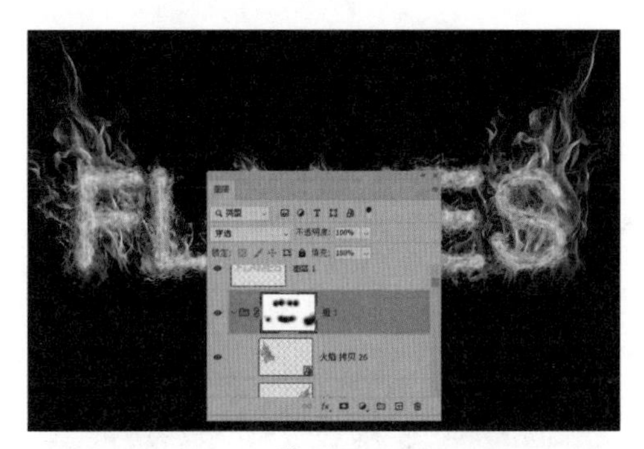

图 12-52

Step19：双击【图层 1】，打开【图层样式】对话框，选择【内 20 发光】选项，设置【混合模式】为强光，【不透明度】为 84%，发光颜色为深黄色#ab6c08，【方法】为柔和，【源】为边缘，【阻塞】为 0，【大小】为 13 像素，如图 12-53 所示。

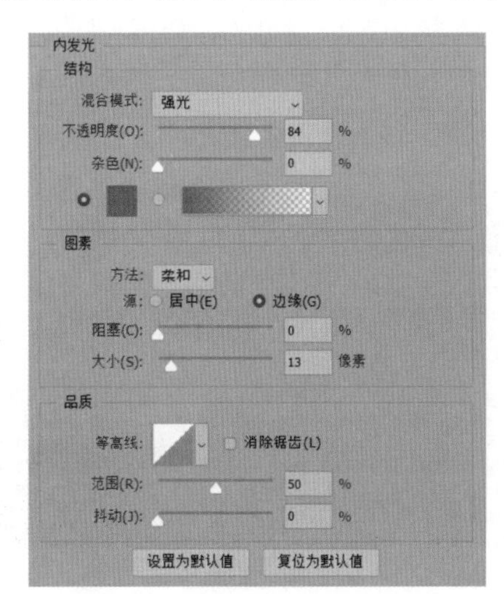

图 12-53

Step20：通过前面的操作，为文字添加内发光效果后，火焰文字和添加的火焰素材融合得更加自然，如图 12-54 所示。

图 12-54

Step21：选择【组 1】图层，按【Ctrl】键的同时单击【图层】面板底部的【新建图层】按钮，在【组 1】图层下方创建【图层 2】，如图 12-55 所示。

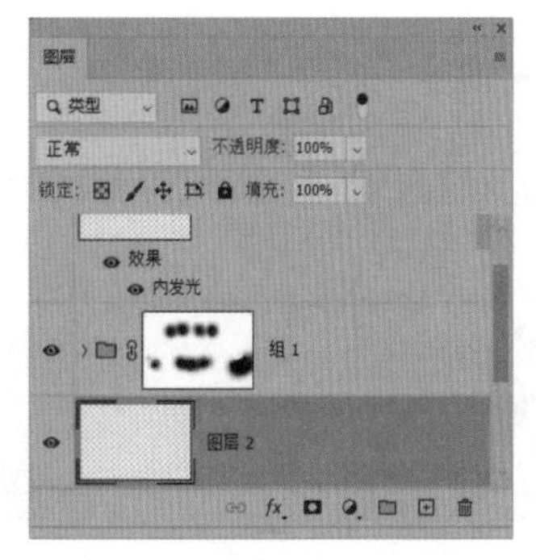

图 12-55

Step22：按【D】键恢复默认的前景色（黑色）和背景色（白色）。执行【滤镜】→【渲染】→【云彩】命令，填充云彩效果，如图 12-56 所示。

图 12-56

Step23：选择【图层 2】，单击【图层】面板底部的【新建蒙版】按钮，创建图层蒙版。按【Ctrl+I】组合键反向蒙版，隐藏效果，如图 12-57 所示。

图 12-57

Step 24：设置前景色为白色，使用柔角画笔在蒙版上单击鼠标，显示部分云彩，制作烟雾效果，如图 12-58 所示。为了让烟雾效果更加真实，可以适当降低图层不透明度。

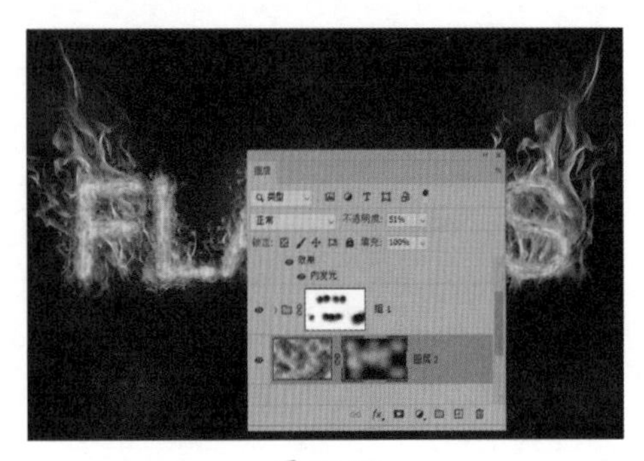

图 12-58

Step 25：在【图层 1】上方创建【图层 3】，设置前景色为黄色（可以使用吸管工具吸取火焰颜色），使用柔角画笔工具在文字上方绘制，制作环境光，如图 12-59 所示。

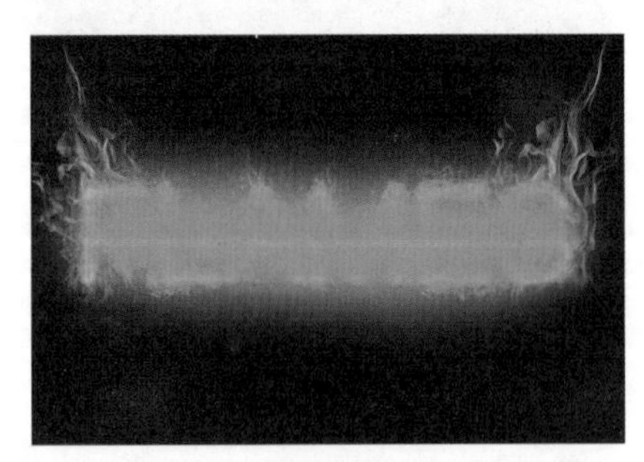

图 12-59

Step 26：选择【图层 3】，设置混合模式为【柔光】，适当降低不透明度，如图 12-60 所示。

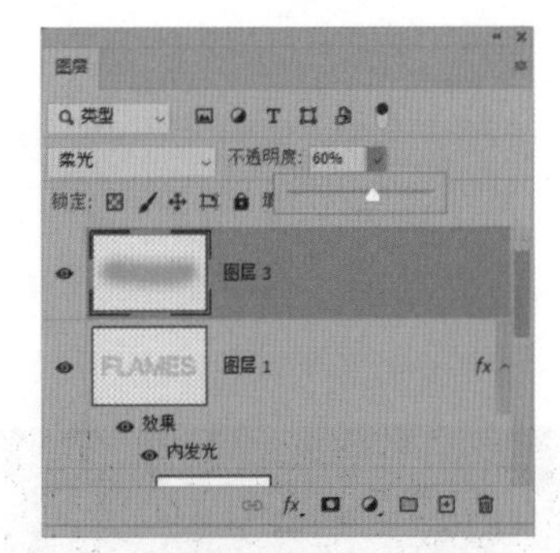

图 12-60

Step 27：通过前面的操作，环境光效果更加自然，如图 12-61 所示。

图 12-61

Step 28：置入“素材文件/第 12 章/火花.jpg”文件，将其调整到画布大小，设置图层混合模式为“滤色”，融合图像，效果如图 12-62 所示。

图 12-62

Step 29：按【Ctrl+J】组合键复制【火花】图层，按【Ctrl+T】组合键执行自由变换命令，右击鼠标，在快捷菜单中选择【垂直翻转】命令，垂直翻转图像，如图 12-63 所示。

图 12-63

Step 30：按【Alt+Ctrl+Shift+E】组合键盖印图层，生成【图层 4】，如图 12-64 所示。

图 12-64

Step 31：执行【滤镜】→【模糊画廊】→【移轴模糊】命令，进入【模糊画廊】工作区，设置模糊范围和模糊程度，如图 12-65 所示。

图 12-65

Step 32：单击【确定】按钮，返回文档，突出文字主体，完成火焰文字效果制作，效果如图 12-66 所示。

图 12-66

关键技能 098 制作 3D 扭曲字体效果

● 技能说明

在 Photoshop 中为文字创建 3D 模型后，设置【变形属性】面板中的参数可以创建有趣的扭曲效果。

● 应用实战

制作 3D 扭曲字体效果的具体操作步骤如下。

Step 01：按【Ctrl+N】组合键执行新建命令，设置【宽度】为 1300 像素，【高度】为 1980 像素，【分辨率】为 72 像素，单击【创建】按钮，如图 12-67 所示。

图 12-67

Step 02：使用【横排文字工具】输入文字，在选项栏设置字体、大小和颜色，如图 12-68 所示。

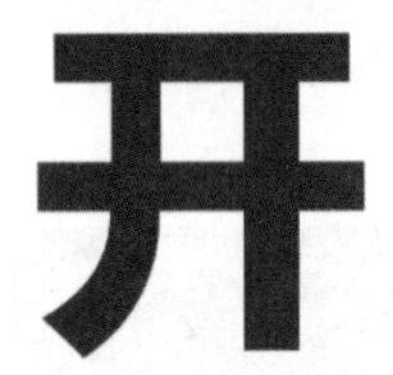

图 12-68

Step 03：执行【3D】→【从所选图层创建 3D 模型】命令，创建 3D 模型，如图 12-69 所示。

图 12-69

Step 04：在【3D】面板中选择场景图层，如图 12-70 示。

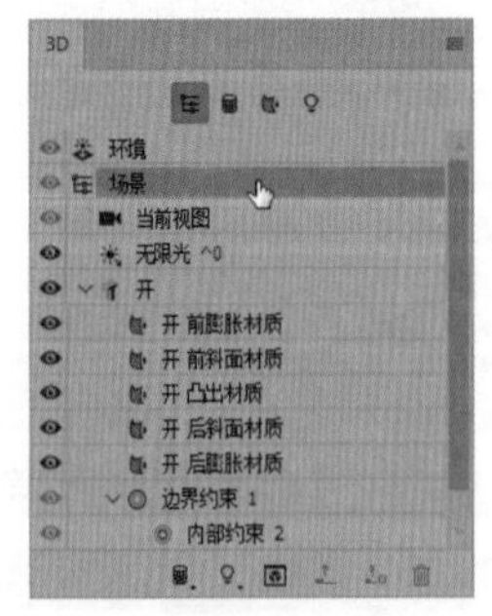

图 12-70

Step 05：在【属性】面板中设置【表面样式】为 Normals，选中【线条】选项，设置【角度阈值】为 180°，如图 12-71 所示。

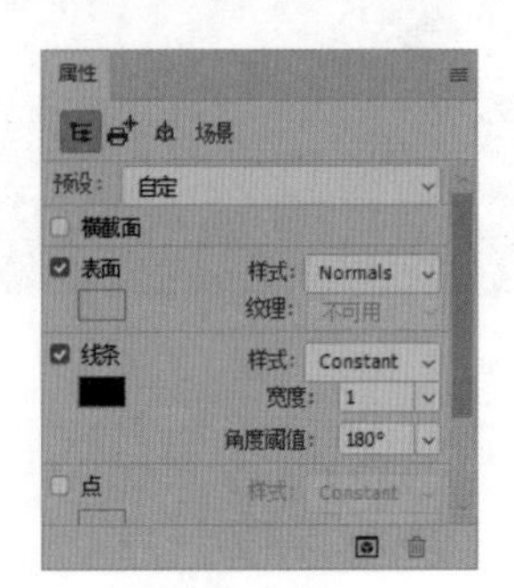

图 12-71

Step 06：在【3D】面板中选中【文字】图层，如图 12-72 所示。

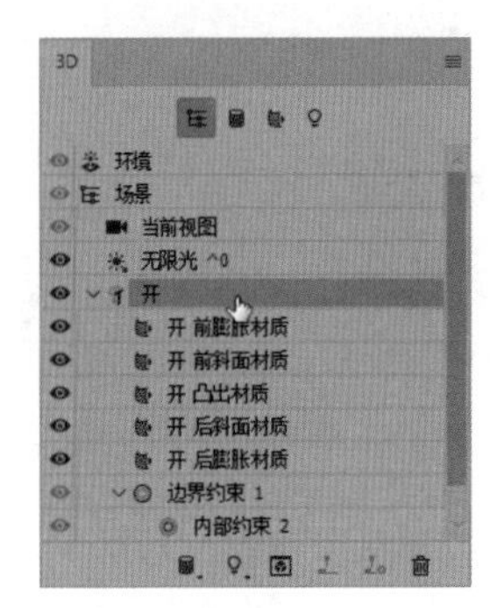

图 12-72

Step 07：在【属性】面板中单击，设置变形参数，如图 12-73 所示。

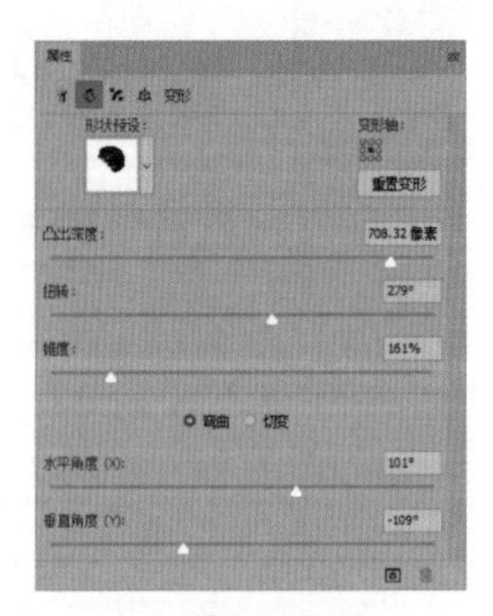

图 12-73

Step 08：通过前面的操作，扭曲文字，效果如图 12-74 所示。

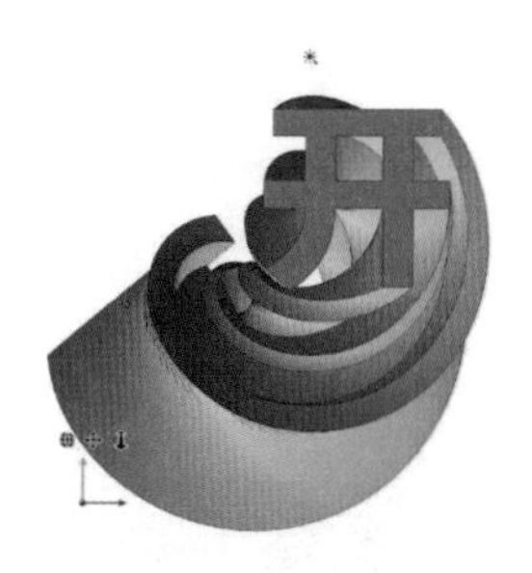

图 12-74

Step 09：使用【3D对象调整工具】调整对象的角度、大小和位置，如图 12-75 所示。

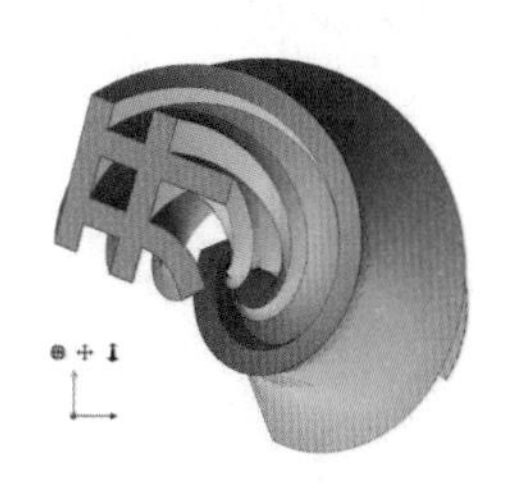

图 12-75

Step 10：切换到【图层】面板，输入文字，在选项栏设置字体、大小和颜色，如图 12-76 所示。

图 12-76

Step 11：执行【3D】→【从所选图层创建 3D模型】命令，创建 3D模型，如图 12-77 所示。

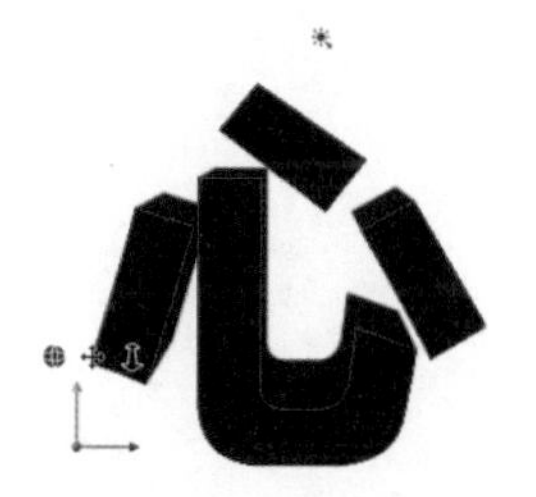

图 12-77

Step 12：使用和前面相同的操作方法扭曲文字，如图 12-78 所示。

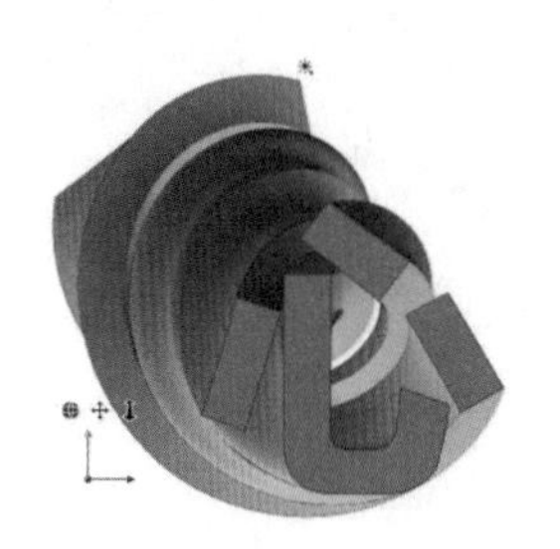

图 12-78

Step 13：切换到【图层】面板中，将【心】图层拖动到【开】图层下方，如图 12-79 所示。

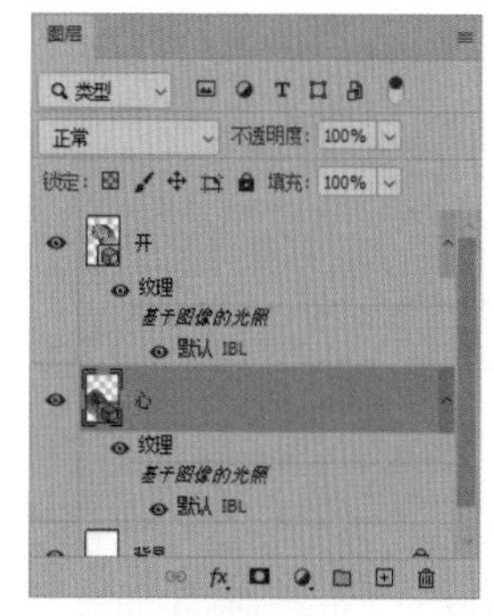

图 12-79

Step 14：选择【心】图层，使用【3D对象调整工具】调整对象的角度、大小和位置，如图 12-80 所示。

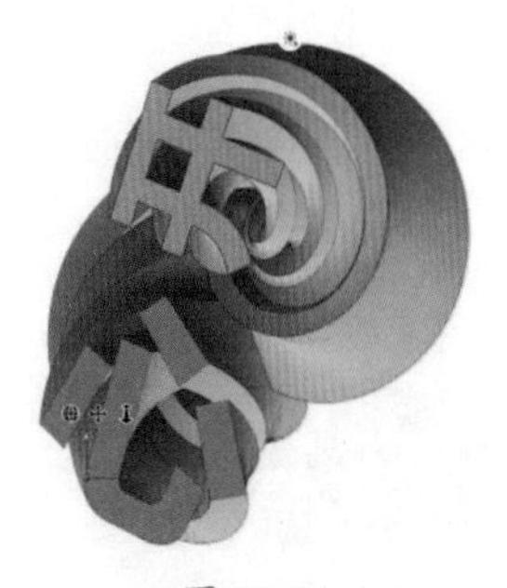

图 12-80

Step 15：分别选择【心】图层和【开】图层，切换到【3D】面板中，单击面板底部的按钮，渲染对象，如图 12-81 所示。

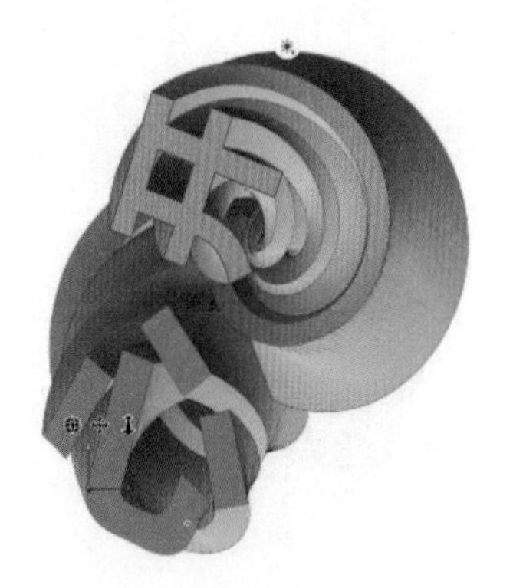

图 12-81

Step 16：退出【3D】工作界面，选择【渐变工具】，打开【渐变编辑器】对话框，选择【绿色】渐变组中的“绿色-16”渐变色，设置渐变方式为径向渐变，如图 12-82 所示。

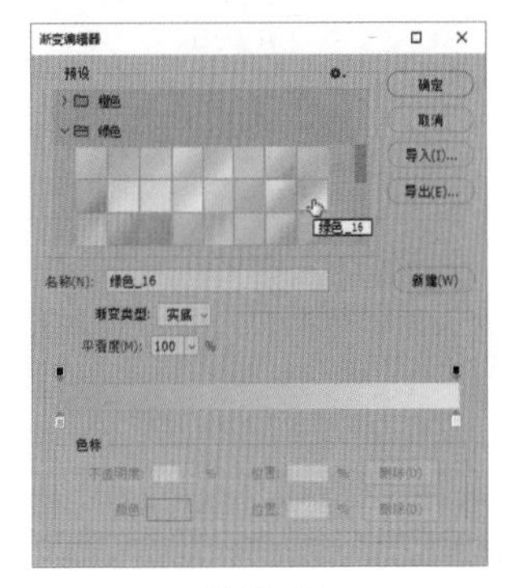

图 12-82

Step 17：选择【背景】图层，从右上角向左下角拖动鼠标，填充渐变色，效果如图 12-83 所示。

图 12-83

Step 18：选择所有文字图层，按【Ctrl+T】组合键执行自由变换命令，适当缩小对象，并将其放置在画布中心，如图 12-84 所示。

图 12-84

Step 19：制作装饰元素和文字，完成 3D 扭曲文字效果的制作，最终效果如图 12-85 所示。

图 12-85

关键技能 099 制作金属质感文字效果

● 技能说明

制作金属质感文字效果时，利用图层样式叠加金属纹理图案可以为文字添加金属纹理；再添加斜面和浮雕效果，还可以增加文字立体感。最后再进行一些光影调整就可以完成效果自然的金属质感文字制作。

● 应用实战

制作金属质感文字效果的具体操作步骤如下。

Step 01：按【Ctrl+N】组合键执行【新建】命令，打开【新建文档】对话框，设置【宽度】为 1080 像素，【高度】为 720 像素，【分辨率】为 72 像素，单击【确定】按钮，如图 12-86 所示。

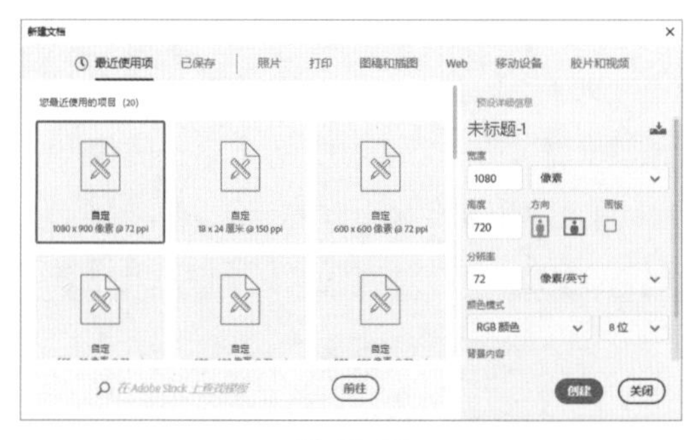

图 12-86

Step 02：新建文档后，使用【文字工具】T，分别输入"黑客帝国"文字，设置字体和大小，将文字放在不同图层上，如图 12-87 所示。

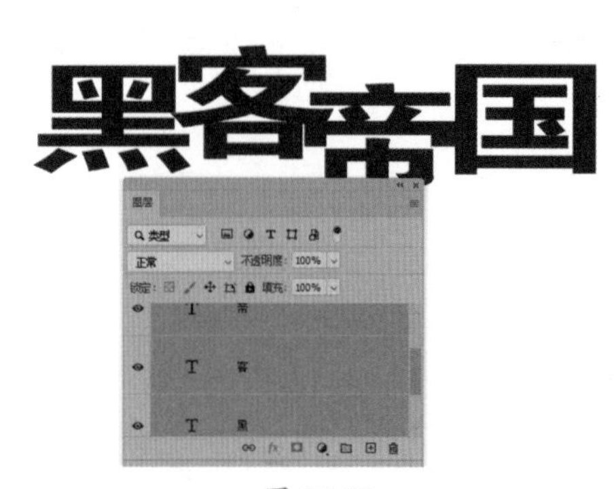

图 12-87

Step 03：选择所有文字图层，如图 12-88 所示。

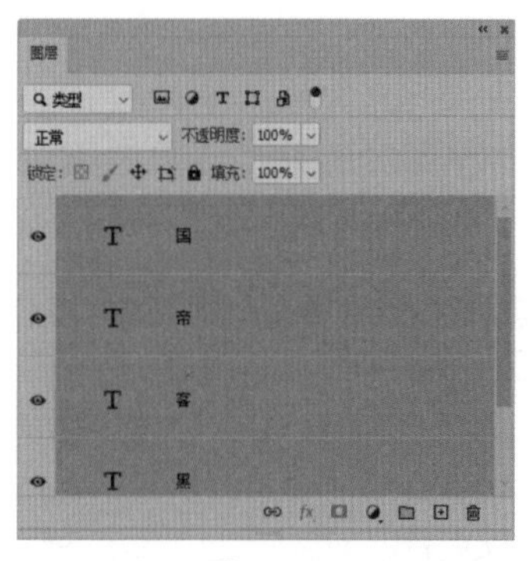

图 12-88

Step 04：右击鼠标，在快捷菜单中选择【转换为智能对象】命令，将其转换为智能对象图层，并重命名为【文字】，如图 12-89 所示。

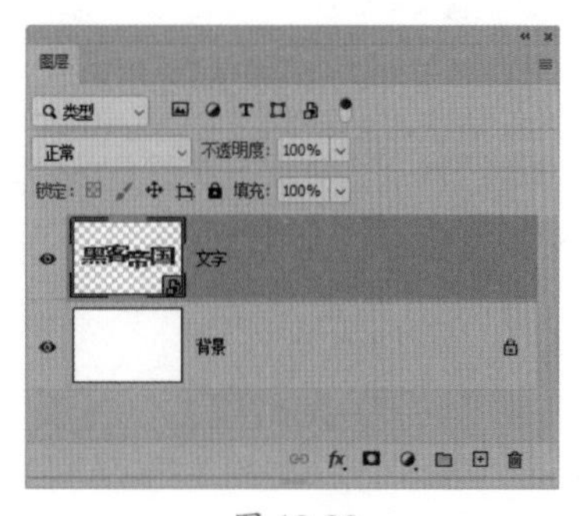

图 12-89

Step 05：打开“素材文件/第 12 章/纹理.jpg”文件，如图 12-90 所示。

图 12-90

Step 06：执行【编辑】→【定义】图案命令，打开【图案名称】对话框，设置名称，单击【确定】按钮，如图 12-91 所示。

图 12-91

Step 07：双击【文字】图层，打开【图层样式】对话框，选择【图案叠加】选项，设置【混合模式】差值，图案为前面步骤中定义的“纹理 1”的图案，【缩放】为 53%，如图 12-92 所示。

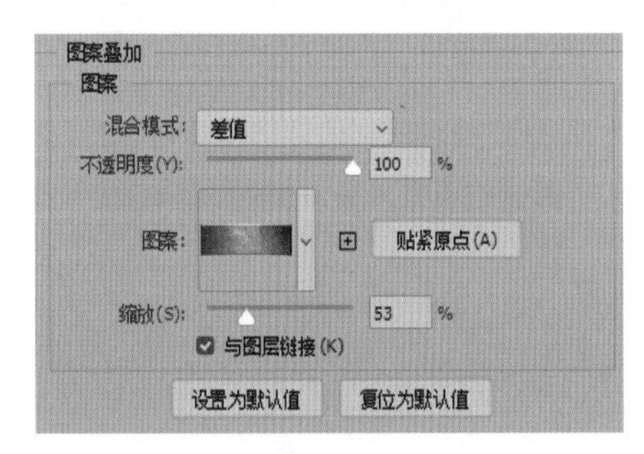

图 12-92

Step 08：选择【渐变叠加】选项，设置【混合模式】为柔光，【不透明度】为 100%，【渐变】颜色为灰色#757575、灰色#757575、白色、灰色#757575、灰色#757575，【样式】为线性，【角度】为-90，【缩放】为 70%，如图 12-93 所示。

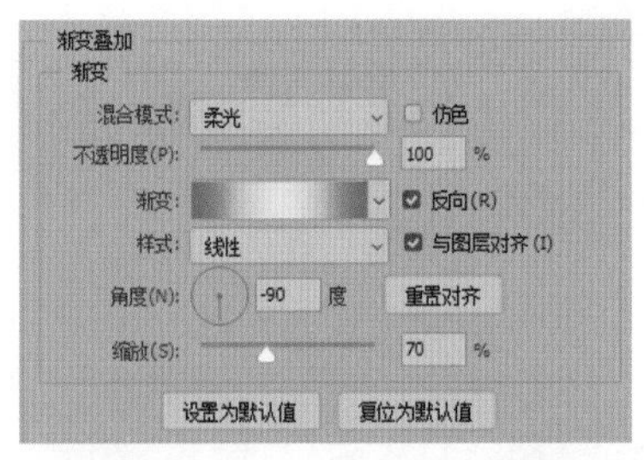

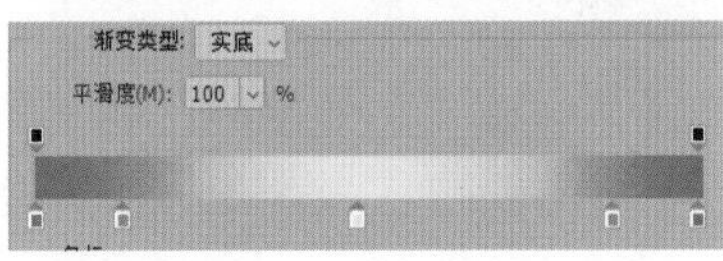

图 12-93

Step 09：选择【颜色叠加】选项，设置叠加颜色为深褐色#2b1d01，【混合模式】为颜色，如图 12-94 所示。

图 12-94

Step 10：选择【斜面和浮雕】选项，设置【样式】为内斜面，【方法】为平滑，【深度】为 83%，【方向】为上，【大小】为 0 像素，【软化】为 0，【角度】为 90 度，【高度】为 30 度，【高光模式】为线性减淡（添加），颜色为白色，【不透明度（O）】为 100%，【阴影模式】为正片叠底，颜色为黑色，【不透明度（C）】为 100%，如图 12-95 所示。

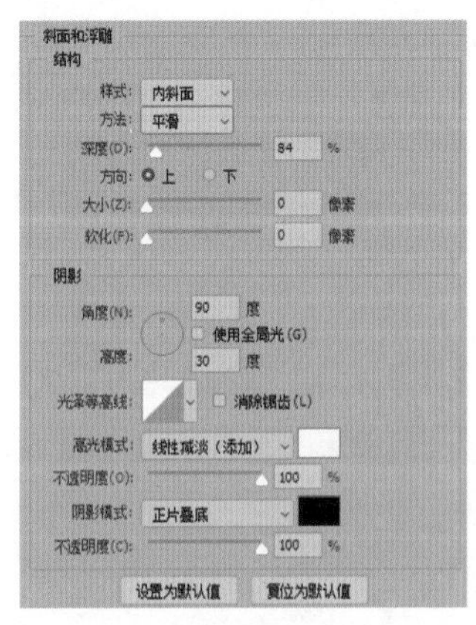

图 12-95

Step 11：选择【等高线】子选项，单击【等高线】缩览图，打开【等高线编辑器】对话框，调整等高线形状，调整光照效果，如图 12-96 所示。

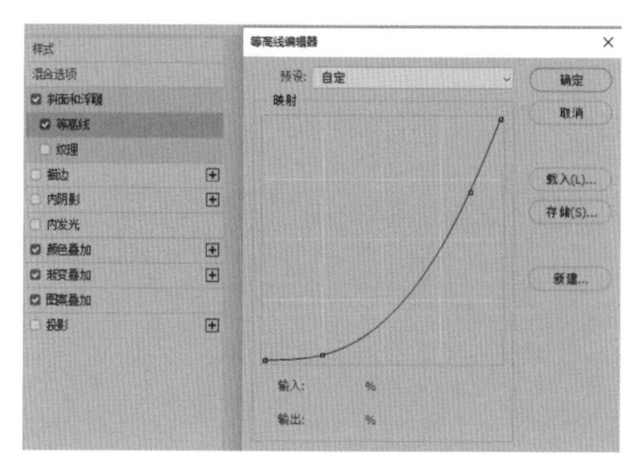

图 12-96

Step 12：选择【描边】选项，设置【大小】为 1 像素，【位置】为外部，【填充类型】为渐变，渐变颜色为灰色#7c7d7f、#afb0b3、白色、灰色#626264、白色，【样式】为线性，【角度】为 53 度，选择【反向】选项，如图 12-97 所示。

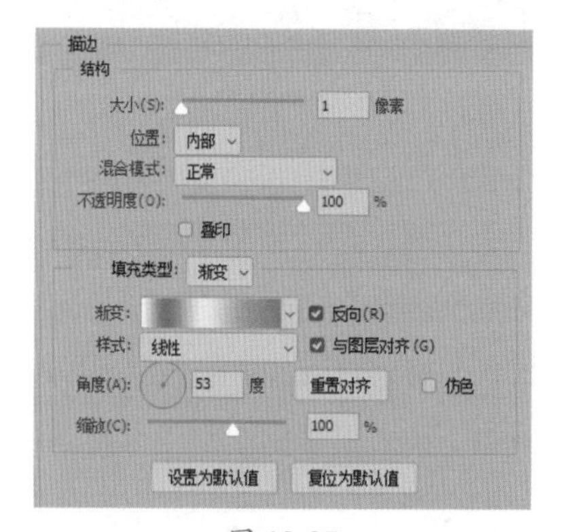

图 12-97

Step 13：选择【投影】选项，设置【混合模式】为正常，颜色为黑色，【不透明度】为 40%，【角度】为 90 度，【距离】为 2 像素，【扩展】为 100%，【大小】为 0 像素，【等高线】为样式内凹 - 浅，如图 12-98 所示。

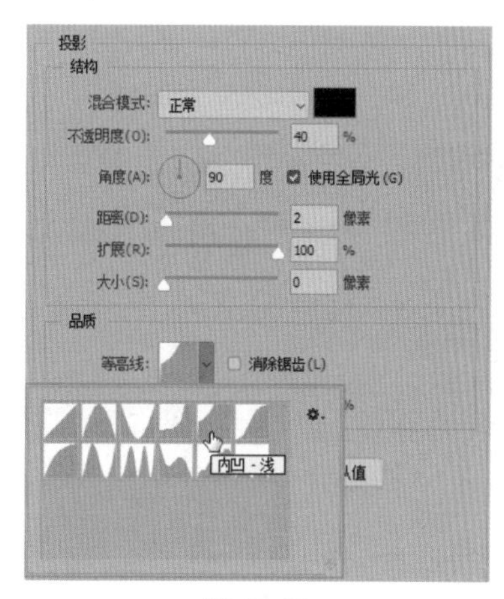

图 12-98

Step 14：通过前面的操作，文字已经具有金属质感的效果，如图 12-99 所示。

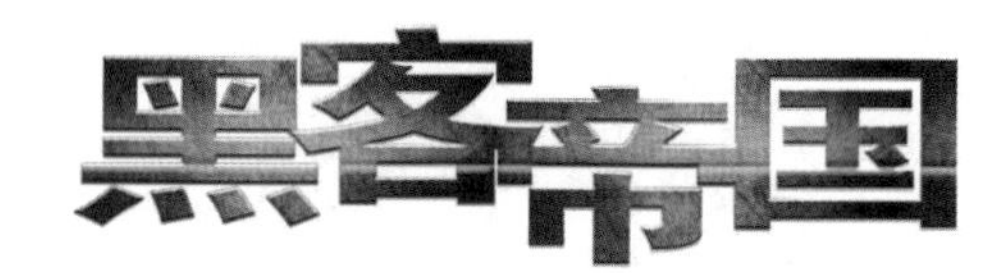

图 12-99

Step 15：选择【背景】图层，设置前景色为黑色，按【Alt+Delete】组合键填充前景色。添加深色背景后，文字的金属质感效果更加明显，如图 12-100 所示。

图 12-100

Step 16：置入“素材文件/第 12 章/背景纹理.jpg”文件，将其放大到与画布同等大小，如图 12-101 所示。

图 12-101

Step17：选择【背景纹理】图层，设置【混合模式】为强光,【不透明度】为 80%，如图 12-102 所示。

图 12-102

Step18：通过前面的操作融合背景，效果如图 12-103 所示。

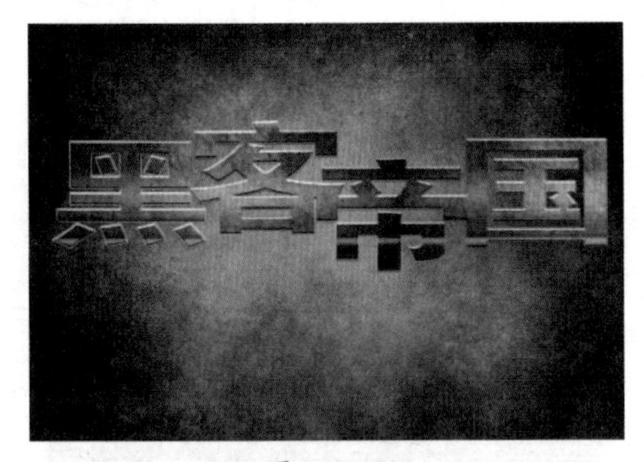

图 12-103

Step19：创建【色相/饱和度】调整图层，在【属性】面板中适当降低饱和度，如图 12-104 所示。

图 12-104

Step20：通过前面的操作降低背景饱和度，效果如图 12-105 所示。

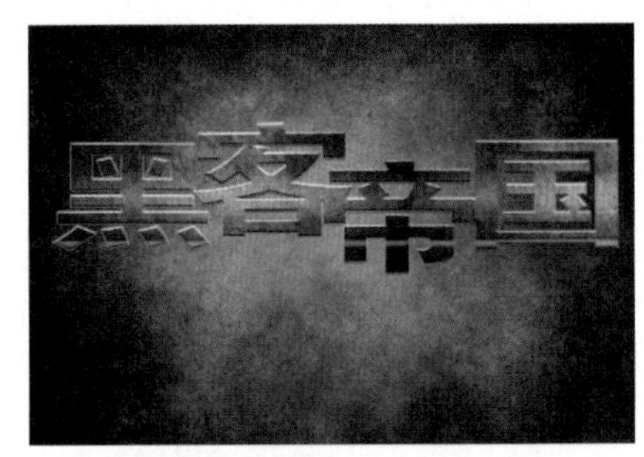

图 12-105

Step21：选择【文字】图层，按【Ctrl+J】组合键复制图层，生成【文字 拷贝】图层。右击鼠标，在快捷菜单中选择【清除图层样式】命令，清除图层样式，并将其放在【文字】图层下方，如图 12-106 所示。

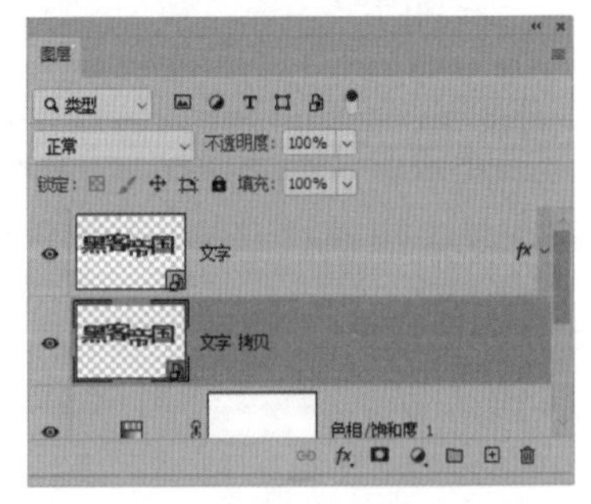

图 12-106

Step22：双击【文字 拷贝】图层，打开【图层样式】对话框，选择【投影】选项，设置【混合模式】

正片叠底，颜色为深褐色#1f1501,【不透明度】为 80%,【角度】为 135°,【距离】为 4 像素,【扩展】为38%,【大小】为8像素，如图12-107所示。

图 12-107

Step 23：通过前面的操作添加投影效果，如图 12-108 所示。

图 12-108

Step 24：复制【文字 拷贝】图层，生成【文字 拷贝 2】图层，将其放在【文字 拷贝】图层下方，如图 12-109 所示。

图 12-109

Step 25：双击【文字 拷贝 2】图层的投影图层效果，打开【投影图层样式】对话框，设置【不透明度】为 60%,【距离】为 10 像素,【大小】为 18 像素，如图 12-110 所示。

图 12-110

Step 26：选择【文字 拷贝 2】图层，执行【滤镜】→【模糊】→【高斯模糊】命令，打开【高斯模糊】对话框，设置【模糊半径】为 2.4 像素，单击【确定】按钮，如图 12-111 所示。

图 12-111

Step 27：选择【文字 拷贝】图层，执行【滤镜】→【模糊】→【高斯模糊】命令，打开【高斯模糊】对话框，设置【模糊半径】为 0.8 像素，单击【确定】按钮，如图 12-112 所示。

图 12-112

Step 28：通过前面的操作，添加具有层次感的模糊效果，如图 12-113 所示。

图 12-113

Step 29：选择【色相/饱和度 1】图层，单击【图层】面板底部的【新建图层】按钮⊞，新建【图层 2】，如图 12-114 所示。

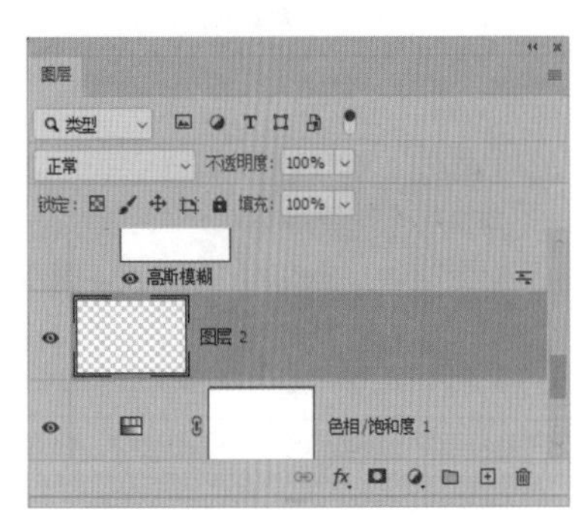

图 12-114

Step 30：设置前景色为黑色，使用柔角画笔，并降低画笔不透明度，在【图层 2】上绘制，设置【图层 2】混合模式为柔光，如图 12-115 所示。

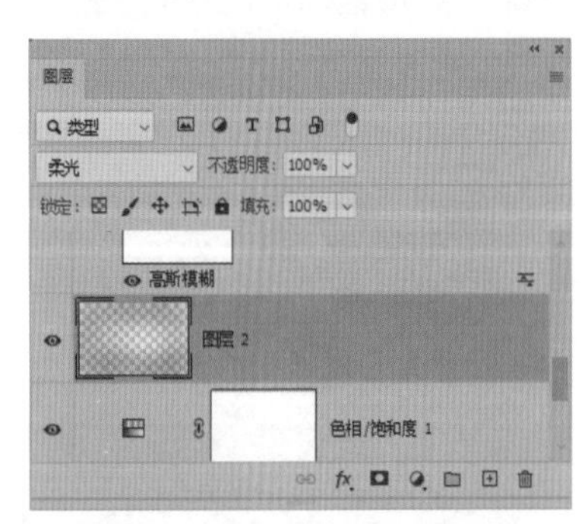

图 12-115

Step 31：通过前面的操作，压暗背景，如图 12-116 所示。

图 12-116

Step 32：使用【文字工具】输入英文字母 “The Matrix”，并调整合适的字符间距，如图 12-117 所示。

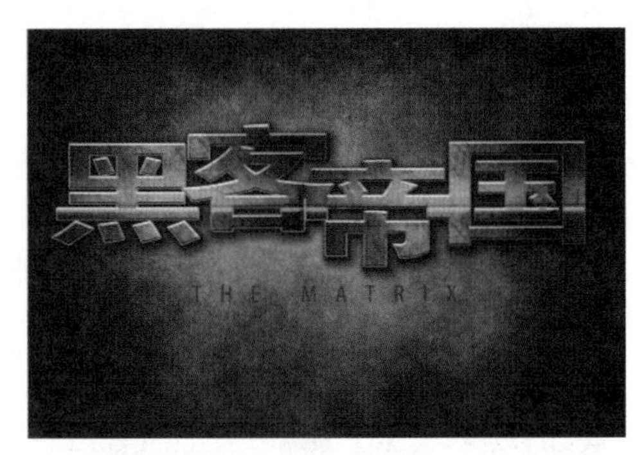

图 12-117

Step 33：在图层最上方创建【曲线】调整图层，在【属性】面板中向上拖动曲线，提亮图像，如图 12-118 所示。

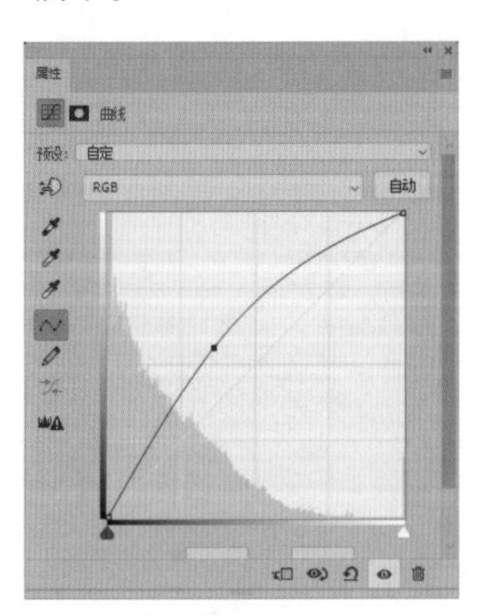

图 12-118

Step 34：选择【曲线】调整图层蒙版缩览图，按【Ctrl+I】组合键反向蒙版，隐藏提亮效果。设置前景色为白色，使用柔角画笔在文字周围绘制，提亮文字，如图 12-119 所示。

图 12-119

Step 35：创建【曲线 2】调整图层，在【属性】面板中向上拖动曲线，提亮图像，如图 12-120 所示。

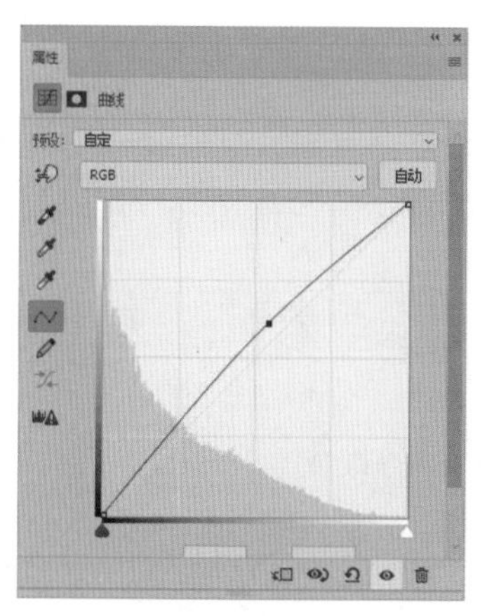

图 12-120

Step 36：选择【曲线 2】调整图层蒙版缩览图，按【Ctrl+I】组合键反向蒙版，隐藏提亮效果。设置前景色为白色，使用柔角画笔工具在文字中间部分绘制，提亮文字中间部分像素，使文字色调更具层次感，如图 12-121 所示。

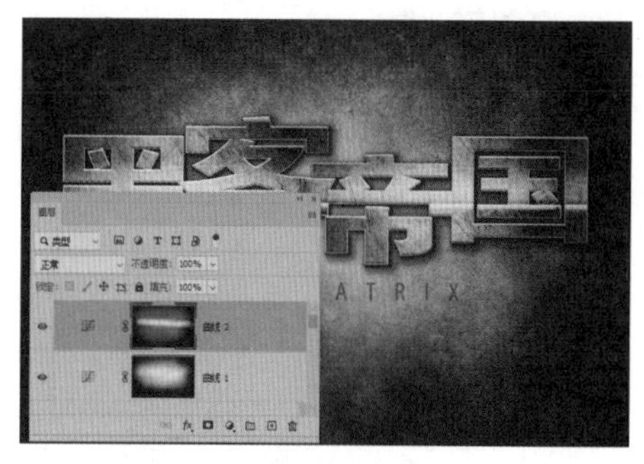

图 12-121

Step 37：双击【文字】图层，打开【图层样式】对话框，选择【图案叠加】选项，修改【缩放】为 129%，如图 12-122 所示。

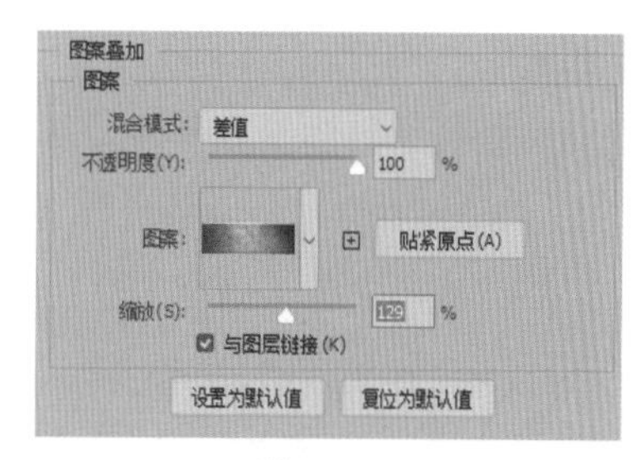

图 12-122

Step 38：完成制作后，文字效果如图 12-123 所示。

图 12-123

关键技能 100 制作霓虹灯特效文字

● 技能说明

霓虹灯文字特效是近年来比较流行的一种文字效果，其原理是模拟现实生活中灯管的发光效果进行制作。制作该文字特效主要通过添加外发光的图层样式模拟灯管的发光效果。

● 应用实战

霓虹灯特效文字具体制作步骤如下。

Step01：按【Ctrl+N】组合键，执行【新建】命令，设置【宽度】为 1920 像素，【高度】为 1080 像素，单击【创建】按钮，新建文档，如图 12-124 所示。

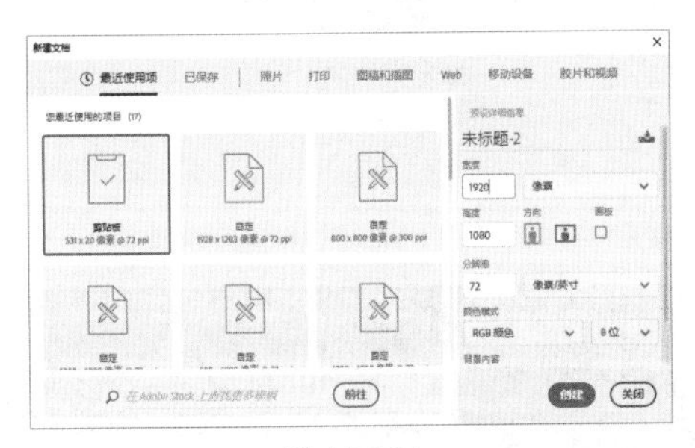

图 12-124

Step02：选择【渐变工具】，单击选项栏中的渐变色条，打开【渐变编辑器】对话框，设置渐变色为黑色和酒红色#6e0237，如图 12-125 所示。

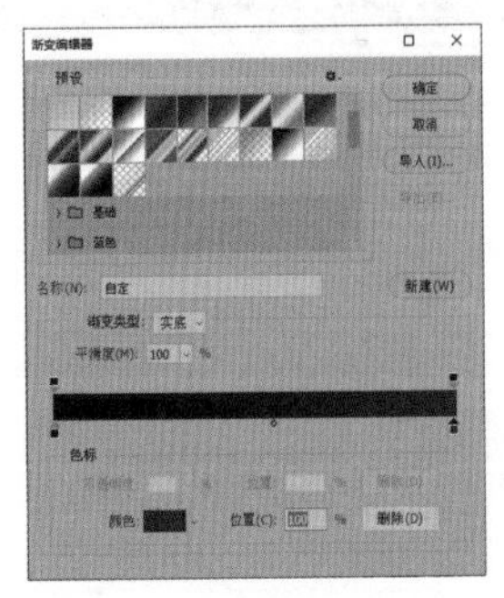

图 12-125

Step03：选择【文字工具】T，在选项栏设置字体为【造字工房尚黑（非商业）】，字体大小为 400 点，在画布上输入文字，按【Ctrl+Enter】组合键确认文字的输入，如图 126 所示。

图 12-126

Step04：双击文字图层，打开【图层样式】对话框，选择【描边】选项，设置【大小】为 5 像素，【位置】为内部，颜色为白色，如图 12-127 所示。

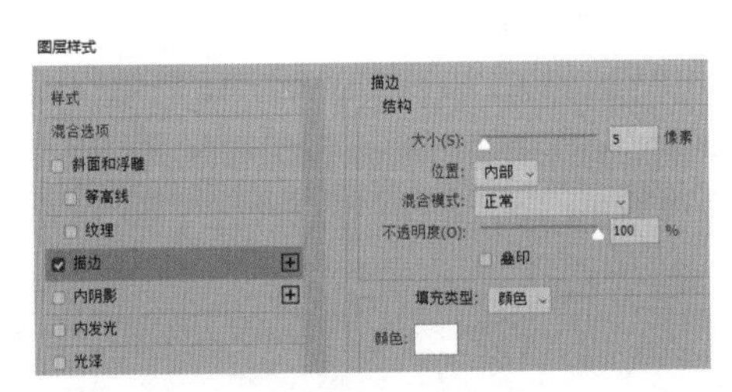

图 12-127

Step05：单击【确定】按钮，返回文档。设置【填充】为 0，图像效果如图 12-128 所示。

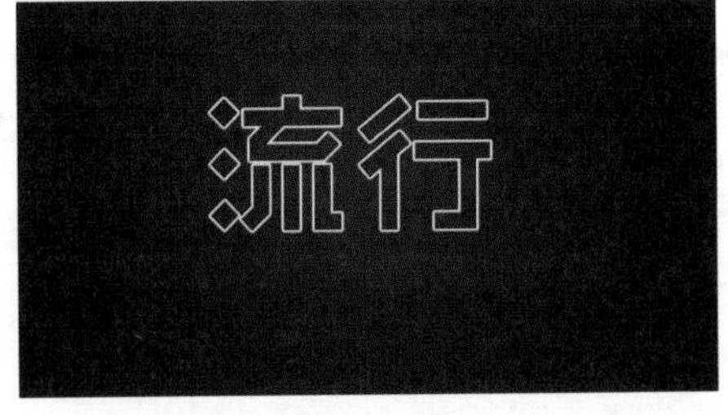

图 12-128

Step06：拖动【文字】图层到面板底部的按钮 上，创建【组 1】图层，如图 12-129 所示。

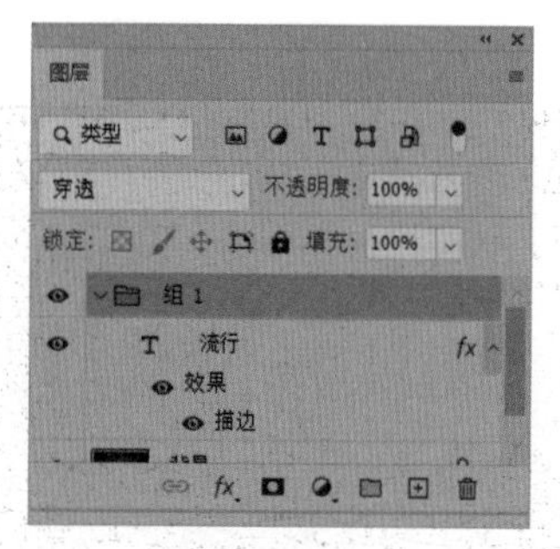

图 12-129

Step07：双击【组 1】图层，打开【图层样式】对话框，选中【外发光】选项，设置发光颜色为黄色，【扩展】为 24%，【大小】为 18 像素，单击【等高线】下拉按钮，在下拉列表中选中【锥形-反转】等高线，如图 12-130 所示。

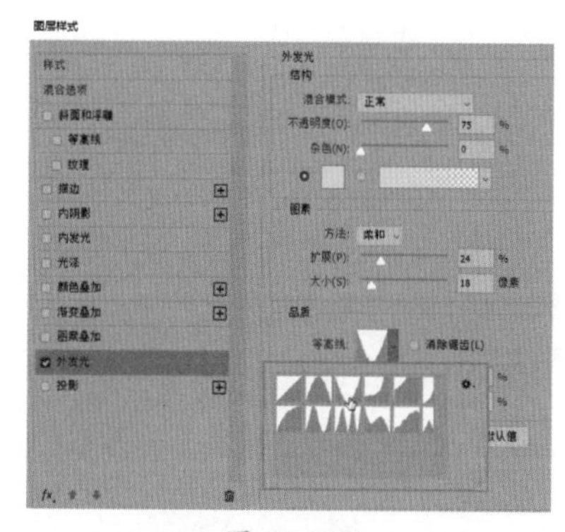

图 12-130

Step08：效果如图 12-131 所示。

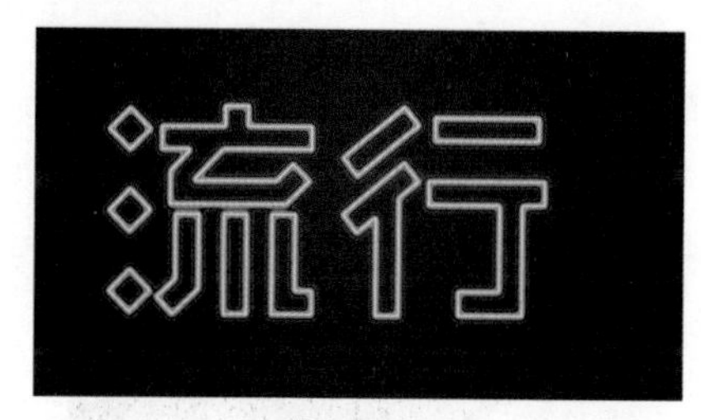

图 12-131

Step09：选择【组 1】图层，按【Ctrl+J】组合键复制图层组，增强文字效果，如图 12-132 所示。

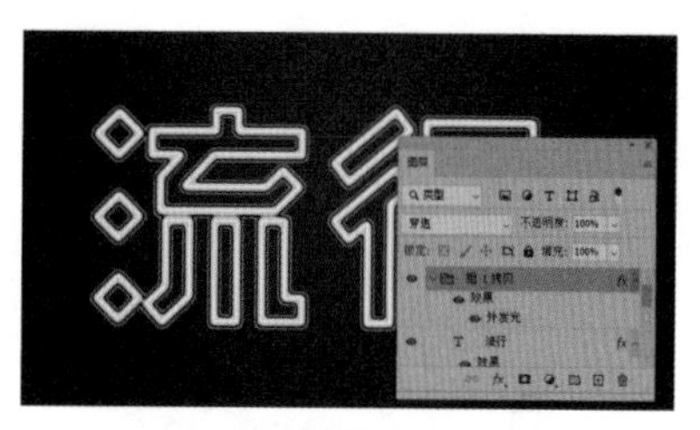

图 12-132

Step10：选择两个图层组，按【Ctrl+G】组合键编组图层，生成【组 2】图层，如图 12-133 所示。

图 12-133

Step11：按【Ctrl+J】组合键复制【组 2】图层，右击鼠标，在快捷菜单中选择【转换为智能对象】，如图 12-134 所示。

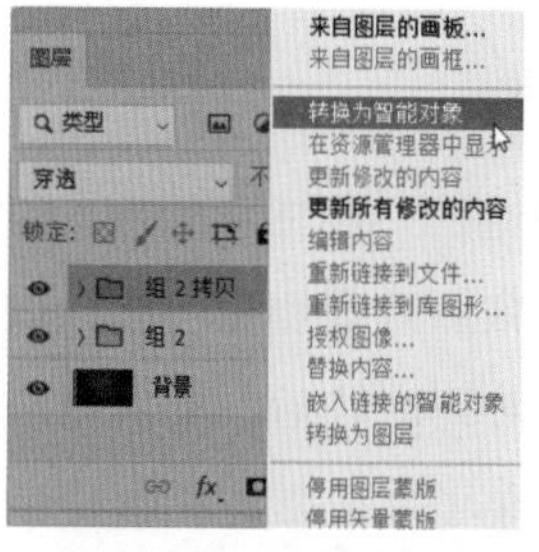

图 12-134

Step12：通过前面的操作，合并图层内容并转换为智能图层，如图 12-135 所示。

图 12-135

Step13：选择【组2 拷贝】图层，执行【滤镜】→【模糊】→【高斯模糊】命令，打开【高斯模糊】对话框，设置【半径】为 110 像素，如图 12-136 所示。

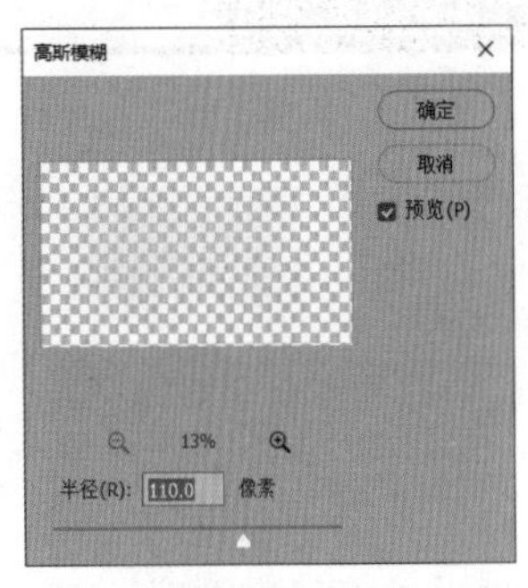

图 12-136

Step14：单击【确定】按钮，模拟灯光发散的效果，完成霓虹灯文字效果，如图 12-137 所示。

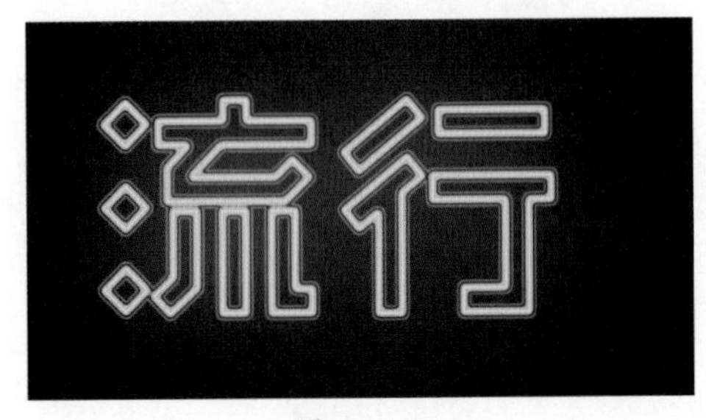

图 12-137

关键技能 101 打造双重曝光效果

● 技能说明

双重曝光是一种特殊的摄影方式，可以将两张甚至多张照片叠加在一起，以实现虚幻的效果。进入数码时代后，要实现双重曝光的效果就更加简单了。只需将拍摄好的照片导入图像处理软件，就可以制作双重曝光的效果。

● 应用实战

打造双重曝光效果的具体操作步骤如下。

Step01：按【Ctrl+N】组合键新建文档，设置【宽度】为 1080 像素，【高度】为 720 像素，【分辨率】为 72 像素，单击【创建】按钮，如图 12-138 所示。

图 12-138

Step02：置入"素材文件/第 12 章/女孩.jpg"文件，如图 12-139 所示。

图 12-139

Step 03：使用快速选择工具选中女孩，创建选区，如图 12-140 所示；单击图层面板中的【添加蒙版】按钮，效果如图 12-141 所示。

图 12-140

图 12-141

Step 04：置入“素材文件/第 12 章/鸟.jpg”文件和“素材文件/第 12 章/霞浦.jpg”文件，如图 12-142 所示。

图 12-142

Step 05：选中【霞浦】图层，按【Ctrl+T】组合键执行自由变换命令，单击鼠标右键，在弹出的快捷菜单中选择【水平翻转】，按【Enter】键确认变换，如图 12-143 所示。

图 12-143

Step 06：选中【霞浦】图层，单击图层面板中【添加蒙版】按钮，添加蒙版，如图 12-144 所示；单击选中蒙版，使用黑色柔角画笔在蒙版上涂抹，显示出下方的图像，如图 12-145 所示。

图 12-144

图 12-145

Step 07：选中【霞浦】图层和【鸟】图层，按【Ctrl+G】组合键将【霞浦】图层和【鸟】图层编组，生成【组 1】图层，单击选中【女孩】图层的图层蒙版，按【Alt】键将蒙版复制到【组 1】

图层，如图 12-146 所示。

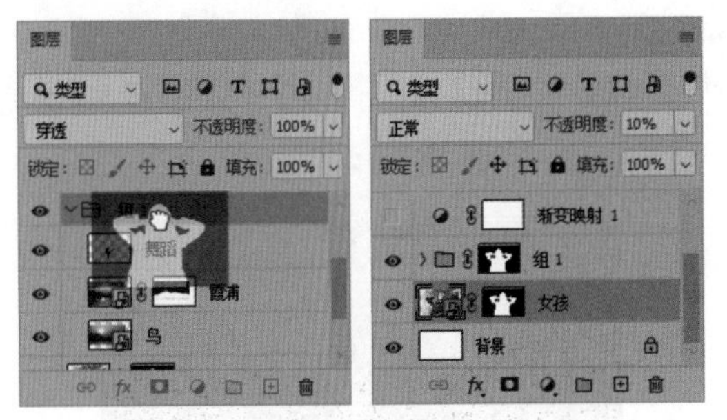

图 12-146

Step08：选中【霞浦】和【鸟】图层，按【Ctrl+T】组合键执行自由变换命令，适当移动图像的位置，效果如图 12-147 所示。

图 12-147

Step09：置入“素材文件/第 12 章/舞蹈.jpg”文件；右击舞蹈图层，在弹出的快捷菜单中选择【栅格化图层】命令栅格化图层，如图 12-148 所示。

图 12-148

Step10：使用魔棒工具，单击选中舞蹈素材的白色背景，按【Delete】键删除白色背景，按【Ctrl+D】组合键取消选区，如图 12-149 所示。

图 12-149

Step11：将【舞蹈】图层拖动至【组 1】内，并将其置于【霞浦】图层上方。按【Ctrl+T】键执行自由变换命令，适当缩小图像，并将其放置到适当的位置，如图 12-150 所示；设置【舞蹈】图层不透明度为 60%，如图 12-151 所示。

图 12-150

图 12-151

Step12：创建【渐变映射】调整图层，单击属性面板中的【点按可编辑渐变】，打开【渐变编辑器】对话框，设置渐变颜色分别为#ffa837、#ff9308、#ff6633、#b0de24，如图 12-152 所示；设置图层【混合模式】为柔光，效果如图 12-153 所示。

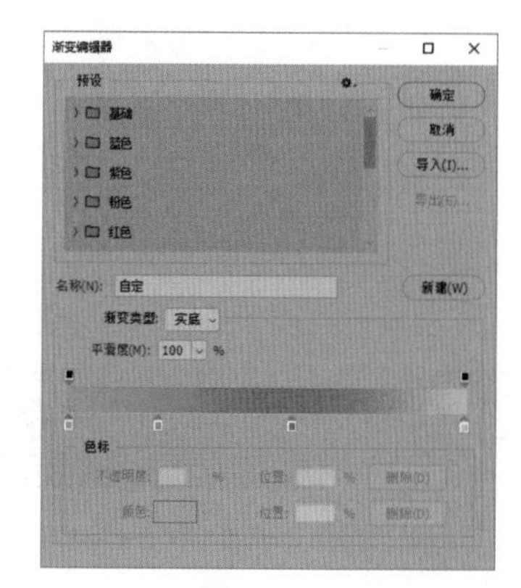

图 12-152

图 12-153

Step13：隐藏背景图层，按【Ctrl+Shift+Alt+E】组合键盖印可见图层，生成【图层 1】，如图 12-154 所示。

图 12-154

Step14：选择【横排文字工具】T，在图像中输入并选中文字，并打开字符面板,设置【字体】为 Segoe UI，字体【大小】为 46 点,【行距】为 54 点,【字距】为 320 点,【颜色】为#875139，如图 12-155 所示。

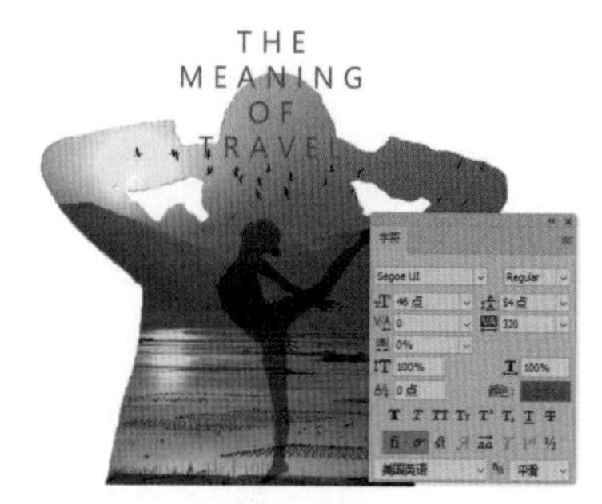

图 12-155

Step15：设置背景图层颜色，选中背景图层，设置前景色为#ffe5ce，按下【Alt+Delete】组合键填充前景色，效果如图 12-156 所示。

图 12-156

关键技能 102 打造超现实空间场景

● 技能说明

打造超现实空间场景效果的方法有很多，其中一种便是利用视觉错位来营造超现实的效果。

● 应用实战

利用视觉错位打造超现实空间场景的具体操作步骤如下。

Step 01：执行【文件】→【新建】命令，打开【新建文档】对话框，设置【宽度】为 2550 像素，【高度】为 1960 像素，【分辨率】为 72，单击【确定】按钮，如图 12-157 所示。

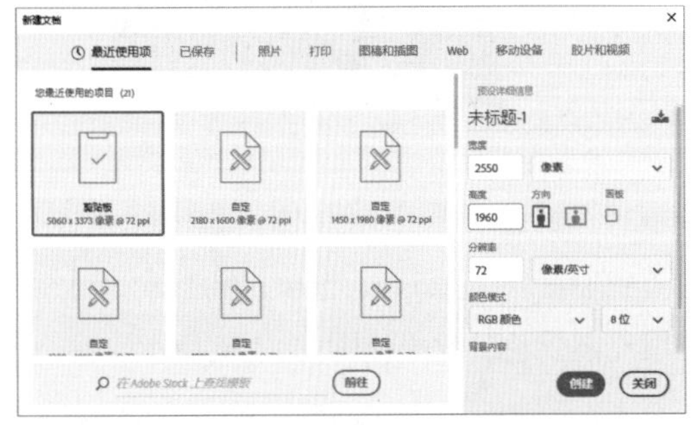

图 12-157

Step 02：打开“素材文件/第 12 章/海面.jpg”文件，如图 12-158 所示。

图 12-158

Step 03：按【Ctrl+A】组合键全选图像，按【Ctrl+C】组合键复制图像；切换到新建文档中，按【Ctrl+V】组合键粘贴图像，调整其大小和位置，并重命名图层为【海面】，如图 12-159 所示。

图 12-159

Step 04：打开“素材文件/第 12 章/冲浪.jpg”文件，如图 12-160 所示。

图 12-160

Step 05：按【Ctrl+A】组合键全选图像，按【Ctrl+C】组合键复制图像；切换到新建文档中，按【Ctrl+V】组合键粘贴图像，调整其位置和大小，并重命名图层为【冲浪】，如图 12-161 所示。

图 12-161

Step 06：将【冲浪】图层放在【海面】图层下方，如图 12-162 所示。

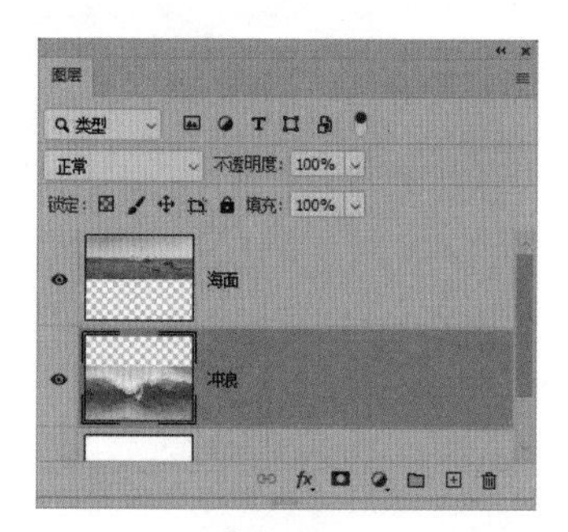

图 12-162

Step 07：选择【海面】图层，添加图层蒙版。设置前景色为黑色，使用黑色柔角画笔在蒙版上绘制，融合图像，如图 12-163 所示。

图 12-163

Step 08：打开“素材文件/第 12 章/背影.jpg”文件，如图 12-164 所示。

图 12-164

Step 09：按【Ctrl+A】组合键全选图像，按【Ctrl+C】组合键复制图像；切换到新建文档中，按【Ctrl+V】组合键粘贴图像，调整其位置和大小，并重命名图层为【背影】，如图 12-165 所示。

图 12-165

Step 10：将【背影】图层放在【海面】图层下方，如图 12-166 所示。

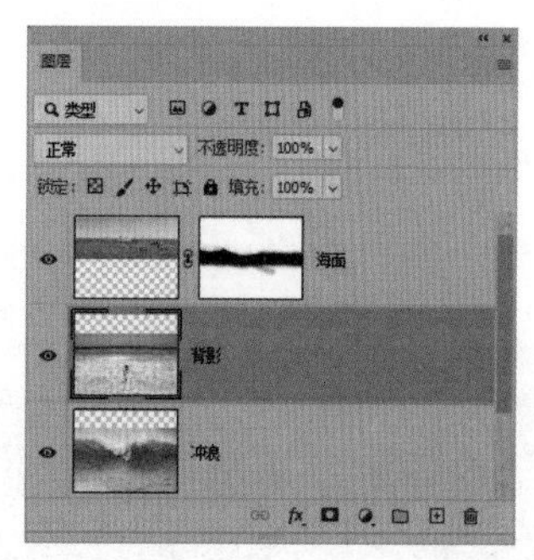

图 12-166

Step 11：为【背影】图层添加图层蒙版。使用黑色柔角画笔在蒙版上绘制，融合图像，如图 12-167 所示。

图 12-167

Step12：在【冲浪】图层上方创建【色相/饱和度】调整图层，在【属性】面板单击【此调整剪切到此图层】按钮，创建剪贴蒙版。选择【青色】，调整色相、饱和度和明度参数，如图 12-168 所示。

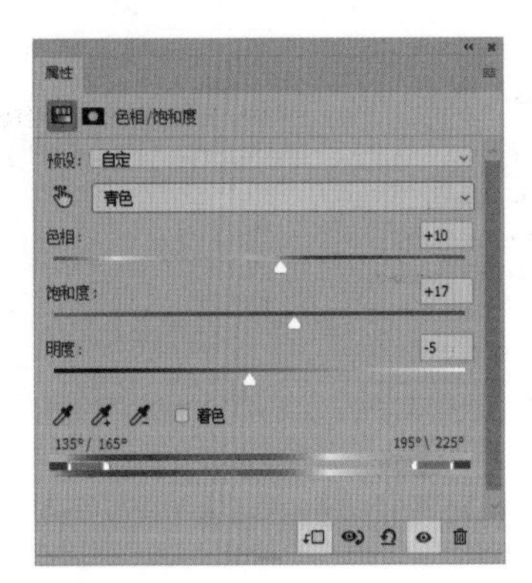

图 12-168

Step13：通过前面的操作调整图像颜色，如图 12-169 所示。

图 12-169

Step14：在【海面】图层上方创建【色相/饱和度】调整图层，在【属性】面板单击【此调整剪切到此图层】按钮，创建剪贴蒙版。选择【青色】，调整色相、饱和度和明度参数，如图 12-170 所示。

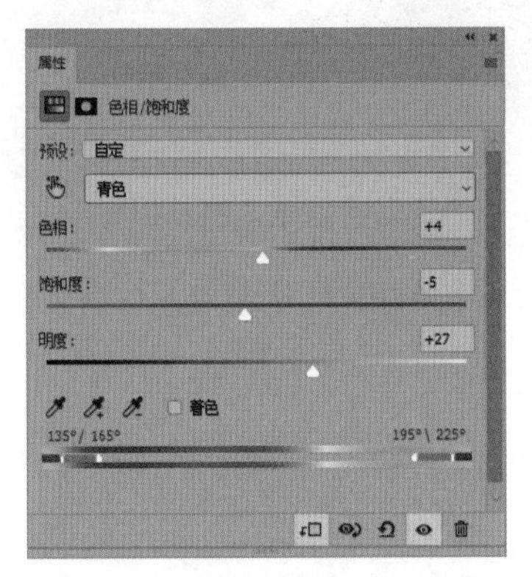

图 12-170

Step15：通过前面的操作调整图像颜色，如图 12-171 所示。

图 12-171

Step16：在【背影】图层上方创建【色阶】调整图层，在【属性】面板单击【此调整剪切到此图层】按钮，创建剪贴蒙版。在【输入色阶】中向右拖动中间调滑块，在【输出色阶】中向左拖动白色滑块，如图 12-172 所示。

Step17：通过前面的操作压暗人物，效果如图 12-173 所示。

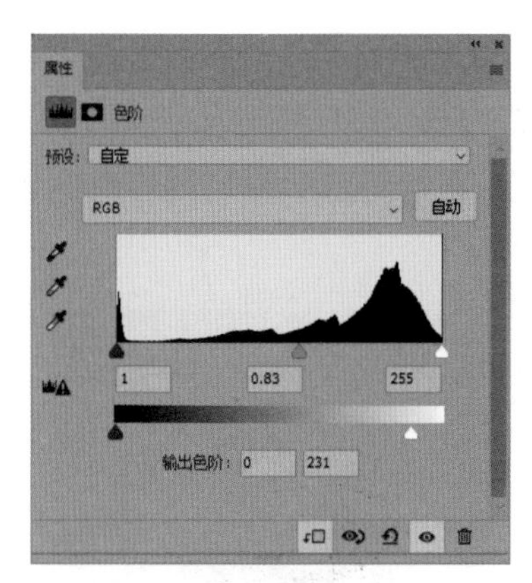

图 12-172

图 12-173

Step18：在图层面板最上方创建【曲线】调整图层。在【属性】面板中选择【蓝】通道，调整曲线形状，如图 12-174 所示。

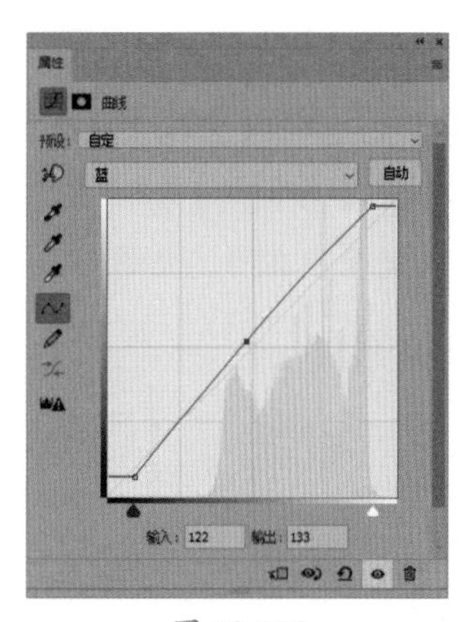

图 12-174

Step19：通过前面的操作，统一图像色调，使其偏蓝色，完成图像效果制作，如图 12-175 所示。

图 12-175

关键技能 103 制作橙子灯泡效果

● **技能说明**

在 Photoshop 中利用蒙版功能可以轻松地融合各种各样的图像，从而合成各种具有想象力的图像场景及效果。本案例中制作橙子灯泡的效果就是通过蒙版为灯泡穿上橙子皮的外衣。

为了达到真实自然的合成效果，在制作过程中一定要注意光影效果的调整。

● **应用实战**

制作橙子灯泡效果的具体操作步骤如下。

Step01：执行【文件】→【新建】命令，打开【新建文档】对话框，设置【宽度】为 800 像素，【高度】为 800 像素，【分辨率】为 72 像素，单击【创建】按钮，新建空白文档，如图 12-176 所示。

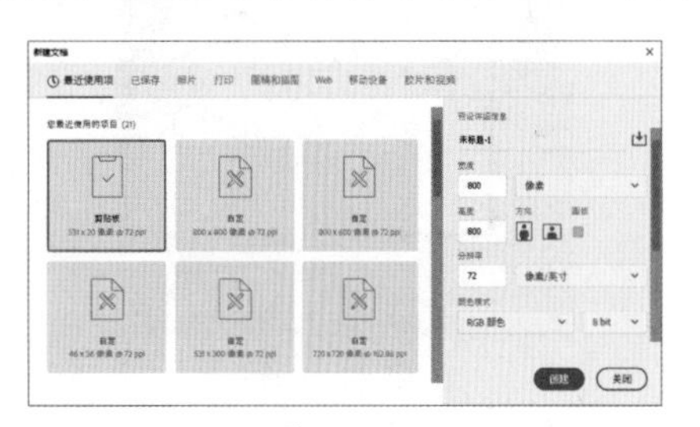

图 12-176

Step02：选择【渐变工具】，单击选项栏中的【点按可编辑】按钮，打开【渐变编辑器】对话框，选择【预设】栏中的【橙黄橙】渐变，并调整渐变颜色效果，如图 12-177 所示。

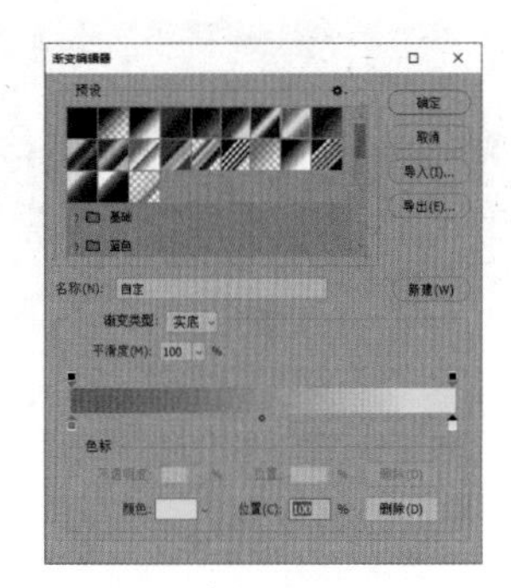

图 12-177

Step03：填充渐变色，单击【确定】按钮，返回文档，在选项栏设置渐变方式为【径向渐变】，拖动鼠标在背景图层填充渐变色，效果如图 12-178 所示。

图 12-178

Step04：打开素材文件并勾勒形状轮廓。打开“素材文件/第 12 章/灯泡.jpg”文件，选择【钢笔工具】，沿着灯泡边缘勾勒灯泡轮廓，如图 12-179 所示。

图 12-179

Step05：按【Ctrl+Enter】组合键将路径转换为选区，再按【Ctrl+J】组合键剪切选区图像。使用【选择工具】将灯泡拖动到正在编辑的文档中，并调整大小和位置，如图 12-180 所示。

图 12-180

Step06：新建【轮廓】图层组，并创建图层蒙版，按【Ctrl+I】组合键反向蒙版。按【Ctrl】键单击灯泡图层缩览图，载入选区，选中图层蒙版，并为选区填充白色，如图 12-181 所示。

图 12-181

Step 07：使用【钢笔工具】勾勒灯泡金属部分的路径，如图 12-182 所示。

图 12-182

Step 08：按【Ctrl+Enter】组合键将路径转换为选区，并选中【轮廓】图层组蒙版，为选区填充黑色。再选择【金属】图层，添加图层蒙版，如图 12-183 所示。

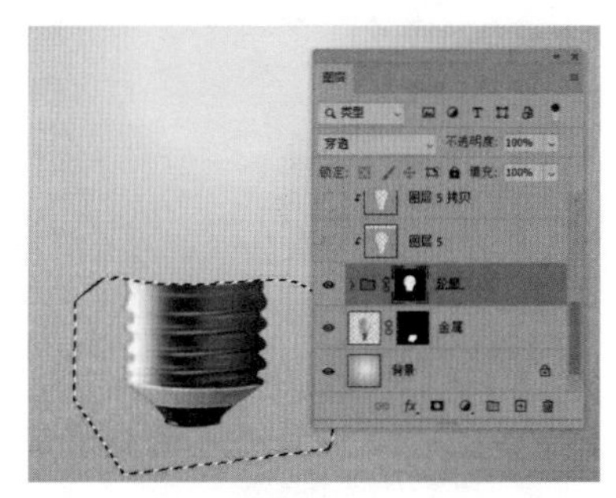

图 12-183

Step 09：打开"素材文件/第 12 章/橙子 1.jpg"文件，使用【快速选择工具】选中橙子，并按【Ctrl+J】组合键剪切图像，如图 12-184 所示。

图 12-184

Step 10：使用【选择工具】拖动橙子图像到正在编辑的文档中，并将其放在【轮廓】图层组中，如图 12-185 所示。

图 12-185

Step 11：按【Ctrl+J】组合键复制【图层 2】，并添加图层蒙版。使用黑色柔角画笔在橙子下方涂抹，使图像融合，如图 12-186 所示。

图 12-186

Step 12：使用相同的方法继续复制图像，并利用蒙版融合图像，如图 12-187 所示。

图 12-187

Step13：单击【图层】面板底部的按钮，选择【曲线】命令，创建【曲线】调整图层。在【属性】面板中向上拖动曲线，适当提亮橙子。按【Ctrl+I】组合键反向蒙版。使用白色柔角画笔涂抹橙子上较暗的区域，适当提亮橙子，使其色调统一，如图 12-188 所示。

图 12-188

Step14：再次创建【曲线】调整图层，向上拖动曲线，适当提亮橙子，如图 12-189 所示。

图 12-189

Step15：新建【曲线】调整图层，向上拖动曲线，适当提亮橙子。按【Ctrl+I】组合键反向蒙版。使用白色柔角画笔在橙子顶部涂抹，提亮顶部，如图 12-190 所示。

图 12-190

Step16：使用【椭圆选框工具】绘制椭圆选区，按【Shift+F6】组合键，弹出【羽化选区】对话框，设置【羽化半径】为 50 像素，如图 12-191 所示。

图 12-191

Step17：新建图层，并为选区填充橙黄色，设置图层混合模式为滤色，制作高光效果，如图 12-192 所示。

图 12-192

Step 18：新建【曲线】调整图层，向下拖动曲线，压暗图像。按【Ctrl+I】组合键反向蒙版，使用白色柔角画笔涂抹橙子右侧边缘，压暗图像，如图 12-193 所示。

图 12-193

Step 19：在【轮廓】图层组上方新建图层，并填充为橙黄色，如图 12-194 所示。

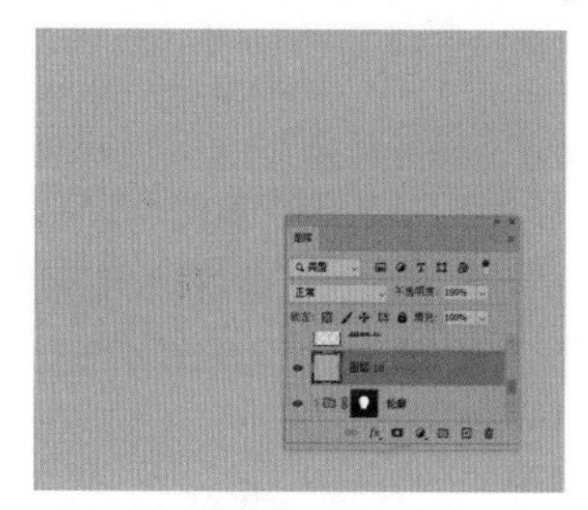

图 12-194

Step 20：按住【Ctrl】键，单击【轮廓】图层组蒙版缩览图，载入选区，如图 12-195 所示。

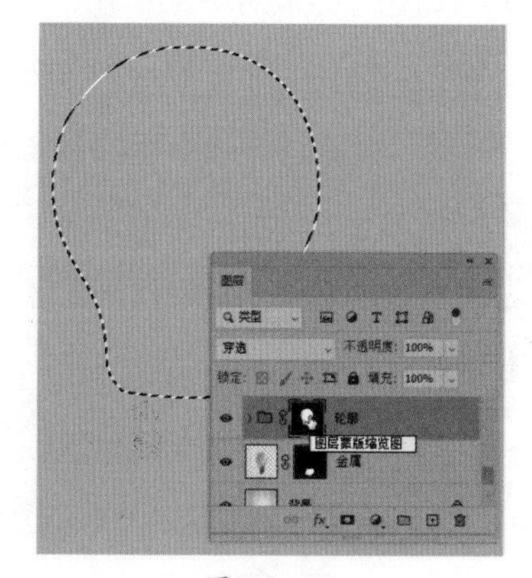

图 12-195

Step 21：将选区羽化 6 个像素，按【Delete】键删除选区图像，如图 12-196 所示。

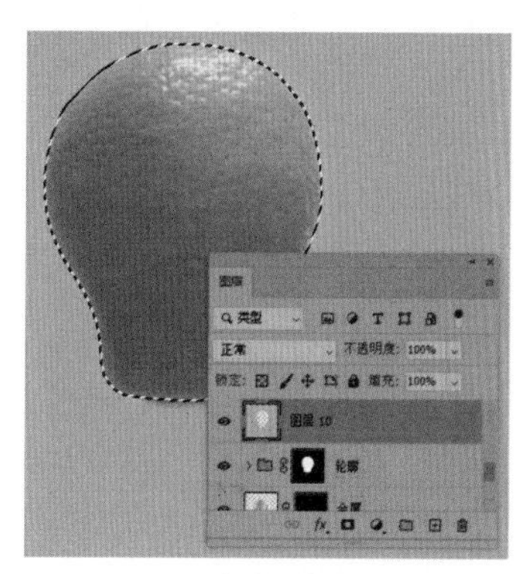

图 12-196

Step22：按【Ctrl+D】组合键取消选区。按【Alt+Ctrl+G】组合键创建剪贴蒙版，如图 12-197 所示。

图 12-197

Step 23：设置图层混合模式为滤色，向右侧拖动图像并降低图层不透明度，制作灯泡左侧的发光效果，如图 12-198 所示。

图 12-198

Step 24：按【Ctrl+J】组合键复制图层，向左侧移动图像，制作右侧发光效果，如图 12-199 所示。

图 12-199

Step 25：打开“素材文件/第 12 章/橙瓣.jpg”文件，使用【对象选择工具】创建选区，选中橙瓣，如图 12-200 所示。

图 12-200

Step 26：使用【移动工具】拖动选区图像到当前文档中，并按【Ctrl+T】组合键执行自由变换命令，缩小图像。缩小图像时可以按住【Shift】键进行非等比例缩放，如图 12-201 所示。

图 12-201

Step 27：使用【矩形选框工具】创建选区，如图 12-202 所示。

图 12-202

Step 28：选择【轮廓】图层组的蒙版缩览图，并填充黑色，删除图像，如图 12-203 所示。

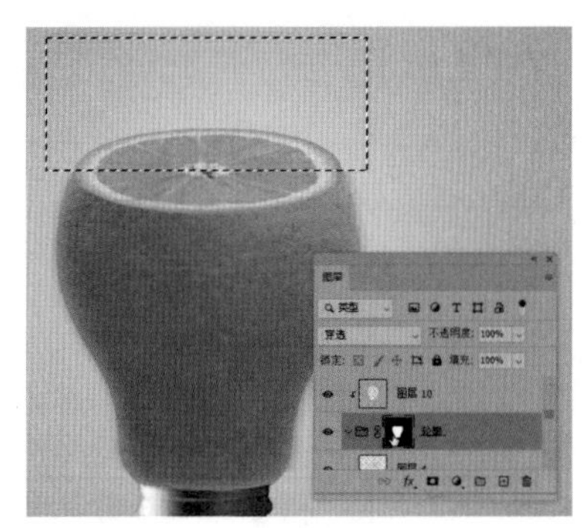

图 12-203

Step29：按【Ctrl+D】组合键取消选区。新建【曲线】调整图层，提亮图像。选择【曲线】调整图层蒙版缩览图，按【Ctrl+I】组合键反向蒙版，隐藏效果。使用白色柔角画笔绘制需要提亮的地方，提亮部分图像，如图 12-204 所示。

图 12-204

Step 30：新建【曲线】调整图层，使用相同的方法压暗左侧图像，如图 12-205 所示。

图 12-205

Step 31：使用【椭圆选框工具】绘制椭圆选区，并填充任意颜色，如图 12-206 所示。

图 12-206

Step 32：打开"素材文件/第 12 章/橙子 2.jpg"文件，使用【对象选择工具】创建选区，如图 12-207 所示。

图 12-207

Step 33：使用【移动工具】拖动选区图像到当前文档中。按【Alt+Ctrl+G】组合键创建剪切蒙版，并调整图像大小和位置，如图 12-208 所示。

图 12-208

Step 34：按【Ctrl+J】组合键复制图层 10，使用【对象选择工具】和【套索工具】选中叶梗和叶子，如图 12-209 所示。

图 12-209

Step 35：单击【图层】面板底部的按钮，添加图层蒙版。移动图像，使之与下方的叶梗对齐，完成盖子的制作，如图 12-210 所示。

图 12-210

Step 36：选择所有与盖子相关的图层，并移动位置，如图 12-211 所示。

图 12-211

Step 37：新建图层，设置前景色为深黄色，并降低画笔不透明度。在盖子与灯泡相交的地方绘制阴影，如图 12-212 所示。

Step 38：新建【曲线】调整图层，向上拖动曲线，提亮整体图像，完成橙子灯泡的制作，效果如图 12-213 所示。

图 12-212

图 12-213